国家精品课程药物合成反应配套教材

药物合成反应基础

刘守信　主　编

章亚东　副主编

化学工业出版社

·北京·

本书为"药物合成反应"国家精品课程配套教材。

本书内容按照官能团的引入、官能团的转化、碳架的形成与转换以及药物合成方法学的顺序编写。重点阐述药物的基本反应、反应机理、影响反应的因素、反应选择性、药物合成或中间体合成实例，以及典型药物生产中相关反应的简析，大部分章节还专门编写了相关反应的新进展。全书十二章，包括：卤化反应、硝化反应、磺化反应、氧化反应、还原反应、烃基化反应、酰化反应、缩合反应、周环反应、重排反应、酶催化有机反应、药物合成路线设计概要等。

本书为高等学校制药工程及相关专业的本科生教材，也可作为相关科研、生产人员的参考书。

图书在版编目（CIP）数据

药物合成反应基础/刘守信主编. —北京：化学工业出版社，2012.8（2020.9重印）

国家精品课程药物合成反应配套教材

ISBN 978-7-122-14887-2

Ⅰ. 药⋯　Ⅱ. 刘⋯　Ⅲ. 药物化学-有机合成-化学反应-高等学校-教材　Ⅳ. TQ460.3

中国版本图书馆 CIP 数据核字（2012）第 161645 号

责任编辑：何　丽　徐雅妮　马泽林　　　　文字编辑：焦欣渝
责任校对：陶燕华　　　　　　　　　　　　装帧设计：关　飞

出版发行：化学工业出版社（北京市东城区青年湖南街 13 号　邮政编码 100011）
印　　装：北京七彩京通数码快印有限公司
787mm×1092mm　1/16　印张 18½　字数 491 千字　　2020 年 9 月北京第 1 版第 3 次印刷

购书咨询：010-64518888　　　　　　　　　　售后服务：010-64518899
网　　址：http://www.cip.com.cn

凡购买本书，如有缺损质量问题，本社销售中心负责调换。

定　　价：49.00 元

《药物合成反应基础》编写人员

主　　编　　刘守信
副　主　编　　章亚东
编写人员　　（按姓名笔画排序）

刘庆超　西北大学

刘守信　河北科技大学

杨毅华　河北科技大学

张　勇　河北科技大学

尚振华　河北科技大学

黄耀东　天津大学

章亚东　郑州大学

梁政勇　郑州大学

葛燕丽　武汉工程大学

前　言

药物合成反应是制药工程专业的一门必修课，是本科课程体系中有机化学、药物化学和制药工艺学之间的衔接课程。河北科技大学"药物合成反应"课程 2010 年评为国家精品课程，本书是此课程配套教材。本书由河北科技大学牵头，天津大学、郑州大学、西北大学、武汉工程大学共同编写。

本书的编者一直在教学第一线讲授"药物合成反应"课程，在多年的课程讲授和反复学习的基础上，根据教育部教学质量工程建设对精品课的要求，总结了长期以来积累的体会和经验，考虑到制药工程专业的特点，以及与其前期有机化学基础知识的衔接，编写了本教材。

本书内容包括十二章，大体按照官能团的引入、官能团的转化、碳架的形成与转换以及药物合成方法学的顺序来编写的。每一章将相关理论作为引子，把教学的侧重点向应用倾斜。主要内容包括：基本反应、反应机理、影响反应的因素、反应选择性、药物合成或中间体合成实例以及典型药物生产中相关反应的简析等。同时为了拓宽学生的视野，大部分章节专门编写了相关反应的新进展，供学生阅读参考。"典型药物生产中相关反应的简析"一节的内容可很好地与制药工艺学课程相融合，为后续课程的学习奠定基础。全书既包含了卤化反应、烃基化反应、酰基化反应、缩合反应、重排反应、氧化反应、还原反应等单元反应，还根据药物合成中官能团引入时硝化和磺化的重要性，增加了相关单元反应。考虑到环状结构在药物中存在的普遍性和重要性，将周环反应单独成章，分别介绍了电环化反应、环加成反应和 σ-重排反应，用分子轨道理论阐述反应的规律和反应的选择性，而且就其在药物合成和一些化合物的生物合成过程中的应用作了介绍。

特别需要指出的是，本书第十一章为"酶催化有机反应"，介绍了一些基本概念，使学生初步认识酶催化通常能完成的化学转化；酶催化官能团的转化和酶催化 C—C 键的构建与前面讨论的单元反应形成对照，突出酶催化反应的特点——化学选择性、区域选择性和立体选择性或专一性；并就酶催化反应在药物生产中的实际应用进行了介绍，引导读者在掌握化学反应的同时，懂得实现化合物转化还可以采用酶催化的途径。教材的最后一章是药物合成设计概要，重点介绍基本概念和规律，使读者尽快掌握药物合成路线设计的基本方法，通过学习典型药物的逆合成分析，希望达到此目的。

在教材内容的选取过程中，既考虑了相关专业的特点，也考虑了药物合成近年所取得的新进展，以及与之相关的化学合成最新方法，力求简单明快地实现课堂知识由化学向药物合成过渡。目前，大多数高校本课程的实际教学学时数为 50～80，本教材内容适宜于 65 学时讲授。鉴于本教材基本分章独立，不同要求的专业在选用本教材时可适当取舍。

本书编写具体分工为：河北科技大学杨毅华编写第一章，河北科技大学尚振华编写第二章和第三章，郑州大学章亚东编写第四章，郑州大学梁政勇编写第五章，西北大学刘庆超编写第六章，天津大学黄耀东编写第七章，武汉工程大学葛燕丽编写第八章，河北科技大学张勇编写第九章和第十章，河北科技大学刘守信编写第十一章和第十二章。刘守信担任本书主编，章亚东担任副主编。统稿由主编和秘书张志伟共同完成。

尽管在编写过程中得到了各编委单位的大力支持，各编委不厌其烦地多次易稿和校对，但限于本书编写成员比较年轻，水平有限，阅历尚浅，实践经验不足，书中难免存在诸多不足，敬请读者和同行批评指正，并提出宝贵意见，以便今后修改。

刘守信

二〇一二年五月于石家庄

目　录

第一章　卤化反应　1

第二章　硝化反应　38

第三章　磺化反应　50

第四章　氧化反应　59

第五章 还原反应 88

第六章 烃基化反应 111

第七章 酰化反应 139

第八章　缩合反应　173

第九章　周环反应　207

第十章　重排反应　218

第十一章　酶催化有机反应　　237

第十二章　药物合成路线设计概要　　265

缩略语简表　　283

参考文献　　286

第一章 卤化反应

药物合成中，除了满足分子骨架结构的基本要求之外，还需要在分子骨架的适当位置引入相应的官能团（functional group）或是药效团。一般官能团的引入与分子骨架的构建可以同时进行，有时也需要特别引入。在不改变分子骨架基本结构的前提下，进行官能团的引入是药物合成中一个非常重要的工作，特别是卤素官能团。一方面在许多新药中含有卤素，如广谱抗菌药物环丙沙星（ciprofloxacin，**1-1**）、消炎镇痛药双氯芬酸（diclofenac，**1-2**）、祛痰药盐酸氨溴索（ambroxol hydrochloride，**1-3**）和抗心律失常药盐酸胺碘酮（amiodarone hydrochloride，**1-4**）就分别含有氟、氯、溴和碘原子。另一方面，在海洋生物的代谢产物中也发现了约 4000 多种含卤化合物，其中氯化物约 2200 种、溴化物 1980 多种、碘化物和氟化物各约 100 种，而且这些卤化物中许多具有良好的生物活性，是潜在的药物先导化合物。

1-1 **1-2** **1-3** **1-4**

卤化反应（halogenation reaction）是在有机分子中引入卤素形成新的碳—卤键（C—X键）的过程，包括取代、加成和卤置换等，可通过自由基卤化、亲电卤化、亲电加成卤化和亲核卤化等四种反应机理来实现。本章所讨论的卤化反应包括氟化、氯化、溴化以及碘化等。由于卤素可以通过官能团互换转变为羟基、巯基、羧基、氨基、烯炔和醚等官能团，构成重要的药物合成中间体，因此，卤化反应在药物合成反应中十分重要，它是药物合成的一类基础单元反应。

第一节 自由基型卤化反应

通常，卤化反应在饱和烃、不饱和烃和芳香族化合物中表现出较大的差异，饱和烃基上的卤化反应以自由基型反应为主，很少有亲电型反应；芳香族化合物由于芳香环呈富电子体系，所以在芳香环上的卤化多以亲电型反应为主。

一、饱和烃的自由基卤化反应

从广义的角度来讲，饱和烃的氟代、氯代、溴代以及碘代是合成卤代烷烃的最重要也是最简单的反应，但是在药物合成中，这种直接卤化法很少用到。主要原因是饱和烃的各种C—H 键能较大，反应活性小，通用的过程是卤素在高温或紫外光照射或自由基引发剂的作用下才能引发反应，如吸入全麻药溴氯三氟乙烷（**1-5**）的合成。此外，伯、仲、叔 C—H键的键能差异较小，对绝大部分饱和烃来说，反应的选择性十分有限，因此在药物合成中应用实例不多，但作为中间体或基础原料的合成则是一个可用的反应。

$$CF_3CH_2Cl + Br_2 \xrightarrow[465℃]{SO_2} CF_3CHBrCl$$
1-5

饱和烃的卤化反应通常遵循自由基反应机理，反应的选择性、反应活性不仅取决于反应条件，也随卤化剂种类、饱和烃氢原子空间位阻的不同而显现出一定的差异。常用的卤化剂有氯气、溴素、硫酰氯、磺酰氯、次亚卤酸叔丁酯、N-氯代仲胺、N-氯代酰胺、N-卤代丁二酰亚胺和多卤代烃等。其中，单质卤活性最高，但反应选择性较差。这些试剂在光照、加热或引发剂存在下均可产生自由基，反应历程包括链引发、链增长和链终止三个阶段。

引发剂的加入常常能够影响反应的选择性，特别是一些包含有氮—卤键结构的卤化试剂。以 N-羟基邻苯二甲酰亚胺（NHPI，**1-6**）为引发剂、N-氯（或溴）代二甲胺为卤化试剂，在硝酸或氯化亚铜存在下，能够化学选择性和区域选择性地实现碳链末端亚甲基的卤化反应。

$$Y=Cl，AcO，CH_3，ONO_2 \qquad n=1\sim3$$
$$X=Cl，Br$$

1-6

N-卤代二胺（**1-7**）在强酸性条件下均是选择性良好的卤化试剂，其特点是反应可在室温下进行，操作简便，能够选择性地卤化碳链末端的甲基。

1-7

$$X=Cl，Br$$
$$R=i\text{-}Pr，Me$$

$$60\%\sim72\%$$

碘的活性较差，不能与饱和烃反应。可以次碘酸叔丁酯（**1-8**）与饱和烷烃发生碘化反应，而其制备可由次氯酸叔丁酯与碘化汞反应实现。

$$35\%$$

1-8

二、不饱和烃的自由基卤化反应

无论是烯烃还是炔烃，均能与单质卤素反应生成 1,2-二卤化产物。就卤素而言，不饱和烃与氯、溴的反应在 Lewis 酸催化下进行得非常顺利，但与氟、碘之间的反应相对比较少见。氟与不饱和键的反应由于 C—F 键能较高而使得反应非常激烈，常常伴随有取代、聚合等副反应。因此，合成上如果直接采用单质氟来进行反应，常用惰性气体稀释的办法，同时控制反应温度在 $-75℃$ 以下来实现。

内消旋体（*meso*）47%
外消旋体（*dl*）13%

52%

三、烯丙型、苄基型化合物的自由基卤化反应

对烯丙型和苄基型化合物，由于生成的烯丙基或苄基自由基可与双键或芳香环发生共轭作用，从而使得卤化反应不仅容易进行，而且区域选择性也显著提高。因而烯丙型、苄基型的自由基卤化反应在药物合成中得到了较为广泛的应用，其反应历程与饱和烃的卤化反应相似。

反应通常可用卤素、N-卤代酰胺、硫酰卤或卤化铜等在 CCl_4 溶液中进行，最常用的卤化试剂是 N-卤代丁二酰亚胺（如 NBS、NCS），通常具有反应条件温和、产率高、副反应少等特点。当反应物不溶于 CCl_4 时，可改用氯仿、苯、石油醚或反应物自身作溶剂。此外 N-溴代邻苯二甲酰亚胺、N-溴代二苯甲酮亚胺等也是常见的溴化剂。

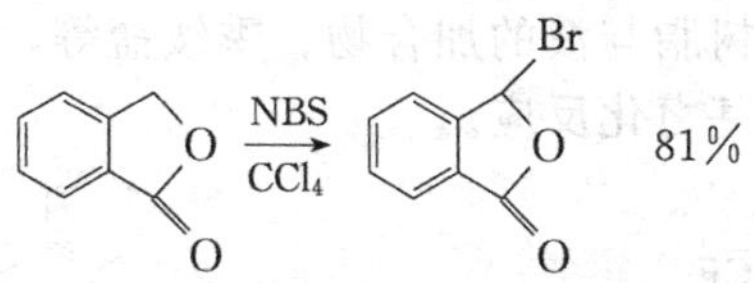

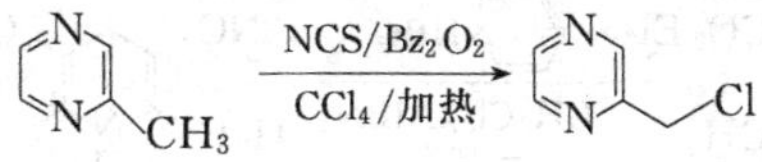

抗心律失常药物托西溴苄铵（bretylium tosilate）的中间体 **1-9** 和抗凝血药物奥扎格雷钠（ozagrel sodium）的中间体 **1-10** 的合成就是通过苄基自由基卤化反应来实现的。

1-9

溴苄铵

1-10

奥扎格雷钠

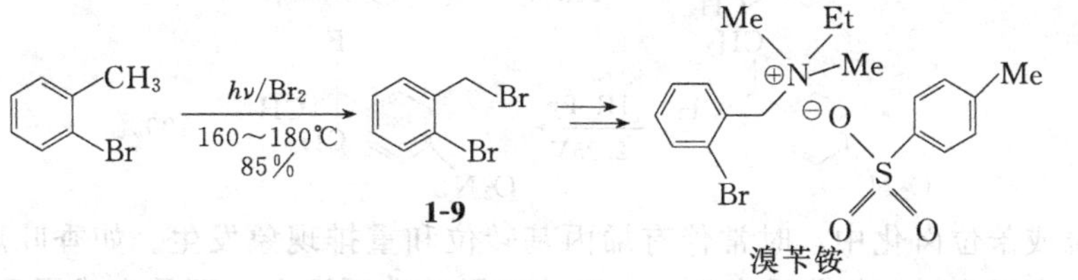

雷替曲赛（raltitrexed）是英国 1996 年上市的一种抗肿瘤药物，其重要中间体 **1-11** 的合成就是采用了这一改进的烯丙位卤化方法。

1-11

雷替曲赛

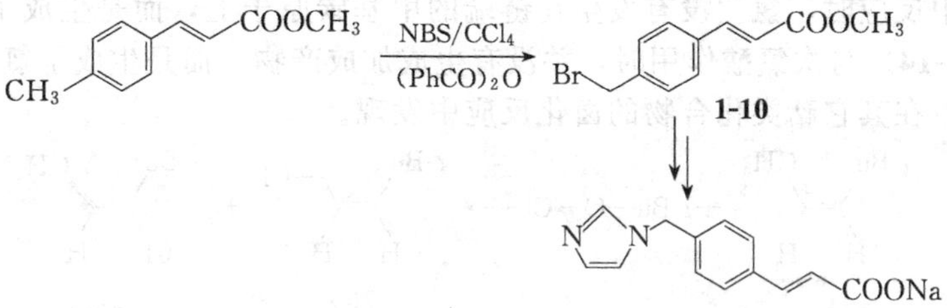

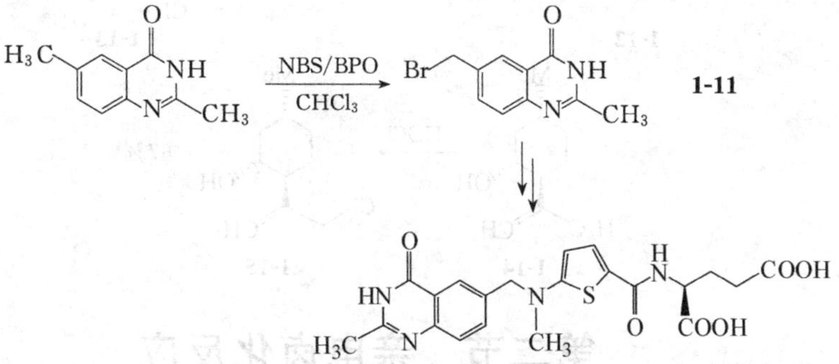

影响烯丙型卤化反应的主要因素有：反应温度、反应溶剂、金属杂质和卤化剂自身。升高温度有利于均裂产生自由基，同时也提高了自由基的活性。如甲苯侧链单氯化，以氯气为氯化剂时反应的适宜温度是 158～160℃，温度低时容易在芳环上发生氯代反应。

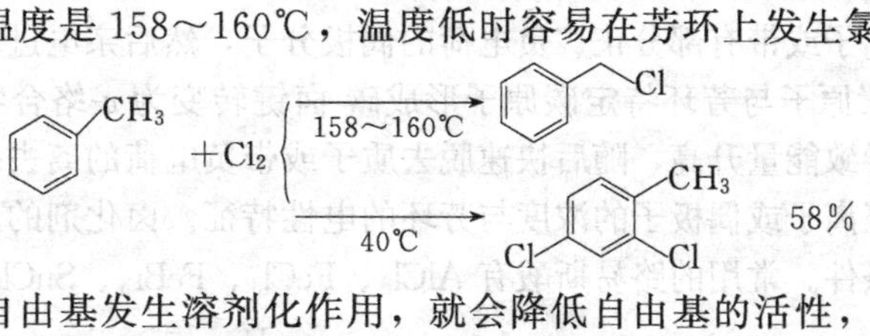

如果反应溶剂与自由基发生溶剂化作用，就会降低自由基的活性，故自由基型反应常在非极性的惰性溶剂中进行。如果反应体系中混有铁、锑、锡等金属杂质，则有可能导致芳香环上发生亲电取代反应，生成混合产物。

烯丙型、苄基型卤化反应还可利用其它类型的卤化试剂，其中胺与卤素的复合物便是常见的一类，如吡啶或含吡啶的树脂与溴的加合物、季铵盐等，如果使用吡啶的氢卤酸盐则需要在电解条件下才能进行自由基卤化反应。

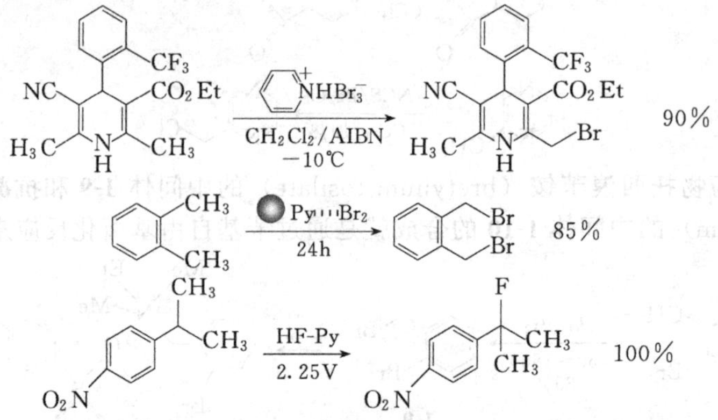

在烯丙位或苄位卤化中，时常伴有烯丙基转位和重排现象发生。如香叶烯化合物 **1-12** 与氯气在戊烷中反应时，氯化没有发生在链端的甲基碳原子上，而是生成了重排产物 **1-13**。异胡薄荷醇（**1-14**）与次氯酸作用时，并没有生成加成产物，而是生成了氯代产物 **1-15**。类似的重排现象也在其它萜类化合物的卤化反应中发现。

1-12 **1-13**

1-14 **1-15**

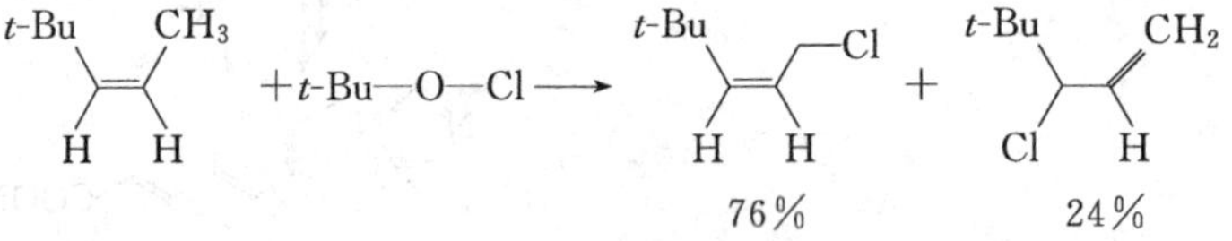

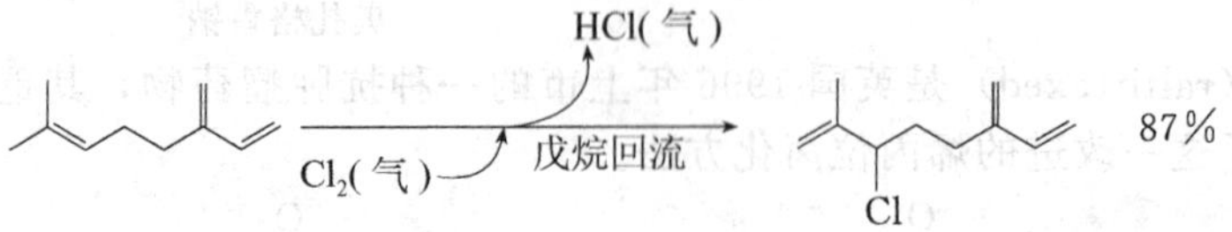

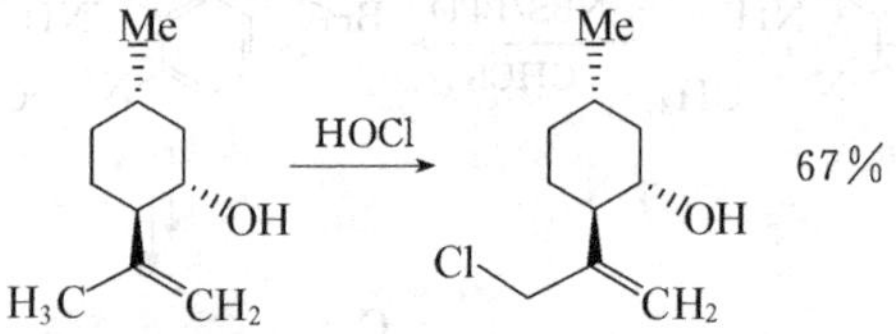

第二节　亲电卤化反应

一、芳香环上的亲电卤化反应

最具代表性的亲电反应之一就是芳环上的卤化反应。在路易斯酸（Lewis acid）催化下，卤化试剂首先生成卤正离子或带有部分正、负电荷的偶极分子，然后亲电进攻芳环，首先可逆地形成 π-络合物，然后卤素原子与芳环特定碳原子形成碳-卤键转变为 σ-络合物或离子对。这样，芳环共轭体系被破坏而导致能量升高，随后快速脱去质子或带负电荷的离去基团恢复芳香结构。反应的活性取决于卤素正离子或偶极子的浓度与芳环的电性特征。卤化剂的反应性能，特别是反应的选择性依赖于反应条件。常用的路易斯酸有 $AlCl_3$、$FeCl_3$、$FeBr_3$、$SnCl_4$、$TiCl_4$ 和 $ZnCl_2$ 等。

π-络合物　σ-络合物

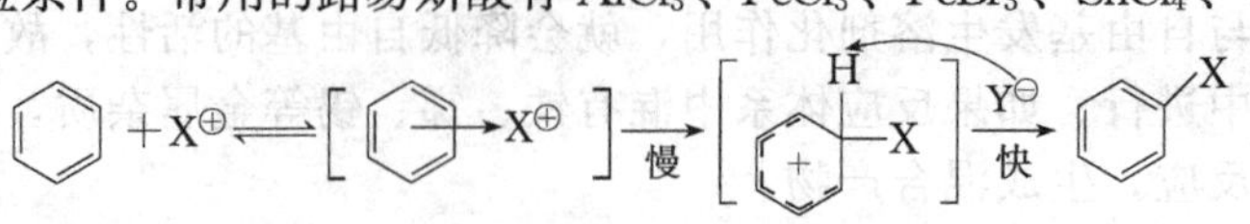

或

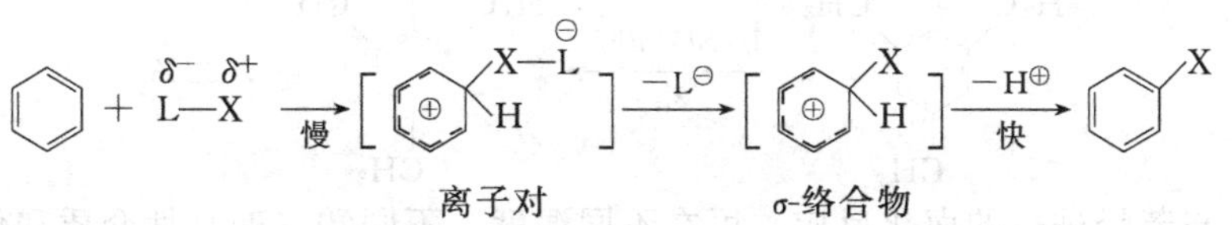

离子对　　　　σ-络合物

L＝X, HO, RO, H, RCONH

（一）卤素单质为卤化剂的亲电取代反应

卤素与芳环的卤化反应是一个非常经典也是十分重要的制备芳香族卤化物的常用方法，卤化反应的位置遵循定位规律，而且控制反应温度能够获得良好的区域选择性。

通常，芳环上的卤化反应主要是指氯化和溴化。单质氟由于太活泼而很少直接与芳环反应，氟化物的制备主要通过置换的方法来完成。碘活性太低，只有在硝酸等强氧化剂存在或使用较为活泼的碘化剂（如氯化碘）时才能顺利进行。

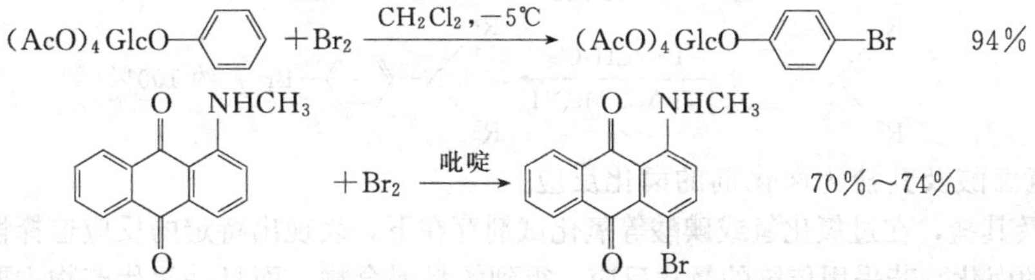

单质氯或溴可以在 Fe 粉或 $AlCl_3$ 存在下发生芳环上的卤化反应，许多药物或药物中间体的合成可采用这一反应来完成。依来曲普坦（eletriptan, relpax）是美国辉瑞公司于 2002 年上市的一种用于治疗偏头痛的药物，其中间体 **1-16** 就可通过直接溴化的方法来合成。

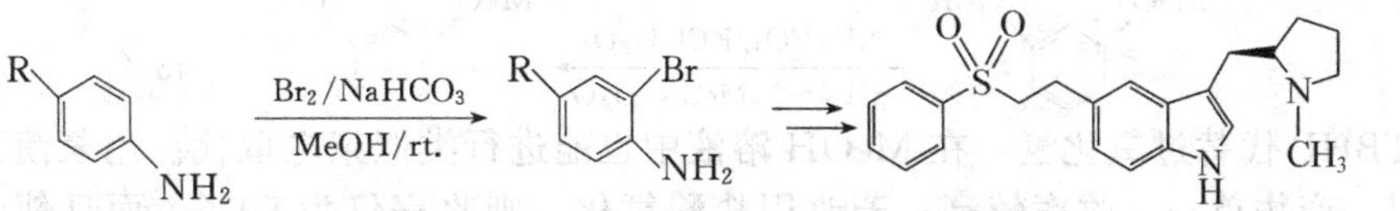

1-16　　　　依来曲普坦

路易斯酸催化卤化是一个常见的反应，通过选择适当的催化剂，能够获得高选择性的卤化产物，特别是当芳环上有强给电子基团时，不仅能够控制性地实现一次卤化，而且卤化反应往往高选择性地发生在取代基的对位。例如，在 BF_3 催化下，单质氟与芳烃的卤化反应符合取代基定位规则，而其反应历程与其它卤化反应过程相似。

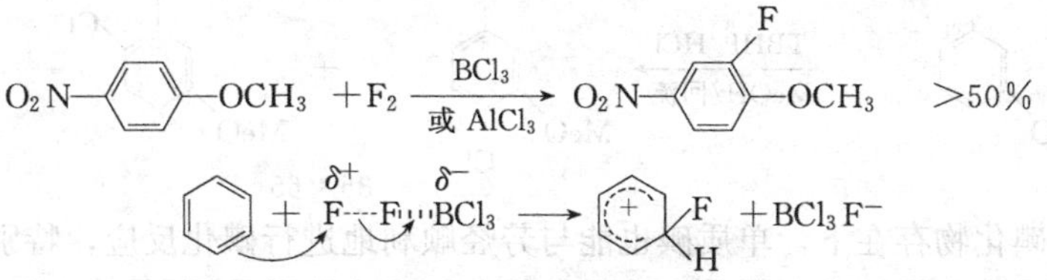

用单质碘为卤化剂直接碘化，由于反应生成的碘化氢具有还原性，可以使碘代芳烃还原脱除碘，所以在多数情况下反应难以完成。对活泼芳烃，可在 Al_2O_3 或 CF_3COOAg 存在下直接碘化，选择性地实现对位取代。用亚硝酰四氟硼酸盐催化时，能极大地提高反应的产率，其反应机理与常见的路易斯酸催化反应机理相似。

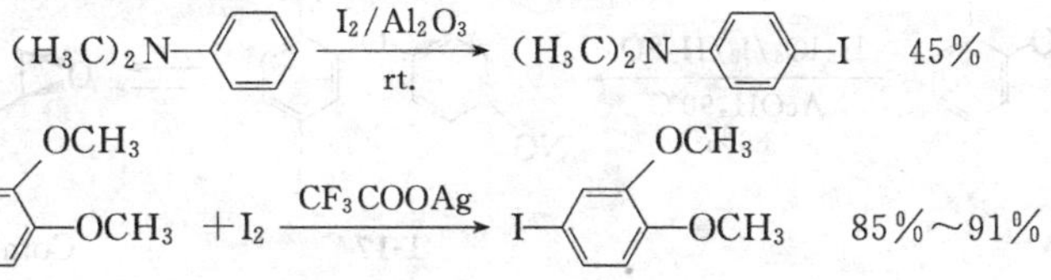

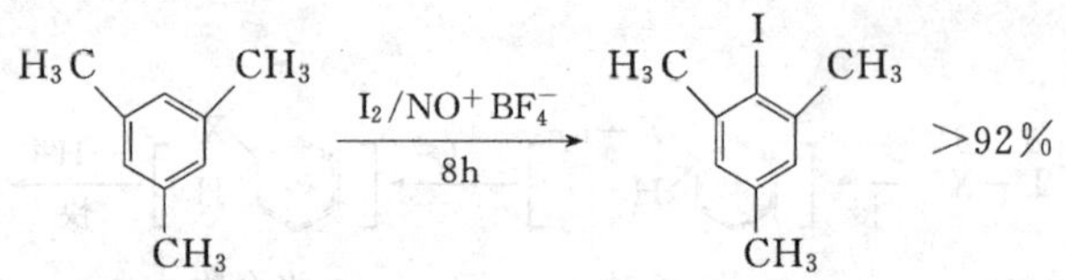

卤素单质与芳烃进行的卤化反应，可在不同温度、不同酸（碱）性介质和催化剂条件下进行，而且有可能获得优良的卤化反应结果。与路易斯酸催化反应十分相似，质子酸及其铵盐同样能导致卤素极化异裂而产生亲电的卤素正离子，进而与芳香环发生亲电卤化反应。

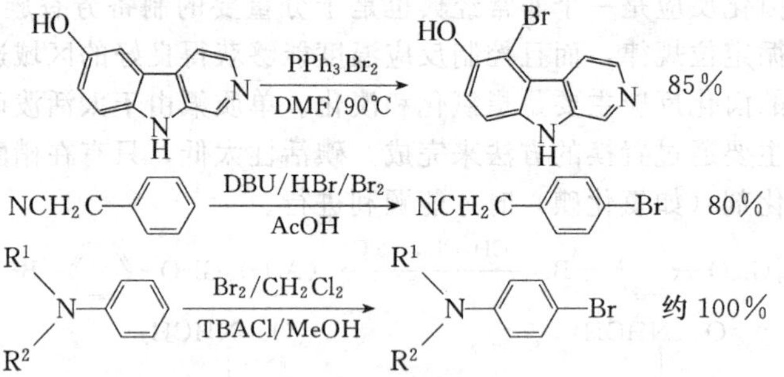

（二）氢卤酸及其盐为卤化剂的卤化反应

氢卤酸及其盐，在过氧化氢或碘酸等氧化试剂存在下，表现出特定的反应选择性。例如1,3-二甲氧基苯的卤化，若采用传统的氯化反应，得到的是混合物，而且一氯代产物主要是2,4-二甲氧基氯苯，但在钒酸铵和过氧化氢存在条件下与KCl发生氯化反应，可选择性地获得芳环的2-位取代产物。类似的反应用于苯甲醚的溴化，但是溴化位置发生在了甲氧基的对位，收率可达98%。

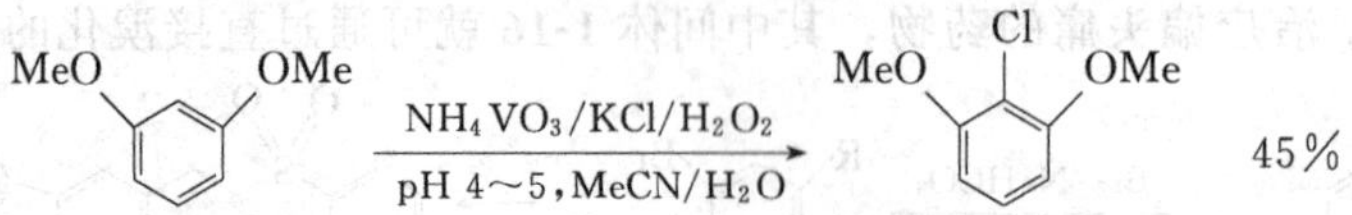

用TBHP代替过氧化氢，在MeOH溶液中也能进行类似亲电取代。用氢溴酸为溴源发生溴化时，产物单一，收率较高；若改用盐酸氯化，则收率仅为50%，而且邻、对位氯化产率之比为35∶65。

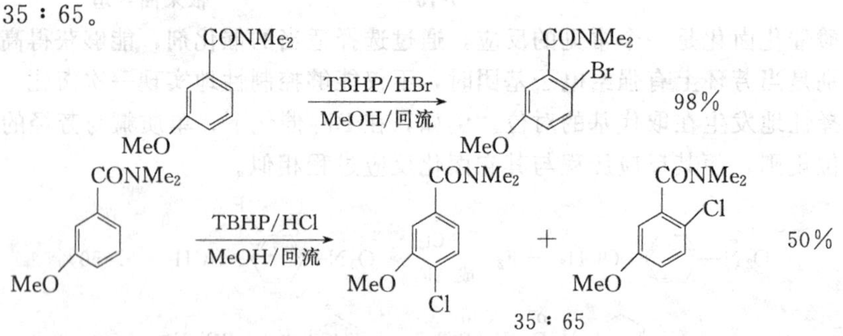

在高氧化态碘化物存在下，单质碘也能与芳烃顺利进行碘化反应，特别是芳环上连有较强给电子基团时还能选择性地生成单一碘化产物。如具有抗肿瘤活性的天然产物Combretastatin D-1的中间体**1-17**的合成。利奈唑胺（linezolid）是2000年上市的一种抗生素，也是噁唑啉酮类抗生素中第一个上市的药物，其关键中间体**1-18**的合成就采用类似的过程实现的。

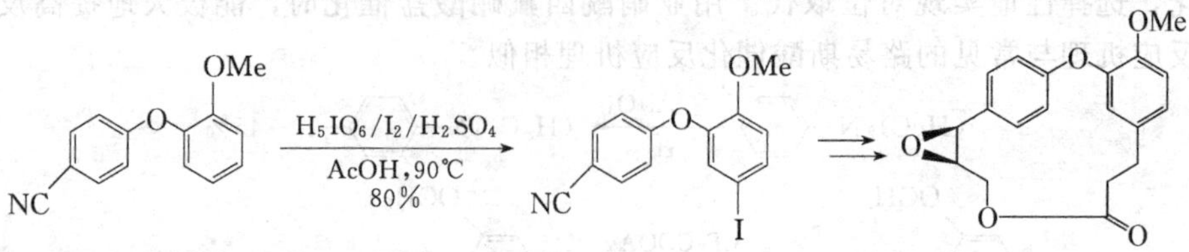

1-17　　　　　　　Combretastatin D-1

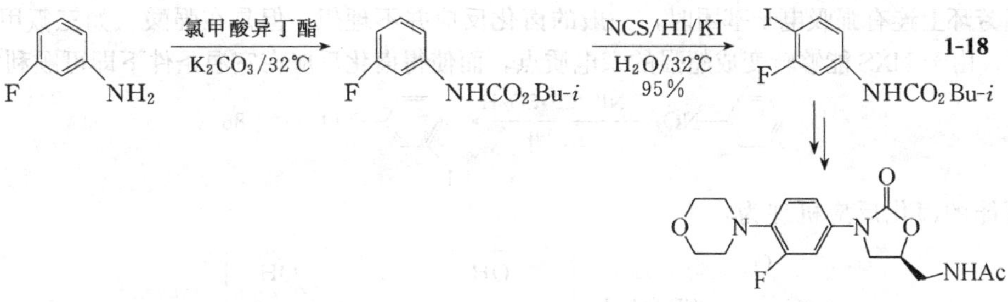

1-18

利奈唑胺

（三）胺氮卤化物为卤化剂的卤代反应

胺氮卤化物是指胺或酰胺类化合物的氮原子上连有卤原子的一类化合物，如 N-氯代丁二酰亚胺（NCS）、N-溴代丁二酰亚胺（NBS）、N-溴代乙酰胺（NBA）和 N-氯代乙酰胺（NCA）等。虽然这类卤化试剂最初是用来代替卤素单质制备烯丙基卤化物或其类似物，但后来发现它们既可在过氧化物存在下发生自由基卤化反应，也可在一定条件下作为卤素正离子源而发生亲电卤化反应。近年来报道了许多具有 N—F 键结构，能用于合成含氟芳香烃衍生物的试剂。这类试剂的典型代表有 N-氟代邻苯二磺酰亚胺（NFOBS）、N-氟代丁二酰亚胺（NFS）等。

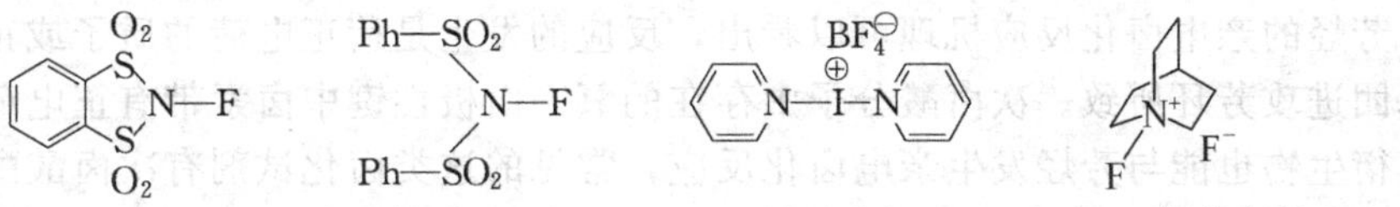

NFOBS　　　　NFSi　　　　(Py)₂I⁺BF₄⁻　　　N-氟代氟化奎宁

NXS（X=Cl，Br，I）是这类卤化试剂中结构相对简单、容易大量获得、使用频率最高的一种，NBS、NCS 作为卤化试剂具有反应迅速、操作简便、产率高的特点，而且反应大多在质子酸、路易斯酸或极性溶剂中完成。

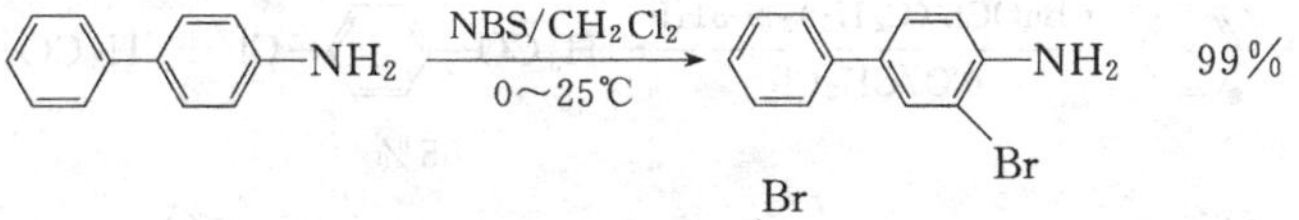

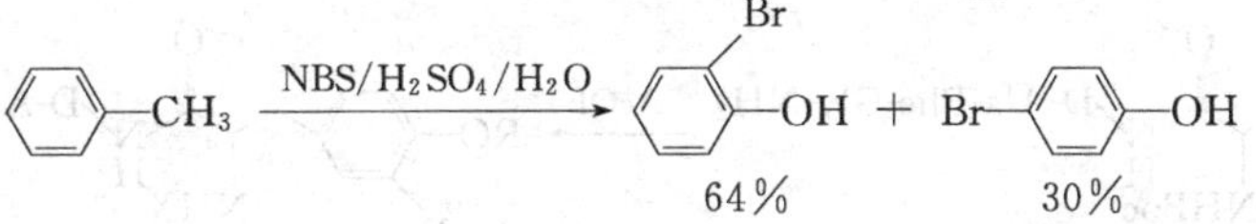

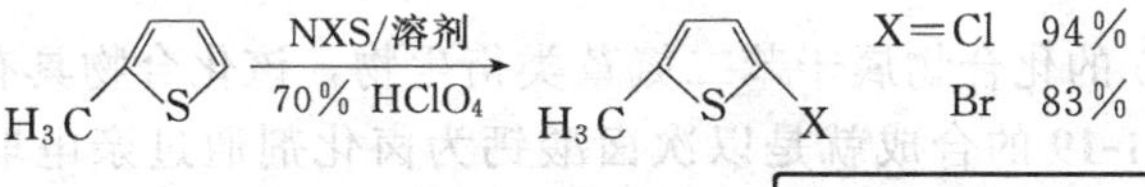

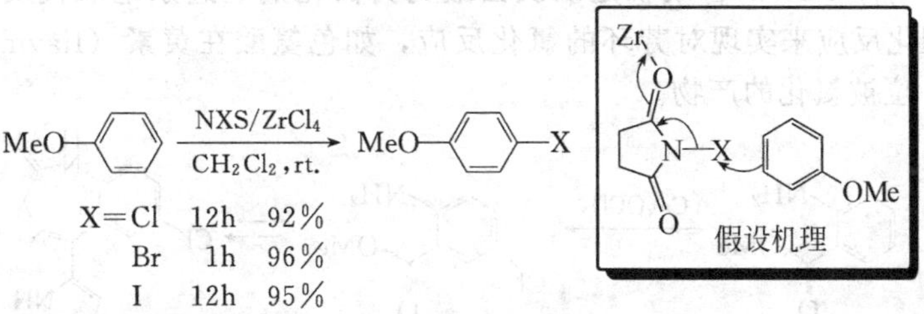

对于连有较强给电子基团的芳环，无论氯化、溴化还是碘化，通常收率较高，而且能选择性生成单一卤化产物，但不同卤化试剂的区域选择性不同。

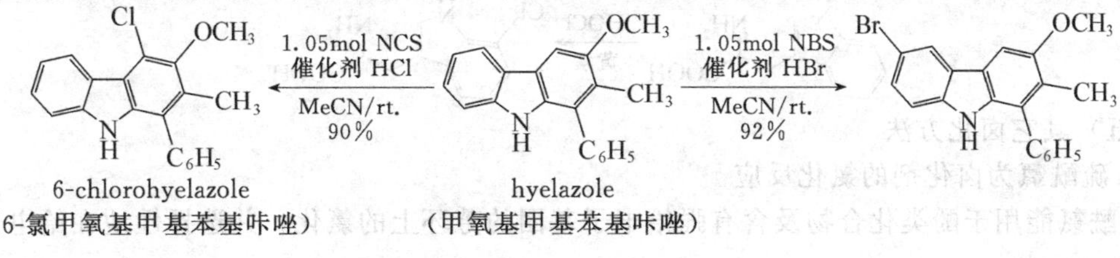

6-chlorohyelazole　　　　hyelazole

（6-氯甲氧基甲基苯基咔唑）　　（甲氧基甲基苯基咔唑）

当芳环上连有强吸电子基团时，一般的卤化反应并不理想。但是在强酸（如三氟甲基磺酸）存在下，由于 NXS 能够转变成超强的亲电质点，而使得卤化反应在室温条件下即可顺利完成。

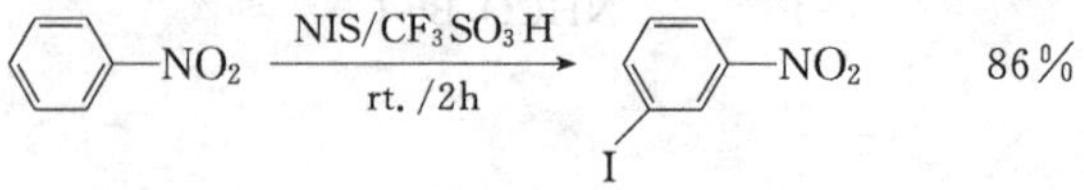

可能的卤化反应机理为：

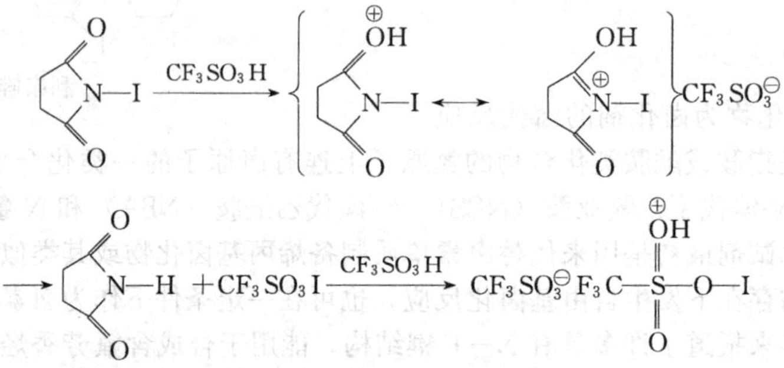

（四）次卤酸及其衍生物为卤化剂的卤化反应

由芳烃的亲电卤化反应机理可以看出，反应的发生是荷正电荷的质子或正离子或带正电荷的基团进攻芳环所致。次卤酸分子中存在的氧—卤极性键中卤素带有正电荷，因此，次卤酸及其衍生物也能与芳烃发生亲电卤化反应，常见的这类卤化试剂有次卤酸酯、乙酸次卤酸酐以及次卤酸盐等。当芳环连有给电子基团时，卤化反应容易进行，收率较高，反应选择性也好；反之，则反应结果不理想。这类卤化试剂可以直接与芳香氨基酸发生卤化反应，用于合成芳环含有卤素的非天然芳香氨基酸或对应的肽类化合物。

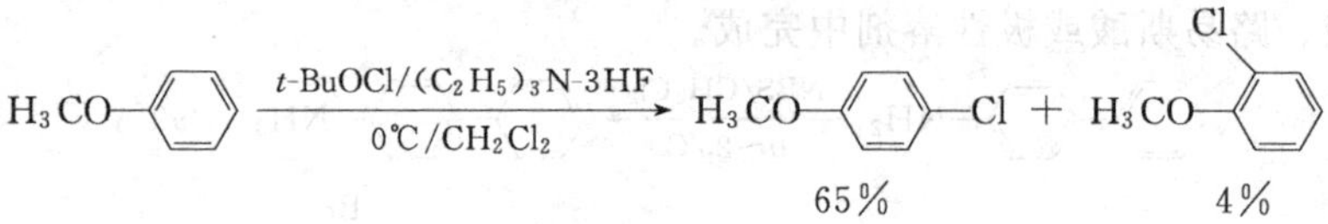

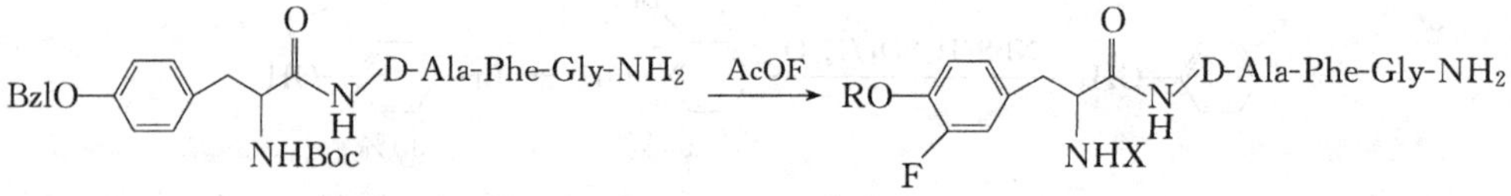

商品名 Ro 5-3335 的化合物属于苯二氮䓬类衍生物，该化合物具有抗 HIV-1 Tat 蛋白的活性作用，其中间体 **1-19** 的合成就是以次卤酸钙为卤化剂通过亲电取代反应完成的。次氯酸还可通过酶催化反应来实现对芳环的氯化反应，如色氨酸在黄素（flavin）存在下，与次氯酸反应得到 7-位被氯化的产物。

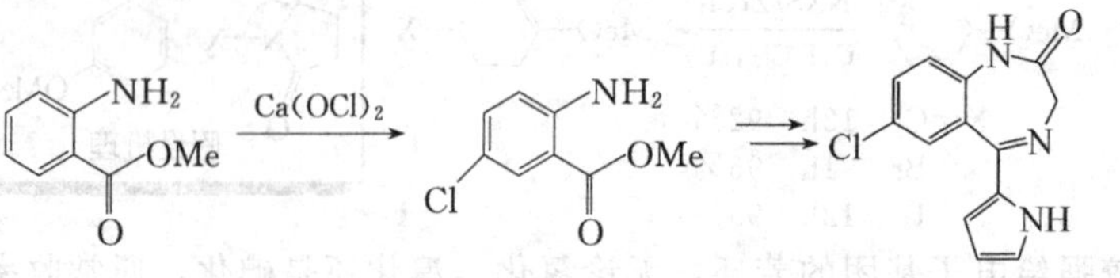

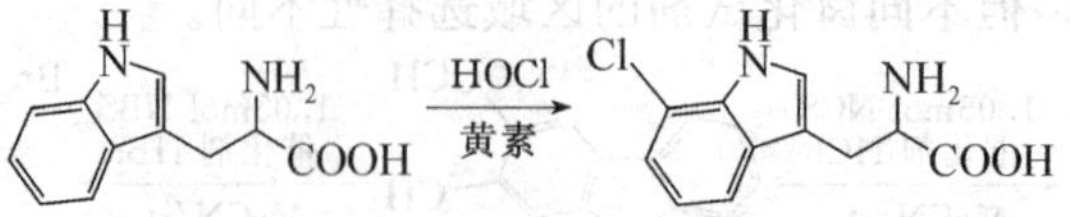

（五）其它卤化方法

1. 硫酰氯为卤化剂的氯化反应

硫酰氯能用于酚类化合物及含有强给电子基团的芳环上的氯化，并选择性地在给电子基团的对位取代。若酚羟基的邻位有烷基时，对反应产率有一定的影响，且不同的烷基对产率影响有所不同。当反应体系中存在 $(i\text{-Bu})_2NH$ 这样高位阻的碱时，硫酰氯反应的选择性与上述结果恰好相反，主要产物为邻位氯代异构体。

$$R = Me > Et > n\text{-Pr} > s\text{-Bu} > i\text{-Pr} > t\text{-Bu}$$

产率（%）　94　92　92　91　89　80

2. 卤素互化物为卤化剂的卤化反应

卤素互化物相比卤素单质的反应活性更高，因为在互化物中电负性小的卤素带有部分正电荷，所以在亲电反应中不存在卤—卤键的极化过程。如苯甲酸乙酯与氟化溴在 $-78℃$ 条件下的反应，能以 95% 的产率得到间位溴化产物。

Koser's 试剂（简写为 HTIB）是一种与卤素互化物十分相似的卤化试剂，其结构中的三价碘原子通过与卤素单质或卤素负离子的相互活化作用，使其成为卤化试剂。有趣的是，这类卤化试剂易与多烷基苯发生反应，而与苯、甲苯以及苯乙酮均不发生卤化反应，Koser's 试剂在此更多地是呈现出催化作用。与 HTIB 结构相似的化合物表现出相似的性质。

3. 芳汞化卤解反应

羧酸汞在极性溶剂中能与芳烃（特别是活泼的芳烃）发生反应，生成芳香羧酸的汞盐，这类汞化物具有更强的亲核能力，极易与各类卤化试剂作用生成芳卤化产物。

4. 芳香烃卤甲基化反应

有一种常见的卤化反应就是在芳香环上引入卤甲基的反应，也称为 Blanc 反应。当芳环上连有给电子基团时，对反应有利；反之，则不利于反应的进行。如硝基苯很难发生卤甲基化反应，而酚类则容易发生卤甲基化。常用的卤甲基化试剂有甲醛-卤化氢、多聚甲醛-卤化氢、卤甲醚等。质子酸（硫酸、磷酸、乙酸）和路易斯酸（$ZnCl_2$、$AlCl_3$、$SnCl_4$）等均可催化反应。

$$\text{苯} + HCHO + HCl \xrightarrow{ZnCl_2} \text{苄氯}$$

$$\text{噻吩} \xrightarrow[<0℃]{HCHO, HCl} \text{氯甲基噻吩} \quad 45\% \sim 49\%$$

除了芳香烃化合物，烯烃也可以进行氯甲基化反应。如镇痛药布桂嗪（bucinnazine）的中间体 **1-20** 的制备就是采用了烯烃的氯甲基化反应。

$$\text{苯乙烯} + HCHO + HCl \xrightarrow[70\%]{\text{加热}} \text{肉桂基氯} \quad \textbf{1-20}$$

布桂嗪

二、芳杂环上的亲电卤化反应

芳杂环上的亲电卤化反应较为复杂，对于富电子体系的吡咯、呋喃、噻吩等容易发生反应，而且时常得到多卤化产物；在卤化试剂相同的前提条件下，它们的反应活性顺序为：吡咯＞呋喃＞噻吩＞苯，而且2-位的反应活性较3-位要高；如果在吡咯、呋喃、噻吩的2-位连有吸电子基团，则可以在温和条件下，用单质卤素来完成5-位或4-位的单取代卤化反应。

$$\xrightarrow[\text{rt.}]{Br_2/AcOH} \quad 100\%$$

$$\xrightarrow{Br_2/DMF} \quad 98\%$$

对于缺电子体系的吡啶类化合物，通常卤化反应产率不理想，而且不能用 $AlCl_3$ 来催化反应，发烟硫酸催化或选用高活性的卤化试剂与较强的反应条件，才能取得良好的结果。但 N-氧化吡啶则具有较高的卤代反应活性，特别是2-位或4-位。如抗结核药物丙硫异烟胺（protionamide）的中间体2-异丙基-4-氯吡啶和2-氯吡啶的合成，就是用 $POCl_3$ 来对吡啶环进行亲电氯化反应。

$$\xrightarrow[130℃]{Br_2/H_2SO_4/SO_3} \quad + HBr \quad 86\%$$

$$+ Br_2 \xrightarrow{HBr} \quad 89\%$$

$$\xrightarrow{H_2O_2/AcOH} \xrightarrow[60\% \sim 65\%]{POCl_3}$$

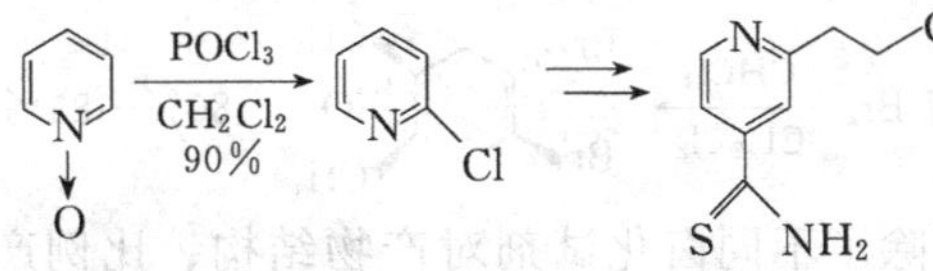

第三节　亲电加成卤化反应

　　具有烯键或炔键的化合物均可以同卤素、次卤酸、次卤酸酯、N-卤代酰胺、卤化氢等卤化试剂发生加成反应，生成饱和卤代烃或卤代烯烃。反应机理：属于亲电加成反应。在实际反应过程中，可能涉及卤鎓离子过渡态，或卤化剂发生异裂形成离子对，然后再与不饱和键进行亲电加成。

一、不饱和烃与卤素的亲电加成反应

（一）二卤化物的合成

　　除了通过不饱和烃的自由基卤化反应可获得二卤化物之外，还可通过不饱和烃的加成反应来获得二卤化物。如二氟化物可由 CF_3SO_2NF 和吡啶的氢氟酸盐在 CH_2Cl_2 溶液中与不饱和烃加成，产率一般高于 80%。

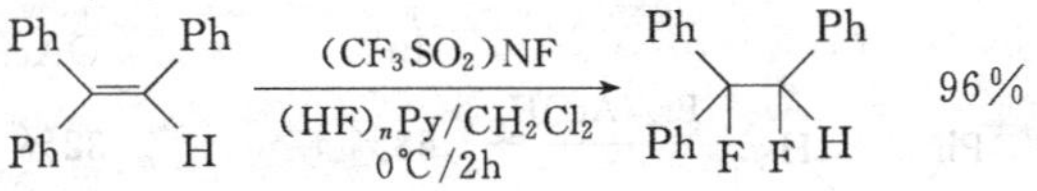

　　氯或溴与烯烃的反应属于亲电加成，其产物可作为重要的有机合成中间体。通常反应在 CCl_4、$CHCl_3$、CS_2 等溶剂中进行，溴或氯可直接与烯烃反应，生成 1,2-二卤化物，并且以反式（anti-）加成产物为主，顺式（syn-）产物一般较少。溴与烯烃的反应历程可表示如下：

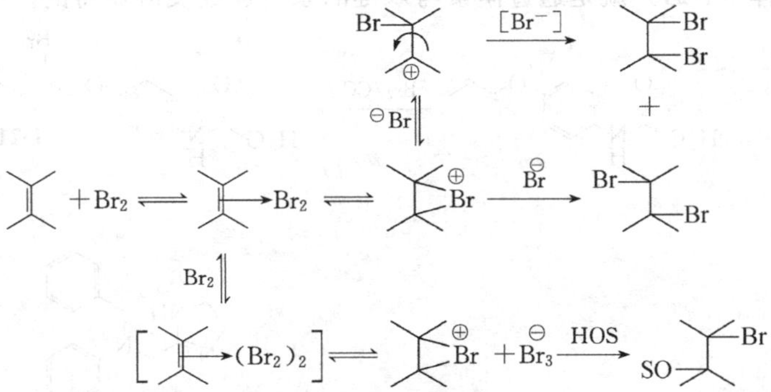

　　氯气的加成反应与之类似，但形成氯鎓离子的倾向较小，更多的则是生成开放式碳正离子。单质碘活性太低，不能反应，氟单质反应过于剧烈，难以控制。

　　从反应机理可以看出，卤素与烯烃的加成产物的立体化学，主要取决于烯烃的结构及取代基的空间位阻，同时也受反应条件的影响。如在脂环烯的卤素加成反应中，受烃分子的刚性以及取代基空间位阻的影响，卤素原子只能从双键平面位阻较小的一侧进攻而形成卤鎓离子，随后的卤负离子就从三元环的背面进攻而得到反式 1,2-二卤化物。对于刚性稠环烯烃类化合物，这种反式加成的立体选择性倾向尤为突出。

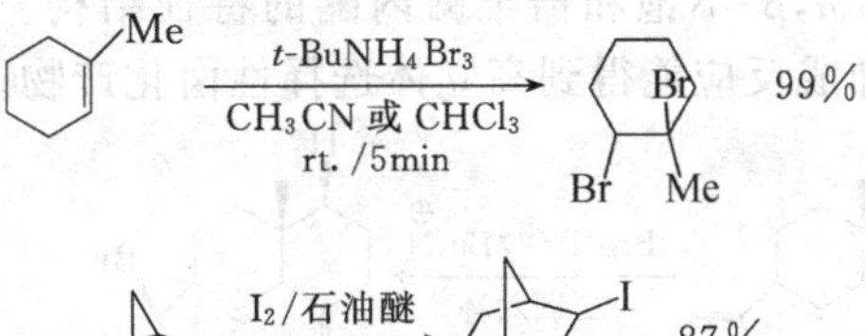

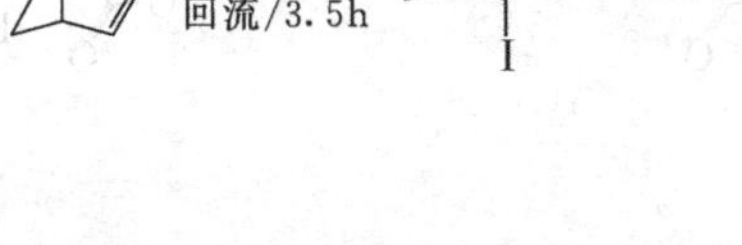

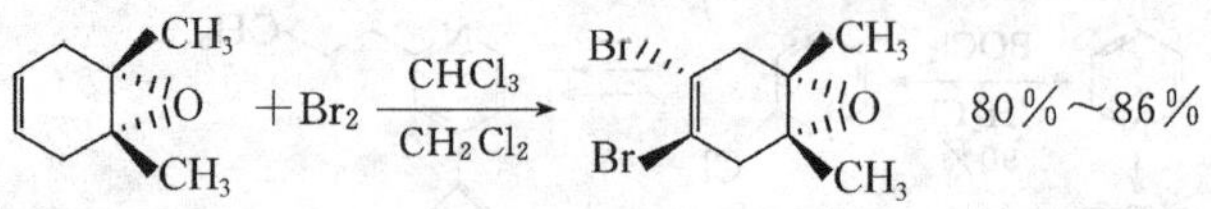

　80%～86%

在考虑各种因素的影响时，除了不同卤化试剂对产物结构、比例产生不同的影响之外，还需考虑烯烃或炔烃结构对反应的影响，即连接在不饱和键上取代基的电子效应与空间位阻，以及所形成的中间体过渡态的稳定性，包括反应溶剂对产物组成的影响。

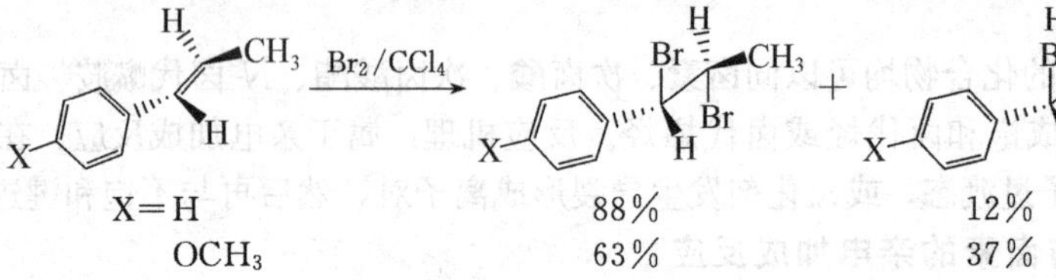

X＝H	88%	12%
OCH₃	63%	37%

如果在极性溶剂中进行加成反应时，亲核性的溶剂很容易参与到反应中，如水、羧酸、醇等。在烯烃与溴进行亲电加成反应的体系中，添加 LiBr 等卤化试剂，可显著提高卤化产率，减少副反应。

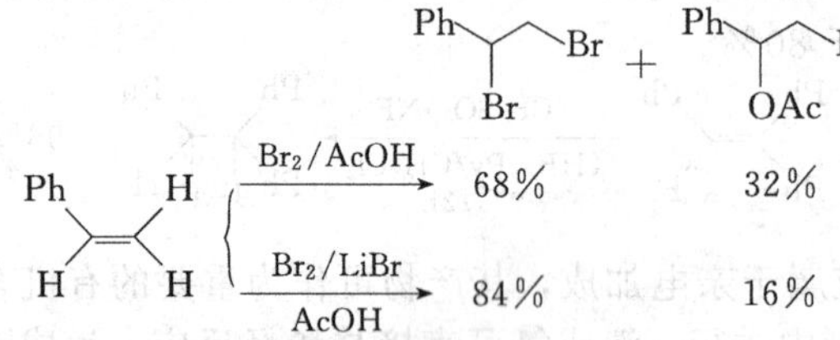

安他唑啉（antazoline）是一种抗心律失常药物，已报道的合成路线有十多条，其中一条路线的中间体（**1-21**）就是通过溴素与双键的亲电加成反应获得的。

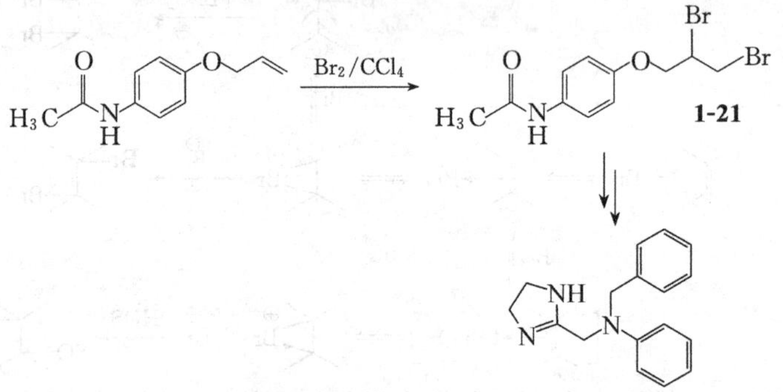

安他唑啉

环外双键的加成反应一般比环内双键容易进行，选择性较差。但是，当反应体系中加入适当的铵盐，特别是季铵盐时，能获得较好的选择性结果。

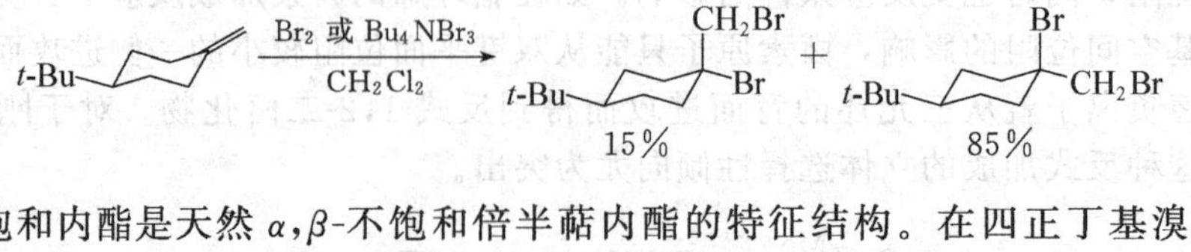

α,β-不饱和内酯是天然 α,β-不饱和倍半萜内酯的特征结构。在四正丁基溴化铵的存在下，其环外双键与卤素的加成反应能得到高立体选择性卤化产物。

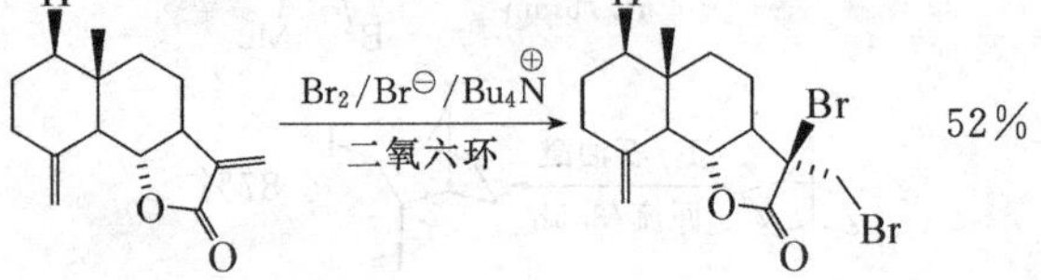

　52%

96%

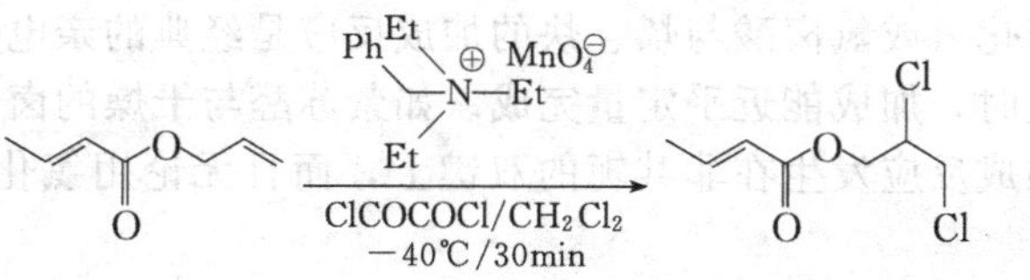

（二）异二卤化物的生成

卤素与不饱和烃的加成反应中同时存在两种不同的卤负离子时，将会有不同加成产物生成，如异二卤化物生成。一般的异二卤化物可用胺的氢卤酸盐与 NXS 在 CH_2Cl_2 溶液中反应得到。如含氟的异二卤环己烷可用 NXS 与环己烯在四丁基二氟化铵盐（TBABF）存在下反应得到，反应随卤原子的不同而有所差异，碘的产率最高，氯的收率最低。反应的可能机理是，NXS 首先与 TBABF 反应生成卤素互化物氟化卤，然后再与烯烃反应得到异二卤化物，即真正的卤化试剂可能是卤素互化物。

X=Cl　47%
Br　65%
I　91%

$$NBS + HF_2^{\ominus} \rightleftharpoons NS^{\ominus} + [BrF] + HF$$

49%

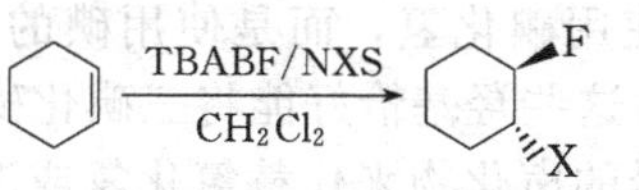

用吡啶代替脂肪胺也能使烯烃与 NXS 在氢氟酸存在下发生亲电卤化反应，但当环状烯烃双键上存在较大空间位阻时，虽然主要加成产物中卤素处于直立键，但平伏键产物也有相当量，其比例约 6∶4。

X=Br	64%	36%
Cl	60%	40%

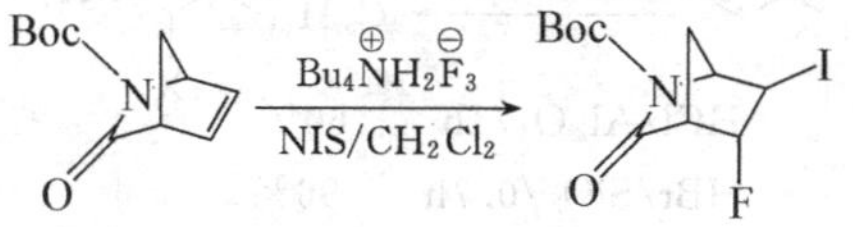

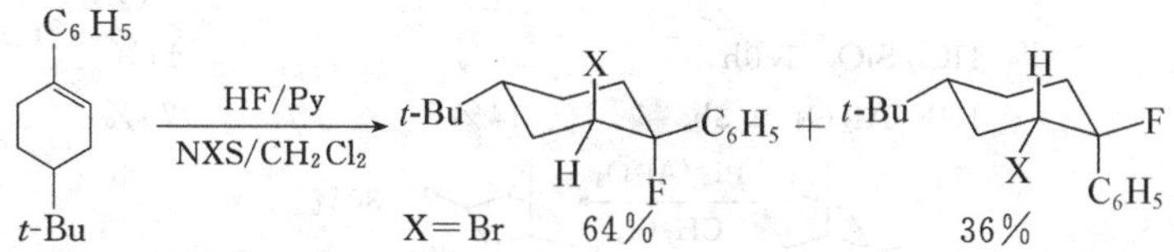

凯林（khellin）是一种天然血管扩张剂，具有与罂粟碱相似的解痉作用，作为药物应用已有3000 多年的历史。若将其结构中的呋喃环转变为异二卤化物结构，就能成为新药研究与开发中的重要中间体。这一转化通过用 NBS 与氢氟酸的混合物在 CH_2Cl_2 溶液中处理凯林就可以实现。

82%

凯林

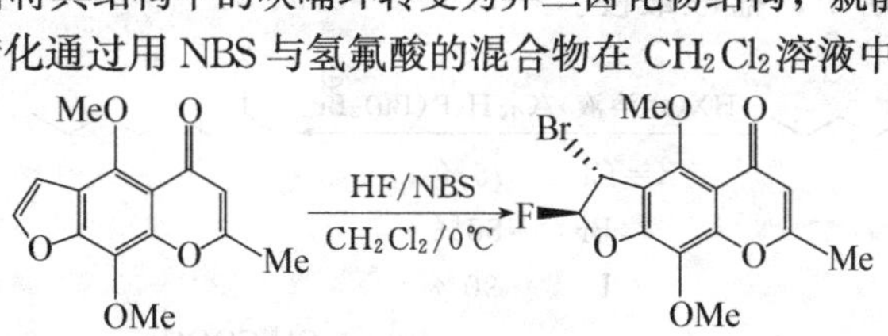

二、不饱和烃与卤化氢或氢卤酸的亲电加成

卤化氢与不饱和烃的加成是合成单卤化产物的一种重要途径，多数情况下按亲电反应机理进行，遵循 Markovnikov 规则；在光照或过氧化物条件下，溴化氢对烯烃的加成按自由基机理进行，产物分布与亲电加成恰好相反；加成产物违反 Markovnikov 规则，溴原子加到含氢较多的烯烃碳原子上。实际应用中，可采用卤化氢气体、卤化氢气体饱和有机溶剂或浓的卤化氢水溶液与不饱和烃反应。

91%　　6%

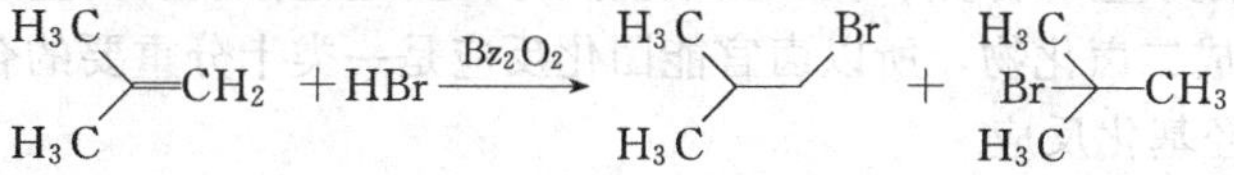

路易斯酸催化下卤化氢或氢卤酸与烯、炔的加成反应是经典的亲电加成反应。当烯与卤化氢在液态 SO_2 中反应时，加成能近乎定量完成。如紫苏醛与干燥的卤化氢气体在液态 SO_2 中不仅能选择性地使加成反应发生在非共轭的双键上，而且无论用氯化氢还是溴化氢气体，其产率均可达到 99%。

在 SiO_2 或 Al_2O_3 催化下卤化氢与不饱和烃的加成反应是具有实用价值的方法之一。这种方法的优越性在于产物易于分离，反应既能在固体表面上进行，也能在 CH_2Cl_2 溶液中完成。一般情况下溴化氢的加成产率高于氯化氢的产率，烯烃的加成效率优于炔烃。可用类似的方法合成碘化物，但是通常不直接使用碘化氢，而是使用碘的磷化物。因为无论 SiO_2 还是 Al_2O_3，其表面均存在大量羟基，而这些羟基恰好能将三碘化磷分解为碘化氢，从而实现不饱和烃的加成反应。也可以用相应磷的卤化物来代替氯化氢或溴化氢实现卤化反应。

$$C_5H_{11} \xrightarrow{HX/CH_2Cl_2} C_5H_{11} \overset{CH_3}{\underset{X}{|}}$$

HCl/Al_2O_3/1h　　60%
HBr/SiO_2/0.7h　　96%

	(E)	(Z)
HCl/SiO_2/1.0h	39%	11%
HBr/Al_2O_3/0.3h	14%	79%

最为简便的卤化氢与不饱和烃的加成反应是在相转移催化下，直接使氢卤酸与不饱和烃在 115℃ 左右进行反应。常用的相转移催化剂有季铵盐或季磷盐。不同的氢卤酸反应活性不同，氢碘酸最快，氢溴酸居中，盐酸最慢。

X=Cl　75%
　　Br　88%
　　I　90%

$[\alpha]_D^{25}$ +20.2°

三、不饱和烃的卤官能团化反应

不饱和烃与卤素的亲电加成反应体系中，存在其它亲核性试剂时，包括亲核性溶剂，就会在生成二卤化物的同时，生成卤化官能团化加成产物，即卤官能团化反应。能够引入的官能团包括羟基、烷氧基、酰氧基、含氮、硫以及硒基团等，且通过控制和调整不同卤化试剂，能够使反应选择性地不生成二卤化物，所以卤官能团化反应是一类十分重要的合成反应。

（一）烯烃的卤羟基化反应

烯烃与次卤酸的加成反应，或是水溶液条件下烯烃与卤素的加成反应，都是经典的烯烃的卤羟基化反应，这种反应在制备小分子量的 β-卤代醇时具有重要的应用价值。次卤酸或次卤酸酯对烯或炔的加成反应，往往得到反式加成产物，且符合 Markovnikov 规则。然而，如果要转化较为复杂分子结构中的双键为 β-卤代醇时，这一方法就有一定的局限性。

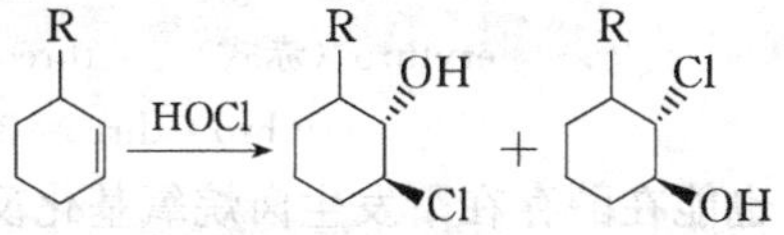

N-卤代酰胺或含有 N—F 键结构的化合物在水相条件下与烯烃的加成反应，是最有效的卤羟基化反应之一，反应同样遵循反式加成规则，生成 β-卤代醇。氟、氯、溴、碘羟基化反应均能取得较好的立体选择性。

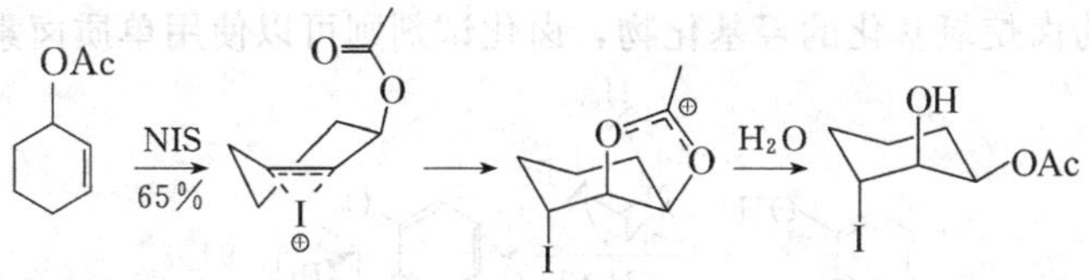

口服 HIV 蛋白酶抑制剂 L734 是目前临床用于抗艾滋病治疗的药物，其合成关键中间体是具有光学活性的化合物 β-碘代醇（**1-22**）。它的合成可用 NIS 在乙酸异丙酯的水溶液中于 20℃ 条件下反应 1h，产率可达 92％。

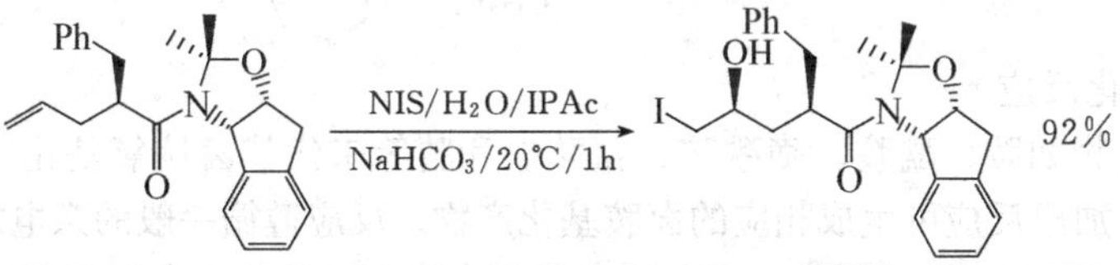

1-22

用可溶性的羧酸银为卤负离子捕集剂，能催化烯烃与卤素的加成反应，在得到 β-卤代羧酸酯之后，可进一步与甲醇发生酯交换反应生成 β-卤代醇。

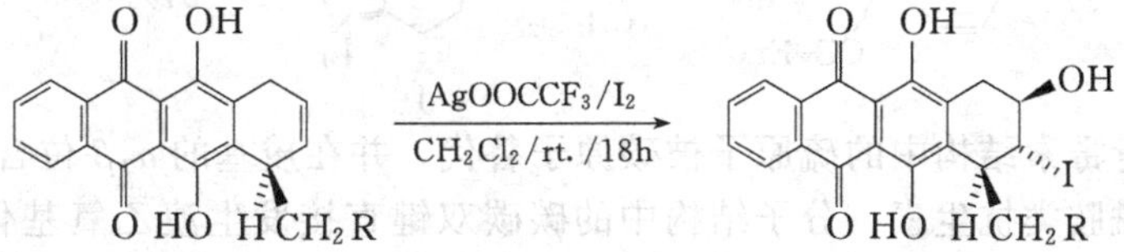

（二）卤烷氧基化反应

单质卤素在醇存在下与不饱和烃反应生成 β-卤代醚，即发生卤烷氧基化反应。反应遵循不对称加成规律，且以反式加成产物为主。一般的氟烷氧基化反应于 -45℃ 下在乙腈溶液中进行；而氯、溴、碘烷氧基化反应则在 CH_2Cl_2 溶液中进行，为了使反应便于操作，常加入叔胺。

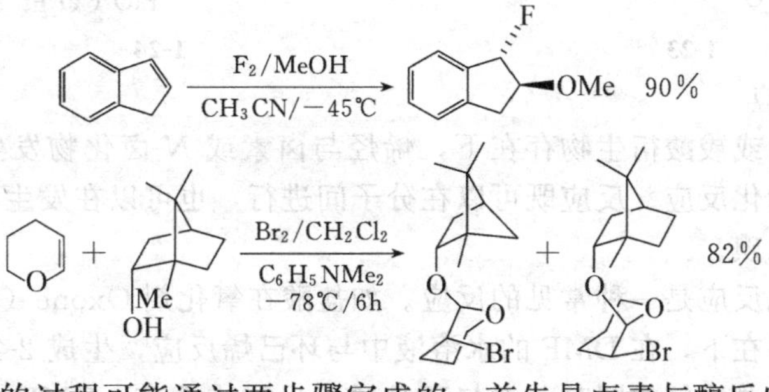

实际上这一反应的过程可能通过两步骤完成的，首先是卤素与醇反应生成次卤酸酯，然后次卤酸酯与烯烃加成，因而可以直接使用次卤酸酯来完成卤烷氧基化反应。

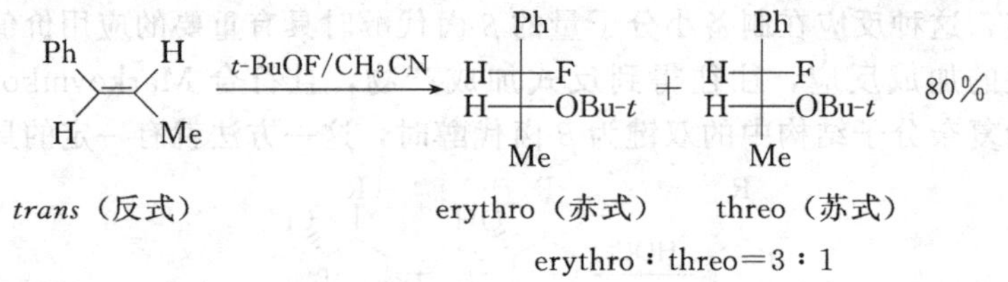

erythro : threo＝3 : 1

使用 *N*-卤化物作为卤源，也能在醇存在下发生卤烷氧基化反应。首先 *N*-卤化物与双键作用形成卤𬭩离子或开放式碳正离子，然后醇羟基氧原子的孤对电子对其进攻，形成卤烷氧基化产物。有许多可用于卤烷氧基化反应的 *N*-卤化物，包括 NBA、NCA、NBS、NCS 等，且大部分反应产率较高，反应条件温和。卤烷氧基化反应既可以发生在分子间，也可以发生在分子内。醇、酚均可作为卤烷氧基化的羟基化物，卤化试剂则可以使用单质卤素或 *N*-卤化物等。

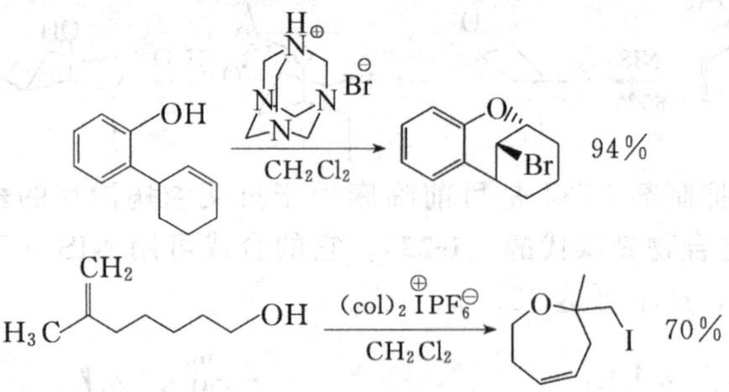

（三）卤胺基化反应

可用含氮化合物如胺、酰胺、磺酰胺、氰酸盐和腈等来代替卤烷氧基化反应中的醇，在卤素与不饱和烃发生加成反应可生成相应的卤胺基化产物。反应遵循一般的亲电加成规律，既可以在分子内进行，也可以发生在分子间。实施反应过程中常用碳酸盐来中和反应过程中产生的酸。

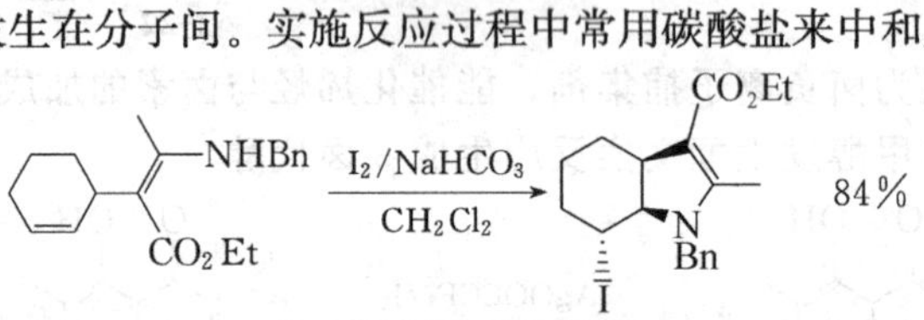

碳青霉素是青霉素结构中的硫原子被碳原子替代，并在羧基的 α,β-位含有一个碳碳双键的一类新型 β-内酰胺类抗生素，分子结构中的碳碳双键直接发生溴乙氧基化反应较为困难。但若以适当的单环 β-内酰胺衍生物（**1-23**）为原料，就可以在分子内溴酰胺化反应的同时生成碳青霉素双键的溴乙氧基化加成产物（**1-24**）。

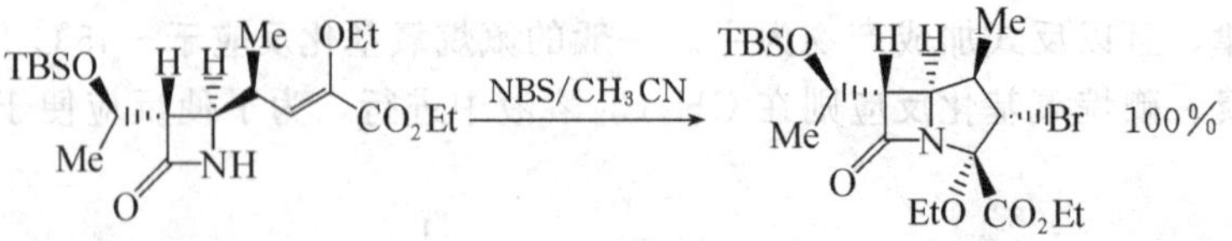

（四）卤酯化反应

在羧酸、羧酸盐或羧酸衍生物存在下，烯烃与卤素或 *N*-卤化物发生反应，通常生成 β-卤代酯，即发生卤酯化反应。反应既可以在分子间进行，也可以在发生在分子内，卤素可以是单质氟、氯、溴和碘。

分子间的卤酯化反应是一种常见的反应。如盐酸在氧化剂 Oxone（过硫酸氢钾、硫酸钾的结晶水合物）的存在下，在 DMF 的水溶液中与环己烯反应，生成 2-氯环己醇甲酸酯。在氧化剂将盐酸氧化成单质氯的同时，氯与环己烯发生加成反应，DMF 分子中羰基氧的孤对电子进攻碳正离子完成亲核加成，最后水解得到卤酯化产物。

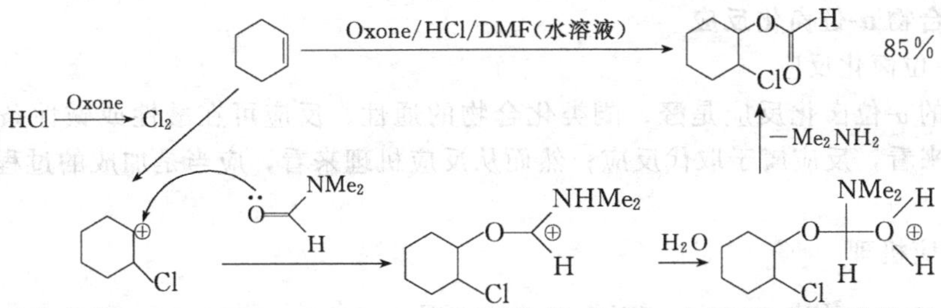

N-卤化物如 NBS、$(CF_3SO_2)_2NF$ 亦可作为卤源，在羧酸或羧酸盐存在下发生加成反应，高产率地生成相应的卤酯化产物。

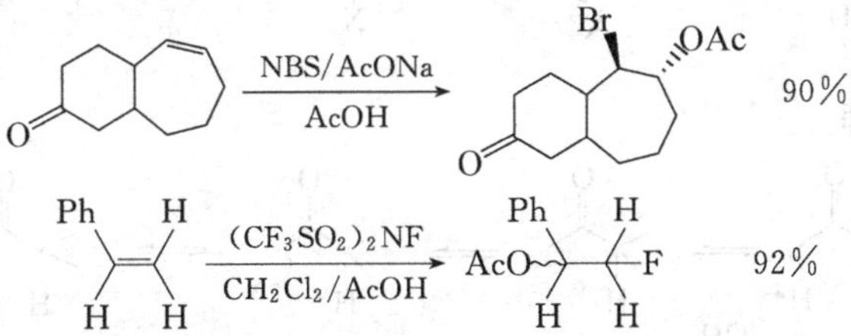

脂肪族的 γ,δ-不饱和羧酸或 δ,ε-不饱和羧酸、羧酸酯以及酰胺，发生卤酯化反应时常生成五、六元环的 β-卤代醇内酯，即卤内酯化反应。如果用卤素单质作卤化剂，反应一般在碳酸氢钠存在下进行，产率较高，并有较好的选择性。

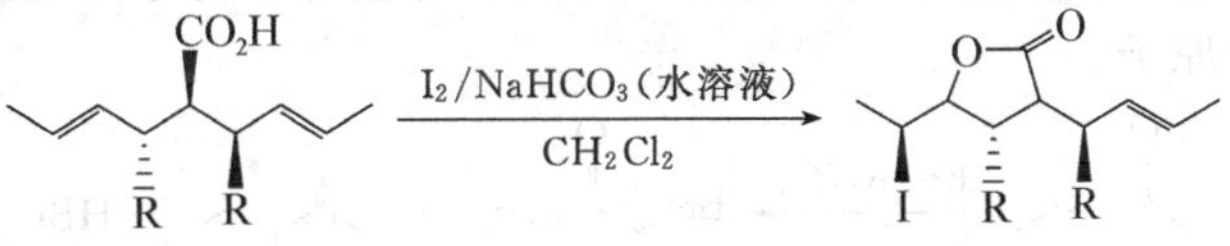

四、硼氢化卤解反应

不饱和烃的硼氢化反应是有机化学中的基本反应，产物分布违反 Markovnikov 规则。烷基硼用卤素或卤素互化物处理时，生成硼被卤取代的产物，即硼氢化卤化反应。采用这一反应得到的最终加成产物与不饱和烃直接与卤化氢加成产物恰好相反，而且卤化产物保留了原有硼化物的立体结构，具有良好的区域选择性和立体选择性。

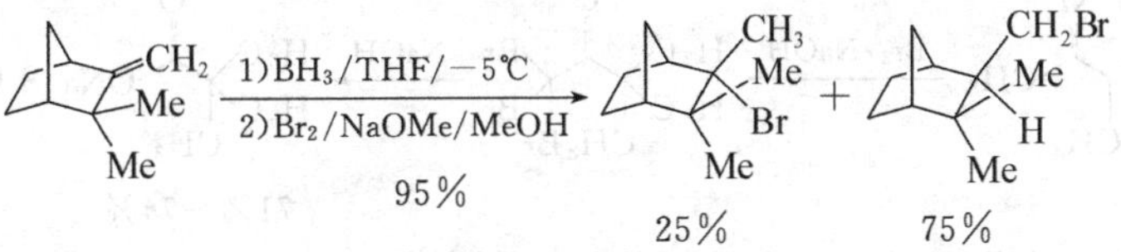

烯烃与硼烷反应生成烷基硼后，可在如氯胺-T 存在下，与碘化物反应实现卤解反应生成碘化物。

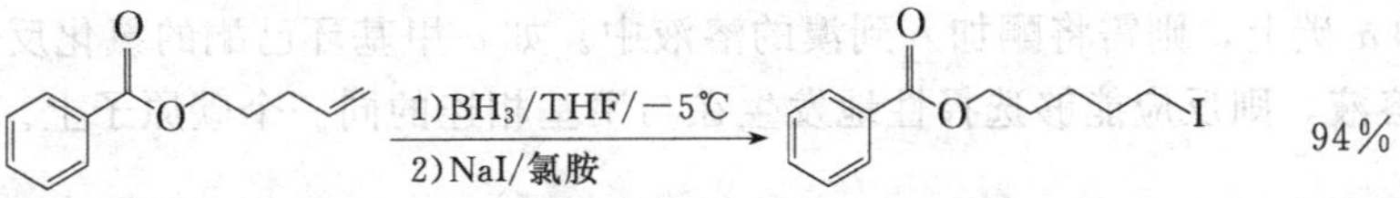

雌酮-3-甲醚（estrone methyl ether）是一种甾体化合物，也是相关甾体药物的基本骨架。已报道了多条化学合成路线，其中一条路线涉及的中间体 **1-25** 的合成就是通过硼氢化卤化的反应来制备的。

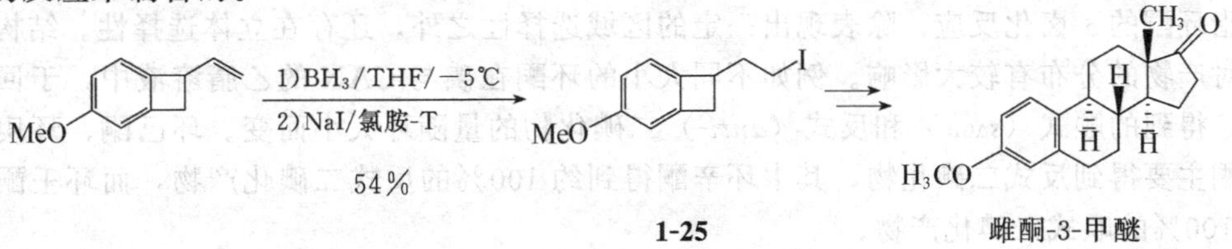

1-25　　　　　雌酮-3-甲醚

五、羰基化合物 α-位卤化反应

(一) 酮的 α-位卤化反应

羰基化合物的 α-位卤化反应是醛、酮类化合物的通性，反应可在酸性或碱性条件下进行。从产物结构来看，反应属于取代反应；然而从反应机理来看，应当是加成的过程，属于亲电加成反应。

1. 酸催化反应机理

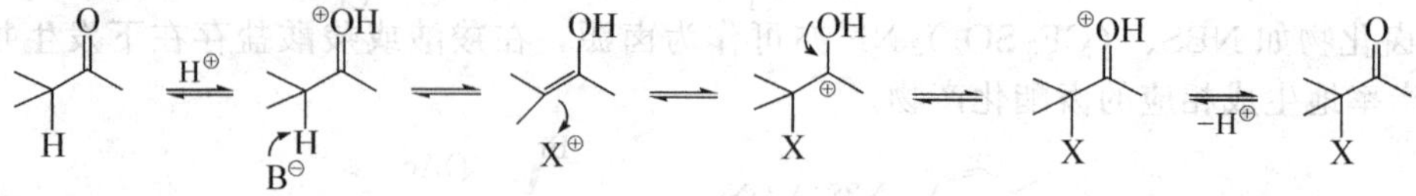

2. 碱催化反应机理

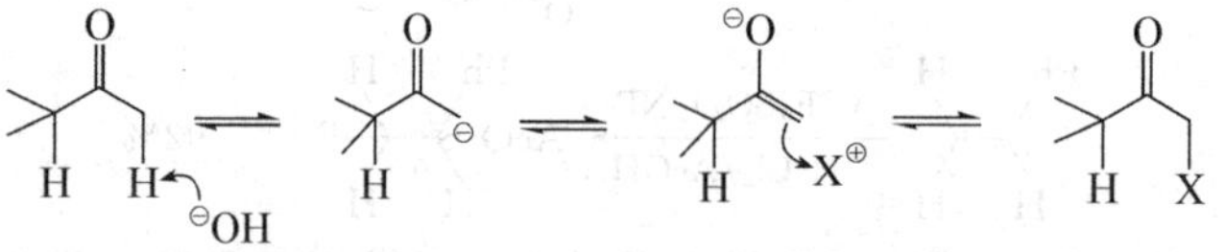

从反应机理可以看出，在酸性条件下，若羰基 α-位连有给电子基团，就会增大烯醇式结构中双键电子云的密度，有利于亲电加成发生，即有利于羰基 α-位卤化反应；相反，连有吸电子基团则不利于羰基 α-位卤化反应。所以，卤原子的吸电子诱导作用使同一 α-碳原子上不容易同时引入两个卤原子。

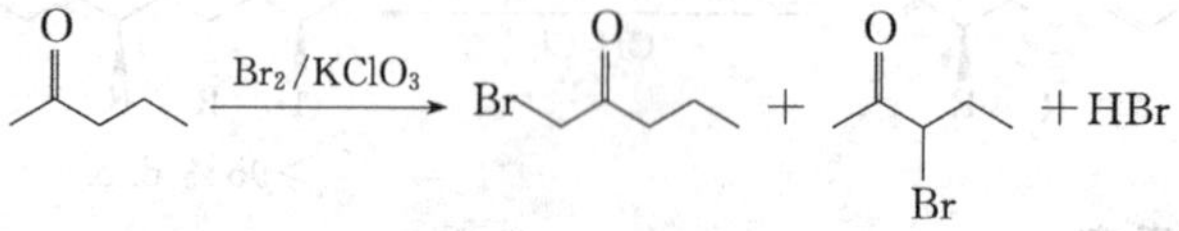

与酸催化下的反应相比，羰基 α-位连有给电子基团时，不利于碱性条件下碳负离子的稳定，即不利于羰基 α-位卤化反应的发生；反之，则有利于羰基 α-位卤化反应的进行。碱性条件下的卤仿反应就是如此。

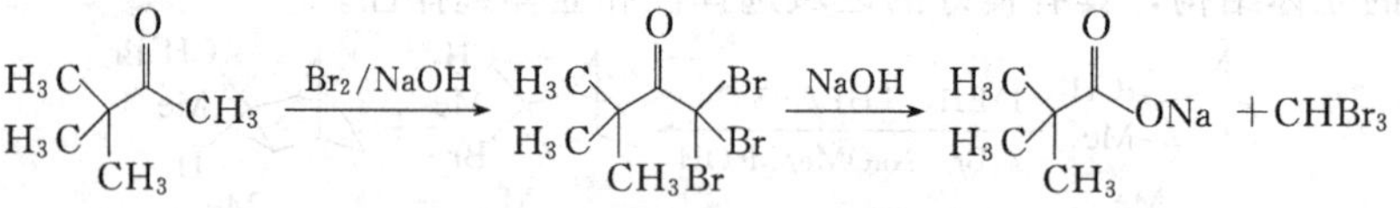

不对称酮的直接溴化可通过改变试剂的加入顺序来达到区域选择性控制。如将溴素加入到回流的甲醇与酮的混合溶液中，溴原子就引入在了低位阻的 α-碳上；相反，若要将溴原子引入高位阻的 α-碳上，则需将酮加入到溴的溶液中。如 α-甲基环己酮的氯化反应，若使用硫酰氯的 CCl_4 溶液，则反应能够选择性地发生在与甲基相连的同一个碳原子上。

脂环酮的 α-卤化反应，除表现出一定的区域选择性之外，还存在立体选择性。结构与环大小对产物的分布有较大影响。例如不同大小的环酮在碘与 CAN 的乙腈溶液中，于回流条件下，得到的顺式 (syn-) 和反式 (anti-) 二碘化物的量随环大小而变。环己酮、环庚酮和环辛酮主要得到反式二碘化物，其中环辛酮得到约 100% 的反式二碘化产物，而环壬酮则恰好是 100% 的顺式二碘化产物。

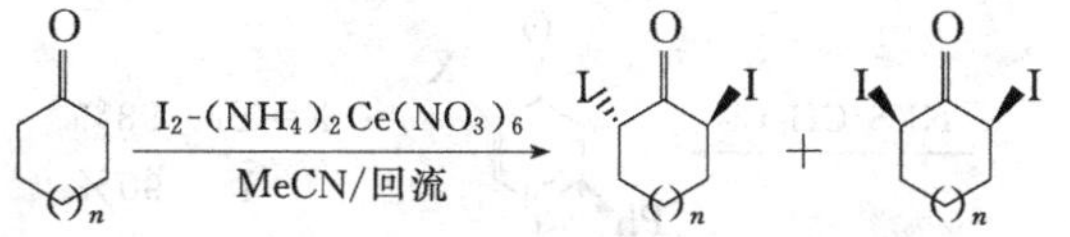

50%～85%

n=1	67 : 33
2	92 : 8
3	100 : 0
4	0 : 100

对于不对称脂环酮的 α-位卤化反应，产物通常为非对映异构体混合物。如果是含有 β-内酰胺取代的环己酮，在强碱 LHMDS（六甲基二硅胺锂）存在下，用 N-氟代双苯磺酰亚胺进行羰基 α-位的氟化反应，将得到 95%产率的非对映异构体混合物；而且用手性磺酰胺进行同样的反应时，反应具有较高的立体选择性。

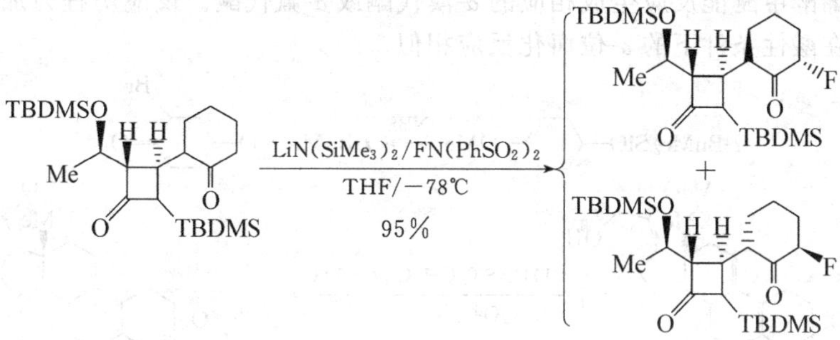

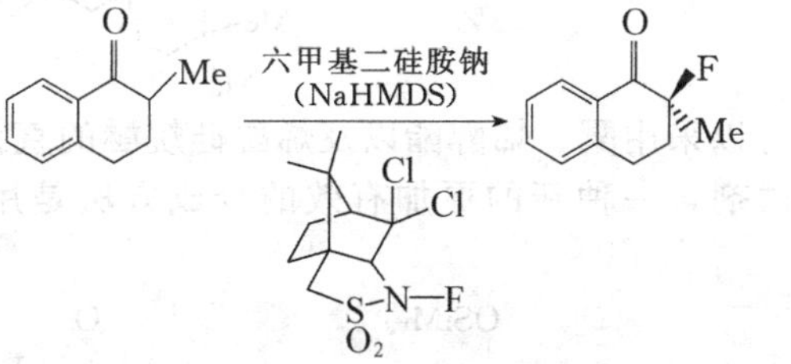

40%
≤75%e. e.

沙美特罗（salmeterol）是 Glaxo 公司于 1994 年上市的一种抗哮喘药物，α-溴代苯乙酮是合成的中间体，其合成方法之一是通过 5-乙酰基水杨酸甲酯的 α-位溴化反应来实现的。

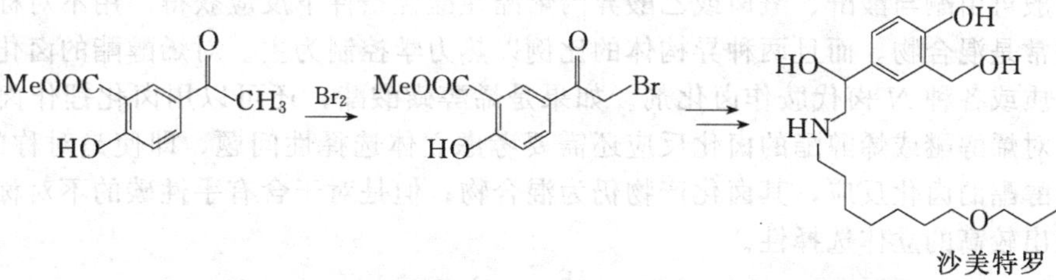

沙美特罗

α,β-不饱和酮的卤化情况相对复杂一些，反应有可能发生在两个不同的 α-碳原子上或不饱和烃基 γ-位一端。然而，多数情况下反应主要发生在饱和烃基一端。如 α,β-不饱和酮的卤化反应，以苯基三甲基三溴化铵为溴化剂，在－78℃条件下能使溴化反应发生在饱和烃基的 α-碳原子上，高产率地生成 α-溴代酮。

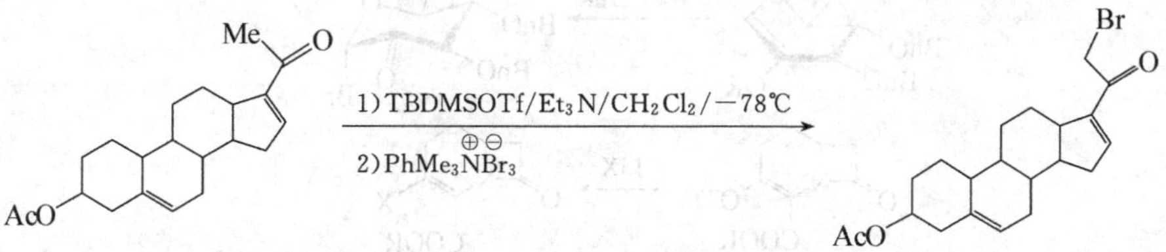

93%

α,β-不饱和脂环酮也可以用单质卤素或 NXS 为卤化试剂，反应多发生在烯键碳原子上。

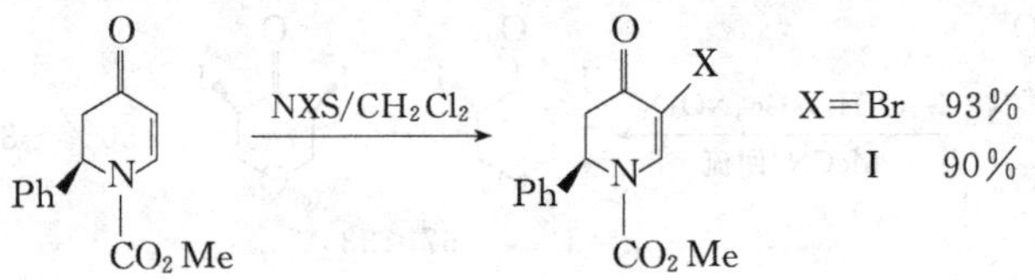

$$X=Br \quad 93\%$$
$$I \quad 90\%$$

由此可以看出，酮的 α-位卤化反应可以用不同的卤化试剂来实现。在实际应用中，可选择的卤化试剂有多种，几乎与不饱和烃能反应的卤化试剂都可以应用到酮的 α-位卤化反应中。

（二）烯醇类化合物的卤化反应

常见的烯醇类化合物包括烯醇醚和烯醇酯两种。烯醇醚是一类非常活泼的化合物，其 π 键具有很强的亲核性，可以用 N-卤化物将其方便地转化为 α-卤代酮。例如以 NBS 或 DAST 为卤化试剂，烯醇甲醚能反应生成相应的 α-溴代酮或 α-氟代酮。反应历程为加成-消除过程，与羰基化合物在酸性条件下的 α-位卤化反应相似。

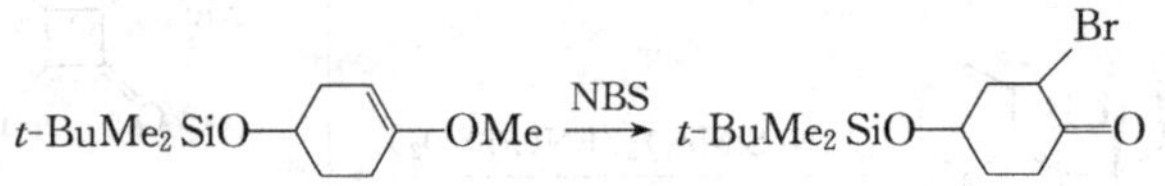

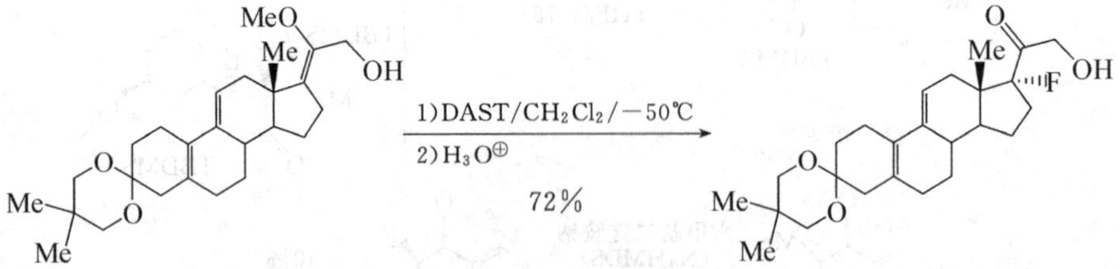

羰基化合物的 α-位碘化，可以采用酮、烯醇酯以及烯醇硅烷醚的直接碘化或间接碘化来实现，也可以用 LTA/NaI 等试剂，一种新的更加有效的合成方法是用 MCPBA/NaI 混合体系。

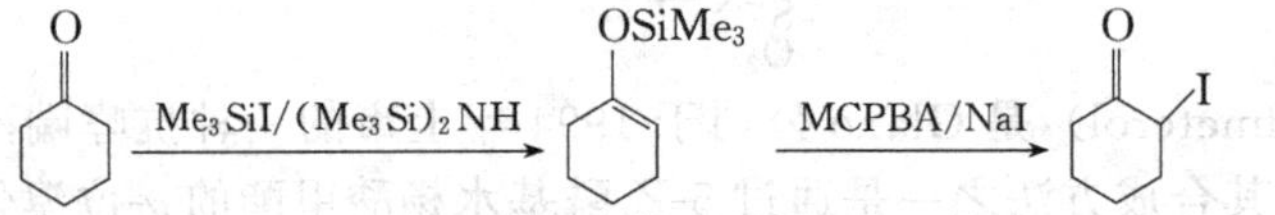

烯醇酯一般可由酮与酸酐、酰卤或乙酸异丙烯酯在酸性条件下反应获得。用不对称酮形成的烯醇酯通常是混合物，而且两种异构体的比例以热力学控制为主。对烯醇酯的卤化反应可以用卤素单质或各种 N-卤代胺作卤化剂。如果是烯醇磺酸酯，还可以用卤化锂作卤化试剂。实际上，对烯醇醚或烯醇酯的卤化反应还需要考虑立体选择性问题，即使是对称的酮，经烯醇醚或烯醇酯的卤化反应，其卤化产物仍为混合物；但是对于含有手性碳的不对称酮来说，反应表现出较高的立体选择性。

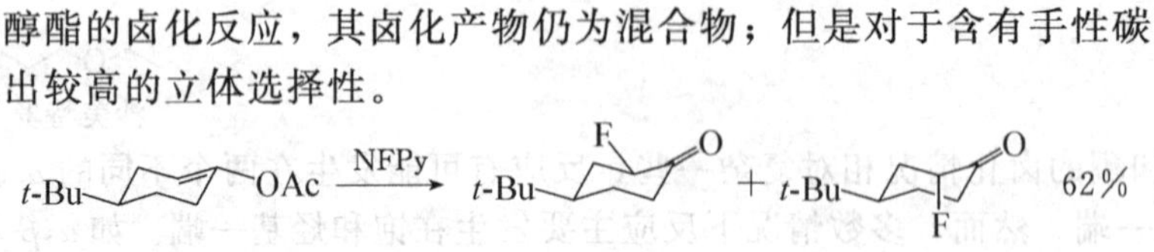

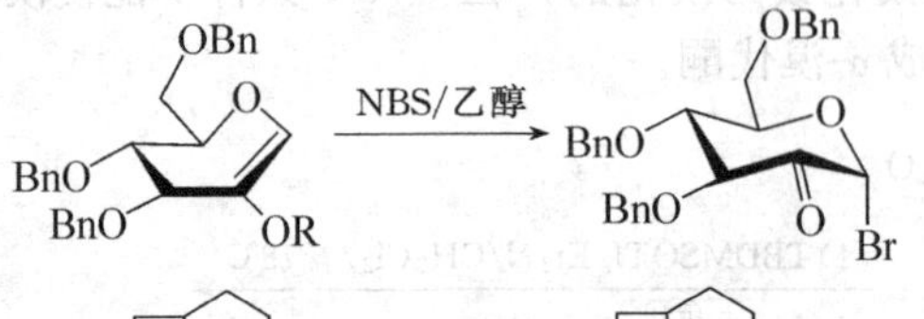

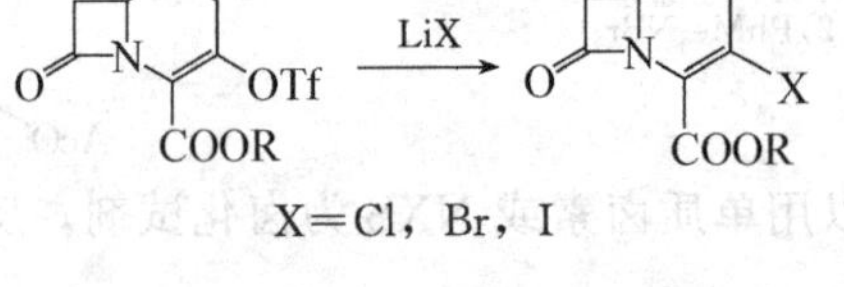

$$X=Cl, Br, I$$

（三）烯胺的卤化反应

烯胺可通过羰基化合物与伯、仲胺在弱酸性条件下脱水获得，而且多数用的是仲胺，如四氢吡咯、六氢吡啶、吗啉等。由于烯胺具有更强的亲核性，而且用不对称酮形成的烯胺具有一定的区域选择性，因而在合成中具有重要的应用价值。烯胺的卤化反应可以用卤素单质或多卤化物作卤化试剂，如 α-甲基环己酮与四氢吡咯缩合产物的卤化反应，在六氯丙酮（HCA）作用下，产物的 90％为 α-氯代-α'-甲基环己酮，只有 10％的氯化产物为甲基与氯原子连在同一个碳原子上，这一氯化产物的比例完全不同于直接用卤化试剂对不对称酮的卤化反应。

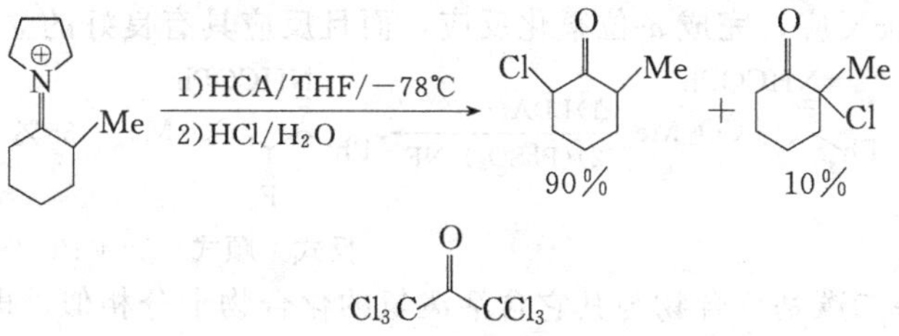

（四）羧酸 α-位卤化反应

羧酸及其衍生物发生 α-位卤化反应相对比较困难，主要是因为羧酸羰基的烯醇化能力不及醛、酮。提高羧酸反应活性的主要途径是促使其实现烯醇化。Hell-Volhard-Zelinsky 反应是将羧酸通过形成酰氯的方法来促使其烯醇化，如苯乙酸的 α-位溴化反应。一种新的方法是先用三甲基溴硅烷进行烯醇化，然后在季铵盐存在下用溴酸钠氧化生成的溴化氢为单质溴与之发生加成溴化生成 α-溴代苯乙酸。另外，用氯磺酸、氯气在氧气存在下于 $ClCH_2CH_2Cl$ 溶液中同样能完成反应。

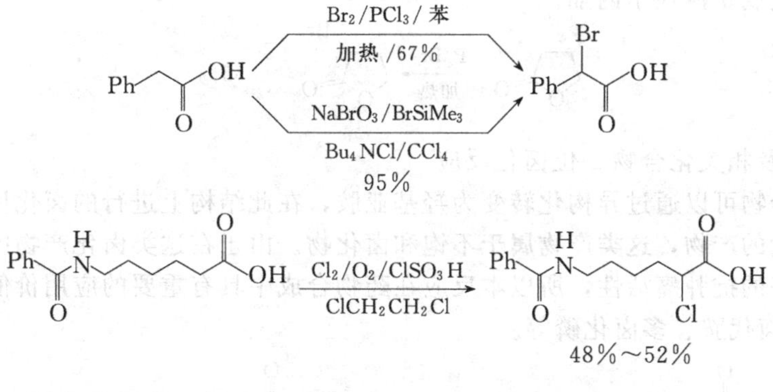

（五）酰卤 α-位卤化反应

正如羧酸 α-位卤化反应所讨论的情况那样，酰卤 α-位卤化反应要比羧酸容易，而事实上醛、酮 α-位卤化反应也要比酰卤活性稍低一些。如正己酸与 $SOCl_2$ 反应成酰氯之后，可在氢溴酸存在下，与 NBS 在 85℃条件下进行反应，生成 α-溴代酰氯；用 NCS 或 NIS 与酰氯反应，也能生成相应的 α-卤代酰氯。

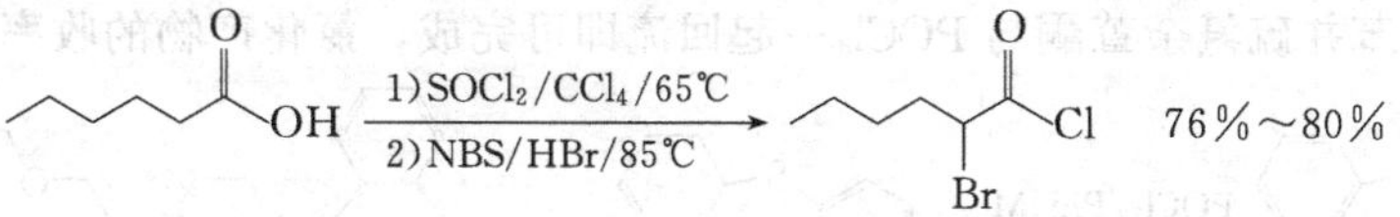

酰氯与卤素单质也能反应得到 α-位卤化产物。如溴素与己二酰氯的反应，在加热条件下两个 α-氢原子均被溴代，生成相应的 α,α'-二溴己二酰氯。

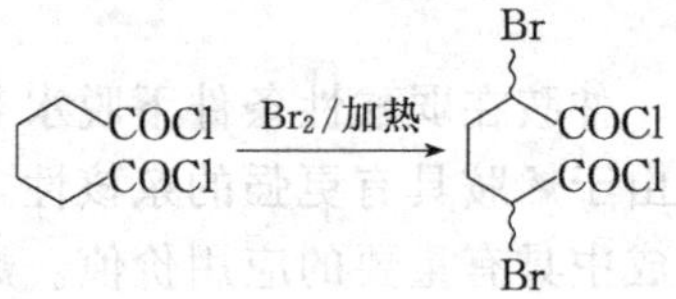

（六）酯和内酯 α-位卤化反应

酯类化合物的烯醇化非常难，仅能在强碱（如 LDA）条件下才能实现。因此，酯类化合物的 α-卤化反应只能在强碱作用下与卤化试剂（如 N-卤代胺）反应来实现。如 β-苯基-β-苯甲酰氨基丙酸甲酯的 α-位卤化反应，就是在 LDA 作用下先转变为烯醇锂盐，然后与氟化剂 N-氟代苯磺酰亚胺反应，完成 α-位氟化反应，而且反应具有良好的立体选择性。

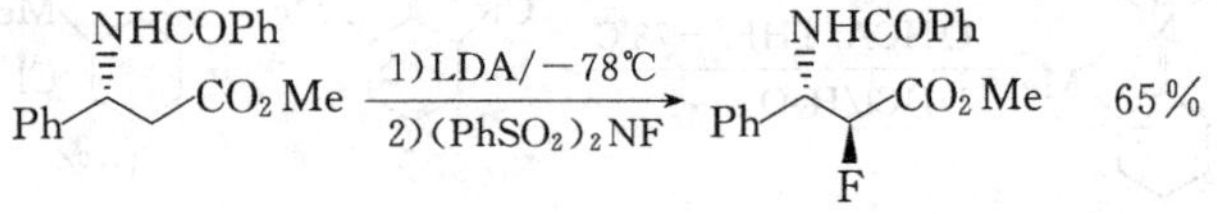

反式：顺式＝89：19

含有酯结构的 β-二羰基化合物与其它含活泼氢的化合物十分相似，即使在弱酸性条件下也能有较高比例的烯醇式结构存在，因此 α-位卤化反应非常容易发生。如乙酰乙酸乙酯在甲酸溶液中，用 10％的氟/氮混合气体来进行卤化，就能得到 α-位氟化产物。其中，以单一氟化产物为主，二氟化只有 10％。碱性环境中，也可用选择性氟化试剂完成类似的卤化反应。

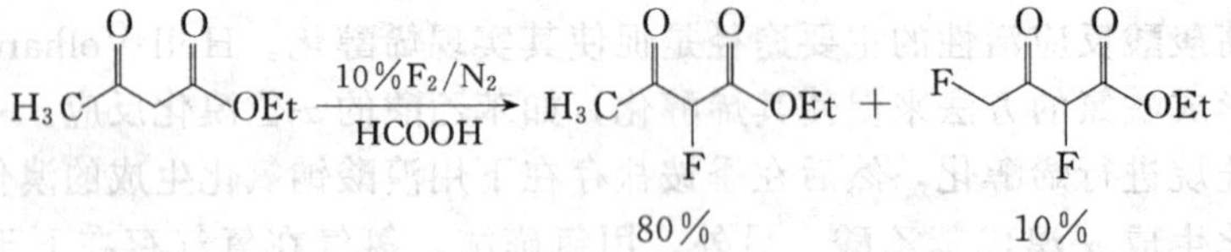

内酯 α-位卤化反应似乎比开链酯更加容易一些。如 γ-丁内酯在溴素/红磷存在下即能直接完成溴化，生成 α-溴代丁内酯。

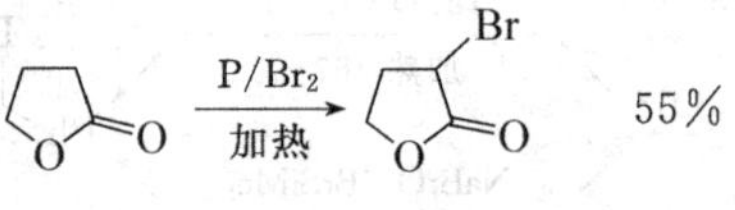

（七）酰胺及相关化合物 α-位卤化反应

酰胺类化合物可以通过异构化转变为羟基亚胺，在此结构上进行的卤化反应就能生成羟基被卤原子取代的产物，这类产物属于不饱和卤化物。由于在这类卤化产物中，类似结构的氟化物具有较好的抗肿瘤活性，所以本反应在药物合成中具有重要的应用价值。可使用的卤化试剂包括 N-卤代胺、多卤化磷等。

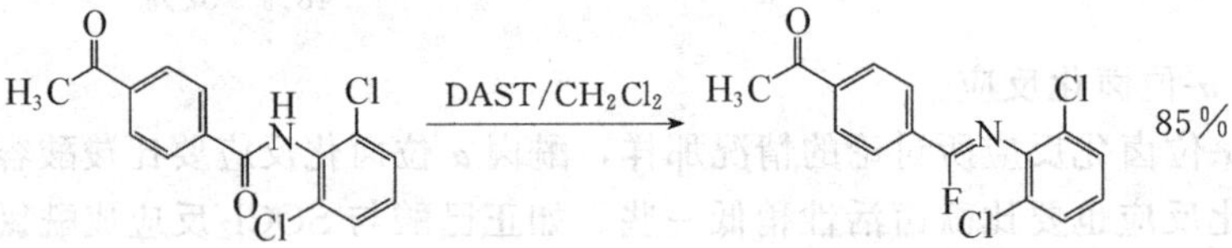

富马酸奎硫平（quetiapine hemifumarate）是 1997 年由 AstraZeneca 公司上市的一种非典型安定药物，其结构属于硫氮杂䓬类，合成的关键中间体是卤代二苯并硫氮杂䓬。反应在二甲基苯胺存在下二苯并硫氮杂䓬酮与 POCl₃ 一起回流即可完成，氯化产物的收率可达 93％。

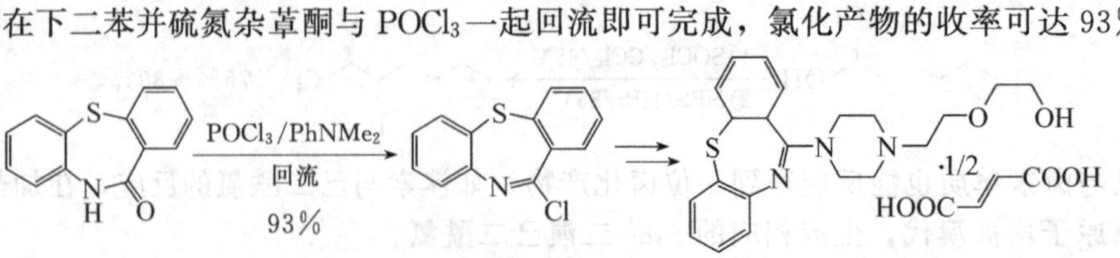

富马酸奎硫平

第四节　亲核卤化反应

亲核卤化是亲核取代反应中一类非常重要的反应，通过这一反应可引入活泼的卤官能团，为完成目标分子的合成提供重要的原料。常见的亲核取代反应机理主要有 S_N1 和 S_N2 两种，这类反应包括卤原子交换反应和醇、酚、羧酸羟基的置换卤化、醚以及含氮、硫、硅、硼基团的置换卤化等，在药物合成中应用非常广泛。

一、饱和卤代烃的卤交换反应

各种常用卤化试剂中，由于单质氟过于活泼，而碘活性较低，所以一般情况下很少用直接氟化或碘化的方法来制备相应的氟化物或碘化物，而是通过卤原子交换反应来制备相应的氟化物和碘化物，这类反应亦称为 Finkelstein 卤素交换反应，而且多遵循 S_N2 原理。

$$RX + Y^\ominus \longrightarrow RY + X^\ominus \qquad \begin{array}{l} X = Cl \ 或 \ Br \\ Y = F \ 或 \ I \end{array}$$

$$Cl\diagup\diagdown OH + NaI \xrightarrow{\text{丙酮}} I\diagup\diagdown OH + NaCl$$

$$O_2N\text{—}\bigcirc\text{—}Cl \xrightarrow{NaI/DMF} O_2N\text{—}\bigcirc\text{—}I \qquad 70\%$$
（带 NO_2）

（一）卤交换氟化物的合成

近十年来，大量含氟药物被用于心脑血管、中枢神经系统疾病治疗和抗肿瘤、抗菌和抗艾滋等药物的开发中，药物化学家频繁地引入氟原子来改造药物的性质。借助于卤的交换反应是合成氟化物非常有效的方法，常用的氟化试剂有氟化钾、氟化锌、氟化锑、氟化氢等。

$$RCl \xrightarrow{KF/CaF_2} RF$$

反应底物	溶剂	反应温度/℃	反应时间/h	产物	产率/%
$p\text{-}MeC_6H_4SO_2Cl$	MeCN	rt.	4	$p\text{-}MeC_6H_4SO_2F$	100
$ClCOOEt$	MeCN	rt.	24	$FCOOEt$	95
$ClCONMe_2$	MeCN	50	24	$FCONMe_2$	100
$ClCH_2COOEt$		110	48	FCH_2COOEt	75

以氟化钾为氟化试剂，或将其载接到氟化钙上，在加热条件下，于 DMSO 或 MeCN 溶液中即能将不同的卤代烃转变为氟代烃。通常，苄基卤的反应活性要高于脂肪族卤化物，酰氯可以转变为酰氟。

$$\bigcirc\text{—}CH_2Br \xrightarrow[DMSO/80℃/2h]{KF/CaF_2 \ 或 \ CsF/CaF_2} \bigcirc\text{—}CH_2F \qquad >92\%$$

借助于冠醚或季铵盐的相转移催化作用，氟化钾能在较为缓和的条件下进行卤交换反应，高产率地生成相应的氟化物，而且很少有重排现象，但偶尔有消除反应发生。反应机理遵循 S_N2 原理。相同烷基的不同卤原子被氟原子取代的反应，从产率看，溴化烃活性最高，氯化烃活性最低；随着烷基碳链的增长，反应活性明显降低。常用的相转移催化剂有 18-冠-6 （18-crown-6）和 Bu_4NBr。当所用季铵盐为含氟试剂时，它既作为相转移催化剂，也作为氟化试剂来代替氟化钾，而且与 Bu_4NBr 相比，氟交换产率更高。对于含氟的季铵盐化合物，多数是使用其无水盐。

$$Br\diagup\diagdown\diagup\diagdown\diagup\diagdown\diagup \xrightarrow[CH_3CN/83℃]{KF/(18\text{-}冠\text{-}6)} F\diagup\diagdown\diagup\diagdown\diagup\diagdown\diagup \qquad 92\%$$

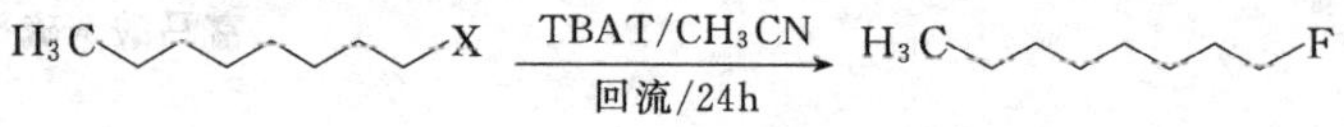

$$H_3C \diagdown\!\!\!\diagup X \xrightarrow[\text{回流/24h}]{\text{TBAT/CH}_3\text{CN}} H_3C \diagdown\!\!\!\diagup F$$

X=Cl   70%

Br   85%

I   74%

$$RX + Bu_4N^+ HF_2^- \xrightarrow[95℃]{\text{THF/HMPT}} RF$$

卤化物	反应时间/h	产率/%
$C_{10}H_{21}Br$	3	88
$PhCH_2Br$	4	100
$PhCOCH_2Cl$	4.5	100

氟喹酮（afloqualone）是日本田边制药株式会社于 1983 开发上市的用于治疗肌肉松弛的药物，其氟原子的引入就是由相应的氯化物通过与氟化钾在乙二醇溶液中发生卤原子交换反应来实现的。

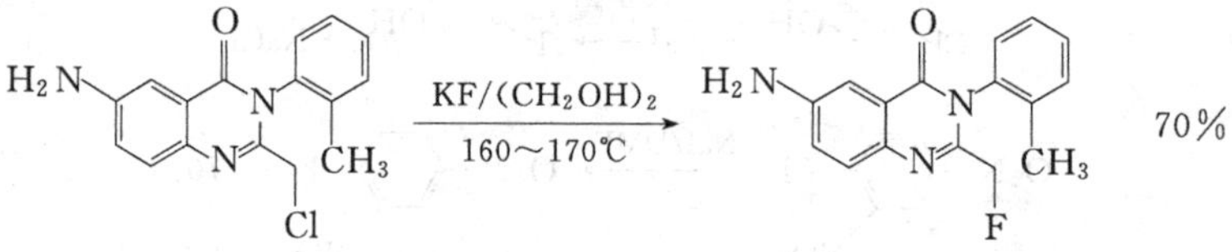

氟化锑具有选择性取代同一个碳原子上多个卤原子的能力，常用于制备三氟甲基类化合物，在药物合成中应用广泛。

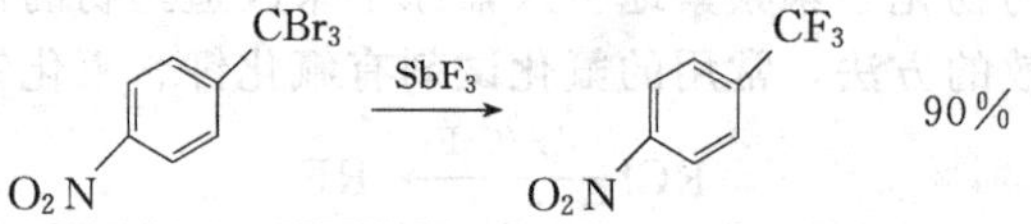

多柔比星（doxorubicin）是目前最常见的用于临床治疗肿瘤疾病的药物之一，但毒副作用较大。所以对其结构改造的研究十分活跃，报道了大量衍生物或结构类似物，其中之一是将 14-位的羟基替换为氟原子，其表现出了较好的治疗效果。其合成方法之一就是以 Bu_4NF 为氟化试剂通过氟与溴的交换反应来实现的。

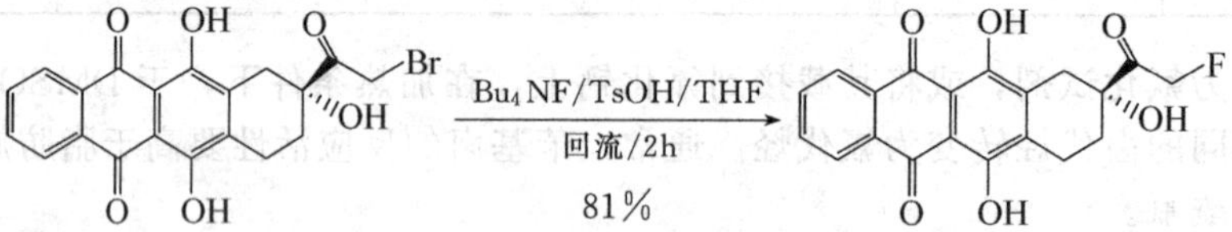

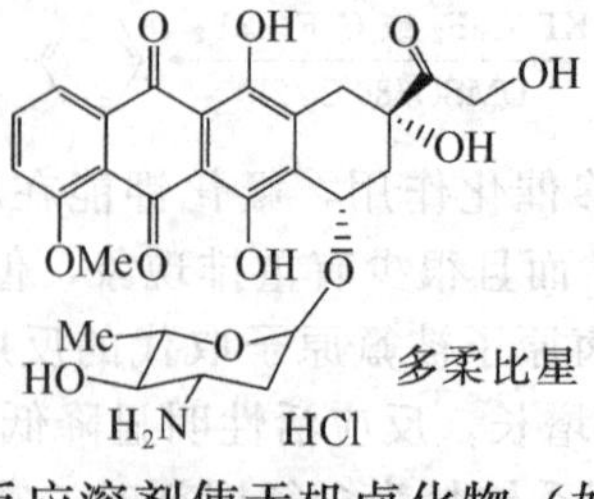

实际应用中，可选择适当的反应溶剂使无机卤化物（如氟化物、碘化物）在其中拥有较大的溶解度，而反应产生的无机卤化物应尽可能小或者不溶解于其中，这样可促使卤素交换反应尽可能完全。故常使用 N,N-二甲基甲酰胺、丙酮、四氯化碳、二硫化碳或丁酮等非质子性溶剂作反应介质。如抗癌药物 5-氟尿嘧啶（5-fluorouracil）中间体氟代乙酸乙酯的制备。

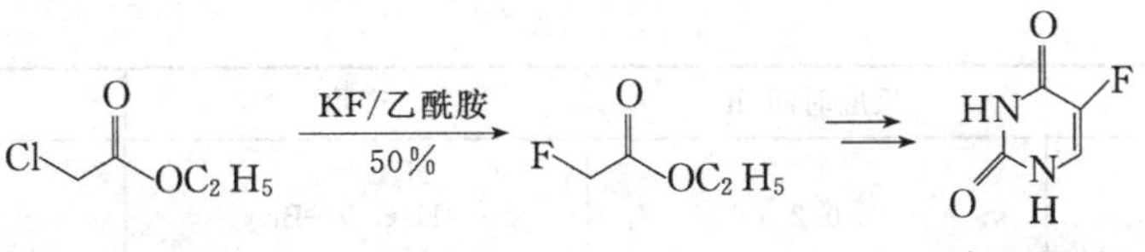

5-氟尿嘧啶

（二）卤交换氯化物的合成

由于氯化物的合成相比于氟化物较为容易，因此，大多数氯化物很少使用卤交换反应来制备；但这并不意味着交换氯化反应没有合成意义；相反，在结构特定的环境下，这一方法显得尤为重要。在氯交换反应中，最常用的一种手段是在路易斯酸催化下，用卤代烃与氯化氢或氯代烃进行氯交换反应。用盐酸与氟代烃进行氯交换反应时，需要在回流温度下进行，反应收率高于用氯化氢在 $FeCl_3$ 催化下的结果。

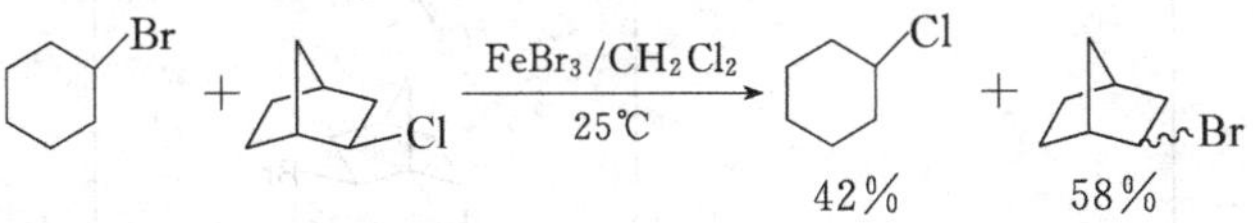

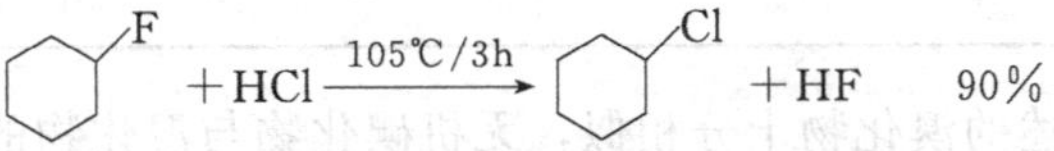

也可以在季铵盐催化下，进行氯代烃与碘代烃的交换反应。为了获得较为理想的结果，常常将交换生成的沸点较低的氯代烃通过精馏的方法从反应体系中蒸馏分离出来。

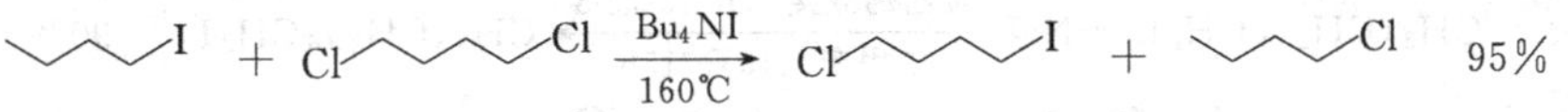

上述结果表明，无论是氟化物、氯化物、溴化物和碘化物，均可在适当条件下通过卤素交换反应来制备。

（三）卤交换溴化物和碘化物的合成

在季铵盐等相转移催化剂存在条件下，氯化物、碘化物都可以转变为相应的溴化物。虽然反应是可逆的，但这种交换体系可借助于卤化物沸点的差异来促使平衡向正反应方向移动。这是一种既经济又环保的方法，尤其对价格昂贵的 α,ω-溴氯二卤化物，更显现出反应的优越性。

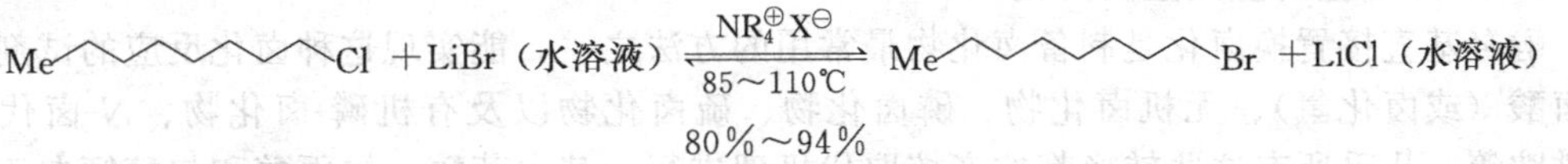

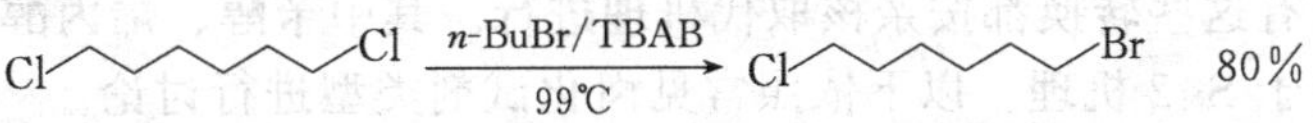

一种将氯化物转变为溴化物的实用方法是在 CH_2Cl_2 溶液中，用无水 $FeBr_3$ 催化溴化氢气体与氯化物发生卤交换。反应可在室温下进行，收率也较高。不同环境下氯代烃的反应活性各不相同，其基本规律遵从 S_N1 原理，即 Ar—$Cl \ll 1° < 2° < 3° \approx Bn$—$Cl$。桥环氯化物中桥头烷基氯不发生反应，而同碳二氯化桥环化合物在交换反应中，有重排产物生成，可见反应经过了碳正离子过程。

$$RCl + HBr \xrightarrow[25℃]{FeBr_3/CH_2Cl_2} RBr + HCl$$

反应底物	反应时间/h	产物	收率/%
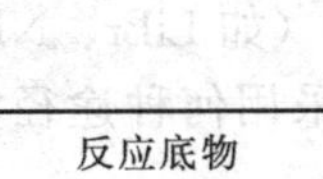	0.2	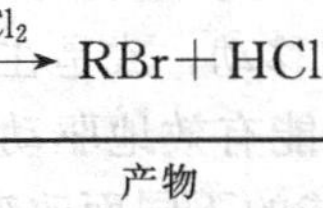	96

反应底物	反应时间/h	产物	收率/%
H₃C—C(CH₃)(CH₃)—Cl	0.2	H₃C—C(CH₃)(CH₃)—Br	98
H₃C—CH(CH₃)—Cl（Cl在中间碳）	0.3	H₃C—CH(CH₃)—Br	99
降冰片烷-Cl	0.3	降冰片烷-Br	81
降冰片烷-Cl/Cl	5	降冰片烷-Br	24
		降冰片烷-Br/Br	57

碘化物的制备与前述的溴化物十分相似，无机碘化物与溴化物的相转移催化交换、碘化氢与氯代烃的三碘化铁催化交换、氢碘酸水溶液与卤代烃的回流交换等，都能完成碘化物的制备。

$$CH_3(CH_2)_6CH_2Br + NaI \xrightarrow[\text{二甲苯/110℃/15h}]{\text{聚乙烯载接苯并 15-冠-5}} CH_3(CH_2)_6CH_2I \quad 90\%$$

$$\text{金刚烷-Cl} \xrightarrow[25℃]{FeI_3/HI/CH_2Cl_2} \text{金刚烷-I} \quad 98\%$$

$$\text{环己烷-X} + HI \xrightarrow{105℃} \text{环己烷-I} + HX$$

X=	时间	产率
F	1h	90%
Cl	2.5h	85%
Br	1.5h	92%

二、羟基的置换卤化反应

（一）醇羟基的直接置换卤化

醇羟基直接置换卤化是制备卤化物最常用的方法之一，能实现这种卤化反应的试剂包括氢卤酸（或卤化氢）、无机卤化物、磷卤化物、硫卤化物以及有机磷-卤化物、N-卤代胺或磺酰胺等，几乎所有这些转换都按亲核取代机理进行。其中苄醇、烯丙醇和叔醇倾向于 S_N1 机理，伯醇则倾向于 S_N2 机理。以下依照常见卤化试剂类型进行讨论。

1. 卤化氢（或氢卤酸）为卤化试剂

醇羟基在质子酸作用下，可发生亲核取代反应生成卤代烃。不同醇的反应活性不同，基本规律为苄醇≈烯丙醇＞叔醇＞仲醇＞伯醇，这一规律是参照 S_N1 机理排出的顺序，但伯醇更多是按照 S_N2 机理进行反应。氢卤酸活性顺序与氢卤酸酸性强弱顺序相一致，酸性愈强，活性愈高，即 HI＞HBr＞HCl＞HF。

醇与氢卤酸（或卤化氢）的反应属可逆过程，可加入过量的氢卤酸（或卤化氢）或转移除去生成的水来促使平衡正向移动，或是在反应体系中添加一定量的卤化物（如 LiBr、NH_4Cl 等），采用脱除水等方法，均能有效地驱动反应平衡向正反应方向移动。采用何种途径实现反应的顺利进行，可随氢卤酸的不同而改变。

在对醇的置换氯化反应中，除对活性较高的醇可直接使用盐酸或干燥的氯化氢气体外，其余的醇多用 Lucas 试剂。如镇静催眠药二氯戊二醇的合成，用干燥的氯化氢气体直接与季戊四醇反应即可。而正丁醇的置换氯化则需使用 Lucas 试剂。

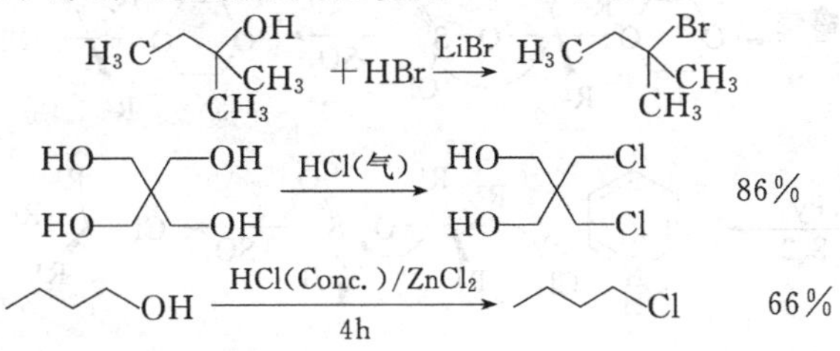

经典的醇羟基置换溴化是在浓硫酸存在下，用浓氢溴酸与醇直接反应来实现的，也可以向醇的溴化钠（或溴化铵）水溶液中缓慢滴加浓硫酸来实现。一种有效的改良溴化剂是溴化氢的冰醋酸溶液或三苯膦与溴化氢的复合物。

醇的置换碘化一般不宜直接采用氢碘酸为卤化试剂，而是用碘与红磷或碘化钾与 95% 的磷酸或多聚磷酸（PPA）体系。

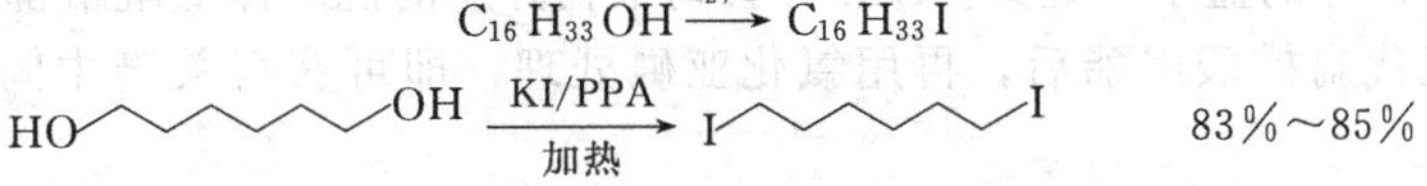

阿托伐他汀钙（atorvastatin calcium）是 Pfizer 公司于 1996 年上市的一种可抑制生物合成胆固醇限速酶的药物，是目前用于治疗血胆固醇过多的权威性药物，其合成关键中间体可用溴化氢的冰醋酸溶液为溴化剂完成选择性转化。

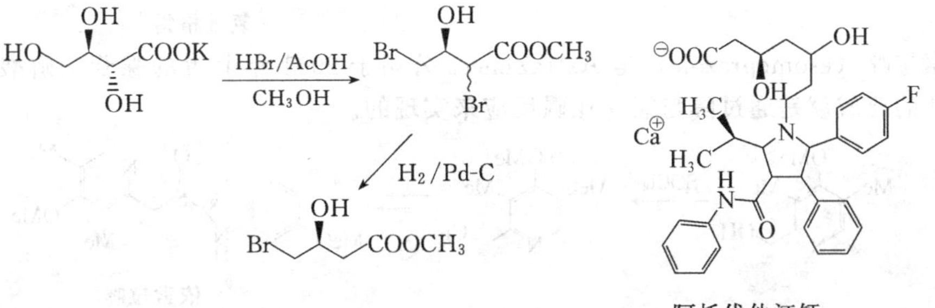

阿托伐他汀钙

异维 A 酸（isotretinoin）是一种口服活性药物，它通过缩小脂肪分泌腺体的大小来抑制皮肤油脂的产生，用于治疗严重的难以控制的皮肤粉刺，其关键中间体的制备可用相应的醇为原料，经醇羟基置换溴化后，再与 PPh₃ 反应而得到。

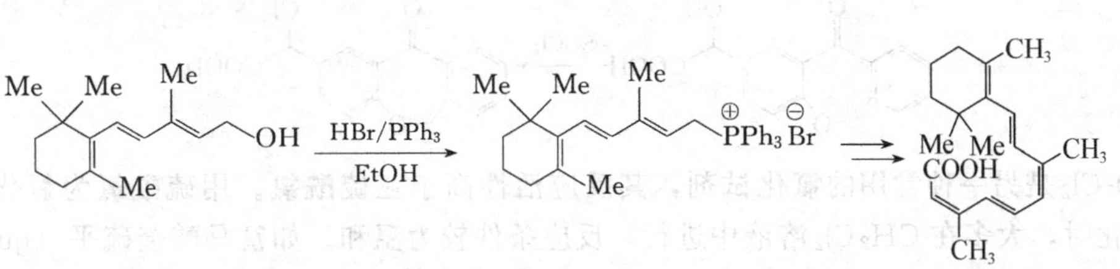

异维 A 酸

2. 含硫氯化物作氯化试剂

含硫氯化物主要是指亚硫酰氯和硫酰氯，最常使用的是氯化亚砜。氯化亚砜或氯化砜与醇反应机理十分相似，首先形成的是氯化（亚）硫酸酯，然后在不同环境下，转化羟基为氯化产物。反应特点是：反应溶剂对卤化产物的构型有显著影响。用乙醚或二氧六环作溶剂得到构型保持的氯化产物，用吡啶作溶剂得到构型翻转的氯化产物，而用氯化亚砜自身作溶剂时，则生成外消旋混合物。

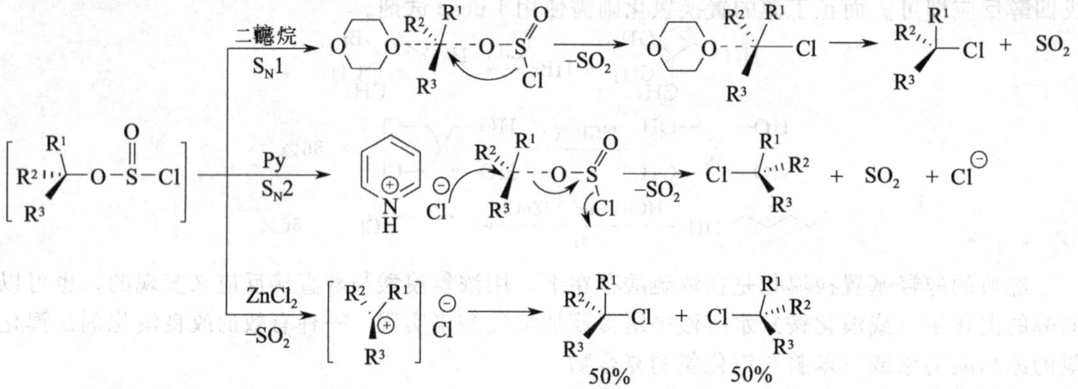

氯吡格雷（clopidogrel）是由 Sanofi/Bristol-Myers Sqibb 公司上市的抗血栓药物，能够抑制二磷酸腺苷诱导的血小板凝聚。Sanofi 公司最初开发的混旋体氯吡格雷是以氯代扁桃酸为原料，生成氯代扁桃酸甲酯后，再用氯化亚砜处理，即可获得关键中间体 α-氯-（2-氯苯基)-乙酸甲酯。

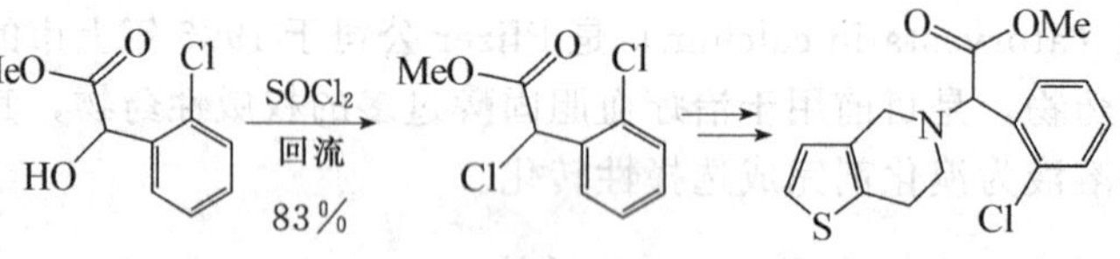

氯吡格雷

依索拉唑（esomeprazole）是 AstraZeneca 公司于 2001 年上市的腺苷三磷酸酶抑制剂，其中间体的合成就是通过醇与氯化亚砜反应来实现的。

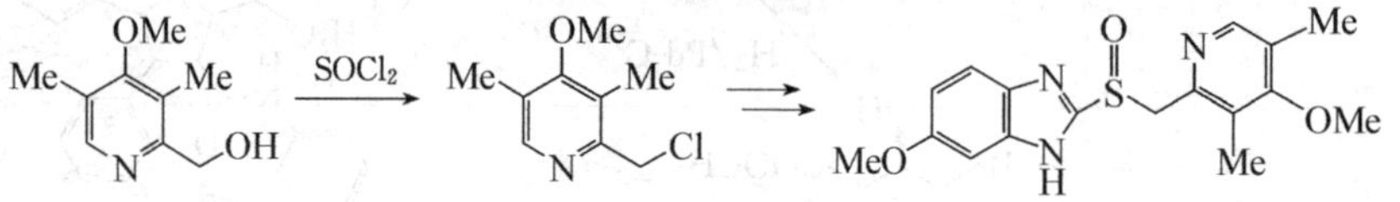

依索拉唑

氯化亚砜在药物合成中的应用极为普遍，无论是氮芥类抗肿瘤药物还是其它相关药物的合成。二苯并氧杂䓬乙酸是一种非甾体抗炎药，其氯代衍生物可用氯化亚砜处理二苯并氧杂䓬羟基乙酸来获得。

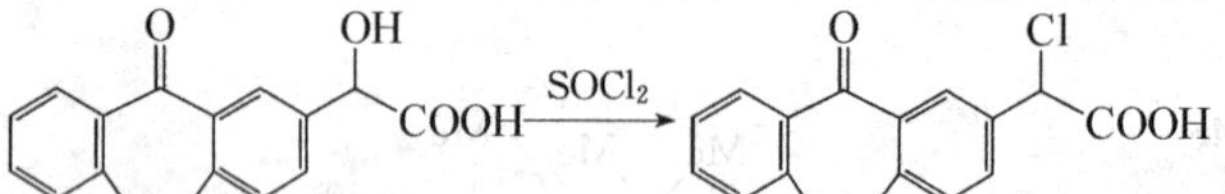

SO_2Cl_2 是另一种常用的氯化试剂，其反应活性高于亚硫酰氯。用硫酰氯为氯化剂与醇反应卤化时，大多在 CH_2Cl_2 溶液中进行，反应条件较为温和。如富马酸奎硫平（quetiapine hemifumarate）和利培酮（risperidone）是两种非典型安定药，其中间体的合成就可用硫酰氯为氯化剂对应的醇来完成。

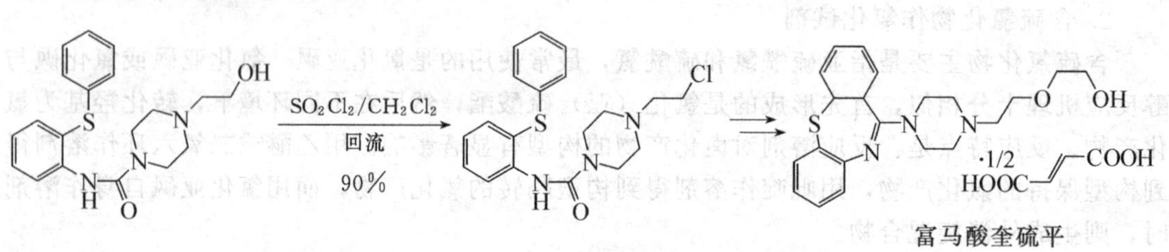

富马酸奎硫平

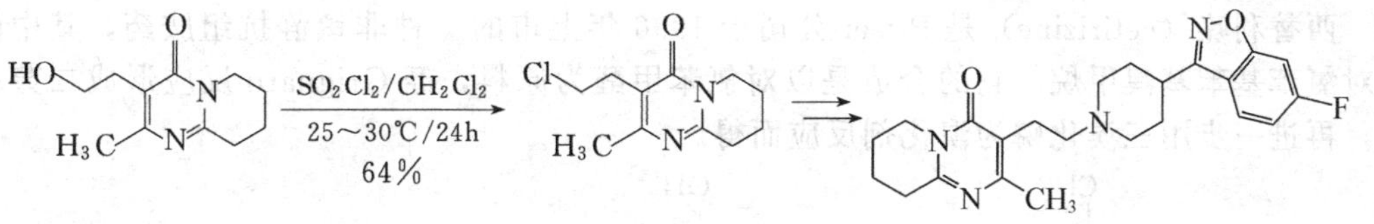

利培酮

3. 磷的卤化物作卤化试剂

磷的卤化物是一种十分有效的醇羟基卤化试剂，常见的磷卤化物包括 PX_3、PX_5 和 POX_3 等，而且这类卤化试剂的活性要比卤化氢（或氢卤酸）和卤化亚砜高。最常用的是 PCl_3 和 PCl_5。由于反应中避免使用强酸性质子，所以置换卤化有利于 S_N2 机理，较少有重排等副反应发生，而且 PCl_3 比 PBr_3 和 PI_3 更稳定、更易于获得。

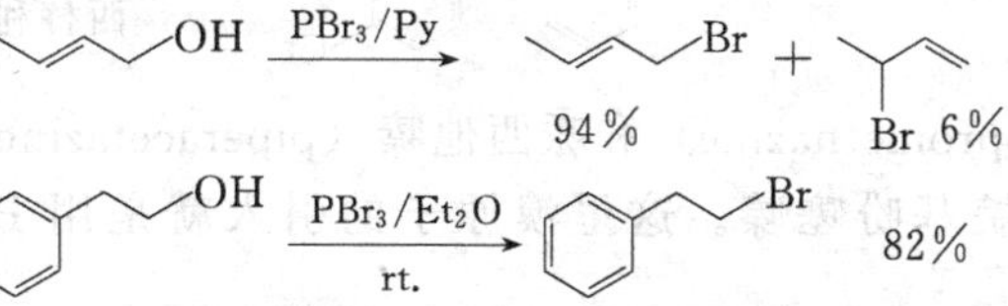

三卤化磷与醇的反应机理包含了亚磷酸酯化和卤解两个过程。前者可能是一个不完全过程，能形成磷酸单酯、磷酸二酯和磷酸三酯，但并不影响后续反应的进行，因为每种类型的亚磷酸酯均会以相类似的过程转化为卤代烃和磷酸酯类化合物。

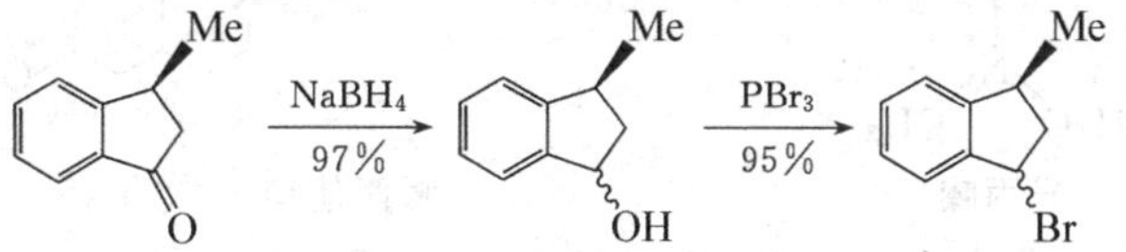

对某些结构的仲醇和叔醇，由于容易发生碳正离子重排的缘故，故随着所用卤化磷种类、用量和反应条件的不同，产物的结构、组成与比例将受到显著影响。

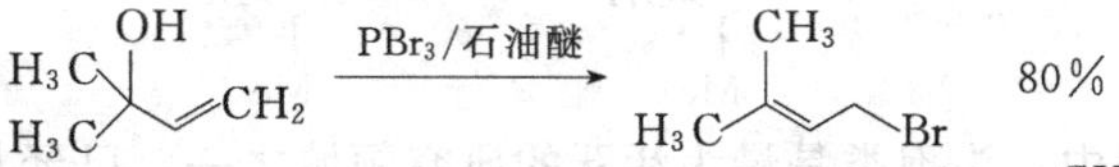

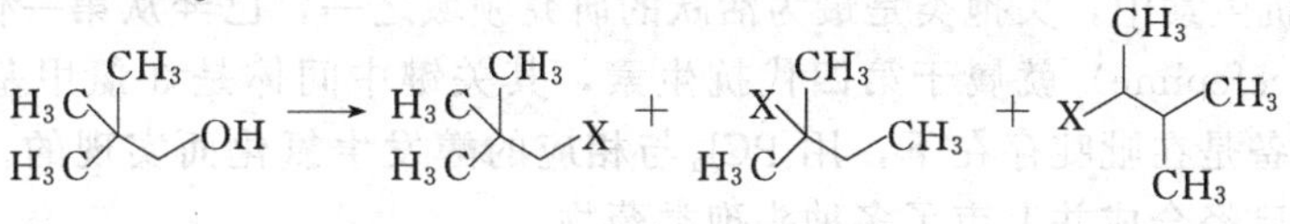

反应条件	化合物 A	化合物 B	化合物 C
PBr₃(0.28mol)/20℃/22h	60%	40%	—
PBr₃(0.75mol)/150℃/24h	63%	26%	11%
PCl₃(0.28mol)/20℃/24h	54%	46%	—

$POCl_3$ 作为卤化试剂，其分子中只有第一个氯用于与醇羟基卤化，所以实际应用中需要用过量的 $POCl_3$，而且反应在吡啶、N,N-二甲基甲酰胺或 N,N-二甲基苯胺等条件下进行，效果较好。

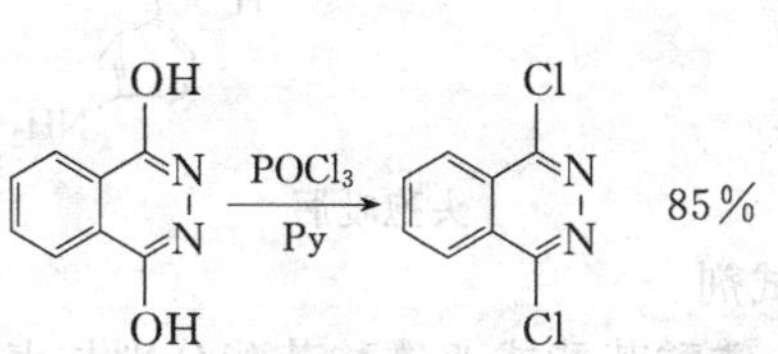

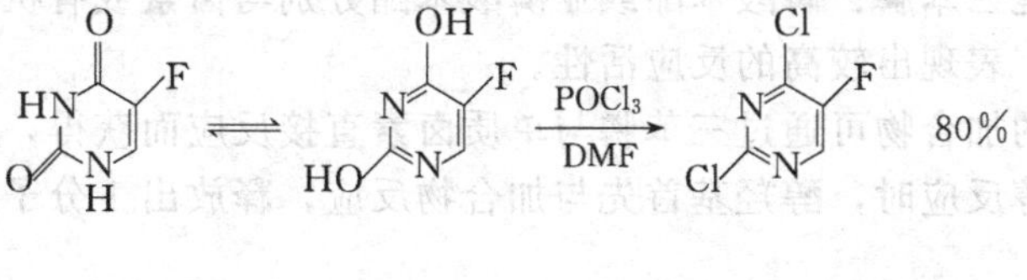

西替利嗪（cctirizine）是 Pfizer 公司于 1996 年上市的一种非镇静抗组胺药，其中间体为对氯苯基苯基溴甲烷。它的合成是以对氯苯甲醛为原料，经 Grignard 反应形成二芳基醇后，再进一步用三溴化磷为溴化剂反应而得。

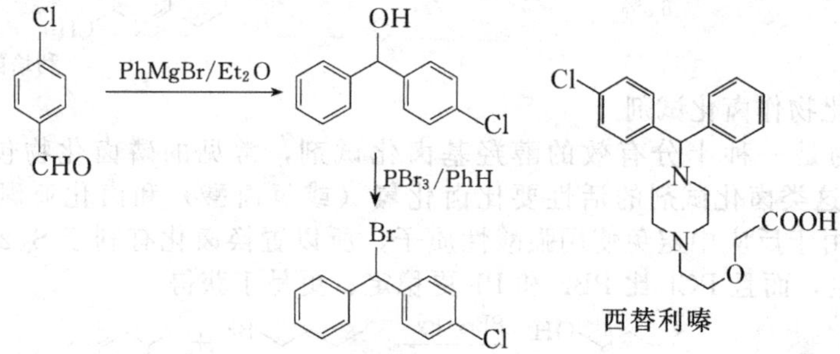

西替利嗪

镇静药物异丙嗪（promethazine）和哌西他嗪（piperacetazine）具有类似的结构，其相同的中间体结构是 N-烷基吩噻嗪。这里溴原子的引入就是用 PBr$_3$ 与相应的醇溴化来完成的。

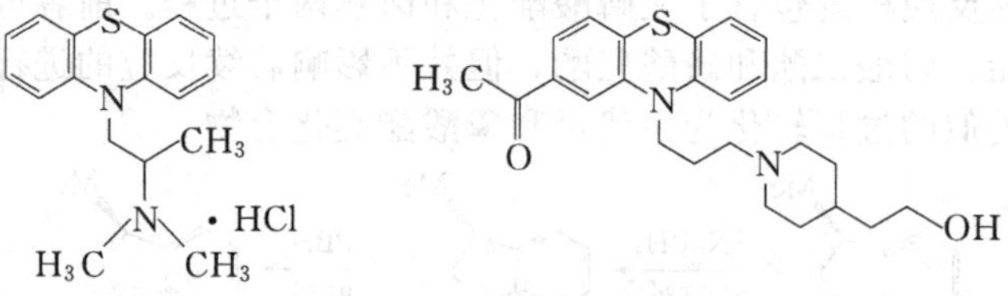

异丙嗪　　　　　　　　哌西他嗪

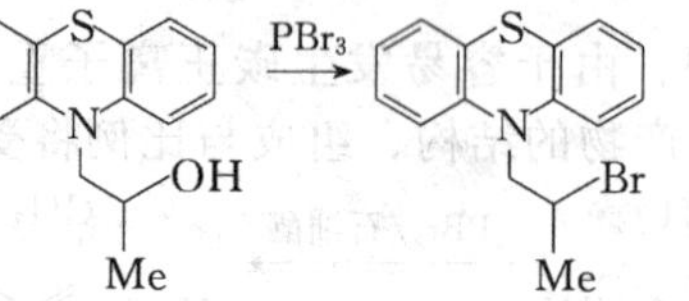

β-内酰胺类抗生素中，头孢类是最为活跃的研究领域之一，已经从第一代发展到了第四代。头孢吡肟（cefepime）就属于第四代抗生素，其关键中间体是 3-氯甲基-7-ADCA 二苯基甲酯。它的制备是在吡啶存在下，用 PCl$_5$ 与相应的醇发生氯化而实现的。以此氯代产物为关键中间体，已经合成并上市了多种头孢类药物。

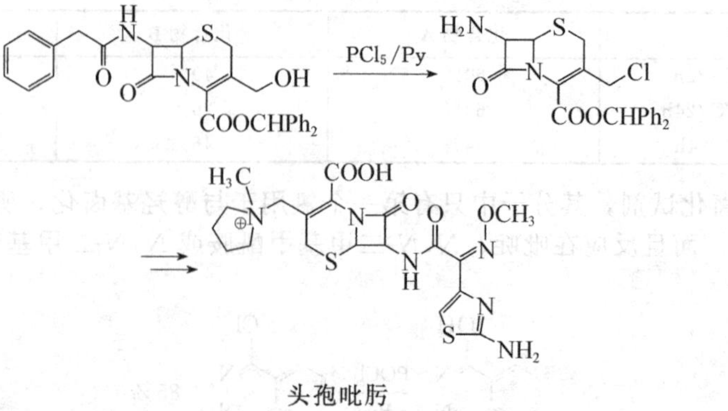

头孢吡肟

4. 有机膦卤化物作卤化试剂

有机膦，特别是三苯膦、磷酸苯酯或亚磷酸苯酯分别与卤素或有机卤化物的加合物，与醇进行置换卤化时，表现出较高的反应活性。

三苯膦与卤素的加合物可通过三苯膦与单质卤素直接反应而获得，PPh$_3$Br$_2$ 和 PPh$_3$I$_2$ 是常见的两种。在与醇反应时，醇羟基首先与加合物反应，释放出 1 分子卤化氢，同时生成含有磷氧键的烷氧基有机季鏻化物，随后卤素负离子作为亲核试剂进攻烷氧基碳，发生 S_N2 反应，生成相应的卤化物。

$$PPh_3 + X_2 \longrightarrow PPh_3 X_2$$

$$R-O-H + PPh_3 X_2 \longrightarrow \left[\begin{array}{c} Ph \\ | \\ Ph-\overset{+}{P}-O-R \\ | \\ Ph \end{array} \right] X^- + HX$$

$$\underset{Ph}{\overset{Ph}{\underset{|}{\overset{|}{P}}}}\overset{+}{P}-O-R \quad X^- \longrightarrow RX + \underset{Ph}{\overset{O}{\underset{|}{\overset{||}{P}}}}\overset{Ph}{Ph}$$

在非质子极性溶剂中，用三苯鏻卤素加合物与醇反应，能获得较高收率的卤化产物；如果是手性醇，则能以较高的立体选择性获得构型翻转的卤化产物。

$$\text{OH} \xrightarrow[\text{HMPA}]{Ph_3PI_2} \text{I} \qquad 82\%$$

$$\underset{Me}{\overset{Et}{\underset{H}{\diagup}}}\text{OH} \xrightarrow[15\sim45℃]{Ph_3PBr_2/DMF} \underset{Me}{\overset{Et}{\underset{H}{\diagup}}}Br \qquad 76\%\sim81\% \text{ e.e.}$$

NBS 可代替单质溴与三苯鏻一起在低温下实现醇羟基的置换溴化，制得相应的溴化产物。如果是手性醇，这种置换反应将高度选择性地生成构型翻转的溴化产物，而且这一组合对伯醇具有较好的选择性；若将 NBS 替换为 NBA，则对仲醇表现出较好的选择性。

$$\xrightarrow[\text{DCM/20min}]{PPh_3/NBS} \qquad 80\%$$

$$\xrightarrow[-40℃]{NBS/PPh_3/CH_2Cl_2} \qquad 60\%$$

三苯氧基鏻与三苯鏻十分相似，不仅能与 NBS 一起进行醇羟基的置换溴化，而且能与溴素一起，在吡啶存在下完成同样的反应。葡萄糖四乙酸酯在转变为相应的 α-溴代糖苷的过程中就采用了这一反应，并且具有良好的立体选择性，收率可达 89%。

$$\xrightarrow[\text{CH}_2\text{Cl}_2]{(PhO)_3P/Br_2/Py} \qquad 89\%$$

（二）通过磺酸酯间接置换卤化

磺酸酯非常容易通过醇与磺酰卤反应而制得，且在多数情况下醇的构型保持不变。一方面，磺酸负离子是一个良好的离去基团，容易发生 S_N2 反应，使卤化产物构型发生翻转；另一方面，磺酰氯和磺酸酯都具有较高活性，磺酰化和卤置换反应都可以在较温和的条件下进行，能避免重排、异构化等副反应。合成上，常见的磺酸酯有甲基磺酸酯、苯磺酸酯、对甲苯磺酸酯、三氟甲基磺酸酯等，卤化试剂包括卤化钠、卤化钾、卤化钙、卤化镁和卤化锂等，常用的反应溶剂为丙酮、醇、醚、DMF 和 DMSO 等。

$$\xrightarrow[2)NaI/丙酮]{1)TsCl/Py} \qquad 96\%$$

$$\xrightarrow[\text{CH}_3\text{CN}]{MgI_2/Et_3N}$$

磺酸酯可在不同条件下与 KF、CsF、AgF 以及氟化季铵盐等发生置换卤化，生成相应的氟化物。如吡啶存在下异丙基伪尿苷甲基磺酸酯可与 AgF 反应，磺酸酯基被氟替代，生成相应的氟化物。(R)-2-辛醇 4-甲基苯磺酸酯与氟化三正丁基膦盐反应生成 (S)-2-氟辛烷，由于是 S_N2 反应，手性碳的构型发生改变。

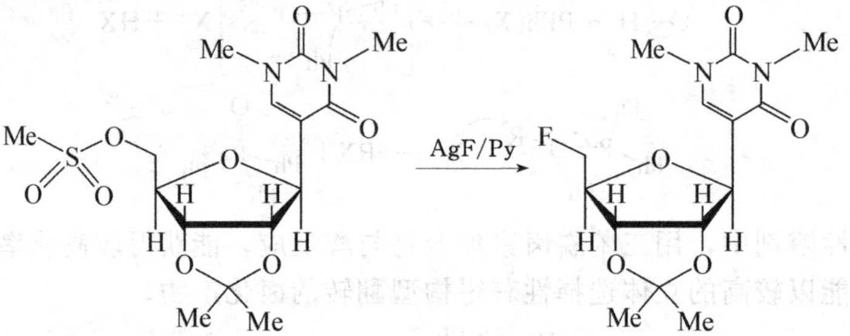

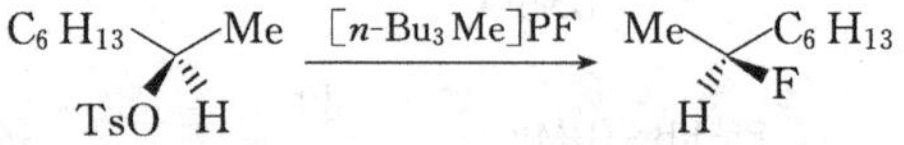

磺酸酯与 LiCl、NaCl、CsCl、KCl、AlCl$_3$、氯代季铵盐等氯化剂发生取代反应，其条件较为温和，并显现出一定的选择性。

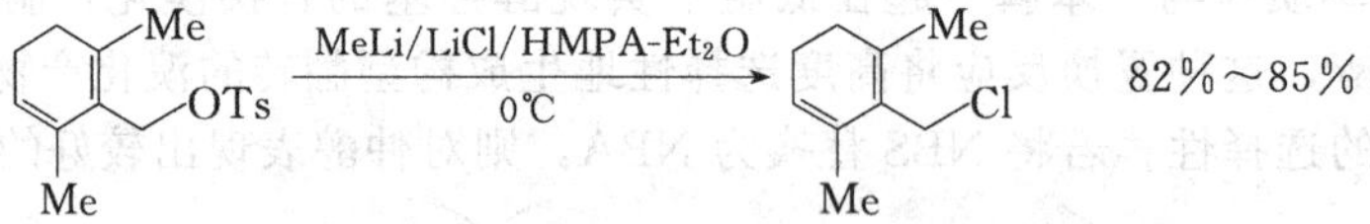

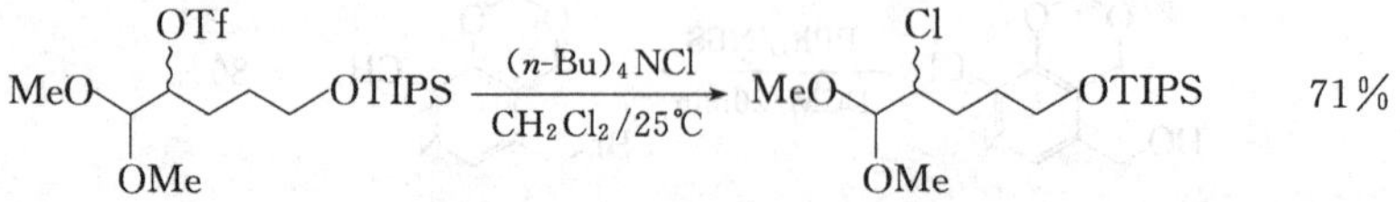

磺酸酯也能与溴化物、碘化物或相应的季铵盐发生置换卤化，生成相应的溴化、碘化产物，与磺酸酯的置换氟化、氯化完全相似，也能够发生手性碳构型翻转，生成相反构型的溴化、碘化产物。反应大多在极性溶剂如 DMF、丙酮、乙腈等中进行，多元醇的磺酸酯也能发生类似的 S_N2 反应。

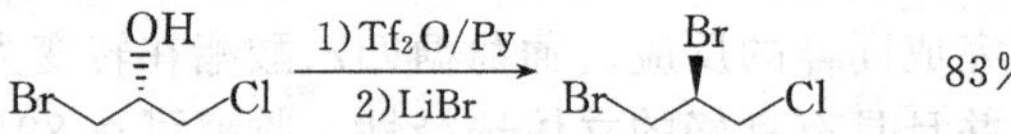

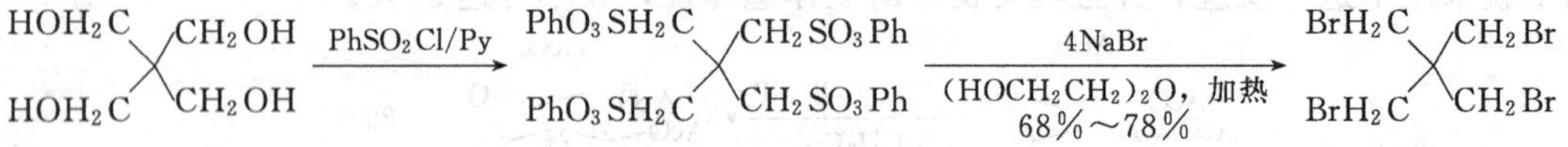

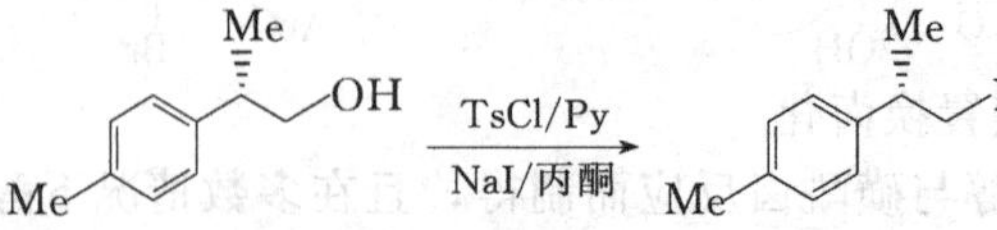

咖啡醇（cafestol）是咖啡豆油中的一个活性成分，本身具有抗炎作用。曾有文献报道了数条合成路线，E. J. Corey 的路线涉及到碘化物中间体，它是以相应醇的对甲苯磺酸酯为原料，经与碘化锌的置换卤化反应来实现其合成的。

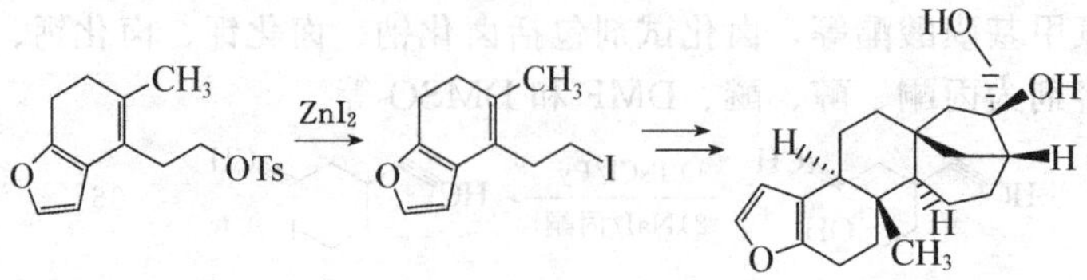

咖啡醇

罗非昔布（rofecoxib）是 Merck 公司于 1999 年上市的环氧化酶-2 选择性抑制剂，具有抗炎、镇痛作用。其中间体溴化物的合成是通过相应烯醇的三氟甲基磺酸酯与溴化锂在丙酮溶液中反应制得的，产率可达 90%。

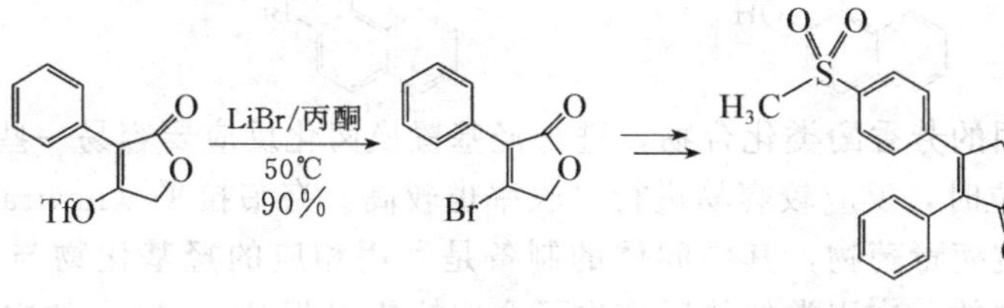

罗非昔布

（三）Vilsmeier-Haack 试剂为氯化试剂

SOCl₂ 与 DMF 作用形成的产物称为 Vilsmeier-Haack 试剂。用 PCl₅ 或 POCl₃ 分别与 DMF 反应，或用 HMPA 代替 DMF 也可制得类似的 Vilsmeier-Haack 试剂。该试剂与手性仲醇在二氧六环等溶剂中反应，高产率地生成构型反转的氯化物。

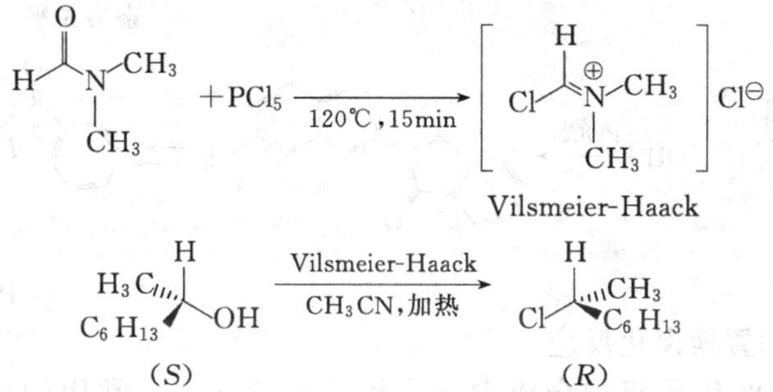

Vilsmeier-Haack 试剂具有良好的选择性，在伯醇、仲醇同时存在情况下，能实现对伯醇的选择性氯化，而仲醇很少反应。当与含有三个手性碳的五元醇进行氯化反应时，仅有链端的羟基被氯原子取代，而且三个手性碳的构型保持不变。类似的反应，在 5′-羟基腺苷（adenosine）的羟基置换氯化反应中得到了应用。

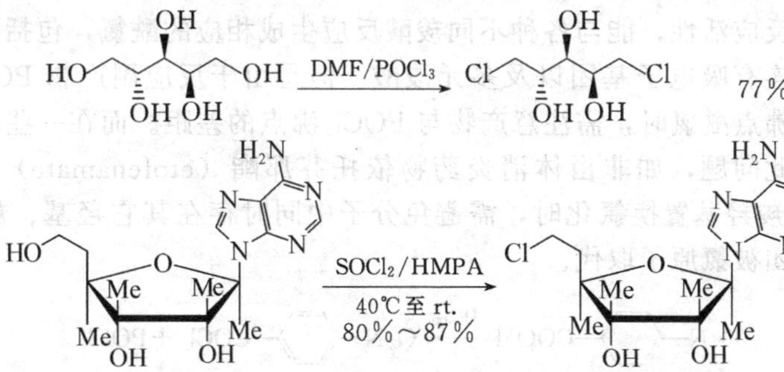

5′-羟基腺苷

（四）酚羟基的置换卤化反应

由于酚羟基的反应活性远低于醇羟基，所以只有高活性的卤化试剂才能完成酚羟基的置换卤化反应，且反应条件相对更剧烈。常用的卤化剂有 PCl₅、POCl₃。注意使用 PCl₅ 时，易导致在不饱和键上发生副反应，而且反应温度不宜过高。

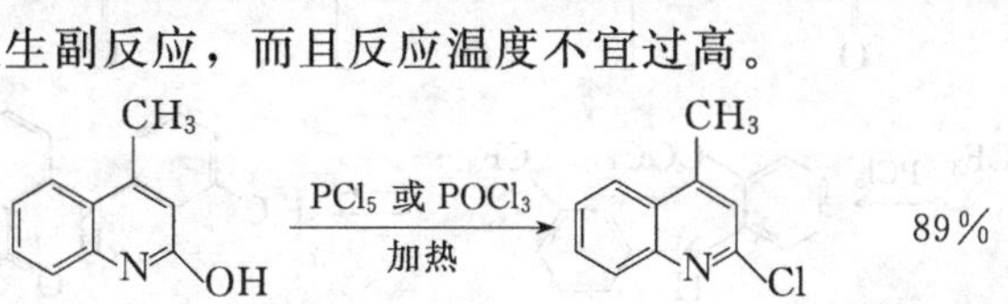

用于不对称催化氢化的联萘二酚可用二溴三苯膦在乙腈溶液中发生羟基置换反应转化为相应的二溴化物，但收率并不理想。

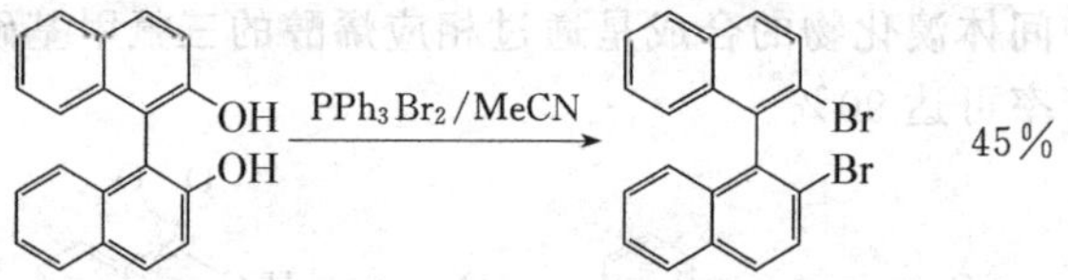

连有吸电子基团的芳香酚类化合物，进行羟基置换卤化反应要容易一些。例如羟基位于吡啶环的 2-位或 4-位时，反应较容易进行，收率也较高。奈韦拉平（nevirapine）是 1996 年在美国上市的一种抗病毒药物，其中间体的制备是利用相应的羟基化物与 PCl_5 和 $POCl_3$ 在回流温度下反应实现的。应用类似的反应也可合成抗焦虑药 Pagoclone 的中间体。

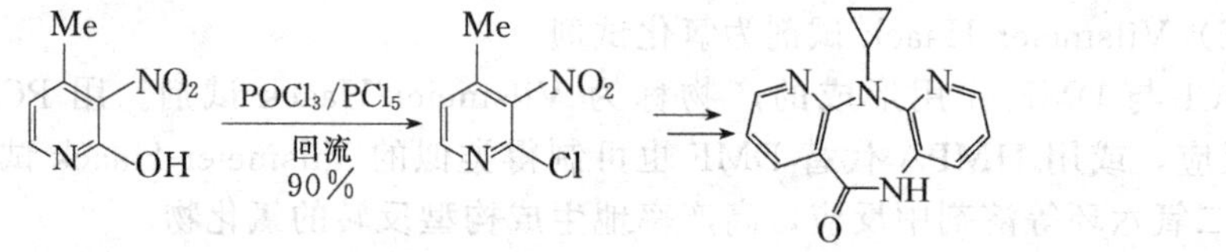

奈韦拉平

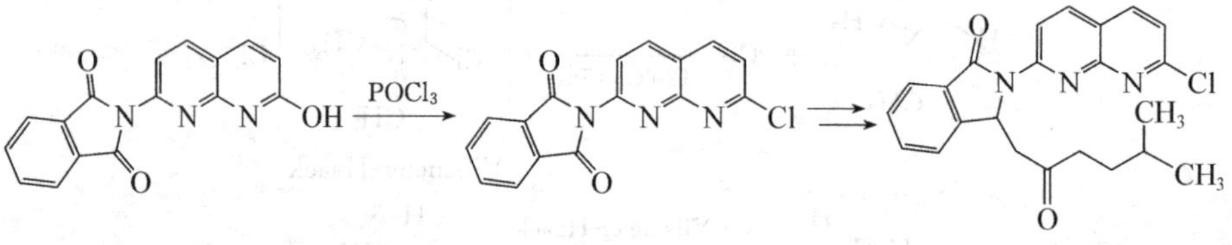

Pagoclone

（五）羧酸羟基的置换卤化反应

羧酸羟基的置换卤化是药物合成中最常用的反应之一。常用的卤化剂有 PX_3、PX_5、POX_3、$SOCl_2$、SO_2Cl_2、$COCl_2$、$(COCl)_2$ 以及新型卤化剂氰尿酰氯、三苯膦/四氯化碳、N-卤代烯胺等。就羧酸而言，烃基结构的不同影响了其反应活性，卤化剂的选择也基本依赖于此。一般来说，脂肪酸要比芳香羧酸容易一些，芳环上连有给电子基团时，能提高其反应活性；反之，则会降低反应活性。

PCl_5 具有较高反应活性，能与各种不同羧酸反应生成相应的酰氯，包括活性较低的芳香羧酸，或是芳环上连有吸电子基团以及多元羧酸。但是由于反应副产物 $POCl_3$ 的沸点不太高，因此在制备低沸点酰氯时，需注意产物与 $POCl_3$ 沸点的差距。而在一些固体酰氯的制备中，就不需要考虑此问题，如非甾体消炎药物依托芬那酯（etofenamate）中间体的合成。另外，用 PCl_5 进行羧羟基置换氯化时，需避免分子中同时存在其它羟基、羰基和烷氧基等基团，以免这些基团被氯原子取代。

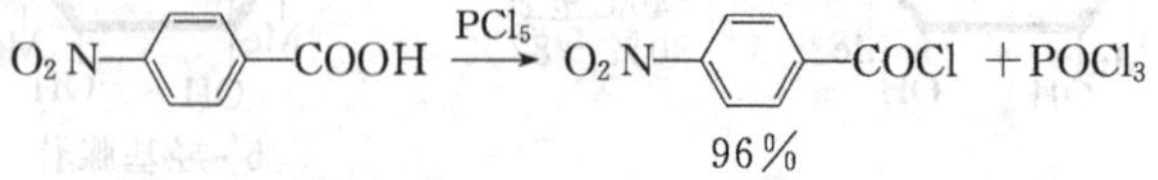

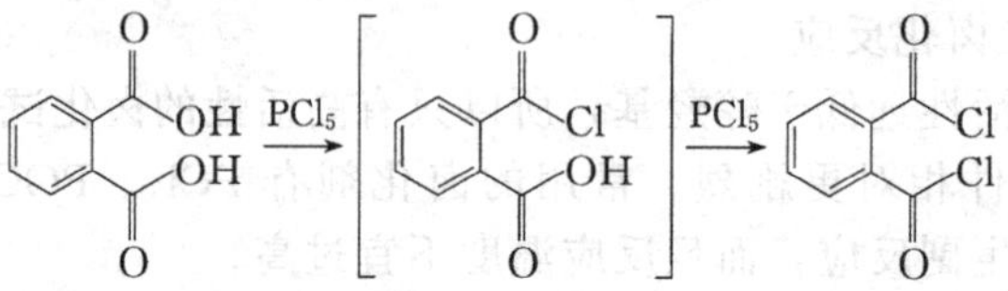

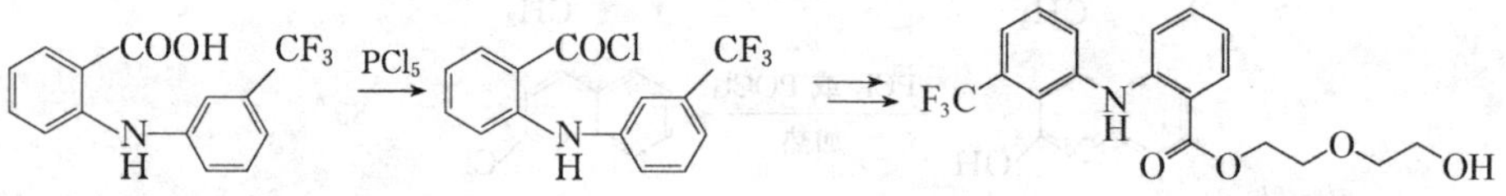

依托芬那酯

PX_3 一般用于脂肪羧羟基的置换卤化，其反应活性虽不及 PX_5，但由于副产物为亚磷酸固体，因此在实际应用中表现出较多的优越性。反应中，常把羧酸与稍过量的 PX_3 一起加热，生成的酰卤可通过直接蒸馏的办法分离出来。然而，对于固体酰卤的制备，则需慎重选取。$POCl_3$ 的活性较 PCl_3、PBr_3 更小，而且反应中没有氯化氢生成，因此特别适合于活性较高的不饱和羧酸盐的置换氯化。烟酰氯是合成降血脂药物烟酸季戊四醇酯（niceritrol）的中间体，它的合成是在叔胺存在下，烟酸与 $POCl_3$ 一起加热到 $60 \sim 80 ℃$ 完成置换氯化的。

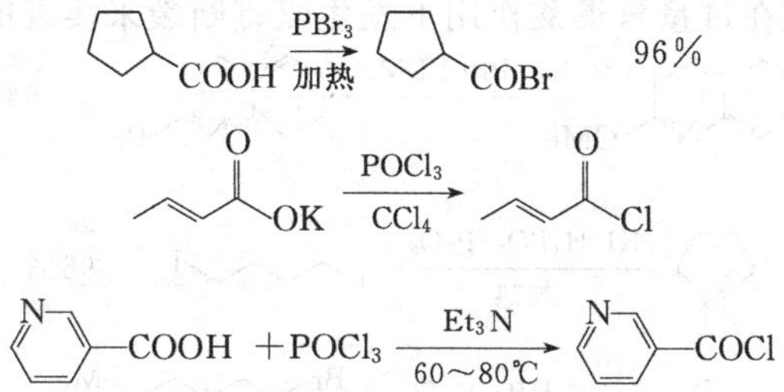

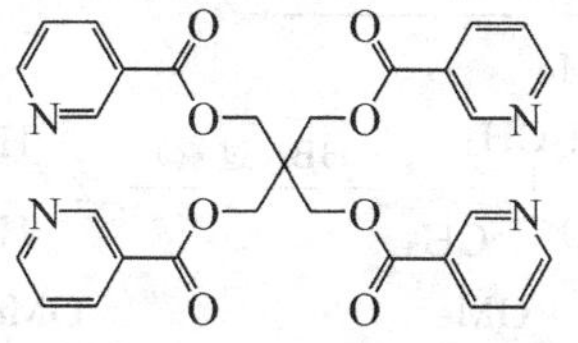

烟酸季戊四醇酯

$COCl_2$ 是一种温和、高效的氯化试剂，由于其反应副产物是 CO_2 和 HCl 两种气体，因而使产物的纯化与分离变得非常简单，如抗抑郁药物盐酸丙米嗪（imipramine hydrochloride），其中间体 N-氯代甲酰二苯并氮杂草的合成就可应用 $COCl_2$ 来完成。但由于光气具有强毒性，因此在应用上受到一定限制。

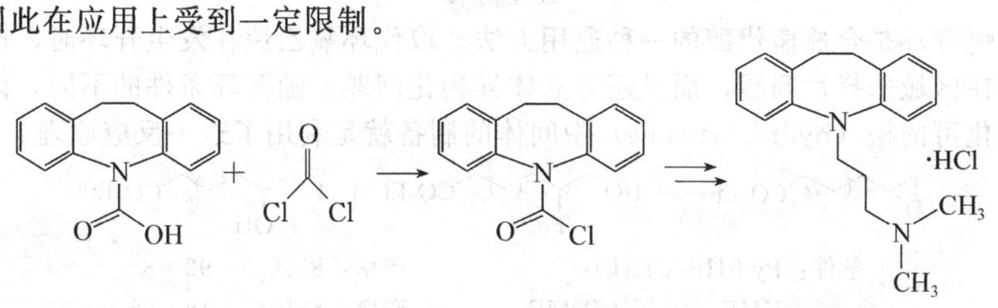

盐酸丙米嗪

$SOCl_2$ 也是最常用的氯化试剂之一，广泛用于各种羧羟基的置换，其反应特点与 $COCl_2$ 十分相似。同时，$SOCl_2$ 对双键、羰基、酯基和烷氧基等官能团影响甚小，且反应可在苯、石油醚、二硫化碳中进行，也可以 $SOCl_2$ 自身作反应溶剂。抗癫痫药物溴桂酸胺的中间体的制备，可在苯溶液中，用 $SOCl_2$ 与相应的羧酸经羟基置换氯化反应而得到。

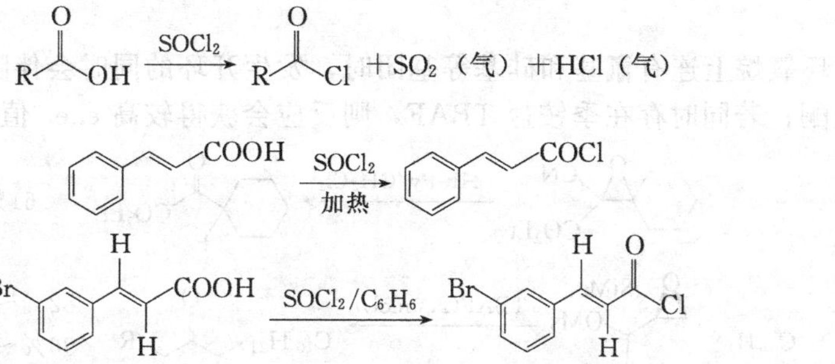

三、醚及含氮基团的置换卤化反应

（一）醚键的断裂卤化

含醚键结构的化合物可与氢卤酸作用生成 1 分子卤代烷和 1 分子醇，反应多遵循 S_N2 机理。若氢卤酸过量，生成的醇还可能继续与氢卤酸反应，生成另一分子卤代烷。

　　氢卤酸（如 HI 和 HBr）是最常使用的一类使醚键断裂的卤化试剂，经典的甲氧基苯与氢碘酸的反应是最为熟悉的例子之一，芳基烷基醚可在 PBr₃ 作用下，发生醚键断裂生成溴化产物。事实上，醚键断裂的反应可用来合成一些重要中间体，特别是环醚结构的化合物，这一方法具有重要应用价值。如抗心律失常药物维拉帕米（verapamil）的中间体 2-溴丙烷，其制备就是利用异丙基醚在过量氢溴酸作用下发生醚键断裂来实现的。

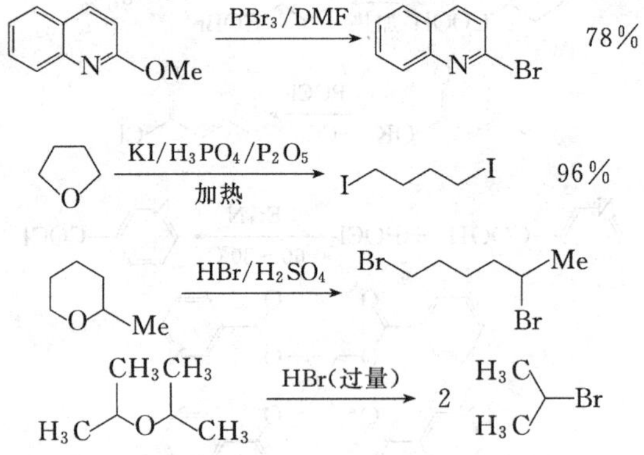

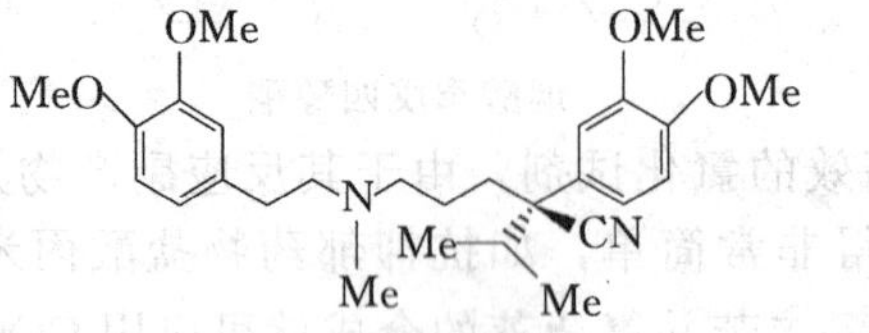

维拉帕米

　　环氧乙烷开环是合成卤代醇的一种通用方法。取代环氧乙烷在发生开环时，产物较为复杂，不仅存在区域选择性问题，而且还有立体异构化问题。随开环条件的不同，卤化结果不尽相同。氢化可的松（hydrocortisone）中间体的制备就是利用了这一反应原理。

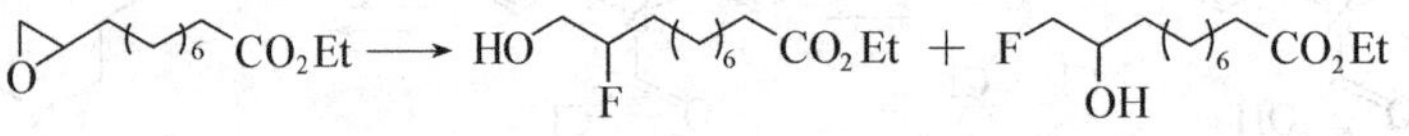

条件：Py-9HF/CH₂Cl₂ 　　　　产率：83% 　　92:8
KHF₂/18-冠-6/DMF 　　　产率：88% 　　18:82

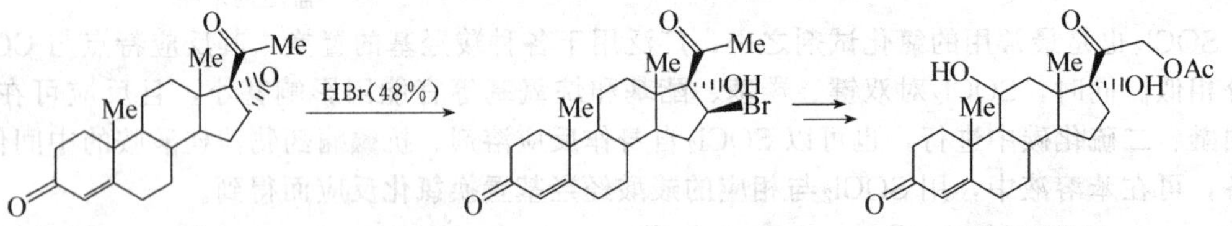

氢化可的松

　　当手性环氧烷上连有氰基和硅基等基团时，发生开环的同时会伴随有 α-消除反应，最终生成 α-卤代酮；若同时存在季铵盐 TBAF，则反应会获得较高 e.e. 值。

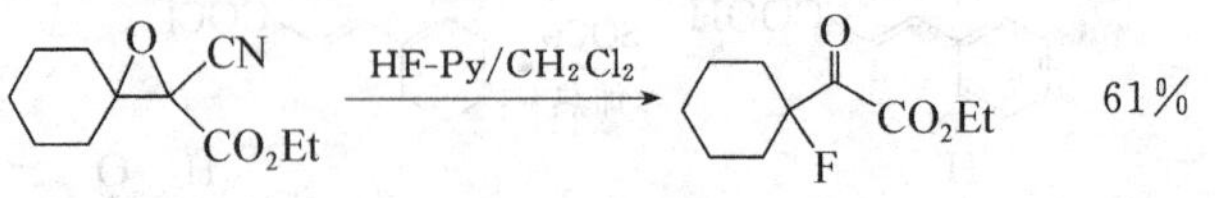

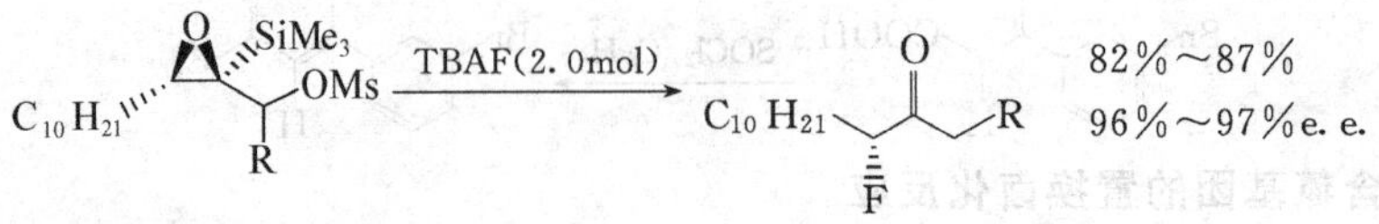

（二）含氮官能团置换卤化

　　含氮官能团被卤原子置换的反应多发生在芳香族重氮化合物中，即所谓的 Sandmeyer

或 Gattermann 反应。利用这一转换，可将卤素引入到用其它方法难以引入的芳环位置，这是芳香族卤化物的重要合成方法之一，也是合成上最有意义的反应之一。

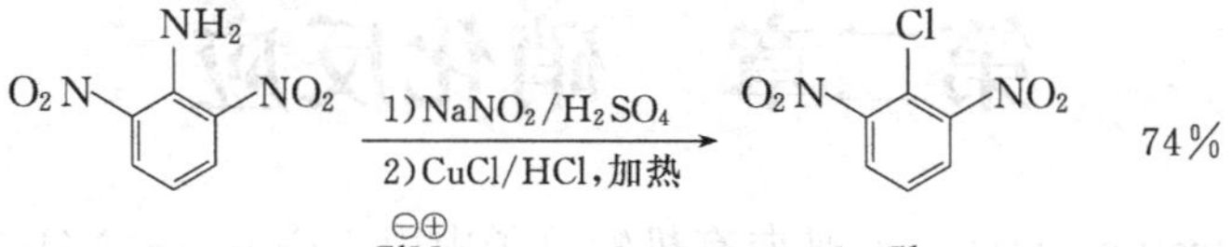

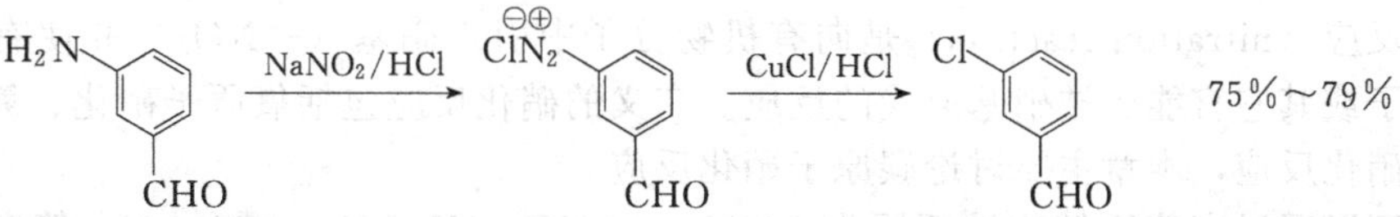

对于芳香族碘化物的制备，可由芳香族重氮盐与 KI 或单质 I_2 一起直接加热反应获得。而芳香族氟化物，可由芳香胺为原料，先制成芳香族重氮氟硼酸盐或氟磷酸盐，然后加热分解，即可高产率获得氟化物，此方法也称为 Schiemann 反应。苯、萘、蒽、菲、联苯、芴、吡啶和喹啉等芳香族化合物都可用此方法制得相应的芳香族卤化物。

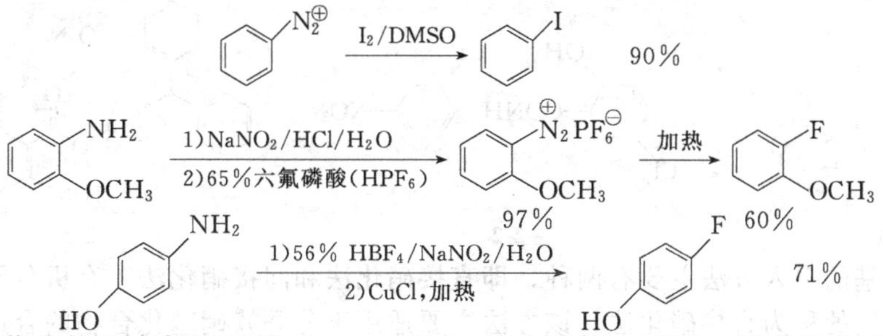

2-氯甲苯作为抗生素氯唑西林（cloxacillin）的中间体，可以 2-甲苯胺的重氮盐为原料，经置换氯化反应获得。

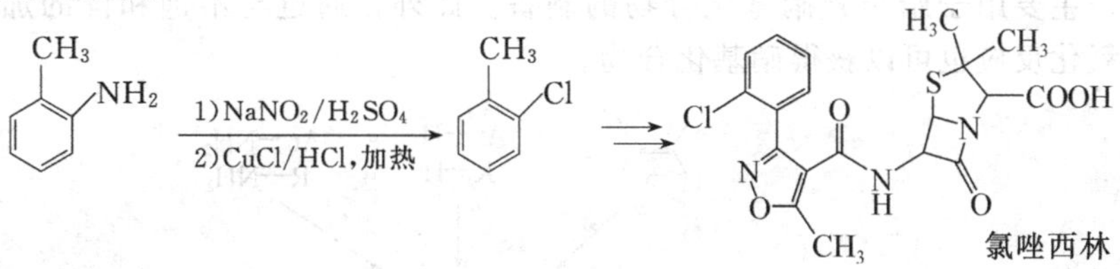

6-APA 与亚硝酸盐作用后可转变为相应的重氮盐。以此为原料，可分别依次与 N-卤代胺、季铵盐反应，最终生成重氮基被卤原子取代的产物，从而为开发不同结构的 β-内酰胺类抗生素提供了新的母核原料。

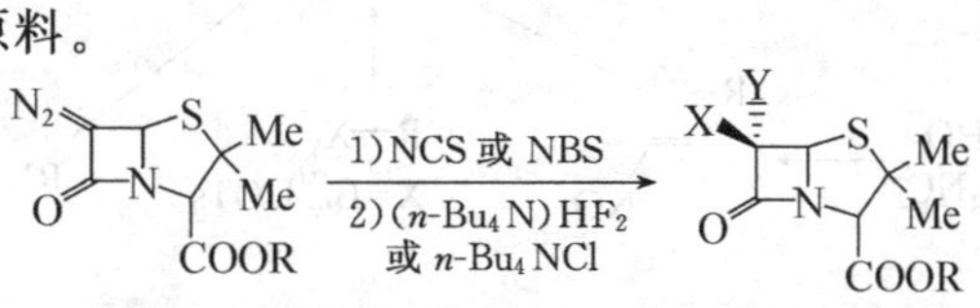

X，Y＝Cl，F；Cl，Cl；Br，F

本 章 小 结

本章依据形成卤化产物的四种反应类型，分别讨论了脂肪烃、烯烃和芳香烃的卤化反应，包括氟化、氯化、溴化以及碘化等。重点介绍了芳香烃、羰基化合物的 α-位和羟基的卤化反应，以及烯丙型、苄基型化合物的卤化反应、不饱和烃的卤官能团化反应、饱和卤代烃的卤交换反应，这是本章学习的重点内容。此外，简单介绍了芳杂环和不饱和烃的卤化反应，以及醚和含氮基团的卤化反应。在对各种类型卤化反应的介绍过程中，简析了其在典型药物合成中的应用，希望大家通过对实际应用的结合，加深对卤化反应基本原理的理解与掌握。

第二章　硝化反应

硝化反应（nitration reaction）是向有机物分子中引入硝基（—NO₂）并使有机物分子中的氢原子或其它官能团被硝基取代的反应。广义的硝化反应包括氧原子硝化、氮原子硝化和碳原子硝化反应，本章主要讨论碳原子硝化反应。

硝基可以通过官能团转化被还原为—NH₂、—NO、NHOH、—N＝N—等官能团，亚硝化反应与硝化反应相似。许多药的合成是以硝基化合物为中间体来完成，或者硝基化合物本身就是一种药物，如目前临床上用于治疗前列腺癌的药物氟他胺（flutamide，**2-1**）、驱肠虫药氯硝柳胺（niclosamide，**2-2**）、抗高血压药物阿折地平（azelnidipine，**2-3**）等。

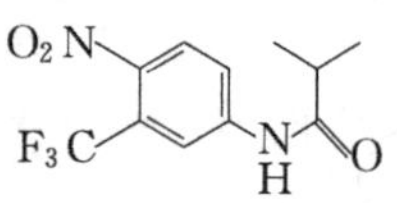

2-1 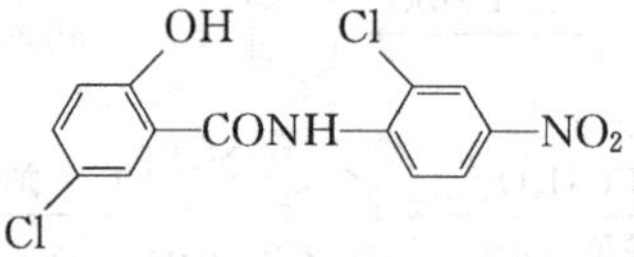　　　　　　**2-2** 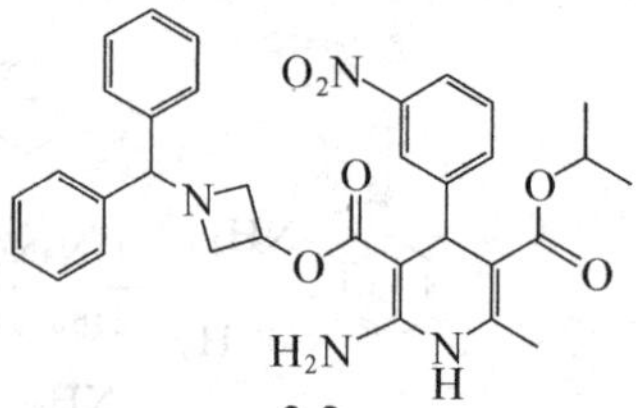　　　　　　**2-3**

分子中硝基的引入方法主要有两种，即直接硝化法和间接硝化法。有机分子中的氢原子直接被硝基取代的称为直接硝化法，该方法主要适用于芳香族硝基化合物的合成。间接硝化法指有机物分子中的原子或基团（如—Cl、—R、RSO₃H、—COOH、—N＝N—）被硝基置换的方法，主要用于脂肪族硝基化合物的制备。此外，通过与不饱和键的加成反应，氨基、肟基的氧化反应也可以获得硝基化合物。

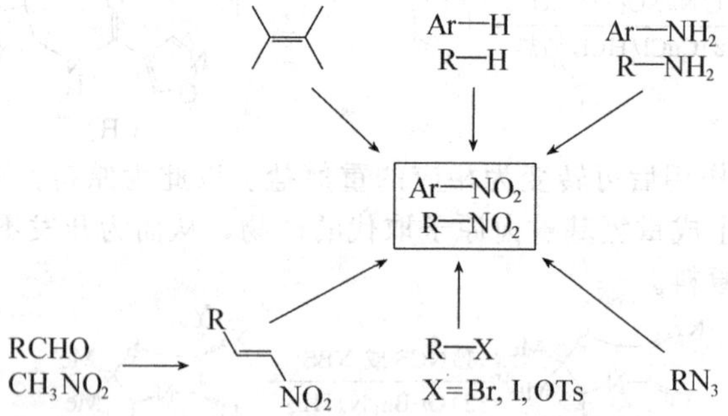

第一节　芳香烃的硝化

芳烃硝化是药物合成中使用频率较高的反应之一，芳烃分子中硝基可以转化为很多其它的官能团，如氨基、羟胺等。芳烃中硝基的引入可以分为富电子芳烃的直接硝化和缺电子芳烃的间接硝化。此外，芳胺等通过氧化反应也可以获得硝基取代的芳烃。

一、直接硝化

对于电子云密度高的芳烃，能直接与硝化试剂进行亲电取代反应，生成芳烃中的氢原子被硝基取代的产物，至于是单硝化产物还是多硝化产物，则取决于被硝化物的结构、反应条件等因素。

（一）硝化反应机理

芳环上的硝化反应是双分子亲电取代反应。反应机理如下所示：

$$Z\text{-}NO_2 \rightleftharpoons Z^- + NO_2^+$$

π-络合物　　　σ-络合物

硝化剂生成的硝酰阳离子（又叫硝镓离子，nitronium ion）首先与芳环大 π 键作用，π 键作为配基与硝酰阳离子配位后形成 π-络合物，而后转化为 σ-络合物。σ-络合物极不稳定，易失去质子恢复芳环结构，生成芳环上的一个氢被硝基取代的化合物。

常用的硝化试剂种类较多，不同硝化试剂的硝化反应活性依赖于其解离生成 NO_2^+ 的难易程度。若用通式 $Z\text{-}NO_2$ 表示硝化剂，则其解离的过程如下式所示：

$$Z\text{-}NO_2 \rightleftharpoons Z^- + NO_2^+$$

其中，Z 吸引电子能力越强，则越容易形成 NO_2^+，表示硝化能力也就越强。

表 2-1 列出了常见的一些硝化剂，其活性大体按先后次序递增。可以看出，硝酸乙酯的硝化能力最弱，而硝酰氟硼酸的硝化能力最强。硝酸、硝酸-硫酸（混酸）、硝酸-乙酸酐是最常用的硝化剂，但不同硝化剂反应特点有所差异。

表 2-1　常见硝化剂及相对活性

硝化试剂	离去基团 Z	硝化试剂	离去基团 Z
$C_2H_5ONO_2$（硝酸乙酯）	$C_2H_5O^-$	$ClNO_2$（氯化硝基）	Cl^-
$HONO_2$（硝酸）	HO^-	HNO_3/H_2SO_4（硝酸-硫酸）	H_3O^+
$CH_3CO_2NO_2$（乙酰硝酸酯）	CH_3COO^-	NO_2BF_4（氟硼酸硝酰）	BF_4^-
NO_3NO_2（五氧化二氮、硝酸酐）	NO_3^-		

（二）硝酸为硝化剂的反应

硝酸是一种强酸，也是最普遍使用的一种硝化剂。与水存在离解平衡一样，无论是纯硝酸还是浓硝酸也存在自身离解平衡，即存在硝酰阳离子，但其平衡更倾向于中性硝酸。硝酸浓度越低，平衡更偏向左，NO_2^+ 浓度越低，硝化能力越低。若单用硝酸硝化，反应中生成的水将硝酸稀释，使硝化能力降低。含水 5% 的硝酸，几乎已没有 NO_2^+ 存在，75%～95% 的硝酸约有 99.9% 呈分子状态存在。因此，单一的硝酸作硝化剂的应用基本上限于活泼芳烃的硝化。硝酸的解离平衡如下式所示：

$$HNO_3 \rightleftharpoons NO_3^- + H^+$$

$$H^+ + HNO_3 \rightleftharpoons H_2NO_3^+ \rightleftharpoons NO_2^+ + H_2O$$

$$\overline{2HNO_3 \rightleftharpoons NO_2^+ + NO_3^- + H_2O}$$

对于烷基苯、酚、酚醚、芳香胺等分子中含有供电子官能团的芳烃以及稠环芳烃，因为芳环本身反应活性高，可采用硝酸硝化，甚至可用稀硝酸。反应中硝酸中的痕量亚硝酸首先解离成亚硝酰阳离子 NO^+，使芳环发生亚硝化反应，然后亚硝基被硝酸氧化成硝基，同时又产生亚硝酸，如临床上用来治疗胃溃疡的药物奥美拉唑（omeprazole）中间体 **2-4** 的合成。

$$HNO_2 \overset{H^+}{\rightleftharpoons} NO^+ + H_2O$$

2-4

由于亚硝酰阳离子的亲电性比硝酰阳离子弱，因此，只有活性很高的芳环才能用稀硝酸硝化。如果芳烃分子中存在氨基，必须进行保护，否则氨基首先和硝酸反应生成铵盐，从而改变芳烃的取代位置，同时硝酸的氧化能力很强，若不保护，会发生氧化反应。

（三）硝酸与硫酸（混酸）为硝化剂的反应

硝酸（或发烟硝酸）与硫酸（或发烟硫酸）的混合物称为混酸，是最常见的较强的硝化剂。混酸作为硝化剂是通过如下反应生成硝酰正离子来发生硝化反应的：

$$HO-NO_2 + H_2SO_4 \rightleftharpoons H\overset{+}{O}(H)-NO_2 + HSO_4^-$$

$$H\overset{+}{O}(H)-NO_2 \rightleftharpoons NO_2^+ + H_2O$$

$$H_2O + H_2SO_4 \rightleftharpoons H_3O^+ + HSO_4^-$$

$$\overline{HONO_2 + 2H_2SO_4 \rightleftharpoons NO_2^+ + H_3O^+ + 2HSO_4^-}$$

混酸产生的 NO_2^+（硝酰阳离子）是硝化反应的硝化试剂。硫酸的作用主要是提供质子和脱水。此外，硫酸兼作溶剂，由于硫酸的热容很大，可有效地避免局部过热，因而减少了氧化等副反应。混酸硝化一般在铸铁、普通碳钢、不锈钢等设备中进行反应。

也可用硝酸盐和硫酸的混合物作为硝化剂实现硝化反应。常用的硝酸盐有 KNO_3、$NaNO_3$，这一体系适用于活性不高的底物的硝化。例如具有抗癌效果的药物 9-硝基喜树碱（9-nitrocamptothecine，**2-5**）的合成，采用 KNO_3/H_2SO_4 作为硝化试剂，提高了产物的收率，降低了杂质 12-硝基喜树碱（12-nitrocamptothecine，**2-6**）的含量。

$$\xrightarrow{KNO_3/H_2SO_4}$$

2-5　　　　　　　**2-6**

（四）硝酸与乙酸酐为硝化剂的反应

硝酸与乙酸酐按照化学剂量混合过程中，发生如下式所示反应：

$$2HONO_2 \rightleftharpoons H_2ONO_2^+ + NO_3^-$$

$$(CH_3CO)_2O + HONO_2 \rightleftharpoons CH_3COONO_2 + CH_3COOH$$

$$H_2ONO_2^+ + CH_3COONO_2 \rightleftharpoons CH_3COONO_2H^+ + HNO_3$$

$$CH_3COONO_2H^+ + NO_3^- \rightleftharpoons CH_3COOH + O_2NONO_2 \quad (N_2O_5)$$

硝酸作为一种中等偏强的硝化剂，在诸多的药物合成中得到了广泛的应用。然而，反应过程中，是硝酰正离子作为亲电质点，还是硝酸-乙酸酐作为亲电试剂，尚存有疑点。不过其混合过程存在着化学反应，且有硝酸-乙酸混合酐的形成是得到了证实的，而且乙酸酐通常是过量的，其在反应过程中的脱水作用也同样是明确的。

乙酸酐对有机物具有好的溶解性能，所以硝酸-乙酸酐混合液作硝化试剂有利于反应在均相体系中实现，从而提高了其硝化能力，使反应在较低的温度下进行，减少了氧化等副反应的发生。硝酸在乙酸酐中可以以任意比例溶解，一般常用 $10\%\sim30\%$ 的硝酸，其缺点是不能久置，必须使用前临时配制，否则有因生成四硝基甲烷而引起爆炸的危险。当取代芳烃与这类硝化剂发生取代反应时，以一元硝化产物为主，且选择性地发生在邻位、对位定位基的邻位。

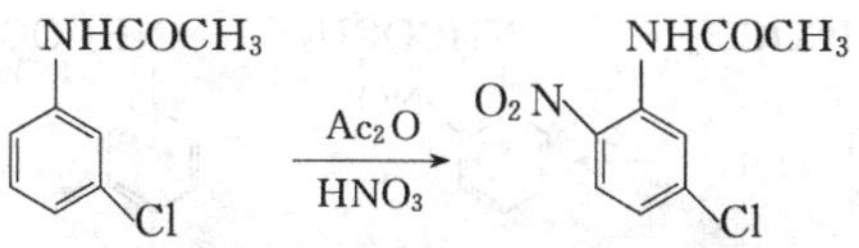

对于含吸电子基团的芳杂环的硝化，硝酸-乙酸酐能保证反应平稳进行，即使是高活泼的呋喃、噻吩等芳杂环上硝化，也不会导致芳杂环的聚合等副反应。如临床上用作抗生素的呋喃妥因（furadantin）的中间体 5-硝基呋喃甲醛（**2-7**）的合成。

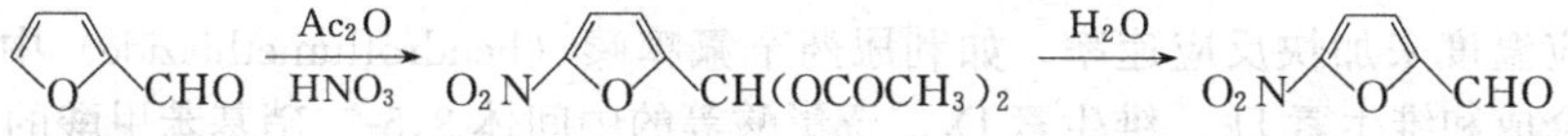

（五）硝酰氟硼酸

硝酰氟硼酸（NO_2BF_4）是硝化能力最强的一种硝化试剂，可通过 95% 的发烟硝酸先与无水氟化氢在硝基甲烷溶液中反应，然后在冷却下通入 BF_3 获得。硝酰氟硼酸的硝化能力很强，即使是反应性能较低的芳烃也能在较温和的条件下顺利地完成硝化。

$$HNO_3 + HF + 2BF_3 \xrightarrow{CH_3NO_2} NO_2BF_4 + BF_3 \cdot H_2O$$

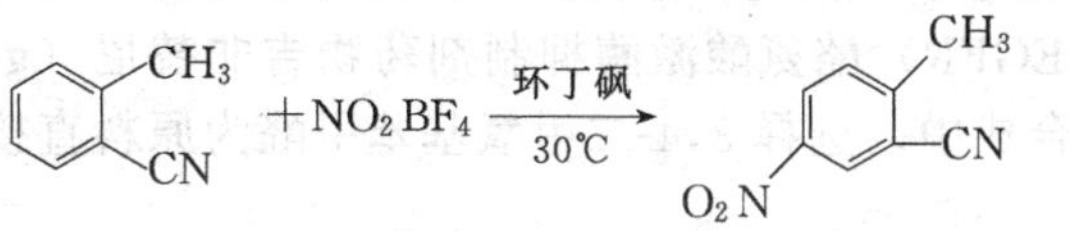

二、影响硝化反应的因素

芳香烃的硝化反应是研究相对成熟的一类有机反应，影响其反应的活性、产率、选择性等方面的因素尽管比较复杂，但主要包括反应物的结构、硝化试剂的活性、反应溶剂、催化剂及反应温度。

（一）反应物结构对硝化反应的影响

芳烃的硝化反应属于典型的亲电取代反应，芳环上已有取代基的电子效应、立体效应对硝化反应速率及硝化取代的位置有明显影响。当芳环上连有烷基、烷氧基、取代氨基等邻、对位定位基时，由于芳环的电子云密度增大，硝化反应速率快，且由于对位电子云密度大，空间位阻小，故对位产物的比例一般大于邻位产物。但芳基醚、芳香胺、芳香酰胺等，用硝酸-乙酸酐硝化时，邻位产物明显增加，称为"邻位效应"。如苯甲醚邻位硝化可能的反应机理如下：

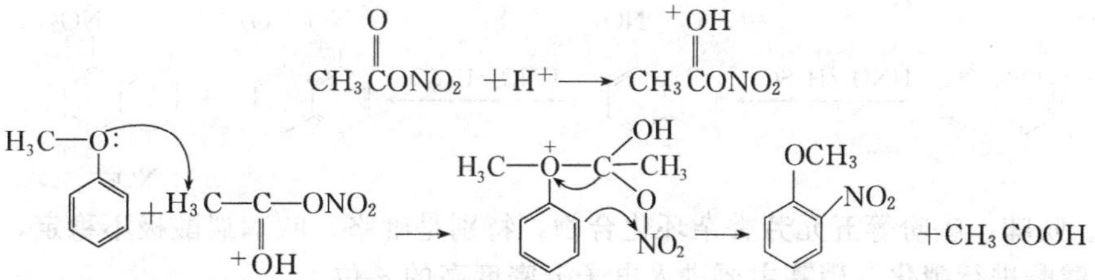

或：

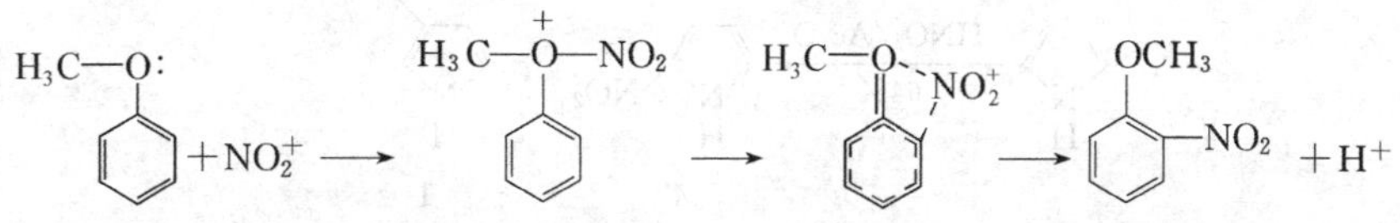

反应中乙酰硝酸酯或硝酰阳离子首先与甲氧基氧原子的孤对电子结合，生成 O-硝酰甲氧基正离子中间体，随后硝基转位到甲氧基的邻位进而生成邻位取代产物。如乙酰苯胺在不同硝化试剂存在的情况下硝化，邻、对位的比例随硝化试剂硝化能力不同而异。

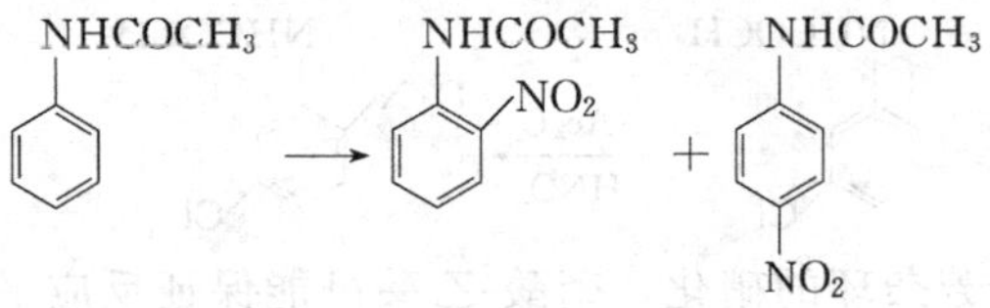

$$HNO_3, H_2SO_4 \quad 19\% \qquad 79\%$$
$$HNO_3, Ac_2O \quad 63\% \qquad 30\%$$

如果芳环上有某种吸电子官能团时，芳环的电子云密度较低，硝化反应速率慢，此时可以通过升高反应温度来加快反应速率。如利尿药苄氟噻嗪（bendroflumethiazide）中间体间硝基三氟甲苯的合成和维生素 D_2、维生素 D_3、泛影酸等的中间体 3,5-二硝基苯甲酸的合成。

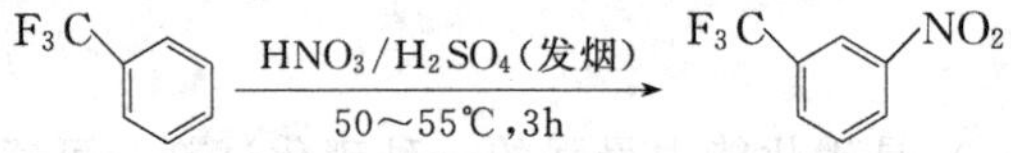

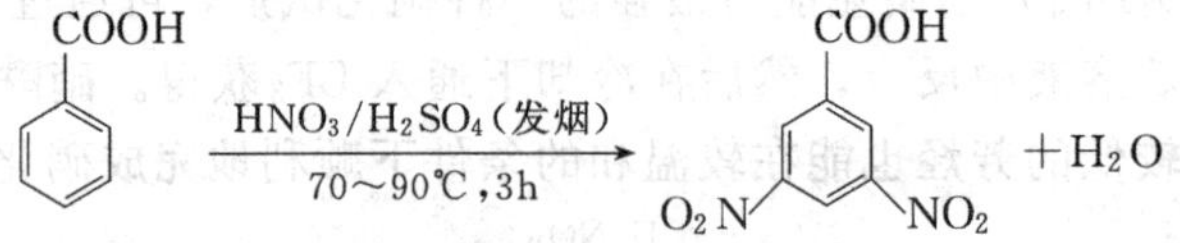

当芳环上同时具有吸电子和供电子基团时，需要综合考虑所有官能团的定位效应。选择性表皮生长因子受体（EGFR）酪氨酸激酶抑制剂药物吉非替尼（gefitinib）中间体 2-硝基-4,5-二甲氧基苯甲醛的合成中，选择 3,4-二甲氧基苯甲醛为原料直接硝化，取代主要发生在醛基剂的邻位。

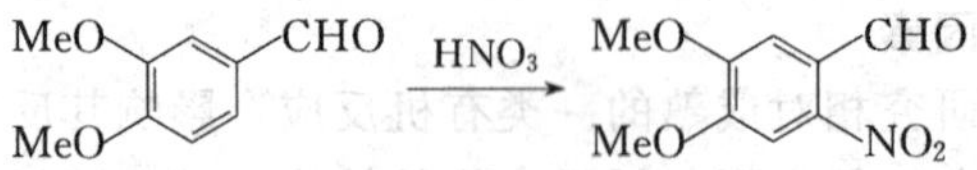

对于芳环含有体积较大的邻、对位定位基时，硝化反应主要发生在对位。甲苯硝化的邻位、对位产物比例是 57:40，而叔丁基苯硝化时，邻位、对位产物的比例为 12:97。苯丙氨酸硝化时，4-硝基苯丙氨酸（**2-8**）的收率达 90%。

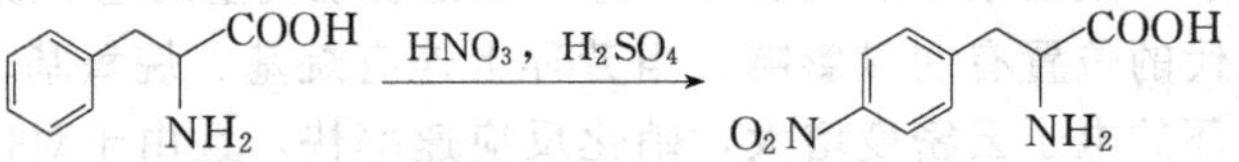

2-8

稠环芳烃——萘环的 α-位电子云密度大于 β-位，因而一元硝化主要发生在 α-位，当发生二次硝化生产二元硝化时，两个硝基的位置为 1,8-位或 1,5-位。

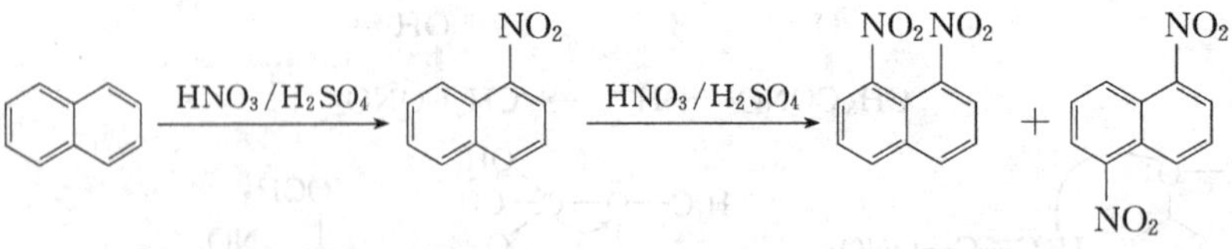

吡咯、呋喃、噻吩等五元芳香杂环化合物，特别是吡咯、呋喃遇酸极不稳定，因此一般用硝酸-乙酸酐进行硝化，硝基主要进入电子云密度高的 α-位。

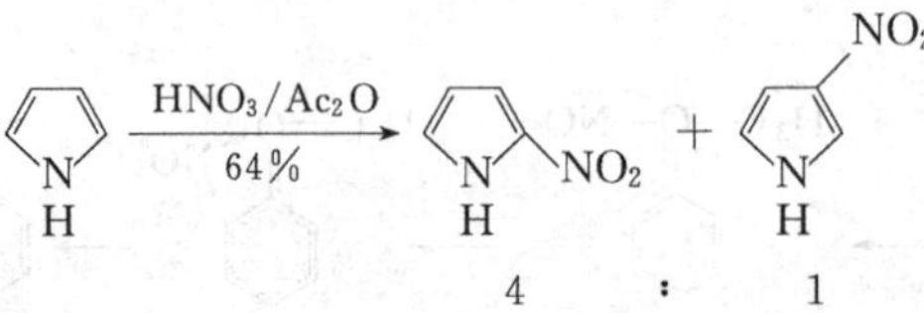

4 : 1

其次，由于吡咯、呋喃、噻吩等五元芳香杂环化合物属于富电子型芳香体，其硝化一般在较低温度下进行即可。如治疗菌痢、肠炎的药物呋喃唑酮（furazolidone）中间体 5-硝基-2-呋喃丙烯腈的合成，可在 0℃下以发烟硝酸-乙酸酐为硝化剂与 α-呋喃丙烯腈反应获得。

$$\text{(furan)}-\overset{\text{H}}{\underset{}{C}}=CHCN \xrightarrow[0℃]{\text{发烟硝酸, Ac}_2\text{O}} O_2N-\text{(furan)}-\overset{\text{H}}{\underset{}{C}}=CHCN$$

含两个杂原子的五元芳香杂环化合物，如咪唑、噻唑、吡唑等，用混酸硝化时，硝基进入 4-位或 5-位。若该位置已有取代基，则不发生反应。吡唑直接硝化得到 4-硝化产物。

$$\xrightarrow[\text{AcOH, rt.}]{\substack{\text{浓 HNO}_3,\text{Ac}_2\text{O} \\ 70\%}} \quad \xrightarrow[80\%]{0℃,\text{浓 H}_2\text{SO}_4}$$

$$\xrightarrow[\text{rt. 升至 70℃}]{\text{N}_2\text{O}_4/\text{BF}_3} \quad 59\% \quad + \quad 27\%$$

吡啶环由于氮原子的吸电子作用而使反应活性较低，在较高温度下才能硝化，反应发生在 β-位。当吡啶转化为 N-氧化物后，活性明显得到提高，硝化主要发生在 γ-位。临床上用来治疗胃溃疡的药物奥美拉唑的中间体，4-硝基-2,3,5-三甲基吡啶-N-氧化物（**2-9**），可通过这一反应来完成合成。

$$\xrightarrow{\text{H}_2\text{O}_2} \quad \xrightarrow{\text{HNO}_3/\text{H}_2\text{SO}_4}$$

2-9

喹啉用混酸硝化时，硝基进入苯环上的 5-位和 8-位。但用硝酸在较高温度下硝化时，因喹啉中的吡啶环被硝酸氧化而生成 N-氧化物，硝基进入吡啶环的 4-位。异喹啉的硝化产物主要是 5-硝基异喹啉。

$$\xrightarrow[65℃]{\text{HNO}_3} \quad \xrightarrow[0\sim10℃]{\text{HNO}_3/\text{H}_2\text{SO}_4} \quad +$$

$$\xrightarrow[0℃, 80\%]{\text{HNO}_3/\text{H}_2\text{SO}_4} \quad + \quad 9 : 1$$

（二）硝化剂对硝化反应的影响

硝化剂浓度对硝化反应有明显影响。例如苯乙酮用硝酸硝化时，在 5℃ 时用低于 70% 硝酸来硝化，反应基本不进行。因此，硝化反应要保持硝酸达到一定的浓度，同时要尽量避免或减少氧化反应。浓硫酸和乙酸酐等具有很强的吸水性，它们的用量和浓度应满足产生硝酰阳离子的要求。就混酸而言，在足够量的硫酸存在下，硝酸能 100% 地分解为硝酰阳离子。表 2-2 列出了不同比例的混酸中硝酸离解为硝酰阳离子的情况。

表 2-2 不同比例混酸中硝酸离解为 NO_2^+ 的比例　　　　单位：%

HNO_3/H_2SO_4	5	10	15	20	40	60	80	90	100
NO_2^+/HNO_3	100	100	80	62.5	48.8	16.7	9.8	5.9	1

组成不同的混酸，与相同底物发生硝化反应时，显现出有明显的差异。混酸中硫酸含量越高，其硝化能力越强。混酸的硝化能力越强，则硝化反应的邻位、对位（或间位）选择性越低。

硝化剂的溶解性能有时可影响硝化反应的进行。硝化剂对反应物有较好的溶解性能时，可形成均相反应体系，有利于硝化反应的进行。故有时在硝化反应中加入某种有机溶剂，如氯仿、四氯化碳、乙醚、硝基甲烷、硝基苯等。提高搅拌速度，有利于反应物与硝化剂的充分混合，增加了分子间的碰撞概率，从而能提高反应速率。提高反应温度，有利于提高硝化反应速率。如临床上应用的抗菌剂芦氟沙星（rufloxacin）中间体 2,4-二氯-3-氟硝基苯（**2-10**）的合成，硝化的有利温度是 90℃。

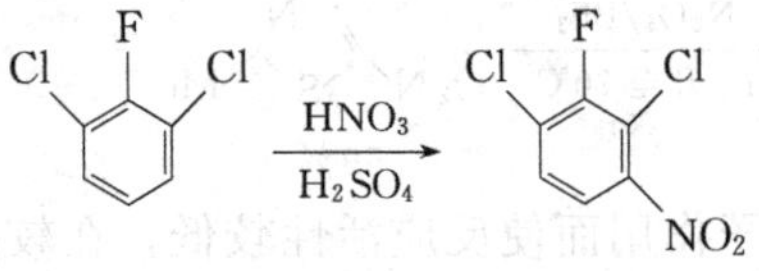

2-10

一些难以硝化的反应物，以及多元硝化时，加入汞、锶、钡的硝酸盐或三氟化硼、氯化铁、四氯化锡等路易斯酸，可提高硝化试剂的硝化活性。

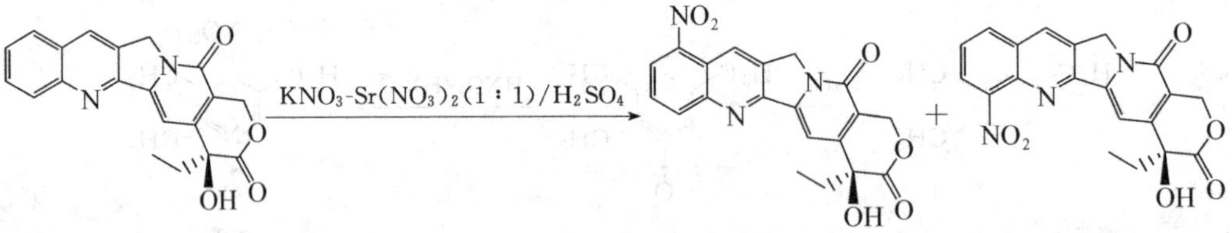

2-5   **2-6**

多取代苯的烷基、卤素、磺酸基、烷氧基以及羰基等均有可能被硝基取代，若这些基团在邻位、对位定位基的活化位置上，则更容易被取代。若被取代基团为烷基时，烷基的离去次序与其正离子的稳定性次序是一致的，如 $(CH_3)_3C^+ > (CH_3)_2CH^+ > CH_3CH_2^+$。若被取代基团为卤素，则被取代的活性次序为：$I^- > Br^- > Cl^-$。因此，多取代芳烃在硝化时，不时有副产物生成。

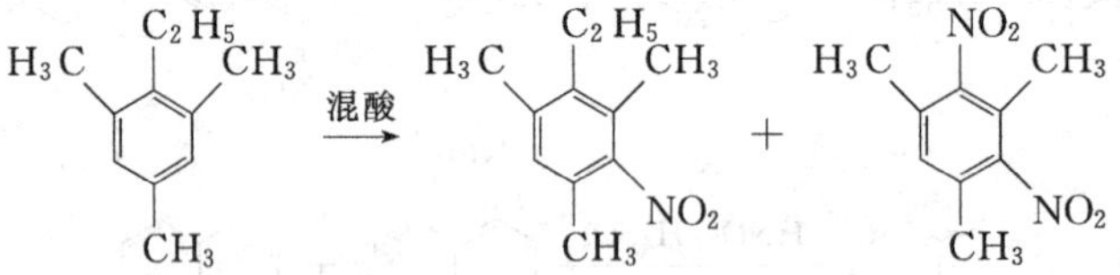

三、间接硝化法

芳环上的磺酸基可被硝基置换，生成硝基化合物，例如由苯酚制备苦味酸时，为防止苯酚的氧化，常采用先磺化的方法。处于活化位置的磺酸基，更容易被硝基取代。有时可利用这一性质来合成相应的硝基化合物。

苯胺用过氧酸、臭氧、Oxone 等氧化剂处理，生成相应的硝基化合物，这也是合成芳香族硝基化合物的一种方法。

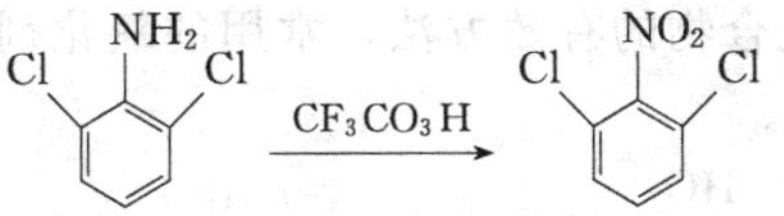

此外，芳胺可以经重氮化反应获得重氮盐，与亚硝酸盐（如亚硝酸钠）发生取代反应可以将氨基转化为硝基。

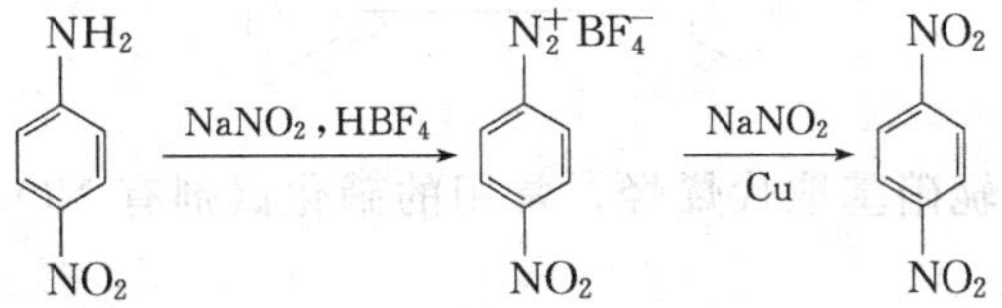

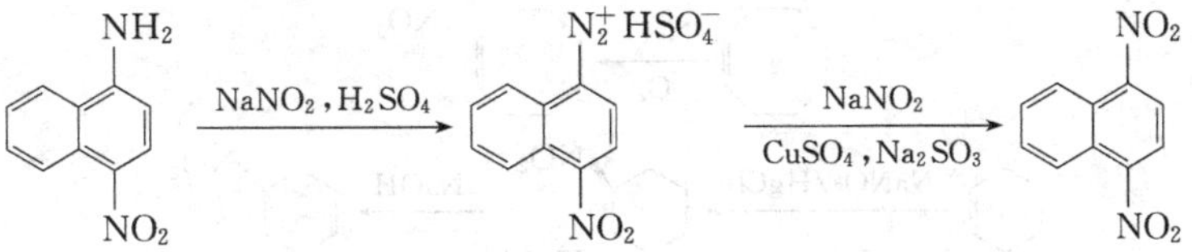

第二节 脂肪烃的硝化

合成脂肪族硝基化合物最便捷的方法是卤代烃、磺酸酯等的硝基取代。活泼亚甲基的硝化、烯烃的硝化、胺和肟的氧化等反应，也可用于脂肪族硝基化合物的合成。

一、硝基取代反应

卤代烃与亚硝酸盐（$NaNO_2$，KNO_2，$AgNO_2$ 等）在极性非质子溶剂 DMF 或 DMSO 中或在相转移催化条件下反应，以较好的产率得到对应的硝基化合物。反应通常有副产物亚硝酸酯生成，这是合成脂肪族硝基化合物最常用的方法。

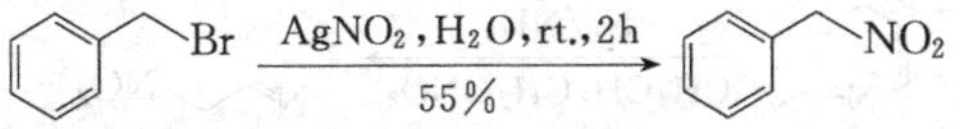

通过卤代烃的取代反应合成脂肪族硝基化合物在药物合成中应用较多，如抗感染药磺胺甲基异噁唑的合成中间体 β-硝基丁酮的制备，可在 DMF 溶液中以亚硝酸盐与氯代烃发生 S_N2 反应获得。

$$ClCH_2CH_2COCH_3 \xrightarrow{NaNO_2, \ DMF} O_2NCH_2CH_2COCH_3$$

由于硝基可还原为氨基，因此可以通过卤代烃的亲核取代反应获得的硝基化合物来制备 α-氨基酸，如 α-氨基丁酸前体——2-硝基丁酸乙酯的合成。

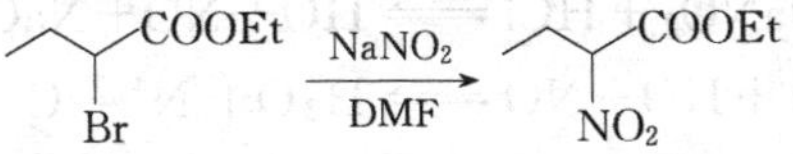

这种合成脂肪族硝基化合物的方法，一般用于 1-硝基物的制备，大多数情况下 2-硝基化合物或 3-硝基化合物合成产率不高。

$$I-(CH_2)_4-I + 2AgNO_2 \longrightarrow O_2N-(CH_2)_4-NO_2 + 2AgI(45\%)$$

$$CH_3(CH_2)_7CH_2Br + AgNO_2 \longrightarrow CH_3(CH_2)_7CH_2NO_2 + AgBr(75\% \sim 80\%)$$

二、氧化反应

亚硝基化合物可被氧化银氧化成硝基化合物。

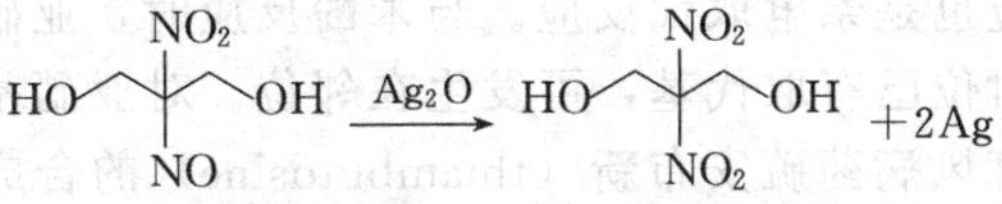

肟的氧化也是合成脂肪族硝基化合物的一个重要手段。肟可以方便地由醛酮与羟胺反应

制得，这是由醛酮合成硝基化合物的有效方法，常用的氧化剂有过氧酸、臭氧、高锰酸钾、Oxone、高硼酸钠和次氯酸等。

三、烯烃的硝化反应

烯烃直接硝化生成共轭硝基取代烯烃，常用的硝化试剂有 NO、N_2O_4、$NaNO_2/CAN$、$NaNO_2/HgCl_2$ 等多种体系。

除此以外，经 Michael 加成、缩合等反应也可制备硝基化合物，例如：

$$H_2C\!=\!CHCOOC_2H_5 + CH_3NO_2 \xrightarrow[\text{EtOH}]{\text{EtONa}} O_2NCH_2CH_2CH_2COOC_2H_5$$

$$CH_3NO_2 + 3HCHO \xrightarrow{HO^-} (HOCH_2)_3C\!-\!NO_2$$

含活泼亚甲基（如苄甲基，含 α-氢的酯等）的化合物，在强碱（K/NH_3，Na/NH_3）的作用下，与硝酸酯反应，得到硝基化合物。

第三节 芳香烃的亚硝化

将亚硝基（—N=O）引入有机物分子的碳或氮原子上的反应，统称为亚硝化反应。亚硝化反应常用的试剂是亚硝酸（亚硝酸盐加酸）和亚硝酸酯，但起作用的可能是亚硝酰离子或离子对。

$$NaNO_2 + HCl \rightleftharpoons HO\!-\!NO + NaCl$$

$$H^+ + HO\!-\!NO \rightleftharpoons H_2O + N^+\!=\!O$$

$$R\!-\!O\!-\!NO + H^+ \rightleftharpoons \underset{\underset{H}{|}}{R^+O\!-\!NO} \longrightarrow ROH + N^+\!=\!O$$

在亚硝基化合物中，亚硝基显示不饱和键的性质，可进行还原、氧化、缩合、加成等一系列反应，可转化为含有其它官能团的中间体。亚硝酰离子相较于硝酰离子，其反应活性很低，因此亚硝化反应通常发生在富电性芳环上，如酚类、氨基取代的芳烃，电子云密度较高的杂环芳烃等。

芳烃的亚硝基化反应也是亲电取代反应。与苯酚反应时，亚硝化反应的区域选择性很强，主要进入对位。若对位已有取代基，可发生在邻位。对亚硝基苯酚与醌肟是互变异构体，醌肟更稳定。治疗麻风病药硫安布新（thiambutosine）的合成工艺中就有以二甲氨基苯为原料来实现的，对亚硝基-N,N-二甲基苯胺便是其中间体。

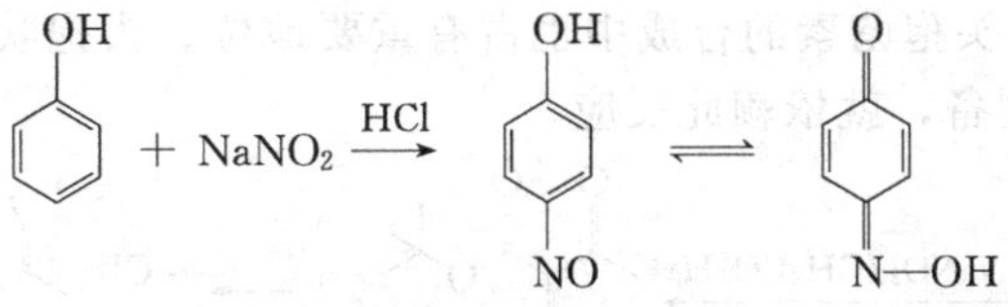

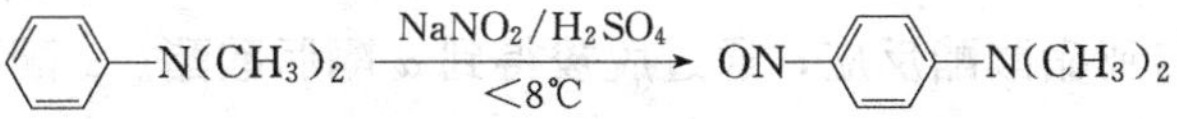

在 Cu^{2+} 催化下，以羟胺和过氧化氢为亚硝化反应试剂，可以生成邻亚硝基化合物。

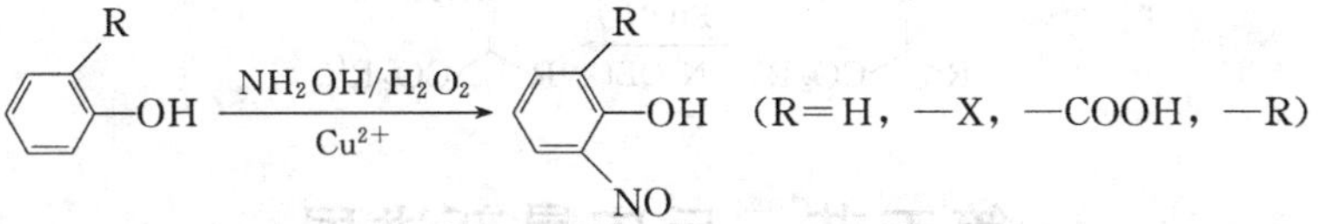

除了酚和芳香叔胺外，富电性的芳杂环化合物和具有活泼氢的脂肪族化合物，也可发生亚硝基化反应。稠环芳烃——萘环的 α-位电子云密度大于 β-位，因而亚硝化主要发生在 α-位。例如：

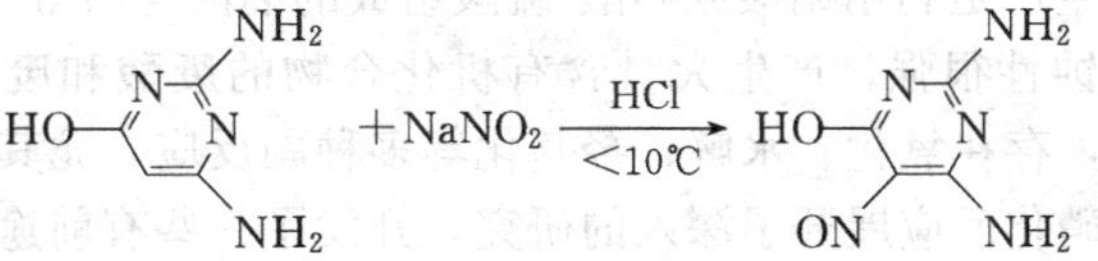

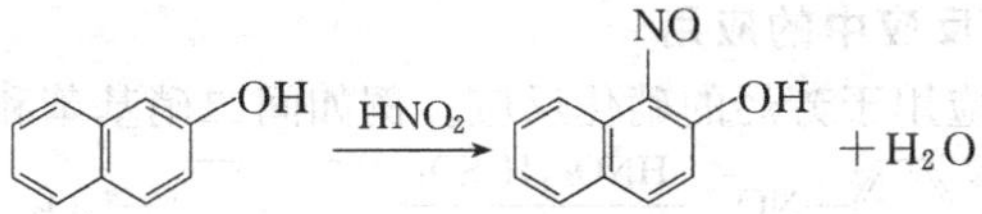

由亚硝酸作为亚硝化剂实施亚硝化反应，通常在低温下进行。当亚硝酸盐与强酸作用将其从盐中置换出后，因为其稳定性较差，极易分解。所以，实际操作中是将亚硝酸盐溶液滴入反应物的酸性介质中，或将酸滴入反应物与亚硝酸盐的反应介质中，在亚硝酸形成的同时完成亚硝化。用亚硝酸盐与冰醋酸或亚硝酸酯与有机溶剂作亚硝化试剂时，常为均相反应，一般反应容易进行。

第四节　活泼亚甲基上的亚硝化

含有活泼亚甲基的化合物（如丙二酸酯、β-酮酸酯、氰乙酸酯、硝基乙酸酯等）因受硝基、羰基等的影响而使亚甲基上的氢表现出较强的酸性，在与亚硝酸钠的酸性溶液或亚硝酸酯反应时，能生成相应的亚硝化产物。

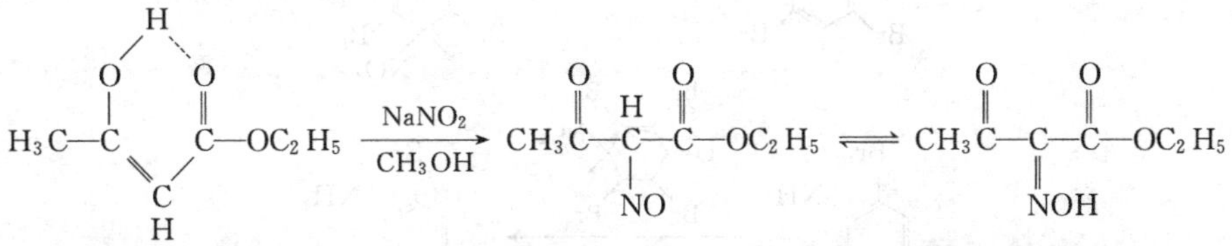

含有活泼亚甲基的化合物和亚硝酸反应，生成的 α-亚硝基化合物能与酮肟发生互变异构，因此也可以看作是亚硝化肟化反应。α-亚硝化物经过亚硝基还原，可以转化为氨基，形成 α-氨基酸。如美国 Pfizer 公司开发的靶向针对多种受体酪氨酸激酶的抗癌药物舒尼替尼（sunitinib）的合成中间体的制备途径之一，就是采用类似的过程完成的。

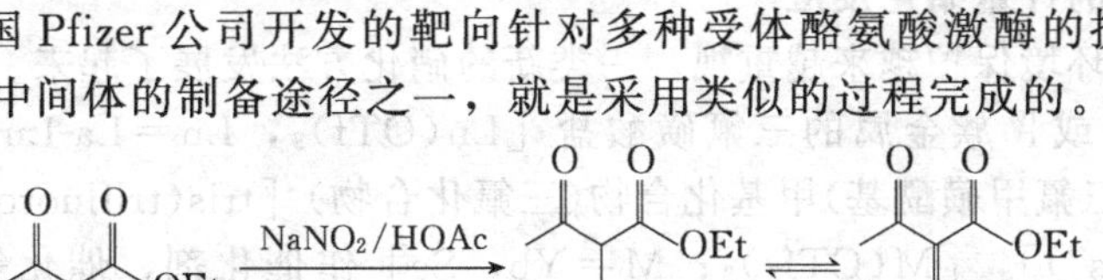

此外，α-亚硝化物在头孢菌素的合成中也占有重要地位。头孢呋辛、头孢克肟、头孢他啶等侧链的起始原料的制备，就依赖此反应。

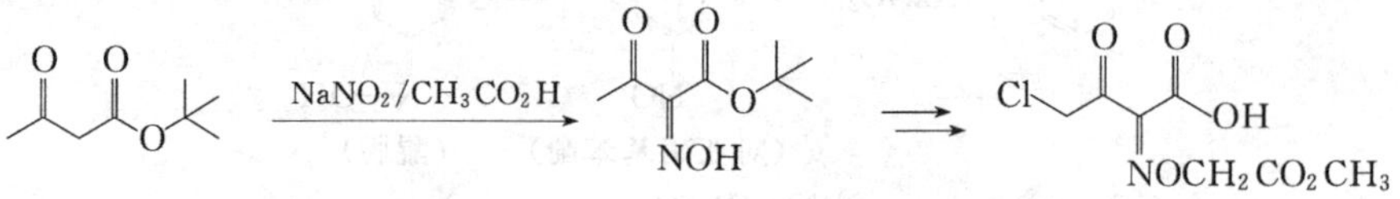

取代的丙二酸酯与亚硝酸酯反应，通过脱羧得到 α-酮肟酸酯。α-酮肟酸酯经还原可以合成 α-氨基酸。

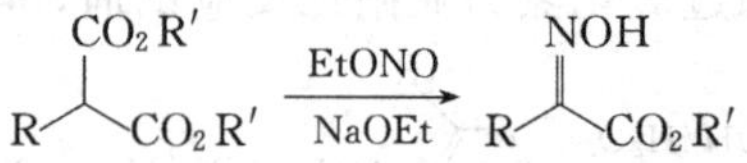

第五节　反应最新进展

芳烃硝化物的工业生产是利用硝酸或硝酸-硫酸组成的混酸与芳烃发生取代反应来实现的。但该反应体系对设备腐蚀性很强，产生大量含有机化合物的废酸和废水，环境污染严重。此外，该方法的选择性差，存在氧化、水解、羟基化等多种副反应，尤其不适合对酸敏感的底物的硝化。为此，就新型硝化反应展开了深入的研究，开发了一些有前途的新工艺和新技术。

一、微波技术在硝化反应中的应用

近年来，微波技术也应用于芳烃的硝化反应。例如间二硝基苯和对硝基苯乙酰胺的合成：

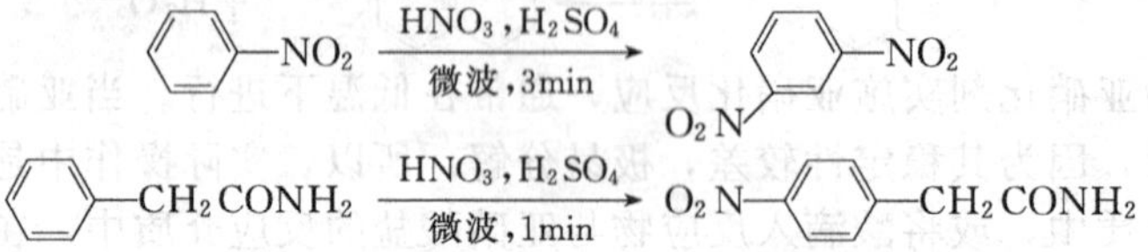

二、新型硝化试剂

2,3,5,6-四溴-4-甲基-4-硝基-环己-2,5-二烯酮为硝化试剂反应示例

一般情况下，在芳环上有游离的氨基存在时，由于许多硝化试剂具有较强的氧化性，使得在硝化的同时，氨基也会被氧化生成一系列复杂的副产物。2,3,5,6-四溴-4-甲基-4-硝基-环己-2,5-二烯酮是一种基本上没有氧化性的温和的硝化试剂，可用于带有游离氨基的芳香化合物的硝化。其制备和使用方法如下：

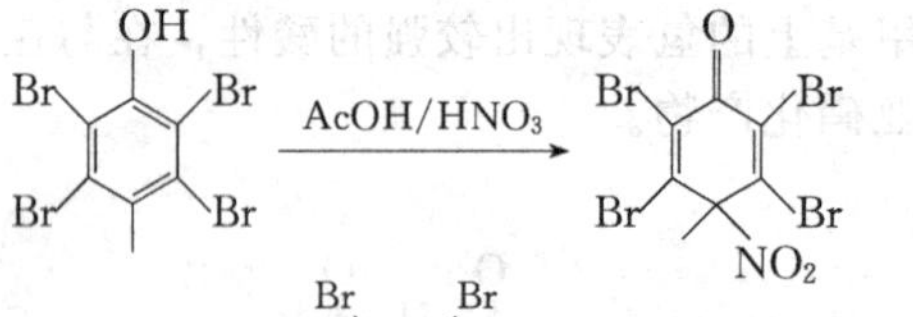

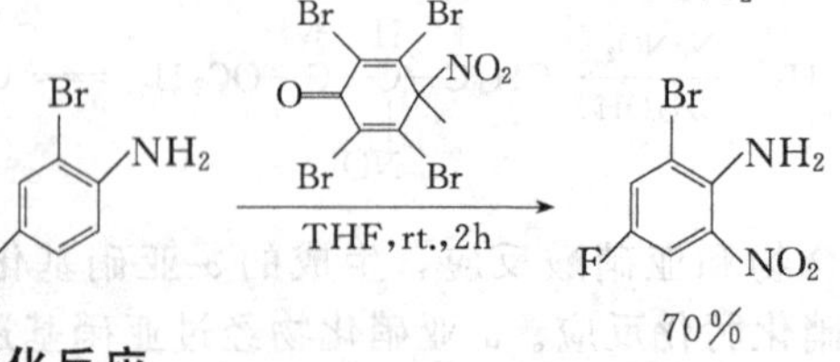

三、金属催化的计量硝化反应

近年来由于对环境保护越来越重视，一类新的硝化方法发展了起来。这种方法用镧系金属 lanthanide(III) 或 IV 族金属的三氟磺酸盐 [Ln(OTf)$_3$，Ln＝La-Lu；M(OTf)$_4$，M＝Hf，Zr] 以及三(三氟甲磺酰基)甲基化合物(三氟化合物) [tris(trifluoromethanesulphonyl) methides ("triflides")] [M(CTf$_3$)$_3$；M＝Yb，Sc] 作催化剂，催化等物质的量的硝酸 (69%) 硝化苯环。这种方法对一般的及一些钝化的苯环都能得到高产率的硝化产物。由于只用等当量的硝酸，所以副产物仅仅是水，没有废酸产生，而且催化剂可以回收，经过简单处理后反复使用。因此，这是较为环保的一种方法。

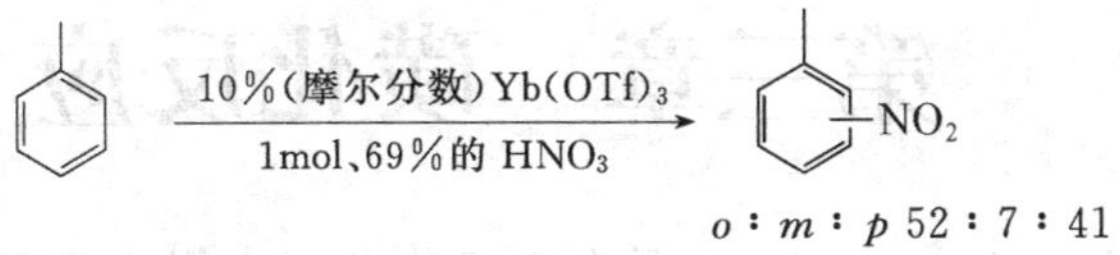

$$o : m : p \quad 52 : 7 : 41$$

此外，芳基硼酸用 $NH_4NO_3/(CF_3CO)_2O$，$NH_4NO_3/TMSCl$ 或 $MNO_3/TMSCl$（M＝Ag，Na，K）处理，发生硼被硝基取代的反应，生成硝基化合物。前一个条件比较剧烈，后两个条件相对温和，反应在室温下进行，收率高。

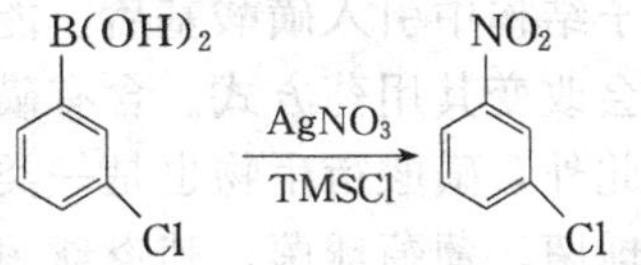

除以上方法外，最近还有报道在离子液体中实现硝化，如用 TBAN/TFAA 体系硝化等方法，但目前应用范围较窄。

四、亚硝酸酯作为硝化试剂

亚硝酸叔丁酯对于酚分子中的芳环具有很好的位置选择性，试剂本身具备安全、溶解性好等优点，副产物仅仅是叔丁醇，环境污染小。

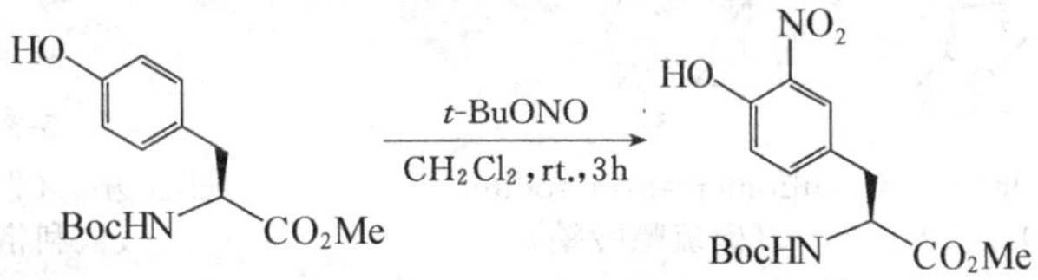

除以上介绍的硝化反应的最新进展外，还报道了氮氧化合物作为硝化剂的硝化反应、磺酸镧系金属盐催化硝化反应、固体酸催化液相硝化反应、固体酸催化气相硝化反应、负载催化剂催化液相硝化反应等新型绿色芳烃硝化技术。

本 章 小 结

本章主要介绍了芳烃硝化、脂肪烃硝化、芳烃亚硝化、活泼亚甲基亚硝化和典型药物合成中相关硝化反应的应用及最新进展。芳烃硝化以直接硝化和间接硝化为主题，论述了芳烃硝化的影响因素和反应原理，这是本章的重点内容之一。在脂肪烃硝化反应中，主要介绍了亚硝酸通过亲核取代反应来合成脂肪族硝基化合物的方法。对于活泼亚甲基的亚硝化，由于其在药物合成中占有独特的地位，因此也是本章的重点内容之一。对于典型药物的应用简析，加深对硝化反应的基本概念的理解，并能熟练掌握反应规律以指导实际应用。

第三章　磺化反应

磺化反应（sulfonation reaction）是向有机物分子中引入磺酸基（—SO₃H）或磺酰基（—SO₂X，X=Cl，Br）的过程。

芳香类化合物一般比较容易引入磺酸基，就其方法而言，可以分为直接或间接法。磺酸官能团具有强亲水性，当药物分子结构中引入磺酸基后，能增加其水溶性，从而有望改善药物在体内的分布和吸收，也可能会改变其用药方式。含有磺酸基的药物很普遍，如镇咳药地步酸钠和抗肿瘤药磺巯嘌呤钠。此外，磺酸衍生物也是一类具有广泛生理活性的化合物，磺胺类药物能抑制多种细菌（如链球菌、葡萄球菌、肺炎球菌、脑膜炎球菌、痢疾杆菌等）的生长和繁殖，因此常用于治疗由上述细菌所引起的疾病。

3-1	3-2	3-3
sulfamethoxazole	sulfomercaprinesodium	elinogrel（Ⅲ期临床）
（磺胺甲噁唑）	（磺巯嘌呤钠）	（依利格雷）

芳香烃磺化可形成芳香烃磺酸或芳磺酰氯，磺化反应按亲电取代历程进行。常见的磺化剂有三氧化硫、硫酸（或发烟硫酸）、氯磺酸、N-吡啶磺酸等。针对不同底物，可选择不同的磺化剂。概括地说，磺化可分为直接法和间接法，磺化试剂与底物之间发生磺化属于直接法，而由硫酚、各种硫醚为原料在酸性溶剂中用氯气氧化转变为磺酸化合物或者通过 Sandermeyer 反应将芳胺转变为芳香磺酸的方法称为间接法，这些方法在药物合成中均有范例。

第一节　芳香烃的直接磺化反应

一、三氧化硫为磺化试剂

三氧化硫（SO₃）以 α、β、γ三种形态存在，常用的工业产品是 β 型和γ型的混合物，每一种形态的三氧化硫均以特定的方式聚集。三氧化硫的结构是以硫为中心的等边三角形，S—O 键的长度为 0.14nm，具有 π 键的特征。三氧化硫分子中有两个单键和一个双键，由氧原子的 pπ 轨道与硫原子的空的 dπ 轨道重叠形成 π 键，硫氧双键具有强亲电性。

三氧化硫磺化芳烃的反应机理如下：

游离的 SO₃ 很活泼，可以迅速进攻芳香烃，随后的脱质子反应较慢，是反应速率决定步骤。式中的 R 为 H⁺ 或其它的取代基，磺酸基进入芳环的位置主要依赖于 R 定位效应。三氧化硫为磺化剂，反应不生成水，不产生废酸，磺化时间短，反应获得的产品品质高。三氧化硫作为磺化剂通常有四种方法：

（1）气态三氧化硫磺化法　以气态的 SO_3 作为磺化剂，具有反应快、"三废"少、不腐蚀设备、SO_3 用量接近理论用量等优点。

（2）液态三氧化硫磺化法　适宜于不活泼的芳香化合物的磺化，并且要求反应物与磺化产物在反应温度下为黏度较小的液体。该法具有收率高、无废酸、后处理简单的特点，主要用于硝基苯、对硝基甲苯和对硝基氯苯的磺化。

（3）SO_3 溶剂磺化法　按照使用溶剂的不同，该法可分为无机溶剂法和有机溶剂法。无机溶剂法一般以硫酸作为溶剂，通过通入气态三氧化硫或滴加液态三氧化硫来完成磺化。有机溶剂法常用的溶剂有石油醚、二氯甲烷、二氯乙烷、硫酸二甲酯等，按照其加料的方式不同分为两种：一种是将被磺化物溶于溶剂后通入 SO_3 气体；另一种是先将三氧化硫溶于溶剂后再分批加入被磺化物。

（4）SO_3 络合物定位磺化法　反应比较温和、选择性高、副反应少、产品纯度高，但是成本也比较高。

二、硫酸为磺化试剂

硫酸是一种常用的磺化试剂，适用于大多数烷基苯的磺化。对于反应活性较低的芳烃，发烟硫酸是最常用的磺化试剂。发烟硫酸通常含游离 SO_3 的比例 5%～30%，工业发烟硫酸通常有 20%～25% 和 60%～65% 两种规格。以硫酸（或发烟硫酸）为磺化试剂，其磺化机理与 SO_3 不完全相同。如下所示，硫酸首先生成硫酸基正离子，然后和芳烃发生亲电取代反应而获得芳磺酸。

$$2H_2SO_4 \rightleftharpoons HSO_4^- + \underset{\text{（磺酸基正离子）}}{H_2O\cdots S\cdots OH} \rightleftharpoons H_2O + S\cdots OH$$

当硫酸或发烟硫酸用作磺化试剂时，随着反应的进行，反应体系中水分不断增加。由于磺化反应是可逆反应，当磺化反应进行到一定程度时，逆反应（脱磺酸反应）速率加快。为了使磺化反应进行完全，常采用过量硫酸（发烟硫酸），同时尽量将生成的水从反应体系中转移出去，促使平衡向正反应方向移动，以使其完全。动力学研究结果表明：在浓硫酸（质量分数为 92%～99%）中，磺化反应速率与硫酸中所含水分浓度的平方成反比。所以水的生成会使磺化反应速率不断减慢，当硫酸浓度降低到一定程度时，反应几乎停止。如果将磺化后剩余的硫酸称为"废酸"，其浓度通常用三氧化硫的质量分数表示。例如：以硝基苯的磺化为例，当废酸浓度高于 100%，硝基苯的磺化 π 值大于 81.6。当磺化剂的浓度大于 π 值时，磺化反应才能发生，并能进行到底。容易磺化的过程，π 值较小；难磺化的过程，π 值较大。各种芳烃化合物的 π 值见表 3-1。

表 3-1　各种芳烃化合物的 π 值

反应物	π 值	H_2SO_4/%	反应物	π 值	H_2SO_4/%
苯	64[1]	78.4[1]	萘	52[2]	63.7[2]
蒽	43[1]	53[1]	萘	79.8[3]	97.3[3]
萘	56[1]	68.5[1]	硝基苯	82[1]	100.1[1]

[1] 单磺化的数据。

[2] 二磺化的数据。

[3] 三磺化的数据。

磺化剂的 π 值与反应温度有关，低温下 π 值较高，高温下 π 值较低。图 3-1 表示了不同

温度下 π 值的变化趋势。

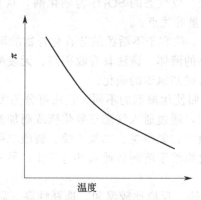

图 3-1　不同温度下 π 值的变化趋势

利用 π 值的概念可以定量地说明磺化剂的开始浓度对磺化剂用量的影响，可按下式求出反应的磺化剂用量：

$$x = \frac{80(100-\pi)n}{a-\pi}$$

式中，x 为原料酸用量，kg；a 为原料酸中含 SO_3 的质量分数；π 为废料酸中含 SO_3 的质量分数；n 为引入磺基的个数。

由上式可以看出：当用 SO_3 作磺化剂（$a=100$）对有机物进行磺化时，它的用量是 80kg，即相当于理论量。当磺化剂的开始浓度 a 降低时，磺化剂的用量就会增加。当 a 降低到接近于 π 值时，磺化剂的用量将增加到无限大。由于废酸一般都不能回收，如果只从磺化剂的用量角度考虑，应采用三氧化硫或 65% 发烟硫酸，但是浓度太高的磺化剂又会起许多副反应，所以在实际应用中一般都采用浓硫酸，这样酸的用量较少，同时将反应生成的水脱除，以降低水对酸的稀释作用。

对于较难磺化的芳烃可采用三氟化硼、锰盐、汞盐、矾盐作催化剂。苯在室温下可用浓硫酸磺化生成苯磺酸；而在 70~90℃ 磺化则生成间苯二磺酸，产率为 90%。间苯二磺酸钠在汞盐的催化下，与 15% 的发烟硫酸于 275℃ 反应，则以 73% 的产率生成 1,3,5-苯三磺酸。由于磺化反应是一可逆反应，磺酸基位置随反应温度不同而改变。

例：甲苯的磺化与反应温度的关系

0℃

43%　　4%　　53%

100℃

13%　　8%　　79%

170℃

萘的磺化也有类似情况。小于 80℃磺化，主要生成 α-萘磺酸，这时由动力学控制，一旦达到 160 ℃ 的反应温度，主要产生 β-萘磺酸，这时由热力学控制。芳胺与硫酸反应，首先生成铵盐，继而受热重排成对氨基苯磺酸。

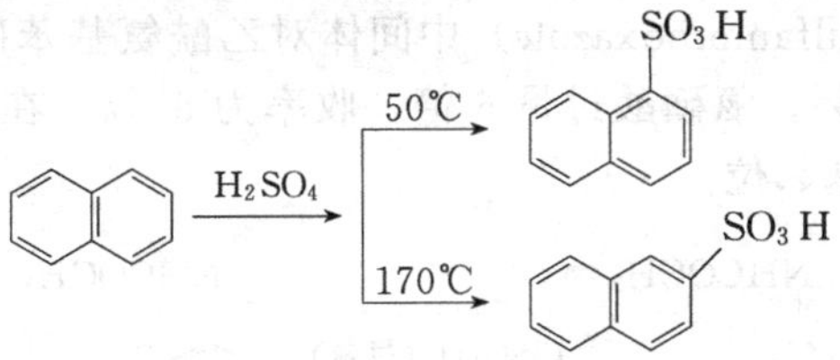

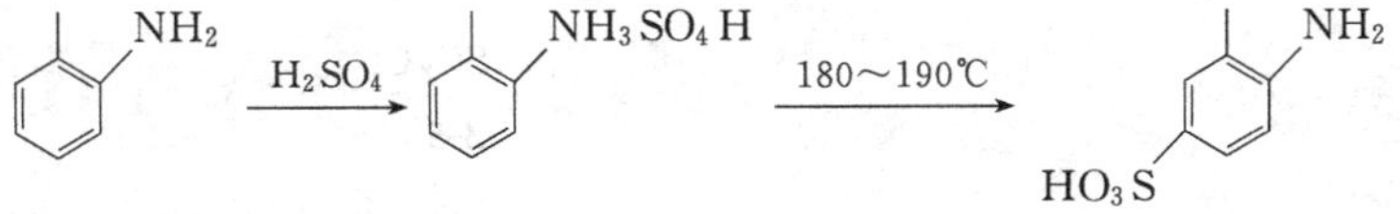

三、以氯磺酸为磺化试剂

氯磺酸作磺化剂，根据用量的不同，可制备芳磺酸或芳磺酰氯，但不时副产出二芳基砜。实施时，通常是把有机物慢慢加入到氯磺酸中，对于固体有机物，有时需要使用溶剂。用等物质的量或稍过量的氯磺酸，得到的产物是芳磺酸。以氯磺酸为磺化剂时，其副产物是 HCl，而不是水，这样使得反应变为不可逆。氯磺酸可单独使用，也可在四氯化碳等溶剂中使用。

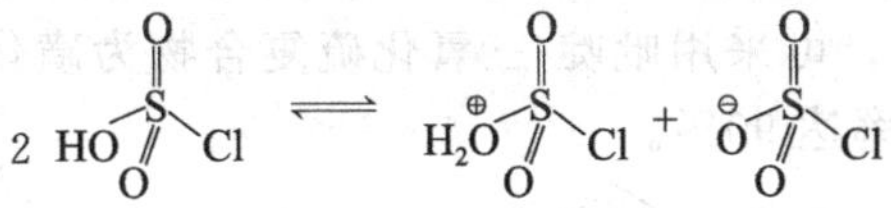

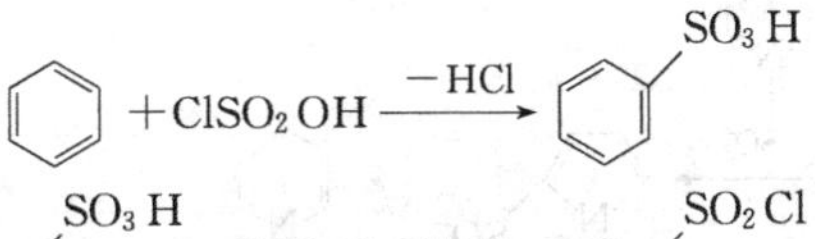

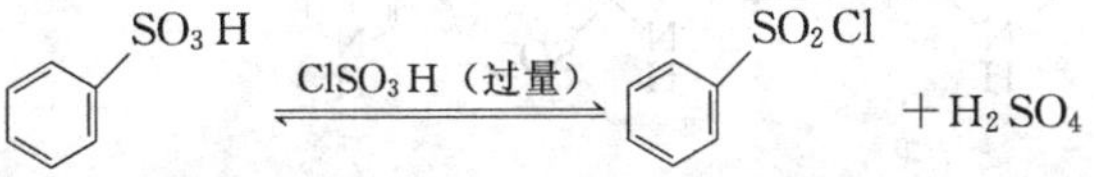

芳基磺酸的生成与氯磺酸的反应是可逆的，所以氯磺酸要求过量较多。若单用氯磺酸不能使磺基全部转变为磺酰氯基时，可加入少量氯化亚砜。

氯磺酸是一类比较常用的直接氯磺化试剂，氯磺酸的活性比浓硫酸大，反应温度较低。氯磺化也是亲电反应，选择性也遵循芳环取代基定位效应及其规则。如磷酸酯酶（Ⅴ）抑制剂西地那非（slidenafil）中间体（**3-4**）的合成，是以邻乙氧基苯甲酸为原料与 3 倍量的氯磺酸于 25℃反应或得，其收率为 91%。

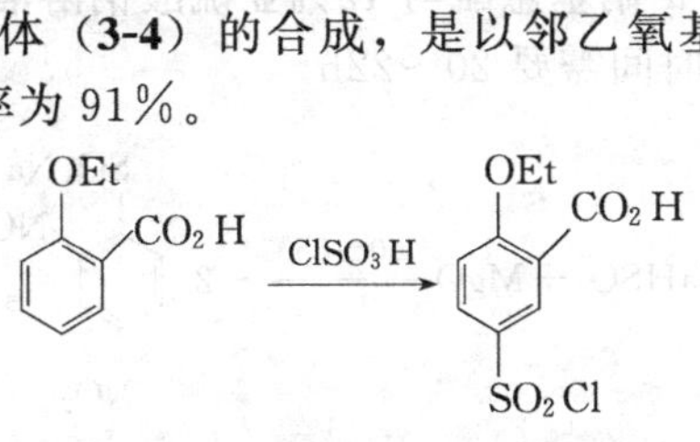

3-4

以氯仿或其它卤代烷烃作为氯磺酸的稀释剂，磺化反应在 0～20℃条件下即可完成。如果芳环上存在致钝基团，如羧基等，直接氯磺化的反应温度需要提高到 100℃以上。

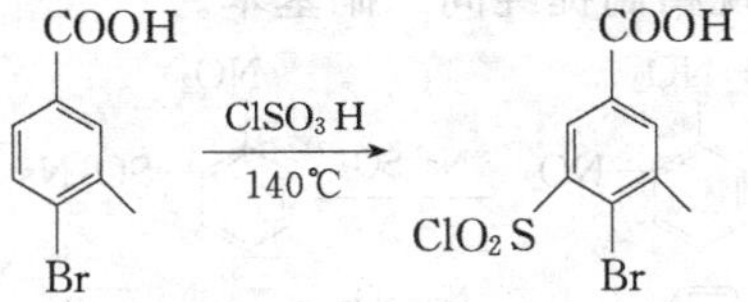

当体系因为位阻，取代基定位效应劣势等不能直接完成氯磺化时，也可以选择分两步完

成，先引入磺酸基团，再转变为磺酰氯。但萘和其它一些稠环芳烃不能采用此方法合成 磺酰氯，因为稠环其它位置会发生磺化。

氯磺酸磺化的优点是反应温度低，通过控制氯磺酸的量可以得到芳磺酸和芳磺酰氯。如磺胺类药物磺胺甲噁唑（sulfamethoxazole）中间体对乙酰氨基苯磺酰氯（**3-5**）的合成，当氯磺酸过量 4 倍，收率 84%，氯磺酸过量 6 倍，收率为 87%。在有机溶剂中，苯胺采用氯磺酸磺化时，磺酸进入氨基邻位。

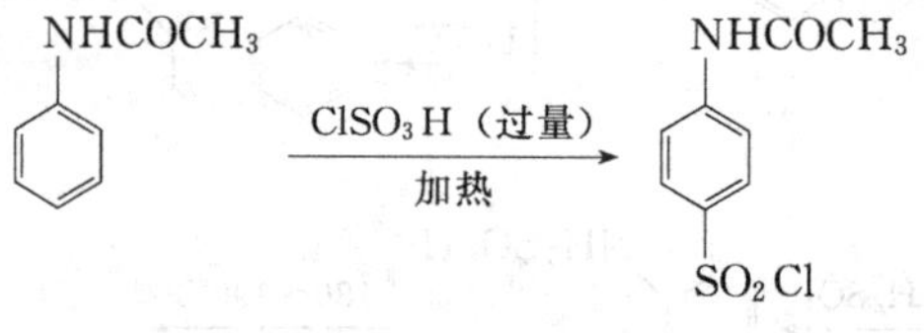

3-5

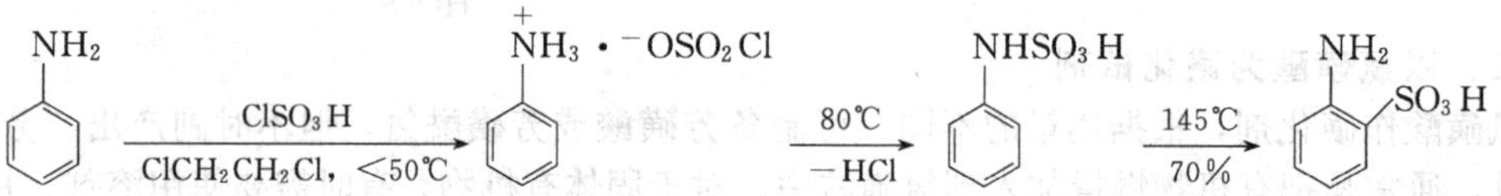

四、吡啶-三氧化硫为磺化试剂

富电子性芳香烃磺化，前述的这些常用磺化剂经常会引起严重的副反应，如氧化、聚合等。为了有效地防止副反应，可采用吡啶-三氧化硫复合物为磺化试剂完成相应的磺化，吡咯能在 100℃与之反应，收率达 90%。

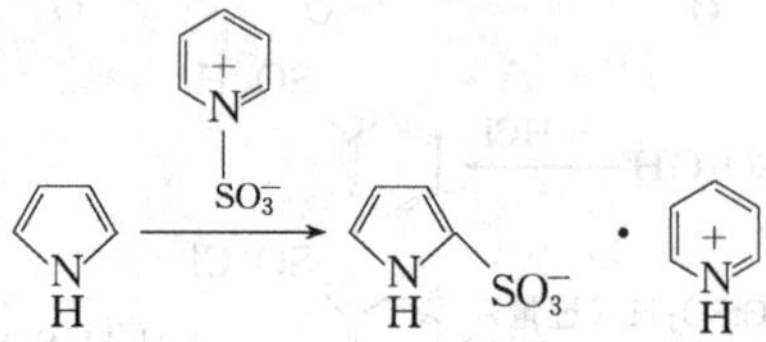

五、其它磺化剂磺化法

亚硫酸盐、硫酰氯（SO_2Cl_2）和氨基磺酸（H_2NSO_3H）等在适当的条件下也可作为磺化剂用于合成芳香化合物的磺化物。亚硫酸盐用于以亲核取代为主的一系列磺化反应，如芳环上的卤素或硝基置换成磺基。例如 2,4-二硝基氯苯与亚硫酸氢钠作用，可制得 2,4-二硝基苯磺酸钠。蒽醌-1-磺酸可由 α-硝基蒽醌与 12% 亚硫酸钠溶液（物质的量之比为 1:4）在 100～120℃回流来制备，反应时间需要 20～22h。

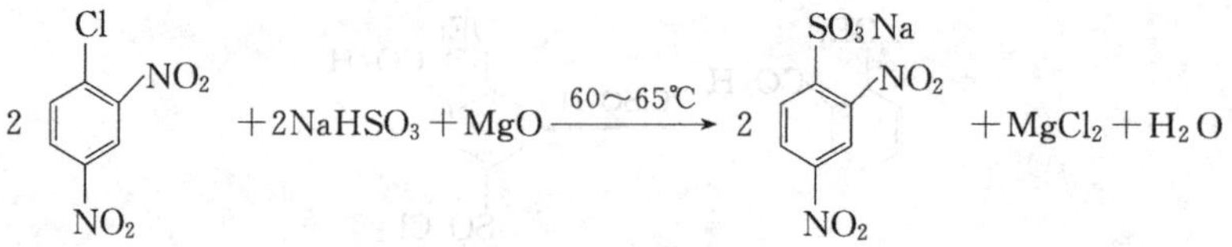

亚硫酸钠磺化法也可用于苯系多硝基物的精制。例如，在二硝基苯的三种异构体中，邻、对二硝基苯易与亚硫酸钠发生亲核置换反应，生成水溶性的邻或对硝基苯磺酸钠盐，间二硝基苯保持不变，借此能实现精制提纯间二硝基苯。

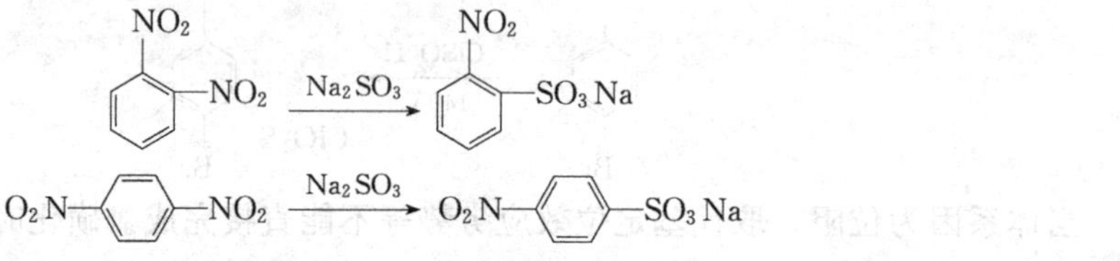

第二节 磺化反应的主要影响因素

一、芳烃结构的影响

芳烃磺化活泼顺序为：萘＞甲苯＞苯＞蒽醌。当连有—NO₂、—SO₃H、—COOH 等取代基的苯环上发生磺化反应时，磺酸基通常进入其间位，当连有—Cl、—CH₃、—OH、—NH₂时，磺酸基进入其对位。萘在磺化时有 α、β 两种异构体，磺酸基引入的位置，取决于反应温度。低温有利于进入 α 位，高温时有利于进入 β 位。蒽和菲极易磺化，甚至在低温下与温和的磺化剂反应就能实现其磺化。

因为磺酸基的体积较大，所以磺化时的空间效应比硝化、卤化大得多，空间阻碍对 σ 络合物的质子转移有显著影响。磺酸基邻位有取代基时，由于 σ 络合物内的磺基位于平面之外，取代基对磺基几乎不存在空间阻碍，但 σ 络合物在质子转移后，磺基与取代基在同一平面上，有空间阻碍存在；取代基越大，位阻越大，磺化速率越慢。

含吸电子基团的芳香化合物，由于吸电子基使芳环电子云密度降低，导致其亲核性能下降而不易发生磺化。如硝基苯的磺化反应，采用 SO₃ 为磺化剂才能完成磺化，与苯相比，活性明显降低。

对缺电子芳烃，为了保证磺化反应的顺利进行，选择强磺化剂是解决问题的途径之一，过渡金属盐催化是保障反应的另一重要方式。如吡啶的磺化反应，浓硫酸发烟硫酸为磺化试剂，很难进行磺化，即使在 320℃长时间加热，也仅获得少量 3-吡啶磺酸。但在催化剂量硫酸汞的存在下，反应在 220℃进行便可顺利进行。

二、磺化剂的影响

磺化剂种类对磺化反应有较大的影响，磺化剂中 SO₃ 的浓度与 π 值的差值越大，表明该磺化剂磺化能力越强。常见的磺化剂磺化能力的顺序为：

三氧化硫＞氯磺酸＞发烟硫酸＞浓硫酸＞稀硫酸

磺化剂的选择原则：①尽可能使反应体系控制在接近 π 值的范围内，以避免抑制多磺化副反应的发生；②磺化剂不应过量较多，这既可减少产品的损失，又可减少生成"三废"。

三、反应温度和时间

鉴于磺化反应的可逆性，温度对反应比较重要。对较易磺化的过程，低温磺化更有利于正反应，属于动力学控制。磺酸基主要进入电子云密度较高、活化能较低的位置。而高温磺化是热力学控制，磺酸基可以通过水解-再磺化或异构化等过程而转移到空间障碍较小或不易水解的位置。甲苯的磺化反应是研究比较彻底的磺化反应之一，不同温度磺化产物的分布及其磺酸异构化的历程如下：

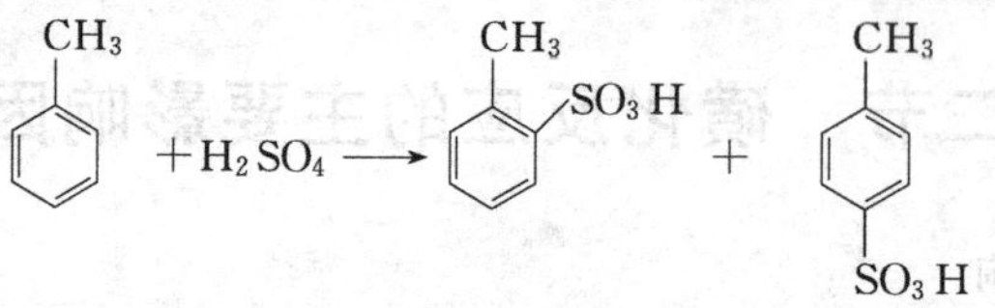

反应温度	邻甲基苯磺酸	对甲基苯磺酸
0℃	43%	53%
25℃	32%	62%
100℃	13%	79%

反应温度不同，产物比例不同

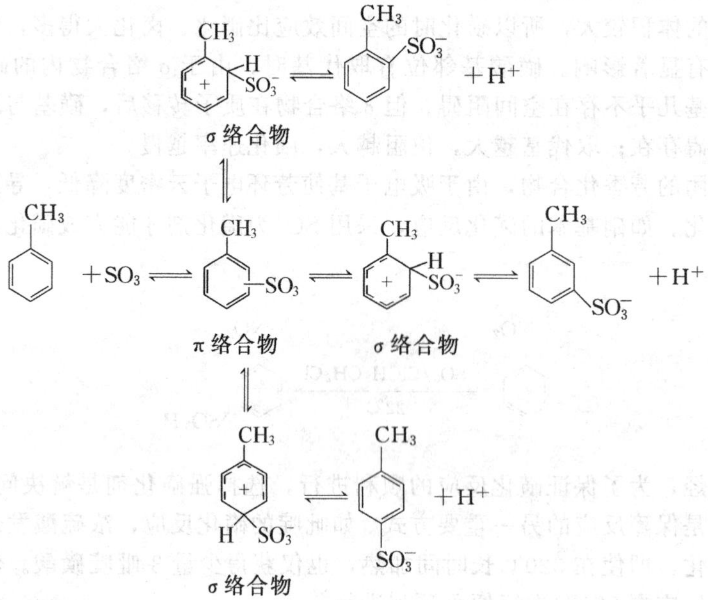

四、其它影响因素

蒽醌的磺化，在汞盐存在时主要生成 α-蒽醌磺酸，无汞盐存在时，主要生成 β-蒽醌磺酸。应该指出，只有在使用发烟硫酸时，汞盐才有定位作用，用浓硫酸则无定位作用；钯、铊和铑等稀有金属在蒽醌的磺化中对 α-位具有更好的定位作用。萘在高温磺化时加入 10% 左右的硫酸钠或 S-苄基硫脲，可使 β-萘磺酸的含量提高到 95% 以上。

第三节　芳烃的间接磺化反应

间接磺化法是指将其它含低价硫官能团通过相应反应转化为磺酸基的方法。硫酚及相关衍生物，如硫醚、二硫化物，在氧化性氯化试剂存在下，均能够较容易地转变成磺酰氯。因此，巯基有机化合物及其衍生物也是合成芳磺酰氯的一类重要前体。

一、芳香族硫化物的氯氧化反应

对称的芳基联二硫化物通过氯氧化反应来合成芳磺酰氯。如降压药二氮嗪（diazoxide）的中间体邻硝基苯磺酰氯（3-6）的制备可以采用 2,2'-双硝基苯基联二硫醚为原料，通过氯氧化反应来合成。

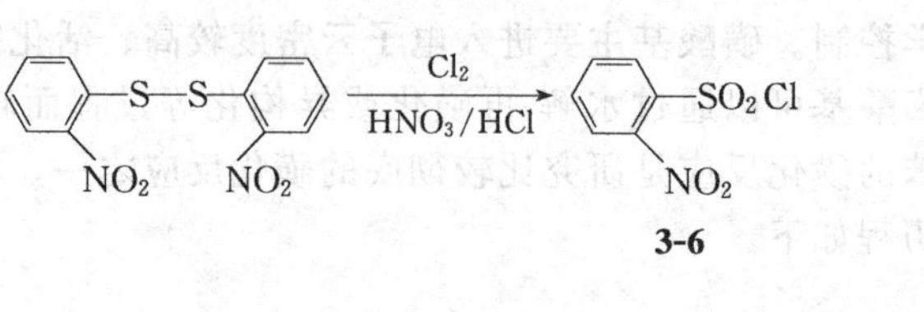

分子结构中存在的其它官能团如硝基、甲氧基及酯基不受氧化反应条件的影响，因此本方法可用来合成复杂结构的芳磺酰氯。

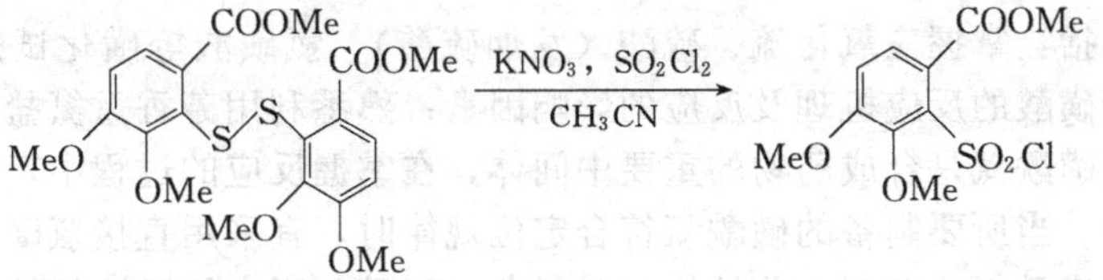

除对称的芳基联二硫醚外，利用硫醚也可以通过氧化反应来制备相应的芳磺酰氯。将底物硫醚悬浮于乙酸水溶液中，导入氯气，发生氧化反应得到相应的芳磺酰氯。

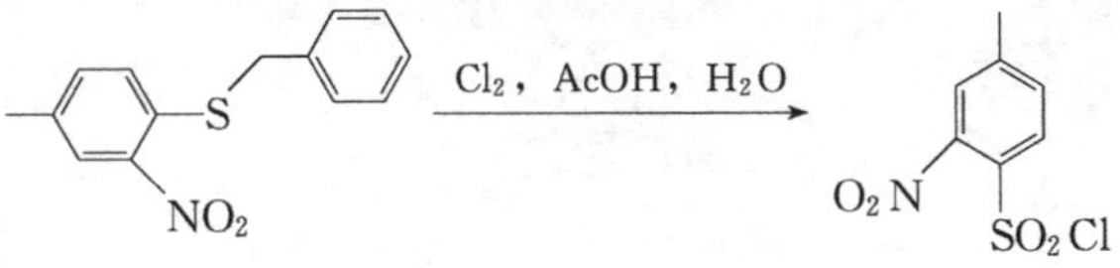

76%

硫酚是第三种可用于氯氧化反应合成芳磺酸或衍生物的底物。文献报道，对硝基硫酚在氯气存在下，通过氧化反应转变成对硝基苯磺酰氯。

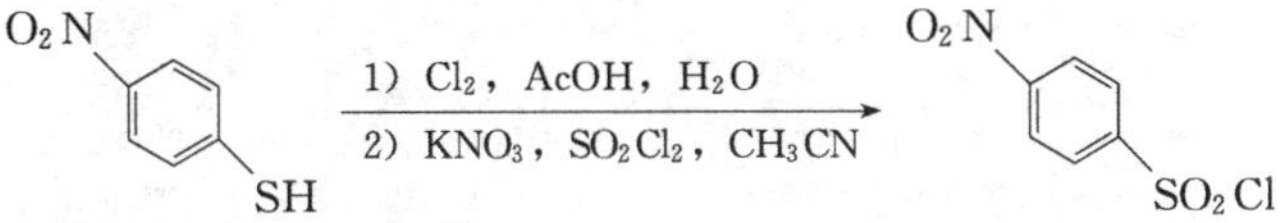

二、Sandermeyer 磺酰化反应

应用 Sandermeyer 反应，可将芳香化重氮盐转化为芳磺酸。芳香族硫酸重氮盐在铜和亚硫酸铁催化下与二氧化硫反应，经后处理便可得到芳磺酸。当以亚铜盐作为催化剂，在乙酸中与二氧化硫反应，磺化产物是对应的芳磺酰氯。

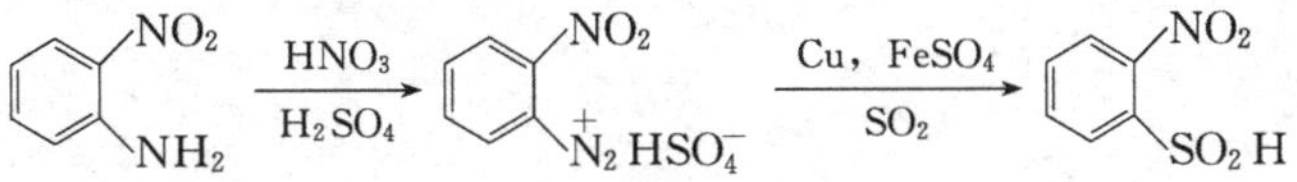

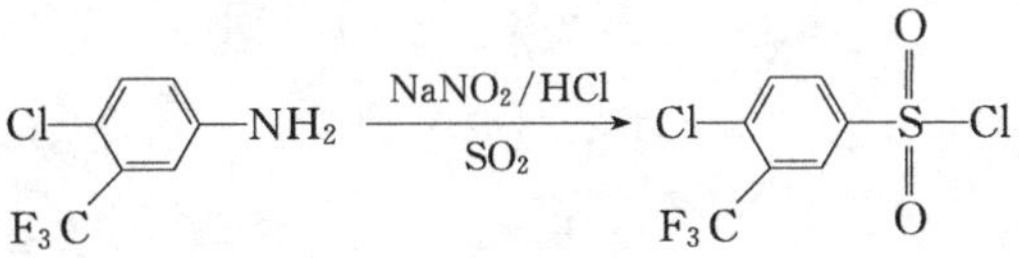

但应当指出，Sandermeyer 反应操作比较繁琐，反应产率严重地依赖于重氮盐的稳定性。对不能用直接磺化法制备的芳磺酰氯来说，本方法显现出其独特的优势。

三、SO₃ 与金属有机试剂的反应

有机金属试剂与三氧化硫在叔胺存在下反应，也可得到芳磺酸。有机锂是较为典型的试剂。在实施反应的过程中，三氧化硫-吡啶或三氧化硫-三甲胺复合物比三氧化硫更方便，反应更为温和，因而反应中大多不直接使用三氧化硫。由于有机金属试剂通常是由对应卤代烃转化而来，所以本反应为芳卤或烯卤转化为对应磺酸提供了一条重要的途径。反应通常以无水乙醚或四氢呋喃为溶剂，温度控制在 $-78\,^{\circ}\!C$ 到室温来实现的。

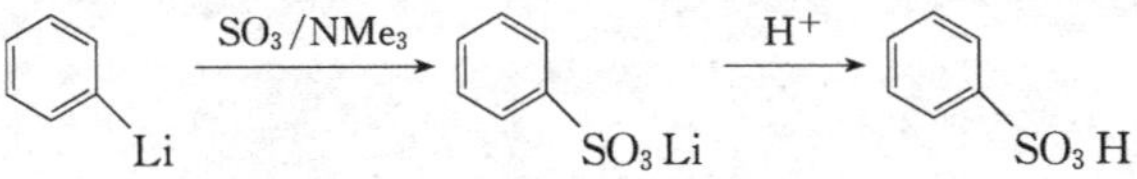

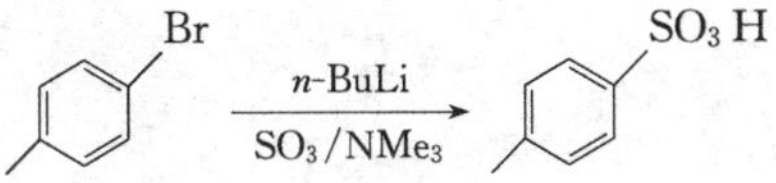

本 章 小 结

　　本章重点包括：掌握三氧化硫、硫酸（发烟硫酸）、氯磺酸等磺化试剂直接和芳烃反应合成相应的芳磺酸的反应机理及反应的影响因素；熟悉利用芳香重氮盐合成芳磺酸或芳磺酰氯的方法。磺酰氯是合成药物的重要中间体，在掌握反应的过程中，要充分地考虑到各个方面的因素。当所要制备的磺酰氯符合定位规律时，宜采用直接氯磺化或者经由磺酸途径制备所需的磺酰氯；对于一些结构相对复杂，磺酰基所在位置比较特殊的化合物，宜采用其它方法进行氯磺化。

第四章 氧化反应

广义上讲，有机分子中碳原子氧化数升高的化学转化过程称为氧化反应（oxidation reaction）。狭义上讲，则是指有机物分子中增加氧、失去氢的反应。通过氧化反应，可以将烯烃、醇、醛、酮、活性亚甲基化合物、芳烃等转化为相应的醇、环氧化物、醛、酮、酸等化合物。

对硝基甲苯用重铬酸钠和硫酸氧化，生成物对硝基苯甲酸是局麻药普鲁卡因（procaine）的中间体。

$$O_2N-\!\!\!\bigcirc\!\!\!-CH_3 \xrightarrow[140℃，30min]{Na_2Cr_2O_7，H_2SO_4} O_2N-\!\!\!\bigcirc\!\!\!-COOH \quad 86.5\%$$

4-甲基吡啶用钒作催化剂，空气氧化，生成物吡啶-4-甲酸（异烟酸）是抗结核药异烟肼（isoniazid）的中间体。

$$\underset{N}{\bigcirc}\overset{CH_3}{} \xrightarrow[260\sim280℃]{钒催化剂，空气} \underset{N}{\bigcirc}\overset{COOH}{} \quad 70\%\sim75\%$$

概括地说，氧化反应繁多，特点各异。所表现出的共同点包括：①氧化剂种类多，同样的氧化剂能完成不同底物的氧化，同样的底物可被不同的氧化剂所氧化。氧化产物强烈地依赖于反应条件；②氧化反应为强放热反应，反应过程中应及时移走反应热，使反应平稳进行；③氧化反应在热力学上均可看作不可逆反应，尤其是完全氧化反应；④氧化反应过程中，伴随副反应很多。

第一节 氧化剂概述

氧化剂的种类很多，其作用特点各异。一方面是一种氧化剂可以对多种不同的基团发生氧化反应；另一方面，同一种基团也可以因所用氧化剂和反应条件的不同，给出不同的氧化产物。因而，掌握氧化剂的基本特性有助于选择适宜的氧化剂来完成预定的官能团的转化。

工业上价廉易得且应用最广的氧化剂是空气或氧气。用空气或氧气作氧化剂时，反应可以在液相进行，也可以在气相进行。

另外，在吨位较少的药物的生产中还经常用到许多的化学氧化剂。一般来说，把空气与氧气以外的氧化剂总称为化学氧化剂。并把使用化学氧化剂的反应统称为"化学氧化"。通常化学氧化反应条件温和，反应选择性高。但是，化学氧化剂普遍价格高，且形成的低价金属离子对环境会产生污染。所以，开发价廉、低污染、高效的氧化剂是药物合成研究人员永恒的研究命题，目前热衷的生物氧化、电氧化、光电氧化就是其中的一些新型氧化方法。

在药物合成中，常用氧化剂可分为以下几种类型：

第一类，金属元素的高价化合物。例如，$KMnO_4$、MnO_2、CrO_3、$K_2Cr_2O_7$、PbO_2、$Tl(NO_3)_3$、$Ce(NO_3)_4$ 等。

第二类，非金属元素的高价化合物。例如，HNO_3、N_2O_4、SO_3、$NaClO$、$NaClO_3$、$NaIO_4$、DMSO 等。

第三类，无机富氧化合物。例如，臭氧、双氧水、过氧化钠、过碳酸钠与过硼酸钠等。

第四类，有机富氧化合物。例如，有机过氧化合物，包括过氧乙酸、叔丁基过氧化氢等。

第五类，非金属元素单质。例如，卤素（Cl_2、Br_2）等。

为了了解氧化剂的特征和应用范围，本章内容拟按氧化剂的类型和作用来分类，并加以重点介绍。

第二节 催 化 氧 化

氧气、空气是价廉易得的氧化剂，但由于空气和氧气的氧化能力较弱，选择性差，产物复杂。为了提高反应的选择性和效率，可选用适宜的催化剂来达到其目的。在催化剂存在下，使用空气或氧气实现的氧化反应称为催化氧化。甲苯催化氧化制备苯甲醛、苯甲酸，萘催化氧化制备邻苯二甲酸酐等就是通过这类反应实现的。

催化氧化分为液相催化氧化和气相催化氧化两大类。液相催化氧化是将空气或氧气通入底物与催化剂的溶液或悬浮液中来实现的，气相催化氧化是将底物气化并与空气或氧气混合后，通过灼热的催化剂表面完成的。

一、液相催化氧化

液相催化氧化常用的催化剂为过渡金属离子如钴盐（乙酸钴、环烷酸钴等）、锰盐（乙酸锰等）、铜盐、铂-炭、氧化铬等。

液相催化氧化中，所消耗的主要是空气或氧气，反应一般在 $100\sim200℃$ 以及压力不很高的条件下进行即可。所以，氧化反应的选择性也较好，也可用于制备醇、醛和酮。液相催化氧化的应用参见表 4-1。

表 4-1　液相空气氧化重要产品

原　料	氧化产品	催 化 剂	反 应 条 件
环己烷	环己醇、环己酮	环烷酸钴	150℃
环己烷	己二酸	乙酸钴，促进剂	90℃，乙酸溶剂
甲苯	苯甲酸、苯甲醛	环烷酸钴	150℃，0.3MPa
乙苯	乙苯过氧化氢		150℃
异丙苯	异丙苯过氧化氢		110℃
对二甲苯	对苯二甲酸	乙酸钴，促进剂	200℃，3MPa，乙酸溶剂

对硝基苯乙酮是合成氯霉素（chloromycetin）的重要中间体，用对硝基乙苯为原料经液相空气氧化制得。

$$O_2N-\!\!\!\!\!\!\!\!\!\!\raisebox{0pt}{\scriptsize\bigcirc}\!\!\!\!-CH_2CH_3 + O_2 \xrightarrow{\text{硬脂酸钴，乙酸锰}} O_2N-\!\!\!\!\!\!\!\!\!\!\raisebox{0pt}{\scriptsize\bigcirc}\!\!\!\!-\overset{\displaystyle O}{\overset{\|}{C}}CH_3$$

液相催化氧化均属于这样的游离基反应，对于有些诱导期特别长的反应，除使用催化剂外，往往需要再加入少量促进剂。用作促进剂的化合物有两类：一类是有机含氧化合物，如三聚乙醛、乙醚或丁酮等；另一类是溴化物，如溴化铵、溴乙烷、四溴化碳等。

二、气相催化氧化

气相催化氧化多用于一些易被气化的化合物的氧化，而且要求原料和产品有足够的热稳定性，不易被分解或深度氧化。

气相催化氧化常用的催化剂包括金属和金属氧化物：金属催化剂有 Cu、Co、Ag、Pt、Pd 等；金属氧化物催化剂有 V_2O_5、MoO_3、Bi_2O_3、Fe_2O_3、Sb_2O_3、SeO_2、TeO_2 和 Cu_2O 等。在实际中应用的多数是多组分复合物，也可负载于硅胶、沸石、分子筛等材料上使用，V_2O_5 是最常用的氧化催化剂。反应通常是在列管式固定床或流化床中进行的。乙醇催化氧化制备乙酸是实例之一。其它气相催化氧化反应参见表 4-2。

表 4-2　催化氧化烷基芳烃制备芳基羧酸

原　料	合成中间体	主要条件
对硝基乙苯	对硝基苯乙酮	空气,乙酸锰,160℃,3小时
4-甲基吡啶	4-吡啶甲酸	空气,五氧化二钒,三氧化钼
对二甲苯	对甲基苯甲酸	空气,环烷酸钴
间二甲苯	间甲基苯甲酸	氧气,亚钴盐,125～135℃
对硝基甲苯	对硝基苯甲酸	空气,溴化钴,锰,140℃
2,5-二甲基吡啶	2,5-吡啶二羧酸	空气,钒酸铵,275～285℃

以二价钴盐作催化剂,伯醇被空气氧化为羧酸。5-甲基吡嗪-2-羧酸是降血糖药格列吡嗪 (glipizide) 合成的中间体,可由 2,5-二甲基吡嗪为原料经催化氧化来制取。

$$CH_3(CH_2)_3CHCH_2OH \xrightarrow[140℃]{Co^{2+}/O_2} CH_3(CH_2)_3CHCOOH$$
$$\qquad\qquad | \qquad\qquad\qquad\qquad\qquad\qquad |$$
$$\qquad\quad C_2H_5 \qquad\qquad\qquad\qquad\qquad\qquad C_2H_5$$

空气氧化属自由基型反应,生成氢过氧化物,氢过氧化物再分解成相应的氧化产物。

单线态氧在低温或室温下,在光、微波或过氧化氢、次氯酸钠、烷基过氧化氢、过氧酸等氧化剂作用下,可与某些具有二烯结构或类似二烯结构的化合物生成环状过氧化物,青蒿素母核桥状过氧化结构构建就可利用这一反应来完成。

12α-OMe　36%
12β-OMe　15%

烯醇甲醚衍生物　　　　　　　　　　　　　　　青蒿素

饱和烃分子中碳-氢键的选择性地氧化是相当困难的,但对于具有特殊结构形式的叔丁烷来说,它可在催化剂量的 HBr 作用下被氧化为过氧叔丁醇 (t-BuOOH)。

$$(CH_3)_3CH \xrightarrow[163℃]{O_2/HBr\ 催化} (CH_3)_3COOH \quad 70\%$$

在氯化钯、氯化铜存在下,利用空气中的 O_2 使烯烃转化成醛或酮的过程称 Wacker 氧化法或称 Wacker 反应。较高级烯烃的氧化产物为甲基酮:

$$n\text{-}C_8H_{17}CH{=}CH_2 \xrightarrow[24h]{O_2/PdCl_2/CuCl_2/DMF\cdot H_2O} n\text{-}C_8H_{27}\overset{\overset{\displaystyle O}{\|}}{C}CH_3 \quad 65\%～73\%$$

$$n\text{-}C_{10}H_{21}CH{=\!=}CH_2 \xrightarrow[\text{60～70℃, 2.5～3.5h}]{\text{PdCl}_2/\text{CuCl}_2 \cdot 2H_2O/O_2/\text{DMF} \cdot H_2O} n\text{-}C_{10}H_{21}\overset{\text{O}}{\underset{}{C}}CH_3 \quad 51\%～87\%$$

烯烃的氧化速率，随碳链的增长而逐渐减慢，且收率也随之降低。环烯烃用此反应也较易氧化，收率较高。

第三节　高价金属化合物为氧化剂的氧化反应

一、四氧化锇为氧化剂

应用四氧化锇（OsO_4）的氧化反应称为 Criegee 氧化反应，用于烯烃氧化制备顺式 1，2-二醇，其选择性高于 $KMnO_4$ 氧化法，也用于甾醇结构测定。其氧化机理是四氧化锇与烯键顺式加成生成环状锇酸酯，而后水解成顺式二醇。

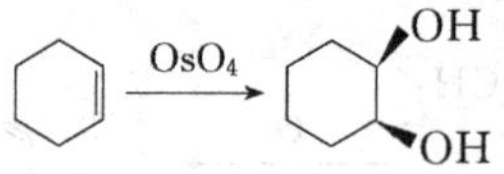

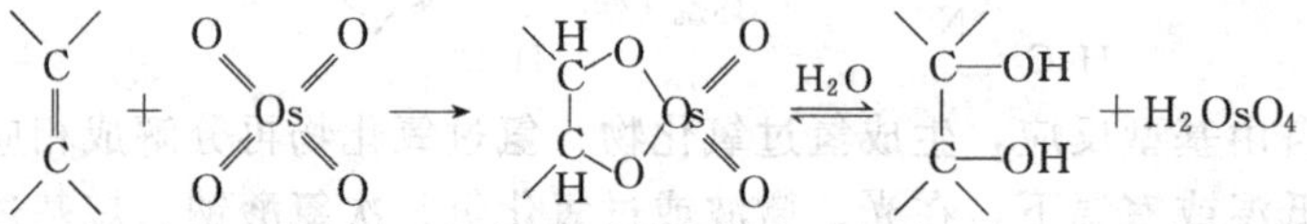

一些刚性分子如甾体化合物中，锇酸酯一般在位阻较小的一边形成。由于锇酸酯水解为可逆反应，所以常加入一些还原剂，如亚硫酸钠、甲醛等将锇酸还原为金属锇，以打破平衡。吡啶和叔胺类化合物对该反应有催化作用，因而吡啶常作为四氧化锇氧化反应的介质。顺丁烯二酸可被四氧化锇氧化为内消旋酒石酸（*meso*-tartaric acid）。不同对映体的手性配体如 *O*-(4-氯苯甲酰)氢喹并啶（DHQD-CLB）作为配体与 OsO_4 形成的络合物能高对映选择性地催化氧化烯，获得光学纯度的对映异构体。在合成不对称（2S）-普萘洛尔（propanol）的过程中，就使用类似的策略。

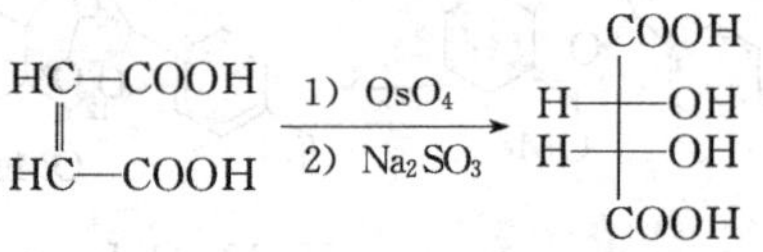

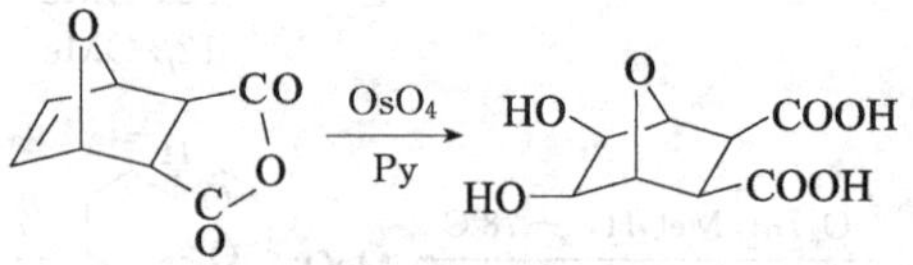

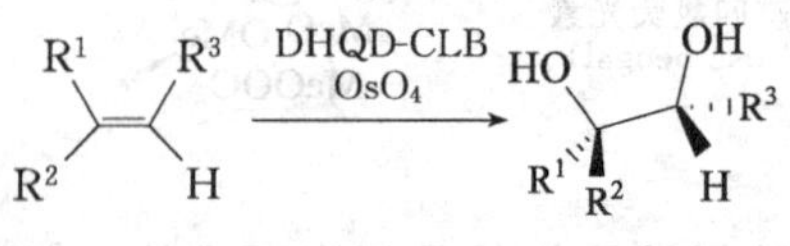

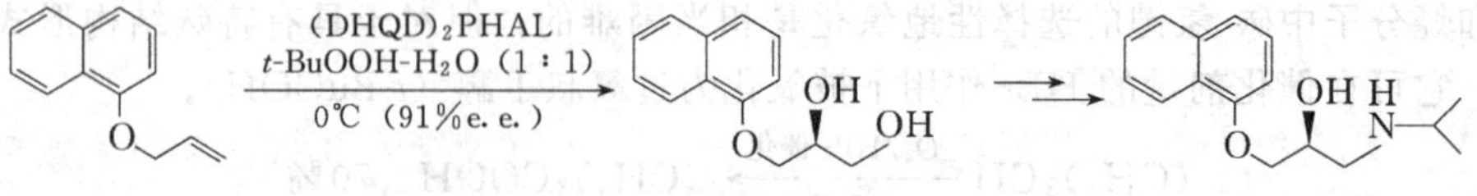

（2S）-普萘洛尔

二、氧化银和碳酸银为氧化剂

氧化银（Ag_2O）可使醛基氧化成羧基，酚羟基氧化成醌，分子中的双键及对强氧化剂敏感的基团不受影响。双氢维生素 K_1 可被氧化银氧化成维生素 K_1（vitamin K_1），分子中的双键不受影响。在工业上，采用负载氧化银的氧化铜为催化剂，以空气为氧化剂实施反应。

工业上用此法将糠醛氧化为糠酸（furoic acid）。

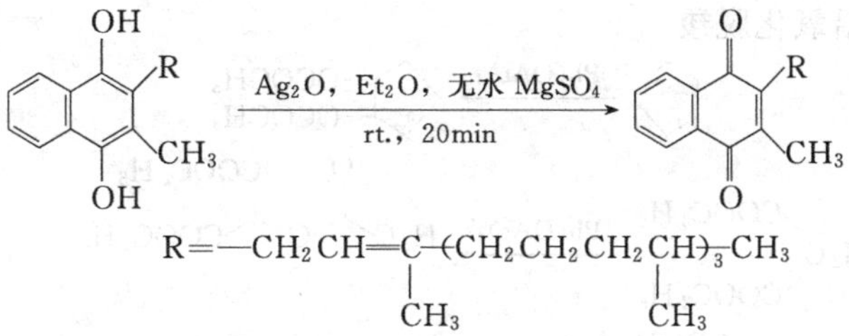

$$R = -CH_2CH = C+CH_2CH_2CH_2\underset{CH_3}{+}{}_3CH_3$$

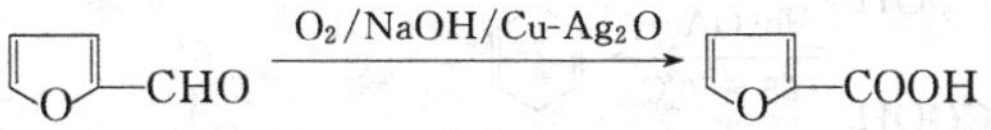

碳酸银（Ag_2CO_3）可直接用作催化剂，也可将其沉积在硅藻土上使用。碳酸银是氧化伯醇、仲醇的较理想的氧化剂，氧化反应有一定的选择性。位阻大的羟基不容易被氧化，优先氧化仲醇，烯丙位羟基比仲醇更容易被氧化。1,4-二醇、1,5-二醇、1,6-二醇等二元伯醇，可氧化生成环内酯。

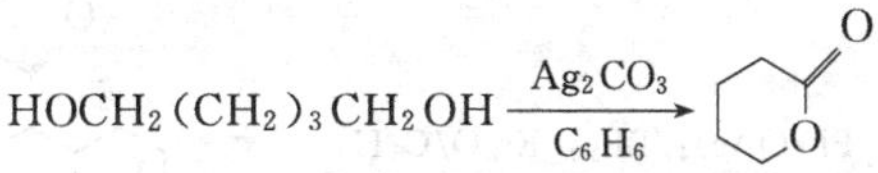

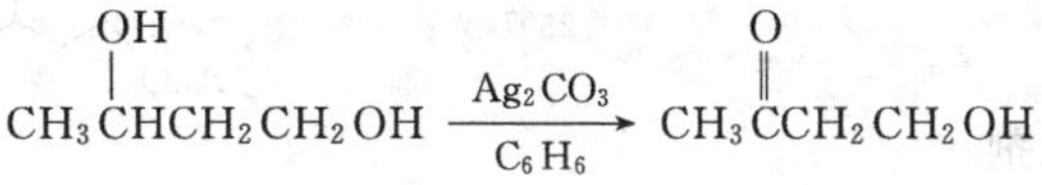

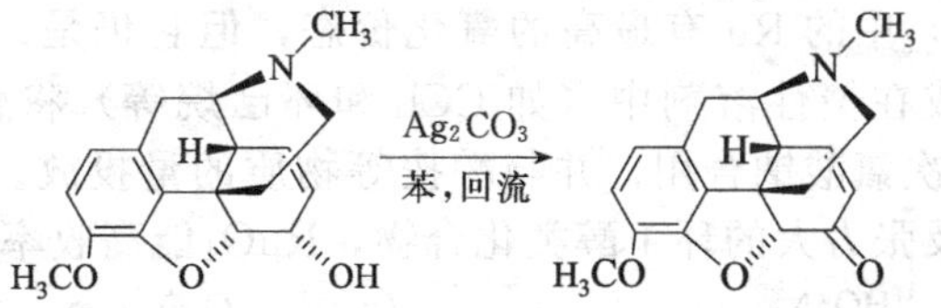

三、四价铅为氧化剂

氧化铅（PbO_2）通常是以糊状形式存在并在微酸性介质中用作氧化剂。在酸性条件下是一种强氧化剂，使用时应新鲜制备。

四价铅氧化剂中最常用的是四乙酸铅。

四乙酸铅 [$Pb(OAc)_4$] 是一种选择性很强的氧化剂，系由铅丹与乙酸一起加热制得。四乙酸铅易被水分解，氧化经常发生在冰醋酸、苯、氯仿、乙腈等有机溶剂中，但加入少许水或醇可加快反应速率。

邻二醇被四乙酸铅氧化，邻二醇的碳碳键断裂生成两个羰基化合物，环状邻二醇则生成二羰基化合物。氧化机理是形成五元环状中间体，后者分解为羰基化合物。例如：

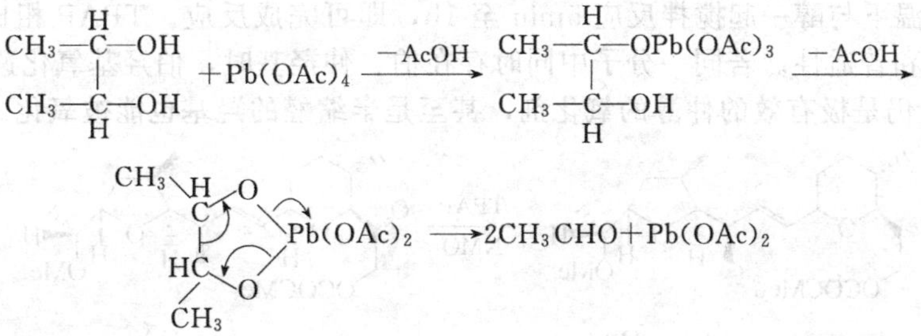

同高碘酸氧化邻二醇一样，也是顺式邻二醇氧化速率较快，但高碘酸氧化一般在水中进行，而四乙酸铅常在有机溶剂中进行。

四乙酸铅可与烯烃反应，反应中四乙酸铅脱掉两个乙酰氧基，两个乙酰氧基加到烯键的两个碳原子上生成双乙酸酯。具有活泼氢的化合物，如 β-二羰基化合物亚甲基中的氢和芳烃

侧链 α-位上的氢原子，可被四乙酸铅中的乙酰氧基取代，生成相应的乙酸酯。邻二羧酸、丙二酸等羧酸可被四乙酸铅氧化脱羧。

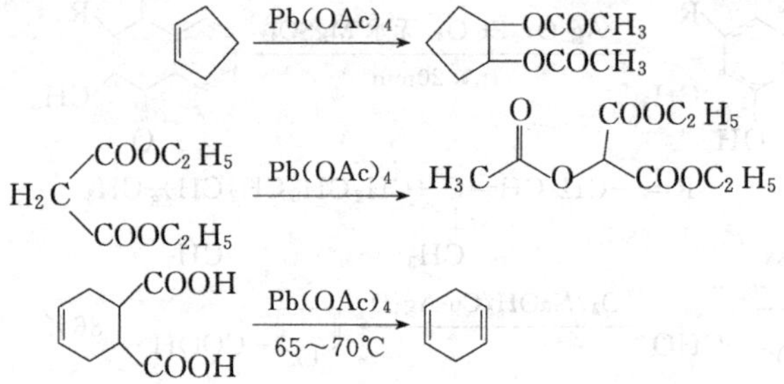

反应中加入三氟化硼，对活性甲基的乙酰氧基化有利。如 3-乙酰氧基孕甾-11,20-二酮在 BF₃ 存在时，可被氧化成 3,21-二乙酰氧基孕甾-11,20-二酮，其收率可达 86%。

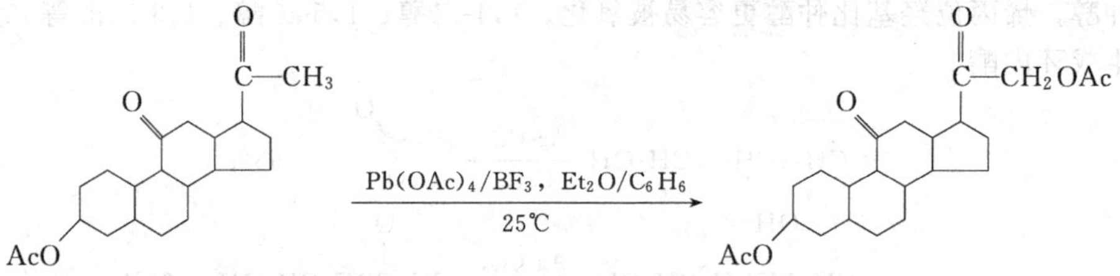

四、高价钌为氧化剂

四氧化钌（RuO₄）中的 Ru 有最高的氧化价态，但它仍是一个温和的氧化剂，可在温和条件下以水作溶剂或在惰性溶剂中（如 CCl₄ 和环己烷等）将仲醇氧化成酮。在氧化时，RuO₄ 常与过碘酸钠或次氯酸钠合用，并与醇按等物质的量投放。具有对酸或碱不稳定的羟基内酯结构的醇，以及张力大的环丁醇类化合物，RuO₄ 能高收率地将它们氧化成相应的酮。

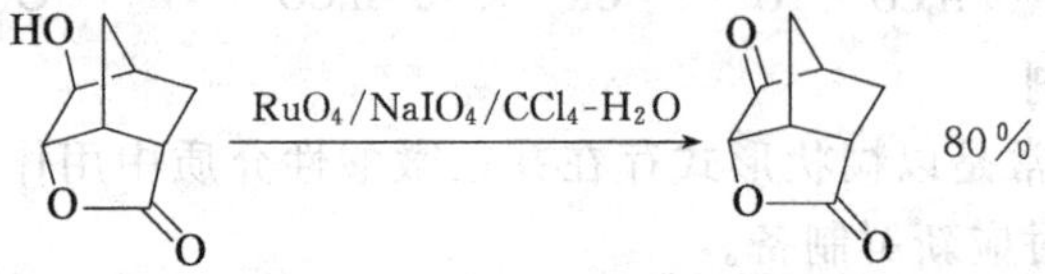

RuO₄ 对糖羟基的氧化也是很有效的，并且 RuO₄ 对糖上的某些已被酰基、苯甲酰基、亚苄基、异亚丙基、三苯甲基、磺酰基、甲酯基、乙酰氨基等保护基保护的羟基不产生破坏作用。

R(RuO₄) 类型的盐 [R＝Pr₄N，Bu₄N，PPh₄，N(PPh₃)₂] 可以催化剂量与氧化剂合用，在更温和的反应条件下实现对醇的氧化，制得醛、酮等产物，并且有出色的选择性，TPAP[N(C₃H₇)₄RuO₄，tetrapropylammonium perruthenate，四正丙基过钌酸铵] 是这些催化剂中的典型代表。用 N-甲基吗啉氧化物（NMO）为共氧化剂，在较低温度或室温下加入 TPAP，室温下与醇一起搅拌反应 5min 至 1h，即可完成反应。TPAP 相比较于 RuO₄ 有显著的选择性和普适性。若同一分子中同时存在伯、仲羟基时，伯羟基氧化速率相对仲羟基快，但 TPAP 仍是极有效的仲醇的氧化剂，甚至是半缩醛的羟基也能被氧化。

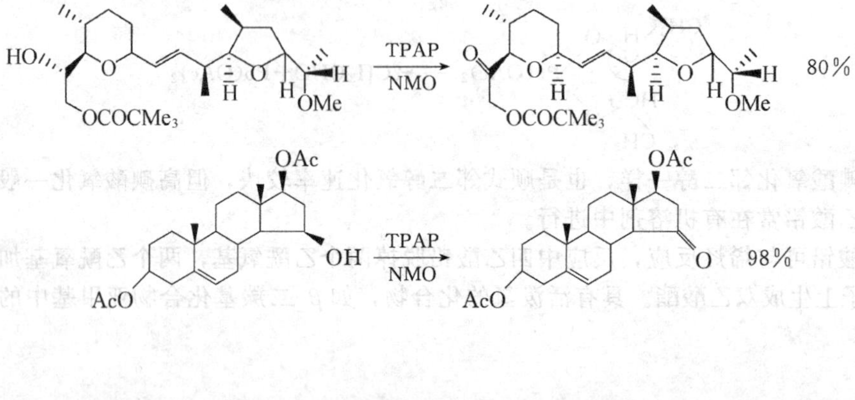

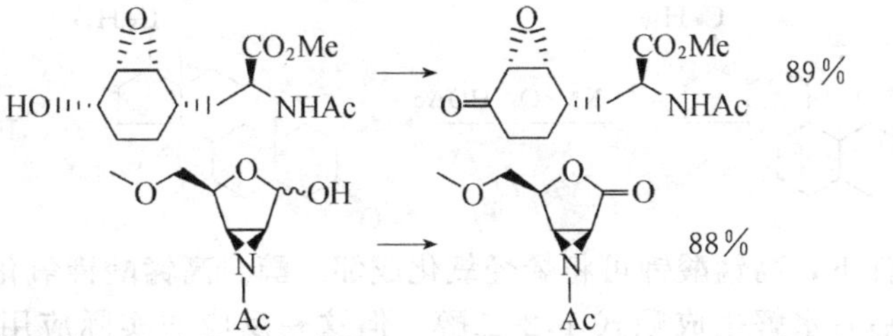

89%

88%

五、锰化合物为氧化剂

锰化合物主要包括高锰酸钾和二氧化锰。高锰酸钠易潮解，高锰酸钙可发生剧烈氧化反应而很少使用。

（一）高锰酸钾氧化

高锰酸盐是一类强氧化剂，其钠盐有潮解性，而钾盐有稳定的结晶形状，故常用钾盐作氧化剂。高锰酸钾是应用范围最广的氧化剂之一，它几乎可以氧化一切能被氧化的基团，并且在酸性、碱性及中性介质中均能起氧化作用。但介质不同时，其氧化能力不同。

氧化反应通常在水中进行。若被氧化的有机物难溶于水，可用丙酮、吡啶、冰醋酸等有机溶剂溶解。有时还可将反应物溶于有机溶剂中，与高锰酸钾水溶液形成两相，并加入少许相转移催化剂〔如苄基三乙基氯化铵（TEBA）〕进行氧化反应。高锰酸钾可与冠醚（例如二苯并-18-冠-6）形成络合物，增加在非极性有机溶剂中的溶解度，使其氧化能力增强。在中性介质中，高锰酸钾可将芳环上的乙基氧化成乙酰基，甲基通常被氧化为羧酸。

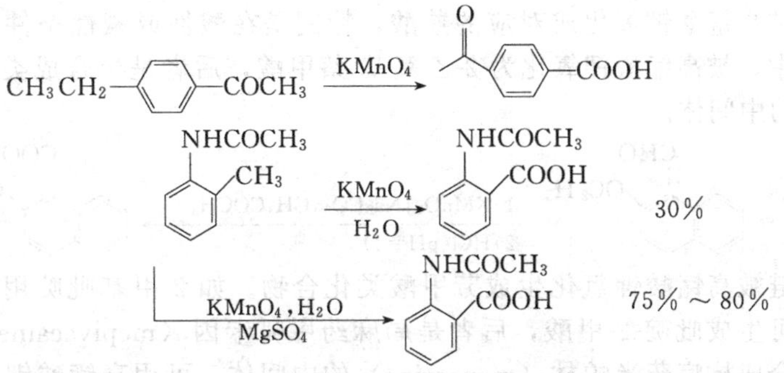

在碱性条件下，高锰酸钾可将伯醇或醛氧化成相应的羧酸，将芳环上的脂肪族侧链氧化成羧基，芳基甲基酮的甲基也可氧化成羧基，生成 α-酮酸。叔醇由于其羟基碳上已无氢原子，一般条件下不被氧化，若强化反应条件，则发生降解反应，无实用价值。异戊醇可被高锰酸钾氧化生成异戊酸，后者是镇静催眠药溴米那（bromisoval）的中间体。

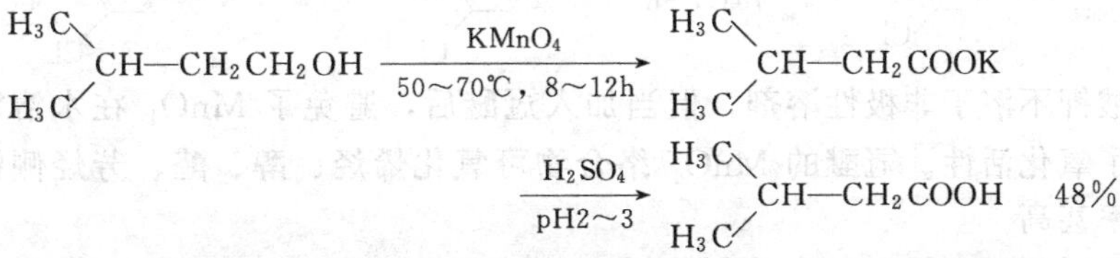

48%

仲醇可被氧化成酮，但当所生成酮的羰基 α-碳原子上有氢时，可被烯醇化，进而被氧化断裂，使酮的收率降低。（4-吡啶基）苯基甲醇用高锰酸钾氧化，可定量地生成 4-苯甲酰基吡啶。

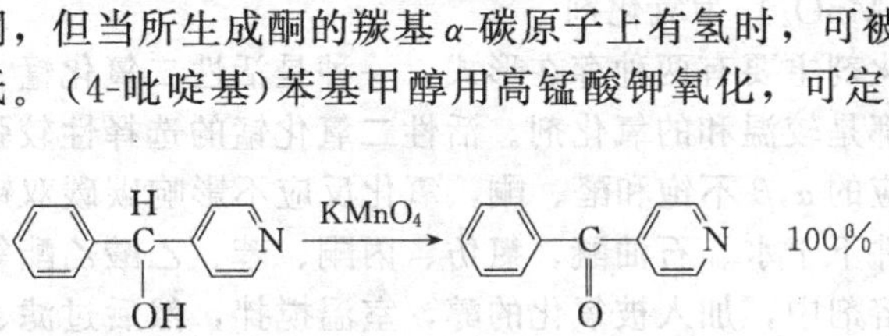

100%

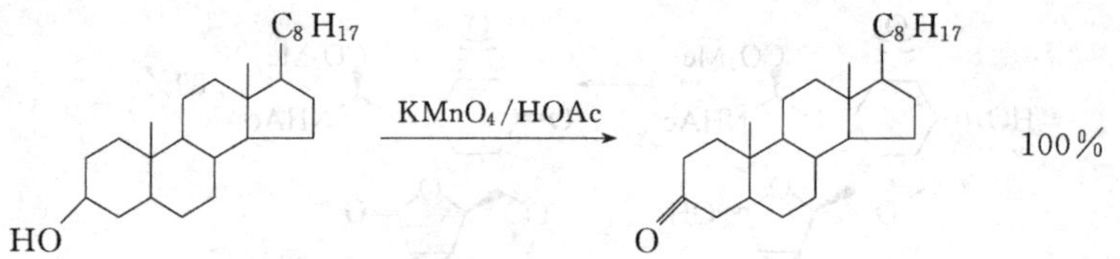

在温和的条件下，高锰酸钾可将烯烃氧化成邻二醇。高锰酸钾氧化烯烃的机理是首先生成环状锰酸酯，后者水解生成顺式 1,2-二醇。但这一反应的实际应用，因副反应较多而受到极大的限制。甾体药物曲安西龙（triamcinolone）中间体的合成，当 pH 控制在 12 时，该氧化反应是成功的，若低于或高于此 pH，将生成 α-羟基酮或双键断裂的产物。

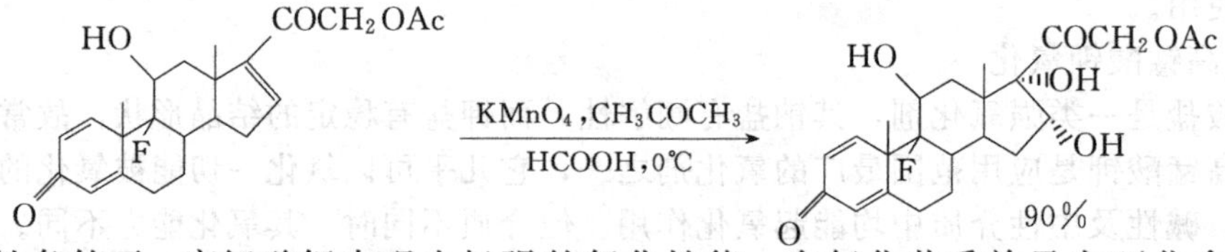

在酸性条件下，高锰酸钾表现出极强的氧化性能。在氧化芳香族及杂环化合物的侧链时，经常伴有脱羧反应，甚至芳环有时也被氧化。稠环化合物经高锰酸钾氧化时，相对电子云密度高的芳环易被氧化破坏，例如 α-硝基萘被高锰酸钾氧化为硝基邻苯二甲酸。

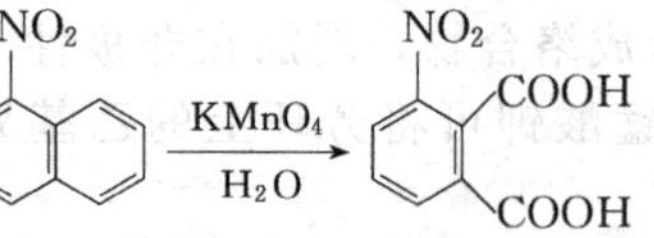

醛极易被高锰酸钾氧化成对应的羧酸，特别是在酸性或碱性条件下。2-乙氧基-萘甲醛在碱性丙酮中，被高锰酸钾氧化为 2-乙氧基-萘甲酸，后者是半合成类抗生素药物奈夫西林（nafcillin）的中间体。

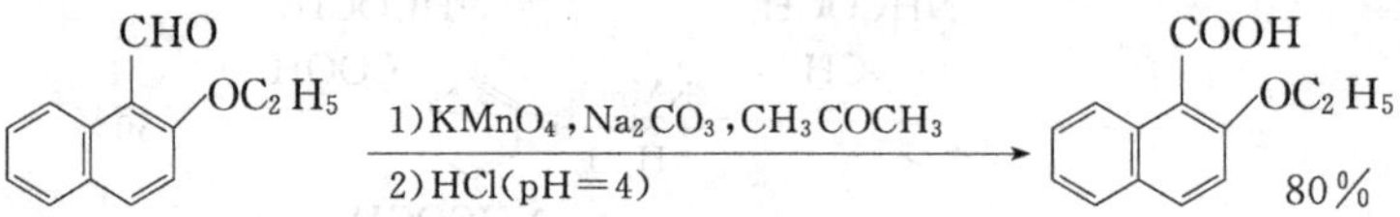

芳烃侧链被高锰酸钾氧化生成芳甲酸类化合物。如 2-甲基吡啶用高锰酸钾氧化，再用盐酸酸化，可生成吡啶-2-甲酸，后者是局麻药甲哌卡因（mepivacaine）的中间体。2,4-二氯苯甲酸是合成抗疟药米帕林（mepacrine）的中间体，可用高锰酸钾为氧化剂氧化 2,4-二氯甲苯来制取。

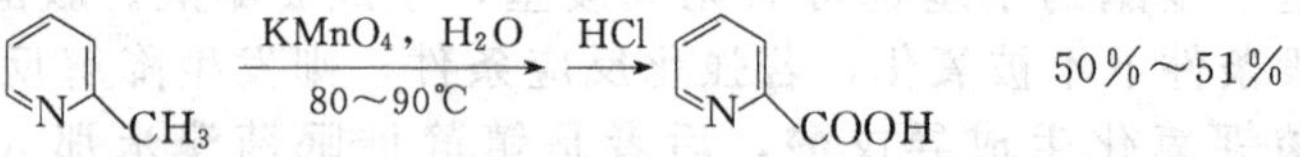

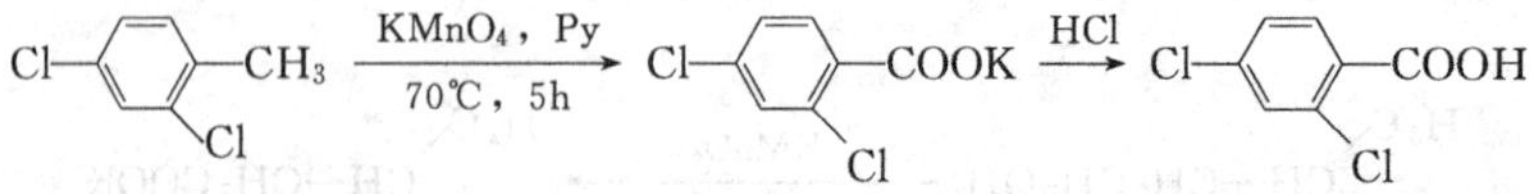

高锰酸钾不溶于非极性溶剂，但当加入冠醚后，避免了 MnO_4^- 在水溶液中的溶剂化现象，增强了氧化活性。冠醚的 MnO_4^- 络合物可氧化烯烃、醇、醛、芳烃侧链生成相应的化合物，收率甚高。

（二）二氧化锰（MnO_2）为氧化剂

二氧化锰作为氧化剂主要有两种存在形式：一种是活性二氧化锰；另一种是二氧化锰与硫酸的混合物。它们都是较温和的氧化剂。活性二氧化锰的选择性较强，广泛用于 β,γ-不饱和醇的氧化来制备相应的 α,β-不饱和醛、酮，氧化反应不影响碳碳双键，条件温和，收率较高。反应常在室温条件下于水、石油醚、氯仿、丙酮、苯、乙酸乙酯等有机溶剂中进行。将活性二氧化锰悬浮于溶剂中，加入被氧化的醇，室温搅拌，然后过滤、浓缩，即得到氧化产物。活性二氧化锰必须新鲜制备，其常用的制备方法有：硫酸锰-高锰酸钾法，二氧化锰的活性与沉淀时的 pH 值相关，碱性条件下沉淀出的二氧化锰活性最高，酸性条件下沉淀的活性次之，中性条件下沉淀的活性较小；锰盐热分解法；丙酮高锰酸钾氧化法；活性炭还原高锰酸钾法，这样得到的二氧化锰适用于胺类及腙类的氧化。二氧化锰与硫酸的混合物，适用于芳烃侧链、芳胺、苄醇的氧化。

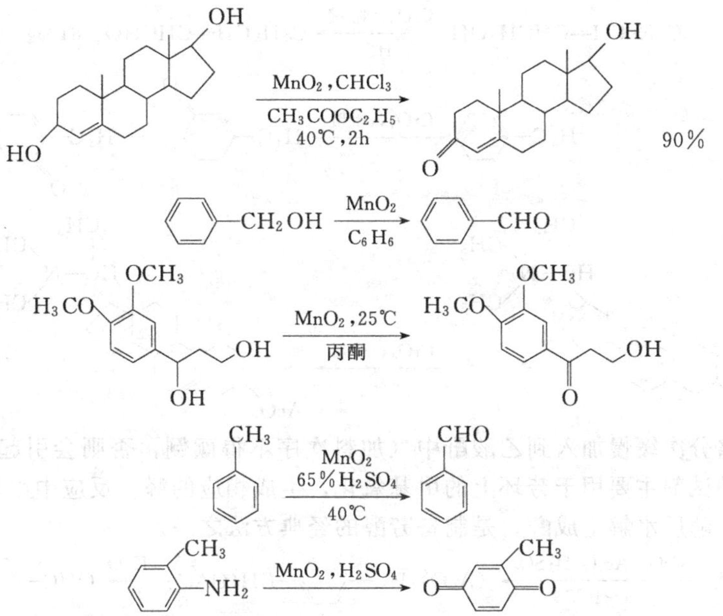

活性二氧化锰最大的优点是选择性高，特别是在同一分子中有烯丙位羟基和其它羟基共存时，可选择性地氧化烯丙位羟基，例如睾酮（testosterone）的合成。可以 MnO_2 为氧化剂氧化相应的醇，制备抗抑郁药盐酸齐美定（zimeldine）的中间体 3-吡啶基-4-溴苯基甲酮，有较好的收率。

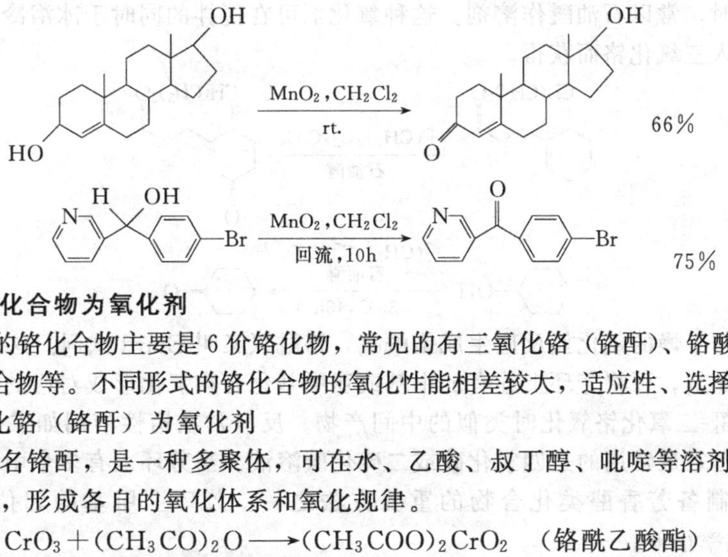

六、高价铬化合物为氧化剂

作为氧化剂的铬化合物主要是 6 价铬化物，常见的有三氧化铬（铬酐）、铬酸、重铬酸盐以及相关的吡啶络合物等。不同形式的铬化合物的氧化性能相差较大，适应性、选择性也不同。

（一）三氧化铬（铬酐）为氧化剂

三氧化铬又名铬酐，是一种多聚体，可在水、乙酸、叔丁醇、吡啶等溶剂中解聚，生成不同的铬化合物，形成各自的氧化体系和氧化规律。

$$CrO_3 + (CH_3CO)_2O \longrightarrow (CH_3COO)_2CrO_2 \quad （铬酰乙酸酯）$$

$$CrO_3 + (CH_3)_3COH \longrightarrow [(CH_3)_3CO]_2CrO_2 \quad （叔丁基铬酸酯）$$

$$CrO_3 + 2C_2H_5N \xrightarrow{-15\sim-18℃} CrO_3 \cdot 2C_2H_5N \quad （铬酐吡啶络合物，Sarett 试剂）$$

$$CrO_3 + HCl(干燥) \longrightarrow CrO_2Cl_2 \quad （铬酰氯）$$

Sarett 试剂是将 1 份三氧化铬分次加入 10 份吡啶中，逐渐升温到 30℃得到黄色的三氧化铬吡啶络合物。它可将烯丙型或非烯丙型的醇氧化成相应的醛或酮，烯丙位亚甲基可被氧化成酮，还能选择性地将叔胺上的甲基氧化成甲酰基。室温反应时对分子中的双键、缩醛、缩酮、环氧、硫醚等均无影响，产品的收率较高。用 DMF 代替吡啶在有些反应中优于 Sarett 试剂。

$$C_6H_5CH{=}CHCH_2OH \xrightarrow[\text{rt.}]{CrO_3, \text{吡啶}} C_6H_5CH{=}CHCHO \quad 81\%$$

$$H_3C-\bigcirc \xrightarrow{CrO_3, \text{吡啶}} H_3C-\bigcirc{=}O \quad + \quad H_3C-\bigcirc{=}O$$

$$\xrightarrow{CrO_3, \text{吡啶}} \quad 96\%$$

将三氧化铬分次缓慢加入到乙酸酐中（加料次序不得颠倒，否则会引起爆炸），生成铬酸乙酸酐。这种试剂主要用于芳环上的甲基氧化，生成相应的醛。反应中甲基先被氧化生成同碳二乙酸酯，随后水解生成醛，是制备芳醛的经典方法之一。

$$H_3C-\bigcirc-CH_3 \xrightarrow[5\sim10℃]{CrO_3, Ac_2O, H_2SO_4} (AcO)_2HC-\bigcirc-CH(OAc)_2 \xrightarrow[H^+]{H_2O} OHC-\bigcirc-CHO \quad 52\%$$

芳环上取代基的性质和位置对氧化反应有影响，给电子基可使氧化速率加快，吸电子基团使氧化速率变慢。

铬酸叔丁酯是一种既可使伯醇或仲醇氧化成相应的羰基化合物，也可使烯丙位亚甲基选择性地氧化成羰基化合物的氧化剂，在伯醇氧化成醛的反应中表现出更加良好的选择性。在进行氧化反应时，常以石油醚作溶剂。这种氧化剂可在搅拌的同时于冰浴冷却下，向无水叔丁醇中分批加入三氧化铬而获得。

$$\xrightarrow[\text{石油醚}]{[(CH_3)_3C]_2CrO_4}$$

$$\bigcirc-OH \xrightarrow[35℃,48h]{[(CH_3)_3C]_2CrO_4} \bigcirc{=}O$$

三氧化铬与干燥的氯化氢反应生成铬酰氯，铬酰氯又叫 Etard 试剂。这也是一种具有一定选择性的氧化剂，可将芳环上连有的甲基或亚甲基化合物氧化形成对应的醛或酮，其氧化经历了与乙酸酐-三氧化铬氧化时类似的中间产物。反应常在惰性溶剂如二硫化碳、四氯化碳、氯仿中进行，最常用的是四氯化碳或二硫化碳溶液。当芳环上有多个甲基时，仅氧化其中的一个，是制备芳香醛类化合物的重要方法之一。芳环上甲基的邻位有吸电子基团（NO_2）时，收率很低。

$$Br-\bigcirc-CH_3 \xrightarrow[\text{rt.}]{CrO_2Cl_2, CCl_4} Br-\bigcirc-CH(OCrCl_2OH)_2 \xrightarrow{H_2O} Br-\bigcirc-CHO \quad 80\%$$

$$H_3C-\bigcirc-CH_3 \xrightarrow[2)H_2O, \text{rt.}]{1)CrO_2Cl_2, CCl_4} H_3C-\bigcirc-CHO \quad 70\%\sim80\%$$

（二）铬酸、重铬酸盐为氧化剂

重铬酸盐、三氧化铬在酸性条件下生成铬酸与重铬酸的动态平衡体系。在稀水溶液中，几乎都以 $HCrO_4^-$ 的形式存在，在很浓的水溶液中，则以 $Cr_2O_7^{2-}$ 形式存在。常用的铬酸是三氧化铬的稀硫酸溶液，有时也可加入乙酸，以利于三氧化铬的解聚。

铬酸可以直接用于氧化伯醇和仲醇，大多数情况下伯醇被氧化为羧酸，而仲醇则氧化为酮。铬酸可使薄荷醇氧化为薄荷酮，收率可达到 $83\%\sim85\%$。苄位伯醇的酯氧化为羧酸。治疗关节炎的消炎镇痛药双醋瑞因（diacerein）合成中，其中一条合成路线是以芦荟大黄素（aloe-emodin）为原料，经酰基化、铬酸氧化，伯醇酯氧化为羧酸，而两个酚酯保持不变。铬酸也可氧化邻二叔醇，反应使碳碳键断裂，同时羟基转化为羰基。

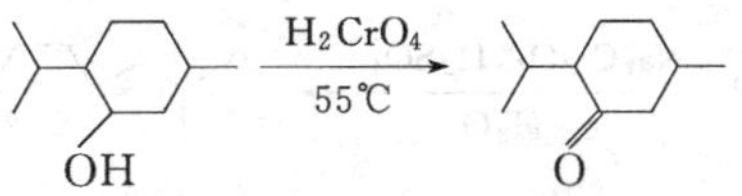

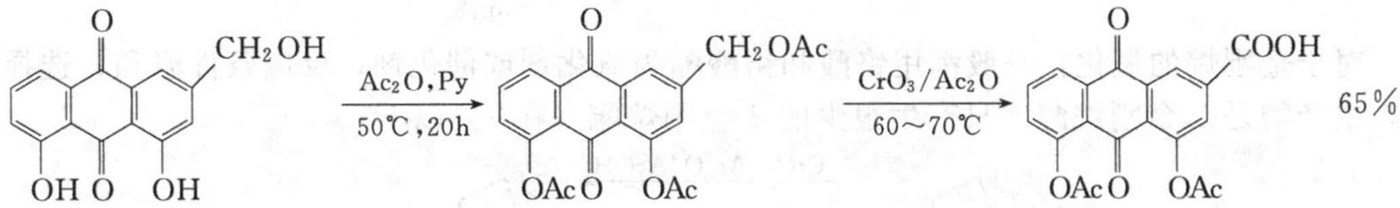

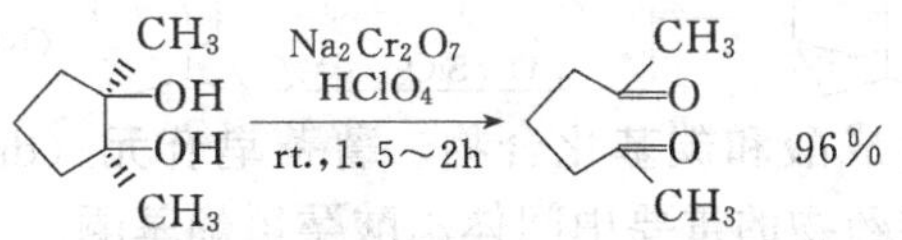

单芳环的侧链可被氧化成羧酸或酮，若芳环上含有易氧化的羟基或氨基，则必须加以保护。用铬酸氧化 β-烷基萘类化合物，产物为醌类化合物。如 2-甲基萘用重铬酸钠和硫酸氧化，生成 2-甲基萘醌，后者是维生素 K_3 和维生素 K_4 的中间体。

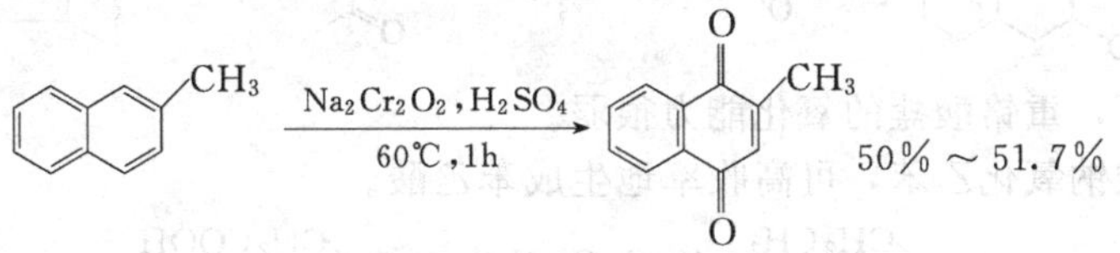

苄位也可以被氧化。

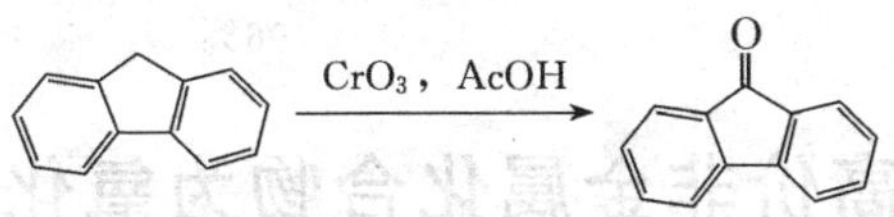

酸性条件下用铬酸氧化仲醇生成的酮易被进一步氧化。为了减少副反应，可在非均相条件下进行。仲醇还用 Jones 氧化法（CrO_3-H_2SO_4-丙酮）氧化生成相应的酮。丙酮的作用主要有二：其一，加快氧化速率；其二，限制深度氧化。这一氧化剂不会破坏对氧化敏感的其它基团，如缩酮、酯、环氧基、氨基、不饱和键、烯丙位碳氢键等，多数情况下仅选择性地将仲醇氧化成酮。

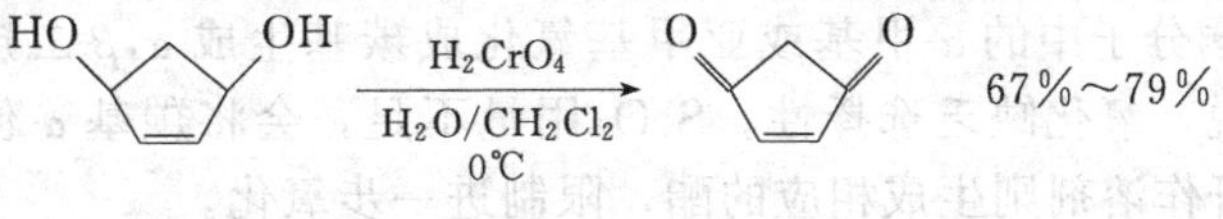

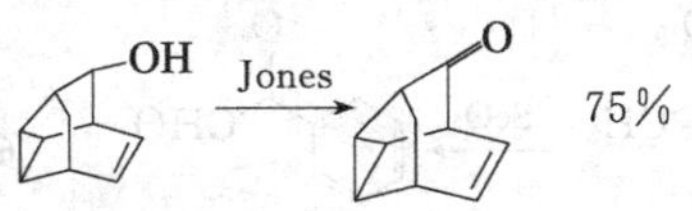

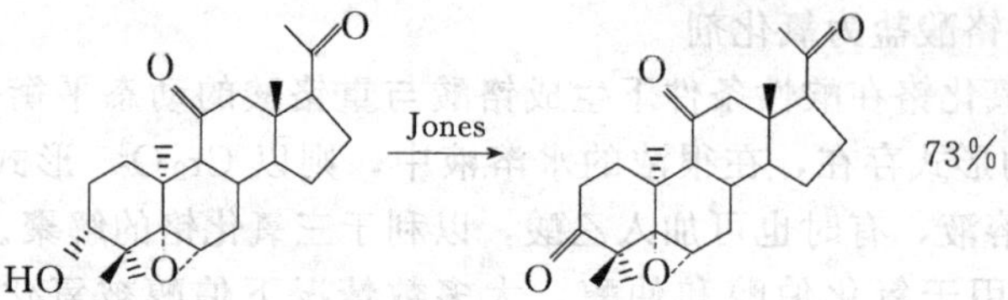

醛很容易被铬酸氧化成羧酸，如糠醛可被铬酸氧化成糠酸（2-furoic acid）；对异丁基苯丙醛可被铬酸氧化得到消炎镇痛药布洛芬（ibuprofen）。

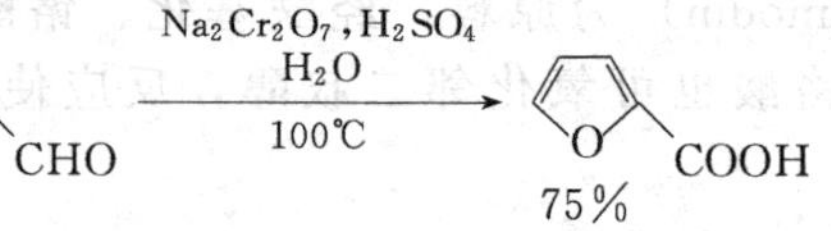

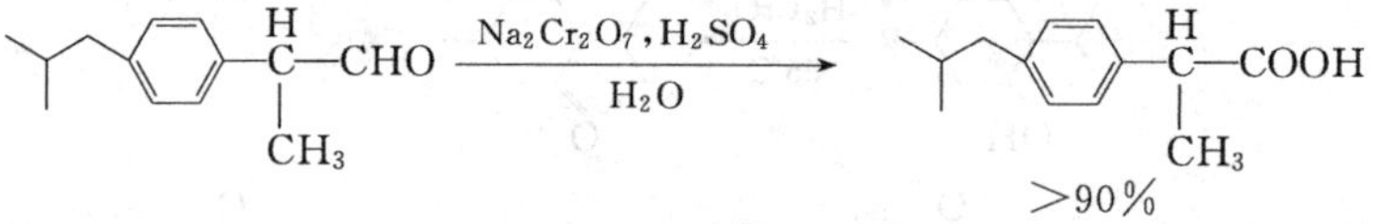

对于金刚烷的氧化，一般都用铬酸和铬酸酯为氧化剂或催化剂，反应条件温和，选择性高，主产物是1-金刚烷醇，只产生很少的2-金刚烷酮（在7%以下）。

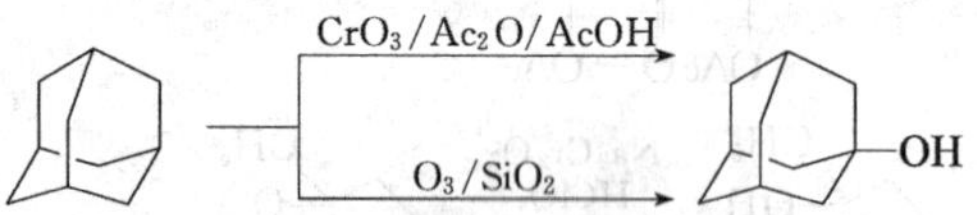

烯烃氧化双键断裂，生成酸和羰基化合物。薯蓣皂苷元（diosgenin）还原产物的开环产物经铬酸氧化，生成甾类药物的重要中间体乙酸孕甾烯基酮。

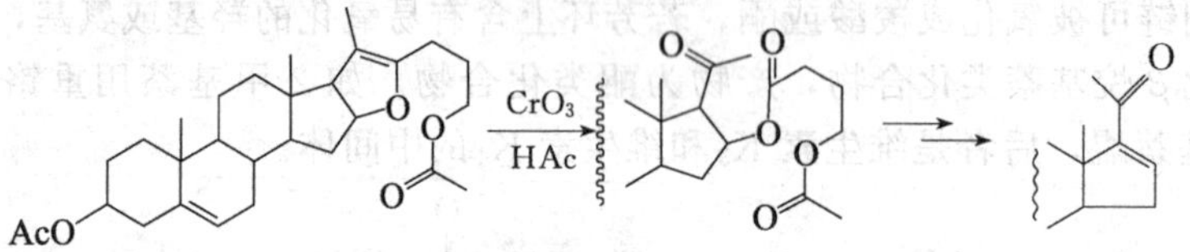

在中性条件下，重铬酸盐的氧化能力很弱。

用中性重铬酸钠氧化乙苯，可高收率地生成苯乙酸。

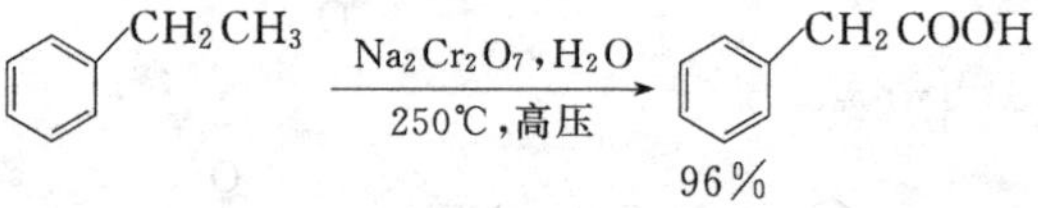

第四节　高价非金属化合物为氧化剂的反应

一、二氧化硒为氧化剂

以二氧化硒（SeO$_2$）为氧化剂的氧化反应称为 Riley 反应。新制的 SeO$_2$ 具有较高的氧化活性，而且表现出良好的选择性。但 SeO$_2$ 有剧毒（毒性比 As$_2$O$_3$ 大），使用时需倍加小心。大多数氧化反应在二氧六环、乙酸酐、乙酸、乙腈、苯、水等溶剂中进行。

SeO$_2$ 可将醛、酮分子中的 α-甲基或亚甲基氧化成羰基生成 α,β-二羰基化合物。但对含有两种 α-氢的酮来说，氧化缺乏选择性。SeO$_2$ 用量不足，会将羰基 α-位的活性烃基氧化成醇，这时若以乙酸酐作溶剂则生成相应的酯，限制进一步氧化。

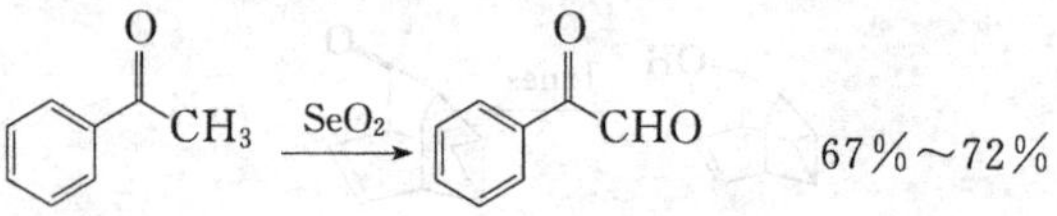

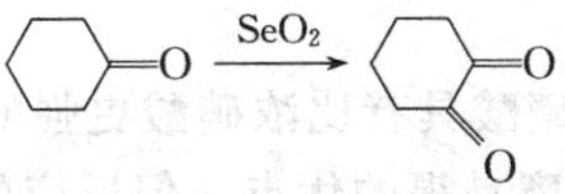

在碳碳双键或叁键的 α-位上具有甲基或亚甲基的化合物，可被 SeO$_2$ 氧化为 β,γ-不饱和醇，氧化一般发生在双键上取代基较多的 α-位一边，氧化从易到难的次序为—CH＞—CH$_2$＞—CH$_3$。环烯氧化时，发生在环内双键上取代基较多的 α-位一侧抗肿瘤药喜树碱［(＋)-camptothecin］中间体的合成，就是利用二氧化硒的这种氧化作用。

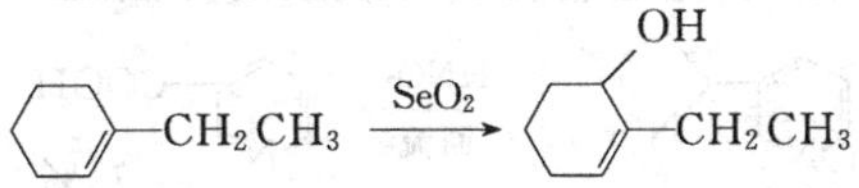

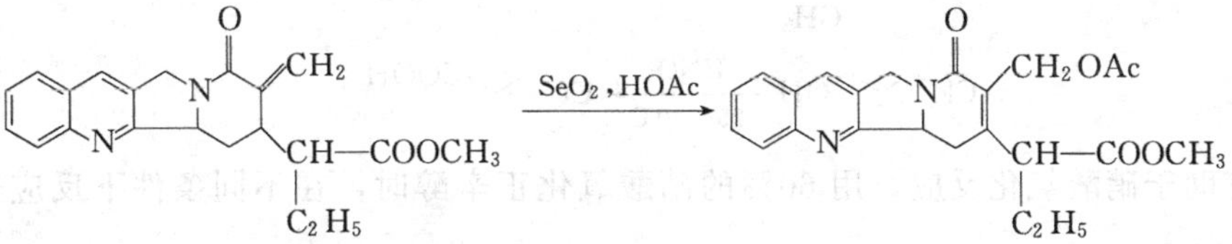

SeO$_2$ 也可用于氧化脱氢反应，生成对应的烯。在甾酮类衍生物合成中，应用较多。3-酮基和 12-酮基甾体化合物，用 SeO$_2$ 脱氢，可在 A 环的 1,2-位、4,5-位和在 C 环的 9,11-位引入双键。

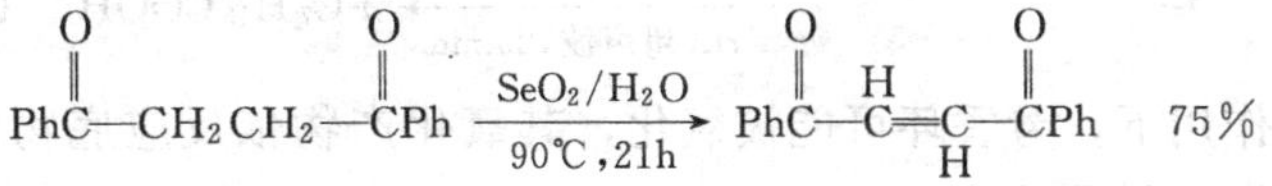

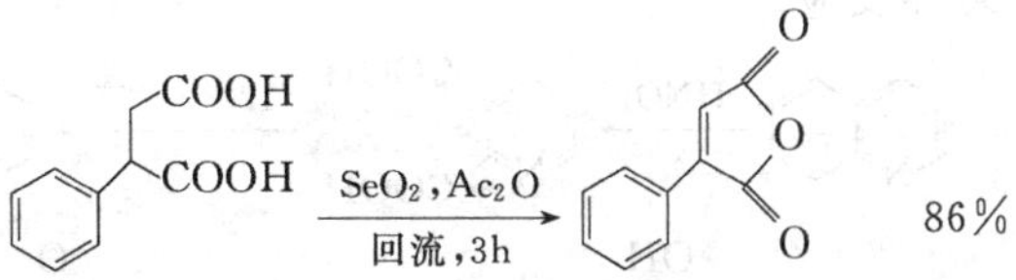

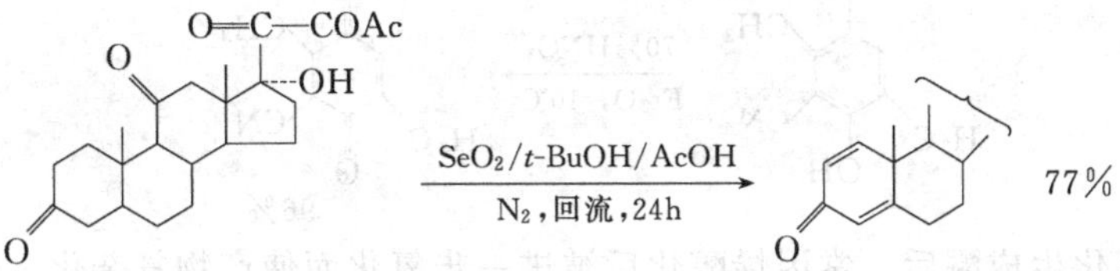

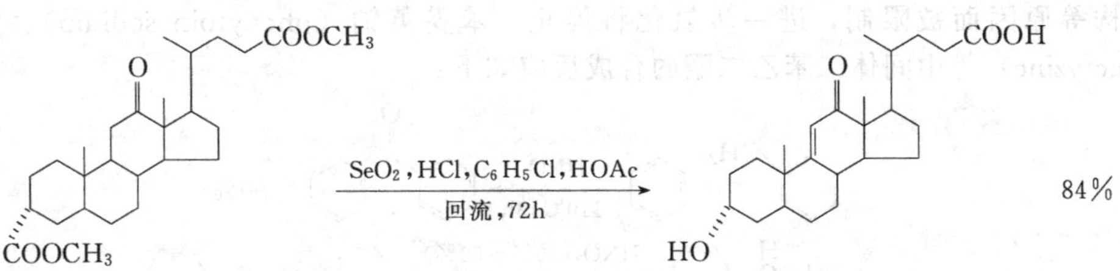

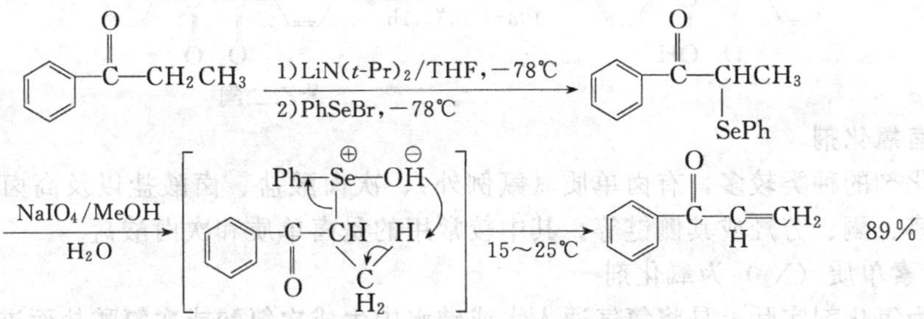

有机硒化物也有类似催化脱氢的性质，但反应的途径不同。

二、硝酸为氧化剂

硝酸（HNO₃）是一种强氧化剂，稀硝酸具有比浓硝酸更强的氧化能力，通常硝酸被还原成一氧化氮。尽管硝酸作氧化剂具有价廉易得的优点，但反应的选择性较差，反应剧烈且较难控制，因而限制了其应用。液体有机物可直接用硝酸氧化，固体有机物则常在对硝酸稳定的有机溶剂中进行氧化，例如乙酸、氯苯、硝基苯等。

硝酸可将伯醇、醛氧化为酸，脂环醇氧化为酮并进而发生氧化开环生成二元酸，芳环或芳杂环的侧链氧化为羧基。硝酸氧化是制备各种羧酸的方法之一。

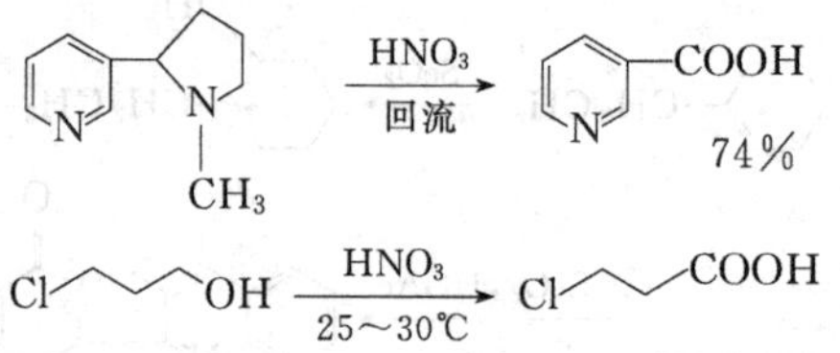

超声波有助于硝酸氧化反应，用60％的硝酸氧化正辛醇时，在不同条件下反应速率相差甚大。

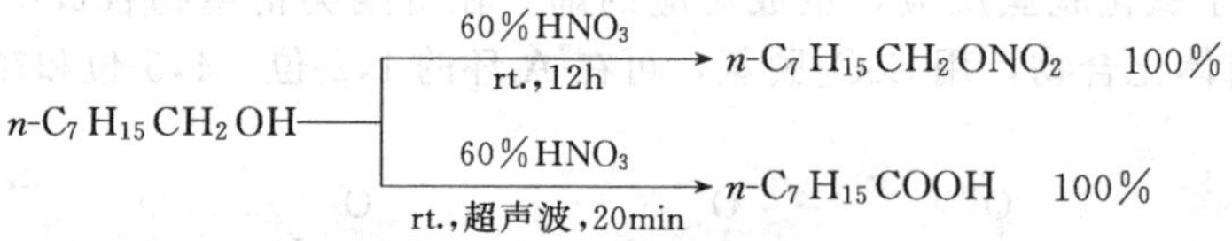

在硝酸的作用下，芳香环可能被氧化，其氧化产物依反应底物的结构和反应条件而定，稠环化合物可发生裂环反应。

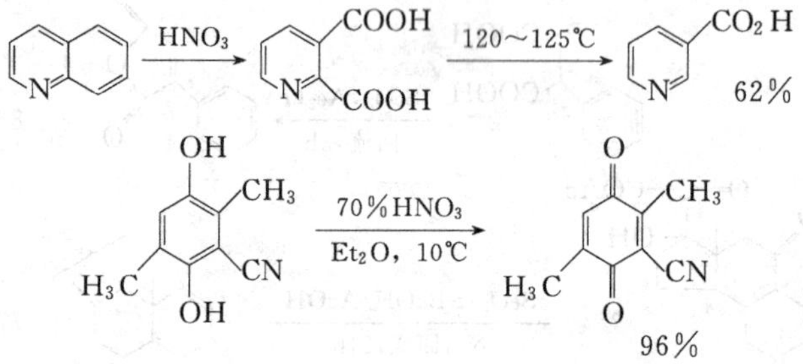

仲醇被硝酸氧化生成酮后，常因烯醇化后被进一步氧化而使产物复杂化，当酮的烯醇化因结构等原因而被限制，进一步氧化将停止。苯妥英钠（phenytoin sodium）、贝那替秦（benactyzine）等中间体二苯乙二酮的合成反应如下：

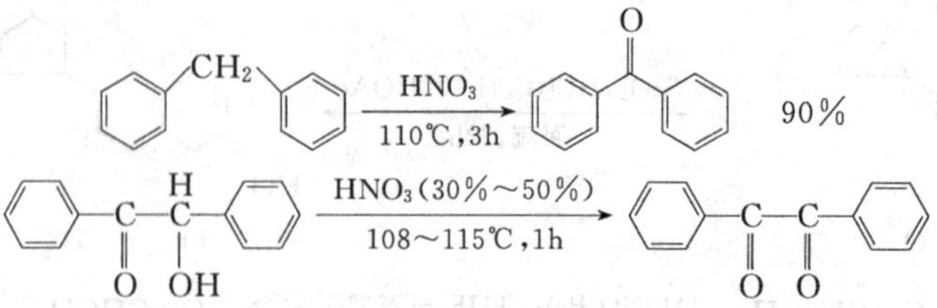

三、含卤氧化剂

含卤氧化剂的种类较多，有卤单质（氟例外）、次卤酸盐、卤酸盐以及高卤酸等，它们可氧化醇、醛、酮、芳烃或其侧链等。其中较常用的是卤单质和次卤酸盐。

（一）卤素单质（X₂）为氧化剂

氯气作为氧化剂实际上是将氯气通入水或碱水中生成次氯酸或次氯酸盐而进行氧化反应的。氯气氧化时被还原成盐酸，容易处理，但氧化反应常伴有氯化反应。氯气可将二硫化物、硫醇、硫化物氧化成磺酰氯。例如抗菌药磺胺（sulfanilamide）中间体和利尿药乙酰唑胺（acetazolamide）中间体的合成。氯气能氧化裂解某些杂环类化合物。如用氯气氧化糠醛，可生成抗菌药磺胺嘧啶（sulfadiazine）的中间体糠氯酸（mucochloric acid）。

$$O_2N-\text{⟨⟩}-S-S-\text{⟨⟩}-NO_2 \xrightarrow{Cl_2,H_2O} O_2N-\text{⟨⟩}-SO_2Cl$$

$$AcHN-\text{⟨⟩}-SH \xrightarrow[0\sim5℃]{\substack{Cl_2,H_2O\\HOAc}} AcHN-\text{⟨⟩}-SO_2Cl$$

$$\text{⟨⟩}-CHO \xrightarrow[75\sim85℃]{Cl_2,H_2O} \begin{array}{c}Cl-C-COOH\\ \parallel\\ Cl-C-CHO\end{array}$$

氯气在有机溶剂如冰醋酸、二甲基亚砜（DMSO）中，能氧化伯、仲醇成羰基化合物。如氯气在 DMSO 中可将苯甲醇氧化成苯甲醛，液氯在冰醋酸中可将胆酸氧化成利胆药去氢胆酸（dehydrocholic acid）。氯气的四氯化碳溶液，在吡啶存在下使伯醇、仲醇生成羰基化合物，而且仲醇的氧化速率比伯醇快。

$$\xrightarrow[10\sim20℃]{\text{液氯，冰醋酸，}H_2O} \quad 55\%$$

$$\xrightarrow[CCl_4]{Cl_2,Py} \quad 69\% \quad + \quad 14\%$$

溴的氧化能力比氯弱，反应可在四氯化碳、氯仿、二硫化碳或冰醋酸中进行。葡萄糖可被溴氧化成葡萄糖酸，其为补钙剂葡萄糖酸钙（calcium gluconate）的原料。

$$\xrightarrow{\substack{Br_2\\CHCl_3}} \quad 44\%$$

（二）次卤酸钠（NaXO）为氧化剂

次卤酸钠具有很强的氧化能力，一般在碱性条件下使用。甲基酮首先发生 α-卤代反应，而后碳碳键断裂生成卤仿和羧酸，此反应称为卤仿反应。

甲基叔丁基酮与次卤酸钠反应是合成特戊酸的方法之一。1,3-环己二酮被次氯酸钠氧化成戊二酸。

$$X=Cl,Br$$

另外，次氯酸钠作为氧化剂还可实现肟氧化成硝基化合物、硫醇氧化成磺酸、硫醚氧化成亚砜或砜、氨基酸氧化脱胺等转化。

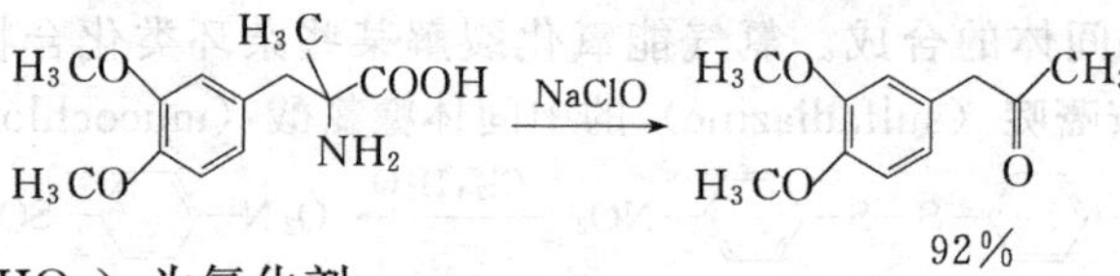

92%

（三）高碘酸（HIO₄）为氧化剂

高碘酸可以氧化 1,2-二醇、1,2-氨基醇、1,2-二羰基化合物以及 α-羟基酮等化合物，氧化的同时发生碳碳键断裂，生成羰基和羧基化合物，这些反应统称为 Malaprade 反应。对于不溶于水的反应物，氧化可在甲醇、二氧六环或乙酸中实施，通常反应控制于室温下进行。

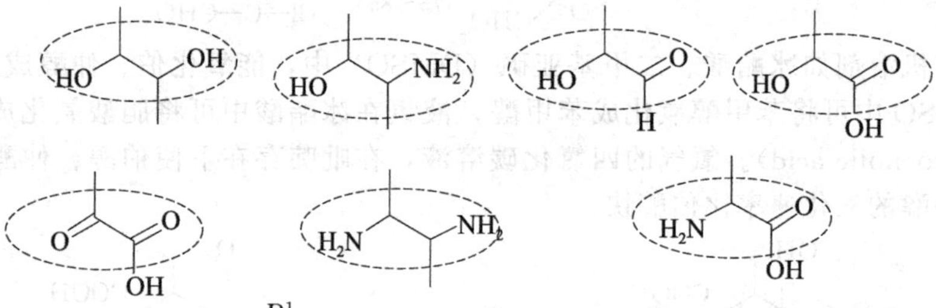

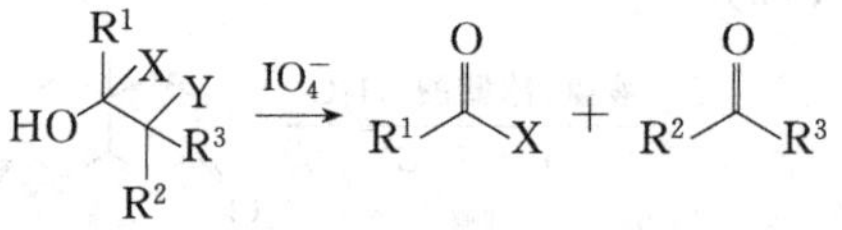

很显然，顺式环状邻二醇比反式环状邻二醇更容易被氧化，且生成开环二羰基化合物。将高碘酸钠负载在 SiO_2 上氧化邻二醇，能得到理想的收率。

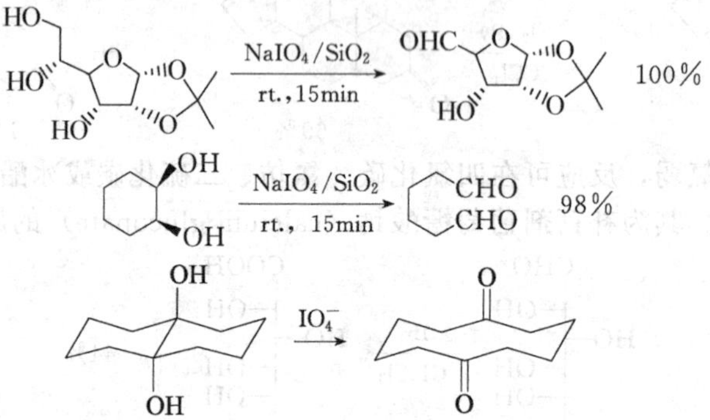

需要指出的是，也可以使用 $Pb(OAc)_4$ 作为氧化剂，可得到类似的反应结果。

第五节　无机富氧化合物为氧化剂的氧化反应

一、臭氧为氧化剂

臭氧（O_3）的氧化能力比氧略强，主要用于烯烃的氧化。臭氧需通过特定的设备——臭氧发生器来制备。目前公认的臭氧氧化机理是 Criegee 提出的，即 [3+2] 环加成、O—O 异裂开环、裂解、环合、水解，其氧化产物因反应物结构不同和水解条件的差异而不同，可以是羧酸、醛或酮。

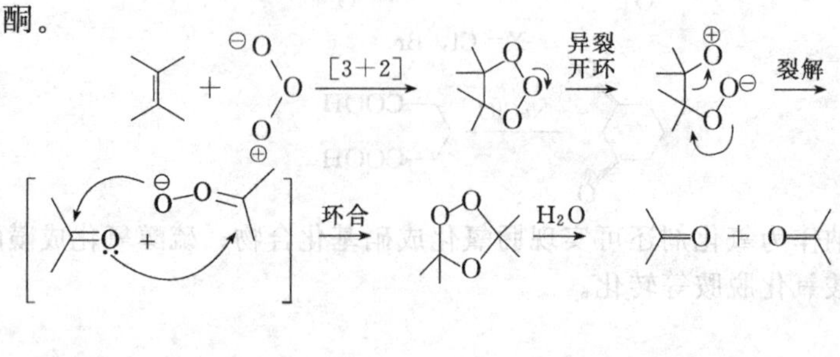

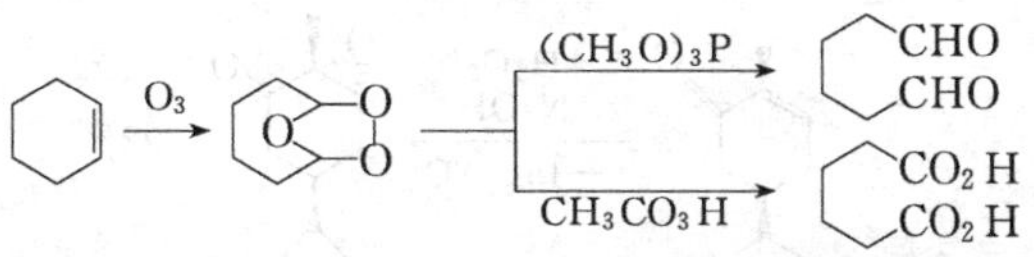

有机物分子中含有—OH、—NH$_2$、—CHO 等基团时，在臭氧氧化前这些基团应适当保护。臭氧化物水解时生成 H$_2$O$_2$，仍具有氧化作用，应加入一些还原性物质将其分解，如 Zn、Na$_2$SO$_3$、三苯膦、亚磷酸三甲（乙）酯、二甲硫醚等。分解臭氧化物更好的方法是在钯存在下催化氢化。若分子中有两个或两个以上的双键，则双键上电子云密度高、空间位阻小的双键优先被氧化。

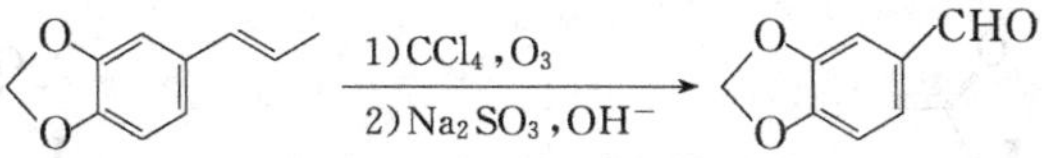

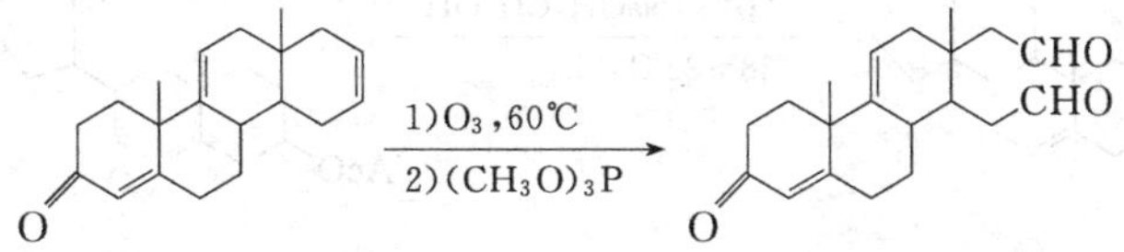

80%

臭氧可用于多环化合物中选择性氧化开环，Woodward 曾在士的宁（strychnine）的合成中，用到此反应合成其中一个中间体。

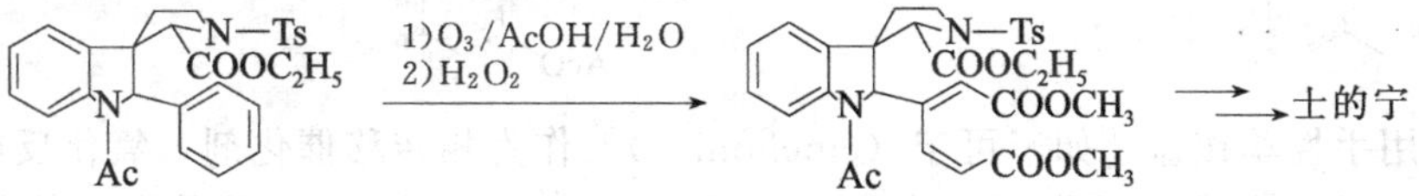

29%

二、过氧化氢为氧化剂

过氧化氢（H$_2$O$_2$）是一种较缓和的氧化剂，1mol 过氧化氢氧化时可产生 16g 活泼氧，氧化能在温和条件下进行，反应后不残留杂质，产品纯度较高，是一种绿色氧化剂。过氧化氢作为氧化剂可在中性、碱性或酸性介质中，以不同浓度参与反应。为了加快反应速率，不时加入一些催化剂，促进催化反应的进行。

在中性介质中，过氧化氢可将硫醚氧化成亚砜，在硫酸亚铁存在下可将脂肪族多元醇氧化成羟基醛。

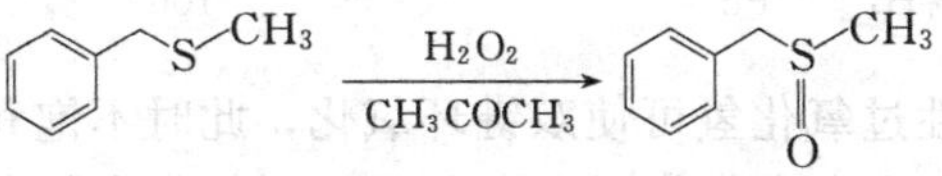

77%

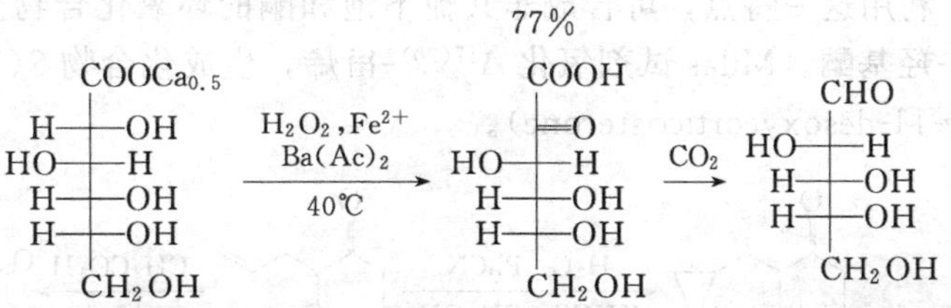

D-葡萄糖   D-阿拉伯糖

在碱性介质中，过氧化氢生成它的共轭碱 HOO$^-$，后者可作为亲核试剂进行氧化反应。α,β-不饱和羰基化合物氧化成环氧羰基化合物。生成的环氧环处在位阻较小的一边，如氢化可的松（hydrocortisone）中间体和地塞米松（dexamethasone）中间体的合成。在 α,β 不饱和醛的环氧化反应中，醛基可能同时被氧化。例如肉桂醛（cinnamaldehyde）在碱性条件下被过氧化氢氧化为环氧化的酸。不饱和酯的环氧化，控制反应介质的 pH 值，可生成环氧酸酯。

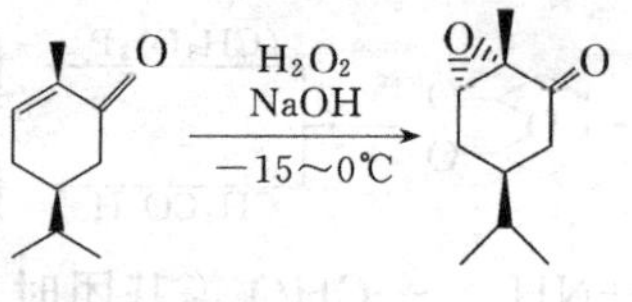

当氧化用手性季铵盐［如辛可宁（cinchonine）］作为相转移催化剂，氧化反应表现出良好的立体选择性，生成不对称环氧化物。查耳酮（*trans*-chalcone）及其类似物经过氧化氢氧化，在相关催化剂存在下可得到高光学纯度的环氧化合物。

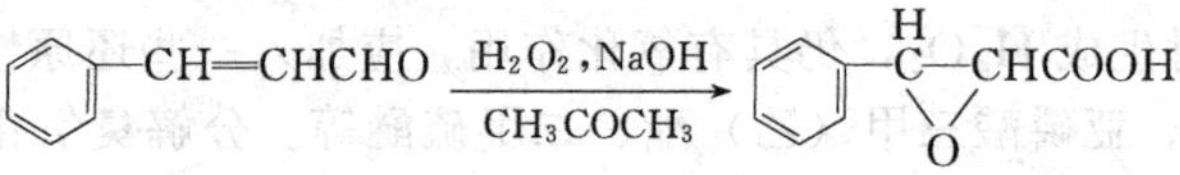

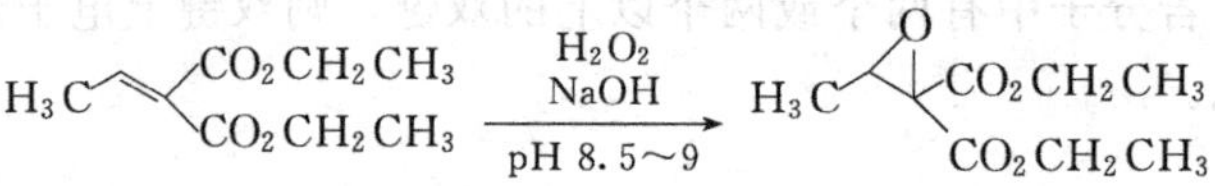

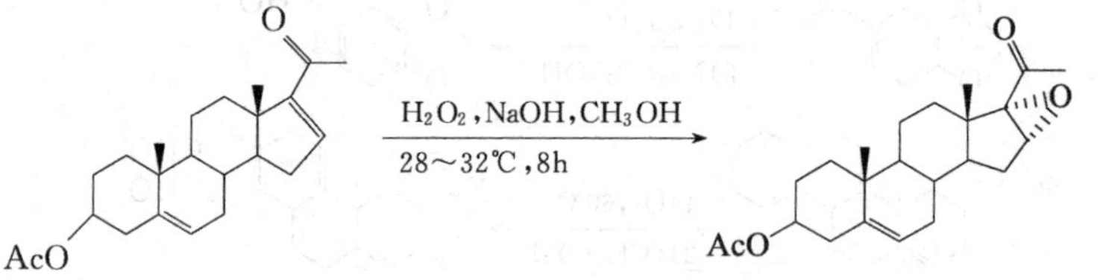

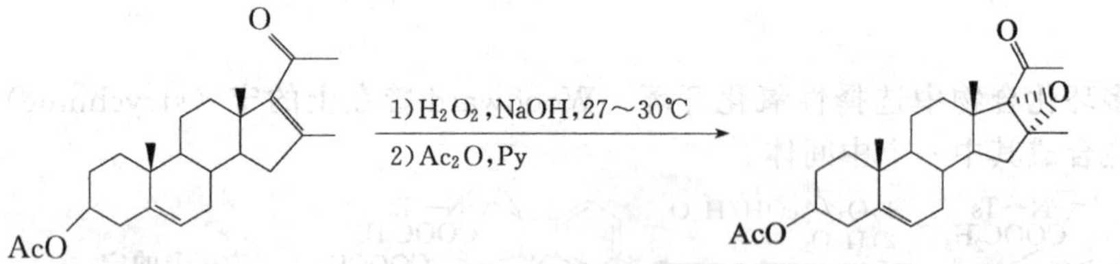

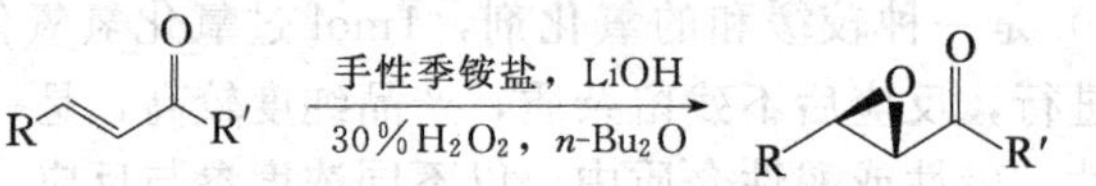

R	R′	收率/%	e.e./%
Ph	4-CH$_3$C$_6$H$_4$	95	89
Ph	Ph	97	84
3-CH$_3$C$_6$H$_4$	Ph	100	92

在有机腈存在下，碱性过氧化氢可使双键环氧化，此时不饱和酮不发生 Baeyer-Villiger 氧化反应，利用这一特点，可合成非共轭不饱和酮的环氧化合物。烯烃被过氧化氢氧化时，也可生成 α-羟基酮。Milas 试剂氧化 $\Delta^{17(20)}$-甾烯，生成化合物 **S**（17-羟基-11-去氧皮质甾酮，17-hydroxy-11-desoxycorticosterone）。

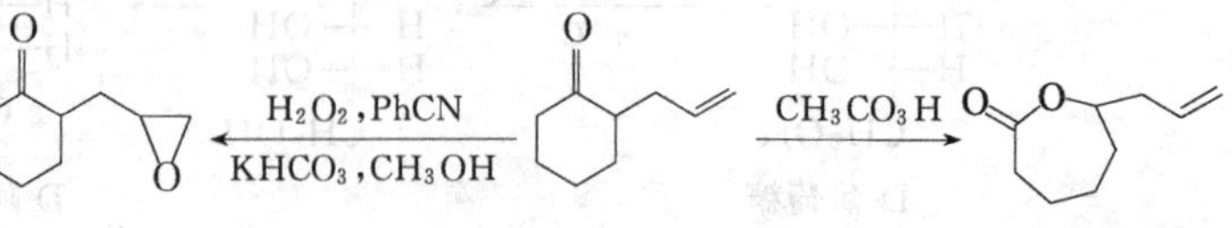

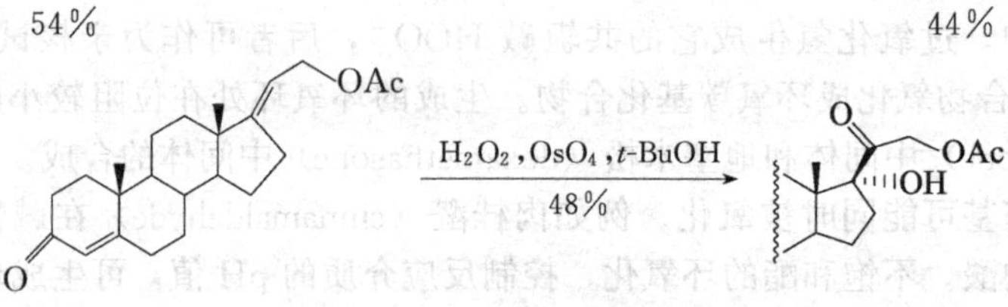

在酸性介质中，如有机酸（甲酸、乙酸、三氟乙酸等），过氧化氢与有机酸生成有机过氧酸。可将烯烃氧化成环氧化合物（顺式加成），而后水解生成反式邻二醇。

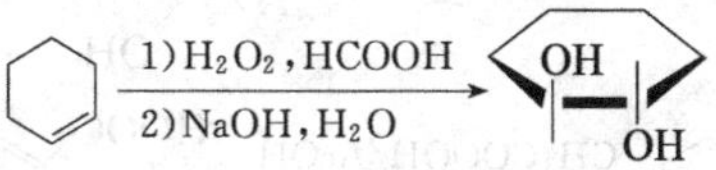

三、硫酸过氧化物为氧化剂

作为氧化剂的过二硫酸盐主要是过二硫酸钾和过二硫酸铵，反应可以在中性、碱性或酸性介质中进行。

过二硫酸钾与芳香族化合物发生芳环上的氧化取代生成磺酸酚酯，后者水解得酚类化合物。已含有羟基的芳环上发生氧化反应相对容易，而且氧化位置与其为对位，若对位有取代基，则在邻位反应。水杨醛（salicylaldehyde）氧化合成龙胆醛（2,5-dihydroxy-benzaldehyde）、2-羟基吡啶氧化合成 2,5-二羟基吡啶，均采用这一方法，可取得良好的效果。

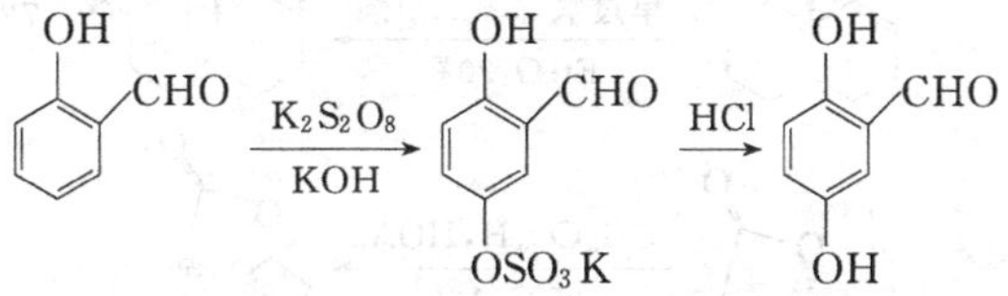

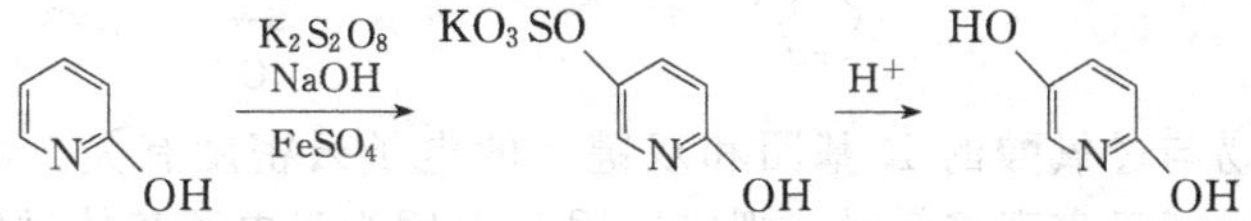

过硫酸（H_2SO_5）是在 0℃下由 $K_2S_2O_8$ 与浓硫酸以 10∶7 比例经复分解反应获得的一种具有强氧化性能的酸性氧化剂，可实现氨基到亚硝基、酮氧化为酯的官能团的转化，后者类似于 Baeyer-Villiger 反应。

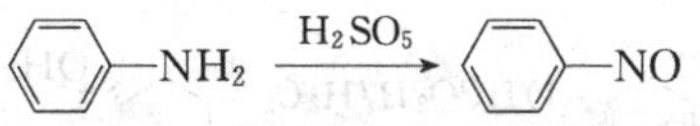

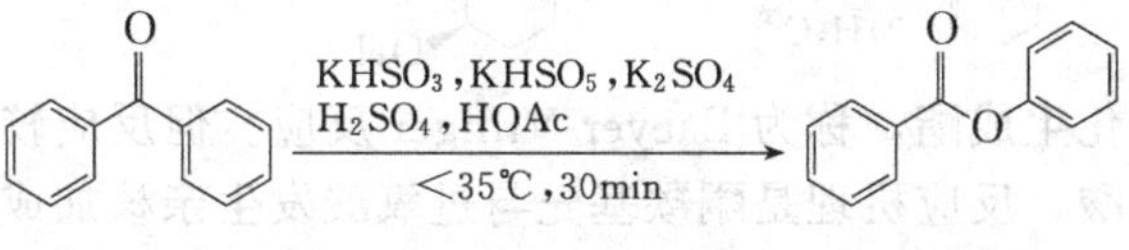

第六节 有机富氧化合物为氧化剂的氧化反应

一、有机过氧酸及酯为氧化剂

有机过氧酸是指在其分子中羰基碳连接氢过氧基的有机分子，虽称其为酸，但其酸性非常弱，更像醇。常见的过氧酸有过氧甲酸、过氧乙酸、过氧三氟乙酸、过氧苯甲酸、间氯过氧苯甲酸等。过氧酸一般不稳定，应新鲜制备，但间氯过氧苯甲酸是稳定的晶体。过氧酸通常可用羧酸与过氧化氢反应而得。

在制备和使用过氧酸发生氧化反应时，需特别注意的是安全问题。首先，过氧酸本身不稳定，容易发生爆炸，不可遇强热和撞击；其次，若使用乙醚、二氧六环等作为溶剂，必须除去其中的过氧化物；再次，氧化反应完毕后，须在验明确实没有过氧化物存在后，方可加热浓缩有机溶剂。

在芳香醛中，当醛酚基的邻、对位有羟基等供电子基团时，与有机过氧酸反应，醛基经甲酸酯阶段，最后转换成羟基（Dakin 反应）。而当芳香醛中没有取代基或供电基团在间位，以及存在吸电基时，有机过氧酸则将芳香醛氧化成羧酸。

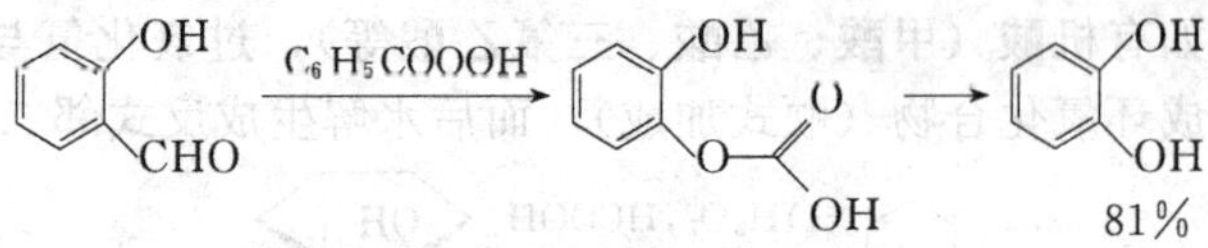

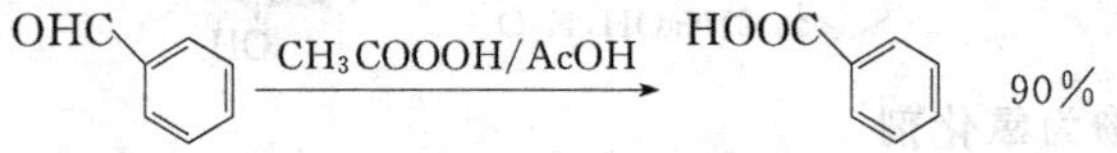

过氧酸可与烯键发生反应生成环氧化合物，因此是重要的环氧化试剂。氧化机理是双键上的亲电加成，过氧酸从位阻较小的一边进攻双键，如甾体化合物分子中双键的环氧化，总是生成 α-构型的环氧化合物，前列腺素（prostaglandin E_2）的中间体合成亦如此。

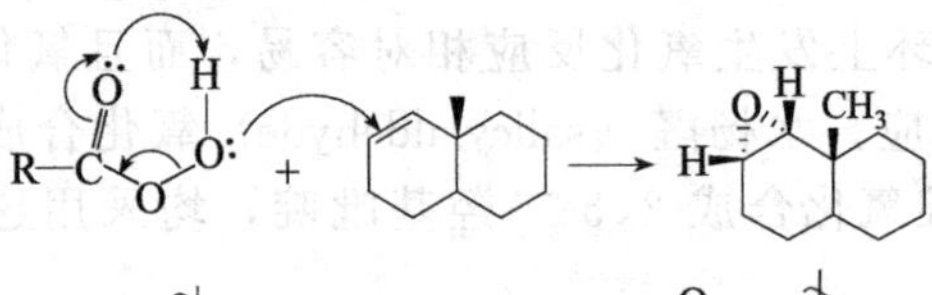

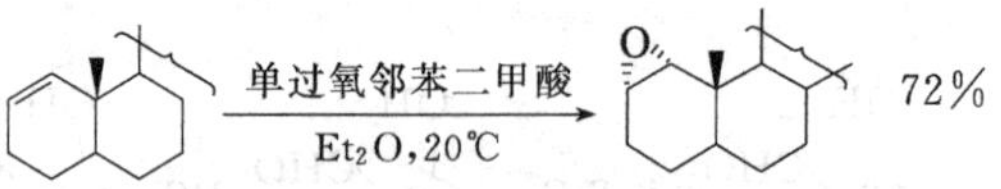

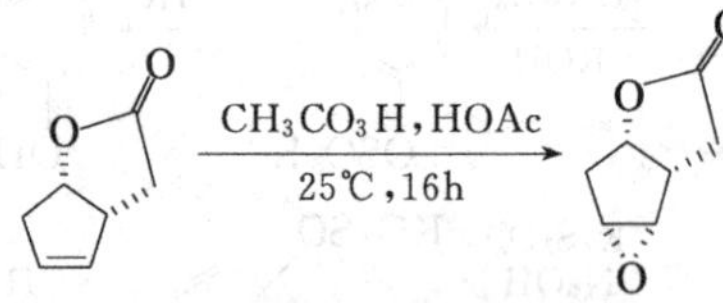

氧化的难易与过氧酸的 R 基团和双键上的电子云密度有关。双键上的电子云密度高，环氧化容易。电子云密度较低时，则应选用 R 基团为吸电子基的过氧酸，如 CF_3CO_3H。过氧酸的反应活性由强至弱次序为 $CF_3CO_3H > PhCO_3H > CH_3CO_3H$。用过氧酸进行环氧化时，底物结构中的羟基不受影响。环氧化合物水解生成反式邻二醇，这是制备反式邻二醇的重要方法之一。

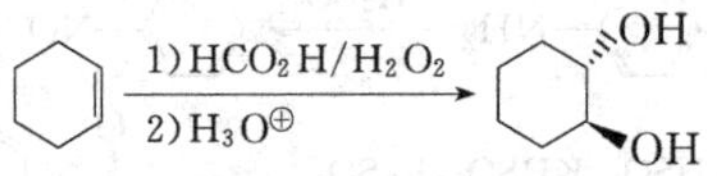

酮类化合物用过氧酸氧化生成酯，称为 Baeyer-Villiger 反应。但反应较慢，常用强酸催化或用氧化能力较强的过氧酸，反应机理是酮羰基先与过氧酸发生亲核加成，然后原羰基上的一个烃基带着一对电子迁移到过氧键的氧原子上，同时过氧键异裂，脱去过氧酸中的羧酸而形成酯（更详细的机理参见第十章）。从产物看，相当于在酮的结构中插入一个氧原子。

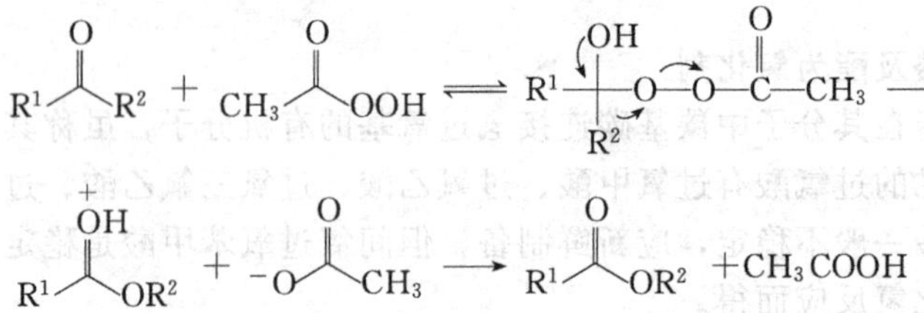

酮分子中 R^1 和 R^2 哪个基团迁移，取决于 R 基团的迁移能力。其由大到小依次为：

叔烷基＞环己烷基≈仲烷基＞苯基＞伯烷基＞甲基

Baeyer-Villiger 反应提供了一种由酮制备酯的好方法，同时也是引入羟基的方法之一。

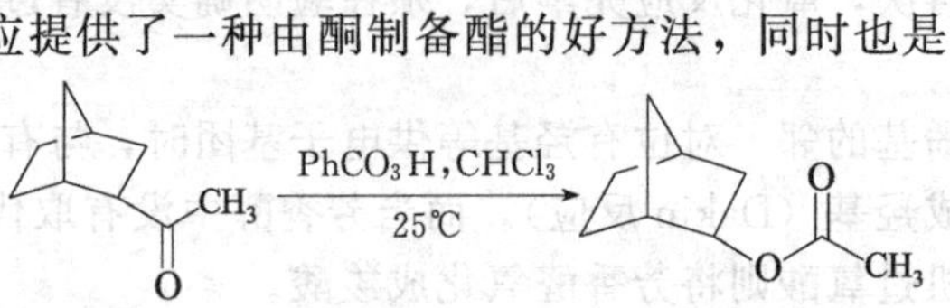

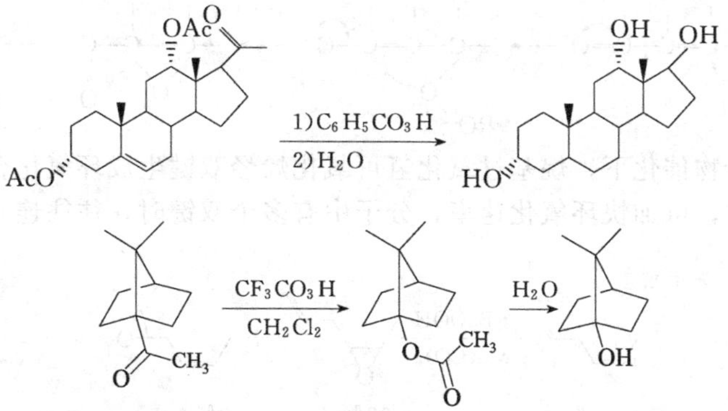

环酮化合物与过氧酸反应发生扩环，生成内酯。拉坦前列素内酯二醇（latanoprost lactonediol）的中间体制备可利用这一反应来完成。

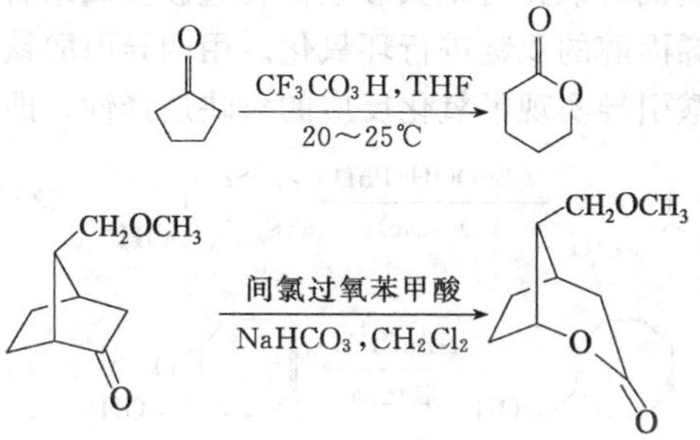

芳香胺用过氧酸氧化，通过控制氧化剂的用量以及反应条件，可得到亚硝基化合物、氧化偶氮苯、偶氮苯、硝基化合物等。有时可利用芳香胺的过氧酸氧化来制备难以合成的硝基化合物。

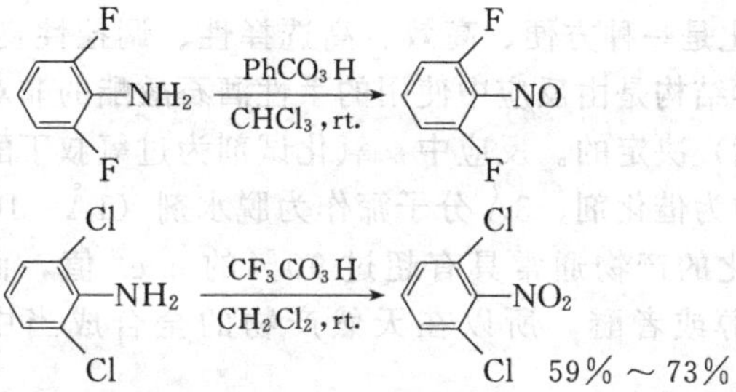

有机过氧酸的酯如过苯甲酸叔丁酯、过乙酸叔丁酯有时也用作氧化剂，可将烯丙位的氢氧化成有机酸的烯丙基酯。

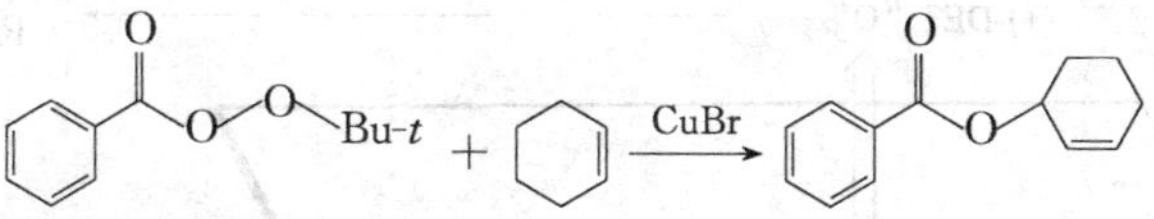

二、烷基过氧化物为氧化剂

烷基过氧化物也是常用的氧化剂，例如叔丁基过氧化氢。当用过氧化叔丁醇来处理 α,β-不饱和羰基化合物时，生成不饱和键环氧化产物，与过氧酸反应结果基本一致，且也得到顺式环氧化物。反应按亲核加成、分子内取代的途径完成。

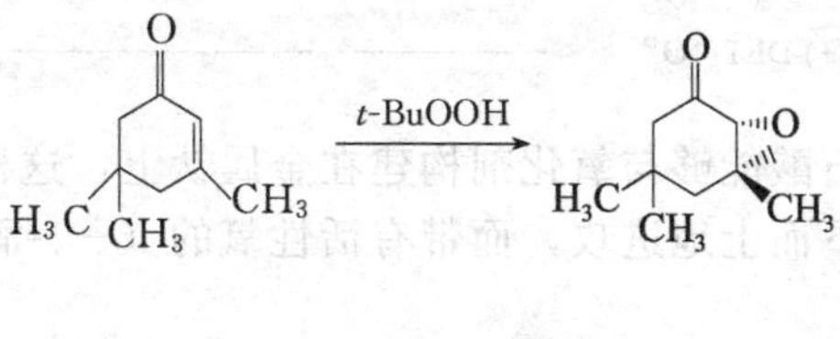

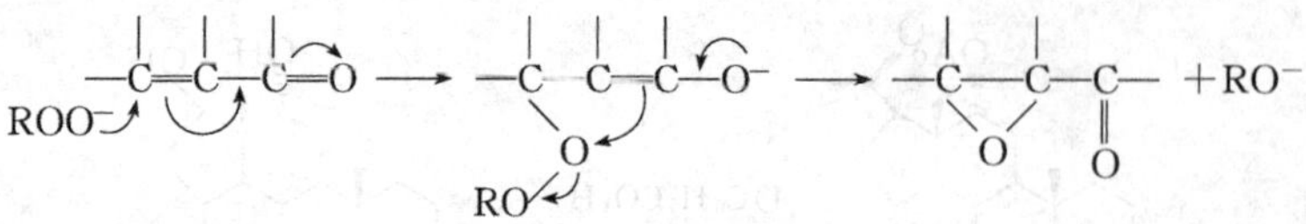

$$\underset{ROO}{\overset{|\quad|\quad|}{-C-C-C=O}} \longrightarrow -\underset{\underset{RO}{|}}{\overset{|\quad|\quad|}{C-C-C-O^-}} \longrightarrow \underset{O}{\overset{|\quad|}{-C-C-}} \underset{O}{\overset{|}{-C-}} +RO^-$$

在过渡金属络合物催化下，烷基过氧化氢可氧化烯烃双键生成环氧化合物。若烯键碳原子上连有多个烃基时，可加快环氧化速率，分子中有多个双键时，往往连有较多烃基的双键优先环氧化。

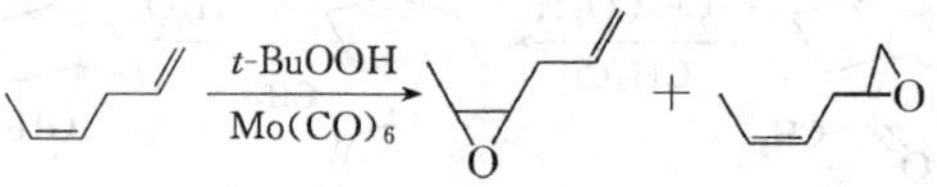

$$\xrightarrow[\text{Mo(CO)}_6]{t\text{-BuOOH}}$$

92%　　　8%

三、Sharpless 不对称环氧化反应

在烯丙醇中，羟基对双键的环氧化有很大影响。在过渡金属络合物催化下，用烷基过氧化氢作氧化剂，可选择性地对烯丙醇的双键进行环氧化。用四异丙醇钛提供金属配位中心，在反应中引入不对称结构的酒石酸引导实现了氧化反应的对映选择性，即为 Sharpless 反应。

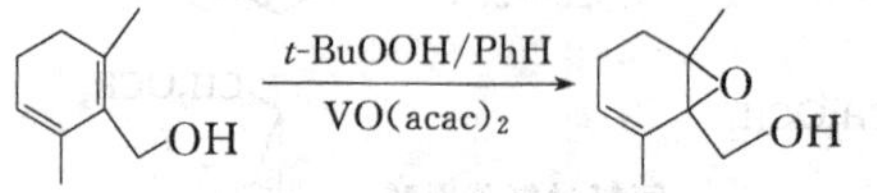

$$\xrightarrow[\text{VO(acac)}_2]{t\text{-BuOOH/PhH}} \quad 93\%$$

$$\xrightarrow[\text{催化剂}]{t\text{-BuOOH}}$$

$$\xrightarrow[t\text{-BuOOH, CH}_2\text{Cl}_2]{\text{Ti(OPr-}i)_4, (-)\text{DET}}$$

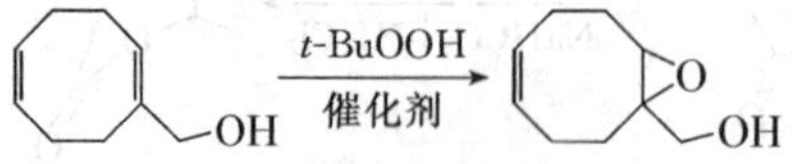

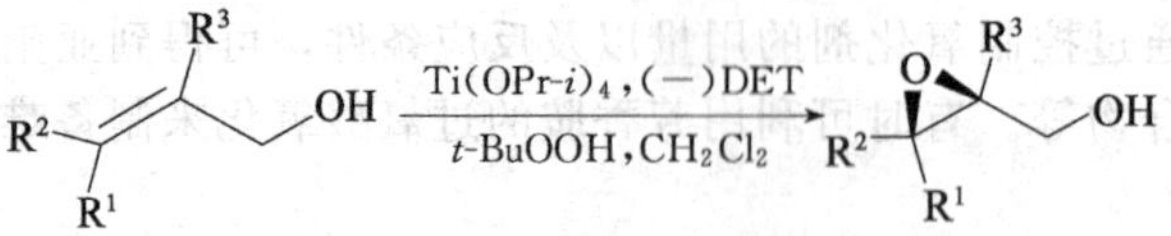

Sharpless 环氧化是一种方便、高效、高选择性、调控性良好的不对称环氧化反应。环氧化产物的立体化学结构是由反应中使用的手性酒石酸酯的非对映体（通常为酒石酸二乙酯或者酒石酸二异丙酯）决定的。反应中，氧化试剂为过氧叔丁醇，由四异丙氧基钛与酒石酸二乙酯形成的络合物为催化剂，3Å 分子筛作为脱水剂（$1\text{Å}=10^{-10}\,\text{m}$）。

Sharpless 环氧化的产物通常具有超过 90% 的 e. e. 值，而环氧化合物又能够简单地转化为二醇、氨基醇或者醚，所以在天然产物的全合成当中形成手性的环氧化合物非常重要。

Sharpless 环氧化反应的反应选择性，可通过下列图示来解释：

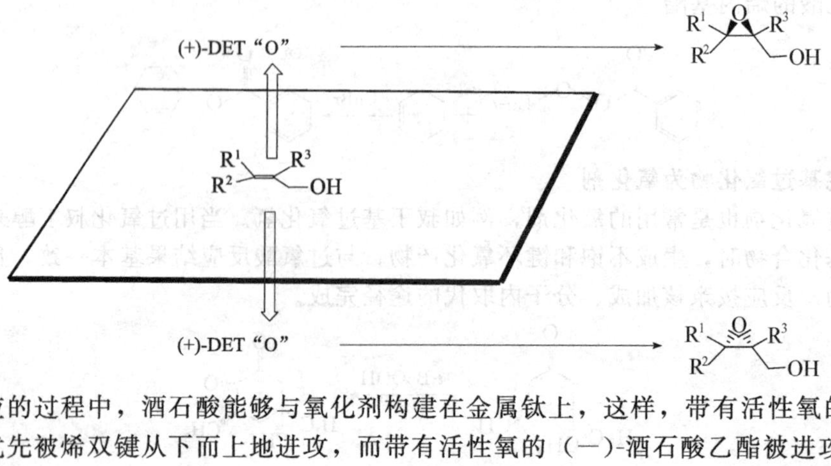

在反应的过程中，酒石酸能够与氧化剂构建在金属钛上，这样，带有活性氧的（＋）-酒石酸乙酯优先被烯双键从下而上地进攻，而带有活性氧的（－）-酒石酸乙酯被进攻的方向正

好相反，从而导致其反应表现出选择性的结果。这种模型对于大多数的烯烃化合物都有效。而当 R^1 基团较大时选择性会降低，当 R^2 和 R^3 基团较大时选择性会提高。Sharpless 环氧化能把一组消旋的二级醇（2,3-环氧醇）进行动力学拆分。

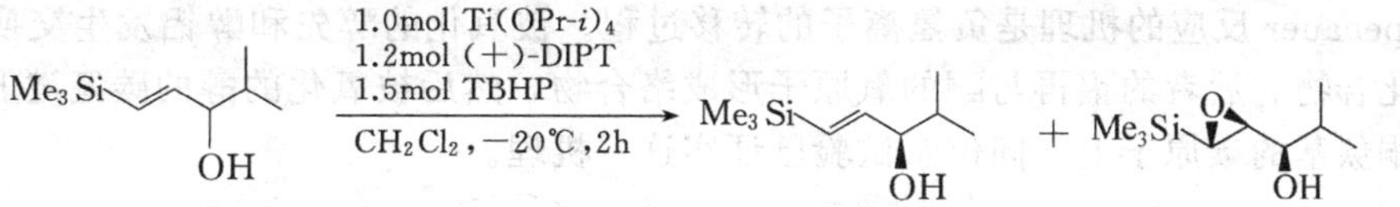

产率 < 50%
> 99% e. e.

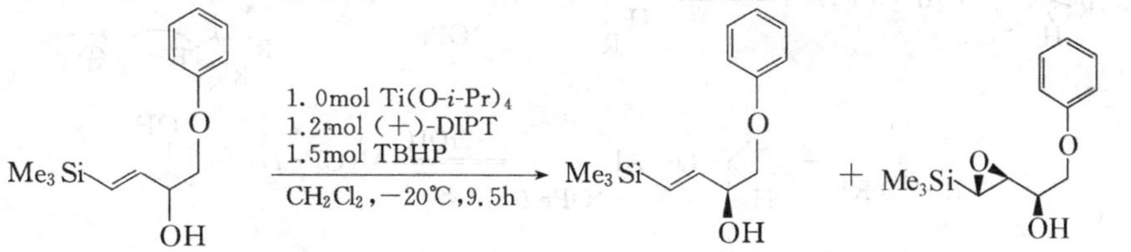

产率 < 50%
> 99% e. e.

Sharpless 环氧化对于大多数的一级或者二级烯丙醇都是有效的，例如酒霉素（methymycin）、红霉素（erythromycin）、白三烯 C-1（leukotriene C-1）和（+）-环氧十九烷 [(+)-disparlure] 的合成。

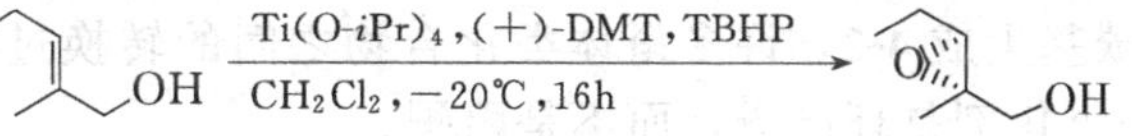

酒霉素 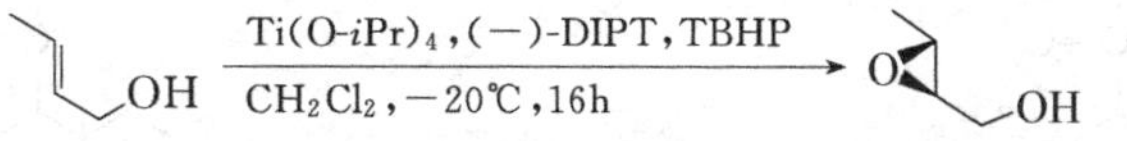
产率 45%
95% e. e.

红霉素 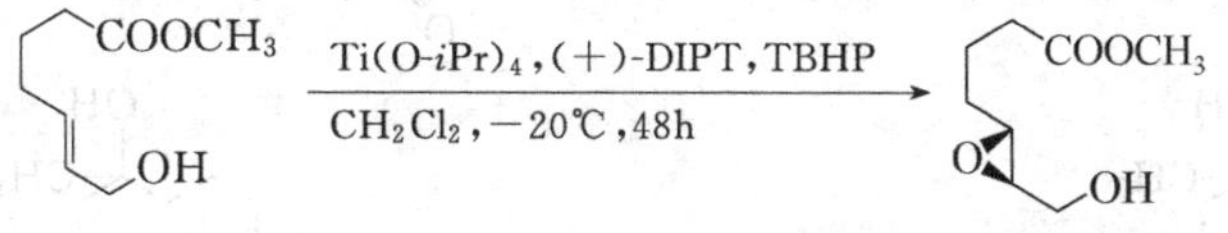
产率 58%
95% e. e.

白三烯 C-1 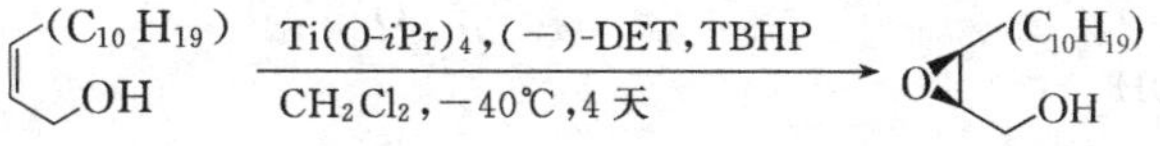
产率 80%
95% e. e.

（+）-环氧十九烷
产率 80%
91% e. e.

第七节　其它氧化剂的氧化反应

一、酮为氧化剂

异丙醇铝或叔丁醇铝，在过量丙酮（或环己酮）存在下，可将伯醇、仲醇氧化为相应的羰基化合物，该反应称为 Oppenauer 反应。

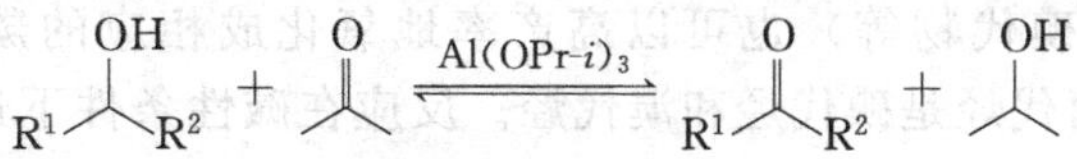

该反应是可逆的，逆反应称为 Meerwein-Ponndorf 还原反应。因此在进行 Oppenauer 反应时，酮是过量的，甚至醇、酮比例达 1：20。反应在二甲苯、甲苯等溶剂中进行，且保证无水，以免醇铝分解。

Oppenauer 反应的机理是负氢离子的转移过程。被氧化的醇先和醇铝发生交换，形成新的醇铝化合物。后者的铝再与酮的氧原子形成络合物，然后被氧化的醇的碳氢键上的氢转移到受体酮羰基的碳原子上。同位素试验已证实这一机理。

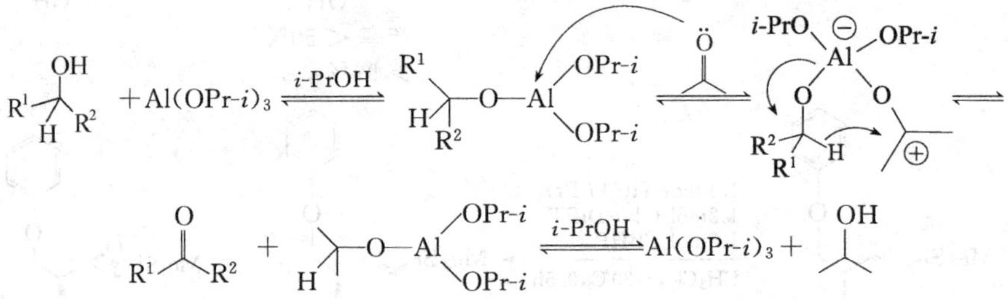

异丙醇铝是一种选择性氧化剂，尤其适用于仲醇氧化，不饱和醇中的 C=C 不被氧化。在氧化烯丙位的仲醇为 α,β-不饱和酮时，不时发生双键移位生成更稳定的共轭体系。分子中有多个羟基时可同时被氧化生成多羰基化合物。

孕甾烯醇酮（pregnenolone）经氧化可生成黄体酮（progesterone），甲基雄烯二醇（methandriol）经氧化可生成甲基睾丸素（17-methyltestosterone），化合物 **4-1** 经氧化，分子中的两个羟基均转变为羰基生成 **4-2**，许多甾体类化合物之间的转换过程中使用到了 Oppenauer 氧化反应，这里的氧化剂是环己酮，而不是丙酮。

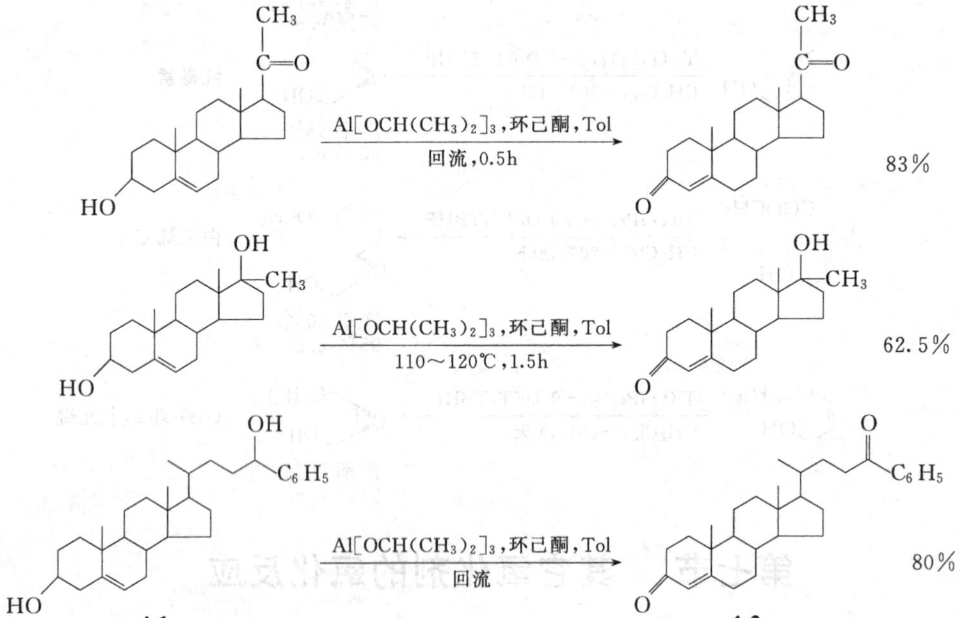

二、二甲亚砜为氧化剂

二甲基亚砜（DMSO）是一种常用的极性非质子溶剂，但在一定条件下它又可作为温和的选择性氧化剂用于氧化伯醇、仲醇及其磺酸酯。一些活泼卤化物（如卤代酸、卤代酸酯、苄卤、卤代苯乙酮、伯碘代物等）也可以高产率地氧化成相应的羰基化合物，后者称为 Kornblum 反应，常用卤代烃是碘代烃和溴代烃。反应在碱性条件下进行，常用的碱是碳酸氢钠、2-甲基-4-乙基吡啶、三甲基吡啶等。碱的作用：一方面促进锍盐的分解；另一方面中和生成的酸，以免氢卤酸将二甲亚砜还原为二甲硫醚。

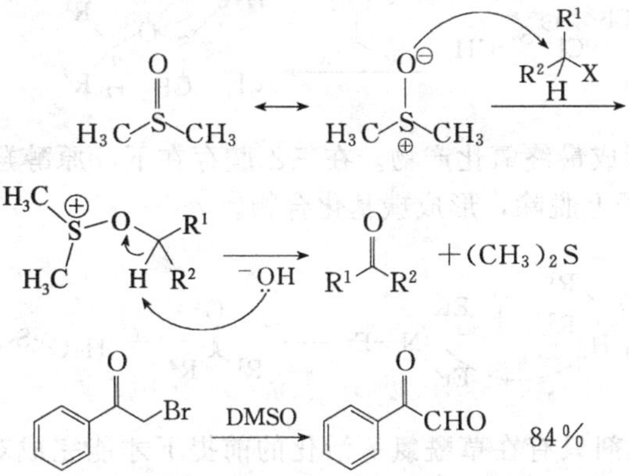

伯醇和仲醇的磺酸酯在碱性条件下可被氧化成相应的醛、酮。因此，希望将伯溴代烷或伯氯代烷转化为醛酮时，可转化成对应的磺酸酯后再用 DMSO 氧化来完成。利血平酸（reserpinic acid）甲酯的 C-18 上羟基在首先转为磺酸酯之后，再用 DMSO 来氧化，其反应收率可达 60%。

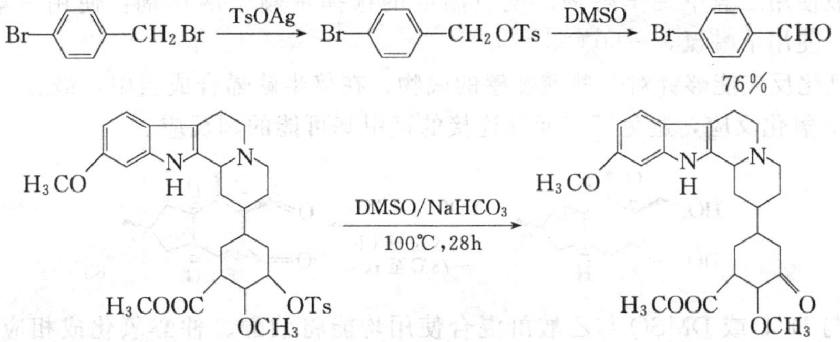

二甲基亚砜（DMSO）作为氧化剂，还可以在有机碱（如三乙胺）存在下，低温条件与草酰氯协同作用将一级醇或二级醇氧化成醛或酮，这一反应称为 Swern 氧化反应。这个反应的条件温和，对底物的官能团耐受性好，适用范围广泛，也是有机合成中第一个发现的不依靠含金属氧化剂的氧化反应。

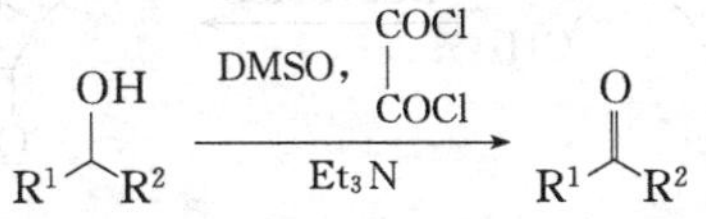

反应过程涉及多分子参与，可大体分为三个阶段：

第一阶段，氯化锍的生成。低温下，二甲基亚砜与草酰氯的亲核加成-消去生成酯，后经亲核取代生成氯化二甲基氯代锍盐。

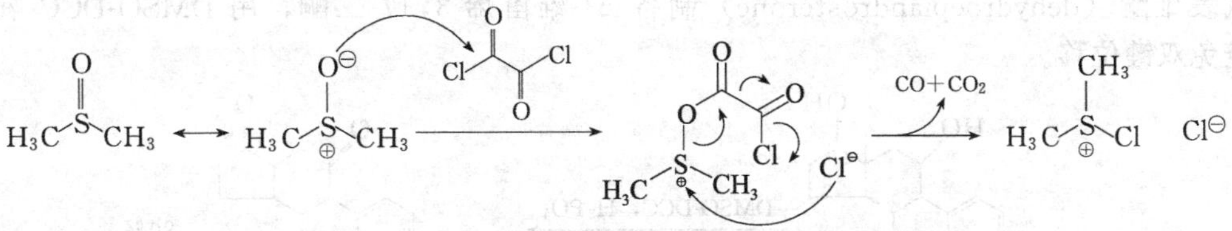

第二阶段，亲核取代，新的锍氧化合物的形成。在氯化锍形成后，其变为一强的亲电体，底物醇羟基氧的孤对电子作为亲核体与之发生取代反应，生成锍氧化物。

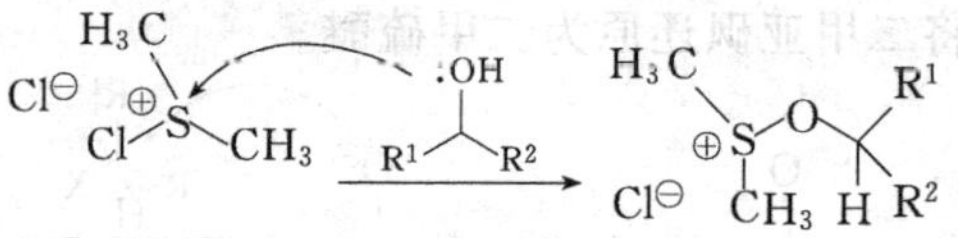

第三阶段，β-消去，形成最终氧化产物。在三乙胺存在下，原醇羟基 α-氢以质子的形式离开碳的同时硫醚从氧原子上脱除，形成羰基化合物。

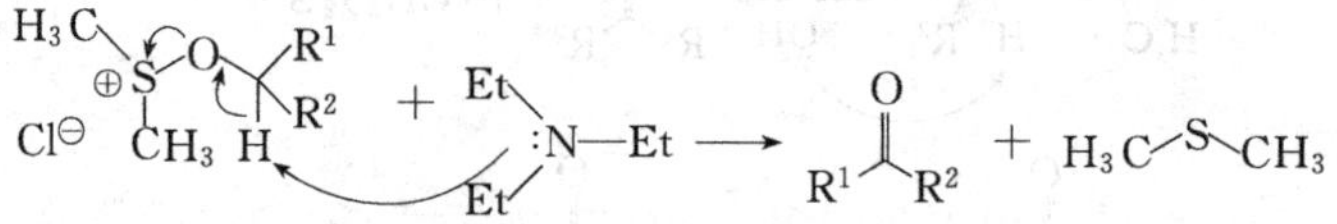

显然，DMSO 作为氧化剂只有在草酰氯等活化的前提下才能完成对醇的氧化。能够活化 DMSO 的试剂，除草酰氯之外，还有二环己基碳二亚胺（DCC，Pfitzner-Moffat 反应）、三氟乙酸酐、乙酸酐、甲基磺酸酐、三氧化硫-吡啶络合物（$SO_3 \cdot Py$）、N-氯代丁二酰亚胺等。

这里使用的有机碱，三乙基胺是最普通的，实际上还可用吡啶、位阻更大的 N,N-二异丙基乙基胺（i-Pr_2NEt，Hünig 碱）。

反应一般使用二氯甲烷作溶剂。反应温度的选择依赖于活化剂：使用三氟乙酸酐时，$-30℃$ 左右；使用草酰氯，$-60℃$。

Swern 氧化反应能够针对一些酸敏感的底物。在倍半萜烯合成当中，最后一步的氧化正是采用 Swern 氧化反应，避免了三元环连接的羟甲基可能的副反应。

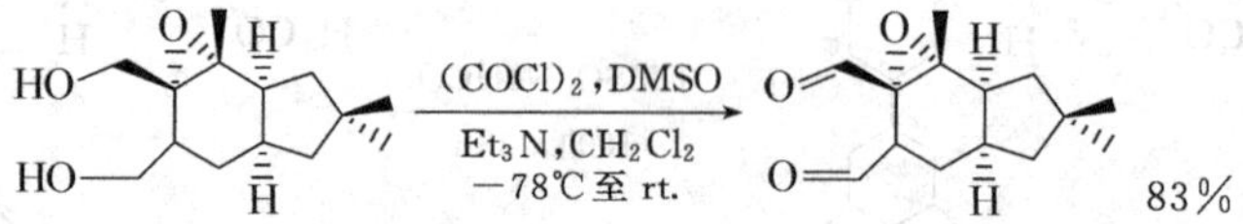

DMSO 与 DCC 或 DMSO 与乙酸酐混合使用均能将伯醇、仲醇氧化成相应的羰基化合物，条件温和，收率较高，而且具有高度的选择性，分子中的烯键、氨基、酯基以及叔羟基等均不受影响。

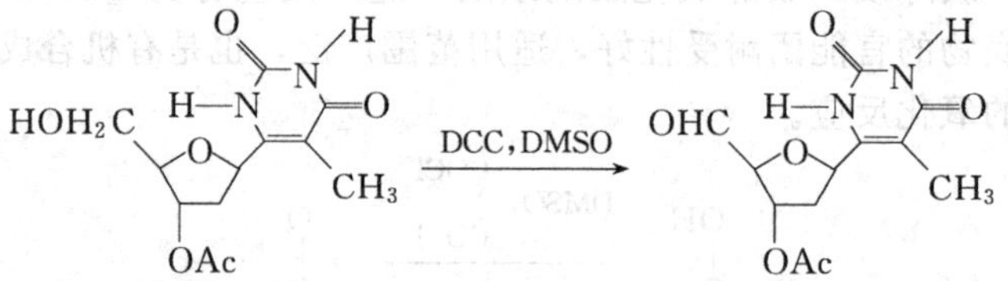

DMSO-DCC 氧化体系作为氧化剂，其氧化活性不仅受到空间位阻的影响，也受到酸碱条件的影响。在甾体药物合成中，DMSO-DCC 对 11α-羟基氧化较易，而对 11β-羟基则较难。以磷酸催化，化合物 **4-3** 被 DMSO-DCC 氧化生成二酮化合物 **4-4**；以三氟乙酸吡啶盐催化，化合物 **4-5** 被 DMSO-DCC 氧化，仅 C-20 位羟基成酮生成 **4-6**，C-11 位 β-羟基不受影响。由去氢表雄酮（dehydroepiandrosterone）制备 Δ^5-雄甾烯-3,17-二酮，用 DMSO-DCC 氧化，可避免双键位移。

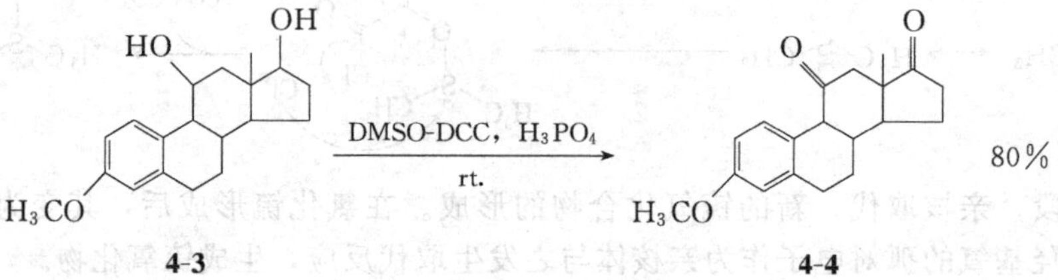

4-3　　　　　　　　　　　　　　　　　**4-4**

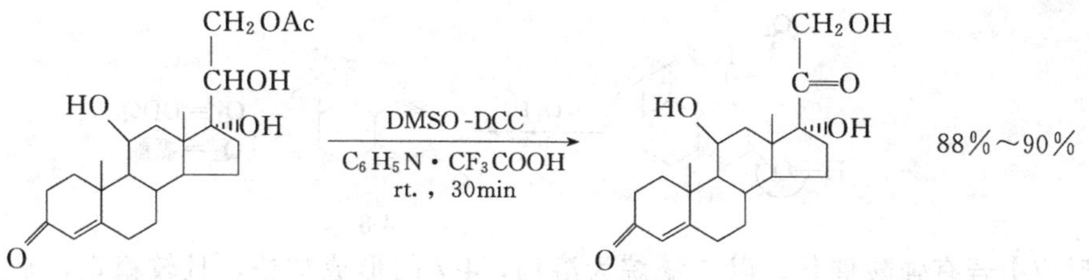

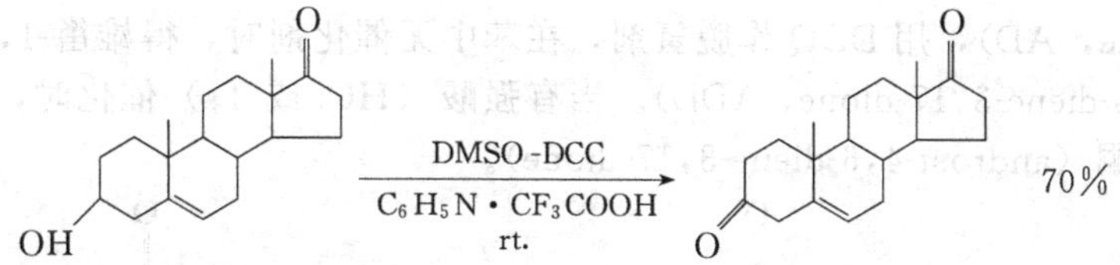

用 DMSO-乙酸酐和 DMSO-甲基磺酸酐 $[(MeSO_2)_2O]$ 作氧化剂，能够实现羟基的氧化，反应对空间位阻的醇也表现出较好的活性，11-β-羟基可被氧化成羰基得 53% 收率的乙酸可的松（cortisone acetate）。但甲基磺酸酐活化的反应收率更理想一些，特别是在六甲磷酰胺溶剂中。

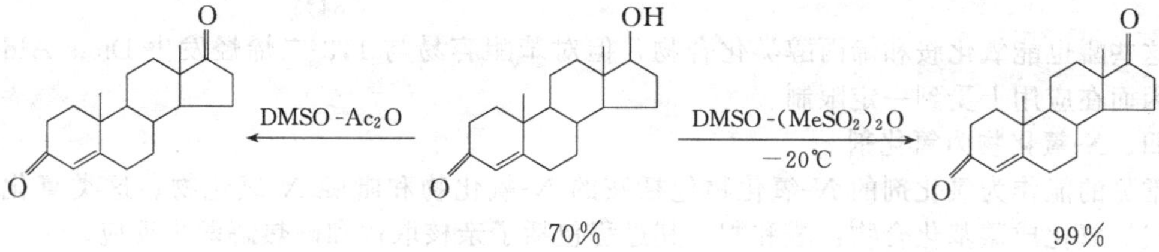

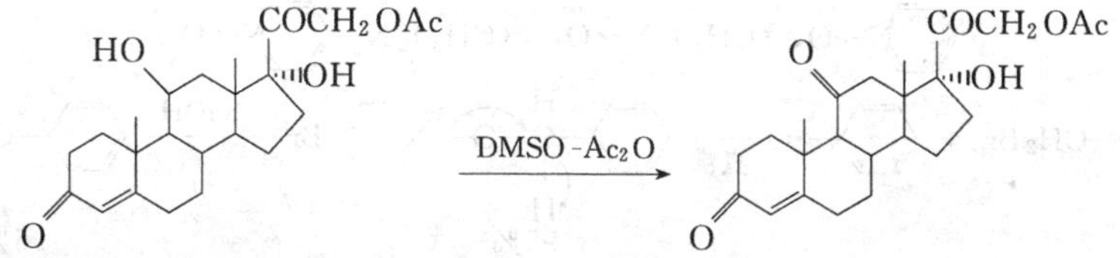

三、醌类氧化剂

脱氢反应也属于氧化反应，而醌类化合物是良好的脱氢剂。不同结构的醌表现出不同的反应活性。苯醌的反应能力差，但当苯醌分子中引入吸电子基团，如氯、氰基等，则脱氢能力增强。常用的醌类氧化剂是四氯-1,4-苯醌（氯醌，chloranil）和 2,3-二氯-5,6-二氰基-1,4-苯醌（dichloro-dicyano-benzoquinone，DDQ）。

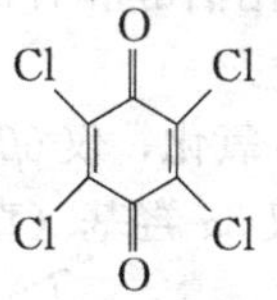

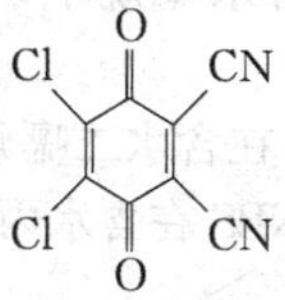

DDQ 广泛用于醇类、脂环类以及甾族化合物的脱氢，以制取羰基化合物、不饱和化合物等。4-烯-3-酮甾体化合物用醌类脱氢，一般可生成 1,4-二烯-3-酮甾体化合物和 4,6-二烯-3-酮甾体化合物，剧烈条件下还可生成 1,4,6-三烯-3-酮甾体化合物。脱氢的位置取决于在该反应条件下两种烯酮式形成的相对速率、稳定性、烯醇与醌类脱氢剂的反应速率。

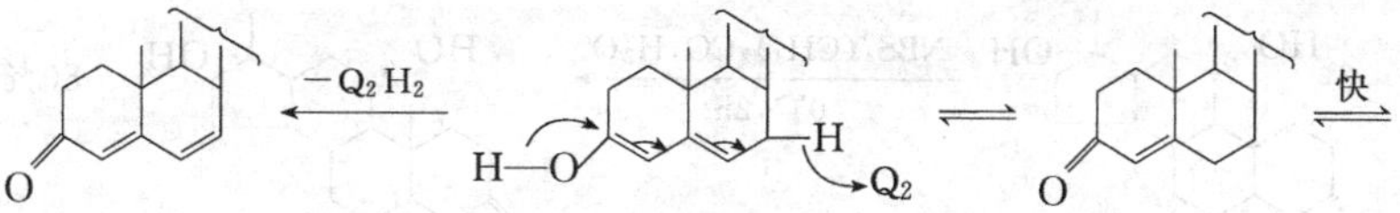

4-7

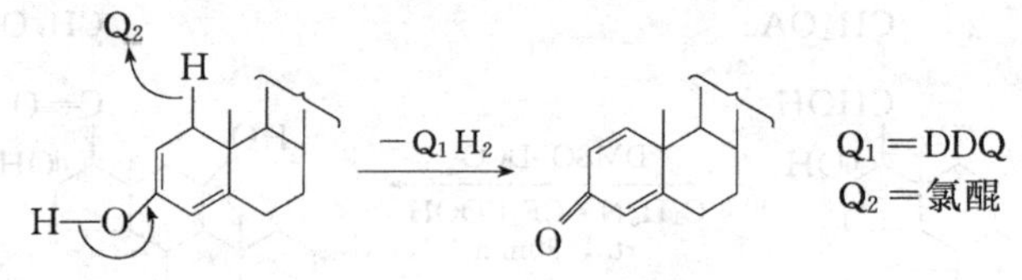

4-8

反应中若有强酸催化，以二噁烷为溶剂，**4-7** 的形成加快，且较稳定，是主要的烯醇。所以，即使采用 DDQ 脱氢剂，也主要得到 4,6-二烯-3-酮甾体化合物。雄甾-4-烯-3,17-二酮（androstenedione，AD），用 DDQ 作脱氢剂，在苯中无催化剂时，得雄甾-1,4-二烯-3,17-二酮（androst-1,4-diene-3,17-dione，ADD）。当有强酸（HCl 或 Ts）催化时，产物是雄甾-4,6-二烯-3,17-二酮（androst-4,6-diene-3,17-dione）。

84%

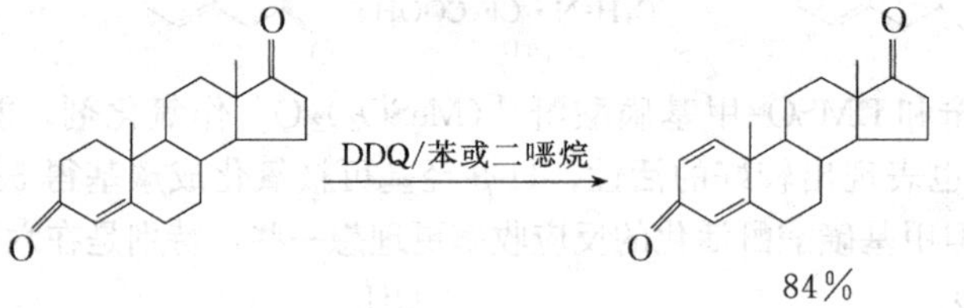

这些醌也能氧化胺和烯丙醇类化合物，但对苯醌容易与 1,3-二烯烃发生 Diels-Alder 反应，因而在应用上受到一定限制。

四、N-氧化物为氧化剂

常见的能作为氧化剂的 N-氧化物包括胺的 N-氧化物和吡啶 N-氧化物。这类氧化剂可使卤代烃氧化成羰基化合物：醛和酮。其过程包括了亲核取代和碱热解两步反应。

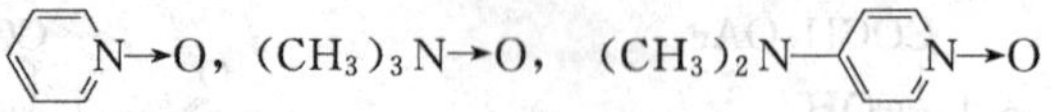

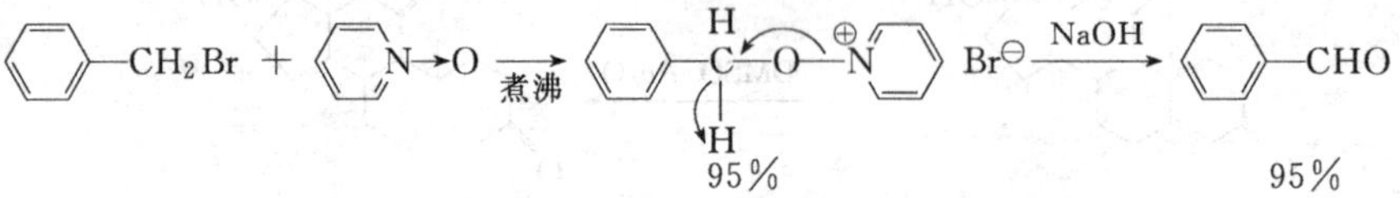

五、N-卤代酰胺类为氧化剂

N-卤代酰胺，如 N-溴代丁二酰亚胺（NBS）、N-溴代乙酰胺（NBA）、N-氯代乙酰胺（NCA）等，在含水丙酮或含水噁烷中，可较快地氧化伯醇和仲醇生成醛和酮，其中以 NBS 应用较多。

$3\beta,5\alpha,6\beta$-三羟基胆甾烷，在含水二噁烷中，用 NBS 氧化，仅 6β-羟基（直立键）被氧化；$3\alpha,11\alpha,17\alpha$-三羟基孕甾-20-酮用 NBS 在含水丙酮中氧化，仅 3α-羟基（直立键）被氧化。

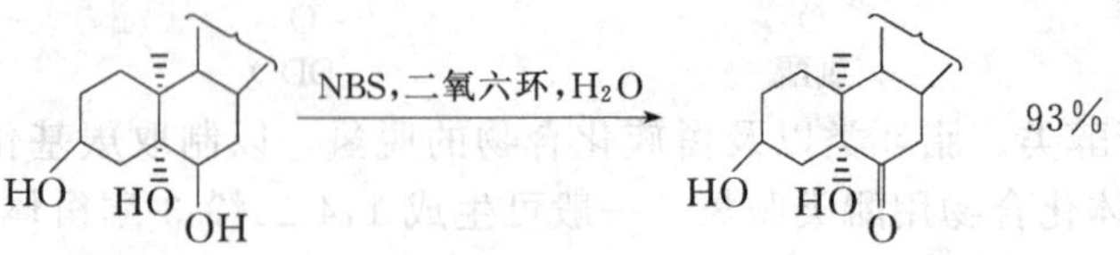

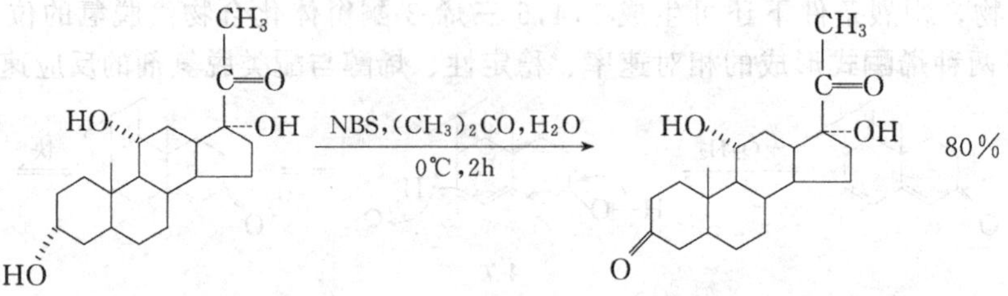

93%

80%

NBS 用于多羟基甾体衍生物的选择性氧化，不仅与羟基的构型有关，而且与反应溶剂也有关。如在含水碳酸氢钠的丙酮液中，用 NBS 氧化胆酸，仅 7α-羟基（直立键）氧化为酮，而 3α 和 12α 两个羟基（也是直立键）均无影响；若用叔丁醇为溶剂，则三个羟基均被氧化。此外，NBS 还可氧化苄醚成羰基化合物，氧化缩醛成酯。

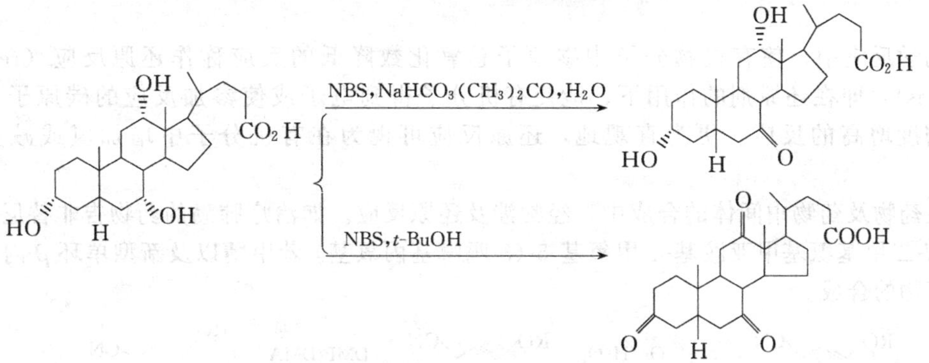

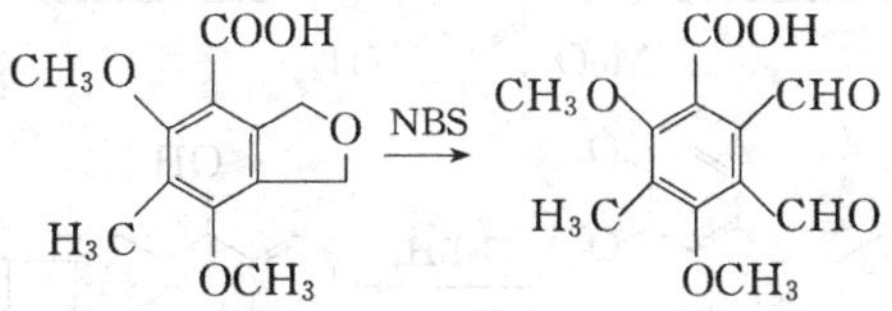

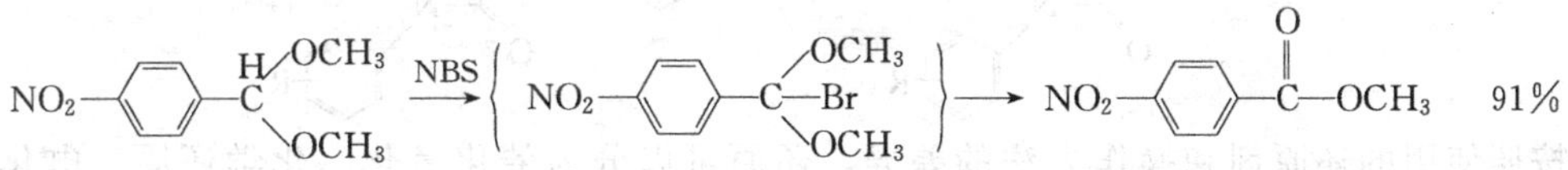

本 章 小 结

本章介绍了氧化反应的一些基本知识，包括氧化剂分类以及催化空气氧化的基本知识和化学氧化的基础反应。在复习、学习不同氧化剂的特点的基础上，重点就影响氧化反应的因素、不同氧化剂的选择性作了讨论，总结了各种氧化的规律，同时通过例证阐述了相关反应在药物合成中的重要性以及在典型药物合成中的应用等内容。

第五章 还原反应

化学反应中，使有机物分子中碳原子总氧化数降低的反应称作还原反应（reduction reactions），即在还原剂的作用下，能使有机分子得到电子或使参加反应的碳原子上的电子云密度增高的反应。更为直观地，还原反应可视为在有机分子中增加氢或减少氧的反应。

在药物及药物中间体的合成中，经常涉及还原反应。如治疗肺癌的药物吉非替尼中间体2-N,N-二甲基氨基甲亚胺基-4-甲氧基-5-(3-吗啉基丙氧基)-苯甲腈以及新型单环 β-内酰胺类降脂药物的合成。

按照使用的还原剂和操作方法的差异，还原可以分为催化氢化、化学还原、电化学还原、生物还原等。本章主要学习催化氢化和化学还原，生物还原的内容将在第十一章中介绍。

第一节 催 化 氢 化

催化氢化是在催化剂的作用下，底物中的不饱和键或基团转化为饱和键或饱和基团的还原反应。虽然分子氢在常温常压下还原能力非常弱，但在催化剂作用下，则可顺利地完成不饱和键和一些基团的转化，从双键到芳杂环都可以直接加氢成为饱和结构，从硝基到酰胺等各种官能团都可以被还原为胺。催化氢化反应有许多优点，如可使反应定向进行、副反应少、产品质量好、三废污染少、收率高等。但催化氢化对生产装置和工业控制的要求较高，通常需要耐压设备和必要的安全设施。

催化氢化反应根据反应的体系可分为非均相催化氢化和均相催化氢化。非均相催化是使用不溶于反应介质的催化剂，被氢化物和氢通过吸附在催化剂表面进行反应，常用的非均相催化剂有 Raney Ni、Rh、Pt-C、Pd-C 等。均相催化氢化则是使用可溶于反应体系的催化剂，这些均相催化剂多是氯化铑、氯化钌与三苯膦的络合物，如 $(PPh_3)_3RhCl$、$(PPh_3)_3RuClH$ 等，与非均相催化剂相比，其催化活性较低，但选择性高，反应条件温和。

一、催化氢化反应机理

目前关于催化氢化反应的机理研究较多，主要的催化学说有泰勒的活性中心学说、巴金兰的几何对应机理及多维学说、柯巴捷夫的活性基团理论以及酸碱催化理论、共价键理论、氧化还原理论等。这里仅以烯烃的催化氢化来探讨非均相催化和均相催化机理。

（一）非均相催化氢化反应机理

关于烯烃的非均相催化氢化机理，虽然研究颇多，但仍有个别过程不完全清楚，通常都认为其系游离基反应机理，即在催化作用下，底物和氢均被催化剂的巨大表面所吸附。氢分子吸附在金属催化剂表面后，因金属缺陷暴露于表面的空的 d 轨道与氢分子的 σ-成键轨道作用而使氢分子处于类原子状态被活化；另一方面，烯烃吸附到金属催化剂表面上后，烯的 π-反键与金属缺陷暴露于表面的充满电子的 d 轨道相互作用而造成 π 键近乎于破裂。这样，当活化了的氢分子与烯处于平行时形成 C—H 键，完成加成过程并离开催化剂表面。

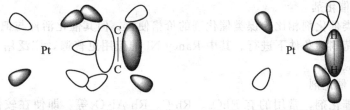

C=C π 键与 Pt 原子轨道的相互作用　　　　H$_2$ 的 σ 键与 Pt 原子轨道的相互作用

$$\underset{M\quad M\quad M}{\text{H—H CH}_2\text{=CH}_2} \xrightarrow{\text{吸附与活化}} \underset{M\quad M\quad M}{\text{H·H·CH}_2\text{—CH}_2} \xrightarrow{\text{活化质点相互作用}}$$

$$\underset{M\quad M\quad M}{\overset{\text{H}}{\text{H·CH}_2\text{—CH}_2}} \xrightarrow{\text{活化质点相互作用}} \underset{M\quad M\quad M}{\text{CH}_2\text{—CH}_2} \xrightarrow{\text{氢化物解析}}$$

$$\underset{M\quad M\quad M}{} \text{+CH}_3\text{—CH}_3$$

（二）均相催化氢化反应机理

均相催化氢化反应机理尚处于探索阶段，目前较公认的机理认为，无论反应以何种具体途径进行，都涉及氢的活化、反应物的活化、氢的转移和产物的生成四个基本过程。烯烃在均相催化剂三（三苯膦）氯化铑（Ⅰ）作用下的氢化，首先催化剂在溶剂（s）的作用下失去 Ph$_3$P 分子，形成溶剂化的络合物（Ⅳ），随后与氢作用生成氢化铑络合物 (PPh$_3$)$_2$RhH$_2$Cl（Ⅱ），其溶剂分子被烯烃置换形成的络合物进一步发生氢转移生成加成化合物，并重新转化为初始状态的溶剂化络合物（Ⅳ），如此周而复始，使氢化产物不断生成。

二、催化氢化的催化剂

氢化催化剂是一类能显著改变加氢反应速率而本身并不显著地发生化学变化的特殊物质。可作为加氢催化剂的主要是第Ⅷ类金属，如 Fe、Co、Ni、Cu、Ru、Rh、Pd、Os、Ir、Pt 等。目前在工业上应用较多的有 Pt、Pd、Ni、Ru、Rh 等。

1. 铂（Pt）催化剂

催化活性高，且适用范围广，碳碳不饱和键、芳杂环、羰基化合物、硝基化合物、腈等在一定的条件下都可实现氢化。无机酸、$SnCl_2$、$MnCl_2$、$FeCl_2$对Pt系催化剂的活性有促进作用；而硫化物，则对其催化剂活性有抑制作用。

2. 钯（Pd）催化剂

Pd类与Pt类催化剂相比，活性相对较低，但选择性较高，特别适于部分氢化。Pd类催化剂不易中毒，Cl、Br等对其抑制作用也比较小，从而使Pd-C具有很高的脱卤氢解活性。

3. 镍（Ni）催化剂

与铂类、钯类催化剂相比，镍类催化剂的价格便宜，但其催化活性与钯、铂相比弱了许多，反应需在更苛刻的条件下进行。其中Raney Ni的应用更普遍，广泛用于各种重键与芳环的加氢及脱硫氢解。

4. 铑（Rh）催化剂

铑为较新的催化剂，常用的有RhO_4、Rh-C、$Rh-Al_2O_3$等。即使在较低的压力下，对芳环、杂环亦有较强的加氢能力。辅以适当条件，也能使碳碳双键、羰基、硝基化合物等实现氢化过程。硫化物、磷化物、卤素均能使其中毒，其受毒害程度介于Pt系和Pd系催化剂之间。

5. 钌（Ru）催化剂

钌催化剂中，最常用的是载体型Ru-C，其活性很高，能使羧酸还原成醇，芳烃氢化为环己烷。Ru催化剂在中性水溶液中加氢活性较强，在非水溶液和碱性溶液中活性有所下降。由于所有无机酸均为该类催化剂的毒物，故其在酸性体系中无催化活性。但硫化物对其毒性不大，对于一些脱硫氢化反应也是可以使用的。

催化剂寿命与催化剂的种类、制备方法、反应介质、体系pH、温度、压力、毒物、底物性质及纯度等多种因素有关。其寿命短的仅几小时，长的可达数月。催化剂在使用过程中，有时会突然失效，这种现象叫做催化剂中毒。

除催化剂种类外，催化剂的物理状态对其活性的影响较大。即使同一种类的催化剂，由于其物理状态不同，催化活性也存在较大的差异。

各种加氢还原常用的催化剂见表5-1。

表5-1　各种加氢还原常用的催化剂

种　类	常用的金属	制备方法	举　例
还原型	Pt　Pd　Ni	金属氧化物用氢还原	铂黑、钯黑
载体型	Pt　Pd　Ni	用活性炭、SiO_2等浸渍金属盐，再还原	钯碳
骨架型	Ni　Cu	用NaOH溶出金属与铝合金中的铝	骨架镍
沉淀型	Pt　Pd　Ph	金属盐水溶液用碱沉淀	胶体钯
氧化物型	Pt　Pd　Re	金属氧化物以KNO_3熔融分解	氧化铂
硫化物型	Mo	用H_2S沉淀金属盐溶液	硫化铝
甲酸型	Ni　Co	金属甲酸盐热分解	镍粉

（一）非均相催化剂

对于非均相催化氢化所用的催化剂，可分为纯金属粉、骨架型、氢氧化物、氧化物、硫化物及金属载体型，其中最为重要的是骨架型和载体型，特别是载体型。载体型金属催化剂是最常使用的，与悬浮型催化剂相比，金属能以更为分散的形式存在，其原因是载体的巨大表面积允许非常小的稳定金属微晶的存在。此外，固体载体也改善了催化剂的稳定性。

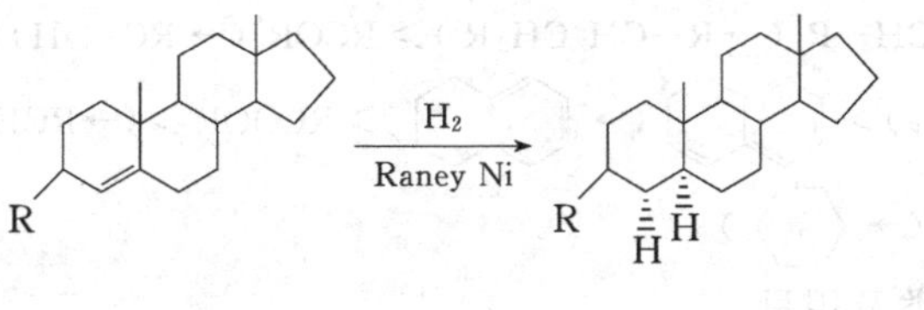

（二）均相催化剂

在多相催化反应时，反应物和产物在溶液与金属之间的传质过程受到限制而影响反应的进行。但在均相催化体系中，则可避免这些问题，催化剂的利用率得到充分的发挥。均相催化氢化的催化剂是以第Ⅷ族元素的金属络合物为主，络合物多样性的有机配体显著地影响着反应进行的程度和选择性。有机配体的存在，促进了络合物在有机溶剂中的溶解度，使反应体系成为均相，从而提高了催化效率。其催化优势是对还原基团有较好的选择性，反应条件温和，速度快，副反应少。更为重要的是，含有手性配体的过渡金属络合催化剂，用于氢化反应时，能不对称地合成出具有光学活性的产物。如治疗Ⅱ型糖尿病的药物磷酸西他列汀（sitagliptin phosphate）合成路线之一是选择了以 β-酮酸酰胺为原料来进行的，其制备过程的第一步反应就是还原氨化，采用的方法是均相催化加氢反应。

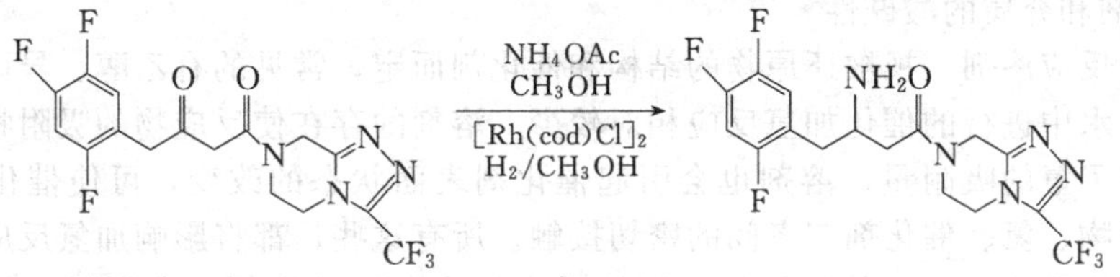

（三）固定化的均相催化剂

为克服均相催化剂所固有的在分离上的实际困难，近年来已经研制出固定化的均相催化剂。从理论上来说，这些"多相化的"均相催化剂兼具均相和非均相催化剂的优点。

通过与聚合的配位基相连接，如变型聚苯乙烯-二乙烯苯，或者与硅胶以共价键键合，可实现均相催化剂的固定化。如以固载化的脯氨酸衍生的含氮配体催化剂，可实现苯甲酰胺基肉桂酸乙酯的不对称加氢。

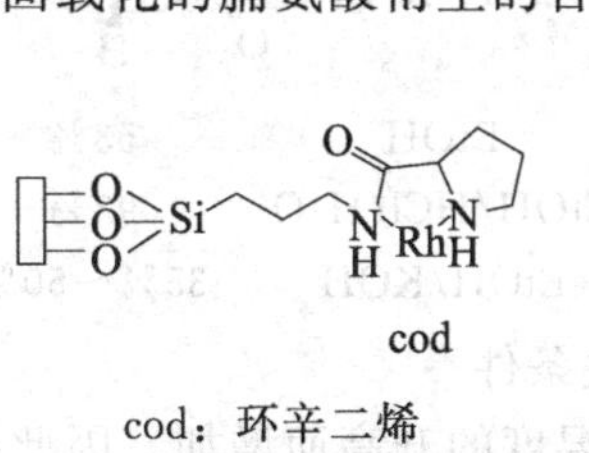

cod：环辛二烯
固定化的均相催化剂

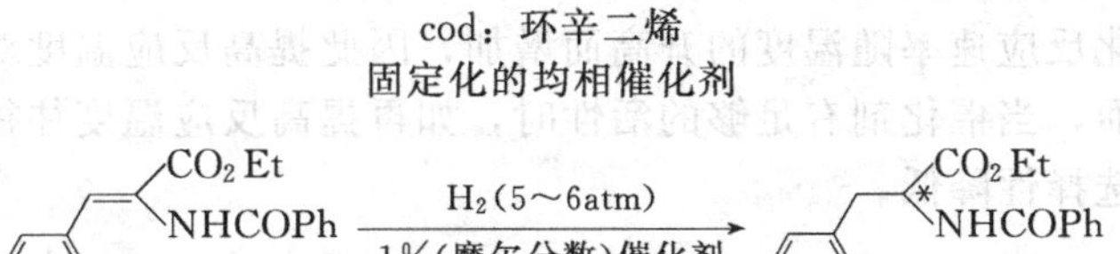

1atm＝101325Pa
加"＊"的碳为不对称碳原子

三、催化氢化反应的影响因素

（一）底物的结构与性质

反应物的结构和性质是影响催化氢化反应的重要因素。氢化反应的难易程度主要取决于底物的还原部分接近催化剂表面活性部位的难易程度。各种可被还原基团的活性顺序通常与底物的结构、催化剂种类、反应温度、压力以及溶剂条件等因素有关。如果其它条件相同，不同结构的底物的氢化难易顺序大致如下（括号内为生成物）：

$R-COCl(\to R-CHO)>R-NO_2(\to R-NH_2)>R-C\equiv C-R'(\to R-CH=CH-R')>R-CHO(\to$

R—CH₂OH）＞R—CH＝CH—R'（→R—CH₂CH₂R'）＞RCOR'（→RC（OH）R'）＞PhCOOR（→PhMe＋

ROH）＞RCN（→RCH₂NH₂）＞ （→ ）＞RCOOR'＞（→RCH₂OH＋R'OH）＞RCONHR'

（→RCH₂NHR'）＞ （→ ）

（二）催化剂的种类及用量

催化氢化反应的关键是催化剂，其种类以及用量的选择与被还原物的结构、催化剂活性以及反应条件多种因素有关。具体应用时，要依据试验结果确定催化剂的最佳用量，这样既可得到最佳的反应结果，又可以保障反应安全进行。表 5-2 列出了在通常的催化氢化反应中催化剂的用量。

表 5-2　一些常用催化剂的使用量

催化剂	用量/%	催化剂	用量/%	催化剂	用量/%
5%Pt-C、Pd-C、Rh-C	10	PtO₂	1～2	Raney Ni	10～20
RuO₂	1～2	氧化铬铜	10～20	Pd-SrCO₃	1～2

（三）溶剂和介质的酸碱性

催化氢化反应溶剂，视被还原物的结构和催化剂而定，常见的有乙醇、异丙醇、二氯甲烷、甲苯等，水中进行的催化加氢反应相对较少。溶剂的存在使反应物的吸附特性发生了改变，既而改变了氢的吸附量，溶剂也会引起催化剂表面状态的改变，可使催化剂分散得更好，有利于底物、氢、催化剂三者间的密切接触。所有这些，都将影响加氢反应的进行。在加氢过程中，为了改善原料的溶解性和还原反应的化学选择性等，常常要控制反应介质的pH。对于同一底物的氢化反应，溶剂不同，氢化反应的速率就不同，有时甚至生成物也不尽相同。

	EtOH	53%	47%
	EtOH/HCl/H₂O	93%	7%
	EtOH/KOH	35%～50%	50%～65%

（四）温度、压力和其它相关条件

（1）温度　氢化反应速率随温度的升高而增加，因此提高反应温度对缩短反应时间是非常有效的措施。然而，当催化剂有足够的活性时，如再提高反应温度往往会引起副反应的发生或加强，从而使选择性降低。

（2）压力　压力也是强化催化氢化的重要手段，特别是提高压力是克服空间位阻加快反应速率的有效手段。氢压增大，则氢浓度增大，因而可加快反应速率。但并非是压力越高越好，压力超过需要时会出现不应有的副反应，甚至使反应变得过于激烈而失去控制。实际上，温度和压力有相对较佳的匹配，表 5-3 列出了一些反应物在氢化时适宜的反应温度与操作压力。

表 5-3　催化氢化的温度、压力与催化剂及反应物的关联性

催化剂	反应温度、压力	被氢化基团（反应物）
Pt-C	0~40℃,常压,反应时间短	烯键、羰基
Raney Ni	约 200℃,加压(工业方法)	烯键、羰基、氰基
PtO$_2$	25~90℃,常压(实验室方法)	烯键、羰基、氰基
Co(CO)$_8$	高温,高压(工业方法)	烯类化合物的羰基合成
CuCr$_2$O$_4$	高温,高压(工业方法)	酯(氢解)、羰基

$$R-C\equiv C-R' \xrightarrow[\text{Lindlar 催化剂}]{H_2} \begin{cases} \xrightarrow[\text{rt.}]{9.81\times10^4 Pa} RCH=CHR' \\ \xrightarrow[\text{rt.}]{>0.29MPa} RCH_2CH_2R'+RCH=CHR' \end{cases}$$

（3）其它相关条件　接触时间要有保障。催化氢化是在催化剂表面上发生的，因此表面吸附是最关键的过程，吸附充分便于反应发生，所以保证足够的时间使底物与催化剂充分接触是完成吸附的基本条件。底物不同，所用催化剂不同，则所需的接触时间也不同。

良好的搅拌有助于催化加氢反应。氢化反应为非均相反应时，搅拌一方面可以影响催化剂在反应介质中的分布情况、传质面积，同时良好的搅拌还有利于传热，以防止局部过热而引起的副反应，从而提高选择性。

转速/(r/min)	450	600	800	1000	1200
转化率/%	77	90	95	97	96

助催化剂与抑制剂有利于控制催化加氢。在催化剂中适量加入助催化剂，能使催化剂活性大大提高，如 Raney Ni 中加入少量氯铂酸能使苯甲醇的加氢活性提高 10 倍。抑制剂能使催化剂活性降低，以提高其反应的选择性，元素周期表中ⅣB 族（Zr、Hf 等）及ⅤA 族（N、P、As、Sb、Bi）的化合物、硫化物、氰化物等都可以抑制催化剂的活性。如维生素 A 中间体的合成，以适量喹啉为抑制剂，可实现选择性还原。

6,7-二（甲氧基乙氧基）喹唑啉-4-酮（5-1）是合成喹唑啉类抗癌药物的一种重要中间体，在其合成中，涉及的硝基转化为氨基的反应可由选择性催化氢化来完成，收率 93.7%。类似的反应途径也在抗惊厥药物普瑞巴林（5-3）的合成中得到了应用。

第二节　金属和低价金属盐还原

化学还原法是使用化学物质作为还原剂的还原方法。其种类繁多，主要包括金属和低价金属盐还原、金属氢化物还原、非金属化合物还原等。对于金属还原剂来说，通常是活泼金属，包括碱金属、碱土金属以及 Al、Sn、Fe 等在电动势系列中先于氢的金属。另外，也可

用金属的水银溶液作为还原剂，如钠汞齐、镁汞齐、锌汞齐等。相对于金属还原，汞齐可以增加流动性，便于操作。一般来说，汞齐可使活泼金属的活泼性降低，而使低活泼性金属的活泼性提高。低价金属盐还原剂主要有 $FeSO_4$、$FeCl_2$、$SnCl_2$ 等，这些化合物多用于硝基的还原，且通常可避免双分子还原副反应的发生。

　　金属，尤其是活泼金属或其合金，以及某些金属的低价盐，是应用十分广泛的一类还原剂。一切金属，凡在电动势系列中处于氢以上的，都可以与供质子剂（如酸、醇、水、氨等）在一定的条件下用作还原剂，这是最早用于有机化合物还原的方法。

　　用于还原反应的活泼金属包括碱金属、碱土金属以及 Al、Sn、Fe、Zn 等，有时也用金属和汞的合金，即汞剂以调节活性和流动性。Na、K 等非常活泼的金属制成汞齐后，其活性下降，从而有利于选择性还原；而 Zn 等活性低的金属制成汞齐后，则可提高其活性，从而可提高金属锌等的还原范围。

　　常用作还原剂的金属盐主要是一些可变价金属的低价盐，如 $FeSO_4$、$SnCl_2$ 等，其有效的还原剂实际上是 Fe^{2+} 和 Sn^{2+} 等金属离子。

一、还原机理

　　这类还原剂所进行的还原反应均包括电子得失的过程。此过程中，金属或低价金属离子在反应中所起的作用无疑是电子供给体，而反应所需的氢则由酸、水、醇等供质子剂（SH）提供。研究表明，其还原机理系内部的"电解还原"过程。当羰基化合物与金属作用时，羰基接受金属提供的一个电子，形成负离子自由基，然后从金属获得第二个电子转变成二价负离子，溶剂中质子转移获还原产物醇。在还原过程中中间形成的负离子自由基可能发生偶联，副产出二醇。

$$\overset{|}{\underset{|}{C}}=O \xrightarrow{e^-\,M} \cdot\overset{|}{\underset{|}{C}}-O^{\ominus} \xrightarrow{e^-\,M} \overset{|}{\underset{|}{C}}{}^{\ominus}-O^{\ominus} \xrightarrow{HS} \underset{H}{\overset{|}{\underset{|}{C}}}-O^{\ominus} \xrightarrow{HS} \underset{H}{\overset{|}{\underset{|}{C}}}-OH$$

$$O-\overset{|}{\underset{|}{C}}\cdot \;+\; \cdot\overset{|}{\underset{|}{C}}-O^{\ominus} \longrightarrow \overset{\ominus}{O}-\overset{|}{\underset{|}{C}}-\overset{|}{\underset{|}{C}}-O^{\ominus} \xrightarrow{2HS} \underset{HO\quad OH}{\overset{|}{\underset{|}{C}}-\overset{|}{\underset{|}{C}}}$$

二、金属还原

（一）碱金属

　　处于元素周期表中第ⅠA族的碱金属，它们的最外层电子是最活跃的。在不同的化学环境中表现出多种多样的还原作用。如以醇为介质可将酯还原成醇；在非极性溶剂中可使羰基化合物发生还原偶联作用；以氨为溶剂可使醇去氧。

　　金属钠在醇中均为强还原剂，可应用于羰基、羧基、酯基、氰基等基团的还原。有时为避免反应过于激烈，可将钠制成钠汞齐或醇钠后使用，如消炎镇痛药普拉洛芬中间体 9-氧杂-1-氮杂-蒽-10-酚的制备。

　　由于碱金属还原性强，其优势就是可还原那些用其它还原剂很难还原或不能还原的基团，如酯基、羧基等。以醇为介质，以金属钠为还原剂，还原羧酸酯生成醇的反应叫Bouvealt-Blanc反应。在 $LiAlH_4$ 问世之前，这是将酯转变成醇唯一有效的途径。更为重要的是，在还原过程中，孤立的碳碳双键丝毫不受影响，因此它也是制备不饱和醇的绝好方法。

$$RCOOR' \xrightarrow[\text{加热}]{Na/R'OH} RCH_2OH + R'OH$$

碱金属可溶于液氨，以碱金属 Li、Na 或 K 与液氨组成的还原试剂，在质子供给剂醇或铵盐的作用下，将芳环转变成不饱和脂环的反应叫做 Birch 还原反应。当芳环上含有取代基时，还原的位置随取代基的不同而不同。通常推电子基团有利于形成其连在双键碳上的产物，而吸电子基团与之相反，产物中取代基所在碳为饱和环碳。

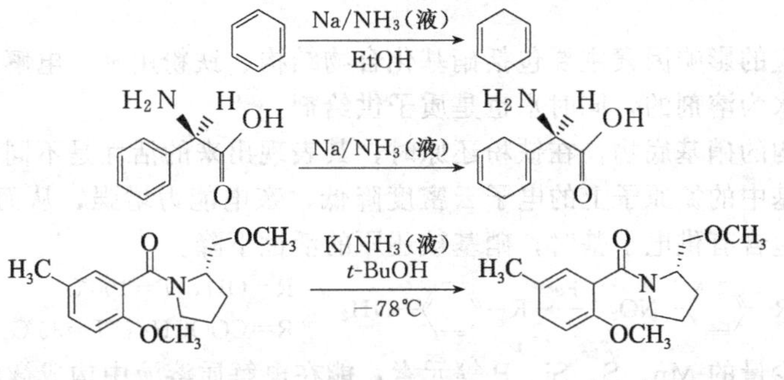

在非质子溶剂中，碱金属与羧酸酯之间的反应不同于 Bouvealt-Blanc 反应，产物为 α-羟基酮。如果是一个二元羧酸酯，会发生分子内偶联，生成环状的 α-羟基酮，这是合成环状化合物的重要途径之一。

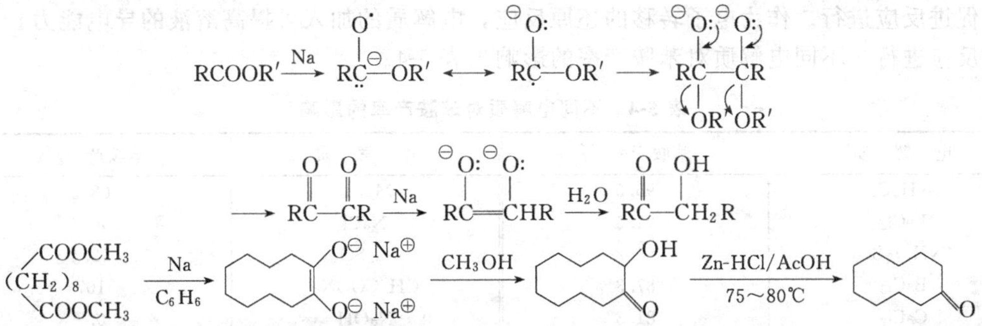

（二）铁粉还原

铁和酸共存，或在电解质的水溶液中选择性地还原硝基，将其转化成氨基，而对还原底物结构中所含的卤基、双键、羰基等基团基本无影响。如在支气管哮喘药甲氧那明中间体邻甲氧基苯丙烯胺的制备中，采用这一反应获得了良好效果。

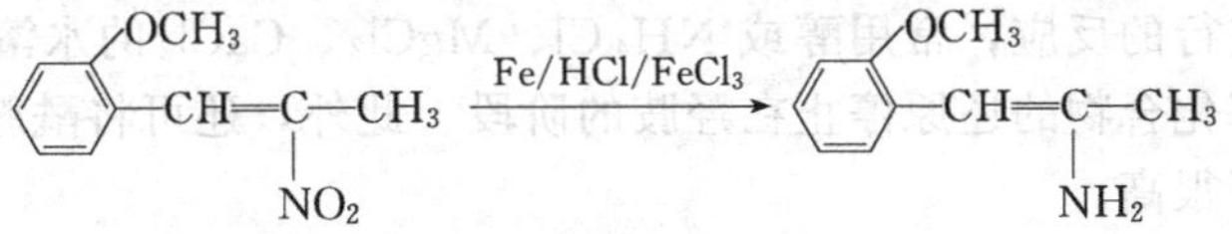

本反应的不足之处是副产出大量的含胺铁泥和废水，对环境造成较严重的污染，已逐渐被催化加氢所替代。尽管如此，对生产吨位较小的芳胺，尤其是含水溶性基团的芳胺，这仍不失为一个好方法。

1. 反应历程

在电解质溶液中的铁粉还原反应是一个电子转移过程。铁粉在还原过程中是电子的供给体，并在其表面实现电子向硝基底物的转移，使硝基物生成负离子自由基，然后与质子供给剂提供的质子结合形成还原产物。

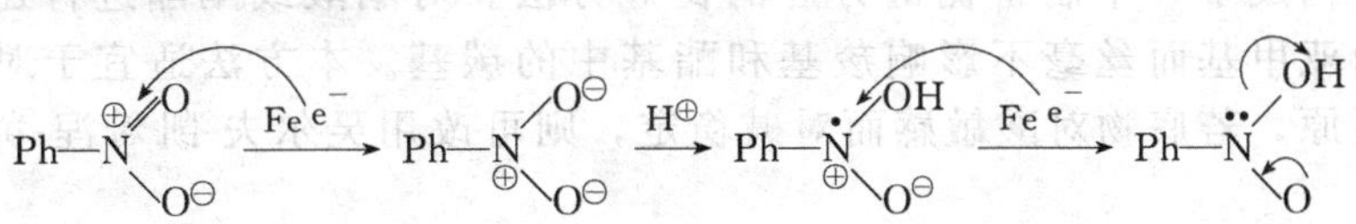

$$—OH^\ominus \rightarrow Ph\overset{\cdots}{\underset{\cdots}{N}}{=}O \xrightarrow{Fe^-} Ph\overset{\cdots}{\underset{\cdots}{N}}—O^\ominus \xrightarrow{H^\oplus} Ph\overset{\cdots}{\underset{\cdots}{N}}—OH \xrightarrow{Fe^-}$$

$$Ph\overset{\cdots}{\underset{\cdots}{N}}—OH \xrightarrow{H^\oplus} Ph\overset{\cdots}{\underset{\underset{H}{\cdots}}{N}}—OH \xrightarrow[\text{2) }H^\oplus]{\text{1) }Fe^-} PhNH_2$$

2. 影响因素

铁粉还原反应的影响因素主要包括硝基化合物结构、铁粉用量、电解质的酸性等。铁粉还原反应中是以水为溶剂的,同时水也是质子供给剂。

对于不同结构的硝基底物,在铁粉还原时,其表现出来的活性是不同的。当芳环上含有吸电子基时,硝基中的氮原子上的电子云密度降低,亲电能力增强,从而使反应易于进行。相反,当芳环上包含有供电子基时,硝基被还原的活性下降。

$$R—\langle\text{benzene}\rangle—NO_2 \xrightarrow{Fe} R—\langle\text{benzene}\rangle—NH_2 \qquad \begin{array}{l} R{=}OH,\ T{=}100℃ \\ R{=}COOCH_3,\ T{=}35℃ \end{array}$$

铁粉中含有少量的 Mn、S、Si、P 等元素,能在电解质溶液中构成微电池,促使铁粉电化腐蚀的进行。铁粉的理论用量为每摩尔硝基物 2.25mol 铁粉,但在实际中,由于铁粉品质的不同,通常需要过量,一般 3~4mol 铁粉才能保证良好的反应效果。

当使用化学纯的铁粉及蒸馏水还原时,还原速率很慢。还原体系中加入适量的酸性电介质可促进反应进行。作为电子转移的还原反应,电解质的加入可提高溶液的导电能力,从而促进反应进行。不同电解质对苯胺产率的影响见表 5-4。

表 5-4　不同电解质对苯胺产率的影响

电　解　质	苯胺产率/%	电　解　质	苯胺产率/%
NH_4Cl	95.5	$MgCl_2$	68.5
$FeCl_2$	91.3	$NaCl$	50.4
$(NH_4)_2SO_4$	89.2	Na_2SO_4	42.4
$BaCl_2$	87.3	CH_3COONa	107
$CaCl_2$	81.3	$NaOH$	0.7

(三) 锌粉还原

锌粉的还原能力与反应介质的酸碱性密切相关,它在中性、酸性和碱性条件下均具有还原能力,可还原硝基、亚硝基、腈基、羰基、碳卤键、碳硫键等多种基团。当然,在不同的介质中得到的还原产物也不同。

在中性条件下进行的反应,常用醇或 NH_4Cl、$MgCl_2$、$CaCl_2$ 的水溶液作溶剂,控制适当的温度,可使硝基化合物的还原停止在羟胺的阶段。此外,还可将酰胺(通过氯化物)还原成相应的胺,收率很高。

$$\langle\text{benzene}\rangle—NO_2 + 3H_2O + 2Zn \longrightarrow \langle\text{benzene}\rangle—NHOH + 2Zn^{2+} + 4OH^-$$

$$R—\langle\text{benzene}\rangle—\underset{O}{\overset{\parallel}{C}}—NHR' \xrightarrow{POCl_3} R—\langle\text{benzene}\rangle—\underset{Cl}{\overset{\parallel}{\underset{\vert}{C}}}{=}NR' \xrightarrow{Zn,\ EtOH} R—\langle\text{benzene}\rangle—NH_2$$

锌粉在 HCl、CH_3COOH 中可还原多种化合物,锌汞齐与盐酸的组合可将醛、酮中的羰基还原为亚甲基,即 Clemmensen 还原。该法对酮,尤其是芳酮效果较佳,与 F-C 反应相配合,构成了一个制备侧链芳烃的良好方法。对酮酸或酮酯进行还原时,亦仅还原酮羰基为亚甲基而丝毫不影响羧基和酯基中的羰基。本方法适宜于对酸稳定的羰基化合物的还原,若底物对酸敏感而对碱稳定,则可改用吴尔夫-凯希涅-黄鸣龙法进行还原。

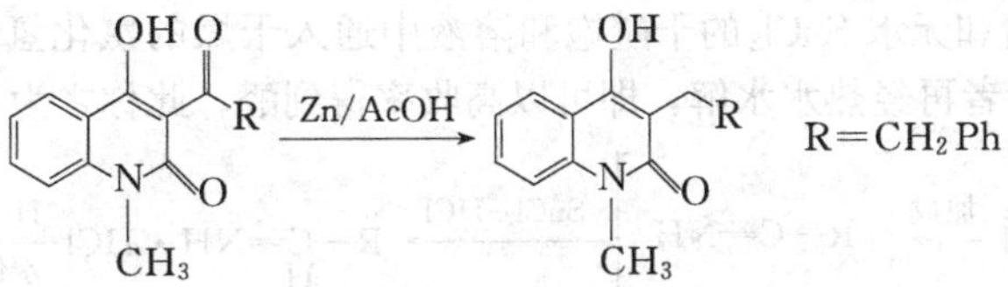

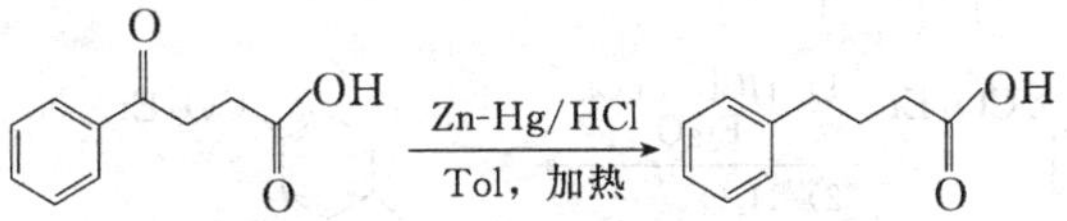

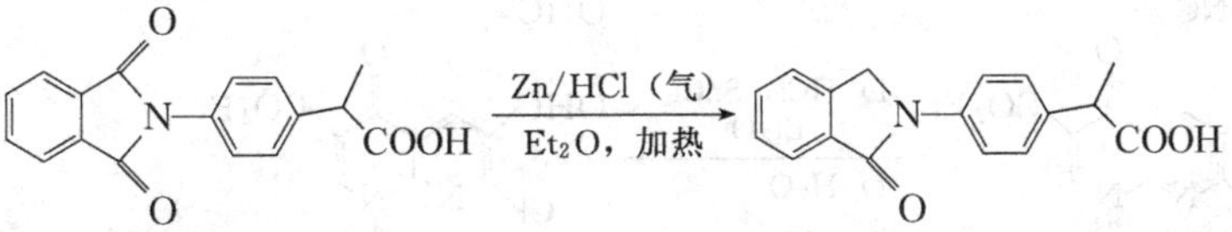

锌粉在氢氧化钠介质中可使芳香硝基化合物发生双分子还原生成氧化偶氮化合物、偶氮化合物、氢化偶氮化合物等还原产物。氢化偶氮苯在酸作用下，即发生重排，生成联苯胺。

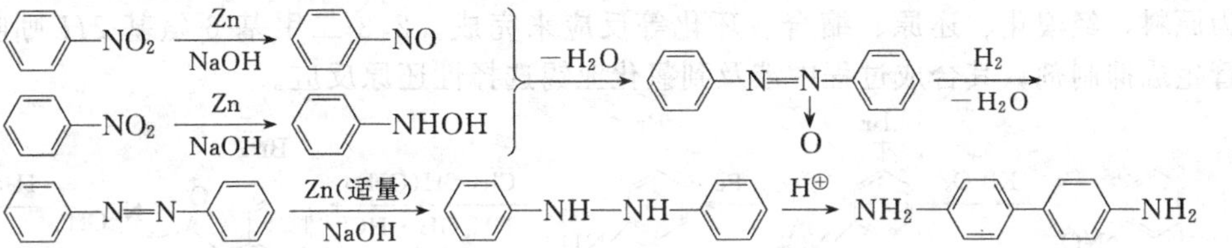

（四）其它金属还原

锡作为还原剂，反应温和，较易分离。但与铁相比，锡价格较高，因此多用于实验室而工业上很少使用。锡-盐酸可将硝基化合物还原为氨基化合物，而其自身则被氧化为四氯化锡。

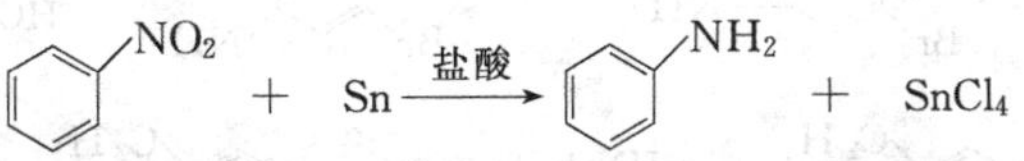

镁也是一种重要的还原剂，能够参与许多还原反应。将氯化汞的无水丙酮溶液逐渐加入到苯覆盖的金属镁中，加热回流可得镁汞齐。镁汞齐能还原酮为相应的仲醇，并发生双分子还原生成片呐醇，当金属镁与卤代芳烃作用时会引起脱卤。

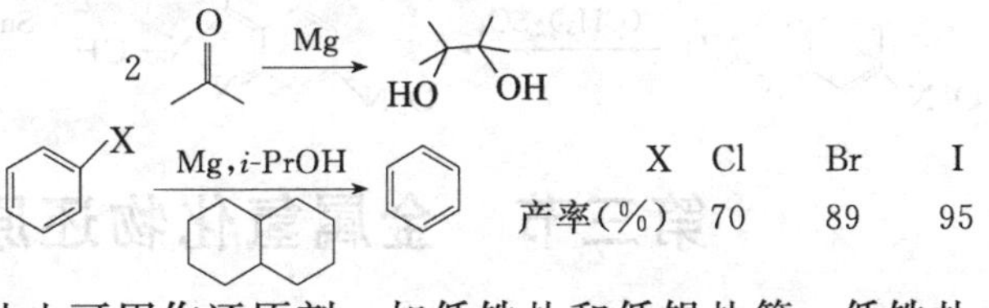

X	Cl	Br	I
产率(%)	70	89	95

一些可变价金属的低价盐也可用作还原剂，如低铁盐和低锡盐等。低铁盐〔如 $FeSO_4$、$FeCl_2$、$Fe(CH_3COO)_2$ 等〕和低锡盐（如 $SnCl_2$）表现出对不同基团的还原选择性，在硝基和羰基同时存在于同一分子中时，硝基能首先被选择性地还原成氨基。$SnCl_2$ 还能选择性地还原与硝基共存于同一分子中的重氮基为肼。

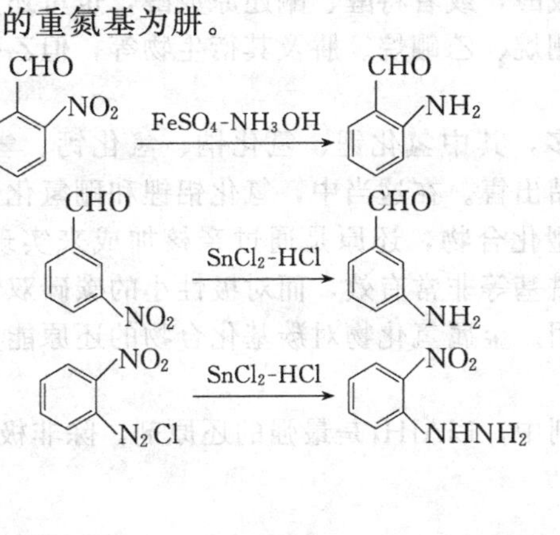

在脂肪腈或芳香腈和无水 SnCl₂ 的干醚饱和溶液中通入干燥的氯化氢气体，可生成醛亚胺与四氯化锡的络合物，后者再经热水水解，即可以高收率得到醛，此称之为 Stephen 反应。

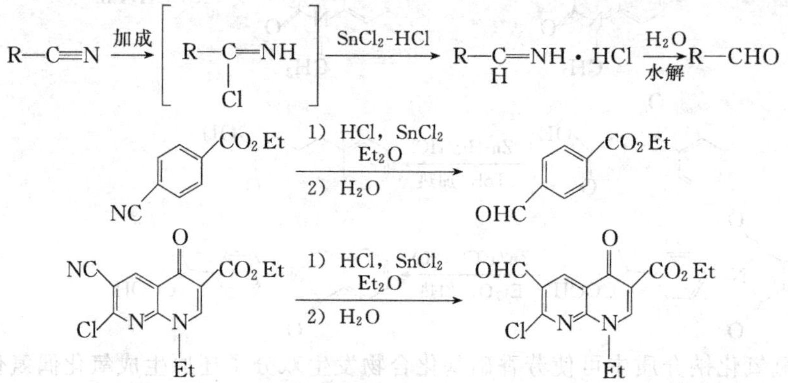

7-溴-6-氯-4(3H)-喹唑啉酮是合成抗球虫药物常山酮的重要中间体。其合成通常以硝基苯为原料，经溴化、还原、缩合、环化等反应来完成。2,3-二甲基-6-氨基-2H-吲唑是一种血管生成抑制剂，其合成过程中涉及到氯化亚锡选择性还原反应。

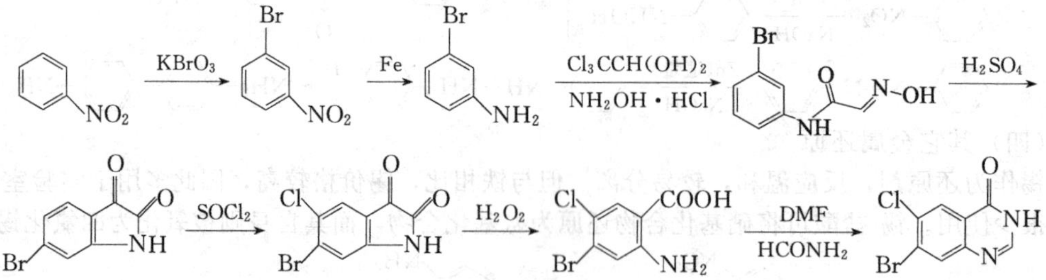

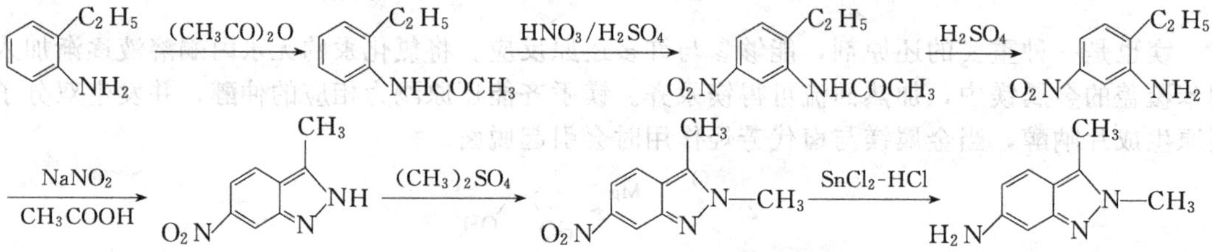

第三节　金属氢化物还原

金属氢化物是发展极为迅速的一类重要的还原剂，如氢化铝锂、硼氢化钠、醇铝等，具有反应速率快、副反应少、收率高、反应条件缓和以及可选择性还原等特点。这类还原剂可使羧酸及其衍生物还原成醇，或者将醛、酮还原成醇，也可还原肟基、氰基、硝基等。非金属化合物还原剂主要有硼烷、乙硼烷、肼及其衍生物等，但乙硼烷为有毒气体，在操作时要特别注意。

金属氢化物种类众多，其中氢化锂、氢化钠、氢化钙、氢化铝锂、硼氢化锂、硼氢化钠、硼氢化钾等都有商品出售。在这当中，氢化铝锂和硼氢化钠是最常见的 2 种。对金属氢化物来说，通常是离子型化合物，还原是通过亲核加成来实现的，因此其对极性较高的羰基、肟基、亚硝基、磺酰基等非常有效，而对极性小的碳碳双键，一般不发生反应，除非双键上连有强的吸电子基团。金属氢化物对羰基化合物的还原能力如表 5-5。

一、氢化铝锂还原

在金属氢化物还原剂中，LiAlH₄ 是最强的还原剂，除非极化的碳碳重键和共轭重键外，多数有机物都可被其还原，并拥有较为理想的收率。除可将羧酸及其衍生物直接还原为醇外，还可还原羰基化合物为醇，其它诸如氰基、肟基、硝基、卤甲基、环氧基等也可被顺利还原，因此 LiAlH$_4$ 是一种"广谱"还原剂。可被 LiAlH$_4$ 还原的基团（括号内为还原产物）有：

—COOH（—CH$_2$OH），—COCl（—CH$_2$OH），—CONH$_2$（—CH$_2$NH$_2$），—CONHR（—CH$_2$NHR），—CN（—CH$_2$NH$_2$），—CHO（—CH$_2$OH），—NO$_2$（—NH$_2$），—NO（—N≕N—），—CH$_2$OTs（—CH$_2$OH），—S—S—（—SH），—COOR（—CH$_2$OH＋ROH），C≕N—OH（HC—NH$_2$），S≕O（—S—）

表 5-5　金属氢化物的还原性能

基　团	LiAlH$_4$ Mg(AlH$_4$)$_2$ NaAlH$_4$	AlH$_3$	Al(BH$_4$)$_3$	Ca(BH$_4$)$_3$ Sr(BH$_4$)$_2$ Ba(BH$_4$)$_2$	LiBH$_4$	NaBH(OCH$_3$)$_3$	KBH$_4$ NaBH$_4$
—C(O)—X	+	+	+	+	+	+	+
—C(O)—H(R)	+	+	+	+	+	+	+
—C(O)—OR	+	+	+	+	+		
—C(O)—OH	+	+	+	+			
—C(O)—NR$_2$							
—C(O)—O$^\ominus$	+	－	－	－	－	－	－

注：－表示不可还原；＋表示可以被还原。

LiAlH$_4$ 是很强的亲核试剂，在还原过程中，其实质是氢负离子向底物的转移。以羰基的还原为例，氢负离子转移到羰基的碳原子上进行亲核加成，形成烷氧基铝，后经酸性水解得到醇。

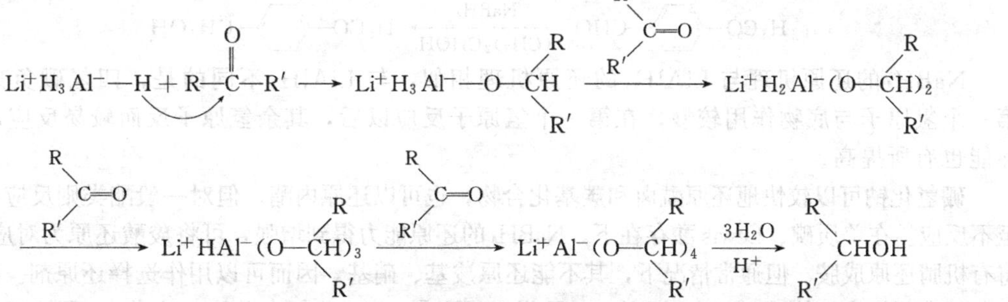

LiAlH$_4$ 负离子中以第一个氢负离子的作用最为强烈，其后氢负离子活性依次减弱。除此之外，还原速率还与羰基相连的烃基大小有关。基团越大，还原速率就越小。若羰基 α-位为手性碳，则还原试剂主要从位阻小的一边进攻羰基碳，从而产生居优势的非对映异构体。

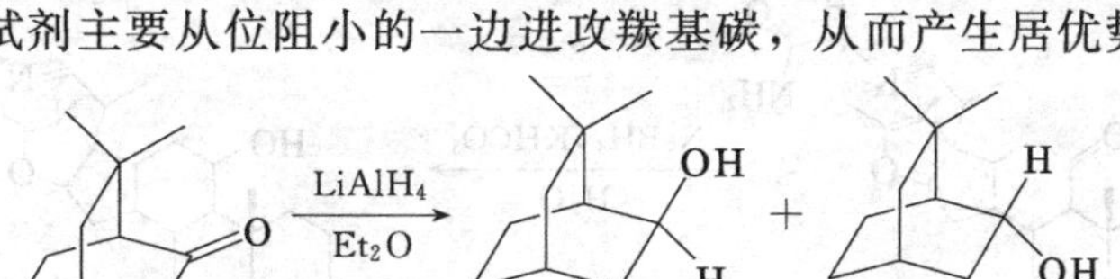

84.5%　　9.5%

虽然 LiAlH$_4$ 通常条件下是将羰基还原成醇，但在合适的条件下，也可将醛或酮羰基还原为亚甲基。抗震颤麻痹药盐酸司来吉兰中间体 L-N,2-二甲苯基乙胺的制备和抗肿瘤药三尖杉酯碱中间体苯并氮杂䓬的制备中涉及的还原反应，是由 LiAlH$_4$ 完成的。极性较大的碳碳双键也可被 LiAlH$_4$ 还原，特别是 α,β-不饱和羰基化合物中的双键。

LiAlH$_4$ 的还原反应大多发生在无水乙醚、四氢呋喃、乙二醇二甲醚等溶剂中。反应的后处理过程往往是非常令人烦恼的事，一种理想的方法可按所谓的 1、2、3 操作。即对于使用计量 1.0g 还原剂 LiAlH$_4$ 的还原反应，当反应完成后，先缓慢加 1mL 水于反应器中，然后再加入 2mL 的 10%氢氧化钠水溶液，最后再加入 3mL 水，此时形成易过滤的铝盐。

二、硼氢化钠（钾）还原

硼氢化钠（钾）是另一类重要的金属氢化物还原剂，能将醛、酮还原成相应的醇。其作用较 LiAlH$_4$ 缓和，常温下虽然也能被水、甲醇分解，但速率较慢，对乙醇、异丙醇等较稳定，可应用于碱水和醇为溶剂的反应体系，添加其它金属盐、季铵盐或冠醚可提高其还原能力。神经肌肉阻断剂苯磺酸阿曲库铵中间体 3,4-二甲氧基苄醇的制备中涉及的还原反应可由 NaBH$_4$ 来完成。

NaBH$_4$ 的还原机理与 LiAlH$_4$ 的还原机理相似，与 LiAlH$_4$ 不同的是，四氢硼负离子的第一个氢原子与底物作用较慢，在第一个氢原子反应以后，其余氢原子反而较易反应，还原性能也有所提高。

硼氢化钠可以较快地还原酰卤和羰基化合物，也可以还原内酯，但对一般酯类则反应很慢甚至不反应。在单质碘、Lewis 酸存在下，NaBH$_4$ 的还原能力得到增强，可将羧酸还原为对应的醇，将有机腈还原成胺。但通常情况下，其不能还原羧基、硝基，因而可以用作选择还原剂。甾体抗炎药地夫可特中间体 3β,11β-二羟基-5α-孕甾-20-酮 [17α,16α-d]-2′-甲基噁唑啉-20-酮缩氨基脲的制备。硝基化合物一般不被还原，但在过渡金属盐催化下，可还原成氧化偶氮化合物。

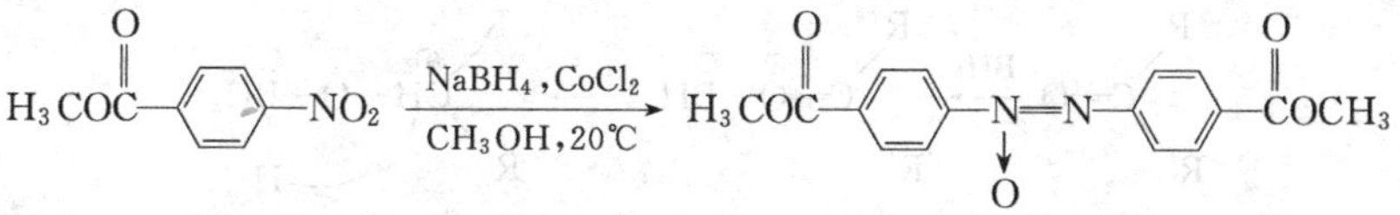

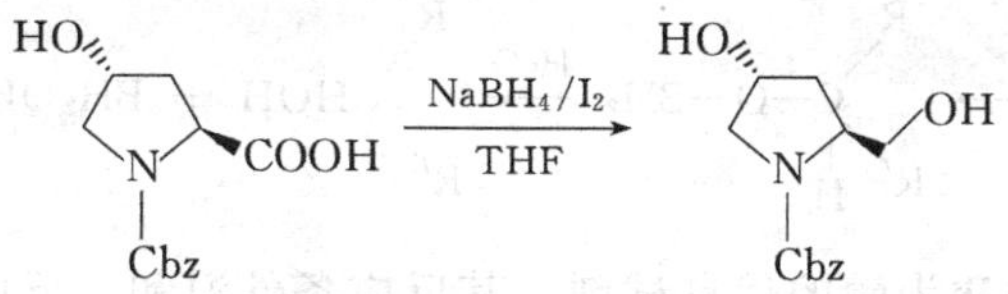

Cbz：苄氧羰基

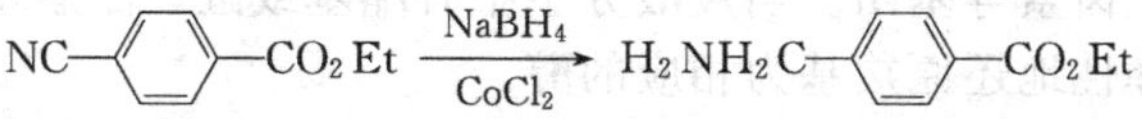

与 NaBH₄ 类似的还原剂 LiBH₄，具有更强的还原性，可将酯还原为相应的醇。而 NaBH₃CN 具有更缓和的还原活性，在 pH＞3 的水溶液中也相对稳定，可应用于羰基化合物的氨化还原反应来合成胺。

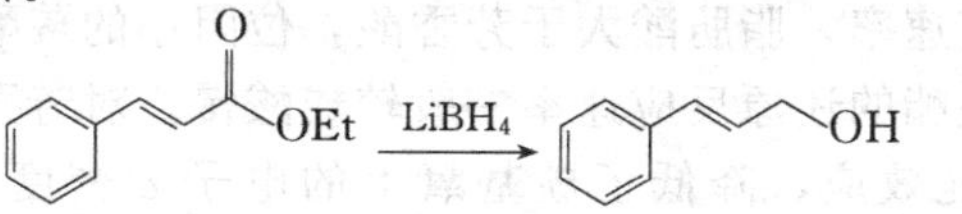

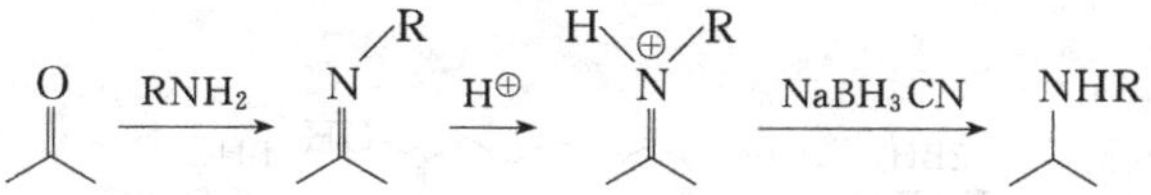

第四节 非金属化合物为还原剂的还原反应

非金属还原剂主要有硼烷、联氨（肼）及其衍生物、联亚胺、二氧化硫、硫化物或多硫化物等。本节重点学习硼烷、联氨还原。

一、硼烷还原

当 NaBH₄ 与 BF₃ 配合使用时，发现其还原能力增强，可有效地还原羧酸和双键。在此过程中，实际起还原作用的就是硼烷。硼烷，包括甲硼烷（BH₃）及其二聚体乙硼烷（B₂H₆）。其是一类相当强的还原剂，可在温和的条件下迅速还原羧酸、醛、酮和酰胺，而对酯、腈、硝基和酰氯的作用甚为缓慢，所以在还原前一类基团时，后者并不受影响，因此可实现不同基团的选择性还原。

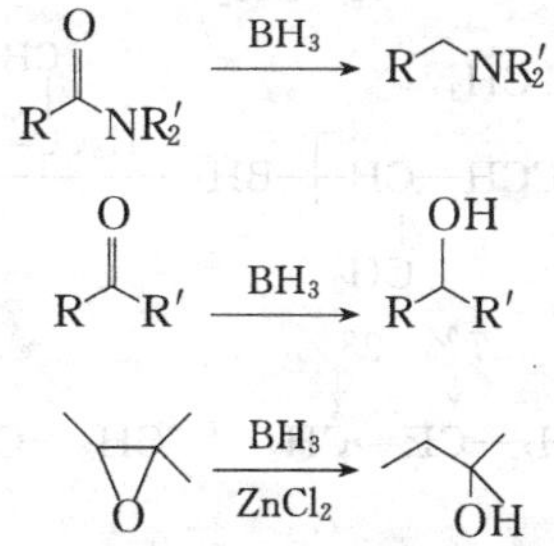

实验室条件下，以 BF₃ 为原料，在乙醚中与 LiAlH₄ 或 NaBH₄ 等发生还原反应来制备硼烷，也可由 NaBH₄ 与 H₂SO₄、HCl、CH₃COOH、I₂、CF₃COOH 反应制得。生成的硼烷可收集在低温冷阱中，或吸收在有机溶剂（如四氢呋喃）中形成溶液，用于合成反应。

硼烷还原机理与硼氢化钠不同，硼烷是一种亲电性还原剂。在与酮反应时，首先是由缺电子的硼原子与羰基氧原子上未共用电子相结合，形成络合物而增强了羰基碳的亲电能力，而此时硼原子上的氢犹如硼氢化物中的氢一样，以氢负离子的形式转移到羰基碳原子上，使之还原成醇。

$$\underset{R'}{\overset{R}{>}}C=O \xrightarrow{BH_3} \underset{R'}{\overset{R}{>}}\overset{\oplus}{C}-\overset{\ominus}{O}\cdots BH_4 \longrightarrow \underset{R'}{\overset{R}{>}}\overset{\oplus}{C}H-\overset{\ominus}{O}\cdots \overset{\ominus}{B}H_2$$

$$\longrightarrow \underset{\underset{H}{|}}{\overset{R}{\underset{|}{C}}}\!\!-O\cdots BH_2 \xrightarrow{H_2O} \underset{R'}{\overset{R}{>}}CHOH + BH_2OH$$

硼烷是选择性还原羧酸为醇的优良试剂,其反应条件温和、反应速率快,且不影响分子中存在的硝基、酰卤、卤素等基团。当羧酸分子中有酯基或醛、酮羰基时,若控制硼烷用量并在低温反应,可选择性地还原羧基为相应的醇。

$$\underset{HO}{\overset{O}{\parallel}}\!\!\!\!\!\diagdown\!\!\!\!\diagup\!\!\!\!\!\underset{OEt}{\overset{O}{\parallel}} \xrightarrow[-18℃,10h]{2BH_3/THF} HO\diagdown\!\!\!\!\diagup\!\!\!\!\underset{OEt}{\overset{O}{\parallel}}$$

硼烷还原羧酸的反应速率,脂肪酸大于芳香酸,位阻小的羧酸大于位阻大的羧酸,羧酸盐则不能还原。对脂肪酸酯的还原反应速率一般较羧酸慢,对芳香酸酯几乎不发生反应,这是由于芳环与羰基的共轭效应,降低了羰基氧上的电子云密度,使硼烷的亲电进攻难以进行。

$$HOH_2C\!\!-\!\!\diagbox\!\!-\!\!CH_2CH_2CH_2OH \xleftarrow{2BH_3} HOOC\!\!-\!\!\diagbox\!\!-\!\!CH_2CH_2COOH \xrightarrow{BH_3} HOOC\!\!-\!\!\diagbox\!\!-\!\!CH_2CH_2CH_2OH$$

虽然硼烷能够还原多种基团,但它在合成上最重要的应用则是对碳碳重键的加成,生成有机硼烷,即硼氢化反应。硼氢化产物能够进一步发生氢解、氧化-水解、氨解和卤解反应,生成相应的烷、醇、胺和卤代烃,也可进行羰基化生成醛或酮。

BH_3与不饱和烃的加成是烯的重要化学性质之一。B—H键与烯键的加成通过四中心过渡态,生成相应的一取代硼烷、二取代硼烷或三取代硼烷。在反应中硼原子总是优先地加成到取代基较少的碳原子上,而氢则加成到取代基较多的碳原子上。这在结果形式上与Markownikoff规则恰好相反。

$$>C=C< +BH_3 \xrightarrow{O(CH_2CH_2OCH_3)_2} \cdots \rightleftharpoons \underset{BH_2}{-\overset{|}{C}-\overset{|}{C}-} \longrightarrow (\underset{H}{-\overset{|}{C}-\overset{|}{C}-})_3 B$$

$$2\ \underset{CH_3}{\overset{CH_3}{\underset{|}{H_3C}}}C=CHCH_3 \xrightarrow[\text{即刻}]{B_2H_6} [\underset{CH_3}{\overset{CH_3}{\underset{|}{H_3CCH}}}-\underset{|}{CH}]_2 BH \xrightarrow[24h]{\overset{CH_3}{\underset{|}{H_3C}}C=CHCH_3} [\underset{CH_3}{\overset{CH_3}{\underset{|}{H_3CCH}}}-\underset{|}{CH}]_3 B$$

98% 2%

$$\underset{CH_3}{\overset{CH_3}{\underset{|}{H_3C}}}\underset{H}{\overset{|}{C}}\underset{CH_3}{\overset{|}{C}}-CH_3$$

7% 93%

$$CH_3-CH_2-C=CH_2$$

1% 99%

$$CH_3-CH_2-\underset{CH_3}{\overset{|}{C}}=CH_2$$

0% 100%

$$\diagbox\!\!-\underset{CH_3}{\overset{|}{C}}=CH_2$$

硼氢化反应具有很高的立体化学选择性。在硼氢化反应过程中,硼氢化试剂总是由空间位阻较小的一侧向分子的碳碳重键进行顺式加成,生成相应的顺式加成产物。

$$\text{(甾体结构)} \xrightarrow{BH_3\ [O]} \text{(甾体结构)}$$

烃基硼烷对羧酸非常敏感，三烃基硼烷用过量的冰醋酸或丙酸处理，在室温下部分烃基可氢解成相应的饱和烃，若在二乙二醇二甲醚溶液中与羧酸共热 2～3h，三个烃基均可转变为相应的饱和烃。

$$\text{（烯烃）} \xrightarrow{\text{NaBH}_4/\text{BF}_3} \text{（烷烃）}$$

$$\underset{Ph}{\overset{Ph}{>}}\text{=CH—COOH} \xrightarrow{\text{NaBH}_4/\text{I}_2} \underset{Ph}{\overset{Ph}{>}}\text{=CH—CH}_2\text{OH}$$

在硼氢化反应中，为了能获得高选择性的反应结果，用硼的其它有机化合物物替代硼烷来完成相关转化是十分有效的方法。常见的烷基硼试剂如下所示：

9-BBN　　　　　　　　　　　　　　lpcBH$_2$　　　lpc$_2$BH

$$\xrightarrow[\text{2）NH}_2\text{CH}_2\text{CH}_2\text{OH}]{\text{1）9-BBN/THF}}$$

$$n\text{-Bu} \xrightarrow[\text{2）H}_2\text{O}_2,\text{OH}^-]{\text{1）9-BBN}} n\text{-Bu} \cdots\text{OH} + n\text{-Bu} \cdots\text{OH}$$

92：8

$$\xrightarrow[\text{Rh（1 价）}]{}$$

90：10

$$\xrightarrow{\text{lpc}_2\text{BH}}$$

95%（e.e.）

二、联氨还原

联氨，也叫肼，具有较强还原性，Wolff-Kishner 分别以腙在碱性介质中加热得到烃，发现了羰基还原为亚甲基的方法，后经我国化学家黄鸣龙改进使肼作为重要的还原剂在有机合成中得以广泛应用。目前以联氨为还原剂的还原反应，主要有吴尔夫-凯希涅-黄鸣龙法和联氨催化还原法两种。

（一）吴尔夫-凯希涅-黄鸣龙法

吴尔夫-凯希涅-黄鸣龙（Wolff-Kishner Huang Minlon）法是一种用联氨还原羰基为亚甲基的化学还原方法。反应是将羰基化合物转化为腙之后，不经分离直接在强碱［如氢氧化钠（或钾）或醇钠］存在下强热，分子中的氮转化为氮气排除，腙还原为亚甲基。

反应机理是醇钠或氢氧化钾首先夺取腙氨基上的氢，与此同时 N—H 键上的键电子转移形成 N═N，此时碳表现出亲核性而与溶剂中的氢结合生成偶氮化物，碱进一步夺取最后一个氢而放出氮获得碳负离子，进而从水中夺取氢完成还原。

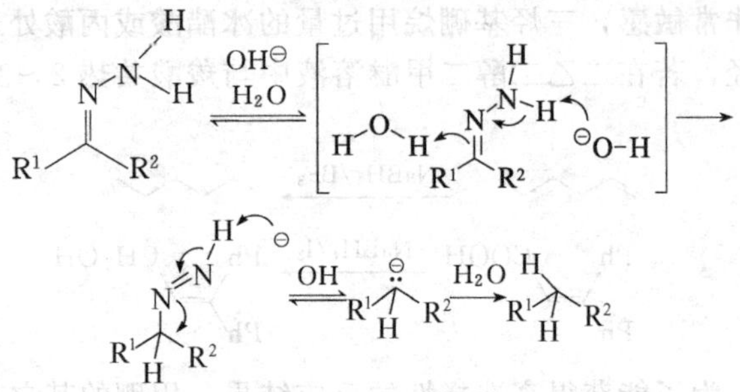

该法与 Clemmensen 还原法具有同样的功效，都可将羰基还原为亚甲基，且具有如下优点：①不会生成副产物醇或不饱和化合物；②可用于分子量较大的羰基化合物的还原，而不会明显地影响收率；③可用于对酸敏感的化合物；④受空间效应影响较小。普拉洛芬是消炎镇痛药，在其结构中苯并吡啶并吡喃环的合成是由对应的吡喃酮还原而得，采用 Wolff-Kishner-Huang Minlon 还原反应能获得结果。对分子结构中同时存在有酯或酰胺结构时，还原反应基本不受影响。醛也可采用类似的反应来还原。但当分子中存在对碱敏感的结构时，应当慎用。

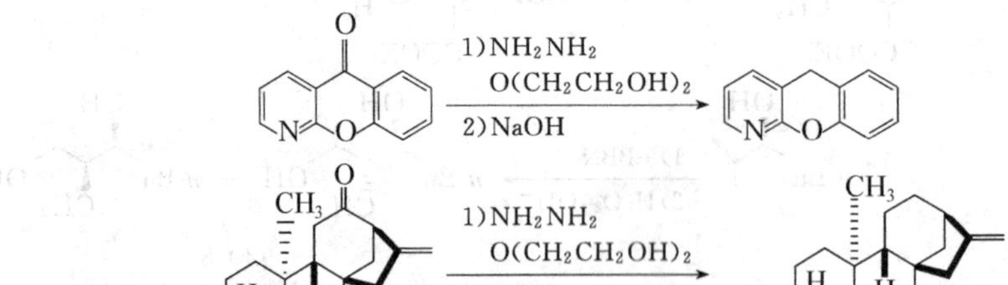

该反应所需温度通常较高，需达到 $170\sim180℃$ 才能反应，选用沸点高的二乙二醇缩水化物，可使反应在常压下进行，操作方便、时间短、收率高。反应体系中过多的水分对反应有极大的影响，可能造成腙的水解和羰基直接被还原为醇，从而使产品纯度降低。微量的水能够催化反应的进行。

酮酯、酮腈、含叔醇基或仲醇基的羰基化合物不能用本方法进行还原。当底物中含有 α,β-不饱和羰基结构时，经本法还原后，双键位置将发生变化，有时还可通过二氢吡唑结构，分解成环丙烷。

$$R^2-\underset{\underset{OH}{|}}{\overset{\overset{R^1}{|}}{C}}-\underset{}{\overset{\overset{R}{|}}{C}}=N-NH_2 \xrightarrow[\text{加热}]{OH^\ominus} R^1-\underset{\underset{R^2}{|}}{C}=CH-R+N_2+H_2O$$

$$H_2N-N=\underset{\underset{R^3}{|}}{C}-\underset{\underset{R^2}{|}}{C}-\underset{\underset{R}{|}}{C}-R^1 \xrightarrow[\text{加热}]{OH^\ominus} HC=\underset{\underset{R^3}{|}}{C}-\underset{\underset{R^2}{|}}{\overset{\overset{}{|}}{C}}H-R^1$$

加热 $OH^\ominus$ ↓

(二) 联氨催化还原法

采用联氨在乙醇溶液中加热回流可以还原硝基化合物，但一般产率比较低。在催化剂 Pd/CaCO$_3$ 存在下，联氨能很好地还原硝基。这种在用联氨还原时，加入与催化氢化相同类别催化剂的还原方法，叫做联氨催化还原法。胃溃疡药奥美拉唑中间体 4-甲氧基邻苯二胺的合成就采用此法，可获得良好的结果。

联氨在 Pd、Pt、Ni 等催化剂作用下的还原机理，可能包括了氢转移-放氮过程。以 Pt 为催化剂，碱性介质中联氨的分解反应能够间接证明之。所以，联氨在催化剂下进行还原反应，和催化氢化相似，只是氢源不是用氢气而是用液体的联氨，因此无须在加压条件下进行，操作相对简便。

用联氨催化还原硝基化合物时，除亚硝基化合物外，所有单分子和双分子还原产物，如羟胺、氧偶氮物、偶氮物等都可能得到。通过控制联氨的用量，可以得到不同还原程度的产物。但只要联氨足量，这些不完全还原产物最终都可被还原成胺。

联氨在催化下能实现脱卤反应，不同的催化剂效果差别很大。效果最好的是 Pd 系催化剂，而 Ni 系和 Rh 系催化剂往往起不到脱卤作用。芳香族卤化物比脂肪族卤化物更易被联氨催化还原脱卤。卤原子中，以碘最易脱除，溴次之，氯化物较困难，而氟化物用此方法不能脱氟。当氯原子的邻位或对位有硝基等吸电子基团存在时，脱氯就变得容易，硝基等如在间位，则起不到活化作用。

　　N-甲基-4-氨基苯甲基磺酰胺是合成普坦类药物舒马普坦的重要中间体，其可由 *N*-甲基-4-硝基苄基磺酰胺经水合肼还原而得。5-羟甲基噻唑可用于合成第二代抗 AIDS 药物利托那韦，其可由 2-氯-5-羟甲基噻唑经水合肼催化还原脱氯而得。

$$O_2N—\!\!\!\bigcirc\!\!\!—CH_2SO_2NHCH_3 \xrightarrow[FeCl_3/C]{N_2H_4 \cdot H_2O} H_2N—\!\!\!\bigcirc\!\!\!—CH_2SO_2NHCH_3 \cdot HCl$$

$$\underset{N}{\overset{Cl}{\bigcirc}}\overset{CH_2OH}{} \xrightarrow[Pd-C/i\text{-}PrOH]{N_2H_4 \cdot H_2O} \underset{N}{\overset{S}{\bigcirc}}\overset{CH_2OH}{}$$

第五节　典型药物生产中相关反应的简析

　　在药物及药物中间体合成中，还原反应是一类重要的有机单元反应。如药物对乙酰氨基酚（扑热息痛）、阿佐塞米、奥美拉唑、奥沙拉秦的合成中均涉及硝基还原成氨基的反应；阿法骨化醇、奥拉西坦、奥生多龙和维生素 C 的制备过程均涉及羰基还原成醇羟基的反应；贝那普利、氢化可的松的合成中均涉及还原脱卤反应。在此仅以解热镇痛药扑热息痛、肾上腺皮质激素类药物氢化可的松以及人体所需维生素 C 的合成为代表，重点讲述还原反应在其中的应用。

一、扑热息痛生产过程中的还原反应

　　扑热息痛的通用名称为对乙酰氨基酚，是一种重要的解热镇痛药。合成路线主要有 3 条：①以对硝基苯酚钠为原料的合成路线；②以苯酚为原料的合成路线；③以硝基苯为原料的合成路线。无论哪条合成路线，均涉及还原反应。

　　以对硝基苯酚钠为原料的合成路线及工艺，涉及还原反应的步骤为由对硝基苯酚制备对氨基苯酚的过程。该还原过程采用铁粉还原或催化加氢还原。

$$\underset{NO_2}{\overset{ONa}{\bigcirc}} \xrightarrow{HCl} \underset{NO_2}{\overset{OH}{\bigcirc}} \xrightarrow{Fe,HCl} \underset{NH_2}{\overset{ONa}{\bigcirc}} \xrightarrow{AcOH} \underset{NHCOCH_3}{\overset{ONa}{\bigcirc}}$$

　　以铁粉作为还原剂时，反应控制在 $80 \sim 95 ℃$ 下进行，为减少废水排放，采用反应母液的套用。但合成产品质量不高，必须精制，且每吨对氨基苯酚副产出 2t 氧化铁泥，从而造成严重的环境污染，现已逐步被催化加氢所替代。

　　催化氢化工艺已成为目前优先采用的方法，它可以避免铁粉还原产物收率低、品质差以及环境污染严重等不足。一般用水作溶剂，催化剂可采用骨架 Ni，贵金属 Pt-C、Pd-C 等。为降低能量消耗、提高产品质量，可添加一种不溶于水的惰性溶剂（如甲苯），则反应后产品在水层中，催化剂留在甲苯层中，分离非常方便。

　　以苯酚为原料的合成路线及工艺，是先采用苯酚为原料进行硝化或亚硝化，然后再进行还原。还原可以硫化物为还原剂来完成。

$$\underset{}{\overset{OH}{\bigcirc}} \xrightarrow{NaNO_2,H_2SO_4} \underset{NO}{\overset{OH}{\bigcirc}} \xrightarrow{Na_2S} \underset{NH_2}{\overset{OH}{\bigcirc}} \xrightarrow{AcOH} \underset{NHCOCH_3}{\overset{OH}{\bigcirc}}$$

　　对亚硝基苯酚硫化碱还原可在 $38 \sim 50 ℃$ 左右进行，氨基苯酚精品的收率 $75\% \sim 78\%$。反应完毕，用硫酸中和时，可能有硫磺析出，造成产品的质量不好，同时会造成硫化氢气体释放。故加酸时，须控制好加酸速度。

　　以硝基苯为原料的合成路线，采用硝基苯部分氢化生成的苯胺不经分离，直接进行酸性重排得对氨基苯酚。

还原反应在 $80\sim90{}^{\circ}\text{C}$ 左右进行，但苯胺易继续加氢，使得过程不易控制导致副产物增多，通常可达 $10\%\sim15\%$。加入有机溶剂（如异丙醇、脂肪酮或芳香酮、羟基羧酸、氯仿等）只能起到分离的作用，减少反应中与铁、镍、钴、锰、铬等金属接触，可防止苯胲向苯胺的转化。

二、氢化可的松生产过程中的还原反应

氢化可的松又称皮质醇，为肾上腺皮质激素类药物，主要用作肾上腺皮质功能不足和自体免疫性疾病以及某些感染的综合治疗，是目前国内生产的激素类药物品种中产量最大的一类。

目前国内生产氢化可的松是以薯蓣皂素为原料，经乙酸化合物 S 等中间体制备而来的。在乙酸化合物 S 的合成中，涉及溴化物催化加氢进行还原脱溴的反应。

16β-溴-17α-羟基黄体酮　　　　　　　17α-羟基黄体酮

本反应是氢解脱卤过程，催化剂可用 Raney Ni。反应在压力 80kPa、温度 $38\sim40{}^{\circ}\text{C}$ 下进行，收率 95% 左右。采用中等活性强度的 W_2 型 Raney Ni 为催化剂，能选择性氢化脱溴，避免羰基和双键被还原。反应中生成的 HBr 对催化剂有致毒作用而阻碍反应进行，加入 CH_3COONH_4 能明显改善状况。

三、维生素 C 生产过程中的还原反应

维生素是人和动物维持生命和保证健康必不可少的要素。当缺乏维生素时，会导致体内新陈代谢障碍而致病。维生素 C 虽广泛存在于自然界，但含量很低，目前主要采用生物和化学合成法来制备，其产量占全部维生素产量的一半以上。两步发酵法代表了国际水平，其生产工艺是以 D-葡萄糖的还原物 D-山梨醇为原料开发而成的。

D-葡萄糖　　　　　　　　　　　　　　　　D-山梨醇

该还原过程目前多采用以镍为催化剂的催化氢化工艺，采用纯度大于 99.3% 的氢气，于压强 $3.8\sim4.0$MPa、釜温 $150\sim155{}^{\circ}\text{C}$ 条件下，控制 pH$8.2\sim8.4$，使葡萄糖加氢还原得 D-山梨醇，收率约 95%。

催化加氢为强放热反应，故反应过程中应注意冷却控温；另外，使用过的废催化剂要妥善处理，以防自燃。

第六节　相关反应新进展

还原反应在药物合成中十分常见，近年来新的还原反应（特别是不对称还原）取得了飞

速的进展，主要包括不对称催化氢化、生物还原技术、电化学还原技术、均相络合催化等。

一、不对称催化氢化

手性药物的合成已经成为世界各国十分重视的一个领域。2000 年手性药物销售额 1325 亿美元，世界药品总额约占 34％，而且还逐年呈上升趋势。所以获得光学纯物质，已经成为当代化学家所面临的最具挑战性的任务之一。

在商业化的不对称催化反应中，不对称催化氢化是最重要的工业过程。工业化不对称催化合成工艺是孟山都公司首先取得成功，如左旋多巴、农药异丙甲草胺的工业化不对称生产。

L-多巴　　　　　　　　异丙甲草胺

在诸多影响不对称氢化反应催化活性及立体选择性的因素中，手性催化剂的结构是关键。手性催化剂按在反应体系中存在的状态可分为均相手性催化剂和非均相手性催化剂。从结构上来看，均相手性催化剂的配体可分为阻转异构体配体、具有 C-2 对称的手性膦配体以及碳水化合物配体等。中心过渡金属原子主要有铑（Rh）、铱（Ir）、钌（Ru）、钯（Pd）等贵金属。其中铑与手性膦配体的组合相当成功，在催化氢化烯烃类化合物时，显示出了令人满意的催化活性和对映选择性，因此在烯烃不对称还原中应用广泛。$[Rh(BINAP)(CH_3OH)_2]Cl$ 是一种广泛应用于立体选择性催化氢化的催化剂，但由于钌具有比铑更大的配位数，可形成六配位的八面体结构及在催化反应过程中形成单氢形式的活性中间体，从而使得钌催化剂表现出与铑极为不同的性质。例如催化剂 $[Ru(BINAP)(OCOR)_2]$ 成功应用于包括脱氢氨基酸在内的多种前手性烯键、羰基、亚胺基双键的不对称氢化，并成功地用于萘普生的不对称合成。

100％(e. e.)

BINAP 即 2,2′-双(二苯膦)-1,1′-联萘

前手性酮的不对称催化氢化还原可以得到具有光学活性的仲醇，其在天然产物和手性药物的合成中有重要的应用价值。早期开发的许多手性配体与过渡金属形成的络合物在前手性酮的不对称催化氢化反应中通常只有 50％左右的对映选择性。近年来，随着许多新配体的研究开发，又取得了较大的进展。利用手性配体与铑形成的络合物作为催化剂可顺利实现该反应。产物的对映选择性可达 99％，立体选择性非常好（表 5-6）。

表 5-6 甲基喹喔啉的不对称氢化

序号	催化剂	收率/%	e.e./%	序号	催化剂	收率/%	e.e./%
1	(+)-(DIOP)RhH	72.0	3	4	[L₂Ir(NBD)]OTf	93.2	11
2	L₁	53.7	90	5	RuCl₂/L₃/(S,S)-DACH	99.0	73
3	[L₂Ir(COD)]OTf	40.7	23				

$L_1 = fac\text{-}exo\text{-}(R)\text{-}[IrH_2\{C_6H_4C^*H(Me)N(CH_2CH_2PPH_2)_2\}]$

$L_2 = (R,R)\text{-}BDPBzP$ $\qquad$ $L_3 = (S)\text{-}xyl\text{-}hexaPHEMP$

催化氢化芳香杂环化合物为获得饱和或部分饱和的杂环化合物提供了一种简单有效的方法，尤其是一些具有手性的杂环化合物，它们是生物活性分子中常见的结构单元，而这些化合物难以通过其它化学合成的方法获得。

二、生物还原技术

生物还原技术是利用微生物代谢过程中产生的酶来选择性地催化底物、实现还原的一种方法，其在不对称还原领域具有重要的应用。虽然基于过渡金属与手性配体催化剂的不对称催化加氢技术已经发展到了一个相当可观的水平，但生物还原与之相比，仍然有其不可比拟的优势，如：高度的立体、区域和化学选择性，安全性高，环境友好等。更详细的例子，将在第十一章中的酶催化还原反应部分介绍。

三、电化学还原

电解还原法是有机化合物从电解槽的阴极上获得电子而完成的还原反应。电解还原法是一新兴的还原方法，具有环境污染小、反应选择性高等优点，相对于传统的化学还原法来说，符合当前"绿色化学"的原则。丙烯腈电解还原制备己二腈、硝基苯电解还原制备苯胺等已实现了工业化。近年来，电化学还原又取得了一些新的进展。

离子液体又称室温离子液体，是一类在室温附近呈液态的熔盐。与传统有机溶剂相比，离子液体具有稳定性高、溶解性强、挥发性低、导电性强的特点。以离子液体 BMMBF₄ 为溶剂和支持电解质，H_2O 为氢源，以 Cu 片为工作电极，石墨为辅助电极，饱和甘汞电极为参比电极，邻硝基氯苯还原以 86.2% 收率获得邻氯苯胺产物。$E=0.9V$，$c=74.4mmol/L$，$Q=517.6C$。

四、有机合成新技术在还原反应中的应用

（一）微波有机合成技术在还原反应中的应用

微波促进的还原反应在手性结构的诱导下表现出一定的立体选择性，同时反应能在较短的时间内完成。如麻黄碱的不对称合成中，在亚胺还原中借助微波可使反应以很高的立体选择性在数分钟内完成，后两步反应的收率分别为 55% 和 64%。在微波辐射和无溶剂条件下，将硼氢化钾和等物质的量（mol）的氯化锂混合，可将酯还原为相应的醇，反应可在 8min 内完成，产率为 55%～95%。

$$R^1COOR^2 \xrightarrow[MW]{NaBH_4/LiCl} R^1CH_2OH + R^2OH$$

（二）超声波技术在还原反应中的应用

超声波技术辅助还原能加快反应速率，且产物收率高。以次磷酸钠为还原剂，Pd-C 为催化剂，在超声波辐射作用下，芳香族硝基化合物在 20～60min 的时间内，以 90%～99%的收率转化为芳香胺。2,3-二溴化三尖杉宁碱（DIBROCs）锌粉还原脱溴转化为三尖杉宁碱，在超声波辅助作用下，反应物在 40min 即可达到 98%的转化率，还可避免传统加热而导致的反应物分解。

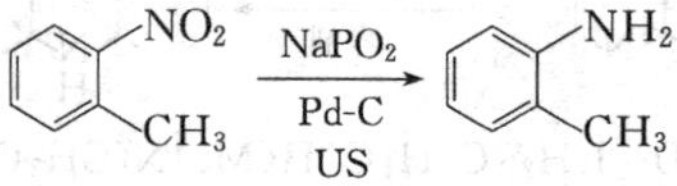

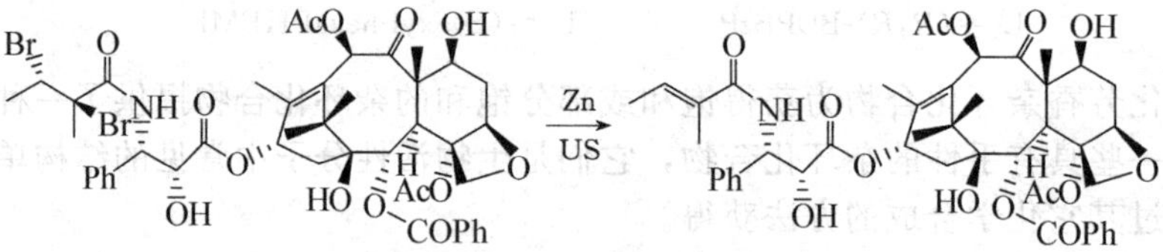

本 章 小 结

本章共分为六节，第一节到第四节，系统地介绍了催化加氢还原、金属及其低价盐还原、金属氢化物还原及非金属化合物还原四类还原方法。对其中所涉及的典型还原反应，进行了系统的讨论。第五节对临床上典型药物扑热息痛、氢化可的松及维生素 C 生产中所涉及的还原反应进行简析，旨在让读者明确还原反应在一些重要的药物或医药中间体制备过程中所起的作用。第六节介绍了还原反应的一些最新进展情况，如不对称催化氢化、生物还原技术、电化学还原技术等。本章内容较多，亦较为琐碎。读者在学习过程中，应重点掌握反应通式、反应机理、反应影响因素这三个方面的结论性内容。并通过比对不同还原方法的适用范围，归纳出不同还原方法的优势与不足，以便在药物合成中加以合理应用。

第六章　烃基化反应

有机分子中的 O、N、S、C 等原子上引入烃基以及取代烃基的反应称为烃基化反应 (alkylation reaction)。参与烃基化反应的化合物主要包括被烃基化物〔如（硫）醇类、（硫）酚类、胺类、含活性 C 原子的烃类等〕和烃基化剂（如卤代烃类、硫酸酯类、醇类、醚类等）两部分，它们的结构在很大程度上决定了烃基化反应的难易。

烃基化反应主要通过单分子（S_N1）或双分子（S_N2）亲核取代反应、亲电性取代反应及自由基取代反应机理进行的，也可通过加成反应机理实现。

O-烷基化反应可以制备醚类化合物，N-烷基化反应可以制备胺类化合物，S-烷基化反应可以制备硫醚类化合物，C-烷基化反应可以制备碳链更长的化合物。在药物及其中间体的合成中，不时能看到烃基化反应。例如，血液系统药物西洛他唑（cilostazol）的合成，最后一步反应是 O-烷基化反应。抗心律失常药多非利特（dofetilide）的合成中间体 **6-1** 的制备，也是通过 N-烷基化反应完成的。

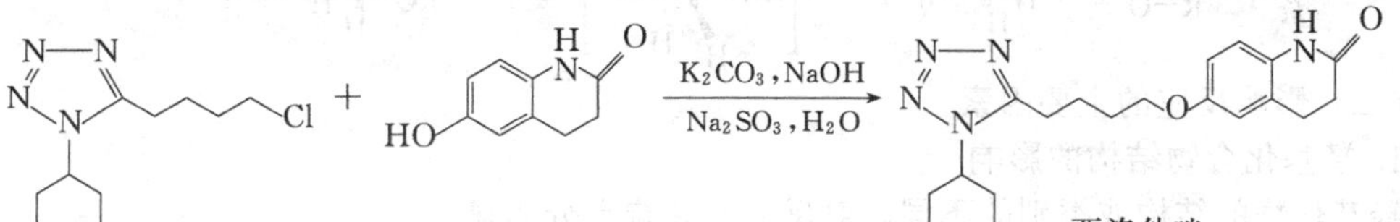

西洛他唑

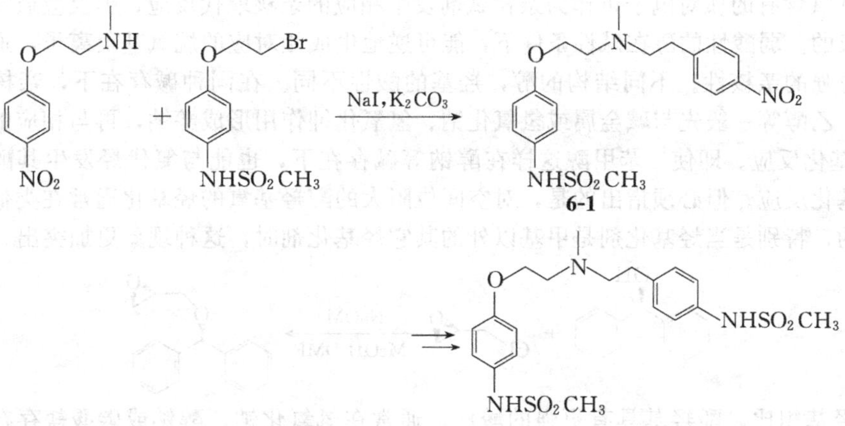

6-1

多非利特

本章按照在 O、N、S、C 等不同原子上引入烃基的方式归类，对典型的烃基化反应从反应机理、主要影响因素、药物及中间体合成的应用实例以及有关烃化反应的最新研究成果等方面进行讨论。

第一节　O 原子上的烃基化反应

O 原子上的烃基化反应，是指向含氧有机分子中的氧原子上引入烃基的反应，氧原子主要是指醇、酚中羟基氧原子。羟基是一个酸性基团，在碱性条件下，易形成氧负离子，表现出较强的亲核性。当烃基化剂与之发生双分子（S_N2）或单分子（S_N1）亲核取代反应，形成醚类。本节根据烃基化剂的不同，学习在醇、酚羟基氧原子上引入烃基的主要方法。

一、卤代烃为烃基化剂

卤代烃的制备在第一章做了较详尽讨论，其作为烃基化剂，能与不同亲核试剂发生取代反应。卤代烃与醇或酚在碱性条件下发生 Williamson 反应而生成醚，无论是单醚还是混合醚的合成，均可采用这一方法，反应通式如下：

$$R—OH+B^{\ominus} \longrightarrow R—O^{\ominus}+BH$$
$$R'—X+R—O^{\ominus} \longrightarrow R—O—R'+X^{\ominus}$$

（一）反应机理

Williamson 反应是经典的亲核取代反应，概括地说，可分别按照 S_N1 和 S_N2 两种反应机理进行，反应方式依赖于卤代烃的结构。叔卤代烃、苄卤代烃和烯丙位卤代烃的亲核取代一般遵循 S_N1 反应机理，伯卤代烃通常遵循 S_N2 反应机理，仲卤代烃的反应相对复杂一些，遵循何种机理，还与反应条件密切相关。

（二）影响反应的主要因素

1. 羟基化合物结构的影响

羟基化物的结构或类别的不同，对反应的影响十分明显。

醇羟基氧含有的孤对电子可作为亲核试剂发生相应的亲核取代反应，但反应通常是在碱性条件下完成的。弱酸性的醇在碱性条件下，能可逆地生成相对应的烷氧基负离子，通常其显现出比羟基更强的亲核性。不同结构的醇，羟基的酸性不同。在同种碱存在下，亲核能力也不同。甲醇、乙醇等一般先与碱金属或氢氧化钠、氢氧化钾作用形成醇钠，再与相应的亲电试剂发生 O-烃基化反应。即使二苯甲醇这样在醇钠等碱存在下，也能与氯代烃发生其醇羟基氧原子上的烃基化反应。但必须指出的是，对空间位阻大的醇羟基氧的烃基化通常在类似条件下是不能完成的，特别是当烃基化剂是甲基以外的其它烃基化剂时，这种现象更加突出。

与醇羟基相比，酚羟基具有更强的酸性。通常在氢氧化钠、醇钠或碳酸盐存在下，即可形成芳氧负离子，从而表现出亲核性，与烃基化剂发生 S_N2 反应。反应可以在水、醇、丙酮、二甲亚砜或 N,N-二甲基甲酰胺等不同溶剂中进行。抗肿瘤药物吉非替尼（gefitinib）中间体 **6-2** 的制备方法之一，就是通过酚羟基上的 Williamson 反应来实现的。

6-2　　　　吉非替尼

醇羟基与酚羟基相比较，酸性和亲核性均由于电子效应缘故而具有较明显的差别。前者的酸性比后者弱，亲核性与之相反。此外，需要明确的是羟基的亲核性与之对应的氧负离子的碱性并非完全一致。典型的例子是甲醇钾（或乙醇钾）与叔丁醇钾，前者既是强碱，也是强亲核试剂；而后者是更强的碱，但几乎不具有亲核性。类似的特性，在含氮化合物中也不时能看得到。

2. 烃基化剂卤代烃结构的影响

卤代烃作为亲电试剂，其活性与结构及卤原子有密切关系。通常，卤代烃中烃基相同，卤素不同时活性顺序为 R—F＜R—Cl＜R—Br＜R—I；卤原子相同，烷基不同时卤代烃活性顺序为 ArCH$_2$—X＞R$_3$C—X＞R$_2$CH—X＞RCH$_2$—X＞CH$_3$—X＞Ar—X。这些规律仅有相对的意义，事实上反应的行为通常是复杂的，既涉及反应机理差异（如 S$_N$1 和 S$_N$2），也涉及反应的不同类别（如亲核取代反应与消去反应）。对反应结果的预测，既要考虑到卤代烃的结构，同时也必须考虑在碱性条件羟基氧的亲核性及其碱性。大体的规律见表 6-1。

表 6-1　卤代烃与烃氧负离子的亲核取代和消去反应规律

卤代烃	羟基氧负离子的特性		
	弱碱、强亲核	强碱、强亲核	强碱、弱亲核
Me 或 Bn	S$_N$2	S$_N$2	S$_N$2 或 N. R.
1°	S$_N$2	S$_N$2	E2
2°	S$_N$2	S$_N$2＜E2	E2
3°	E2	E2	E2

需要指出的是，卤代芳香烃如氯苯或溴苯等由于卤原子的未成键的 p 电子与苯环大 π 键发生 p-π 共轭，致使其活性非常低，亲核取代反应异常困难。即使在剧烈的条件（高温、催化剂催化）下发生反应，既不遵循 S$_N$1 机理，也不遵循 S$_N$2 机理。消化系统用药雷贝拉唑钠（rabeprazole sodium）的合成中，最后一步反应便是在碱性条件下醇与 4-氯吡啶衍生物之间的亲核取代。

雷贝拉唑钠

3. 碱和溶剂的影响

羟基 O-烃基化反应，反应通常在碱性条件下完成。常见的碱包括活泼金属、氢氧化钠、氢氧化钾、氢化钠等。如苯酚的 O-烃基化反应，在 KOH、K$_2$CO$_3$ 或 NaH 碱性条件下形成甲基化产物。

KOH　93%

K$_2$CO$_3$　89%

NaH　91%

羟基 O-烃基化反应通常可在非极性溶剂如苯、甲苯（Tol）、二甲苯（xylene）中进行，也能发生在二甲亚砜（DMSO）、N,N-二甲基甲酰胺（DMF）、六甲基磷酰三胺（HMPTA）等极性非质子溶剂中。在质子性溶剂中，醇氧负离子的亲核性被溶剂化而减弱，所以此类反应通常不使用质子性溶剂。

（三）应用实例

在药物及其中间体的合成中，Williamson 反应应用十分频繁。用于治疗高血压和心绞痛的药物苯磺酸氨氯地平（amlodipine besylate）的中间体 6-3，可在氢化钠的 THF 中由 N-羟乙基邻苯二甲酰亚胺与 4-氯乙酰乙酸乙酯为原料合成而得。盐酸埃罗替尼（erlotinib hydrochloride）是用于治疗胰腺癌和转移性非小细胞肺癌的药物，其合成中间体 **6-4** 能通过酚羟基氧上的烃基化反应来制备。

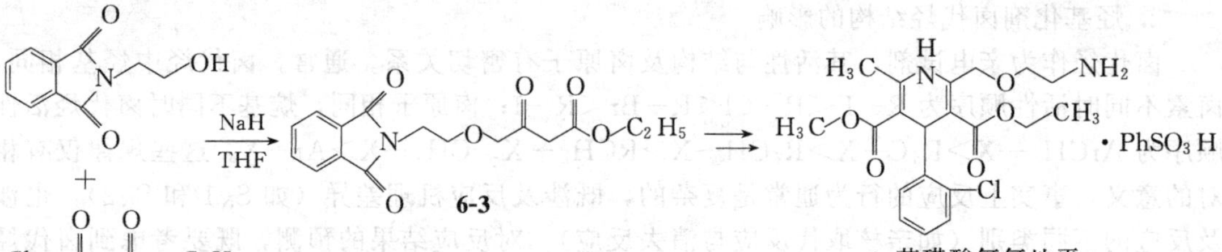

苯磺酸氨氯地平

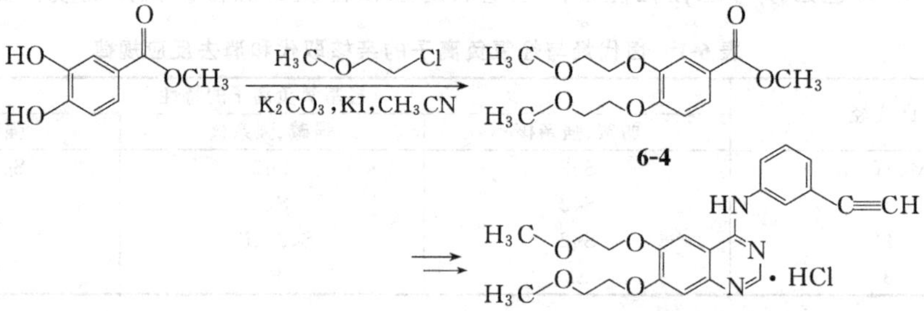

6-4

盐酸埃罗替尼

二、酯类为烃基化剂

酯也可作为烃基化剂实现羟基氧原子上的烃基化反应。通常使用的酯是磺酸酯，偶尔也用羧酸酯，且大多磺酸酯类烃基化剂的活性比卤代烃高，反应条件比卤代烃更温和。

酯类作为烃基化剂发生烃基化反应的机理与卤代烃相似，大多遵循 S_N1 或 S_N2 亲核取代反应机理。

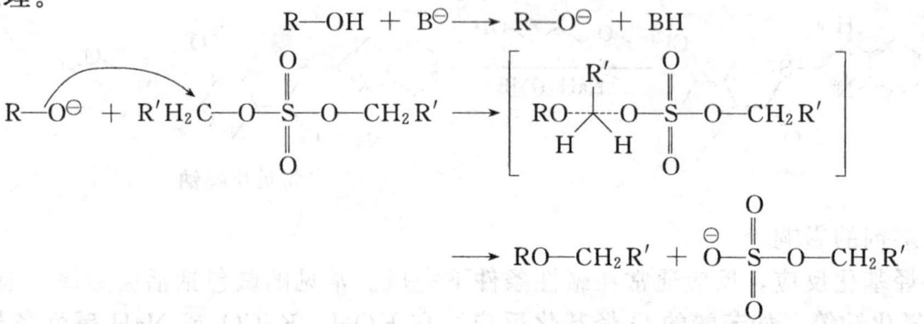

硫酸二甲酯（Me_2SO_4）和硫酸二乙酯（Et_2SO_4）是常用的两种硫酸酯类烃基化剂，分别用于甲基化和乙基化反应。用于治疗痤疮和银屑病的药物阿达帕林（adapalene）中间体 **6-5** 的合成，是由硫酸二甲酯与酚在碳酸钾存在下发生甲基化反应完成的。但是硫酸二甲酯的毒性很大，碳酸二甲酯（dimethyl carbonate，DMC）是其较好的替代甲基化剂。

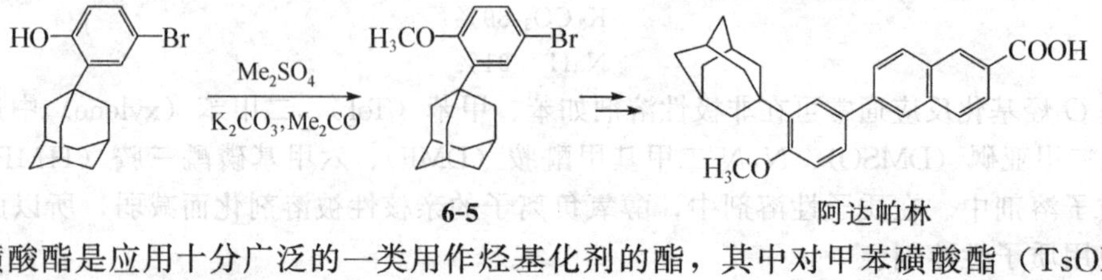

6-5 阿达帕林

芳磺酸酯是应用十分广泛的一类用作烃基化剂的酯，其中对甲苯磺酸酯（TsOR）和苯磺酸酯（$PhSO_3R$）是最常见的。磺酸负离子为优良的离去基团，因此芳磺酸酯作为烃基化剂的反应活性很好，在药物合成中需要引入分子量较大的烃基时显示出其优势。用于治疗慢性乙型肝炎的药物阿德福韦酯（adefovir dipivoxil）中间体 **6-6** 的合成中，一条优势的合成路线便是用芳磺酸酯作为烃基化剂在醇氧原子发生烃基化反应来完成。

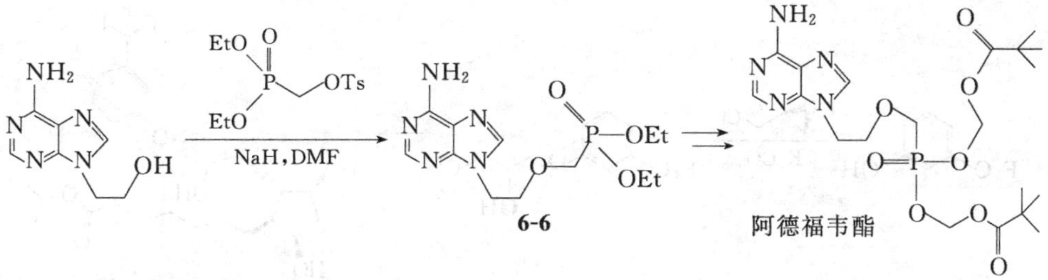

此外，草酸二烷酯、原甲酸酯等也可作为烃基化剂实现羟基氧上的烃基化反应。神经系统用药奥卡西平（oxcarbazepine）中间体 **6-7** 的合成，是利用原甲酸酯烃基化剂完成的。

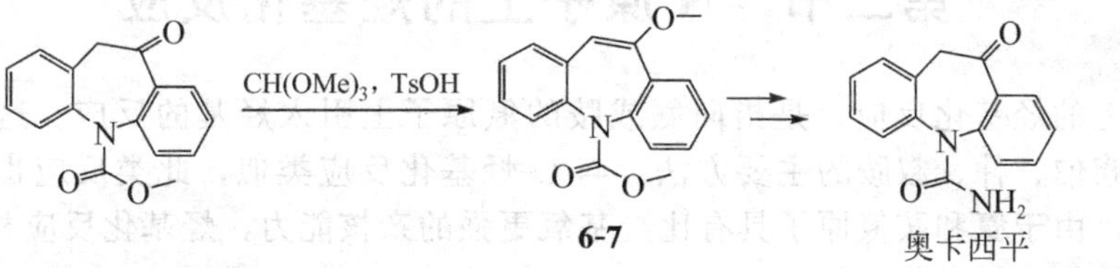

6-7

奥卡西平

三、环氧乙烷类为烃基化剂

环氧乙烷以及其同系物在酸性或碱性条件下易与醇、酚发生亲核开环反应，生成醚类产物。三元环氧烷为烃基化剂，反应产物强烈地依赖于酸碱条件，尤其是不对称的环氧烷的反应。

酸性条件下，环氧烷的开环反应更接近于 S_N1 机理。首先是环氧结构的质子化，形成的质子化环氧醚可按照 a、b 两种不同的方式发生醚键的断裂，形成碳正离子，这是反应速率的限定步骤，碳正离子的稳定性决定开环的方向。碳正离子越稳定，反应的优势越明显。

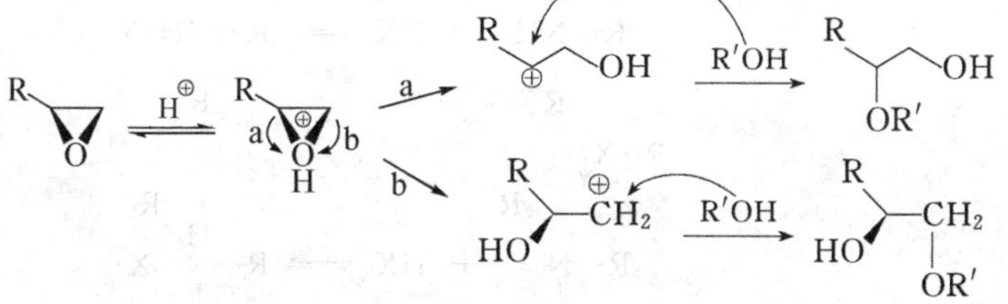

碱性条件下，环氧烷的开环反应更接近于 S_N2 机理。被烃化物醇或酚在碱中首先转化为醇氧或酚氧负离子（$R'O^-$），然后作为亲核试剂进攻环氧烷中位阻小的碳，在实现氧原子上烃基化构建出 C—O σ 键的同时，环被打开完成反应。苯基环氧乙烷与甲醇发生烃基化反应时，以碱催化主要得到仲醇，以酸催化主要得到伯醇。

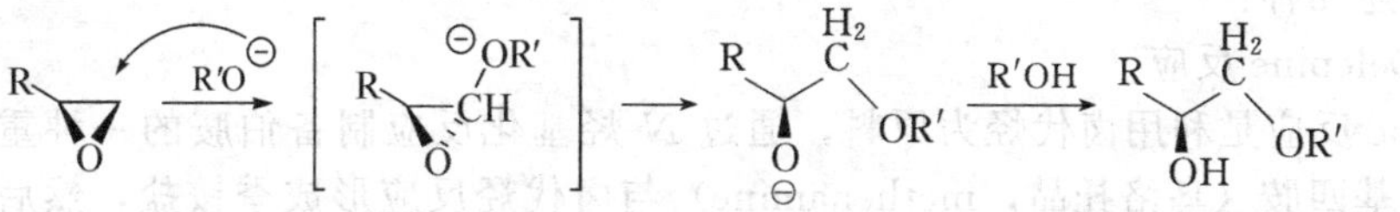

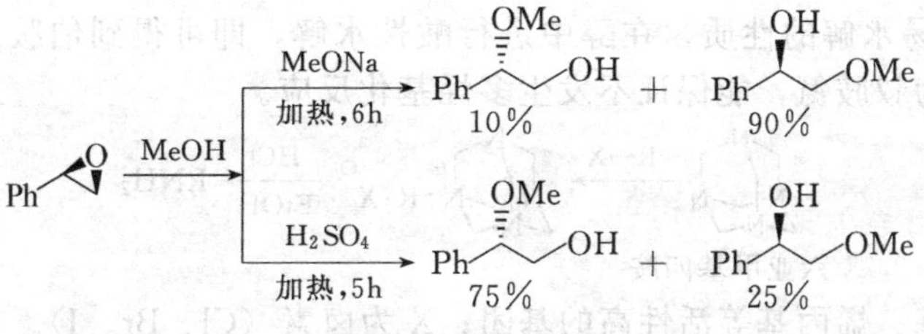

环氧乙烷类烃基化剂在烃基化反应中活性高，反应条件温和，且反应速率快，在药物合成中应用广泛。眼科用药曲伏前列素（travoprost）中间体 **6-8** 的合成，通过选择环氧氯丙烷为烃基化剂，完成酚羟基氧原子上烃基化反应。

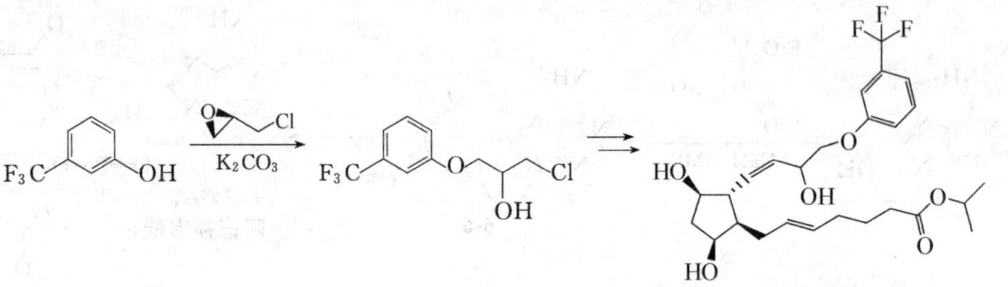

6-8　　　　　　　　　　　曲伏前列素

第二节　N 原子上的烃基化反应

N 原子上的烃基化反应，是指向氨或胺的氮原子上引入烃基的反应。这是制备各种脂肪族和芳香族伯、仲、叔胺的主要方法。与 O-烃基化反应类似，此类反应也属于亲核取代反应，不过，由于氨和胺氮原子具有比羟基氧更强的亲核能力，烃基化反应相对更易发生。

一、卤代烃为烃基化剂的反应

卤代烃与氨或胺发生 N-烃基化反应时，反应通常难以控制生成伯、仲、叔胺还是季铵盐，从而限制了其在药物及其中间体的合成中应用的范围。而且反应过程释放出的卤化氢能与体系中的氨或胺形成盐，阻碍其进一步的烃基化，所以，在以卤代烃为烃基化剂进行 N 原子上的烃基化反应时，需要加入碱类物质。

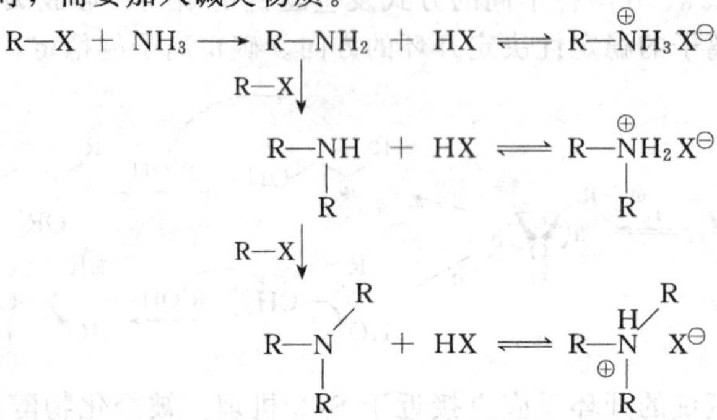

式中，R 可以是脂肪基、脂环基或芳香基；X 为卤素（Cl、Br、I）。

鉴于胺或氨与卤代烃的直接烃基化反应产物的难控性，因此在药物合成中的应用受到了极大的限制。选择性地实现 N 原子上的烷基化在药物合成中具有重要的应用价值，常见的方法包括下述几种：

（一）Delépine 反应

Delépine 反应是利用卤代烃为原料，通过 N-烃基化反应制备伯胺的一种重要方法。首先，六亚甲基四胺（乌洛托品，methenamine）与卤代烃反应形成季铵盐，然后利用甲醛氨化物-六亚甲基四胺易水解的性质，在醇中进行酸性水解，即可得到伯胺。由于环六亚甲基四胺中的氮原子均为叔胺氮，能保证不发生多烃基化反应。

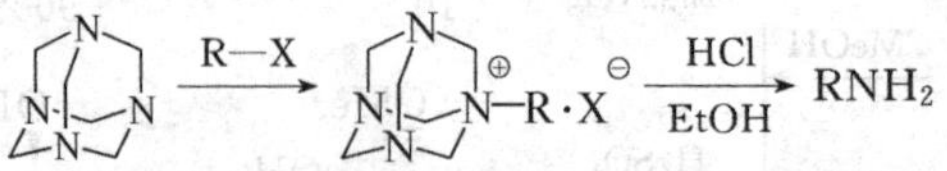

六亚甲基四胺

式中，R 为苄基、烯丙基等活性高的基团；X 为卤素（Cl、Br、I）。

Delépine 反应具有反应选择性高、无仲叔胺形成、原料便宜、操作简便等优点，但由于六亚甲基四胺实际上是甲醛的氨化物，胺氮的亲核性较弱，只能与具有较高反应活性的卤代烃（如苄基卤、烯丙基卤等）反应形成季铵盐，因此也就限制了其应用范围。盐酸奥兰西丁

(olanexidine hydrochloride) 是双胍类外用杀菌消毒剂，其合成中间体 **6-9** 的制备可采用 Delépine 反应来完成。

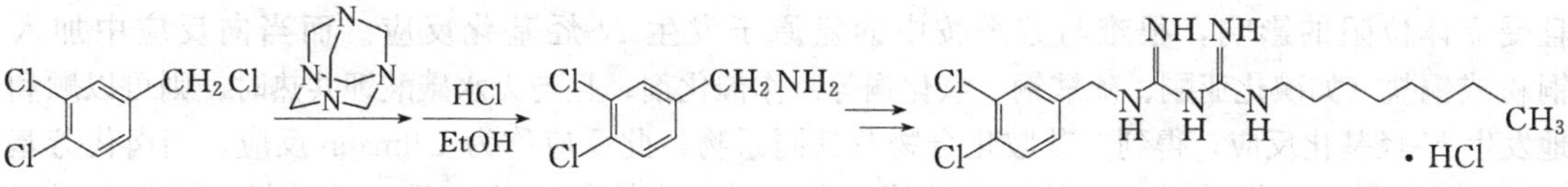

6-9　　　　　　　　　　　盐酸奥兰西丁

（二）Gabriel 反应

Gabriel 反应是 *N*-烃基化反应制备伯胺的另一种重要方法。反应以邻苯二甲酰亚胺和烃基化剂为原料，在碱性条件下生成 *N*-烃基邻苯二甲酰亚胺，再水解形成伯胺。式中，R 为烷基、烯丙基、苄基等，X 为卤素（Cl、Br、I）、OTf、OMs 等。

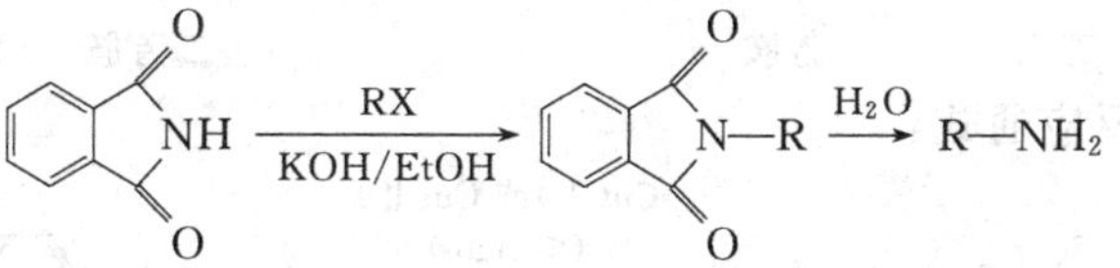

反应的进行是基于邻苯二甲酰亚胺 N—H 的弱酸性，在碱性条件下可形成二甲酰亚胺氮负离子，而后其作为亲核试剂与烃基化剂发生 S_N2 反应形成 *N*-烃基邻苯二甲酰亚胺。由于邻苯二甲酰亚胺中只有一个氢，从而只能进行单烃基化反应。*N*-烷基化产物进一步转化为伯胺时，可在酸性条件下完成酰胺的水解，也可在碱性条件下实现酰胺的水解。此外，用邻苯二甲酰亚胺为酰化剂与肼发生，也能交换出胺。

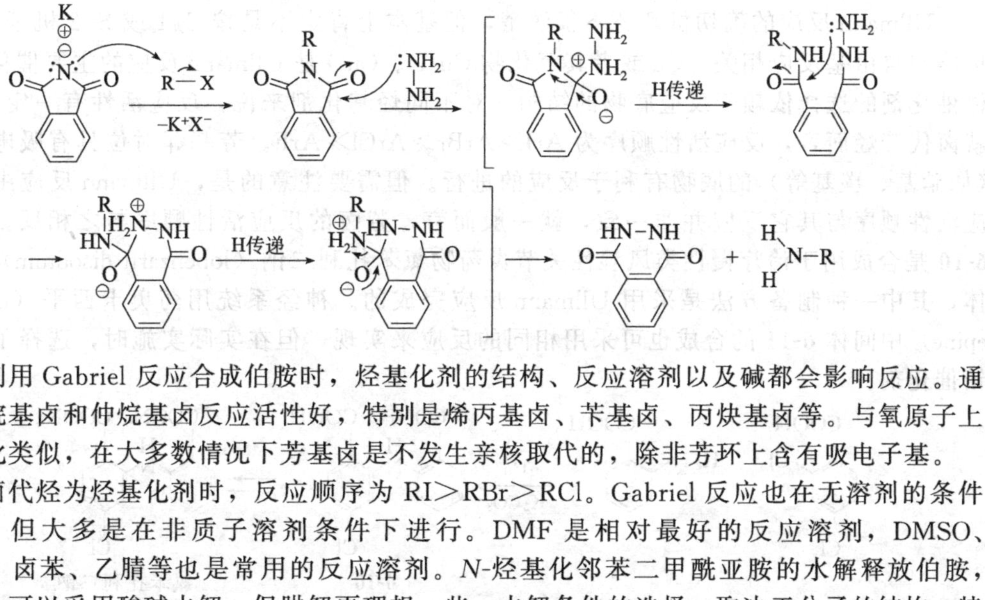

在利用 Gabriel 反应合成伯胺时，烃基化剂的结构、反应溶剂以及碱都会影响反应。通常，伯烷基卤和仲烷基卤反应活性好，特别是烯丙基卤、苄基卤、丙炔基卤等。与氧原子上的烃基化类似，在大多数情况下芳基卤是不发生亲核取代的，除非芳环上含有吸电子基。

以卤代烃为烃基化剂时，反应顺序为 RI＞RBr＞RCl。Gabriel 反应也在无溶剂的条件下进行，但大多是在非质子溶剂条件下进行。DMF 是相对最好的反应溶剂，DMSO、HMPA、卤苯、乙腈等也是常用的反应溶剂。*N*-烃基化邻苯二甲酰亚胺的水解释放伯胺，从理论上可以采用酸碱水解，但肼解更理想一些。水解条件的选择，取决于分子的结构，特别是官能团之间的制约。抗肿瘤药 5-氨基酮戊酸盐酸盐（aminolevulinic acid hydrochloride）的合成可通过 Gabriel 反应来完成。

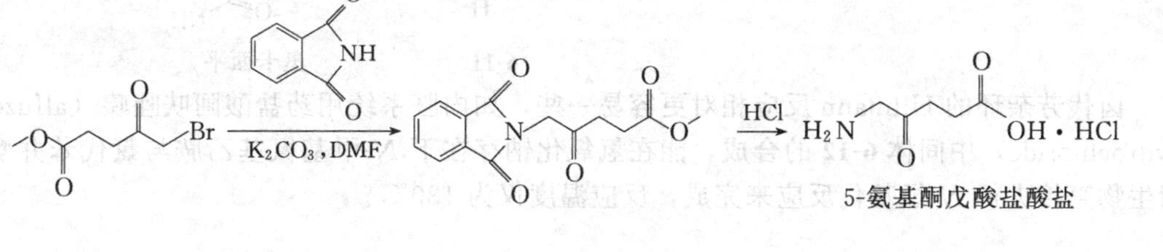

5-氨基酮戊酸盐酸盐

（三）Ullmann 反应

Ullmann 反应是 N-烃基化反应制备芳香仲、叔胺的一种方法。由于卤代芳烃活性低，且受立体位阻的影响，很难与芳香胺中的氮原子发生 N-烃基化反应。而当向反应中加入铜粉或铜盐（如碘化亚酮、硫酸铜、氧化铜等）作催化剂，且与无水碳酸钾共热时，则可以顺利地发生 N-烃基化反应，得到二苯胺化合物及其同系物，此反应称为 Ullmann 反应。当卤代芳基环上有吸电子基（如硝基、酯基、羰基等）存在时，能够促进此类反应的进行。其反应通式如下：

改良的 Ullmann 反应通式：

式中，R^1，R^2，R^3，R^4 可以为 H，CN，NO_2，COOR，I，Br，Cl 等；X 可以为 I，Br，Cl，SCN 等；Y 可以为 NH_2，NHR，NHCOR 等；溶剂可以为 DMF，吡啶，DMSO，喹啉，硝基苯，二噁烷，乙二醇等；碱可以为碳酸钾，三乙胺，吡啶等。

Ullmann 反应的确切机理还不很清楚，但基本上肯定不是按 S_N1 或 S_N2 机理进行的，可能与自由基反应相关。Cu 或者其氧化物 Cu_2O，CuO 是 Ullmann 反应的主要催化剂，具体催化剂的选择依赖于反应底物的结构。对不同烃基化剂来说，反应活性有一定的差异。就卤代芳烃而言，反应活性顺序为 ArI＞ArBr＞ArCl≫ArF。芳基邻对位具有吸电子基团（如硝基、羰基等）的底物有利于反应的进行。但需要注意的是，Ullmann 反应中芳卤反应活性顺序与其它反应并非一致，就一般而言，芳卤的反应活性顺序与之相反。化合物 **6-10** 是合成用于治疗慢性类风湿性关节炎药物氯苯扎利二钠（lobenzarit disodium）的中间体，其中一种制备方法是采用 Ullmann 反应完成的。神经系统用药奥卡西平（oxcarbazepine）中间体 **6-11** 的合成也可采用相同的反应来实现，但在实际实施时，选择了四乙酸铅催化剂。

卤代芳杂环的 Ullmann 反应相对更容易一些，如内脏系统用药盐酸阿呋唑嗪（alfuzosin hydrochloride）中间体 **6-12** 的合成，能在氢氧化钠存在下 N-甲基氰基乙胺与氯代苯并嘧啶衍生物直接进行 N-烃基化反应来完成，反应温度仅为 $130℃$。

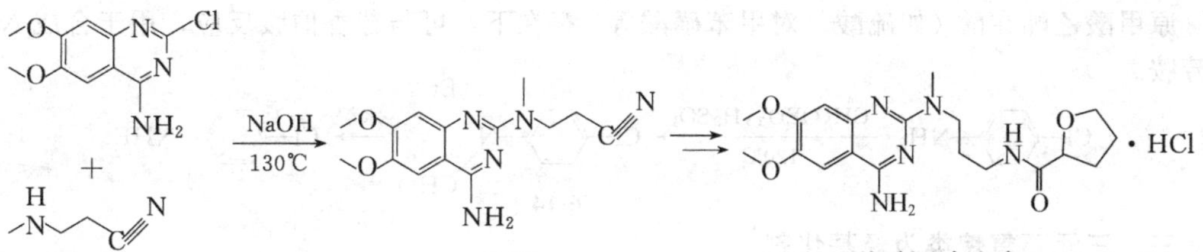

6-12　　　　　　　　盐酸阿呋唑嗪

二、酯类为烃基化剂

酯类、特别是磺酸酯也可以作为 *N*-烃基化剂，但要比 *O*-烷基化反应的机理复杂。下式中，R^1、R^2 为脂肪烃基、芳香烃基等；X 为 MsO、TsO、SO_4 等酯基；Y 为 NH_2、NHR、NHCOR 等。

$$R^1—X+Y—R^2 \longrightarrow R^1—Y—R^2$$

氨或脂肪（芳香）胺氮上所发生的大多数反应，其推动力是孤对电子的亲核性。以硫酸酯、磺酸酯基为烃基化剂在胺氮上的烃化反应也是一样，只不过硫酸盐和磺酸盐是比卤离子更优良的离去基，因此，磺酸酯是一类活性更高的烃基化剂。

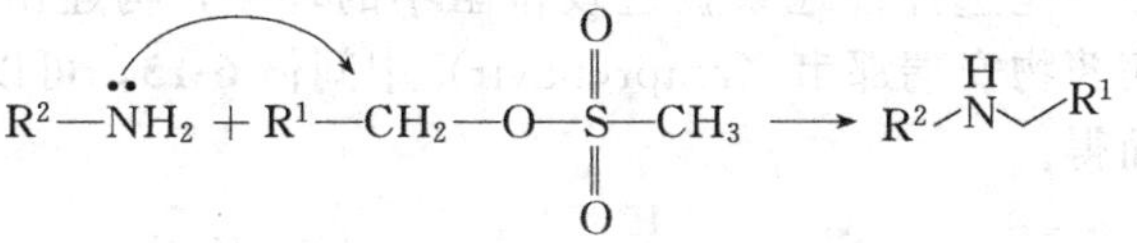

盐酸西那卡塞（cinacalcet hydrochloride）是一种具有调节内分泌功能的药物，可用 S-α-萘乙胺和间三氟甲基苯基丙醇甲磺酸酯为原料，通过亲核取代反应来合成。对甲苯磺酸烃基酯与甲磺酸相似，也是一种胺氮的优良烃基化剂。

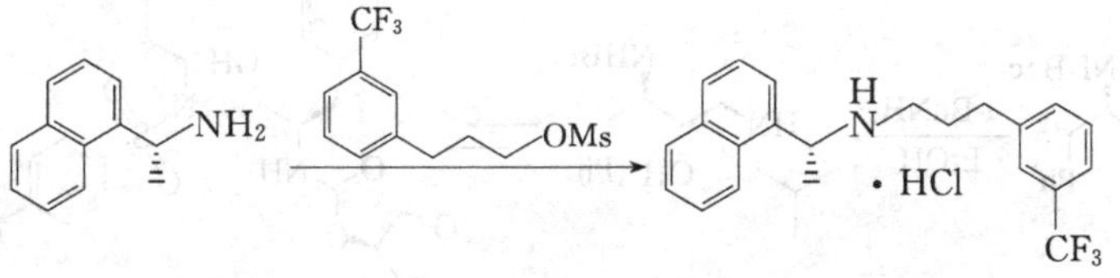

盐酸西那卡塞

内脏系统用药盐酸阿洛司琼（alosetron hydrochloride）的合成，最后一步反应就是对甲苯磺酸酯作为烃基化剂的胺氮上的烃基化过程。

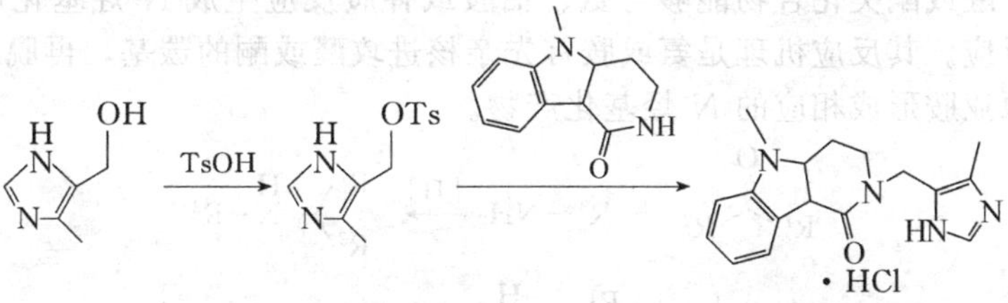

盐酸阿洛司琼

硫酸二甲酯和二乙酯不仅能作为羟基氧原子上的甲基化和乙基化剂，而且也能在氮原子上实现类似的烃基化反应。抗病毒药物盐酸阿比朵尔（arbidol hydrochloride）的中间体 6-13，可用硫酸二甲酯为甲基化剂完成其合成。

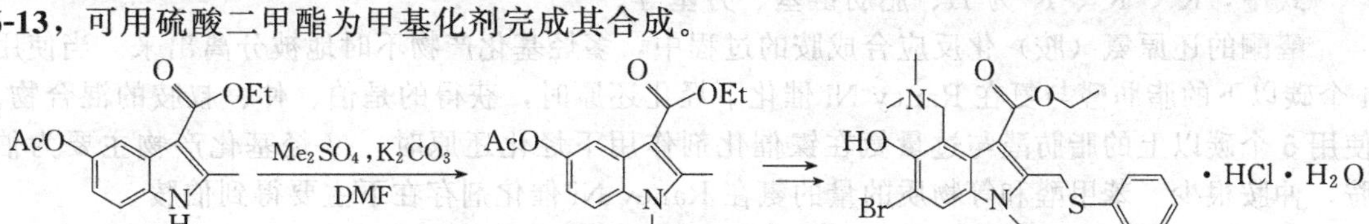

6-13　　　　　　　　盐酸阿比朵尔

原甲酸乙酯在酸（如硫酸、对甲苯磺酸等）存在下，可与芳香伯胺反应，用于合成 N 乙基芳胺。

$$Cl-\!\!\!\!\bigcirc\!\!\!\!-NH_2 \xrightarrow[120℃]{CH(OEt)_3,H_2SO_4} Cl-\!\!\!\!\bigcirc\!\!\!\!-N\begin{smallmatrix}Et\\CHO\end{smallmatrix} \xrightarrow{水解} Cl-\!\!\!\!\bigcirc\!\!\!\!-NHEt$$

6-14

三、三元环氧烷类为烃基化剂

环氧乙烷类烃基化剂在完成 N-烃基化反应时，与三元环氧化合物的碱性开环反应规律几乎一样，在环氧结构开环转化为醇的同时，N-烃基化也一并完成。在药物合成中，这一反应不仅能够完成官能团的转化，同时也可引入新的官能团。当然，其反应的难易程度主要取决于被烃基化物中氮原子的亲核能力，亲核能力越强，N-烃基化反应越容易进行。

$$R^1\!\!-\!\!\stackrel{O}{\triangle} + X-R^2 \longrightarrow R^1\!\!-\!\!\stackrel{OH}{\underset{}{|}}\!\!-X-R^2$$

式中，R^1、R^2 为 H、脂肪烃基、芳香烃基等；X 为 NH_2、NHR、NHCOR 等。

对称的三元环氧烷烃基化剂给出产物比较单一，不对称环氧烷在与氨或胺反应时，大部分情况下氨或胺的氮原子能选择性地亲核进攻位阻小的环碳，构建出 N—C 键而获得 N-烷基化产物。治疗艾滋病药物安瑞那韦（amprenavir）中间体 **6-15**，可以异丁胺与环氧乙烷类烃基化剂为原料合成而得。

$$R^1\!\!-\!\!\stackrel{O}{\underset{H}{\triangle}}\!\!-H \quad H-\stackrel{H}{\underset{..}{N}}-R^2 \longrightarrow R^1\!\!-\!\!\stackrel{HO\;H\;H}{\underset{H\quad H\quad H}{|\;|\;|}}\!\!-\stackrel{H}{\underset{..}{N}}-R^2$$

6-15　安瑞那韦

四、醛、酮为烃基化剂

在合适的还原剂（如 Na/EtOH、Na-Hg/EtOH、Zn、HCOOH、H_2/Pd、及金属氢化物等）存在下，醛或酮类化合物能够与氨、伯胺或仲胺反应生成 N-烃基化产物，此类反应称为还原烃化反应。其反应机理是氨或胺首先亲核进攻醛或酮的羰基，再脱水生成亚胺，最后催化氢化还原亚胺形成相应的 N-烃基化产物。

$$R^1\!\!-\!\!\stackrel{O}{\underset{}{\overset{\|}{C}}}\!\!-R^2 + R^3-NH_2 \xrightarrow{[H]} R^1\!\!-\!\!\stackrel{}{\underset{R^2}{\overset{}{C}}}\!\!-\stackrel{H}{\underset{}{N}}-R^3$$

$$R^1\!\!-\!\!\stackrel{O}{\overset{\|}{C}}\!\!-R^2 + R^3-NH_2 \rightleftharpoons \left[HO\!\!-\!\!\stackrel{R^1}{\underset{R^2}{|}}\!\!-\stackrel{H}{\underset{R^3}{N}} \rightleftharpoons \stackrel{R^1}{\underset{R^2}{C}}\!\!=\!\!N-R^3\right] \xrightarrow{[H]} R^1\!\!-\!\!\stackrel{}{\underset{R^2}{C}}\!\!-\stackrel{H}{\underset{}{N}}-R^3$$

式中，R^1、R^2、R^3 为 H、脂肪链基、芳基等。

醛酮的还原氨（胺）化反应合成胺的过程中，多烃基化产物不时地被分离出来。当使用 4 个碳以下的脂肪醛与氨在 Raney Ni 催化下烃化还原时，获得的是伯、仲、叔胺的混合物。使用 5 个碳以上的脂肪醛与过量氨在镍催化剂作用下烃化还原时，N-烃基化产物主要为伯胺，仲胺很少。苯甲醛和等物质的量的氨在 Raney Ni 催化剂存在下主要得到伯胺。

$$\bigcirc\!\!\!\!-CHO + NH_3 \xrightarrow[Raney\ Ni]{H_2} \bigcirc\!\!\!\!-CH_2NH_2$$

　　甲醛在甲酸存在下，与伯胺、仲胺反应，结果生成双甲基化产物，并且主要为叔胺，此反应也称为 Eschweiler-Clarke 反应。盐酸文拉法辛（venlafaxine hydrochloride）是一种抗抑郁药，其合成的最后一步反应（即叔胺化）是利用了 Eschweiler-Clarke 反应。

$$R{-}NH_2 + HCHO + HCOOH \longrightarrow R{-}N\begin{matrix}CH_3\\CH_3\end{matrix} + H_2O + CO_2$$

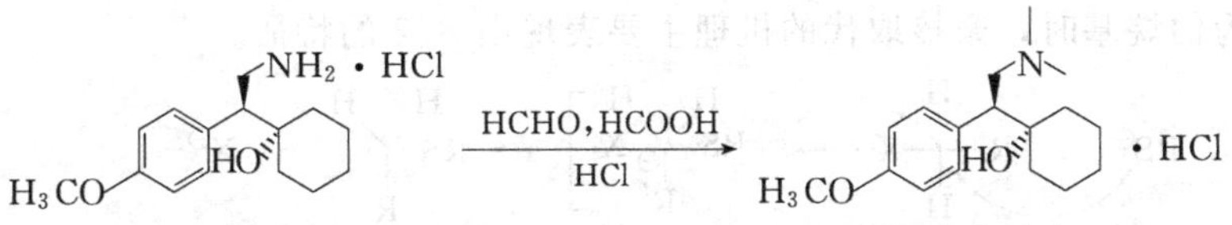

盐酸文拉法辛

　　伯胺与甲醛亲核反应后，酸性条件处理形成仲胺化合物，如抗血栓药盐酸噻氯匹定（ticlopidine hydrochloride）中间体 **6-16** 的合成。仲胺与苯甲醛类化合物进行烃化还原反应可以制备叔胺，如 H_2 受体选择性拮抗剂盐酸罗沙替丁乙酸酯（roxatidine acetate hydrochloride）中间体 **6-17** 的合成。

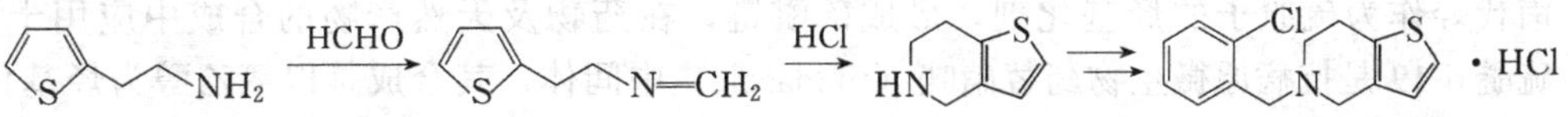

6-16　　　盐酸噻氯匹定

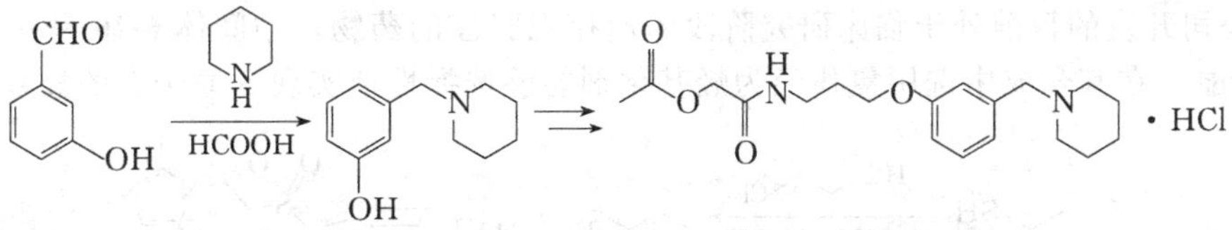

6-17　　　盐酸罗沙替丁乙酸酯

　　酮与羧酸铵盐反应生成的亚胺或烯胺，在结构适宜于进一步修饰的条件下，可用于合成吡啶类化合物，如苯磺酸氨氯地平（amlodipine besylate）合成中间体 **6-18**。

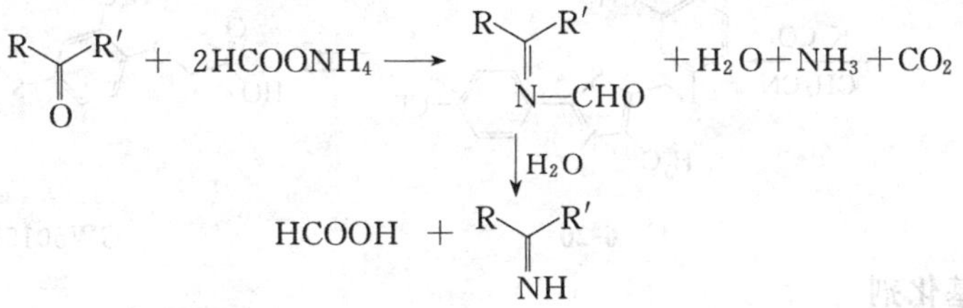

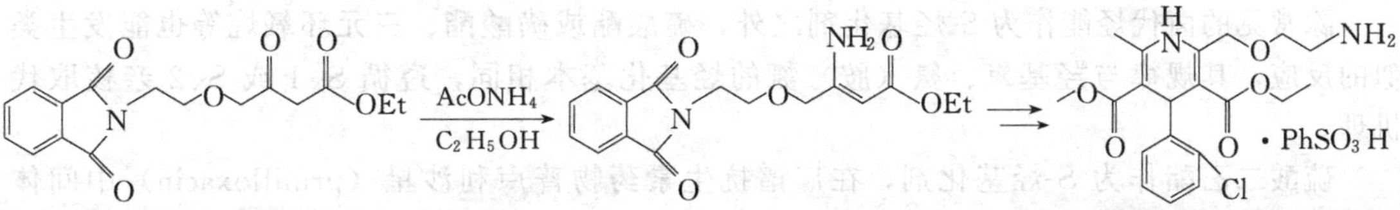

6-18　　　苯磺酸氨氯地平

第三节　S 原子上的烃基化反应

　　与氧原子上的烃基化反应非常相似，硫原子上也能发生烃基化反应。常见的硫原子主要是指硫醇、硫酚中的硫原子，反应大多是在碱性条件下进行的。相对于羟基，巯基表现出更强的酸性，其对应的硫负离子亲核能力也更强。所以在与烃基化剂发生亲核反应合成硫醚类化合物时，表现出较强的活性。

一、卤代烃为烃基化剂

以卤代烃为烃基化剂与硫醇、芳基硫酚在碱性条件下反应，基本遵循一般亲核取代反应规律，或者为 S_N1，或者为 S_N2。根据卤代烃结构的差异，不同的烃基化剂、反应溶剂、碱性催化剂等均可能对硫原子的烃基化反应产生影响。

$$R-SH + R'-X \longrightarrow R-S-R'$$

当烃基化剂为伯烷基时，亲核取代的机理主要表现出 S_N2 的特征。

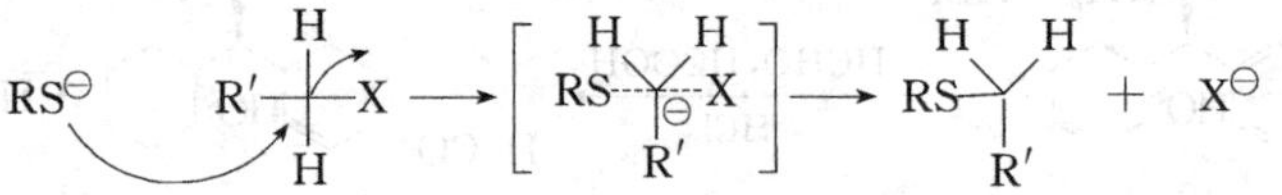

当烃基化剂为叔卤代烷基时，反应主要是单分子的亲核取代。

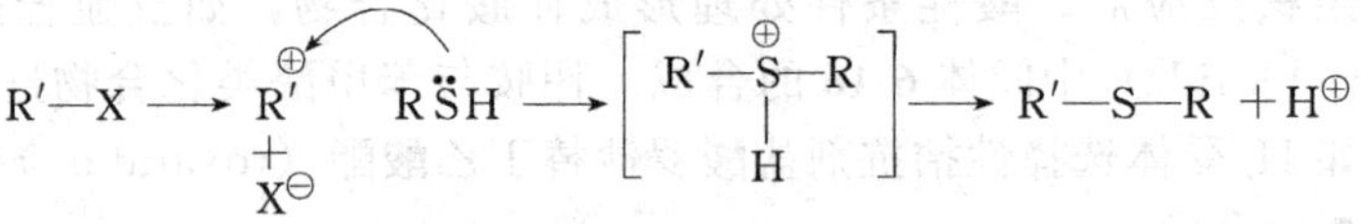

式中，R、R′为脂肪烃基、芳香烃基等；X 为卤素（Cl、Br、I）。

卤代烃作为硫原子的烃基化剂，形成硫醚键，在药物及天然产物的合成中应用十分广泛。硫醚 **6-19** 是抗病原微生物药替硝唑（tinidazole）中间体，其合成是以氯乙醇为烃基化剂，在甲醇钠存在下与丙硫醇发生醚化反应完成的。GW501516 是葛兰素史克（Glaxo Smith Kline）公司开发的目前处于临床研究阶段的治疗肥胖症的药物，中间体 **6-20** 是一种含有羟基的硫酚醚，在其合成中选用氯代烃为烃基化剂能够选择性地实现 S 原子上的烃基化反应。

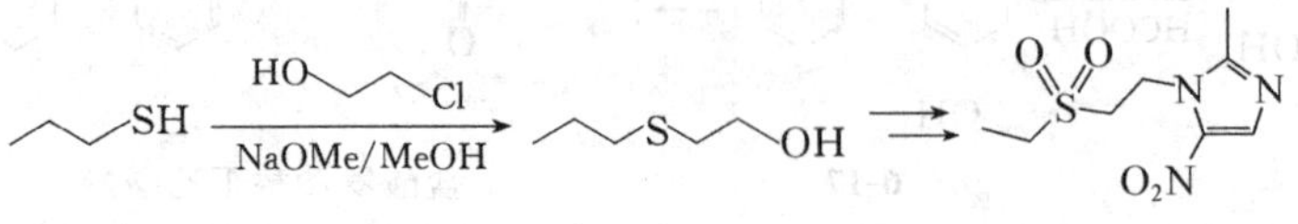

6-19　　　　　　　　　　　　　　替硝唑

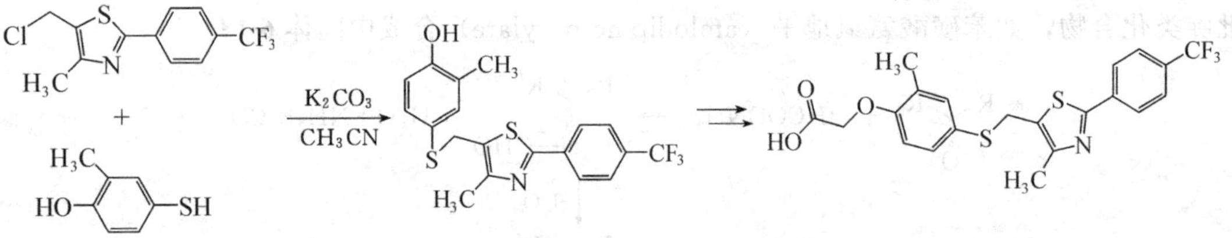

6-20　　　　　　　　　　　GW501516

二、其它烃基化剂

除常见的卤代烃能作为 S-烃基化剂之外，硫酸酯或磺酸酯、三元环氧烷等也能发生类似的反应，其规律与羟基氧、氨（胺）氮的烃基化基本相同，遵循 S_N1 或 S_N2 亲核取代机理。

硫酸二乙酯作为 S-烃基化剂，在广谱抗生素药物普卢利沙星（prulifloxacin）中间体 **6-21** 的合成中得到了应用。而甲磺酸酯（ROMs）作为 S-烃基化反应的烃基化剂，可应用于抗肿瘤药物氟维司群（fulvestrant）中间体 **6-22** 的合成。

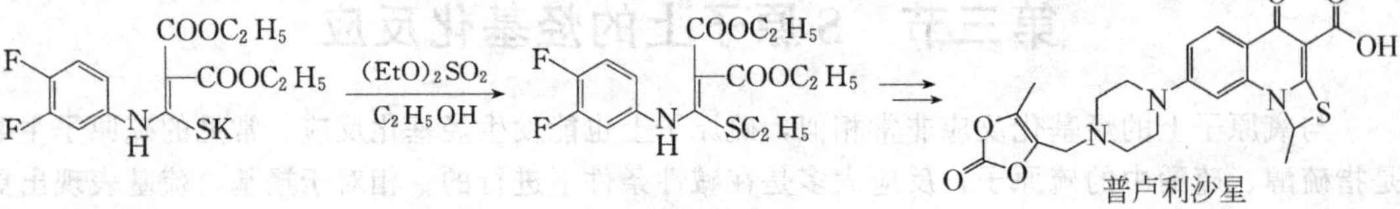

6-21　　　　　　　　　　　　　普卢利沙星

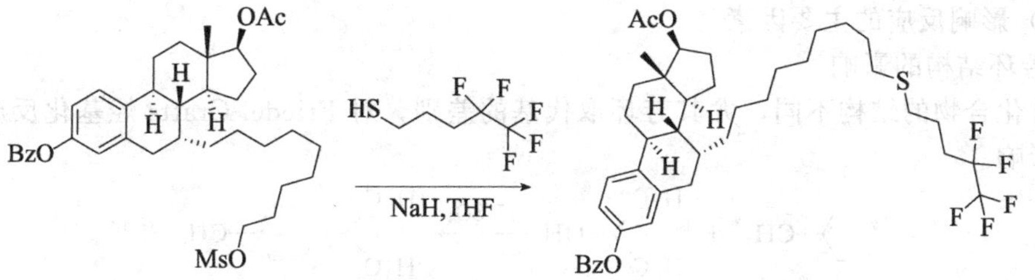

6-22

环氧乙烷类作为 S-烃基化剂，在药物的合成中也不时地被应用，例如盐酸西维米林（cevimeline hydrochloride）中间体 **6-23** 的合成。

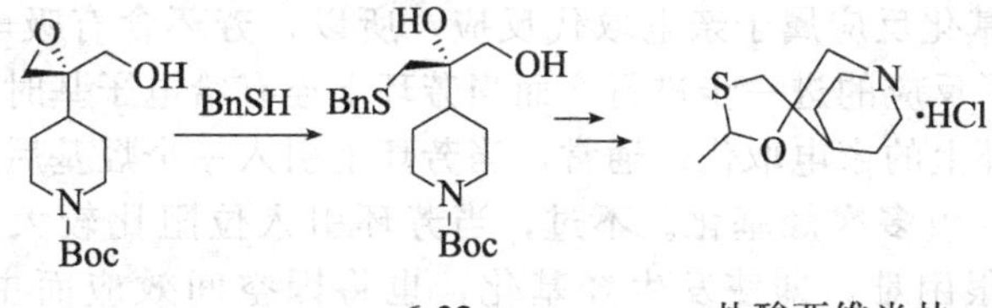

6-23 盐酸西维米林

第四节 C 原子上的烃基化反应

碳原子上的烃基化是指向有机物分子中的碳原子上引入烃基的反应。如果说将 O-烃基化、N-烃基化和 S-烃基化看作为药物合成中经常应用的官能团转化反应的话，那么 C-烃基化反应将是药物合成中构建分子骨架的重要途径之一。碳原子上的烃基化反应的机理比较复杂，不同类型底物的碳上发生的烃基化反应有较大的差异。其中活性亚甲基碳上和炔烃发生的烃基化反应属于亲核取代反应，而通过 Friedel-Crafts 反应发生的烃基化反应属于亲电取代反应。本章主要介绍在药物及其中间体合成中比较常用的芳烃、炔烃、活泼亚甲基和金属有机化合物的 C-烃基化反应。

一、芳烃的 Friedel-Crafts 烃基化反应

芳烃 C-烃基化反应主要是指 Friedel-Crafts 反应、Blanc 反应等。反应是在路易斯酸或质子酸催化下完成的，烃基化剂可以是卤代烃、醇或不饱和烃等。当芳环为富电子体系时，反应进行得比较容易，但当芳环为缺电子体系时，反应进行得非常慢，或者就不发生。并且产物分布，遵循芳烃亲电取代反应定位规律。利用烃基化反应可以制备一系列烃基取代的芳环及芳杂环化合物，在药物及其中间体的合成中用途非常广。

$$Ar—H+R—X \xrightarrow{\text{路易斯酸}} Ar—R$$

（一）反应机理

Friedel-Crafts 烃基化反应是通过亲电取代反应机理进行的。首先，路易斯酸（如 $AlCl_3$）与烃基化剂卤代烃作用，形成络合物或离子对，然后离子对中带有正电荷的烃基作为亲电体进攻芳环得到 π 络合物，随后转化为 σ 络合物。但由于 σ 络合物中，芳香结构被破坏而使能量升高，所以其将快速失去氢离子恢复芳香结构。反应的结果是，芳环的氢被烃基取代得到烃基化产物。

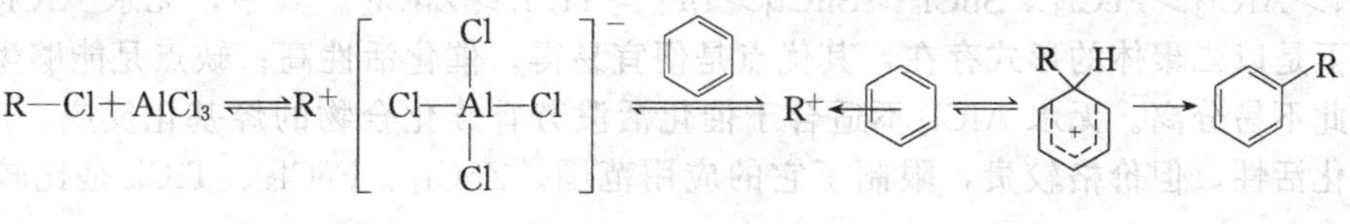

（二）影响反应的主要因素

1. 芳环结构的影响

芳香化合物的结构不同，尤其芳环取代基的差别，对 Friedel-Crafts 烃基化反应将产生较大的影响。

Friedel-Crafts 烃基化反应属于亲电取代反应。所以，芳环含有吸电子基将限制 π 络合物的形成，从而阻碍了反应的进一步进行。而当芳环上连有给电子基时，有利于 π 络合物的形成，从而可加速芳环上的亲电取代。通常，当芳环上引入一个烃基后，能进一步提高芳环电子云密度，从而易导致多次烃基化。不过，当芳环引入位阻比较大的烃基如叔丁基后，要想继续引入烃基会很困难，即使发生烃基化，也将因空间效应而主要形成间位烃基化产物。

芳环连有含孤对电子的杂原子取代基时（如氨基等），将会因其能与路易斯酸等催化剂结合形成络合物，从而降低芳环的反应活性，阻碍了取代反应的发生。

2. 烃基化剂结构的影响

烃基化剂是影响反应结果的另一主要因素。卤代烃是常用的一类，当卤素相同时，相对而言伯卤代烃活性最差，仲卤代烃活性中等，叔卤代烃活性较好，苄位和烯丙位卤代烃的活性最好。当烃基相同时，卤代烃的活性顺序为 $RF < RCl < RBr < RI$。

烯、醇、三元环氧烷等也是常用的烃基化剂，反应活性与卤代烃非常相似，依赖于酸性条件下形成的碳正离子的稳定性。所有这些烃基化剂在完成 Friedel-Crafts 烃基化反应时，烃基的异构化问题必须引起注意。如苯与氯代正丙烷在 $AlCl_3$ 催化下，异构化为异丙基苯。

此外，醛、酮在卤化氢气氛中以氯化锌（$ZnCl_2$）为催化剂也可作为烃基化剂，直接形成卤烃基化产物，但反应只能发生在富电性芳环上，相对 Friedel-Crafts 烃基化而言，反应较困难一些。

3. 催化剂

Friedel-Crafts 烃基化反应中，主要使用的催化剂有路易斯酸、质子酸、阳离子交换树脂以及酸性氧化物等，其中最常用的就是路易斯酸和质子酸两类。路易斯酸催化活性顺序为：$AlBr_3 > AlCl_3 > FeCl_3 > SbCl_5 > SnCl_4 > BF_3 > TiCl_4 > ZnCl_2$。其中，无水 $AlCl_3$ 在一般使用温度下是以二聚体的形式存在，其优点是便宜易得，催化活性高；缺点是能够生成铝盐废液，因此不易分离。无水 $AlCl_3$ 不适合于催化活泼芳香族化合物的烃基化反应。BF_3 具有良好的催化活性，但价格较贵，限制了它的应用范围。$ZnCl_2$、$FeCl_3$、$TiCl_4$ 是比较温和的催化剂，通常适合于比较活泼芳环的烃基化反应。基本规律见表 6-2。

表 6-2 不同路易斯酸催化芳基烃基化反应的规律

路易斯酸	催化能力	适用范围	路易斯酸	催化能力	适用范围
$AlCl_3$	强	催化活性一般的芳香族化合物	$FeCl_3$	中	催化比较活泼的芳香族化合物
BF_3	中	催化活泼的芳香族化合物	$TiCl_4$	中	催化比较活泼的芳香族化合物
$ZnCl_2$	中	催化比较活泼的芳香族化合物			

常用的质子酸的催化活性顺序为：$HF > H_2SO_4 > P_2O_5 > H_3PO_4$。这些质子酸一般应用于烯烃、醇为烃基化剂的烃基化反应中，其中 HF 的高毒性必须引起注意，只有在通风良好的环境下才可使用。

不同催化剂之间存在一定的协同作用，无水氯化氢、对甲苯磺酸存在下有助于提高 $AlCl_3$、BF_3 等的催化性能。

催化剂的用量与选用的烃基化剂的类型相关。以 $AlCl_3$ 为催化剂，在选用卤代烃和烯烃类作为烃基化剂时，只需催化量即可，而当用醇类作为烃基化剂时，催化剂用量必须增大。因此醇用作烃基化剂时，常常使用氢氟酸（HF）或三氟化硼（BF_3）为催化剂。

在实施 Friedel-Crafts 烃基化反应中，可使用硝基甲烷、硝基苯、二氯乙烷、石油醚、四氯化碳等作为反应的溶剂，也可采用无溶剂反应。化合物 **6-24** 是抗肿瘤药物蓓萨罗丁（bexarotene）合成的中间体，在完成此反应时，甲苯既是反应原料，同时也被用作反应溶剂。

6-24　　　　　蓓萨罗丁

（三）应用实例

Friedel-Crafts 烃基化反应作为构建碳碳键的一种有效方法，已经在许多药物及其中间体的合成中得到了广泛的应用。例如用于治疗精神分裂症的药物阿立哌唑（aripiprazole）中间体 **6-25** 的合成，可通过分子内烃基化反应完成。化合物 **6-26** 是抗哮喘药物扎鲁司特（zafirlukast）合成的中间体，其 C—C 键的构建是以取代的苄溴为烃基化剂与苯并吡咯发生烃基化完成的，反应用催化剂为氧化银。

6-25　　　　　阿立哌唑

6-26　　　　　扎鲁司特

二、炔碳上的烃基化反应

端炔结构中的 C—H，在强碱条件下，表现出一定的酸性，与氢化钠、氨基钠等反应形成金属炔化合物。这时炔碳表现极强的亲核性，当遇到卤代烃或羰基化合物等亲电试剂时发生亲核反应，即炔碳上的烃基化反应，生成碳链加长的炔化合物。

$$RC\equiv CH \xrightarrow{NaH\text{ 或 }NaNH_2} RC\equiv CNa \xrightarrow{R'X} RC\equiv C-R'$$

炔碳烃基化反应中，卤代烃的结构对反应产生较大的影响。一般所用的卤代烃主要是伯卤代烃，仲、叔卤代烃与炔烃基钠反应时容易产生消除产物（烯烃），芳卤由于反应活性太低而不易反应。卤代烃的反应活性依其结构不同而不同，基本规律与大多数亲核取代反应相同。就卤素而言，随卤原子半径的增大而活性增强（RI＞RBr＞RCl＞RF）；对烃基而言，随烃基碳链的增长而活性减弱。大多数情况下，溴代烃和氯代烃为常用卤代烃。

乙炔可以经历两次亲核反应，与两分子的卤代烃发生 C-烃基化反应。乙炔钠与二卤代烃可以发生 C-烃基化反应形成双末端炔烃。

$$HC\equiv CH \longrightarrow HC\equiv CNa \xrightarrow{R'X} HC\equiv C-R'$$

$$\downarrow NaH$$

$$R''-C\equiv C-R' \xleftarrow{R''X} NaC\equiv C-R'$$

$$2HC\equiv CNa \xrightarrow{XCH_2RCH_2X} HC\equiv C-CH_2RCH_2-C\equiv CH$$

这些反应在加长碳链的合成中，很少出现异构化，所以可用于构建直链化合物。除此之外，也可利用炔，在一价铜盐和氧气的作用下，使末端炔键在铵盐水溶液中发生偶联来实现炔碳烃基化反应。如黄皮菌色素（corticrocin）中间体 **6-27** 的合成

$$HOOC\diagdown\diagup\diagdown\diagup\diagdown\diagup\diagdown COOH$$

黄皮菌色素

$$2\,HC\equiv C\diagdown\diagup COOH \xrightarrow[\text{2)稀 }H_2SO_4]{1)CuCl,O_2,NH_4Cl,H_2O,\text{丙酮}} HOOC\diagup\diagdown-C\equiv C-C\equiv C\diagup\diagdown COOH$$

6-27

三、活性亚甲基上的 C-烃基化反应

在有机化合物中，醛、酮、酯、羧酸、腈等分子中的 α-氢受 σ-π 超共轭和吸电子诱导双重效应的影响，使其具有了一定的酸性，易于发生烯醇化而表现出亲核性。当一个分子中两个这样的官能团共有一个 α-位时，如 β-二羰基化合物的亚甲基，α-氢活性将会变得更活泼，所以通常称之为活泼亚甲基化合物。在碱性条件下，活性亚甲基上的极易发生 C-烃基化反应。

$$W^1-\overset{\overset{\displaystyle H}{|}}{\underset{\underset{\displaystyle H}{|}}{C}}-W^2 \xrightarrow{\text{碱}} W^1-\overset{|}{\underset{\underset{\displaystyle H}{|}}{C}}-W^2 \xrightarrow{R-X} W^1-\overset{\overset{\displaystyle R}{|}}{\underset{\underset{\displaystyle H}{|}}{C}}-W^2$$

式中，W^1 和 W^2 为吸电子基团；R 为烃基；X 为卤素、磺酰氧基等。

（一）反应机理

活泼亚甲基上的 C-烃基化反应属于亲核取代反应。在碱作用下，活泼亚甲基上的氢以质子的形式被碱夺取之后形成相应的碳负离子，很快与烯醇负离子构成一对互变异构体，随后即与烃基化剂发生 C-烃基化反应而生成对应的产物。在过量的碱存在下，第二个 α-氢会同样被夺去，最后以碳负离子形式存在于反应体系中。只有当经过水处理后，才能得到烃基化产物。

（二）影响反应的主要因素

1. 活泼亚甲基化合物的结构

不同吸电子基团的诱导能力有较大的差异，对亚甲基的致活化能力也是不同的，常见官能团对亚甲基的活化能力的顺序为：

$$—NO_2>—COR>—CN≈—COOR>—SO_2R>—SOR>—Ph≈—SR>—H>—R$$

实际上，这些吸电子基致活 α-氢的作用可以通过测定其酸性来量化分析。与乙醇羟基相比，一元醛、酮、酯和腈的 α-氢酸性更弱，但硝基甲烷的酸性强于乙醇，大多数 β-二羰基化合物如乙酰丙酮、乙酰乙酸乙酯和丙二酸二乙酯等的 α-氢的酸性强于乙醇，二硝基甲烷的酸性强于乙酸。所以不同亚甲基呈不同酸性，反应活性差异也很大。利用这些特性，在药物合成中可实现区域选择性的反应。

2. 烃基化剂的结构

卤代烃是最常用的烃基化剂，伯或仲卤代烃、烯丙基卤代烃以及苄基卤代烃都能够顺利进行反应，但是烯丙基卤代烃由于存在 α 和 γ 两个反应部位，可能伴随副反应的发生。叔卤代烃容易发生消除反应，导致取代产率很低。乙烯基卤代烃和非活化芳基卤代烃的活性太低，一般不宜用作烃基化剂。此外，亚甲基上的烃基化反应，尽管通过控制烃基化剂的加入速度来最大限度地减少多取代物的生成，但只能减少相对比例而已。

然而，当在活性亚甲基上引入两个相同的烃基时，应使用 2mol 的碱和 2mol 的卤代烃。当在活性亚甲基上引入两个不同的烃基时，应先用等物质的量的碱和卤代烃反应连接上第一个烃基，然后再用等物质的量的碱和卤代烃反应连接上第二个烃基。尤其应注意的是，若引入的两个不同烃基都是伯烃基，通常是先引入较大的伯烃基，后引入较小的伯烃基；若引入的两个不同烃基一个为伯烃基，另一个为仲烃基时，应该先引入伯烃基，后引入仲烃基。

硫酸酯和磺酸酯作为活泼亚甲基化合物的烃基化剂，烯醇盐中氧负离子与这些酯的反应，不仅会生成 C-烃基化产物，也常会生成高比例的 O-烃基化产物。

3. 碱的结构对反应的影响

由于活泼亚甲基化合物与碱之间的反应为平衡反应，所以，碱的选择取决于活泼亚甲基化合物的酸性，表 6-3 列举了几种常见的活泼亚甲基化合物的酸性，以 pK_a 表示。

表 6-3 不同 α-C—H 键的 pK_a

活泼亚甲基化合物	pK_a	活泼亚甲基化合物	pK_a
$CH_2(NO_2)_2$	3.6	$PhCOCH_2COCH_3$	9.6
$CH_3COCH_2COCH_3$	9.0	CH_3COCH_2COOEt	10.3
$NCCH_2COOEt$	9	CH_3NO_2	10.2
$CH_2(CN)_2$	11.2	$CH_2(COOEt)_2$	13.3
CH_3COCH_3	20	$CH_3SO_2CH_3$	20
CH_3COOEt	24	CH_3CN	25
$HC\equiv CH$	25	Ph_3CH	30.6
Ph_2CH_2	32.3	CH_3SOCH_3	35
$PhCH_3$	40.9		

通常选用的碱有氢化钠、氨基钠、醇钠（钾）、氢氧化钾等，其中醇钠是最通用的一类，但碱性强弱取决于对应的醇，t-BuONa＞i-PrONa＞EtONa＞MeONa。为遏制碱与底物和烃基化剂之间的副反应，选择低亲核性的强碱是非常有利的，如二异丙基胺锂（LDA）、t-BuOK。这类非亲核碱的另一个优点是它们大多能溶于非极性溶剂，从而使反应于均相进行。

4. 反应溶剂的影响

活泼亚甲基的烃基化反应中，一般选用甲苯（或苯）、乙醚、四氢呋喃、1,2-二甲氧基乙烷等非极性溶剂，也可以选用非质子极性溶剂，如六甲基磷酰胺等。非质子极性溶剂还能够提高烯醇盐的亲核性，促进活泼亚甲基化合物的烃基化反应。此外，当某种碱被选用，那么该碱的共轭酸也可以作为溶剂，例如，氨基钠/液氨、乙醇钠/乙醇、叔丁醇钾/叔丁醇等。在活泼亚甲基化合物的烃基化反应中，反应溶剂对 C-烃基化产物和 O-烃基化产物的比例有着重要的影响。

溶剂：HMPTA	83%	15%
C_2H_5OH	0%	94%
THF	0%	94%

（三）应用实例

活性亚甲基化合物的烃基化反应成为一类合成 C—C 键的重要方法，其可以用于制备单烃化、双烃化及脂环烃衍生物。如用于单纯性疱疹病毒、带状疱疹病毒所引起的皮肤和黏膜感染以及疱疹性脑炎药物泛昔洛韦（famciclovir）中间体 6-28 的合成中，丙二酸二乙酯在乙醇钠的催化下与 1mol 的氯代烷烃反应，主要得到单烃化产物。6-29 是氟喹诺酮抗菌药物西他沙星（sitafloxacin）的中间体，可利用二溴乙烷形成环丙烷的方法来合成。

6-28　　　　　　　泛昔洛韦

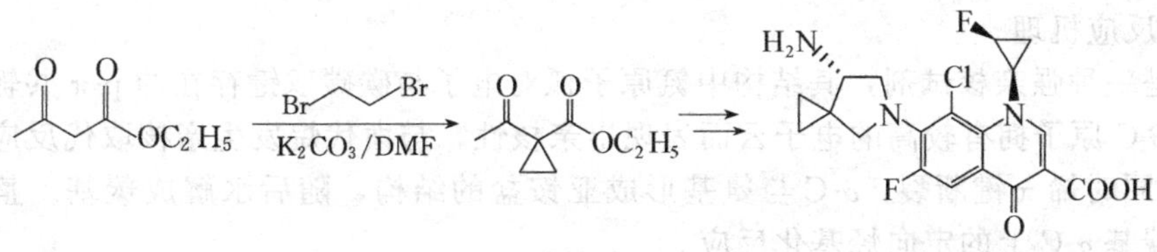

6-29 西他沙星

四、羰基化合物 α-位的烃基化反应

相较于活泼亚甲基，羰基化合物 α-位的烯醇化趋势非常弱。因此，试图采用与活泼亚甲基化合物类似的反应条件完成 α-位的烃基化反应，通常是比较困难的。特别是对于羰基化合物（如不对称酮），α-位的烃基化还存在区域选择性的问题。

醛、羧酸衍生物 α-烃基化，在基本原则与活泼亚甲基化合物相同的情况下，只要选择更强的碱，便可完成反应。氢化钠、氨基钠、三苯甲基钠、三苯甲基锂、丁基锂、LDA 等是最常用的碱。

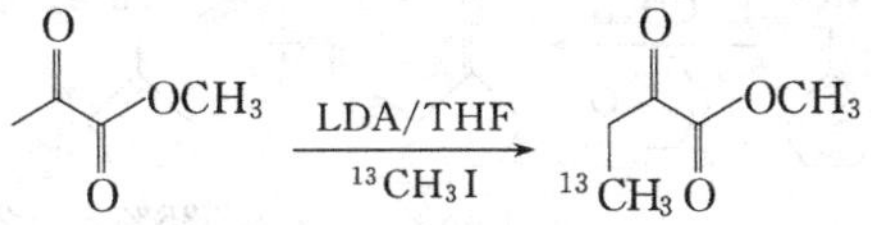

对于不对称酮来说，可能形成的烯醇结构增多而导致 C-烃基化反应相对更复杂，碱性条件虽然更有利于动力学控制的烯醇盐的生成，但仅仅是相对而言。因此，酮的 C-烃基化反应的应用受到一定的限制。对活性差别相对明显的酮的两个 α-位，其烃基化具有较好的选择性。

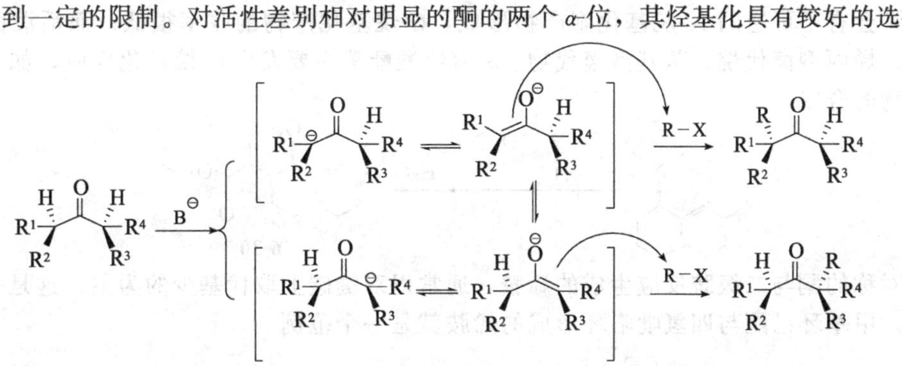

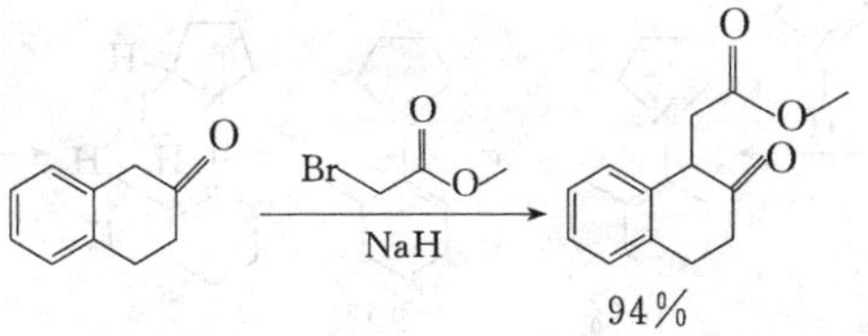

94%

五、烯胺的 C-烃基化反应

基于不对称酮的 α-位烃基化的复杂性，逐步开发出不同的具有定向性烃基化特征的方法，其中烯胺就是一类能够使不对称酮实现定向烃基化的羰基衍生物。烯胺是类似于烯醇结构的化合物，通常用仲胺与醛或酮在酸性催化下发生缩合反应来合成，烯胺的 C-烃基化反应是在双键碳上完成的碳碳键反应。

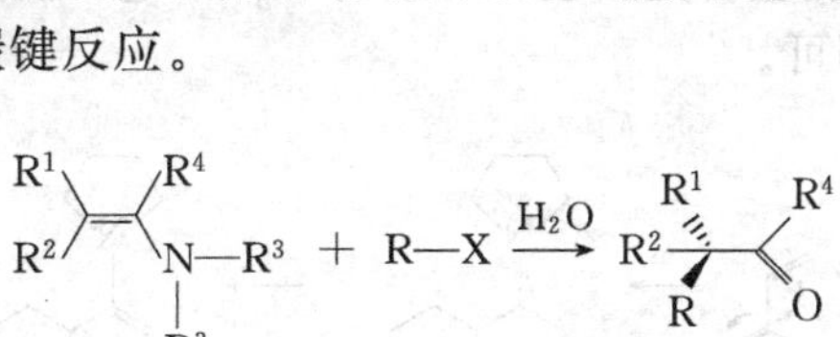

式中，R^1、R^2、R^3、R^4 为 H、烃基等；R 为烃基；X 为卤素、酯等。

（一）反应机理

烯胺是一种强亲核试剂，其结构中氮原子孤对电子与碳碳双键存在的 p-π 共轭作用，使双键中的 β-C 原子拥有较高的电子云而表现出亲核性，与卤代烷发生亲核取代反应形成新的 C—C 键，同时烯 π 键断裂，α-C 与氨基形成亚铵盐的结构，随后水解成羰基。整个转化过程相当于羰基 α-C 上的定向烃基化反应。

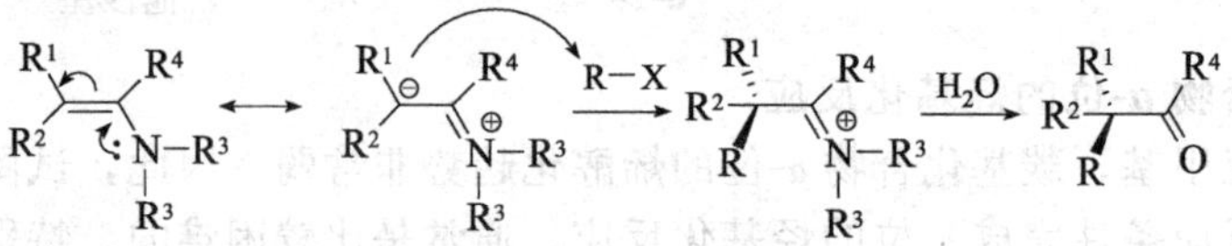

（二）主要影响因素

烯胺烷基化可以在氮上发生，也可在碳上发生，是一个竞争的反应，如反应温度不同，可以得到不同比例的 N-甲基化产物和 C-甲基化产物。

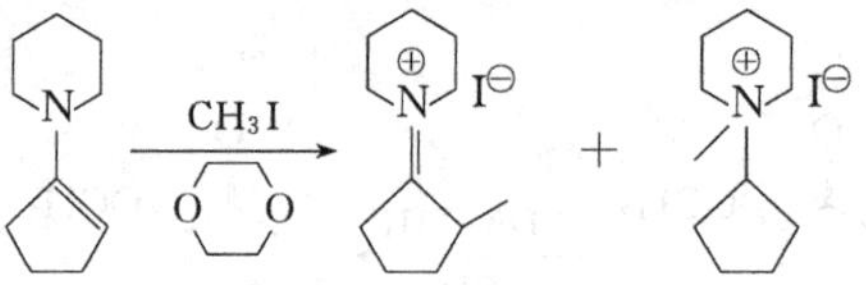

65%　　　　　35%　　25℃
95%　　　　　5%　　回流

烯胺在结构上具有的两个亲核部分 β-碳原子和氮原子，在与不活泼卤代烷进行烷基化反应时，会有不可逆的 N-烷基化副产物形成，C-烷基化产物的收率很低；而活泼卤代烷如碘甲烷、烯丙型卤代烷、苄基型卤代物、α-卤代酸酯等主要发生 C-烷基化反应，如 1,4-二羰基化合物的合成。

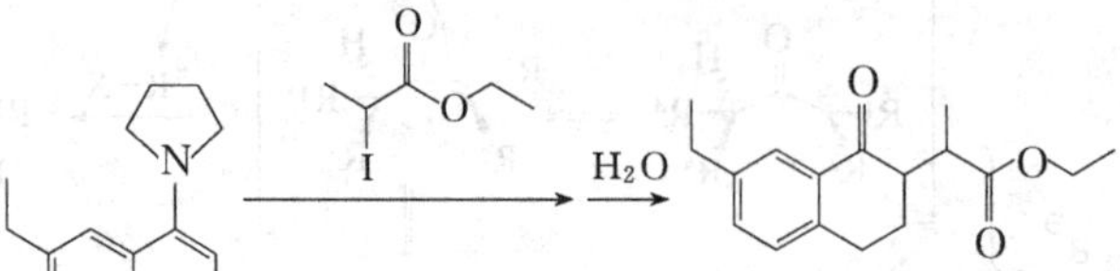

6-30

不对称的酮与二级胺反应生成的烯胺，通常以双键碳上取代基少的为主，这是一个普遍的规律。甲基环己酮与四氢吡咯环形成的烯胺就是一个范例。

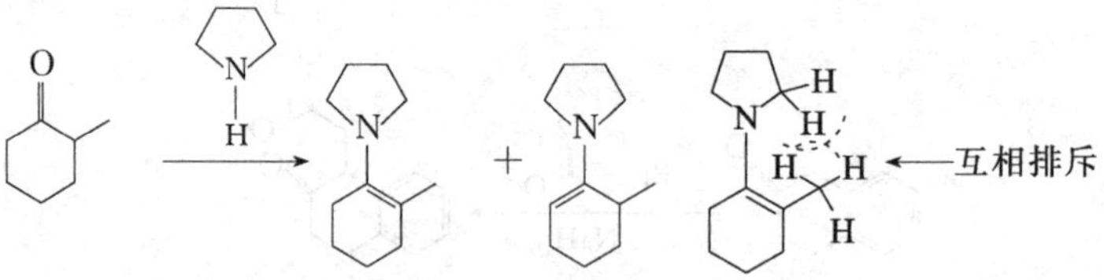

←——互相排斥

10%　　　　　90%

所以这一类烯胺进行 Michael 加成或烷基化时，一般在质子溶剂中进行，反应总是发生在取代基少的 α-原子上。

施托克烯胺反应（Stork enamine alkylation），又称为 Stork 烷基化或 Stork 反应，可用于制备 1,5-二羰基化合物。反应首先发生在烯胺与 α,β-不饱和羰基化合物之间，在经历 Michael 加成后，再酸性水解即可。

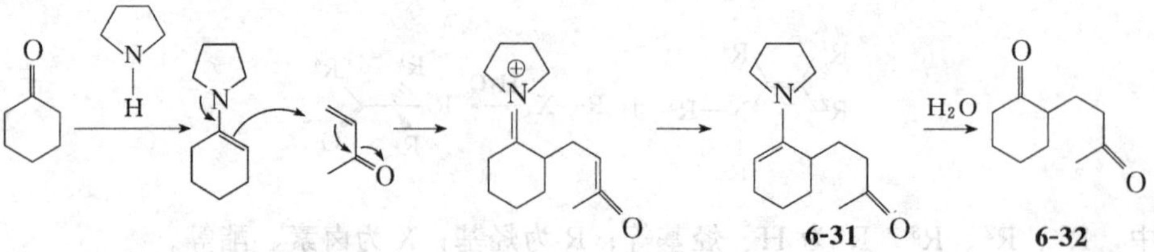

6-31　　　　　**6-32**

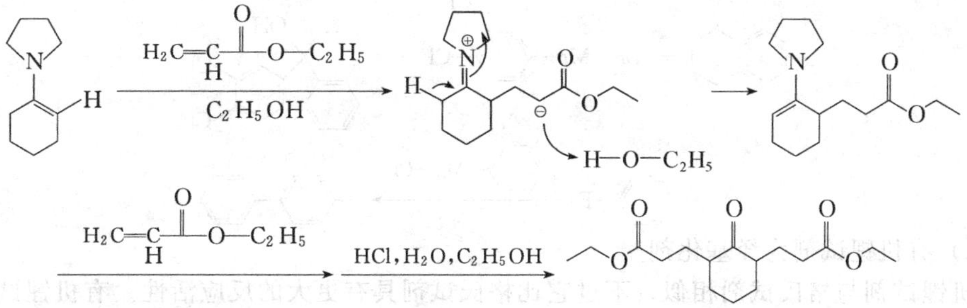

六、金属有机化合物为烃基化剂的反应

金属有机化合物分子中含有碳—金属键，它们具有高度的反应活性，可与卤代烷、磺酸酯和羰基化合物等多类化合物反应。这里只介绍常见的金属有机化合物 Grignard 试剂、有机锂试剂以及烷基铜锂等作为烃基化剂的相关反应。但必须指出的是，金属有机化合物是作为亲核试剂来完成烃基化反应的，与前面讲述的卤代烃等刚好相反。

（一）Grignard 试剂为烃基化剂

有机卤化物与金属镁在无水乙醚中反应生成有机镁化合物，即 Grignard 试剂。它可作为烃基化剂与其它卤代烃发生反应，合成长碳链有机物，也能与其它亲电试剂如羰基化合物、环氧乙烷类化合物作用，在完成碳链构建的同时，引入相关官能团。

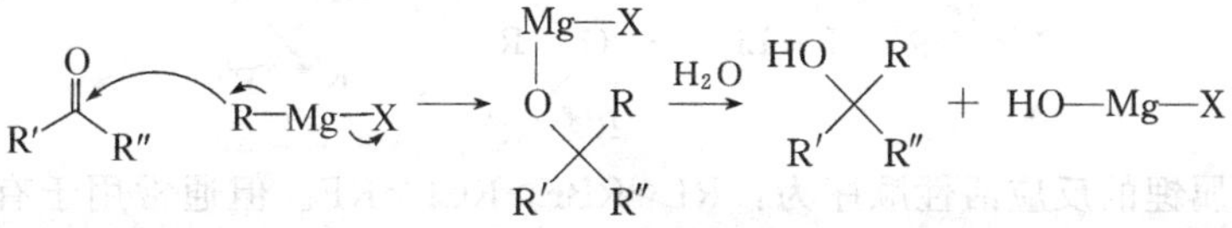

通常，Grignard 试剂的制备使用的是一卤代烷，当烷烃部分 R 的结构相同时，卤代烷的反应活性顺序为：$RI > RBr > RCl > RF$。在实际应用中，氯代烷和溴代烷是 Grignard 试剂制备的主要卤化物。为使镁与卤代烃反应顺利进行，在制备 Grignard 试剂时，往往加入碘、溴乙烷或二溴乙烷来活化，或者是通过金属钠等还原镁盐形成活性镁粉替代通用镁。当发生 C-烃基化反应时，烃基化剂可以是卤代烃、硫酸酯、磺酸酯、羰基化合物、烯烃、环氧乙烷等。

Grignard 试剂的制备和使用，通常在醚类（如乙醚、四氢呋喃等）和烃类等溶剂中进行。乙醚是使用较普遍的一种溶剂，其不仅具有溶解、稀释作用，而且还可通过醚链氧原子孤对电子与镁之间的络合作用稳定 Grignard 试剂。自然，不同的醚具有不同的络合能力，因此，在制备 Grignard 时，选择合适的溶剂就非常重要。活性较小的卤乙烯、卤苯等制备 Grignard 试剂时，一般选用四氢呋喃为溶剂。含有不同卤素的多卤代烃与镁反应时，可通过溶剂的选择获得单一 Grignard 试剂。

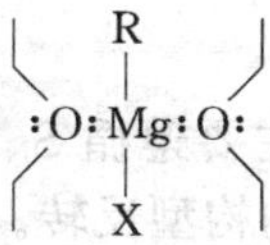

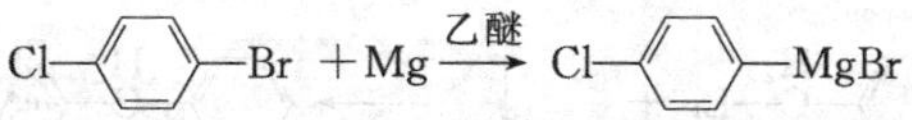

格氏试剂是药物合成化学中非常有价值、非常多能的有机金属化学试剂之一，可以用于制备许多类型的有机化合物，如烃、醇、醛、酮、羧酸等。格氏试剂可用于不对称联苯化合物的合成。

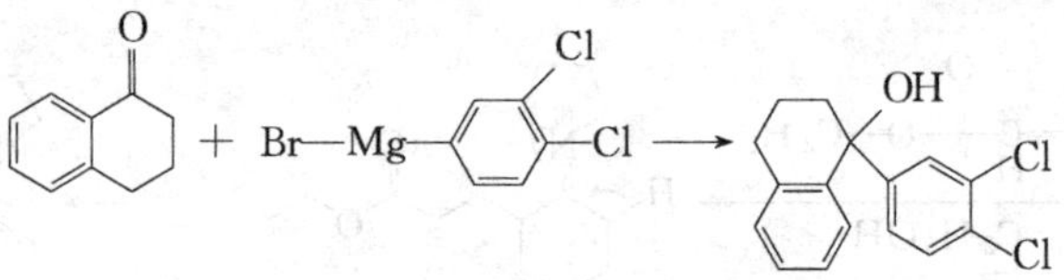

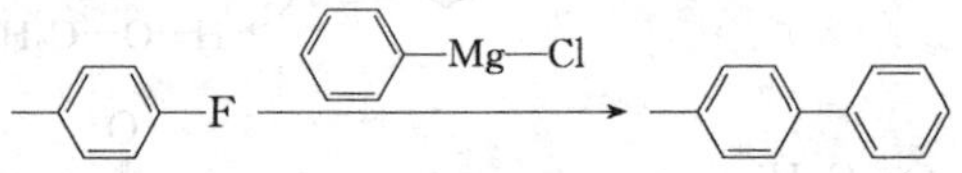

（二）有机锂试剂为烃基化剂

有机锂试剂与格氏试剂相似，不过它比格氏试剂具有更大的反应活性。有机锂试剂是用金属锂与卤代烃反应来制备的。

$$R-X \xrightarrow[Et_2O]{Li} R-Li \xrightarrow{R'-X} R-R'+LiX$$

有机锂试剂作为烃基化剂的反应，与 Grignard 相同，也属于亲核反应。与卤代烃、磺酸酯、环氧烷等之间的反应遵循 S_N2 取代反应机理；与羰基化合物之间的反应则遵循亲核加成机理。

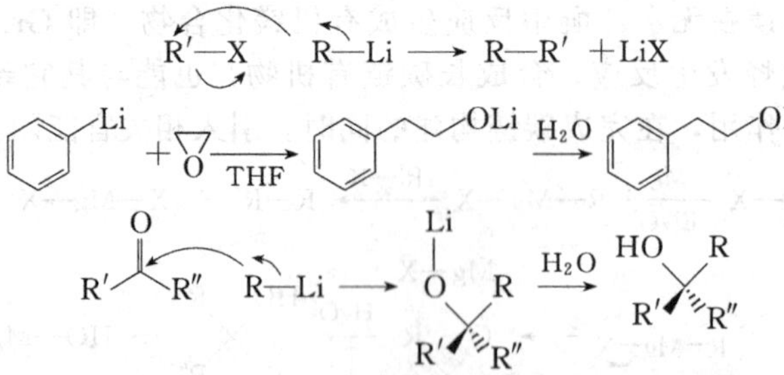

卤代烃与金属锂的反应活性顺序为：RI＞RBr＞RCl＞RF。但通常用于有机锂试剂制备的卤代烃为溴代烷和氯代烷。与有机锂反应的底物可以是卤代烃、硫酸酯、磺酸酯、羰基化合物、烯烃、环氧乙烷等。

用于有机锂试剂制备的溶剂中，最常见的是乙醚，此外，四氢呋喃、烃类（如戊烷等）也可作为溶剂。值得指出的是，有机锂试剂的制备，在低温、干燥、惰性气体（如氮气、氩气等）氛围中进行。

有机锂试剂是典型的亲核试剂，其反应速率快、收率高。对于空间位阻大，格氏试剂不能完成的反应，选用有机锂试剂能取得良好的效果。具有抗病毒、抗肿瘤等生物活性的天然产物 aphidicolin 的中间体 **6-33**，是通过对应的酮与乙烯基锂反应而得。

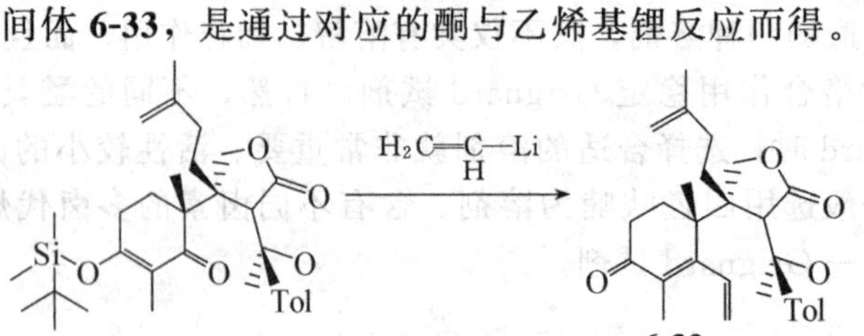

有机锂与卤代烃的亲核取代反应，主要遵循 S_N2 反应机理。苄基锂与仲溴代烷进行的 C-烃基化反应，手性碳原子实现了完全的构型反转。

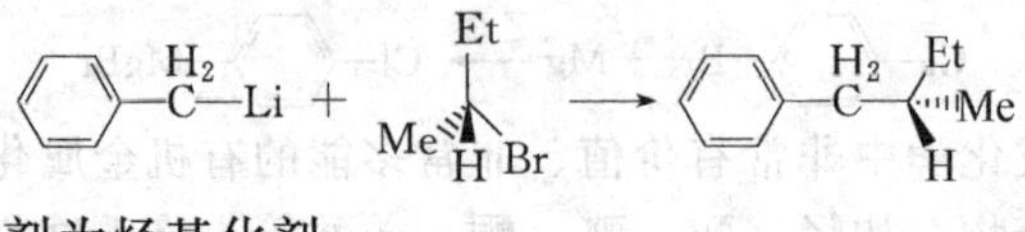

（三）二烷基铜锂试剂为烃基化剂

烷基锂在醚类（如乙醚或四氢呋喃）溶液中与碘化亚铜反应可生成二烷基铜锂，二烷基铜锂与烃基锂相同，也可作为烃基化剂与亲电试剂发生亲核反应。

$$2 \ R—Li \xrightarrow[Et_2O]{CuI} R—\overset{\displaystyle R}{\underset{}{Cu}}{}^{\ominus}Li^{\oplus} \xrightarrow{R'—X} R—R' + R—Cu + LiX$$

二烷基铜锂化合物能够释放出碳负离子，可以和环氧化物、α,β-不饱和羰基类化合物等进行反应。与 α,β-不饱和羰基类化合物反应，遵循 1,4-共轭加成反应机理。通常认为其与卤代烷和磺酸酯的反应是亲核取代反应过程。

卤代烷与二烷基铜锂试剂的反应活性顺序为：$CH_3X>RCH_2X>R_2CHX>R_3CX$，$RI>RBr>RCl>RF$。二烷基铜锂化合物与仲卤代烷或叔卤代烷反应会发生消除反应，此外，二烷基铜锂化合物中的烷基为仲或叔烷烃时，与烃基化剂卤代烃反应的活性较小，其本身不是很稳定。

在合成及使用烃基锂时，应该在无水、纯氩气环境下进行。

二烷基铜锂试剂为一种有效的亲核试剂，β-炔基烯醇磷酸酯和二烷基铜锂试剂反应，能顺利地合成出烯炔类化合物。二烷基铜锂试剂与卤乙烯类化合物的反应是立体专一性的，其 C-烃基化产物构型保持不变。

第五节 典型药物生产中相关反应的简析

烃基化反应，能有效地应用于药物合成中分子骨架的形成和官能团的转化，如 O 原子、N 原子、S 原子上的烃基化倾向于官能团的转化，而 C 原子上的烃基化为能完成分子骨架的构建。本节举例简析烃基化反应在典型药物生产中的应用。

一、(1R,2S)-盐酸米那普仑的合成

(1R,2S)-盐酸米那普仑（dexmilnacipran hydrochloride）商品名为 Savella，由法国 Pierre Fabre Medicament 公司首先研制开发，并于 1997 年在法国上市，用于治疗抑郁症，其合成过程不仅包括 C-烃基化反应，还有 N-烃基化反应。

氯甲基环氧乙烷与苯乙腈在氨基钠的作用下，首先氯代烃与活泼亚甲基发生 C 原子的烃基化反应，然后环氧乙烷再与活泼亚甲基发生分子内的 C 原子的烃基化反应，生成中间

体 **6-34**。内酯中间体 **6-35** 与邻苯二甲酰亚胺钾盐通过 Gabriel 反应发生 N 原子的烃基化，形成化合物 **6-36**。化合物 **6-38** 在水合肼的作用下形成药物中间体伯胺 **6-39**。

二、盐酸布替萘芬的合成

盐酸布替萘芬（butenafine hydrochloride）由日本学者前田铁也等首次合成，并由日本科研株式会社于 1992 年在日本上市，属于苄甲胺类衍生物，是在萘替芬基础上开发出的广谱抗真菌药，其合成过程中发生了 2 次 N-烃基化反应。

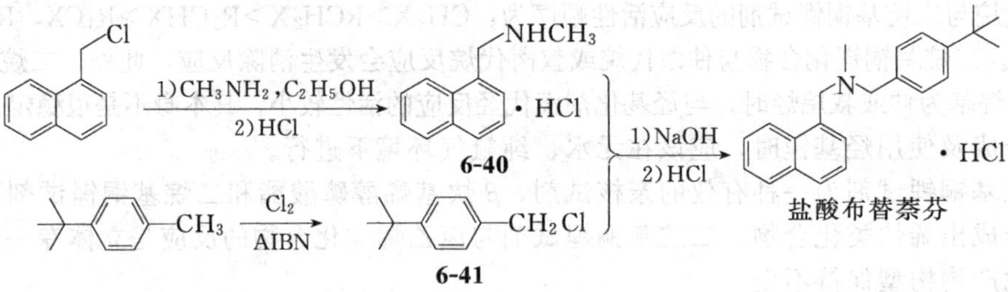

6-40
6-41
盐酸布替萘芬

以 1-氯甲基萘为原料，与甲胺发生 N-原子上的烃基化形成 N-甲基-1-萘甲胺（**6-40**），经盐酸酸化得到盐酸盐，然后在氢氧化钠碱的作用下与对叔丁基苄氯再次发生 N 原子上的烃基化反应，与盐酸成盐即得盐酸布替萘芬。

三、来曲唑的合成

来曲唑（letrozole）是瑞士诺华（Ciba-Geigy）制药有限公司开发的第三代芳香化酶抑制剂，可用于治疗乳腺癌。目前来曲唑的合成中包括 N-烃基化和 C-烃基化过程。

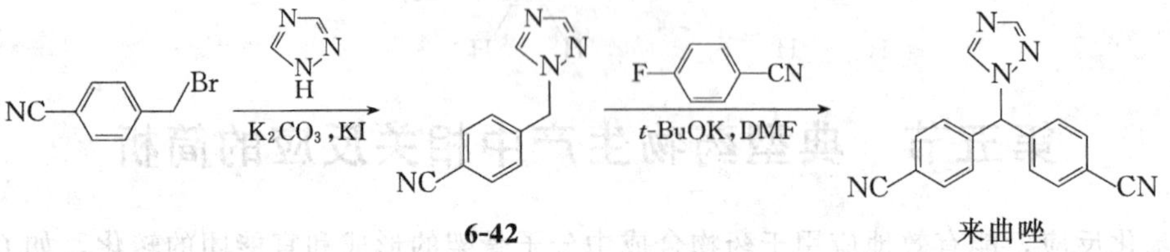

6-42
来曲唑

4-溴甲基苯腈与 1,2,4-三唑在碳酸钾的作用下发生 N 原子上的烃基化反应形成中间体 **6-42**，再与对氟苯腈在叔丁醇钾的作用下发生 C 原子上的烃基化反应，得到来曲唑。

四、酮咯酸的合成

酮咯酸（ketorolac）由美国 Syntex 公司于 1990 年研发上市，属于强效镇痛、中度抗炎作用的非甾体抗炎药。其合成路线如下：

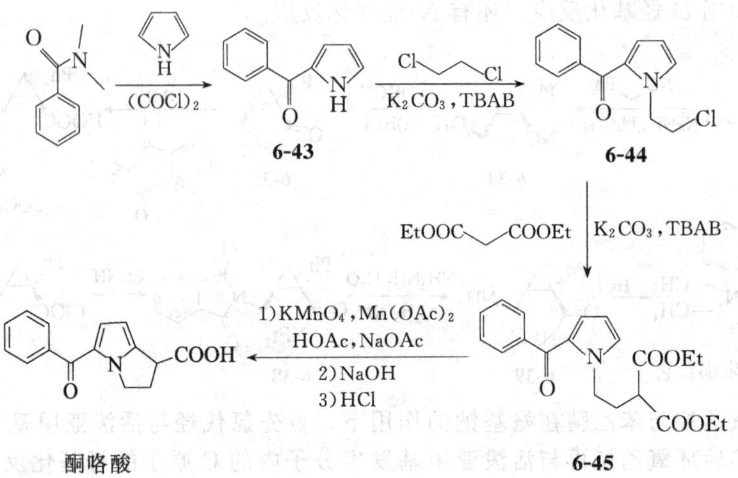

6-43
6-44
酮咯酸
6-45

起始原料 N,N-二甲基苯甲酰胺与吡咯在草酰氯作用下形成 2-苯甲酰吡咯（**6-43**）；在相转移催化剂催化下，以碳酸钾为碱与 1,2-二氯乙烷反应，发生 N-烃基化反应生成中间体 **6-44**；接着在相转移催化的条件下，该中间体作为烃基化剂与丙二酸二乙酯发生进一步的烃基化反应合成出中间体 **6-45**；最后经氧化、碱处理及酸化得到酮咯酸。

五、盐酸托莫西汀的合成

盐酸托莫西汀（atomoxetine hydrochloride）由美国礼来（Eli Lilly）公司开发，于 2002 年 11 月由 FDA 批准并在美国、澳大利亚、墨西哥、英国以及一些拉美国家上市，该药物是第一种被批准用于治疗缺陷障碍伴多动症（ADHD）的非兴奋型药物，属于选择性 5-羟色胺（5-HT）再摄取抑制剂。其合成以苯丙醇为原料，依次经过氯化、溴化得到 1-溴-3-氯丙基苯（**6-46**），与邻甲基苯酚钠发生 O-烃基化反应形成中间体 **6-47**；然后再与甲胺在氢氧化钠的作用下发生 N-烃基化反应得到化合物 **6-48**；最后经 L-(＋)-扁桃酸拆分、氯化氢成盐即得盐酸托莫西汀。

第六节　烃基化反应的新进展

烃基化反应作为有机化学中的一种重要的反应类型，在药物合成、化工等领域得到广泛应用，使得化学家们永远不会停滞对烃基化反应的研究。在传统的烃基化方法研究的基础上，人们更致力于利用新技术和新方法，使烃基化反应能够更有效且对环境更友好地进行。

目前，新技术主要有微波、超声波、超临界等技术，新方法主要集中在金属催化剂（尤其是新型有机过渡金属催化剂）的研究与开发。

一、微波技术在烃基化反应中的应用

微波作为一种给热的方式，能够加快化学反应速率，已被广泛接受。其作用方式是通过分子偶极以每秒数十亿次的高速旋转产生热效应，这种内加热方式比传统的热传导和热对流加热速率快，受热体系温度均匀，热效率高。利用微波技术可加快烃基化反应。在合成联苯三酚芳烃化合物时，利用微波技术辅助进行 C 原子和 O 原子上的烃基化反应。

第一步，C-烃基化反应，时间为 2min；第二步，O-烃基化反应，时间为 3min。因此，

利用微波辅助技术大大缩减了反应时间。

又如在合成系列非对称性环状磺酰胺 HIV 蛋白酶抑制剂的中间体 **6-50**、**6-51**、**6-52** 时，利用微波反应以 80% 左右较高的收率完成了 *N*-烃基化反应。

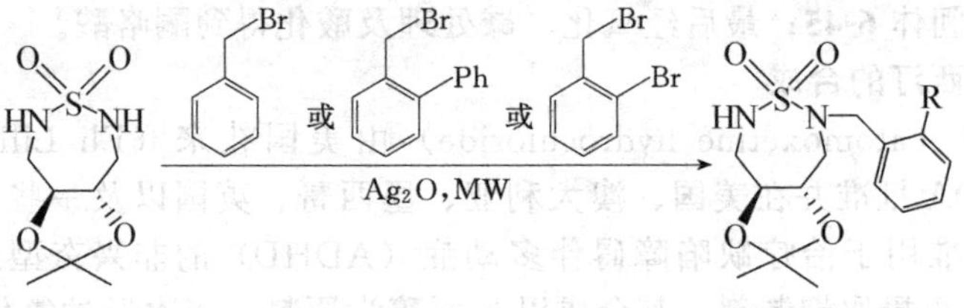

6-50：R＝H
6-51：R＝Ph
6-52：R＝Br

二、超声波技术在烃基化反应中的应用

超声波通过施与反应体系能量，不仅可以改善反应条件，加快反应速率和提高反应产率，还可以使一些难以进行的化学反应得以实现。利用超声波辅助技术，能够促使溴丙基苯与丁二酰亚胺之间的反应，从而获得 *N*-烃基化产物 **6-53**。在合成邻苯二甲酰亚胺乙氧类化合物时，可利用超声波技术方便地完成 *O*-烃基化反应。如在超声波辅助的条件下利用烷基锂进行的 *C*-烃基化反应。

6-53

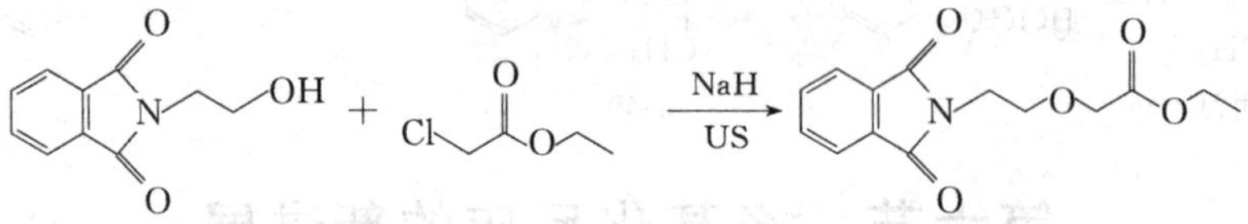

6-54

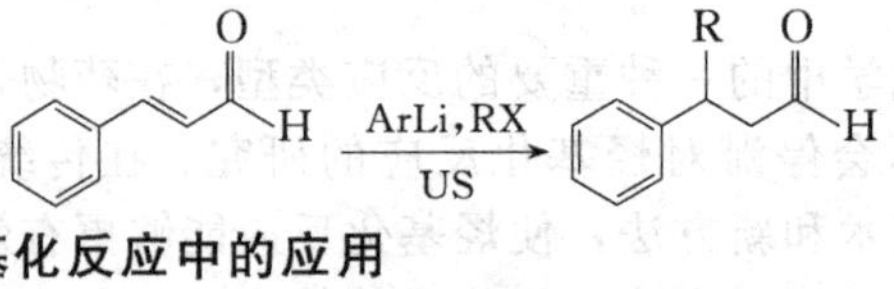

三、超临界技术在烃基化反应中的应用

超临界流体（supercritical fluid）作为反应介质或作为反应物参与的化学反应称为超临界化学反应。利用超临界水研究苯酚与丙烯的 *C*-烃基化反应；利用超临界 CO_2 在 Al_2O_3 的催化下研究碳酸二甲酯与脂肪醇的甲基化反应；利用超临界甲醇在 Cs-P-Si mixed oxide 的催化下研究 *N*-烃基化反应。

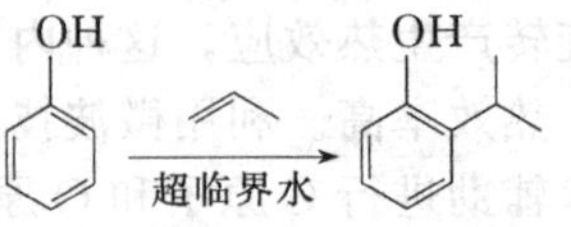

6-55

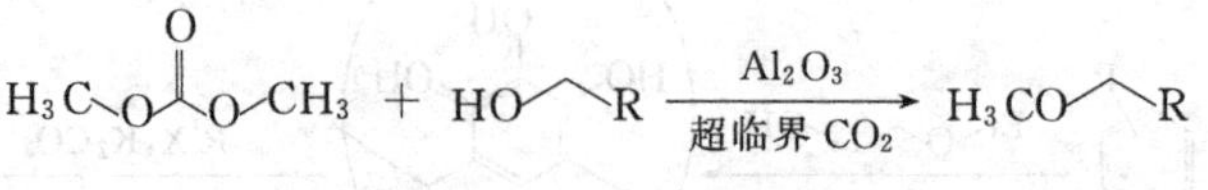

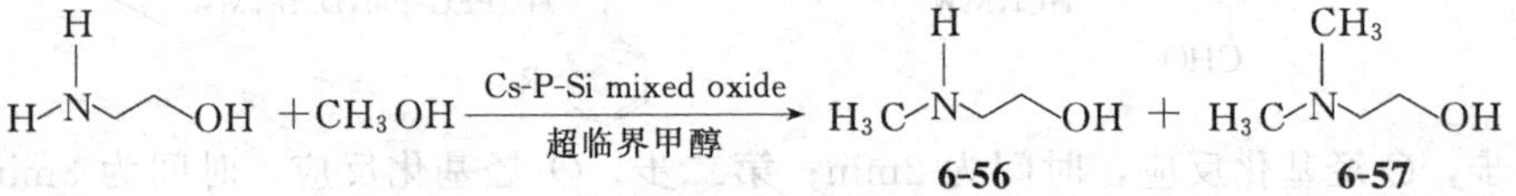

6-56　　　**6-57**

四、有机过渡金属催化剂在烃基化反应中的应用

有机金属催化是有机合成、药物分子构建中极其重要的方法之一，其中催化烃基化反应，尤其是纳米过渡金属催化直接构建 C—C 键方法学研究方面取得了较大的突破，其特点是效率高、选择性高。

钯催化的烃基化反应是非常有效的构建 C—C 键的方法。以酰基硅作为亲核试剂，在手性配体 SIOCPhox 和有机钯催化剂的参与下，成功地运用于具有重要生理活性化合物 Cinnamomumolide 的合成中，而利用醋酸钯催化实现芳烃上的烃基化反应，Suzuki 反应是形成 C—C 键最重要的一种途径。

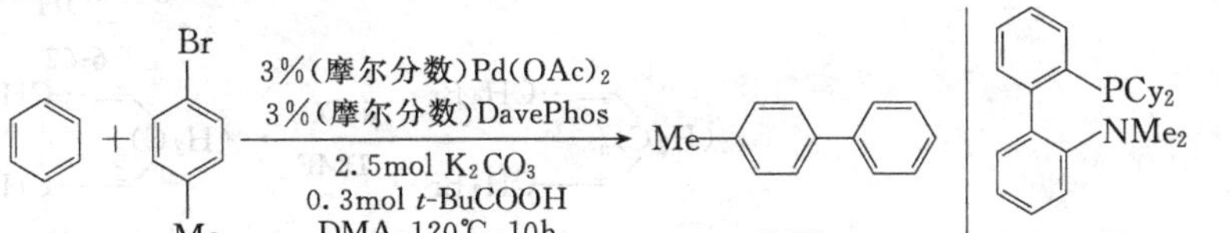

6-58　**DavePhos**

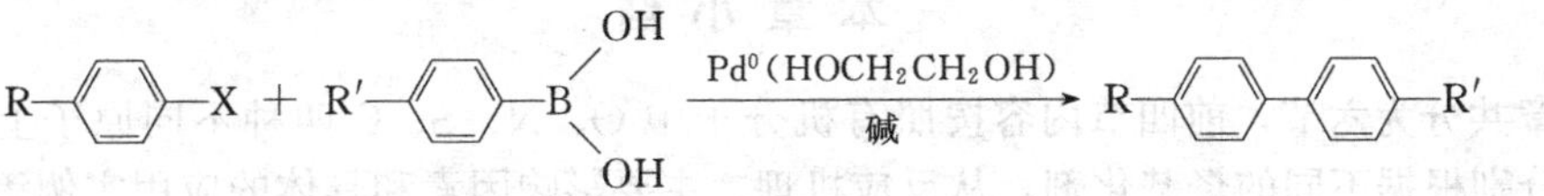

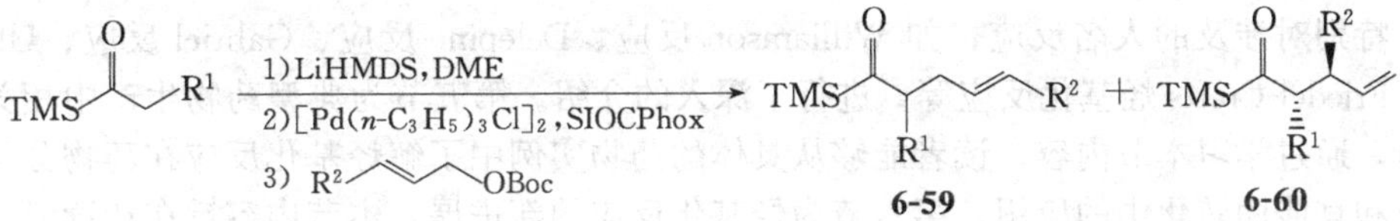

6-59　**6-60**

R^1＝烷基，芳基　　产率 46%～95%；**6-60**/**6-59**＝88/12～99/1

R^2＝芳基，Me　　*anti*-**6-60**/*syn*-**6-60**＝(10～50)/1；*anti*-**6-60**：83%～99%e. e.

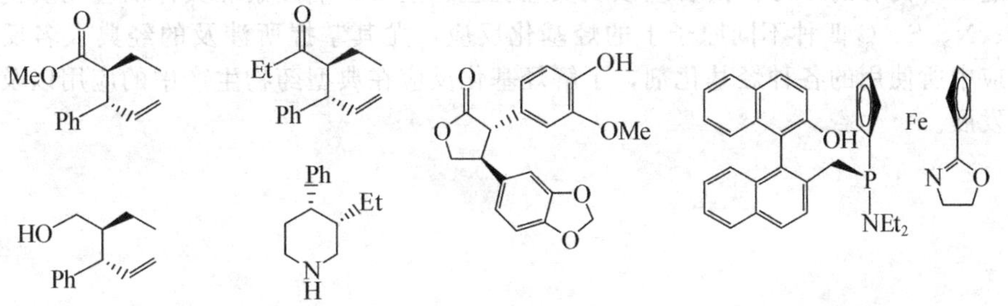

Cinnamomumolide　**SIOCPhox**

有机金属钌催化的烃基化反应主要也是发生在碳原子上的烃基化反应。有机钌金属催化叔胺与吲哚类化合物的烃基化反应如下：

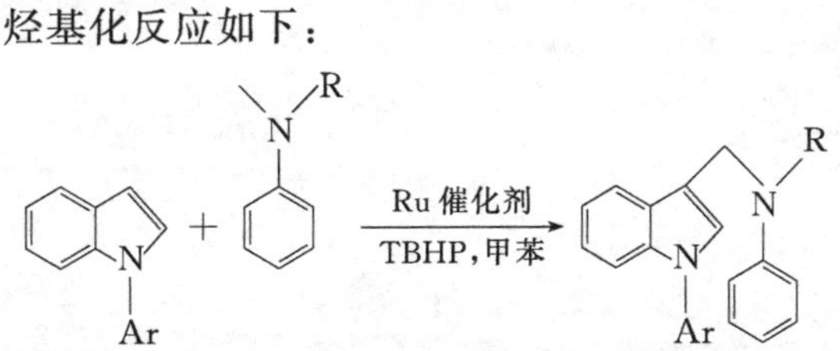

又如，采用有机钌金属催化剂催化正己醇与吲哚的 *N*-烃基化反应：

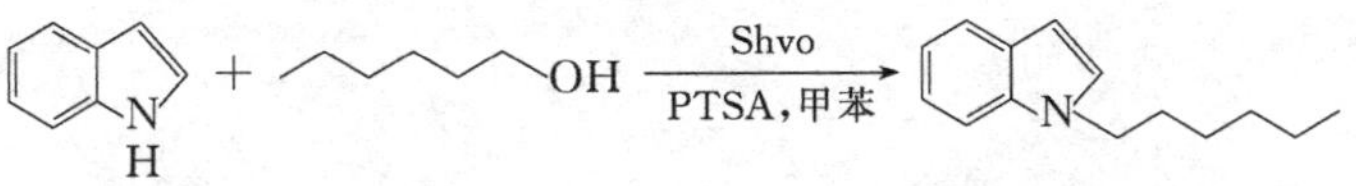

6-61

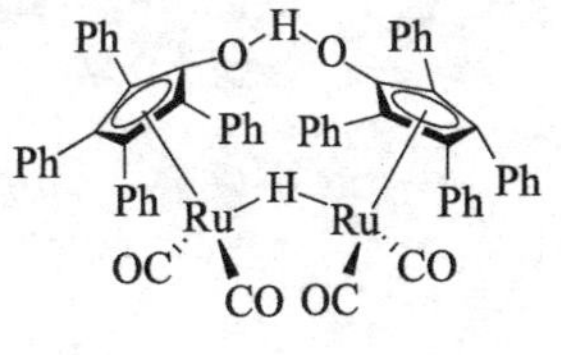

Shvo

其它有机过渡金属如铜、铁、钴、镍等催化剂在烃基化反应中同样得到了广泛应用。利用亚铜催化苯硫酚与卤代苯的反应生成硫醚，α,ω-双烯丙基溴化物在四羰基镍催化下可以顺利进行分子内偶联，生成环状的1,5-二烯。

$$R^1-\langle\bigcirc\rangle-SH + X-\langle\bigcirc\rangle-R^2 \xrightarrow[\text{DMSO}]{\substack{\text{CuI(摩尔分数 10\%)},\textbf{6-62}\text{(摩尔分数 10\%)}\\ \text{Cs}_2\text{CO}_3\text{(2mol)}}} R^1-\langle\bigcirc\rangle-S-\langle\bigcirc\rangle-R^2$$

X=I,Br

6-62

$$(\text{H}_2\text{C})_n \begin{array}{c}\text{CH}_2\text{Br}\\ \text{CH}_2\text{Br}\end{array} \xrightarrow[\text{DMF}]{\text{Ni(CO)}_4} (\text{H}_2\text{C})_n \begin{array}{c}\text{CH}_2\\ \text{CH}_2\end{array}$$

本 章 小 结

本章共分为六节，前四节内容按照有机分子中 O、N、S、C 四种不同原子上的烃基化反应，分别根据不同的烃基化剂，从反应机理、主要影响因素和具体的应用实例等方面进行讨论，特别对涉及的人名反应，如 Williamson 反应、Delépine 反应、Gabriel 反应、Ullmann 反应、Friedel-Crafts 烃基化反应等，进行了深入的介绍。第五节为典型药物生产中相关反应的简析，通过学习本节内容，读者能够从具体的药物实例中了解烃基化反应在药物分子骨架的形成和官能团转化中的应用。第六节为烃基化反应的新进展，本节内容旨在让读者了解近几年烃基化反应发展的一些新技术和新方法，从而拓宽读者的知识面。

通过本章内容的学习，读者应该从反应机理、主要影响因素和具体的应用实例等方面掌握 O、N、S、C 四种不同原子上的烃基化反应，尤其掌握所涉及的经典人名反应，并熟悉反应中所使用的各种烃基化剂，了解烃基化反应在典型药物生产中的应用以及烃基化反应的发展。

第七章 酰化反应

酰化反应（acylation reaction）是指在有机化合物分子的碳、氧、氮、硫原子上引入酰基分别得到酮（醛）、酯、酰胺、硫醇酯的反应。酰基是指从含氧的无机酸、有机羧酸或者磺酸等分子中除去羟基后所剩下的基团。根据所引入的酰基不同，酰化反应可分为碳酰化、磺酰化、磷酰化等，本章所说的酰化反应指的是碳酰化。酰化反应按接受酰基的原子不同，分为 O-酰化、N-酰化、C-酰化和 S-酰化四大类。S-酰化在药物合成中相对比较少见，本章只介绍前三类酰化反应。

酰化反应是药物合成中十分重要的一类反应，应用范围十分广泛。首先，许多药物分子中含有酰基，而且在有些药物中酰基可能是药效基团，比如降血压和抗心绞痛药物硝苯地平（nifedipine）分子中 C-3 和 C-5 位的酯基、抗精神病药物氟哌啶醇（haloperidol）分子中的苯甲酰基都是药物活性的必需基团；其次，在药物合成中常用酰化反应对药物分子进行结构修饰和改造，酰基在提高药物的疗效和选择性、降低毒副作用等方面发挥了很大的作用。除此之外，酰基可进一步转化成为其它基团或官能团，酰化可作为羟基、氨基的常用保护方法。

硝苯地平　　　　　　　　　　　　氟哌啶醇

第一节　O 原子上的酰化反应

氧原子的酰化是指在醇或者酚羟基的氧原子上引入酰基的反应，也就是成酯反应。酯是一类重要的化合物，合成的方法多种多样，既可以用醇与羧酸、羧酸酐、酰氯、酰胺、酯进行反应（直接的 O-酰化），也可以通过醇与腈、烯酮、炔进行反应（间接的 O-酰化）得到酯。

影响 O-酰化反应的主要因素包括醇或酚的结构以及酰化试剂的活性。醇或酚的羟基作为亲核试剂进攻羰基时，如果氧原子上的电子云密度降低，则其反应活性必然会降低。酚类化合物羟基氧上的未共用电子与芳环和双键形成 p-π 共轭体系，会导致其反应活性比一般的醇要低，酰化需要用较强的酰化试剂，如酸酐或酰卤。空间位阻将强烈地影响着酰基化反应，位阻越大反应活性越低，因此，伯醇的酰化活性大于仲醇。叔醇在质子酸催化下用羧酸为酰化剂发生酰化反应时，因其极易形成叔碳正离子而可能引发相关副反应，一般难以顺利进行；即使是发生了反应，其反应机理与伯醇的反应不同。此外，伯醇中的苄醇类和烯丙醇类化合物虽然不是叔醇，但由于它们都容易脱去羟基形成稳定的碳正离子，所以也表现出与叔醇类似的性质。

对于常用的酰化试剂如酰卤、酸酐、酯、羧酸以及酰胺来说，酰化活性顺序：

酰溴＞酰氯＞酸酐＞羧酸酯≈羧酸＞酰胺

这一顺序实际上与它们在酰化反应中相应的离去基团的离去能力是一致的。

一、羧酸作为酰化试剂

用醇与羧酸反应合成酯是最经典的醇羟基上的 O-酰基化反应。反应通常是在质子酸、路易斯酸、强酸型离子交换树脂或者负载路易斯酸的树脂催化下进行的，反应除生成酯之外，还有水，属于可逆反应。为使平衡向正反应方向移动，有效的途径就是不断地将生成的水从反应体系中转移出去，采用共沸脱水和在反应体系中加入脱水剂都能达到此目的。

$$R'OH + RCOOH \underset{}{\overset{催化}{\rightleftharpoons}} RCOOR' + H_2O$$

（一）质子酸催化法

醇的直接酰化使用酸催化剂，可选用质子酸，常用的有浓硫酸、氯化氢、高氯酸、磷酸、氟硼酸、苯磺酸、对甲苯磺酸等。质子酸催化的酯化反应是一个加成-消除的历程，包括质子化和去质子化等。首先，羧羰基氧与质子结合，形成具有强亲电性的质子化羰基，然后醇羟基氧作为亲核试剂与之发生亲核加成，羰基碳由 sp^2 杂化转变为 sp^3 杂化，随后质子可逆地从烃氧基转移到羟基后，消除 1 分子水得到质子化的酯，进一步脱去质子完成反应，其反应可以表示为：

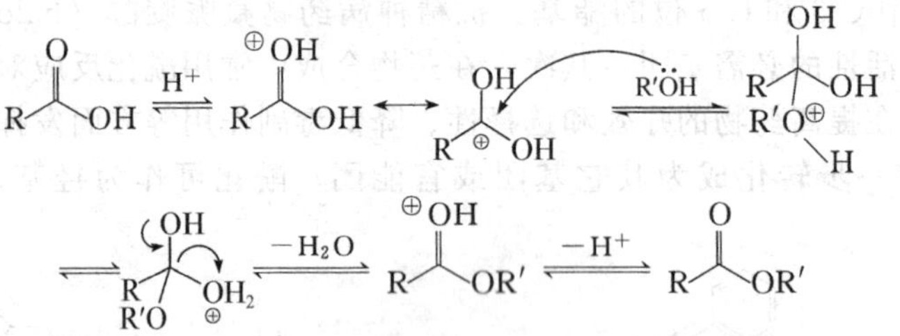

质子酸催化的优点是简单，缺点是可能存在脱水、异构化或者聚合等副反应。某些对无机酸敏感的醇，比如在无机酸中容易失水的叔醇及可能异构化的醇等，可以考虑采用有机酸催化。

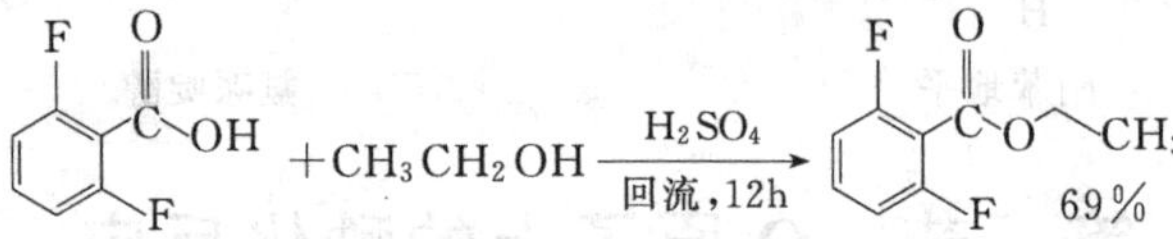

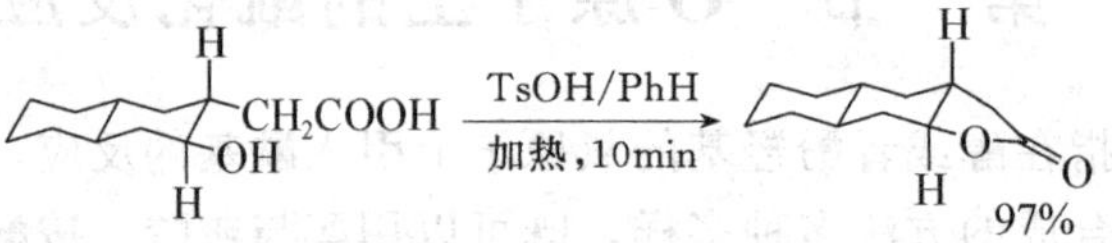

（二）路易斯酸催化法

在催化醇羟基氧的酰化反应中，路易斯酸通过与羧羰基形成络合物，来增强其羰基碳原子的亲电性，以这种方式达到催化目的。

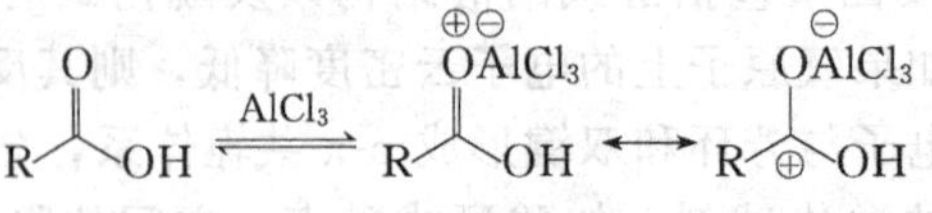

常用的路易斯酸有 $AlCl_3$、$FeCl_3$、BF_3、$TiCl_4$ 等。使用路易斯酸催化剂往往可以减少副反应，避免双键的分解或重排，反应的产率和产品的纯度都比较高，但反应后处理过程中，因可能形成胶体而令人烦恼，这是需要注意的。在催化位阻大的醇（比如叔醇）酯化时，与质子酸催化相似，效果不好。

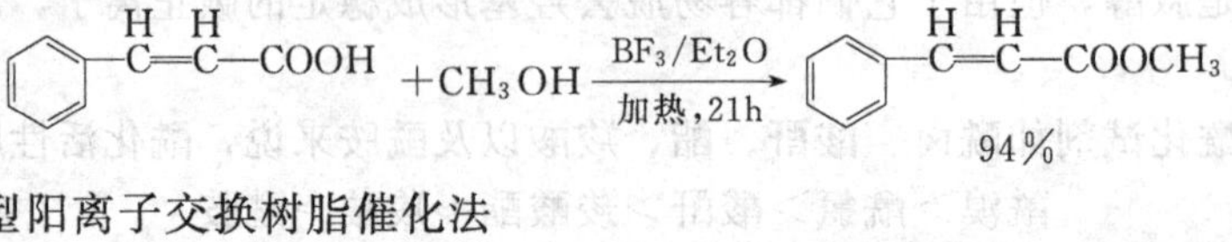

（三）强酸型阳离子交换树脂催化法

用质子酸和路易斯酸催化酯化反应时，后处理比较麻烦，而且对设备有腐蚀性，采用强酸性阳离子交换树脂作为催化剂可以避免这些问题，它具有反应条件温和、后处理简单、环境污染小等特点，是绿色酯化合成研究的一个重要方向。为了提高离子交换树脂的催化活性和稳定性，可以用一些金属盐（如氯化锌、氯化铝、氯化铁、硫酸钙等）对其进行改性。

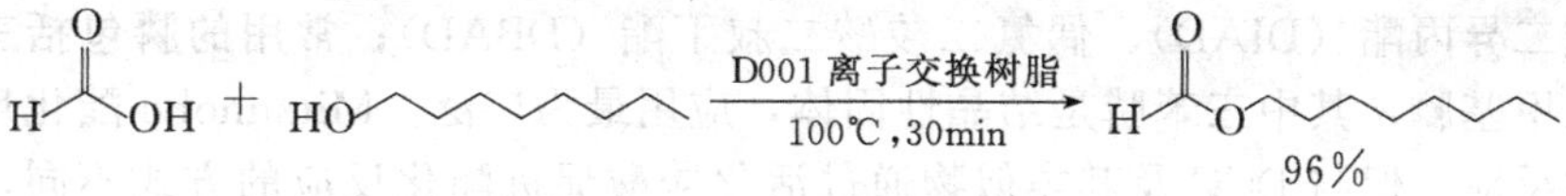

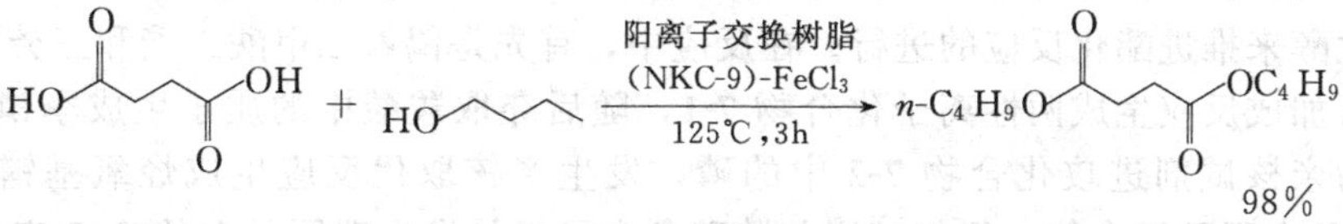

（四）N,N-二环己基碳二亚胺（DCC）及其类似物脱水法

在羧酸与醇合成酯的反应中，二环己基碳二亚胺（DCC）的应用就总体效果来看，起到了脱水的作用，但其并非简单的物理过程，而是通过化学反应来实现的。

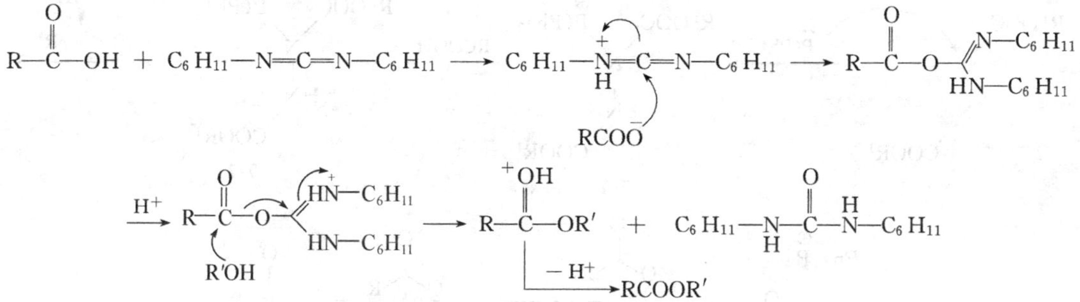

与 DCC 结构和作用相似的化合物近年来发现了很多，常见的几种是：

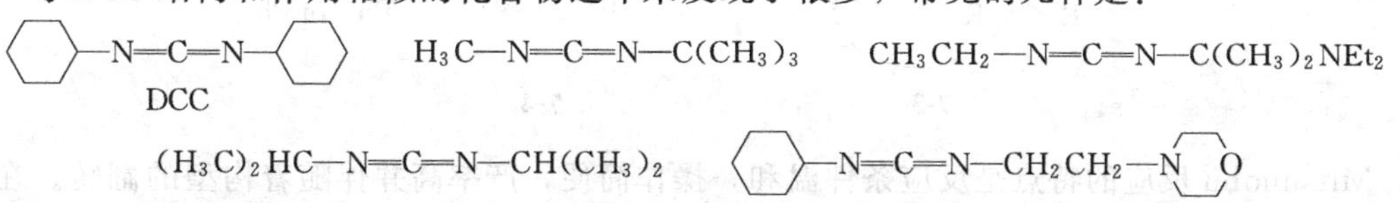

DCC 及其类似物多用于不适宜直接酯化或者对酸和热敏感的反应，也适合用于贵重醇、酸的酯化，或某些结构复杂具有敏感基团的酯以及大环内酯等化合物的合成。使用 DCC 及其类似物时，如果加入催化量的有机碱，如 4-二甲氨基吡啶（DMAP）或 4-吡咯烷基吡啶（PPY），可以大大提高反应的速率和收率。

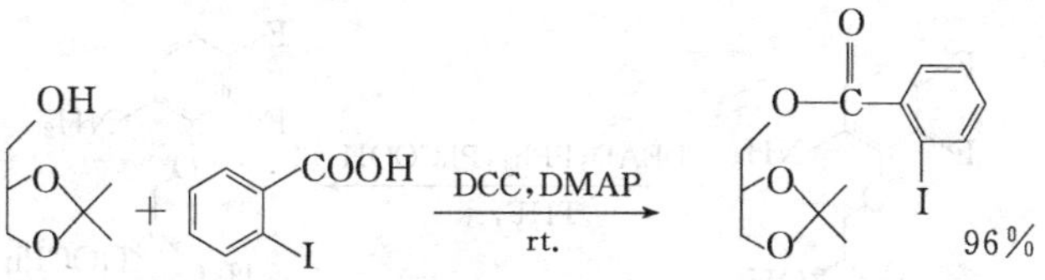

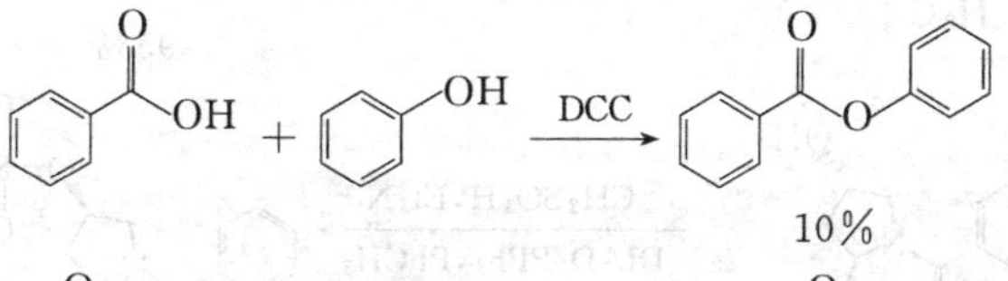

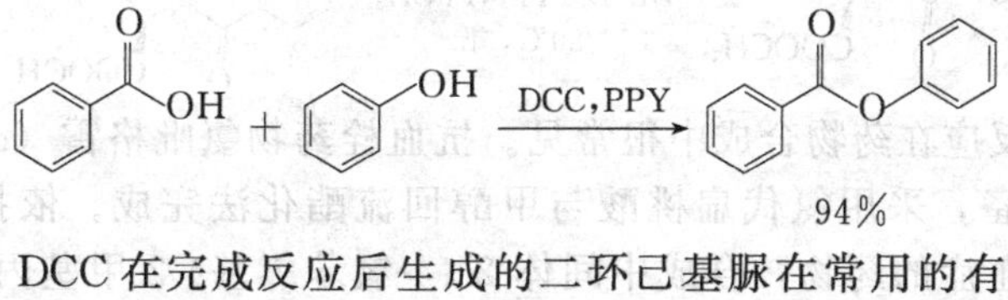

需要指出的是，DCC 在完成反应后生成的二环己基脲在常用的有机溶剂中有一定的溶解性，尽管大部分可通过过滤法除去，但需要用柱色谱的方法来完成产物的进一步提纯。

（五）Mitsunobu 反应

Mitsunobu 反应是指在偶氮二甲酸二酯和三芳（烷）基膦存在下，醇与带有活性氢的多种化合物进行脱水缩合的反应。常用的偶氮二甲酸二酯包括偶氮二羧酸二乙酯（DEAD）、偶氮二羧酸二异丙酯（DIAD）、偶氮二羧酸二叔丁酯（DBAD）；常用的膦包括三苯膦、三丁基膦和三甲基膦，其中三苯膦是结晶性固体，应用最为广泛。Mitsunobu 酯化反应是一个脱水缩合的反应，但与 DCC 及其类似物通过活化羧酸促进酯化反应的方式不同，该反应是通过活化醇来推进酯化反应的进行。在反应中，首先是偶氮二甲酸二酯和三芳（烷）基膦快速地进行加成反应生成两性离子化合物 **7-1**，随后夺取羧酸中的质子生成季鏻盐 **7-2**。醇羟基氧作为亲核试剂进攻化合物 **7-2** 中的磷，发生亲核取代反应生成烃氧基鏻盐 **7-3**。由于 P—O 键具有强的键合能，烃氧基鏻与羧酸负离子极易发生碳原子上的 S_N2 亲核取代反应而生成酯 **7-4**。

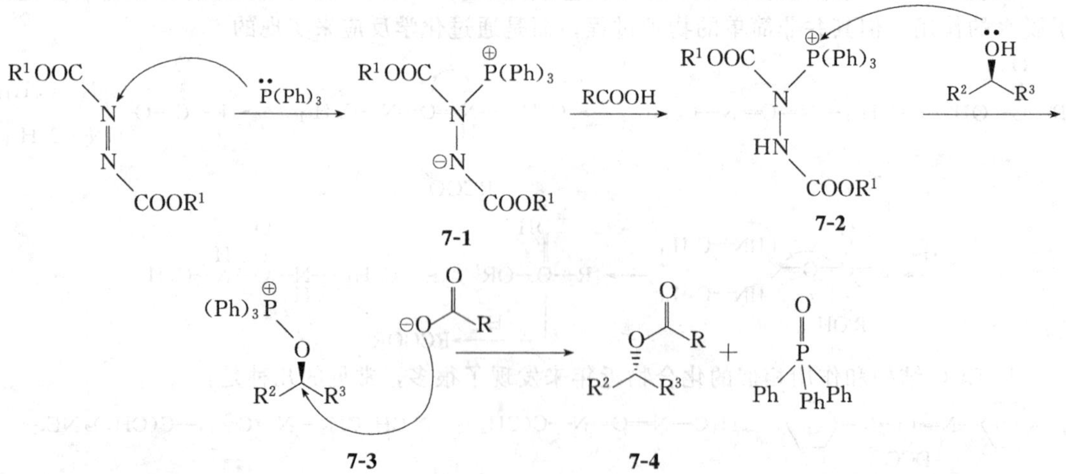

Mitsunobu 反应的特点是反应条件温和，操作简便，产率高并伴随着构型的翻转。在酯化反应的过程中，如果底物醇中同时存在伯羟基和仲羟基，由于三芳（烷）基膦的位阻效应，使得伯羟基可以选择性地被酯化；如果底物是一个手性的仲醇，其立体构型将会发生翻转。Mitsunobu 反应还可以用于醇与多种含活性氢的化合物之间的缩合反应，比如与磺酸的缩合。

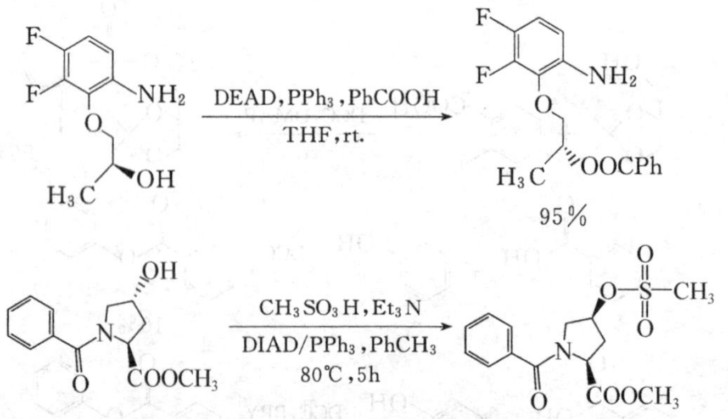

羧酸与醇的酯化反应在药物合成中很常见。抗血栓药物氯吡格雷（clopidogrel）中间体氯代扁桃酸甲酯的制备，采用氯代扁桃酸与甲醇回流酯化法完成。依托贝特（etofibrate）是临床用于治疗高脂血症的药物，合成中间体 2-(4-氯苯氧基)-2-甲基丙酸乙二醇单酯也可用直接酯化法制得。

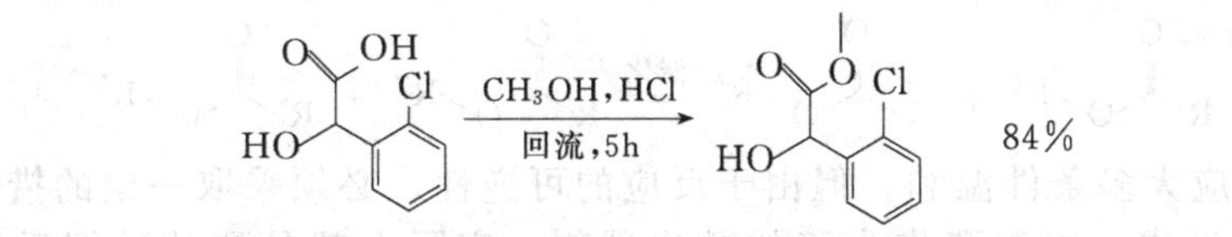

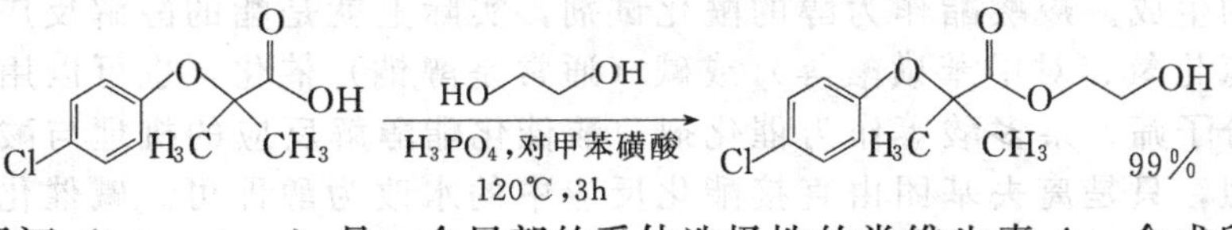

他扎罗汀（tazarotene）是一个局部的受体选择性的类维生素 A，合成所需的中间体 α-氯代烟酸乙酯采用 DCC 缩合法制备，匹多莫德（pidotimod）的合成中间体 L-焦谷氨酸五氯酚酯也可用类似的途径来合成。

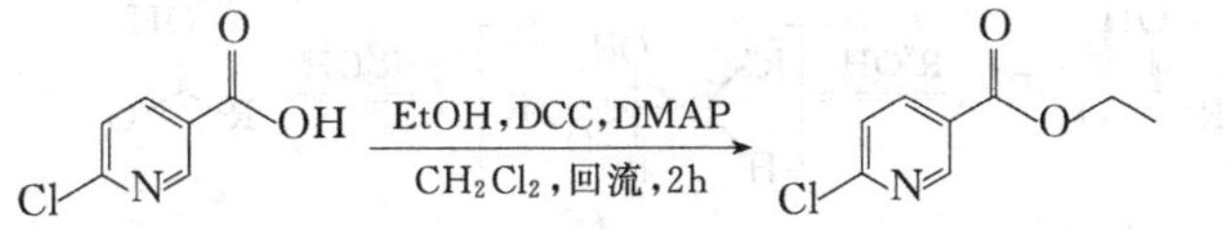

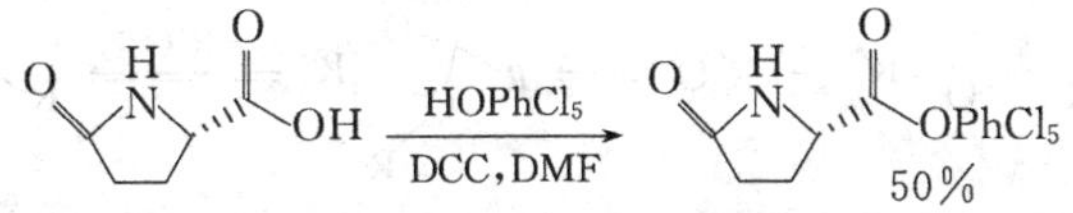

在抗艾滋病药物齐多夫定（zidovudine，**7-8**）的合成中，胸苷（**7-5**）先与对甲氧基苯甲酸进行第一次 Mitsunobu 反应缩合成酯，然后再进行第二次 Mitsunobu 反应分子内脱水得到氧桥化合物 **7-6**，**7-6** 与叠氮化锂反应开环得到叠氮化合物 **7-7**，**7-7** 在甲醇钠-甲醇溶液中脱去保护基得到齐多夫定（**7-8**），总收率达到 73%。

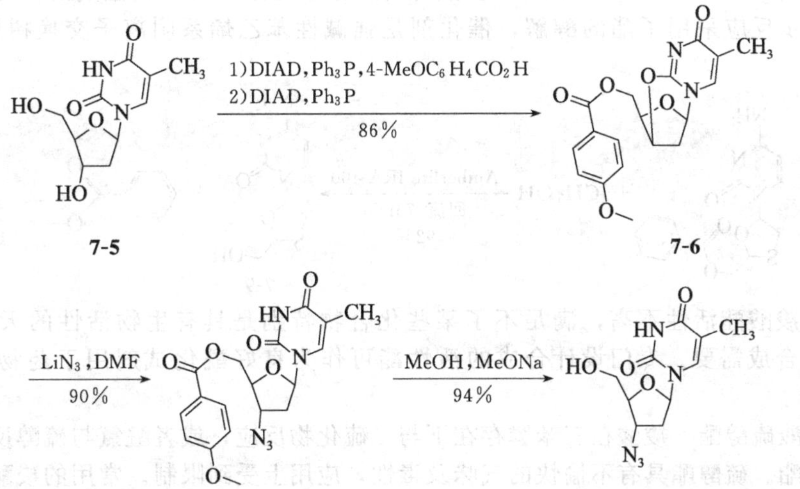

7-5   **7-6**

7-7   **7-8**

二、羧酸酯作为酰化试剂

羧酸酯可以分别与醇发生醇-酯交换，与羧酸发生酸-酯交换，与酯发生酯-酯交换，以制备新的酯：

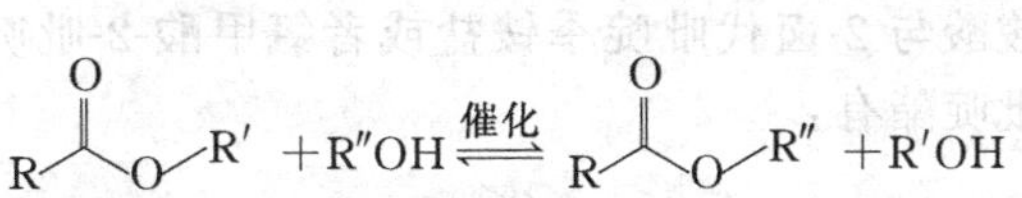

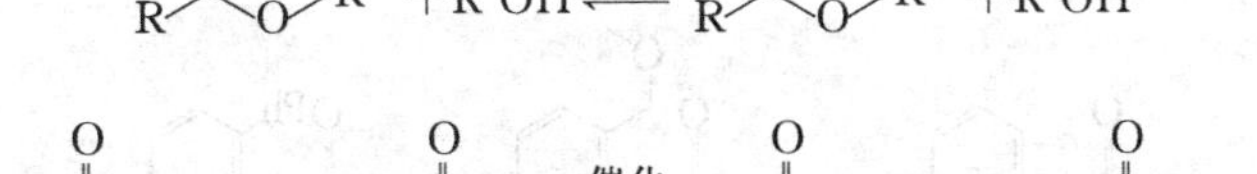

$$R-\overset{O}{\overset{\|}{C}}-O-R' + R''-\overset{O}{\overset{\|}{C}}-O-R''' \underset{\text{催化}}{\overset{\text{催化}}{\rightleftharpoons}} R-\overset{O}{\overset{\|}{C}}-O-R''' + R''-\overset{O}{\overset{\|}{C}}-O-R'$$

这些交换反应大多条件温和，但由于反应的可逆性，必须采取一定的措施来打破平衡，促进新酯的生成。羧酸酯作为醇的酰化试剂，实际上就是酯的醇解反应，可以采用酸（硫酸、氯化氢、对甲苯磺酸等）或碱（通常是醇钠）催化，也可以用强碱性离子交换树脂、分子筛、杂多酸等作为催化剂。酸催化酯醇解反应的机理与酸催化酯化反应的机理类似，只是离去基团由直接酯化反应中的水改为醇即可。碱催化酯交换反应遵循加成-消除机理。在碱性条件下，醇可逆地转化为烷氧负离子，从而增强其亲核性，推动反应顺利进行。

对于上述醇解反应来说，不论是酸催化还是碱催化，最好是 R'OH 的酸性比 R"OH 的酸性强，这样对正向反应有利。各类醇的相对酸性强度次序为：甲醇＞其它伯醇＞仲醇＞叔醇。一般来说，小分子量的醇易被大分子量的醇从其酯中置换出来，反应在塔器中进行更有利于平衡移动，采用边交换边精馏移去低沸点醇的方式使反应完全。

拉米夫定（lamivudine）是核苷类抗病毒药，用于乙型肝炎和艾滋病的治疗，在其合成中，最后一步反应采用了酯的醇解，催化剂是强碱性苯乙烯系阴离子交换树脂 Amberlite IRA-400。

一般的羧酸酯活性不高，满足不了某些化合物特别是具有生物活性的天然化合物及其衍生物的合成需要。专门设计合成的活性酯可作为良好酰化试剂用于药物合成。常用的有：

（1）羧酸硫醇酯　羧酸在三苯膦存在下与二硫化物反应，或者酰氯与硫醇反应，均可得到羧酸硫醇酯。硫醇酯具有不愉快的气味及毒性，应用上受到限制。常用的羧酸硫醇酯有：

（2）羧酸吡啶酯　羧酸与 2-卤代吡啶季铵盐或者氯甲酸-2-吡啶酯反应都可以得到羧酸吡啶酯。代表性的羧酸吡啶酯有：

（3）羧酸三硝基苯酯　羧酸三硝基苯酯由 2,4,6-三硝基氯苯与相应的羧酸盐反应生成，产物不用分离可以直接进行醇解反应，但醇的空间位阻大时反应的收率比较低。

（4）羧酸异丙烯酯　羧酸异丙烯酯可以由羧酸与丙炔通过加成反应获得。当醇解羧酸的空间位阻大的酯时，用羧酸异丙烯酯法可以获得良好的结果。交换出的异丙烯醇的重排产物丙酮完全失去了酯化的能力，从而推动反应向正反应方向移动。

（5）羧酸-1-苯并三氮唑酯　羧酸-1-苯并三唑酯可以由 1-羟基苯并三唑与酰氯合成。该三唑酯与醇的反应条件温和，选择性好，在伯醇与仲醇并存时可选择性地酰化伯醇，在羟基和氨基并存时可选择性地酰化氨基。

三、酸酐作为酰化试剂

酸酐的酰化活性比较强，可用于酚羟基或空间位阻比较大的醇羟基的酰化。酸酐与醇的反应可以看作是酸酐的醇解，通常用酸或碱来催化。常用的酸性催化剂主要有硫酸、高氯酸、对甲苯磺酸、三氟化硼、氯化锌、三氯化铁、高氯酸盐 $[Mg(ClO_4)_2$、$LiClO_4$、$Zn(ClO_4)_2$、$AgClO_4]$ 等，碱性催化剂主要有吡啶、三乙胺、喹啉、乙酸钠等。

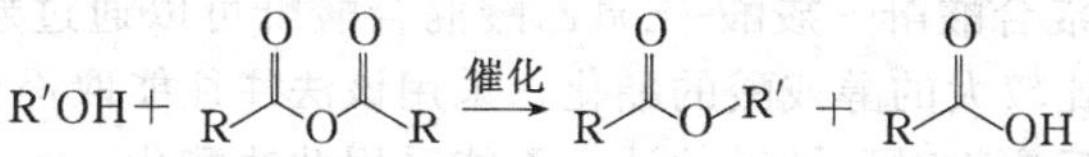

在酸催化时，酸酐通过接受质子增强其酰基的亲电性，从而更易与醇羟基氧发生亲核加成，在随后消去 1 分子羧酸的同时完成羟基氧上的酰化反应。

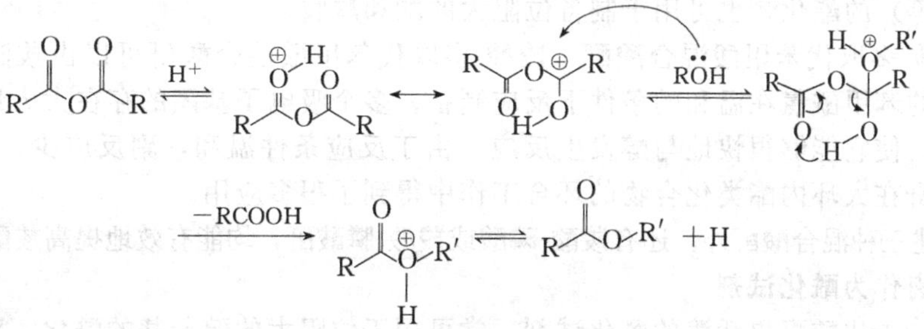

以吡啶催化时，酸酐与吡啶先形成 N-酰化吡啶盐复合物，醇与之酰基发生亲核加成-消去反应，生成对应的酯。

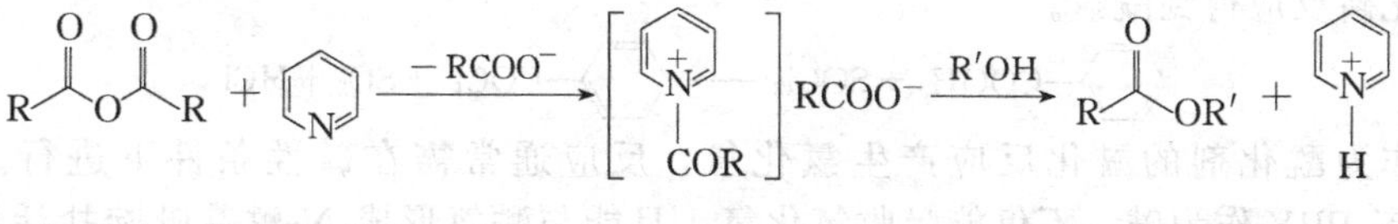

盐酸米多君是选择性地作用于 α 受体激动剂的药物，用于治疗立位低血压，其中间体 2,5-二羟基苯乙酮是由对二苯酚的乙酰化物经重排反应后得到的。间乙酰氧基苯甲醛是合成第二代光敏剂替莫泊芬（temoporfin）的中间体，它的合成可由间羟基苯甲醛与乙酸酐在碱催化下反应而完成。

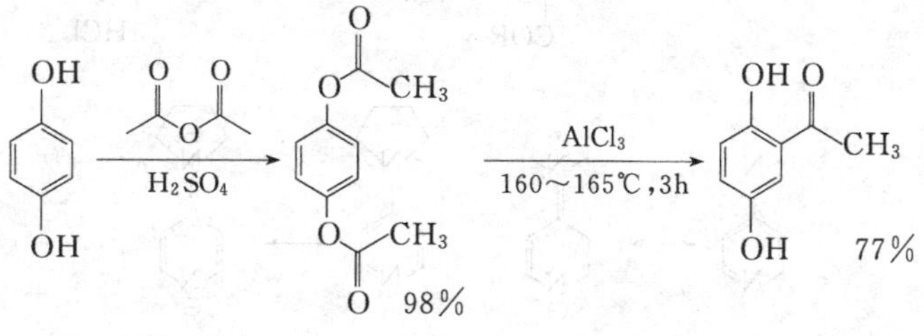

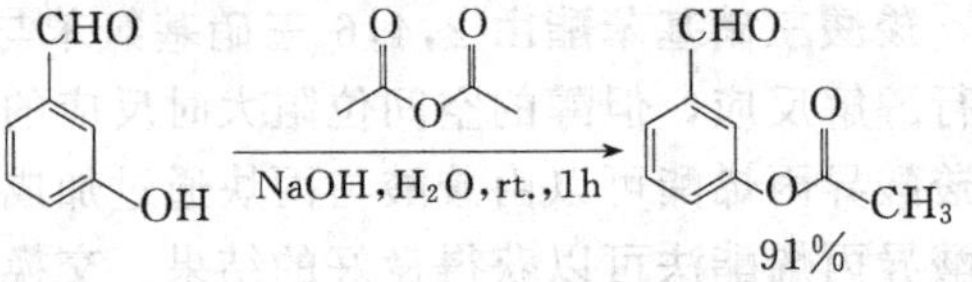

高氯酸盐具有强的催化活性，其催化反应条件温和，位阻大的醇和酸酐的反应也能获得较好的结果；当所用的醇有手性时，其构型保持不变。

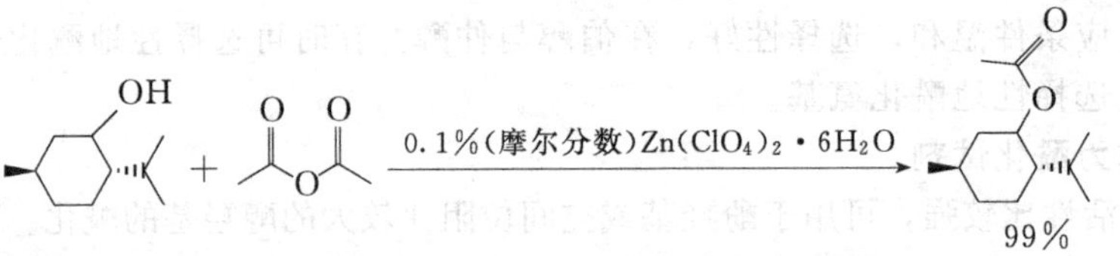

虽然羧酸酐是良好的酰化试剂，但分子大的酸酐往往难以获得，所以其应用受到了限制，选用混合酸酐则可弥补其不足。与单酸酐相比，混合酸酐具有反应活性更强和应用范围更广的特点。常见的混合酸酐有如下：

（1）羧酸-三氟乙酸混合酸酐　羧酸-三氟乙酸混合酸酐可以通过羧酸与三氟乙酸酐的反应制备。对于空间位阻比较大的醇或酸的酯化，采用该法往往能取得良好的效果。由于三氟乙酸的酸性较强，如果反应物对酸敏感的话，不能采用此法酯化。

（2）羧酸-磺酸混合酸酐　羧酸-磺酸混合酸酐可以通过羧酸与磺酰氯在吡啶中反应制备。由于酰化反应是在碱性介质下进行，因此该方法特别适合于对酸敏感的醇（如叔醇、丙炔醇、烯丙醇等）的酯化，也可用于制备位阻大的酯和酰胺。

（3）羧酸-多取代苯甲酸混合酸酐　羧酸-多取代苯甲酸混合酸酐可以由羧酸与含有多个吸电子基团的苯甲酰氯在温和的条件下反应制备。多个吸电子基团的存在大大地提高了混合酸酐的活性，使它能够很快地与醇发生反应。由于反应条件温和，副反应少，产物产率高，此类混合酸酐在大环内酯类化合物的环合工作中得到了很多应用。

除了上述三种混合酸酐外，还有羧酸-磷酸或羧酸-膦酸酐，均能有效地提高羧酸的酰化活性。

四、酰卤作为酰化试剂

酰卤是一类比酸酐更活泼的酰化试剂，常可用于位阻大的醇羟基的酰化。对不易成酐的酸，可用其酰卤为酰化剂与醇反应。制备酰氯最常用的方法是羧酸与二氯亚砜反应。因为产物除了酰氯外，二氧化硫和氯化氢均为气体，很容易分离。此外，还可以用羧酸与三氯化磷、五氯化磷反应得到酰氯。

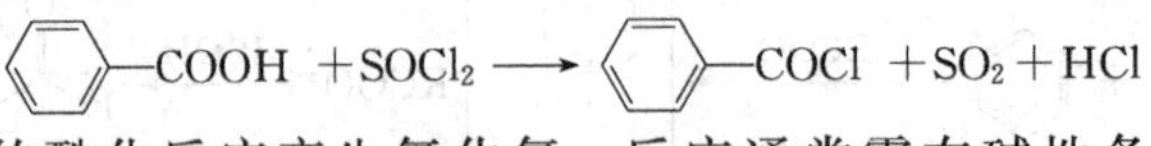

酰卤作为酰化剂的酰化反应产生氯化氢，反应通常需在碱性条件下进行。用吡啶、DMAP 或者 PPY 作为碱，不仅能吸收氯化氢，且能与酰氯形成 N-酰基吡啶盐活性中间体，催化反应的进行。DMAP 和 PPY 的强催化作用，源于其含有的供电子取代基团增加了吡啶氮的亲核性，可以使酰化反应迅速进行，尤其适合于有位阻的醇的酰化。

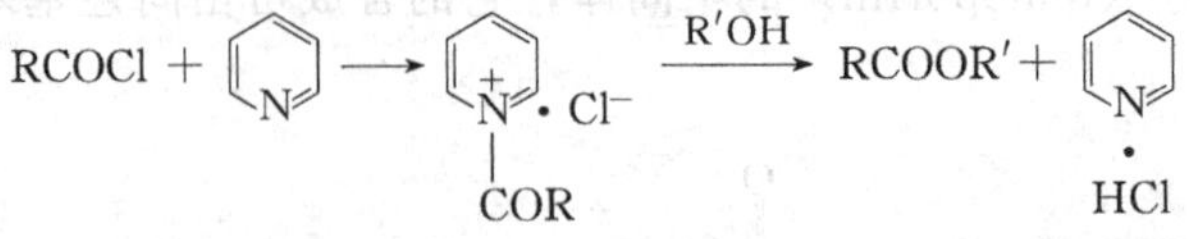

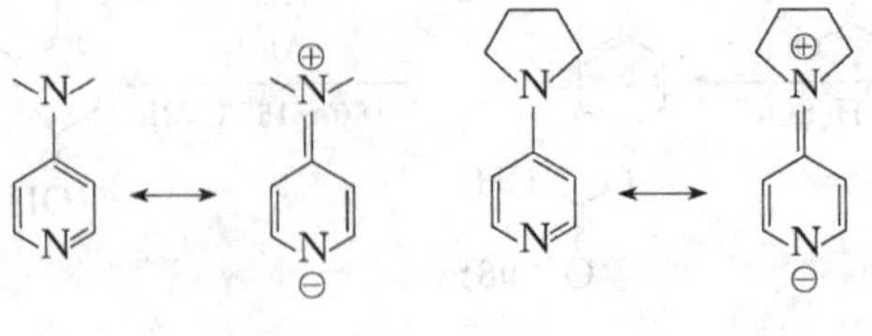

　　氯乙酸（4-乙酰氨基）苯酯是合成解热镇痛药盐酸丙帕他莫（propacetamol hydrochloride）的中间体，可以由对乙酰胺基苯酚和氯乙酰氯在碱的存在下反应得到。佐匹克隆（zopiclone）是新一代高效低毒的速效催眠药，在最后一步合成中采用 4-甲基-1-哌嗪甲酰氯盐酸盐作为酰化试剂与 6-(5-氯-2-吡啶基)-5-羟基-7-氧代-6,7-二氢-5H-吡咯并[3,4]吡嗪反应得到佐匹克隆。

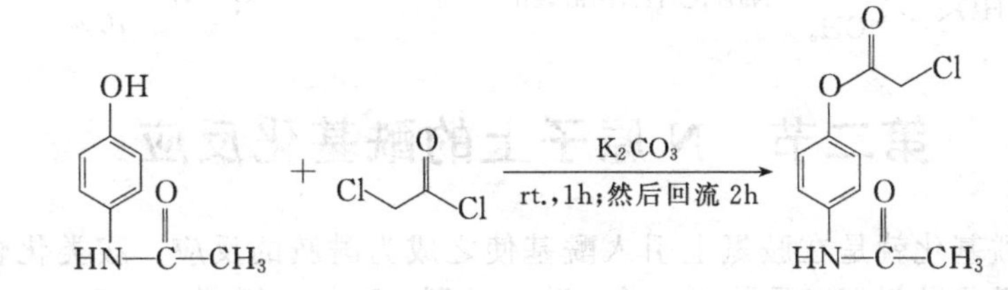

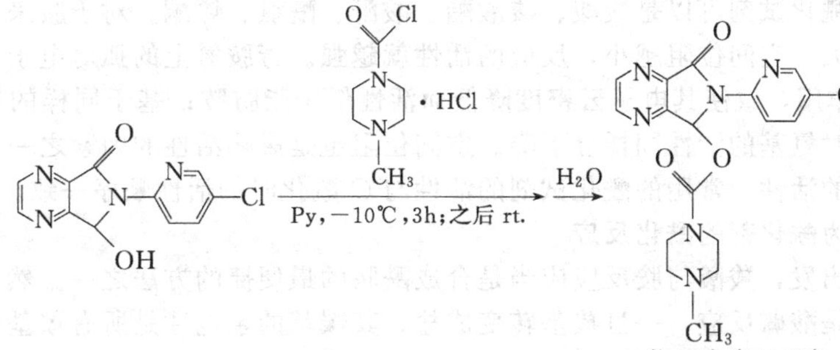

佐匹克隆(62%)

五、酰胺作为酰化试剂

　　酰胺是一类比较稳定的化合物，反应活性低，一般不能作为酰化剂。但一些含氮杂环的 N-酰化物由于受到杂环的影响而变得非常活泼，N,N'-羰基二咪唑（CDI）及类似物可用作羟基氧的酰化剂或酰化催化剂。

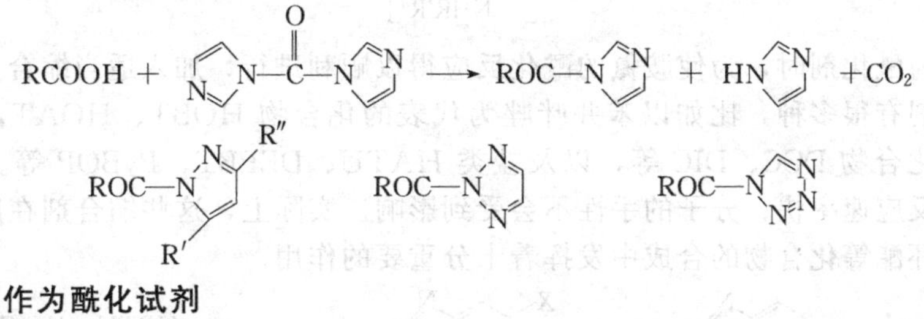

六、烯酮作为酰化试剂

　　烯酮是一类很活泼的化合物，可作为酰化剂与醇反应生成酯。其结构属于积累二烯，含有一个 sp 杂化的碳，很不稳定，所以乙烯酮通常以二聚体的形式存在。

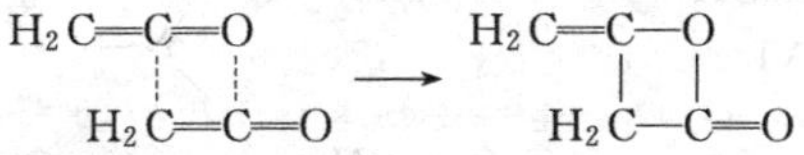

　　烯酮作为酰化剂与醇之间的反应是通过加成来完成的，这是烯酮的特征性反应。乙酰乙酸-2-甲氧基乙酯和乙酰乙酸肉桂酯是合成西尼地平（cilnidipine）长效降血压药的两种中间体，均可以二乙烯酮为酰化剂与醇反应来制取。阿雷地平（aranidipine）是用于治疗高血压、心绞痛等病的药物，其合成中间体乙酰乙酸(2,2-亚乙基二氧基)丙基酯通过乙酰基乙烯酮对 2,2-亚乙基二氧基丙醇的酰化制备。

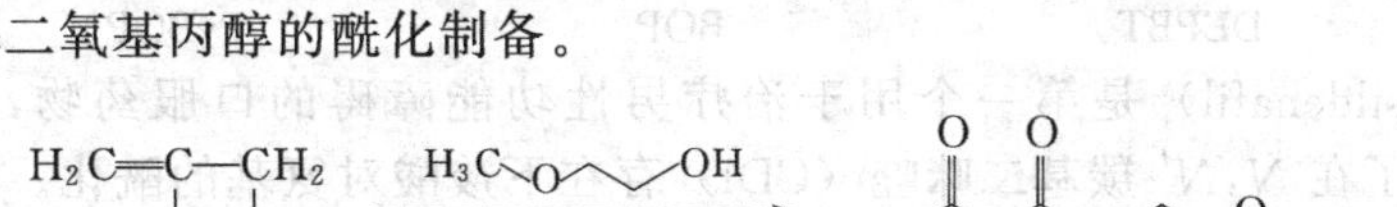

95%

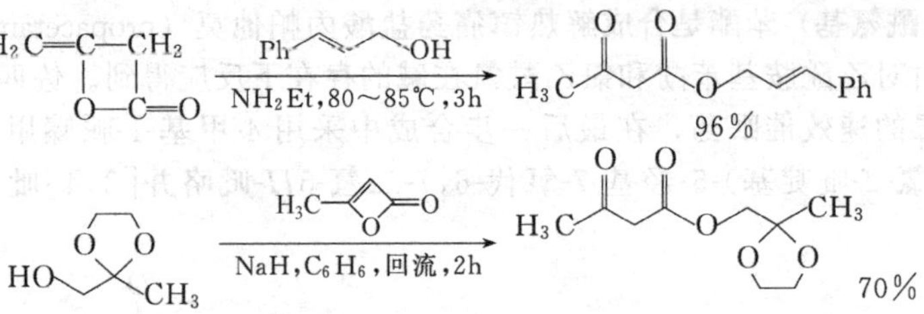

第二节　N 原子上的酰基化反应

N 原子上的酰基化就是在胺氮上引入酰基使之成为酰胺的反应。胺类化合物可以是脂肪胺或者芳胺，酰化试剂可以是羧酸、羧酸酯、酸酐、酰氯、烯酮。对于胺来说，氨基氮上的电子云密度越大、空间位阻越小，反应的活性就越强。芳胺氮上的孤对电子由于与芳环大π 键之间的共轭作用，致使其电子云密度降低而活性低于脂肪胺；基于同样的原因，芳环上含有吸电子基团时氨基的活性同样会下降。空间位阻也是影响活性的因素之一，脂肪族伯胺的活性大于仲胺的活性。常用的酰化试剂的活性与 O-酰化时的活性顺序一致。

一、羧酸作为酰化剂的酰化反应

从化学原理出发，羧酸与胺反应应当是合成酰胺的最便捷的方法之一。然而，羧酸与胺相遇首先发生的是酸碱反应，一旦羧基转变成盐，其羰基的亲电性是所有羰基化合物中最低的，而胺与羧酸形成酰胺的合理的反应机理是亲核加成-α-消除。因此，胺的直接酰化反应在绝大多数情况下是难以完成的，除非在强热条件下，并有脱水剂存在或采用共沸脱水的方法除去生成的水，也可以保证平衡向正反应方向移动。

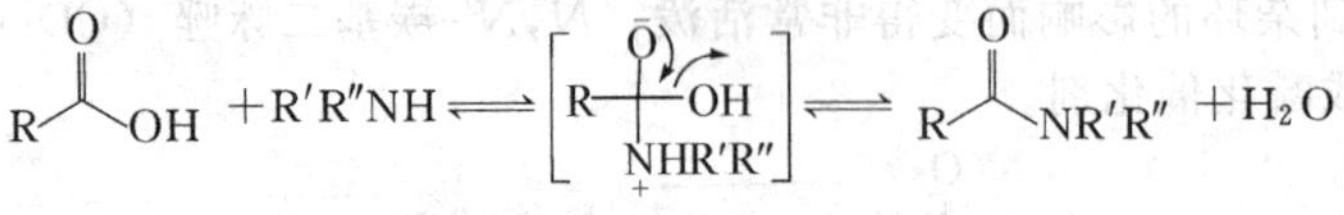

当用羧酸为酰化剂时，为使胺氮的酰化反应得以顺利进行，加入适当缩合剂是常见的途径之一。缩合剂有很多种，比如以苯并咪唑为代表的化合物 HOBT、HOAT，以碳二亚胺基团为代表的化合物 DCC、DIC 等，以及盐类 HATU、DEPBT、PyBOP 等。使用这些缩合剂的优点是反应速率快、分子的手性不会受到影响。实际上，这些缩合剂在肽、环肽、大环内酰胺、大环酯等化合物的合成中发挥着十分重要的作用。

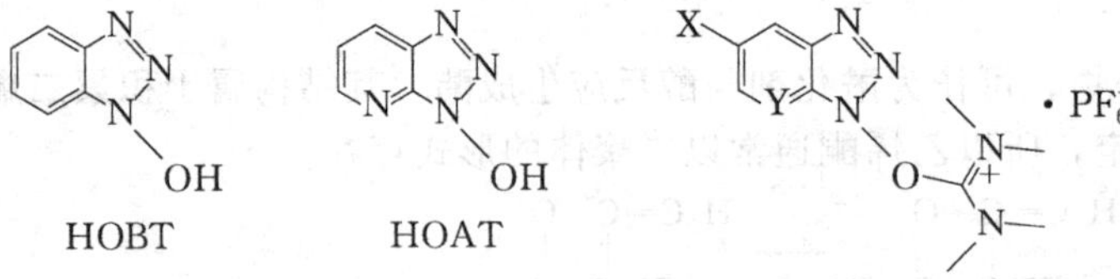

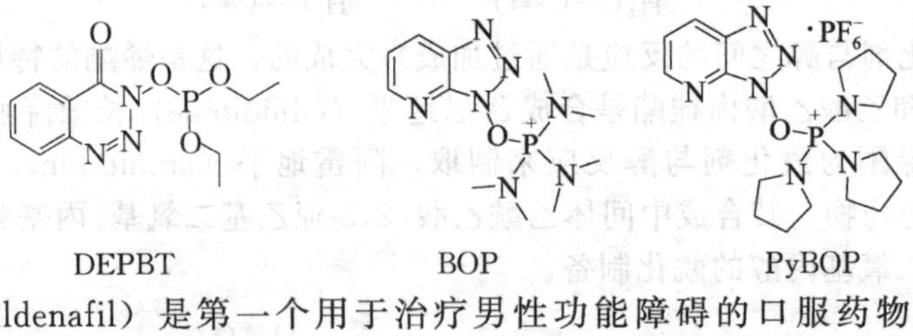

西地那非（sildenafil）是第一个用于治疗男性功能障碍的口服药物，其关键中间体 **7-10** 的制备采用了在 N,N'-羰基二咪唑（CDI）存在下羧酸对氨基的酰化。阿巴卡韦（abacavir）是一种强力的核苷类反转录酶抑制剂，其重要中间体 N-(4,6-二氯-5-甲酰胺基-2-嘧啶基)乙酰胺的合成采用甲酸作为酰化试剂，通过加入脱水剂乙酸酐来促进反应的进行。

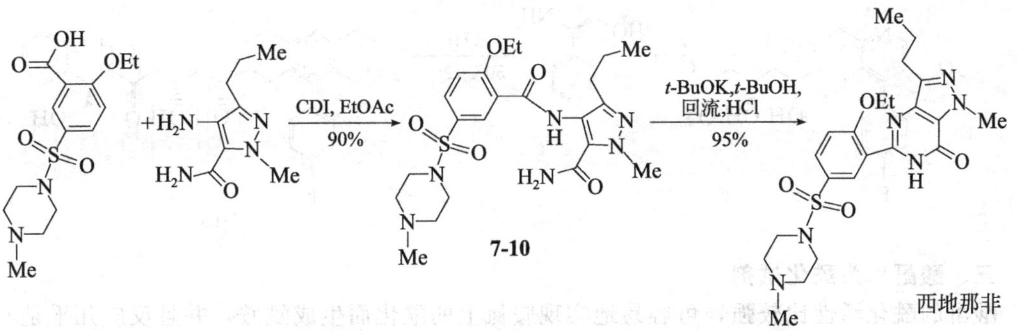

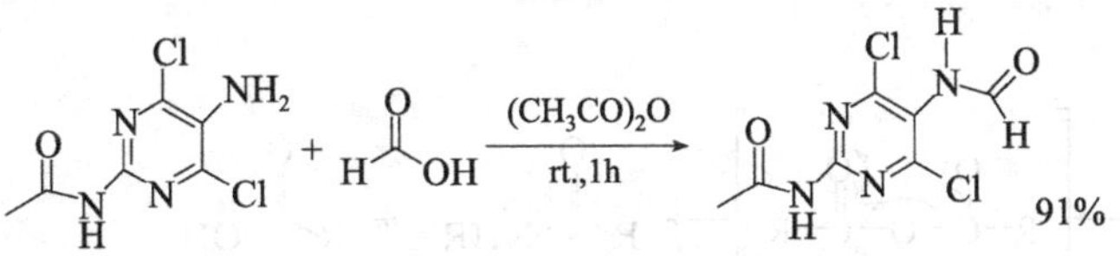

拉格唑拉（largazole）是从海洋生物中提取的大环化合物，具有良好的抗癌活性。在大环的环合反应中，选用 HATU、HOAT 为缩合剂，关键中间体 **7-11** 于室温下反应 24h，便以 81% 的收率得到环合产物 **7-12**。

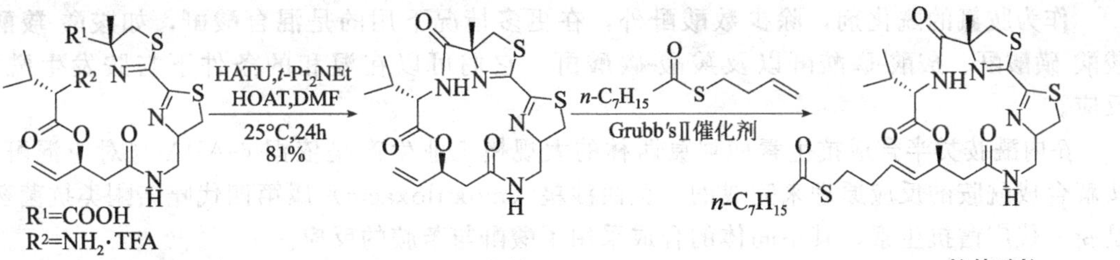

二、羧酸酯作为酰化试剂

羧酸酯作为酰化试剂与胺反应相较于与醇的酯交换更容易一些，但也需要在较高的反应温度和酸、碱催化下才能顺利进行。实际上，这一反应就是酯的胺解可逆反应，在实施过程中，采用反应-分馏耦合的方法能有效地推动平衡向正反应方向移动，从而使反应进行得更完全。羧酸酯的反应活性虽然比酸酐和酰氯低，但由于其容易制备、性质稳定，而且在反应中不会与胺形成铵盐，所以在 N-酰化反应中也有比较多的应用。活性酯是基于酯类酰化剂的优点，同时克服了常规酯酰化活性低的不足，而开发出的一种的有效酰化剂。常见的有酚酯、羟胺酯、肟酯、烯醇酯等，这些活性酯可以在温和的条件下与胺反应，不但产率高，而且某些可以进行选择性酰化，对底物分子中的手性中心影响很小。

在药物阿巴卡韦的合成中，中间体 2-氨基-4,6-二嘧啶酮可以由胍和丙二酸二乙酯制得，其机理是两次胺氮的酰化，只不过第一次是发生在分子间，而第二次发生在分子内。

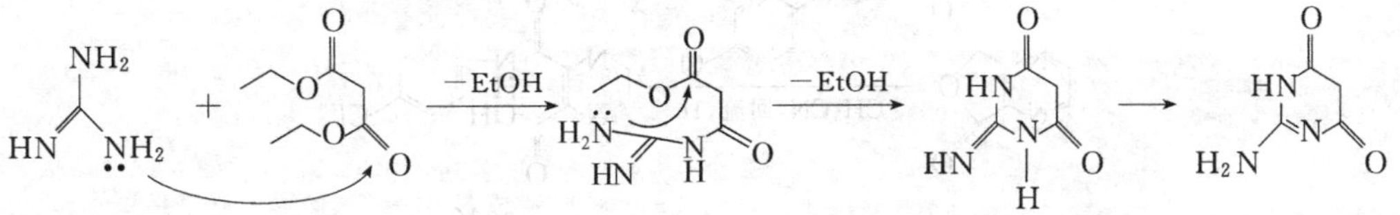

西立伐他汀钠（cerivastatin sodium）是第三代 3-羟-3-甲戊二酸酯单酰辅酶 A 还原酶抑制剂，用于原发性Ⅱa 和Ⅱb 型高脂血症的治疗，其关键中间体 **7-13** 的合成就是由酯的选择性胺解反应完成的。

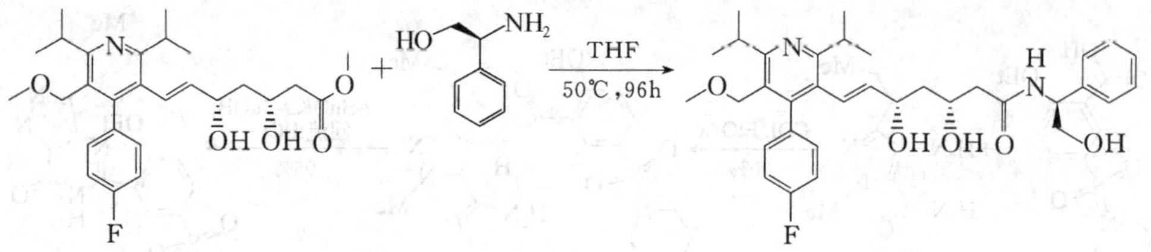

7-13

三、酸酐作为酰化试剂

酸酐的酰化活性比较强，可容易地实现胺氮上的酰化而生成酰胺，并且反应几乎是不可逆的，反应遵循加成-消除机理。

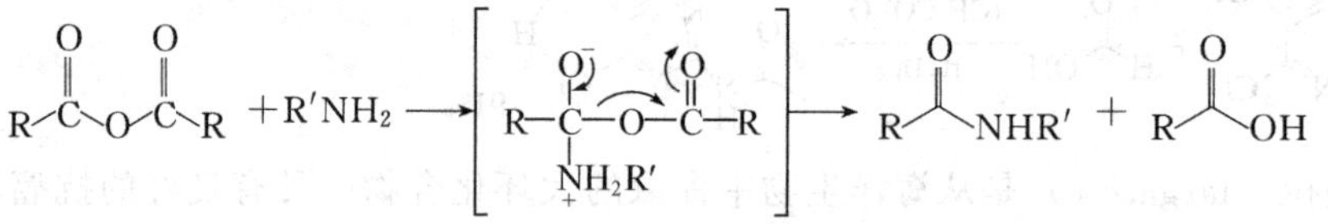

在完成空间位阻较大的胺的酰基化时，通常需加入催化量的酸或碱加速反应。常用的酸有浓硫酸、磷酸、高氯酸等，使用的碱大多是叔胺类或吡啶类。

作为胺氮的酰化剂，除少数酸酐外，在更多情况下用的是混合酸酐，如羧酸-羧酸酐、羧酸-磺酸酐、羧酸-磷酸酐以及羧酸-碳酸酐，它们可以在温和的条件下与胺发生酰基化反应。

β-内酰胺类半合成抗生素如阿莫西林的大规模工业生产是依据 6-APA 与对应混酐发生胺解合成酰胺的反应原理来完成的。莫西沙星（moxifloxacin）属第四代喹诺酮类抗菌药物，是新一代广谱抗生素，其中间体的合成采用了酸酐与苄胺的反应。

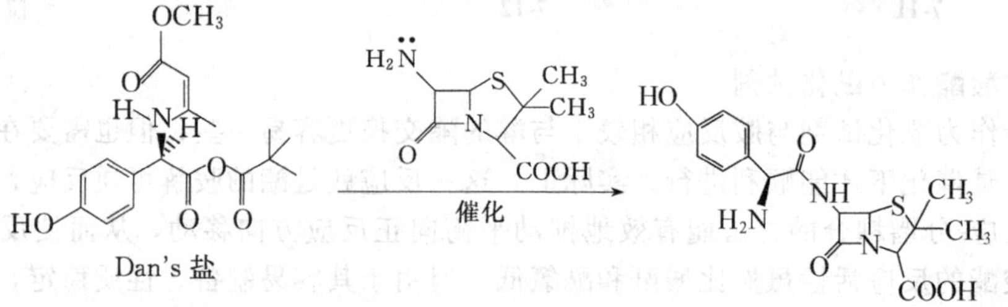

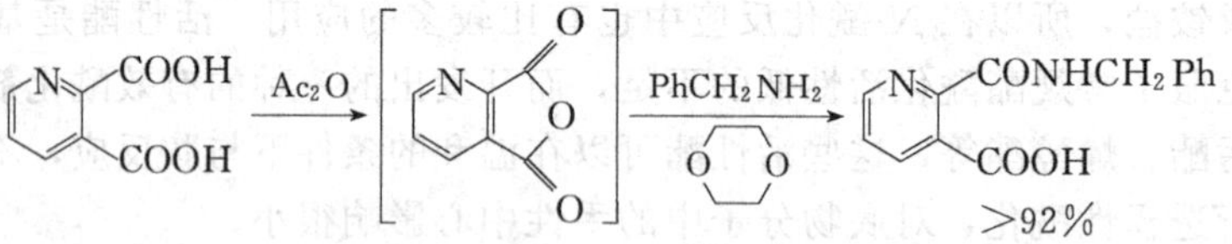

Dan's 盐

催眠药佐匹克隆（zopiclone）的中间体 3-(5-氯-2-吡啶基)氨基甲酰吡嗪-2-羧酸，由吡嗪-2,3-二甲酸酐与 2-氨基-5-氯吡啶在乙腈中回流即可制得。

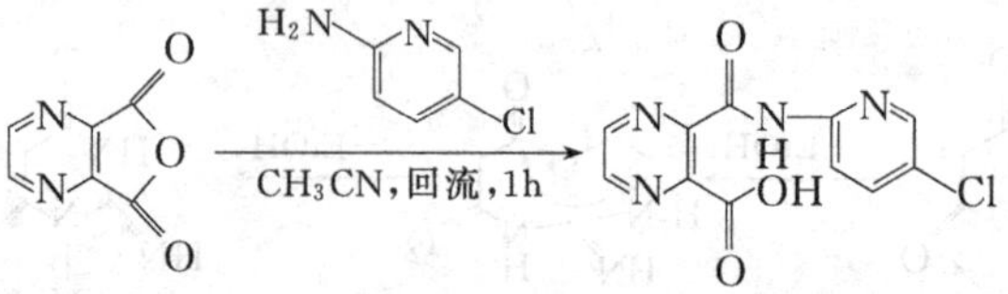

92%

四、酰氯作为酰化试剂

酰卤是非常活泼的酰化试剂，与胺反应时往往很剧烈，因此在反应中除了要控制加入被酰化底物的速率外，还需要对反应体系进行冷却。

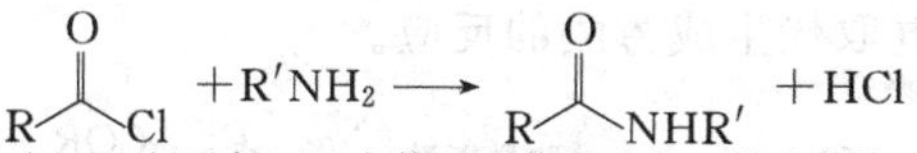

反应中伴随有卤化氢产生，需要加入碱作为缚酸剂。常用的碱包括氢氧化钠、碳酸钠、碳酸氢钠、醇钠、叔胺、吡啶等。吡啶等有机碱不仅可以中和产生的氯化氢，还可以和酰氯形成酰基吡啶盐，提高酰化活性。

奈韦拉平（nevirapine）是第一个新型的非核苷类反转录酶抑制剂，用于治疗 HIV 感染，其中间体 2-氯-N-(2-氯-4-甲基-3-吡啶基)-3-吡啶甲酰胺可由 2-氯烟酸氯与 3-氨基-2-氯-4-甲基吡啶反应来制取。采用类似反应，可用于合成口服治疗风湿病的药物来氟米特（leflunomide）。

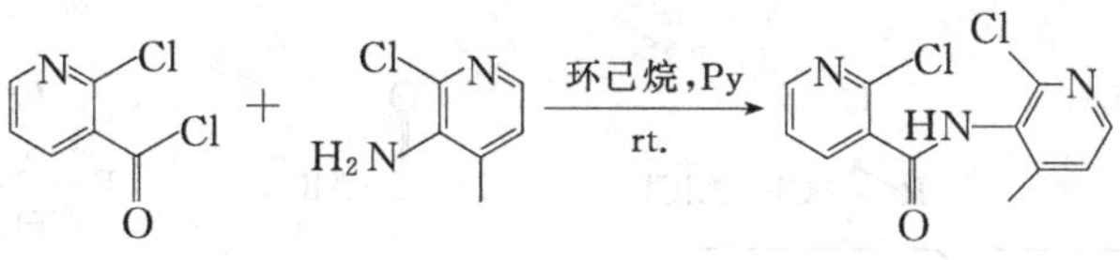

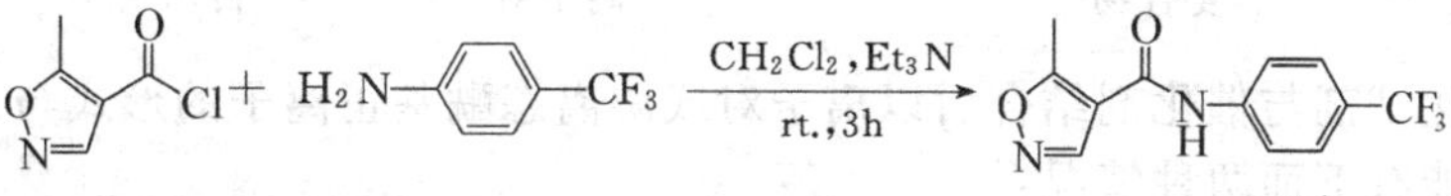

五、烯酮作为酰化试剂

在药物合成中，烯酮常常作为氨基的酰化剂用于制备酰胺或者 β-羰基酰胺。在合成来氟米特过程中，其重要中间体的制备使用了二乙烯酮作为酰化剂。抗肿瘤药物苹果酸舒尼替尼（sunitinib malate）的中间体 **7-14**，也可采用二乙烯酮为酰化剂与 N,N-二乙基乙二胺在甲基叔丁基醚（MTBE）溶液中反应得到。合成盐酸头孢替安酯的工艺路线有数条，其中一条是通过由氯代二乙烯酮与 7-ACA 反应获得的产物作为中间体来完成的。

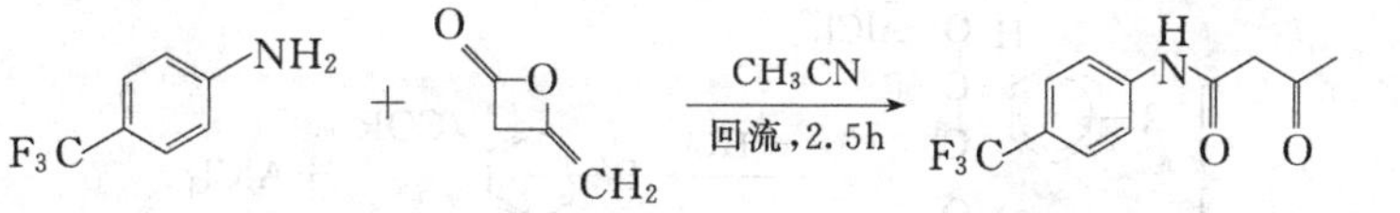

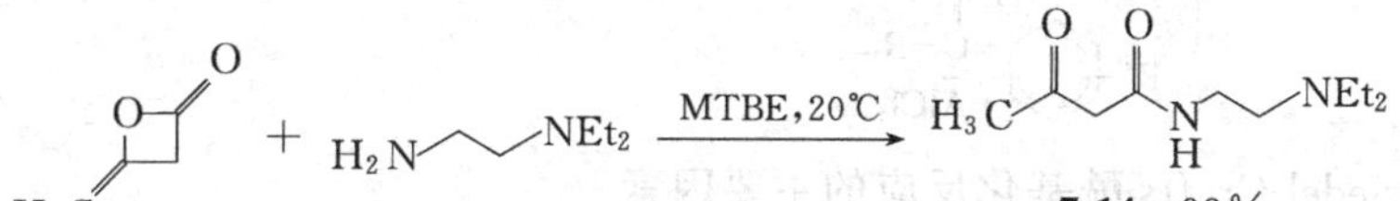

第三节　C 原子酰基化

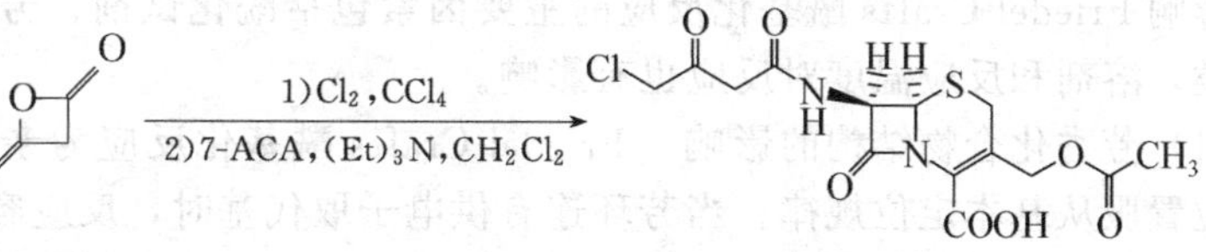

一、芳烃的 C-酰化

芳烃的 C-酰化是指在芳香环上引入酰基生成芳酮或芳醛的反应，这些反应主要包括制备芳酮的 Friedel-Crafts 酰基化反应以及制备芳醛的 Hoesh 反应、Vilsmeier-Hauuc 反应、Gattermann 反应、Reimer-Tiemann 反应等。

（一）Friedel-Crafts 酰基化反应

Friedel-Crafts 酰基化反应是指酰氯、酸酐、羧酸、烯酮等酰化试剂在路易斯酸或质子酸催化下，对芳烃进行亲电取代生成芳酮的反应。

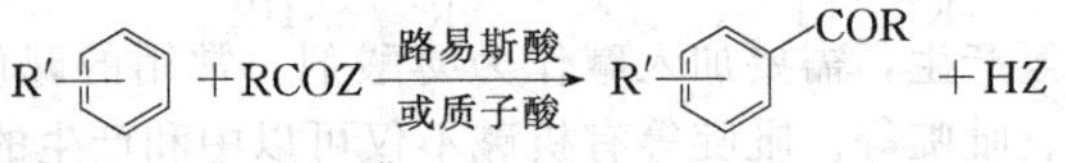

$$R' \!-\!\!\langle\,\rangle + RCOZ \xrightarrow[\text{或质子酸}]{\text{路易斯酸}} R' \!-\!\!\langle\,\rangle\!-\!COR + HZ$$

$$Z = Hal, R''COO, R''O, OH$$

1. Friedel-Crafts 反应机理

Friedel-Crafts 酰基化反应的机理比较复杂，由于不同的酰化试剂与不同的催化剂在不同的条件下最终形成的亲电体不同，所以其反应的机理就有差异。以三氯化铝催化酰氯与芳香化合物的反应为例，亲电试剂可能有以下几种：

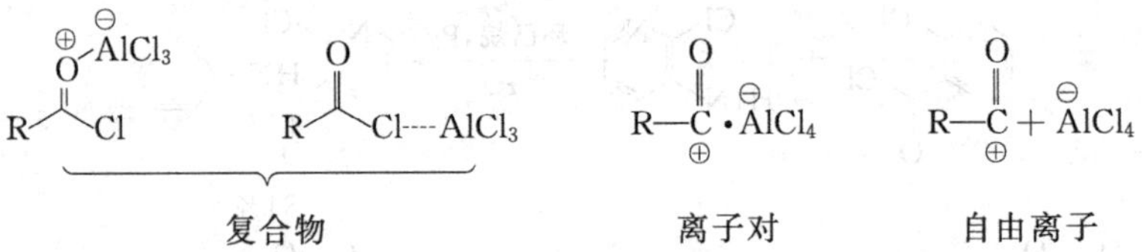

复合物　　　　　　离子对　　　　自由离子

通常认为酰化试剂与催化剂结合后以离子对或游离态酰基正离子的形式与芳香化合物反应，反应机理可能有下面两种情况：

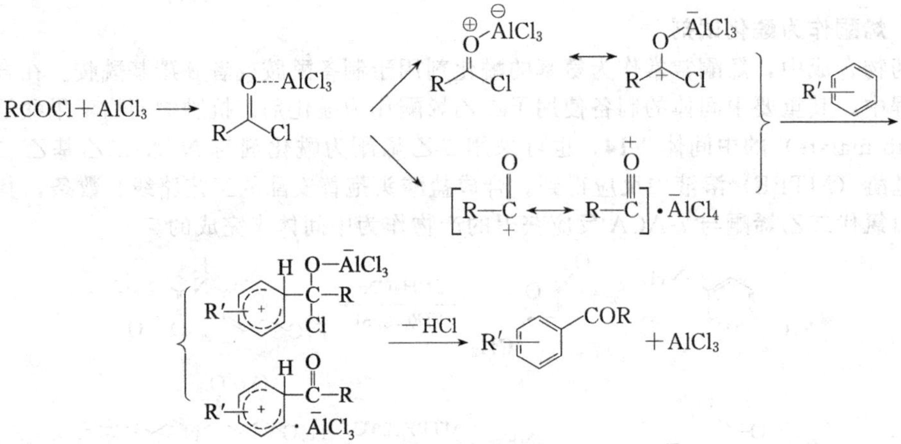

2. 影响 Friedel-Crafts 酰基化反应的主要因素

影响 Friedel-Crafts 酰基化反应的主要因素包括酰化试剂、芳香化合物的结构、催化剂的种类，溶剂和反应温度对反应也有影响。

(1) 芳香化合物结构的影响　Friedel-Crafts 酰基化反应为亲电取代反应，酰基进入芳环的位置服从基本定位规律。当芳环连有供电子取代基时，反应容易进行，且酰基优先进入对位，其次是邻位；当芳环连有间位定位基时，反应活性降低，甚至完全停止。

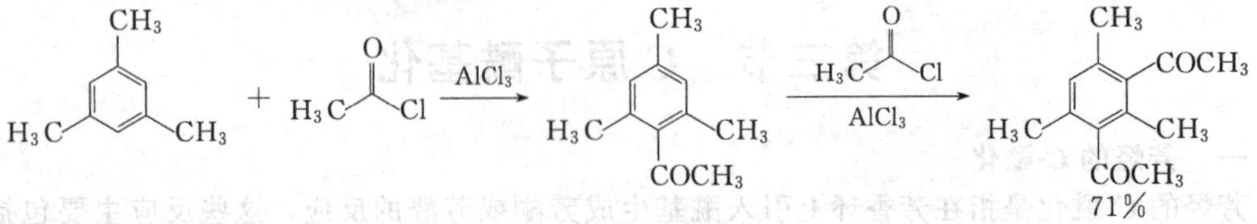

酚和芳胺的芳环 C-酰化，一般是通过酚羟基氧酰基化物和胺氮酰基化物的 Fries 重排来完成的。芳基烷基醚与酰氯反应引入酰基时，常常发生脱烷基反应。邻苯二甲醚和对甲基苯甲酰氯进行 Friedel-Crafts 酰基化反应后，得到的是脱一个甲基的产物 4-羟基-3-甲氧基-4'-甲基二苯酮，它是制备药物托卡朋的中间体。

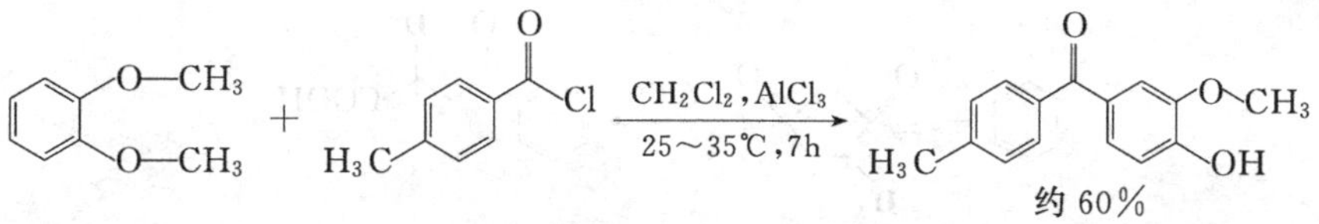

约 60%

富电子的芳杂环，如呋喃、噻吩、吡咯等由于氧、硫、氮上的孤电子对参与共轭，容易发生 Friedel-Crafts 酰基化反应，而吡啶、嘧啶、喹啉属于缺电子的芳杂环，很难发生酰化反应。但事实上，呋喃和吡咯在酸性条件下极度不稳定，常规的酰基化反应条件是不适宜这类化合物进行相应反应的。

（2）酰化试剂的影响 常用酰化试剂的活性顺序是酰氯＞酸酐＞羧酸，但采用酰卤时活性与所用的催化剂有关，比如说用 $AlCl_3$ 催化时活性顺序为酰碘＞酰溴＞酰氯＞酰氟，但用 BF_3 催化时的活性是酰氟＞酰溴＞酰氯。需要注意的是，酰化试剂的一些特殊结构会对反应造成很大的影响：

① 如果酰基的 α-位是叔碳结构，在反应中酰化试剂和催化剂作用后往往会脱去羰基形成叔碳正离子，反应的最终产物是烃化产物而不是酰化产物。

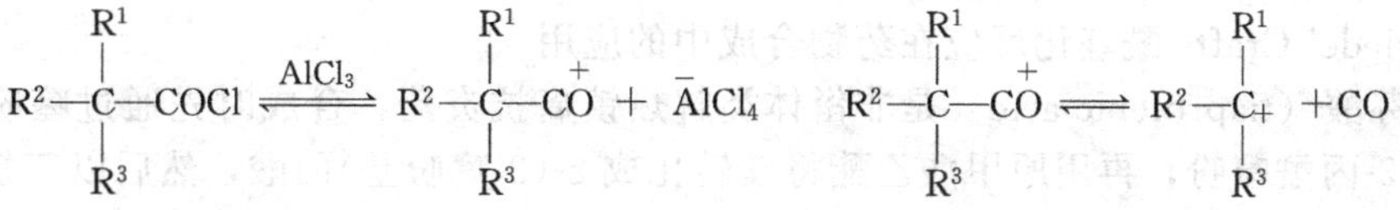

② 酰化试剂分子中的 β-位、γ-位、δ-位含有卤素或羟基，或者为 α,β-不饱和双键等活性基团时，必须严格控制好催化剂用量和反应温度，否则这些基团很容易进一步发生分子内烃化反应生成环合产物。

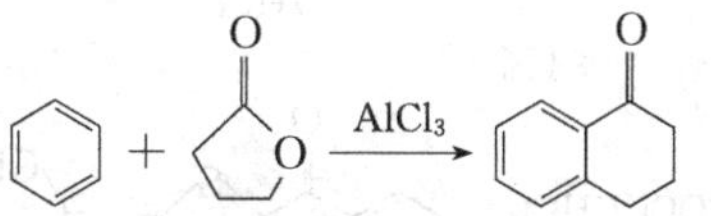

③ 酰化试剂的 β-位、γ-位、δ-位有芳基取代时，容易发生分子内 Friedel-Crafts 酰基化反应生成环酮产物；环化反应的难易程度与形成的环的大小有关，六元环和五元环最容易形成，小环或大环比较难以形成。但是，如果反应系统中有活性较大的杂环同时存在，则主要发生分子间酰化得到开链酮。

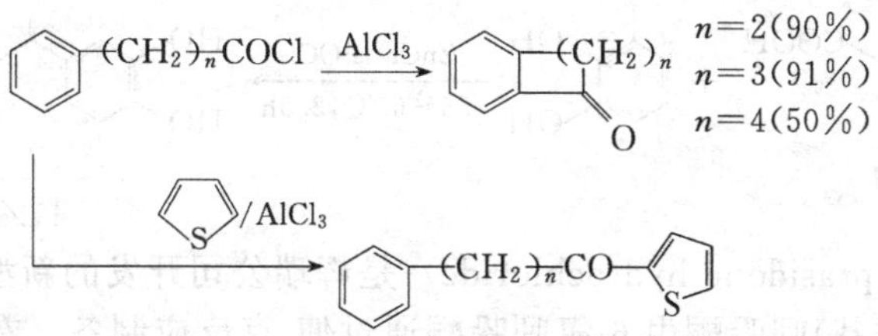

$n=2(90\%)$
$n=3(91\%)$
$n=4(50\%)$

④ 酰化试剂是脂肪族二元酸酐且 α-碳为不对称中心，反应所得的产物结构与 α-位取代基的性质有关。α-取代丁二酸酐与苯的酰化反应中，产物随 **A**（吸电子基）或 **D**（供电子基）的电子效应的不同而不同。酰化试剂是混合酸酐时，反应产物取决于酰氧基的离去能力，离去能力弱的较好。

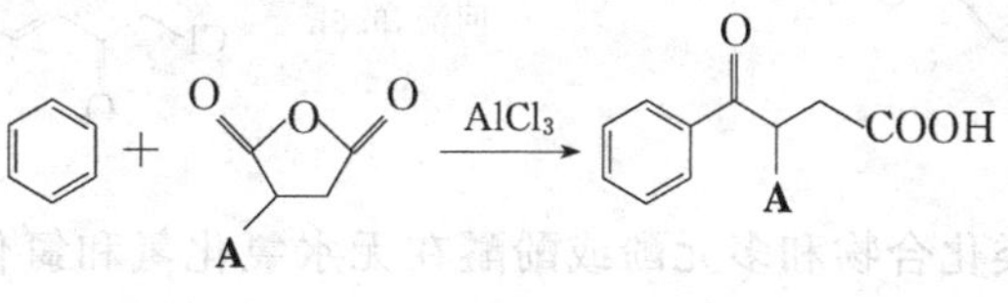

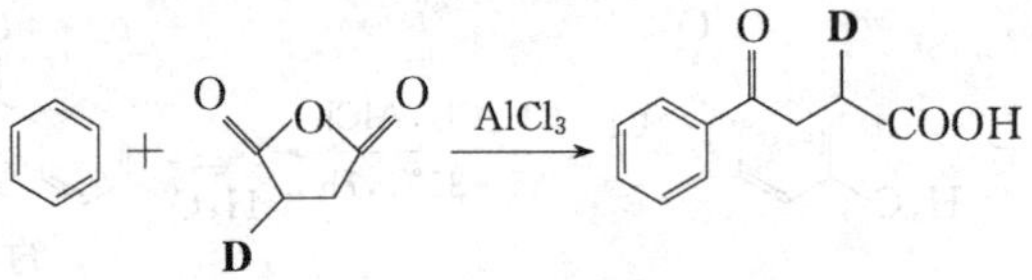

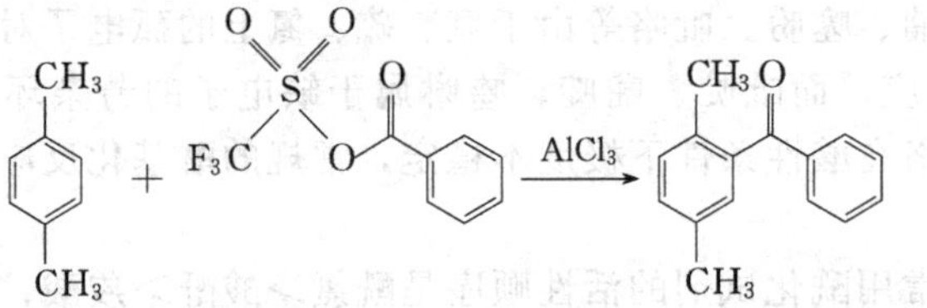

（3）催化剂的影响　Friedel-Crafts 酰基化反应常采用路易斯酸和质子酸作为催化剂。以酰氯、酸酐作为酰化试剂时多用路易斯酸为催化剂，以羧酸作酰化试剂时则多选用质子酸催化反应。一般来说，路易斯酸的催化活性大于质子酸。常用的路易斯酸催化剂有 $AlCl_3$、BF_3、$SnCl_4$、$ZnCl_2$ 等，常用的质子酸催化剂有硫酸、三氟乙酸、三氟甲磺酸、多聚磷酸等。对于一些容易被分解的芳杂环如呋喃、噻吩、吡咯等，酰化时应该选用催化活性较低的催化剂，如 $SnCl_4$ 等。

3. Friedel-Crafts 酰基化反应在药物合成中的应用

噻洛芬酸（tiaprofenic acid）是非甾体类解热镇痛抗炎药，合成时先通过噻吩环上的丙酰化制得 2-丙酰噻吩，再用原甲酸乙酯将其转化成 2-(2-噻吩基)丙酸，然后以三氯化铝为催化剂在低温下进一步与苯甲酰氯作用，完成噻吩环上第二次酰化得到噻洛芬酸。

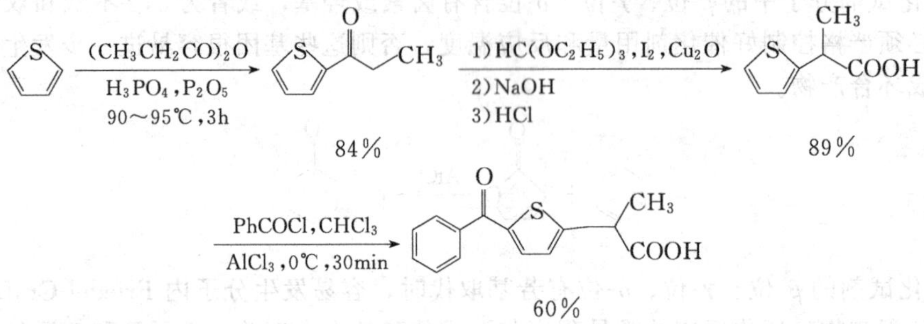

依昔苯酮（exifone）是一种脑功能改善药，它的合成可以通过没食子酸在三氯氧磷存在下与连苯三酚发生 C-酰化来完成。

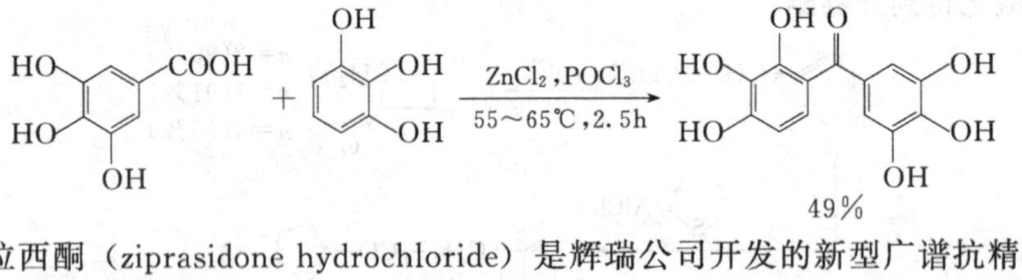

盐酸齐拉西酮（ziprasidone hydrochloride）是辉瑞公司开发的新型广谱抗精神病药，其中间体 6-氯-5-(氯乙酰基)吲哚酮由 6-氯吲哚酮通过傅-克反应制备。在该反应中，氯乙酰氯的用量是 6-氯吲哚酮的 1.6 倍，三氯化铝则是 4 倍。三氯化铝如果再过量更多，氯甲基上的氯容易被烷基化，而减少用量则反应难以完全进行。

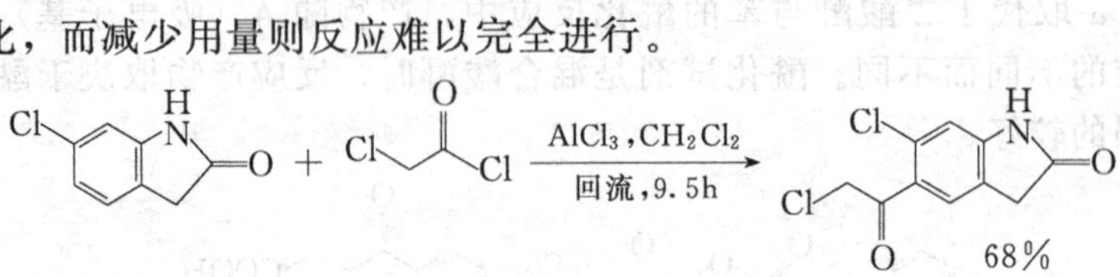

（二）Hoesh 反应

Hoesh 反应是指腈类化合物和多元酚或酚醚在无水氯化氢和氯化锌存在下，以氰基碳作为亲电体与芳环发生亲电取代，生成亚胺后经过水解得到芳香酮的反应。

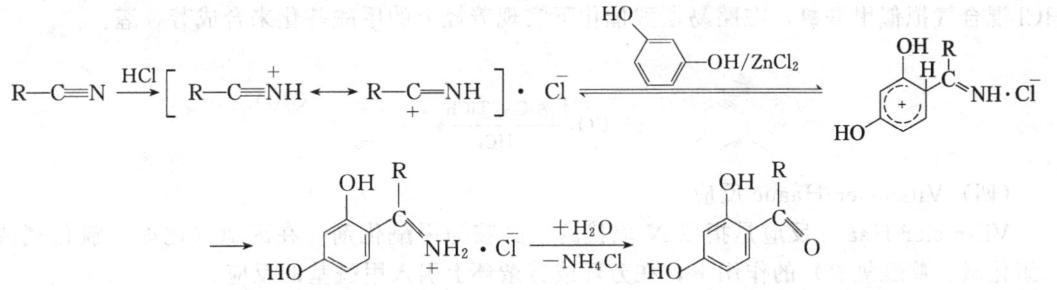

间苯二酚与对硝基苯乙腈进行 Hoesh 反应得到 2,4-二羟基-4′-硝基脱氧安息香，它是合成异黄酮衍生物的中间体。（＋）-calanilide A 是从植物中分离出来的具有优良抗 HIV 活性的吡喃型香豆素类化合物，其化学合成过程中利用 Hoesh 反应构建了苯并吡喃酮环。

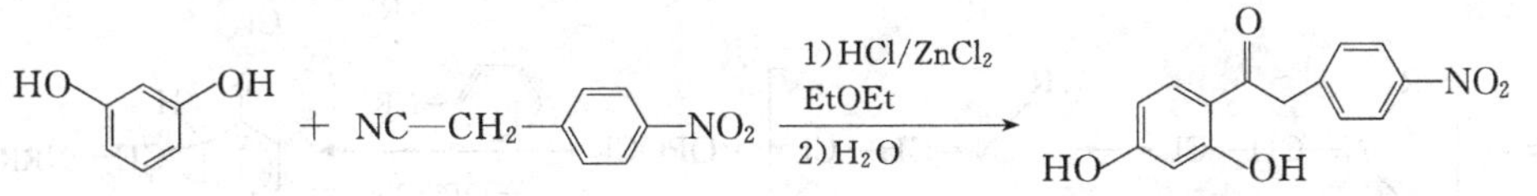

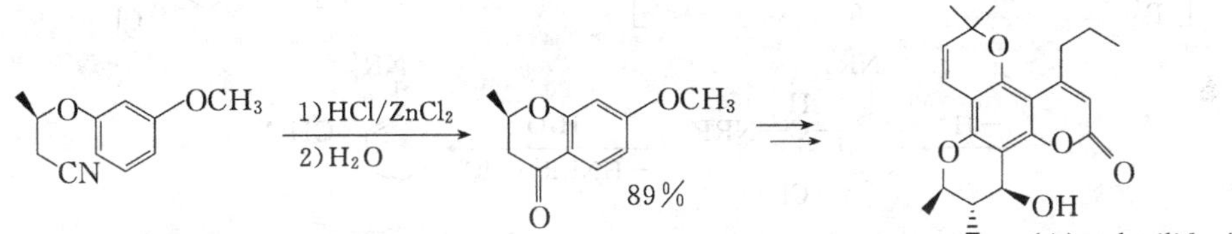

除了多元酚和酚醚外，富电子性的芳杂环类化合物也能发生 Hoesh 反应。2-乙酰基吡咯是广泛存在于自然界中的食用香料，可采用该反应来合成。

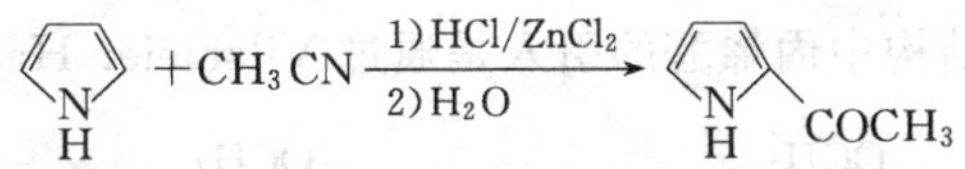

经典的 Hoesh 反应只适用于高电子云密度的芳环上的酰化。烷基苯、苯、氯苯等芳环上电子云密度较低的化合物，采用活性强的卤代腈如 Cl_2CHCN、Cl_3CCN 作酰化试剂时也能得到相应的酰化产物。一元酚及苯胺采用 BCl_3 作为催化剂，得到的是邻位取代的芳酮。

（三）Gattermann 反应

用氰化氢替代 Hoesh 反应中使用的腈实现芳环甲酰基化生成芳香醛的反应称为 Gattermann 反应。反应通常在氯化氢气氛中以三氯化铝或氯化锌为催化剂的条件下进行，其芳烃应含有羟基或烷氧基等强给电子基才能保障反应的顺利进行。该反应的历程与 Hoesh 反应相似，首先氰化氢和氯化氢在催化剂的催化下反应生成亚胺基甲酰氯，亚胺基甲酰氯和电子云密度大的芳香化合物反应生成醛亚胺，最后醛亚胺水解得到芳香醛。

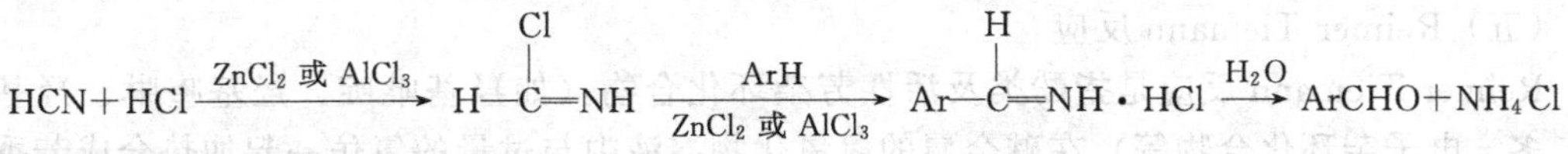

用无水氰化锌代替氰化氢的 Gattermann 反应，被称为 Schmidt 改进法。2-羟基-3,8-二甲氧基萘与氰化锌、氯化氢反应后得到 5-甲酰基为主的产物。

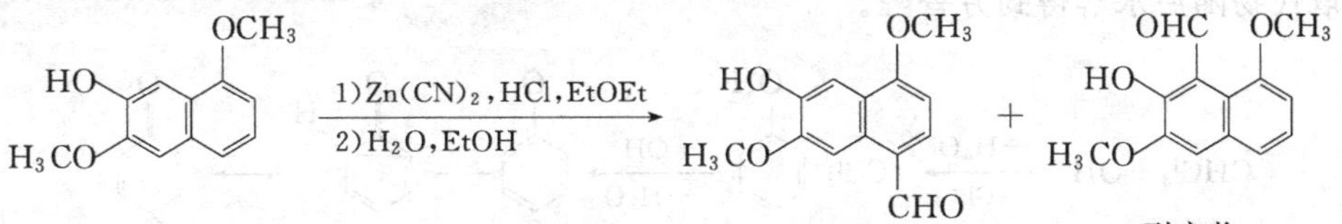

Gattermann-Koch 反应是一种便于工业化合成烃基芳香醛的方法。反应采用的 CO 和 HCl 混合气拟似甲酰氯，在路易斯酸催化下实现芳烃上的甲酰基化来合成芳香醛。

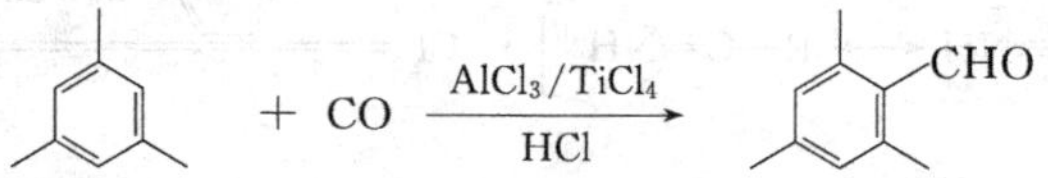

（四）Vilsmeier-Haauc 反应

Vilsmeier-Haauc 反应是指以 N-取代的甲酰胺为甲酰化剂，在酰氯（比如三氯化氧磷、二氯化砜、草酰氯等）的作用下，在芳环或芳杂环上引入甲酰基的反应。

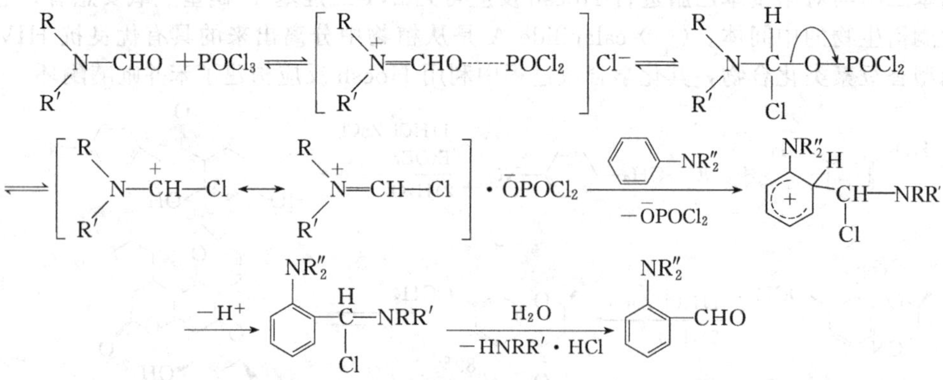

Vilsmeier-Haauc 反应是实现二烷基氨基苯、酚、酚醚、吡咯、呋喃、噻吩、吲哚、咔唑等活泼芳环上甲酰化，合成相应芳甲醛的重要方法之一。治疗帕金森病的药物 L-多巴（L-dopa）中间体 3,4-二甲氧基苯甲醛，可通过该反应来完成。化合物 7-15 是降血脂药物氯伐他汀的合成中间体，其结构中丙烯醛的引入是通过 Vilsmeier-Haauc 反应完成的。

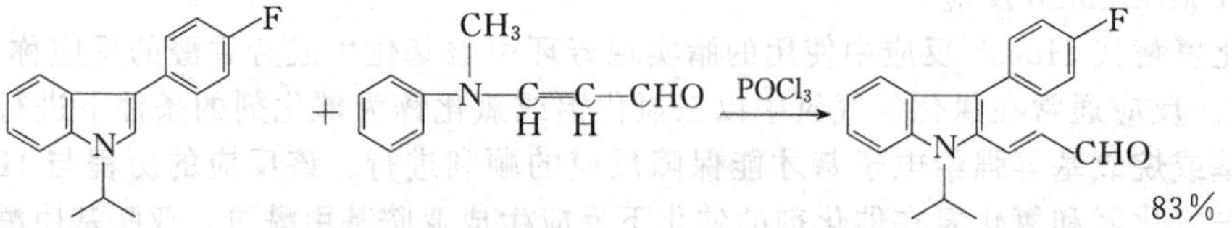

（五）Reimer-Tiemann 反应

Reimer-Tiemann 反应是指酚类及活性芳杂环化合物（如羟基吡啶、羟基喹啉、羟基嘧啶、多 π 电子杂环化合物等）在碱金属的氢氧化物溶液中与过量的氯仿一起加热合成芳香醛的反应。反应中，氯仿在碱作用下形成的卡宾可作为亲电体与芳环发生亲电取代，生成的二氯甲基取代物随后水解得到芳香醛。

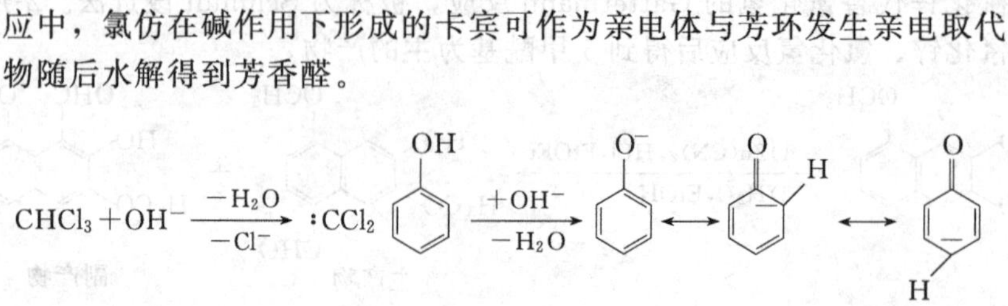

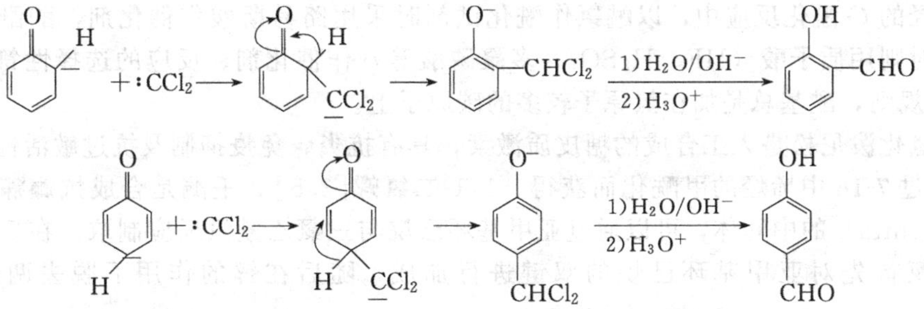

7-羟基香豆素和 8-羟基喹啉都可以进行 Reimer-Tiemann 反应，分别得到 8-甲酰基-7-羟基香豆素和 7-甲酰基-8-羟基喹啉。

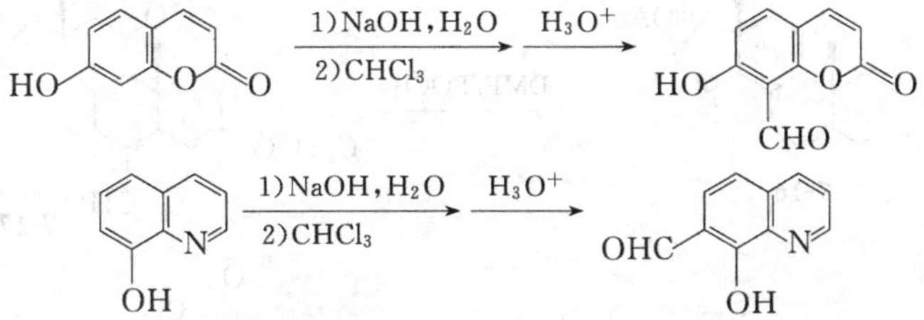

传统的 Reimer-Tiemann 反应得到的是邻、对位产物的混合物，如果在反应体系中加入 β-环糊精（β-CD)，则得到单一的对位产物，这是由于酚类化合物被纵向包合于 β-CD 空腔中，邻位位阻比较大，难以反应。在铜粉存在下，四氯化碳可以代替氯仿进行类似 Reimer-Tiemann 反应，产物为芳香酸。但该反应与传统 Reimer-Tiemann 反应遵循不同的反应机理。将 4-羟基联苯、四氯化碳、β-CD、铜粉和氢氧化钠水溶液共热，可以得到高收率的 4-羟基联苯-4′-羧酸。如果没有 β-CD，产物为 4-羟基联苯-3-羧酸。

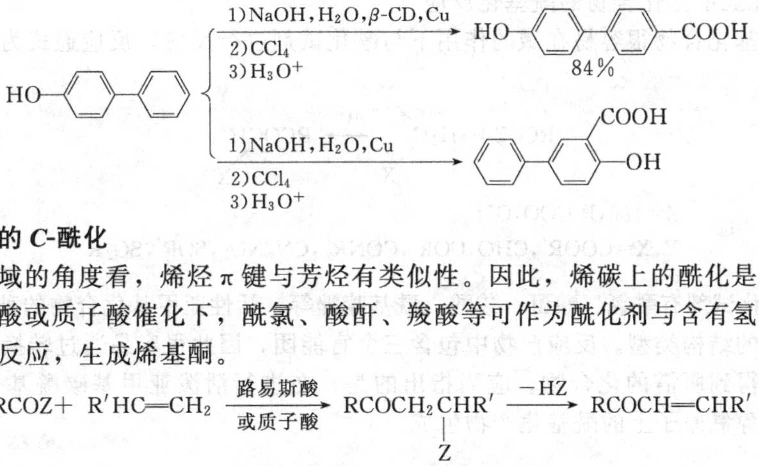

二、烯烃的 *C*-酰化

从电子定域的角度看，烯烃 π 键与芳烃有类似性。因此，烯碳上的酰化是正常性质的体现。在路易斯酸或质子酸催化下，酰氯、酸酐、羧酸等可作为酰化剂与含有氢的烯在烯碳上发生亲电取代反应，生成烯基酮。

$$RCOZ + R'HC{=}CH_2 \xrightarrow[\text{或质子酸}]{\text{路易斯酸}} RCOCH_2CHR'(Z) \xrightarrow{-HZ} RCOCH{=}CHR'$$

Z=卤素，R″COO，OH

以三氯化铝催化酰氯与烯烃的反应为例，其可能的反应历程为：

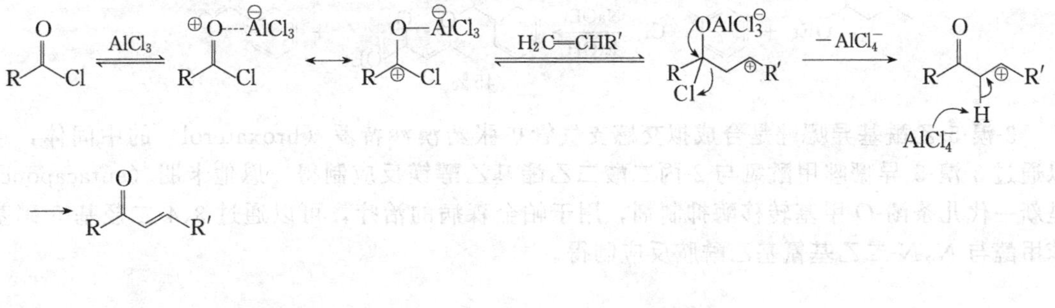

在烯烃的 *C*-酰化反应中，以酰氯作酰化试剂时采用路易斯酸作催化剂，酸酐或羧酸作酰化试剂时则用质子酸（HF、H_2SO_4、多聚磷酸等）作催化剂。反应的选择性符合 Markovnikov′s 规则，酰基总是加在氢原子较多的碳原子上。

甲基氢化泼尼松是人工合成的糖皮质激素，具有抗炎、免疫抑制及抗过敏活性，其中间体 **7-17** 通过 **7-16** 中烯烃的甲酰化而获得。1,1-二氯螺[3.5]-2-壬酮是合成抗癫痫药加巴喷丁（gabapentin）的中间体，可以通过亚甲基环己烷与三氯乙酰氯反应制取。在反应过程中三氯乙酰氯首先对亚甲基环己烷的双键进行加成，随后在锌的作用下脱去两个氯形成螺酮。

7-16　　7-17

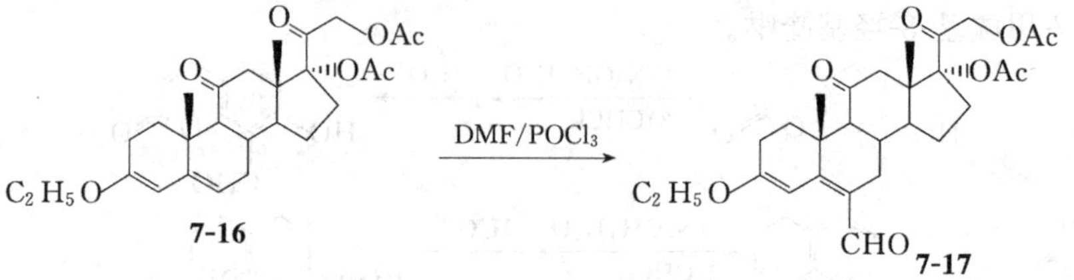

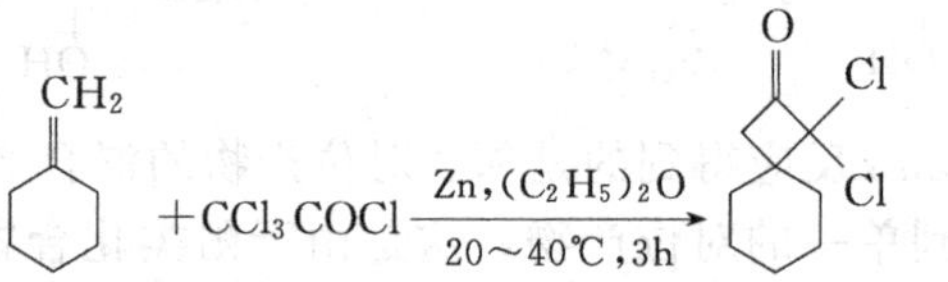

三、羰基化合物 *α*-位的 *C*-酰化

羰基化合物的 *α*-C—H 键与羰基存在的 *σ*-*π* 超共轭作用使其具有一定的酸性，易发生烯醇化，从而如烯一样在 *α*-碳上发生酰基化反应生成 *β*-二羰基类化合物。

（一）活性亚甲基化合物的酰基化反应

活性亚甲基化合物很容易在碱的作用下与酰化试剂进行反应，反应通式为：

$$RCOZ + H_2C\begin{matrix} \diagup Y \\ \diagdown X \end{matrix} \xrightarrow{B^-} RCOCH\begin{matrix} \diagup Y \\ \diagdown X \end{matrix}$$

Z=Hal,R′COO,OH

Y,X=COOR′,CHO,COR′,CONR′$_2$,CN,NO_2,SOR′,SO_2R′

常用的酰化试剂有酰氯、酸酐、羧酸、酰基咪唑等；活性亚甲基化合物的种类很多，*β*-二羰基类是常用的结构类型。反应产物中包含三个官能团，因此很容易通过转换其中的一个或两个官能团而得到所需的化合物。应当指出的是，在进行活泼亚甲基碳酰基化反应的条件下，不时有烯醇氧原子上的酰基化产物生成。

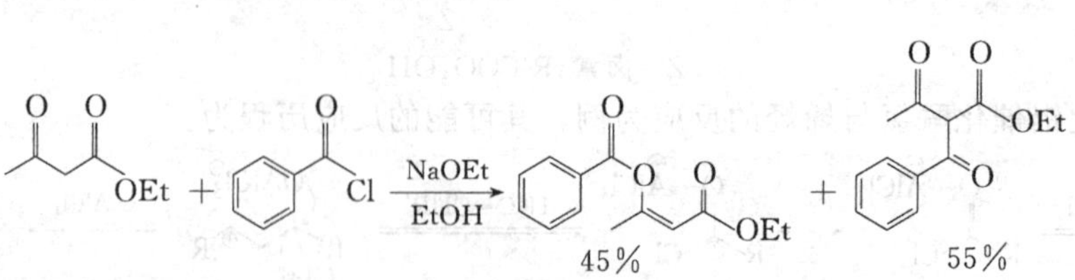

3-溴-5-乙酰基异噁唑是合成拟交感支气管扩张药溴沙特罗（broxaterol）的中间体，可以通过 3-溴-5-异噁唑甲酰氯与 2-丙二酸二乙酯基乙醇镁反应制得。恩他卡朋（entacapone）是新一代儿茶酚-*O*-甲基转移酶抑制剂，用于帕金森病的治疗，可以通过 3,4-二羟基-5-硝基苯甲醛与 *N*,*N*-二乙基氰基乙酰胺反应制得。

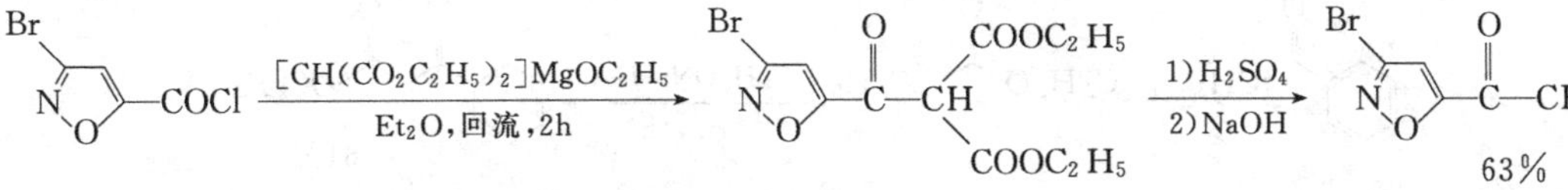

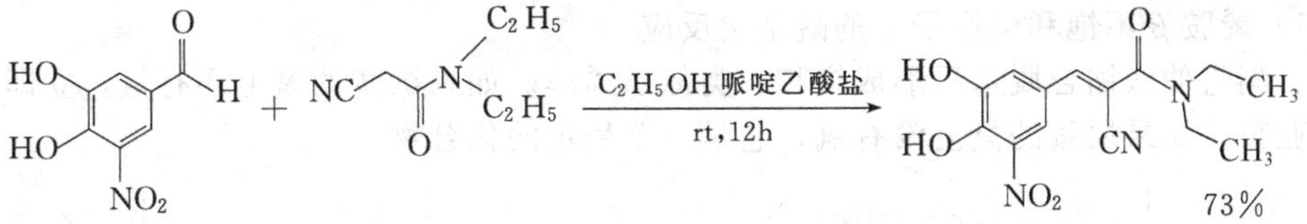

（二）酮、腈、酯 α-位酰基化反应

在碱催化下，羧酸酯可以作为酰化剂在含有 α-H 的酮、腈和酯的 α 碳上发生酰基化，生成 β-二酮、β-酮醛、β-酮腈及 β-羰基酯等化合物，反应历程与 Claisen 缩合反应类似。

酮 α-H 的酸性比酯 α-H 的酸性强，因此如果反应所用的酮和酯都有 α-H，主要的产物是 1,3-二酮：

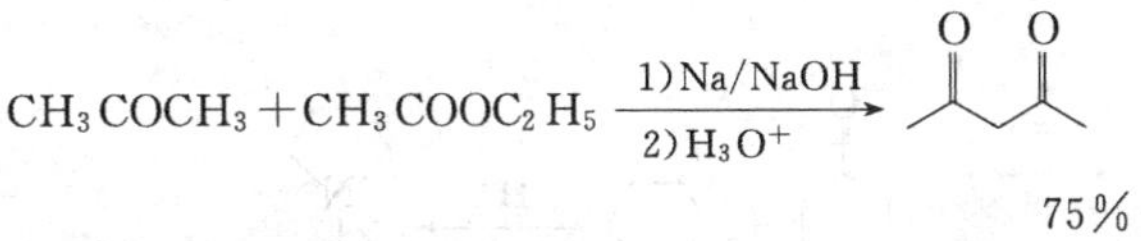

$$CH_3COCH_3 + CH_3COOC_2H_5 \xrightarrow[\text{2)}H_3O^+]{\text{1)}Na/NaOH}$$

75%

用不含活泼 α-H 的酯与酮反应时，副产物少，产率比较高。如果分子内同时存在酮基和酯基，会发生分子内的酰化反应形成环状化合物：

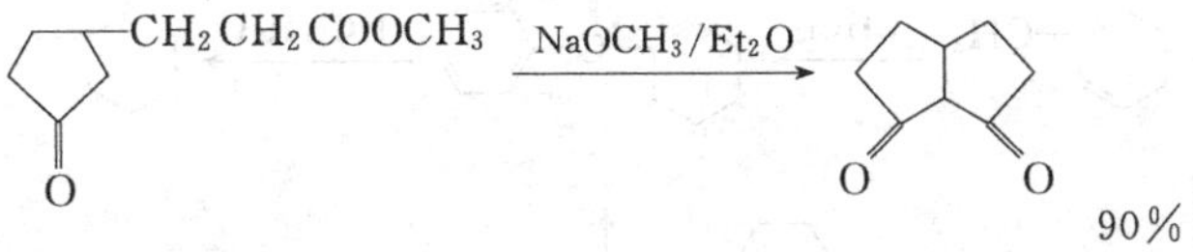

90%

不对称的酮进行 α-位 C-酰化反应时，在碱性条件下酰化剂优先进攻取代基少的 α-碳原子。

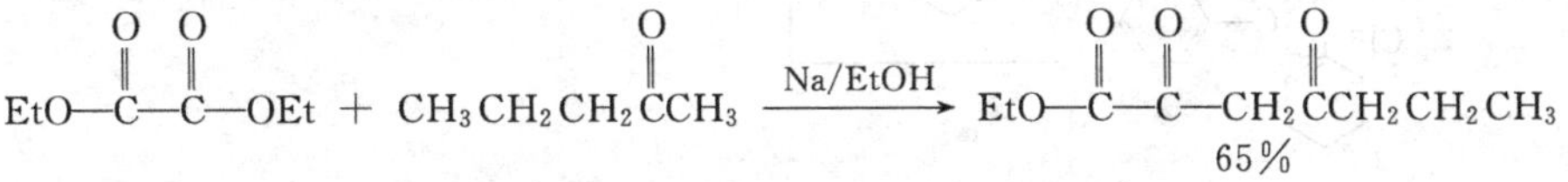

65%

腈类化合物与酮一样可以在其 α-碳上由酯作为酰化剂完成酰化，比如苯乙腈在氢化钠的作用下与碳酸二乙酯进行反应得到氰基苯乙酸乙酯。

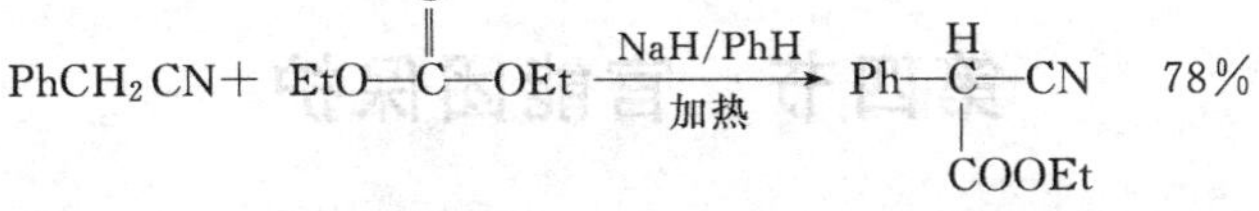

$$PhCH_2CN + \underset{\text{O}}{EtO-C-OEt} \xrightarrow[\text{加热}]{NaH/PhH} Ph-\underset{COOEt}{\overset{H}{C}}-CN \quad 78\%$$

对甲苯基-三氟甲基-1,3-丙二酮是合成新型非甾体抗炎药塞来昔布（celecoxib）的中间体，由三氟乙酸乙酯和对甲基苯乙酮在碱的催化下反应得到。苯甲酰乙酸乙酯是合成临床上用于治疗膀胱癌溴匹利明（bropirimine）的中间体，可在碱性条件下由碳酸二乙酯为酰化剂在苯乙酮的 α-位上发生酰基化反应来合成之。

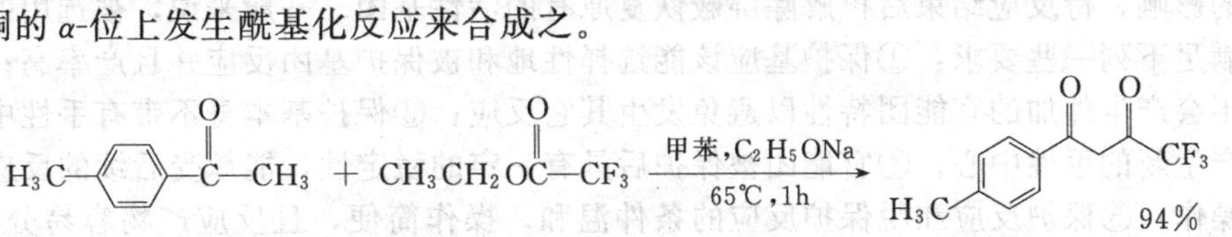

94%

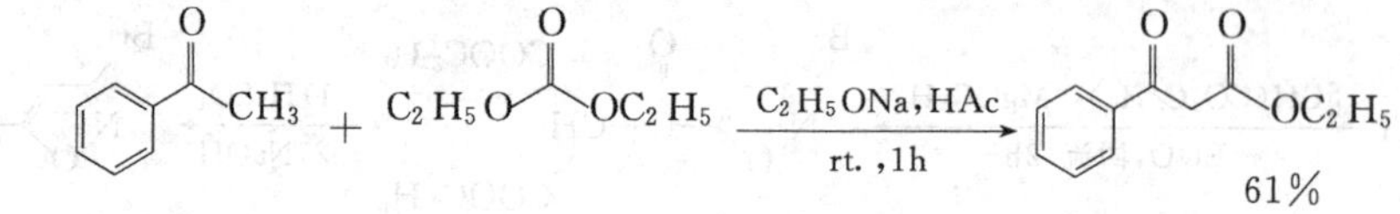

（三）烯胺 β-不饱和碳原子上的酰基化反应

醛、酮与仲胺缩合脱水后形成烯胺，类似于烯醇。如果烯胺的氮上还有氢，立即发生重排生成亚胺。如果烯胺的氮上没有氢，它是一个稳定的化合物。

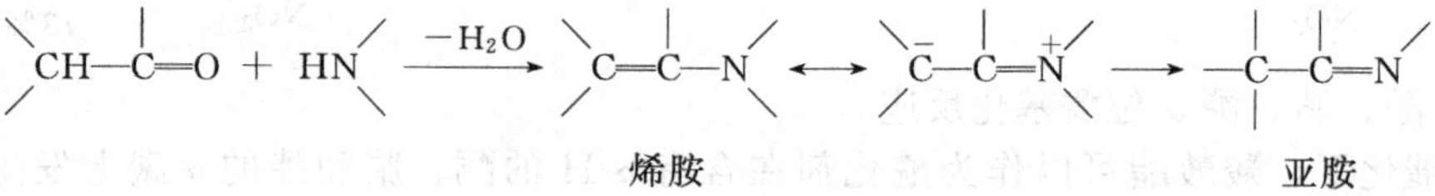

烯胺的 β-碳原子具有强亲核性，容易与酰卤发生亲核取代反应。因此，在醛或酮的 α-碳上完成酰化时，通常采用将醛、酮转化成烯胺后再实施酰化，最后水解除去胺得到醛和酮的酰化产物。

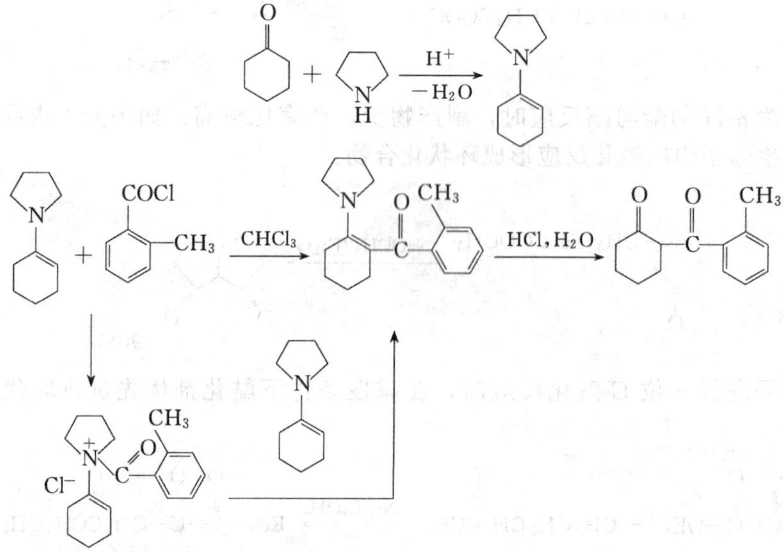

烯胺的碳酰化的优点表现在：一是反应不需要其它催化剂；二是可以避免醛、酮在碱性条件下发生自身缩合；第三是酰化能够定向进行，提高了不对称酮 α-碳酰基化反应的选择性。

第四节　官能团保护

有机化学中所说的官能团保护，是指在合成有机化合物特别是含多官能团复杂化合物时，为了使反应选择性地在特定官能团上进行，需要对化合物中一些活性基团如羟基、氨基、羰基、羧基、巯基、膦酸酯、炔键氢、活性 C—H 键等进行临时性的屏蔽，使其不受后续反应的影响，待反应结束后再解除屏蔽恢复原有的活性基团。一般来说，被选用的保护基团应该满足下列一些要求：①保护基应该能选择性地和被保护基团反应并且产率高；②保护基应该不会产生外加的官能团特性以避免发生其它反应；③保护基本身不带有手性中心，保护后不产生新的手性中心；④官能团被保护后具有一定的稳定性，能承受后续的反应条件和后处理操作；⑤保护反应和脱保护反应的条件温和，操作简便，且反应产物容易分离纯化；

⑥保护基价格便宜，容易得到。

本节仅对有机合成反应中常见的羟基、氨基的酰化保护及其脱保护进行讨论学习。

一、醇、酚羟基的酯化保护

羟基存在于许多有机化合物中，是最常见的官能团之一。羟基的 $pK_a = 10 \sim 18$，是一个反应活性较高的官能团，而且容易被多种氧化剂氧化。将羟基转化成为酯是保护羟基的常用手段，既方便又实用。常用的酯主要有乙酸酯、苯甲酸酯、氯乙酸酯、新戊酸酯等，它们常常是用醇或者酚与相应的酸酐或者酰氯在碱的存在下进行反应得到。在脱保护时，常用碱性水解或者碱醇水解法，各种酯的水解活性顺序如下：$ClCH_2COOR > MeCOOR > PhCOOR > t\text{-}BuCOOR$。

（一）乙酰化保护

羟基氧的乙酰化是最常用的羟基保护方法。常用的乙酰化剂有乙酸酐、乙酰氯、乙酸乙酯、乙酸五氟苯酯等。乙酸酐、乙酰氯与羟基的反应大部分非常容易进行。对有一定空间位阻的醇羟基的酰化，可以使用 DMAP、N-甲基咪唑（MI）、三甲基硅基三氟甲磺酸酯（TMSOTf）、部分三氟甲磺酸的金属盐、三丁基膦等作为催化剂。DMAP 能够催化大部分醇，包括位阻较大的仲醇、叔醇与酸酐或酰氯之间的反应，可使反应速率提高几个数量级。MI 的毒性低、价格便宜，在催化有空间位阻的醇与酸酐或酰氯的反应时效果很好。TMSOTf 是一个优良的酰化催化剂，催化活性比 DMAP 更强，同时它也能够催化具有空间位阻的醇（仲醇和叔醇）与酸酐的反应。对化合物 **7-18** 中羟基的保护，以乙酸酐为酰化剂，采用 DMAP 催化反应 7h 后生成单酯产物 **7-19**，反应 5 天后生成双酯化合物 **7-20**；TMSOTf（摩尔分数 10%）催化反应 75min 后，双酯化合物收率达 97%；MI 催化反应活性比 DMAP 还要低。

| 7-18 | 7-19 | 7-20 |

乙酸酯在碱性条件下比较容易水解，是常用的脱保护方法。一般用乙醇或甲醇作为溶剂，碱可以用 NaOH、K_2CO_3、氨水、肼、胍等，也可以使用醇钠或者醇镁。被称为 Zemplén 脱乙酰化的反应，就是使用催化量的 NaOMe 作为碱在甲醇溶液中脱去乙酰保护基。利用肼与胍的硝酸盐在 $MeOH\text{-}CH_2Cl_2$ 溶液中可以选择性地水解乙酸酯，N-Fmoc、O-Troc 和 N-Troc 基团可以完整地保留而不受到影响。需要注意的是，对于多官能团化合物，在脱除乙酰基时有时会发生乙酰基迁移，此时可以调整反应条件，降低迁移的程度。比如在 Zemplén 脱乙酰化的反应中，减少溶剂的极性，用 6:1 的 $CH_3Cl/MeOH$ 混合液代替甲醇，可以明显减少乙酰基的迁移。

（二）卤代乙酰化保护

卤代乙酸酯可以通过卤代乙酸酐或者卤代乙酰氯与需要保护的羟基化合物反应得到。常见的卤代乙酸酯有一氯乙酸酯、二氯乙酸酯、三氯乙酸酯和三氟乙酸酯。由于卤原子的电负性，卤代乙酸酯在碱性溶液中比乙酸酯更容易水解，卤原子越多，电负性越大，水解速率就越快。在碱性条件下，乙酸酯、一氯乙酸酯、二氯乙酸酯、三氯乙酸酯的水解速率比为 1:760:16000:$10^{5.7}$。胺类化合物和弱碱性化合物也能够将氯乙基脱去，比如三乙胺的醇溶液、肼的乙酸-甲醇溶液、硫脲吡啶水溶液、2-巯基乙胺、胺的甲苯溶液等。由于二氯乙酸酯、三氯乙酸酯和三氟乙酸酯太容易水解，所以它们一般只用于多羟基化合物的选择性保护，在一般的合成反应中很少采用。

用高活性的三氟乙酸酐（TFAA）作为酰化试剂，能够选择性地保护两个非常相似的醇羟基中的一个。三氟乙酸酯非常容易水解，比如在室温和 pH 7 的条件下，许多三氟乙酸保护的核苷能够迅速地水解。

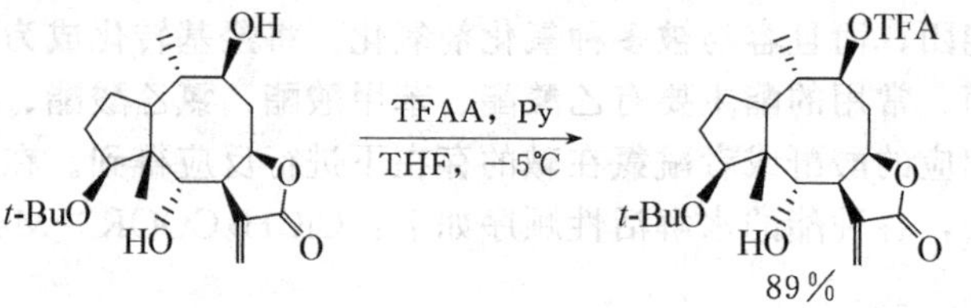

89%

（三）新戊酰化保护

新戊酸酯可以通过新戊酰氯（PvCl）和相应的羟基化合物反应得到。在多羟基底物的保护中，由于叔丁基的位阻效应，使得新戊酰氯选择性地酰化伯醇而不与仲醇反应。两个具有不同的空间位阻的伯羟基，新戊酰氯可以选择性地酰化位阻小的一个。

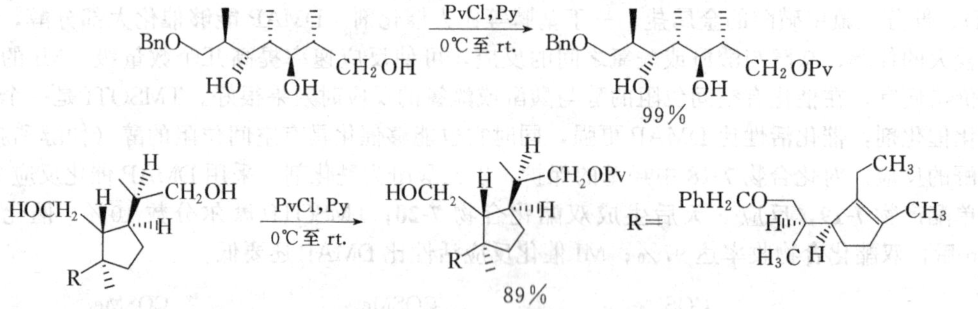

99%

89%

如果底物中同时存在醇羟基和酚羟基，可以在不同的反应条件下进行选择性酰化。N-新戊酰-噻唑-2-硫酮可以选择性地保护醇羟基，醇羟基酰化产物和酚羟基酰化产物之比大于 20。

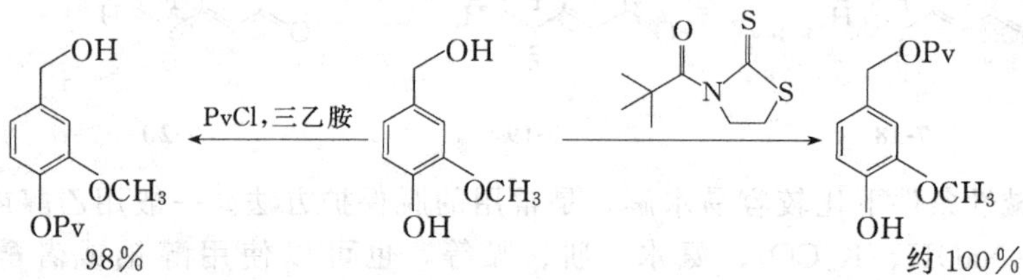

98%　　约 100%

新戊酸酯比乙酸酯难水解，脱保护时需要相对比较强烈的反应条件，有时候会使分子中的一些敏感基团（比如硅烷类保护基团）也同时被脱除。在这种情况下，可以采用金属氢化物 LiAlH$_4$、i-Bu$_2$AlH 等在低温下进行脱保护反应。

（四）苯甲酰化保护

苯甲酸酯是进行醇羟基保护时经常采用的一种酯，可以通过苯甲酸酐、苯甲酰氯、活性苯甲酰胺/苯甲酸酯等与相应的羟基化合物进行酰化反应得到。对于多羟基底物，采用苯甲酰化比乙酰化更有优越性，因为在苯甲酰化中，伯醇先于仲醇被酰化，平伏键上的羟基先于直立键上的羟基被酰化，环状的仲醇先于非环状的仲醇被酰化。在伯胺盐酸盐同时存在的情况下，醇羟基也能够选择性地被苯甲酰化。

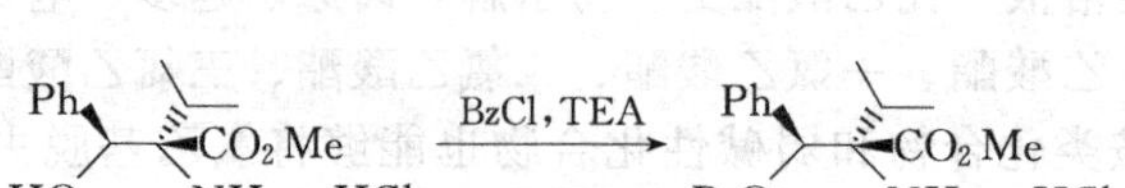

苯甲酸酯的水解比乙酸酯困难，但在部分保护了的多羟基底物水解时苯甲酰基迁移到邻

位羟基的能力比乙酰基的低。在同一分子中，不同位置上的苯甲酸酯的稳定性不同，通过选择合适的反应条件，可以选择性地脱保护。比如核苷衍生物 **7-21** 的选择性脱保护，由于 2-位羟基的酸性最强，所以在肼解时 2-位的苯甲酰基优先脱除，3,5-位的苯甲酸酯可以保留下来。

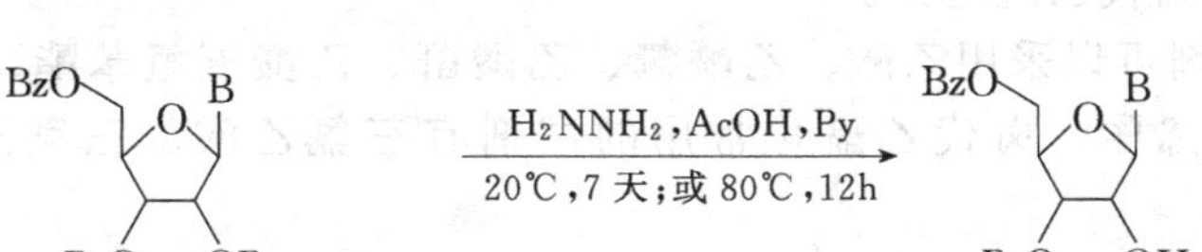

7-21（B 为碱基）   80%

二、氨基的酰化保护

氨基是一个活泼的官能团，遇氧化剂、酸、亲电试剂等非常敏感。然而，许多具有生物活性的化合物，比如说氨基酸、肽、核苷、生物碱等，分子中都有氨基，因此氨基的保护在药物及其中间体的合成中具有很重要的意义。常用的氨基保护方法有 N-酰基化、N-烃基化、N-硅烷化和 N-磺化。本节主要介绍 N-酰基化保护氨基的几种方法。

酰胺化合物比较稳定，单酰基往往就可以保护伯胺使其在一般的化学反应中不受影响，更高要求的保护可以通过与二元羧酸形成酰亚胺来实现。酰胺中酰基的脱除通常比较困难，在强酸或强碱溶液中加热才能完成。对特殊结构的酰胺，如氨基甲酸叔丁酯、氨基甲酸苄酯和氨基甲酸-9-芴甲酯等结构中的酰基，采用特定方式极易脱除，恢复为氨基化合物。对于简单的酰胺来说，水解稳定性的顺序为：苯甲酰基＞乙酰基＞甲酰基。如果采用卤代的乙酰保护基，卤乙酰衍生物的水解稳定性随着取代程度的增加而降低，其稳定性顺序为：乙酰基＞一氯代乙酰基＞二氯代乙酰基＞三氯代乙酰基＞三氟乙酰基。

（一）甲酰化保护

胺类化合物与 98% 的甲酸反应很容易完成甲酰化。为了增强反应活性，通常使用甲酸和乙酸酐的混合液作甲酰化试剂。对于一些容易消旋的胺，可以采用 DCC 缩合法进行甲酰化。氨基酸叔丁酯的 N-甲酰化，可在胺和甲酸的吡啶溶液中加入 DCC，于温和的条件下高收率、几乎无外消旋化地完成。

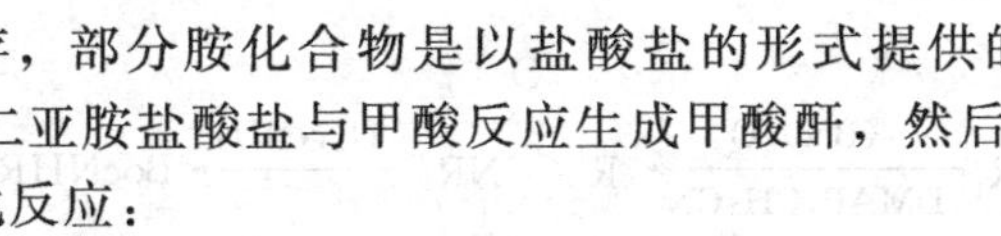

为了便于运输和储存，部分胺化合物是以盐酸盐的形式提供的，此时可以用 N-乙基-N'-(3-二甲氨基丙基)碳二亚胺盐酸盐与甲酸反应生成甲酸酐，然后在 N-甲基吗啉的催化下与胺的盐酸盐进行甲酰化反应：

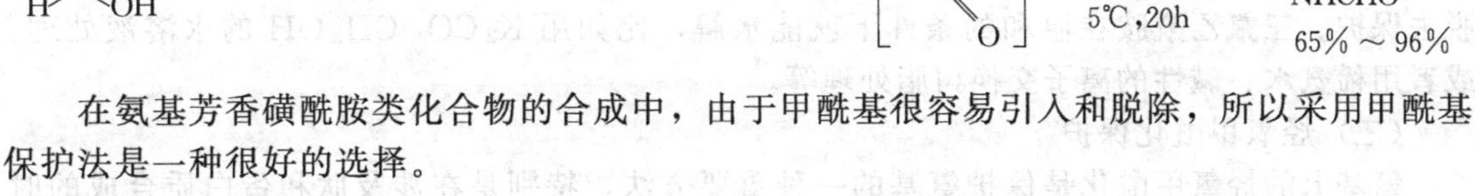

在氨基芳香磺酰胺类化合物的合成中，由于甲酰基很容易引入和脱除，所以采用甲酰基保护法是一种很好的选择。

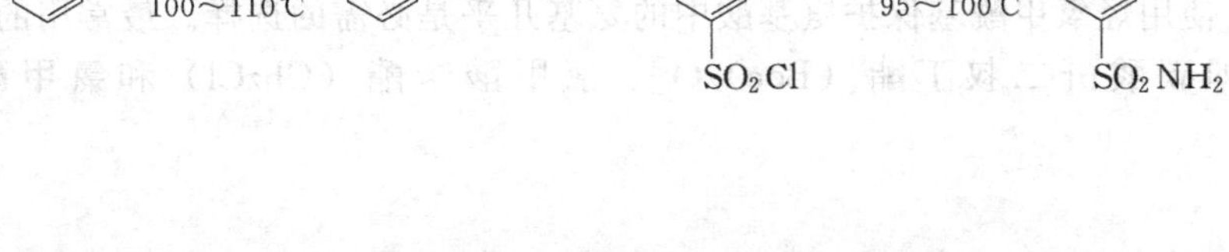

氨基的甲酰化剂除了甲酸和甲酸酐外，还有三乙基原甲酸酯、甲酸乙酯、甲酸乙烯酯等。甲酰基的脱除，还可以采用肼法、Pd-C 催化氢化法、H_2O_2 氧化法、紫外光照射法等。

（二）乙酰化及卤代乙酰化保护

胺的乙酰化试剂可以采用乙酸、乙酰氯、乙酸酐、乙酸五氟苯酯、乙酸对硝基苯酯、异丙烯乙酸酯、乙烯酮，卤代乙酰化常用的试剂有三氟乙酸、三氟乙酸酐和三氟乙酸乙酯。

在 DMF 中，乙酸苯酚酯在羟基存在时可以选择性地酰化氨基，但在三乙胺中，氨基和羟基同时被酰化。

$$HO(CH_2)_nNH_2 \begin{cases} \xrightarrow[25℃,1\sim12h]{CH_3COOC_6H_5/DMF} HO(CH_2)_nNHCOCH_3 \quad 78\%\sim91\% \\ \xrightarrow[80℃,1\sim3h]{CH_3COOC_6H_5/N(C_2H_5)_3} CH_3COO(CH_2)_nNHCOCH_3 \quad 75\%\sim87\% \end{cases}$$
$$n=2,3$$

一些冠醚与伯胺能够形成络合物，因此在 18-冠-6 存在下，伯胺和仲胺的混合物与乙酸酐反应时，能选择性地酰化仲胺，而伯胺不反应。

$$RNH_2+R^1R^2NH+(CH_3CO)_2O \xrightarrow[N(C_2H_5)_3]{18-冠-6} R^1R^2NCOCH_3+RNH_2$$
$$98\%$$

卤代乙酰基由于受到卤原子的影响而使羰基碳原子更容易受到亲核试剂的进攻，因此比乙酰基更容易水解脱去。在保护肽类、核苷类、氨基糖类等不稳定化合物的氨基时，常常使用卤代乙酰保护基，而三氟乙酰基是其中最常用的保护基。三氟乙酸乙酯可以用于伯胺和仲胺的保护，如果两者同时存在，伯胺优先被酰化。在 18-冠-6 存在时，三氟乙酸酐选择性地酰化仲胺，伯胺由于与冠醚形成络合物而不受影响；与此相反，三氟乙酸-琥珀酸亚胺可以选择性地酰化伯胺，仲胺则不受影响。

乙酰胺的脱保护常采用酸或碱催化水解的方法，也可以用肼在更温和的反应条件下脱除保护基。对于一些难以脱除保护的简单酰胺，可以先将其转化成叔丁氧羰基衍生物，然后用肼将酰基脱除，得到叔丁氧羰基保护的胺化合物，再用三氟乙酸或三氟乙酸-二氯甲烷在温和的条件下将叔丁氧羰基脱除。

$$\underset{O}{\overset{\parallel}{R'-C}}-NHR \xrightarrow[DMAP,CH_3CN]{(Boc)_2O} \underset{O}{\overset{\parallel}{R'-C}}-\underset{Boc}{\underset{|}{N}}R \xrightarrow{H_2NNH_2} BocNHR \xrightarrow{TFA} RNH_2$$

卤代乙酰胺的水解比乙酰胺要容易一些。氯乙酰胺，可以先与吡啶反应生成吡啶鎓盐，然后在温和的条件下通过碱性或酸性水解脱除保护基，而三氯乙酰胺可以用 $NaBH_4$ 还原法脱去保护。三氟乙酰胺在温和的条件下就能水解，比如用 K_2CO_3-CH_3OH 的水溶液处理，或者用稀氨水、碱性的离子交换树脂处理等。

（三）烃氧甲酰化保护

氨基上的烃氧甲酰化是保护氨基的一种重要方法，特别是在涉及肽和蛋白质合成的时候。肽的合成过程因反应条件而容易引发消旋化，所以氨基的保护要仔细选择反应的试剂和条件。一般来说，要想将消旋化降低到最低的程度，除了需要使用弱极性/非极性溶剂、弱碱和低温外，使用烃氧甲酰基保护氨基酸中的氨基几乎是必需的选择。最常用的烃氧甲酰化剂有三类，即碳酸酐二叔丁酯［$(Boc)_2O$］、氯甲酸苄酯（CbzCl）和氯甲酸-9-芴甲酯

(FmocCl)，其形成的保护基分别简称为 Boc(叔丁氧甲酰基)、Cbz(苄氧甲酰基) 和 Fmoc(9-芴甲氧甲酰基)。

1. 叔丁氧甲酰基（Boc）

在碱存在下，氨基化合物与碳酸酐二叔丁酯[(Boc)$_2$O]、2-(叔丁氧甲酰氧亚氨基)-2-苯基乙腈、BocONH$_2$ 等叔丁氧甲酰化剂，在室温下可反应生成氨基的叔丁氧甲酰化物。Boc 作为氨基保护基在碱性条件比较稳定，对亲核试剂、有机金属试剂、金属氢化物还原、氧化反应等呈惰性。保护基的脱除，可用盐酸或三氟乙酸，通常在室温下就能完成，条件非常温和。

BocONH$_2$ 由 (Boc)$_2$O 与羟胺反应得到，相较于 (Boc)$_2$O，它与胺的反应速率快两倍左右。

2. 苄氧甲酰基（Cbz）

胺类化合物与氯甲酸苄酯、碳酸酐二苄基酯、苄氧羰基腈等苄氧甲酰化剂在碱存在下进行反应得到氨基被苄氧甲酰基保护的产物。

氨基的苄氧甲酰化产物在弱酸和弱碱性条件下均比较稳定，对亲核试剂（比如肼）也比较稳定。Cbz 的脱除通常采用钯-碳催化氢化法，反应在室温下就能完成，这是能够使氨基酸在中性条件下合成肽的基础。除此之外，还可以用 BCl$_3$、BBr$_3$、AlCl$_3$、Me$_3$SiI 等多种试剂或者在强酸性条件下脱除 Cbz 保护基。

以 L-苯丙氨酸为原料合成 β-氨基-4-苯基丁酸的反应是在酸性条件下进行，当选择 Cbz 作为氨基的保护基能保证反应的顺利进行，而采用 Boc 则是失败的。

3. 9-芴甲氧甲酰基（Fmoc）

氨基的 9-芴甲氧甲酰化反应能在碱（如碳酸钠）存在下完成。Fmoc 保护基的最主要特点是它对酸极其稳定，因此当它与 Boc 保护基、Cbz 保护基同时存在时，可以选择性地脱除 Boc 和 Cbz 基团，保留 Fmoc 基团。Fmoc 基团的芴环使得 9-H 具有酸性，与哌啶、吗啉、二环己胺等二级胺反应形成碳负离子，进一步发生消去反应使 Fmoc 基团得以脱除。如 Fmoc-O-糖基丝氨酸的脱 Fmoc 反应，在吗啉的二氯甲烷溶液中即可完成，反应选择性良好，条件很温和。

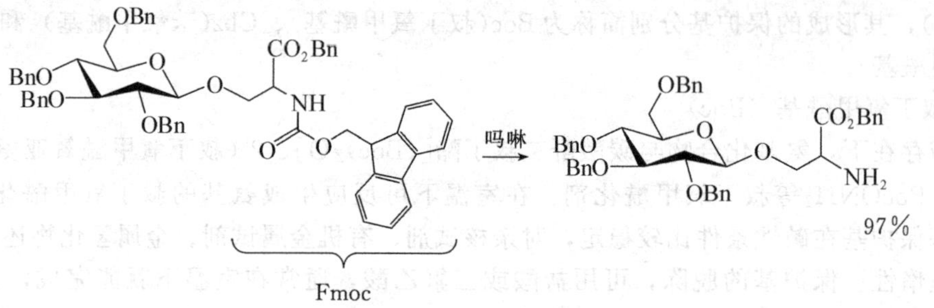

第五节　典型药物生产中相关反应的简析

一、β-内酰胺类抗生素

β-内酰胺类抗生素是指分子中含有由 4 个原子组成的 β-内酰胺环的抗生素，其中 β-内酰胺环是该类抗生素发挥生物活性的必需基团。临床使用的 β-内酰胺类抗生素的典型结构包括如下几类：

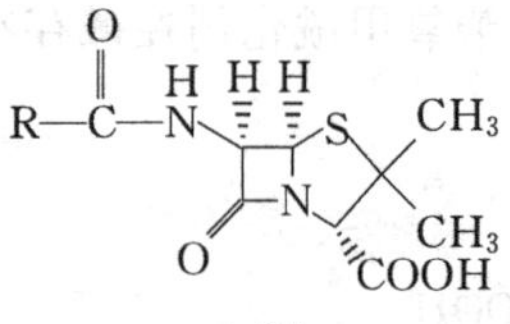

penicillins
青霉素类

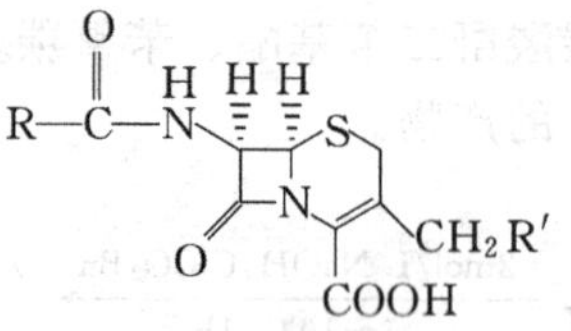

cephalosporins
头孢菌素类

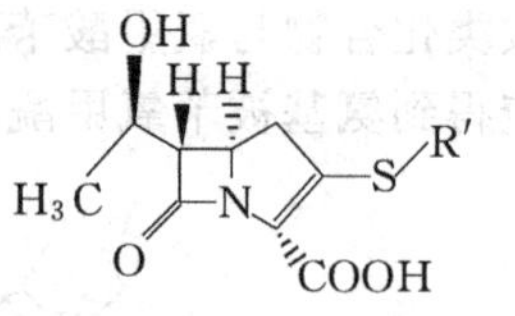

carbapenems
碳青霉烯素类

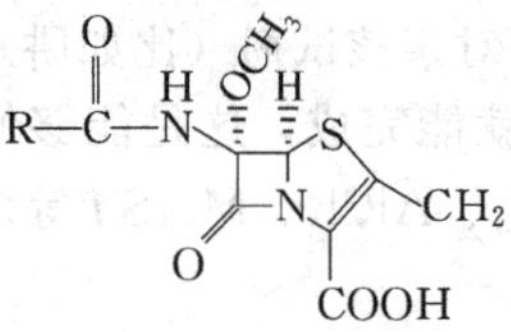

oxacephems
头霉素类

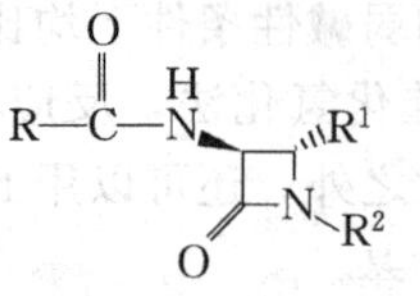

monobactams
单环 β-内酰胺类

青霉素类抗生素是最早被开发应用的 β-内酰胺类抗生素。虽然早已经可以通过化学全合成得到，但由于成本的原因在实际生产中采用的是半合成的方法。半合成法合成青霉素类化合物是以 6-氨基青霉烷酸（6-aminopenicillanic acid，6-APA）为基本原料，与不同侧链通过氨基氮酰化反应实现的。

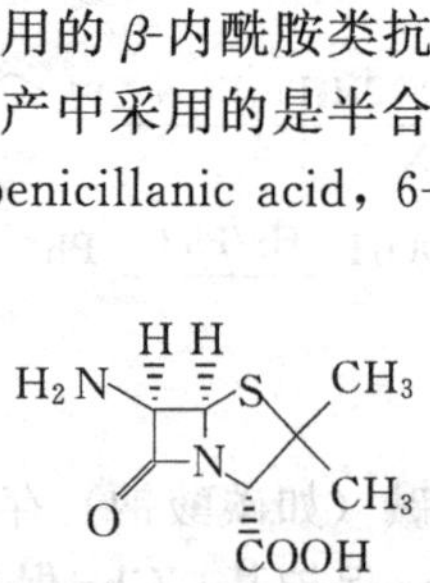

6-APA

6-APA 可以通过裂解青霉素来制备。虽然有化学裂解法和微生物酶催化（裂解）法之分，但工业上是以青霉素为原料，在偏碱性条件下由青霉素酰化酶（penicillin acylase）酶解来生产。具体地说是用固定化酶来完成规模化生产，由侧链酸为酰化剂实现 6-APA 氨基上的酰化来合成各种半合成青霉素。常用的方法有四种：

（1）酰氯法　将侧链酸转化为酰氯，然后在碱存在下与 6-APA 进行酰化反应。比如甲氧西林和萘夫西林的合成，均可在三乙胺的存在下，分别用 2,6-二甲氧基苯甲酰氯和 2-乙氧基-1-萘甲酰氯将 6-APA 酰化而得。

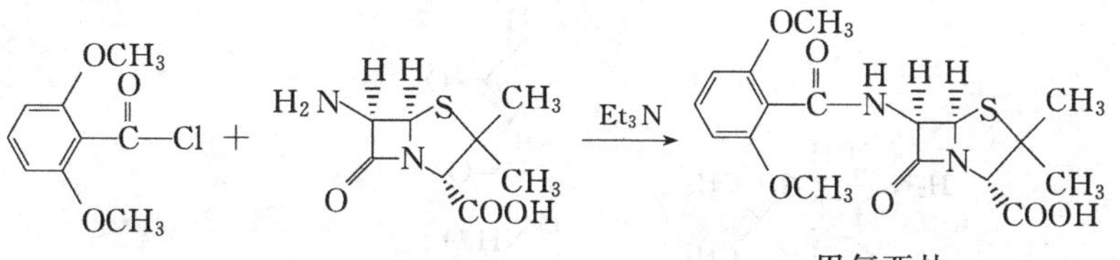

甲氧西林

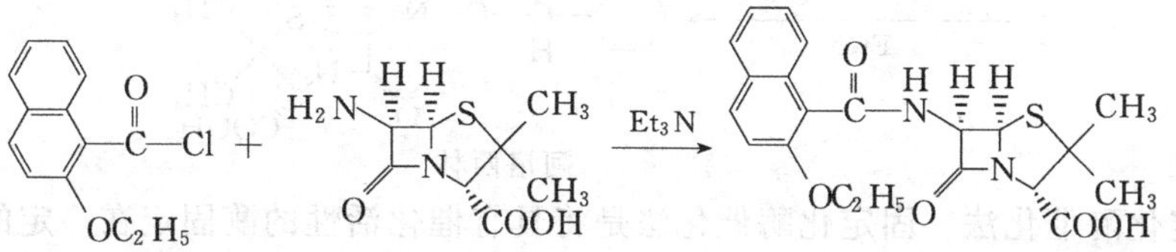

萘夫西林

（2）酸酐法　将侧链酸转化成为混合酸酐，再与 6-APA 反应。氨苄西林的合成，与本章第二节示例的阿莫西林的合成方法相似，先用乙酰乙酸乙酯与苯甘氨酸钠盐反应生成中间体苯甘氨酸邓盐，接着与氯甲酸乙酯化合成混合酸酐，再在碳酸氢钠存在下与 6-APA 进行酰化反应，得到氨苄西林的钠盐。目前，工业上用新戊酰氯替代氯甲酸乙酯来合成相应的混合酸酐，极大地提高了酰化反应的选择性，从而保证了最终产物的质量。

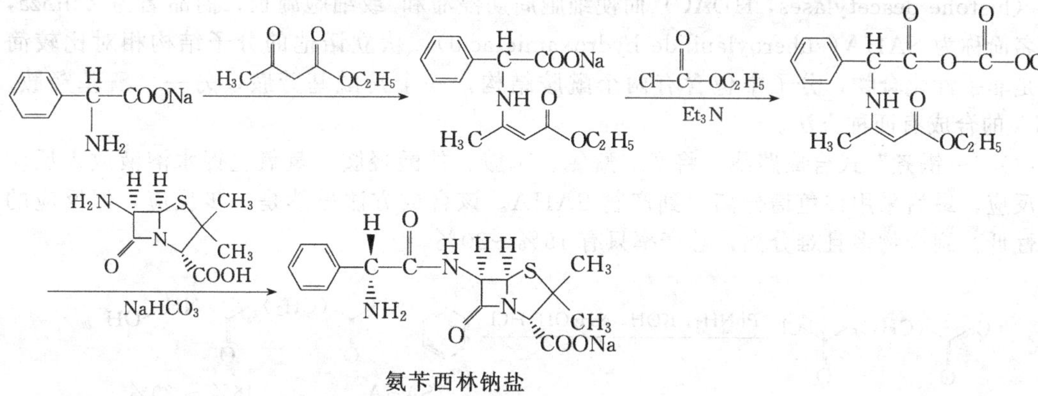

氨苄西林钠盐

环己西林的合成，与氨苄西林合成原理相似，只是这里使用的酰化剂是一种具有酸酐结构特征的海因。

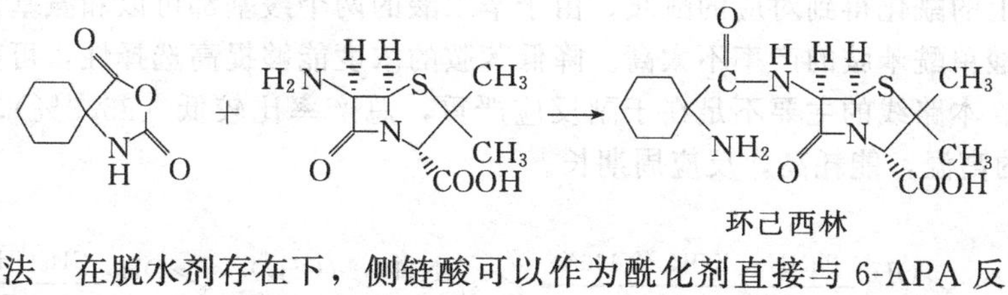

环己西林

（3）羧酸法　在脱水剂存在下，侧链酸可以作为酰化剂直接与 6-APA 反应来制备半合成抗生素。阿洛西林的合成就是由侧链酸 N-（2-氧咪唑烷基-1-甲酰氨基）苯甘氨酸与6-APA 直接脱水完成的。

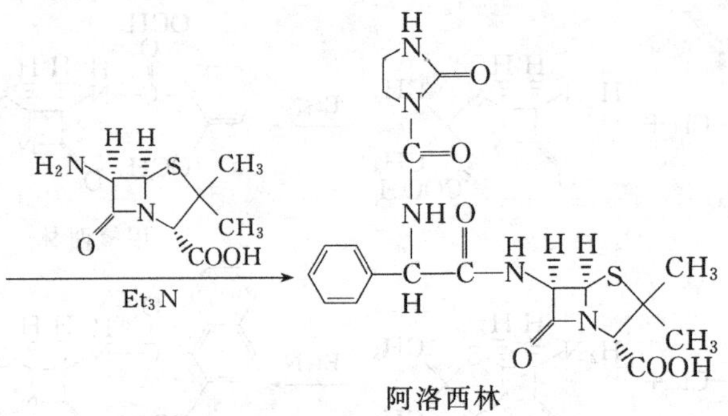

阿洛西林

（4）固定化酶催化法　固定化酶催化法是将具有催化活性的酶固定在一定的载体上，催化侧链酸与 6-APA 的缩合。此种方法工艺简单，产率高，是半合成抗生素工业生产技术的主要发展方向之一。

头孢菌素类、头霉素类和单环 β-内酰胺类抗生素可采用半合成青霉素类似的方法合成。

二、抗肿瘤药物伏立诺他

伏立诺他（vorinostat）是一种新型的分子靶向抗肿瘤药物，它通过抑制组蛋白去乙酰基酶（histone deacetylases，HDAC）而使细胞周期停滞和/或细胞凋亡，商品名为 Zolinza，化学名简称为 SAHA（suberoylanilide hydroxamic acid）。伏立诺他的分子结构相对比较简单，是非手性化合物，分子中包含有两个酰胺结构，一个是酰基芳胺，另一个酰基羟胺。SAHA 的合成有四种方法。

（1）"一锅煮"式合成路线　将辛二酰氯、苯胺、盐酸羟胺、氢氧化钾水溶液放入反应器中反应，最后采用柱色谱分离得到产物 SAHA。该合成方法虽然是一步反应，但反应的选择性低，副产物多且难分离，总产率只有 15%～30%。

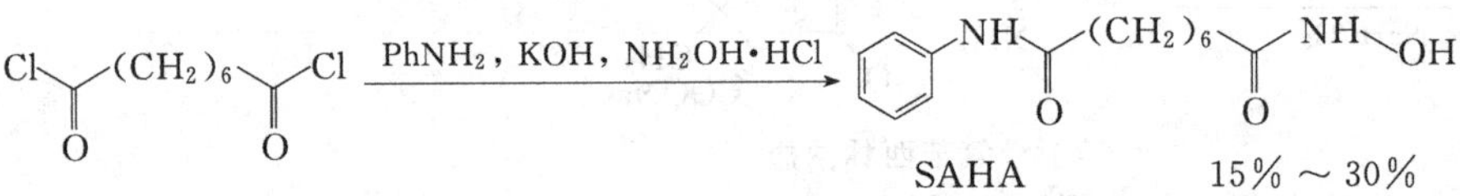

（2）辛二酸分步酰化合成路线　辛二酸与苯胺在无溶剂下混合形成羧酸盐，然后受热脱水完成苯胺氮上的酰化得到对应的酰胺。由于辛二酸的两个羧基都可以和氨基反应生成二酰胺，所以辛二酸单酰苯胺的产率不太高。降低苯胺的浓度能够提高选择性，可望得到更多的单酰苯胺产物。本路线的主要不足在于副反应严重，总产率比较低（35.3%），且第一步反应需要 190℃ 的高温，能耗高，反应周期长。

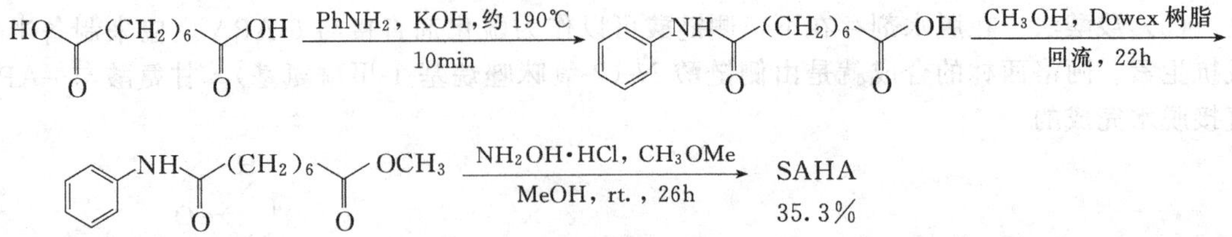

（3）环辛二酸酐路线　以环辛二酸酐为酰化剂与苯胺发生酰化反应，高产率地得到对应酰胺后，再在三乙胺的催化下与氯代甲酸乙酯作用得混合酸酐，随后羟胺与之发生氨解完成羟胺氮上的酰化得到 SAHA。相较于前两种方法，此路线有较多的改进，不但反应条件温和，产率也提高到了 58.7%，但原料成本也较高。

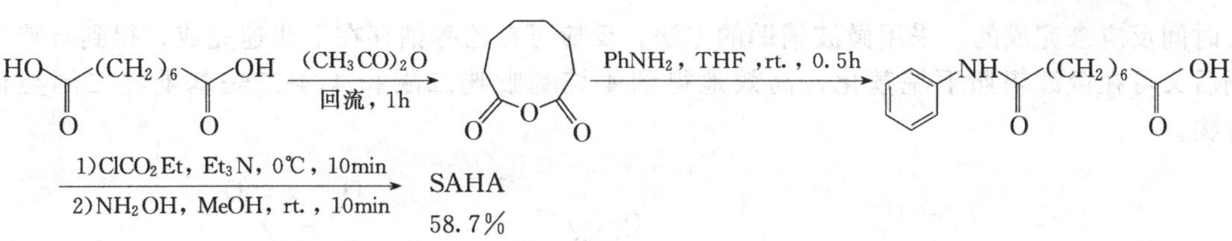

（4）辛二酸单酯路线　采用辛二酸单酯在 1-羟基苯并三唑（HOBt）和 DCC 作用下与苯胺进行缩合得到较高产率的酰胺酯，然后再进行酯的羟胺解反应得到 SAHA，总产率达到了 79.8%。

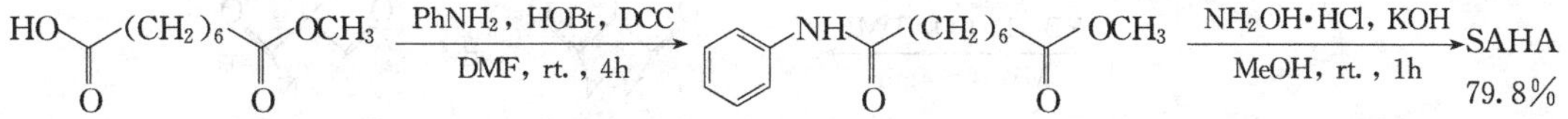

综观四条合成 SAHA 的路线，共同点就是首先完成苯胺氮酰化，尽管选择的酰化剂是辛二酸的不同衍生物。在完成羟胺氮上的酰基化反应时，同样也选择了不同形式的酰化方法。显然，选择不同酰化剂给出的结果相差甚多。

三、抗心律失常药物胺碘酮

胺碘酮（amiodarone）在 20 世纪 60 年代用于治疗心绞痛，70 年代用于治疗心律失常，是广谱抗心律失常药物，也是目前最常用的抗心律失常药物之一，临床应用的药物是胺碘酮的盐酸盐。

胺碘酮的合成是以苯并呋喃为起始原料，首先与丁酸酐进行 Friedel-Crafts 酰基化反应，在呋喃环的 2 位引入一个丁酰基。用水合肼还原酮羰基后，再以对甲氧基苯甲酰氯为酰化剂，在呋喃环的 3 位引入对甲氧基苯甲酰基，利用其甲氧基对苯环的活化和定位作用，在 3 位和 5 位引入碘，最后再进行 O-烃化反应得到胺碘酮。

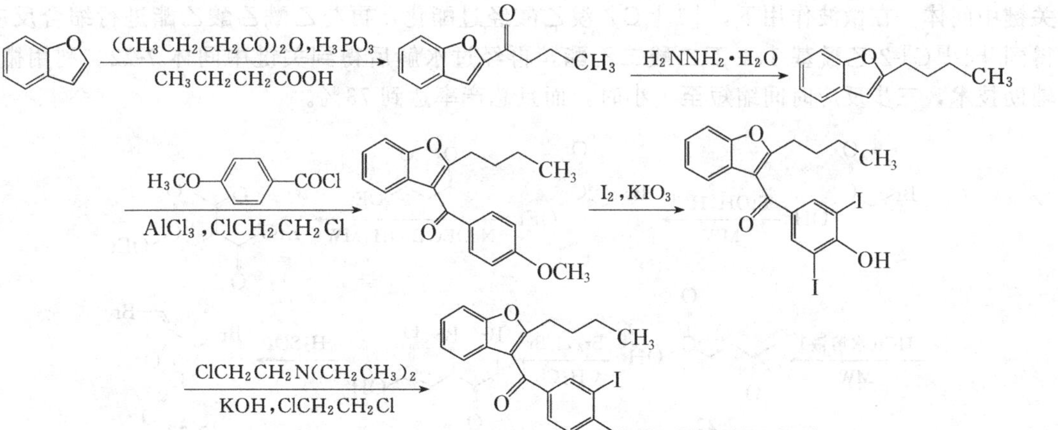

第六节　相关反应新进展

一、微波辅助的酰化反应

微波辅助技术，在酰基化反应中也得到了较为广泛的应用，不仅能有效地改善传统药物的合成工艺，也能用于新药的开发之中。

吡唑二酮衍生物是一类具有抗菌活性的化合物，常规合成是在高温下丙二酸二乙酯与肼长时间反应来完成的。采用微波辅助的方法，反应可在乙醇钠存在下快速完成，得到吡唑二酮后又可在微波辐照下烷基化，高效地得到 4-烷基吡唑二酮和 4,4-二烷基吡唑二酮类化合物。

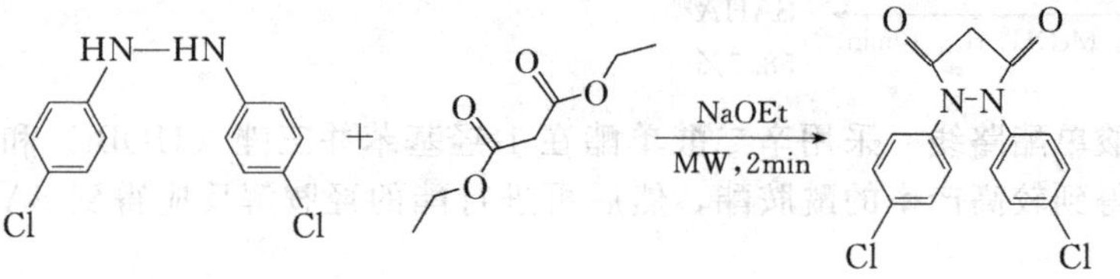

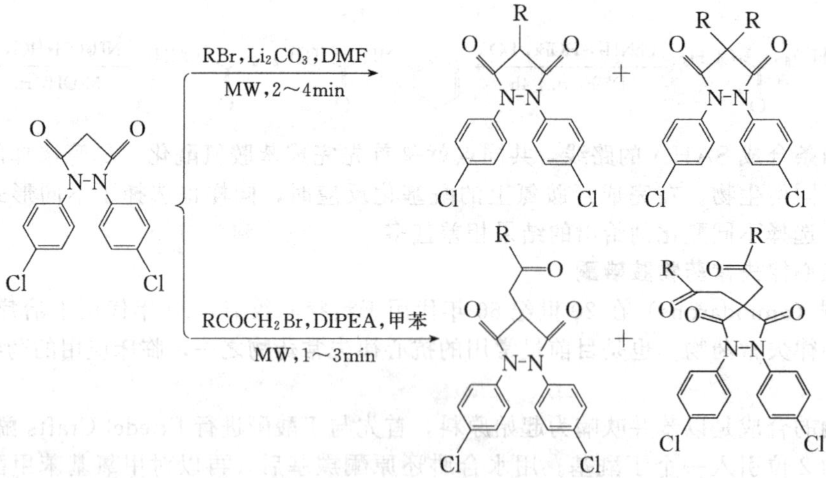

（5Z）-4-溴-5-（溴亚甲基）-2-(5H)-呋喃酮 **7-23** 是群体感应组分抑制剂，具有抗菌活性。^{14}C 标记的 **7-23** 可以用于研究其抗菌作用机制，而 [1-^{14}C] 乙酰丙酸 **7-22** 则是合成 **7-23** 的关键中间体。在微波作用下，[1-^{14}C] 溴乙酸经过酯化，再与乙酰乙酸乙酯进行缩合反应，得到 [4-^{14}C]-2-乙酰基-1,4-丁二酸二乙酯，再经过水解后得到关键中间体 **7-22**。利用微波辅助技术，三步反应时间缩短至 1 小时，而且总产率达到 73%。

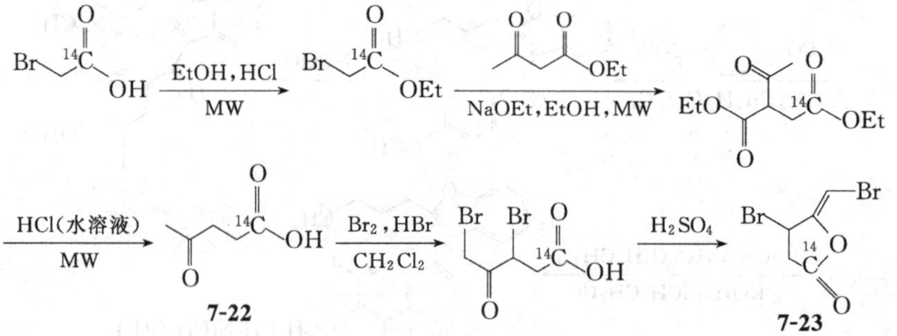

香豆素类化合物是广泛存在于自然界中的内酯类化合物，其基本骨架为苯并吡喃酮。以中孔磷酸锆（m-ZrP）作为催化剂，在常规加热和微波辅助下进行的系列香豆素衍生物的合成反应表明，微波辅助合成的产率均比传统加热合成的产率要高，并且可以将反应时间从 4h 缩短至 10min。

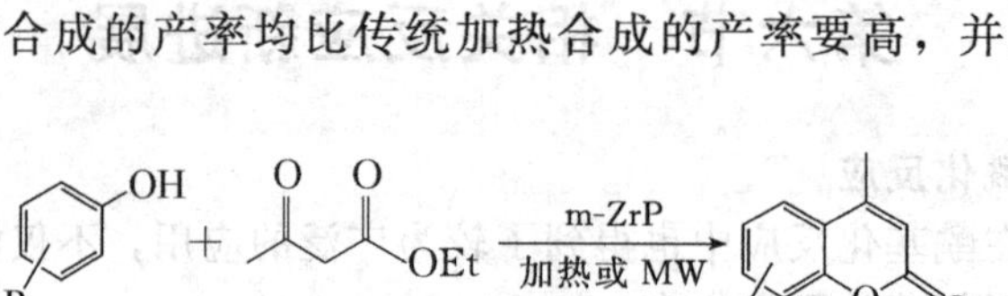

N^2,N^9-二乙酰基鸟嘌呤（DAG）是一种重要的医药中间体，主要用于抗病毒性药物如

阿昔洛韦（aciclovir）、更昔洛韦（ganciclovir）等的合成。DAG 常规的合成方法是以乙酸为溶剂，DMAP 为催化剂，乙酸酐为酰化剂与鸟嘌呤进行酰化反应而得。该合成法的反应时间为 7h，产率 76%。如果采用微波辅助法合成 DAG，可以将反应时间缩短至 10min，产率提高到了 91.5%。

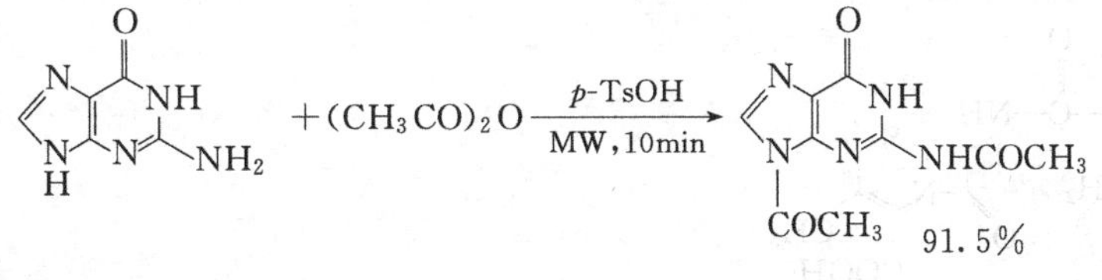

二、超声波辅助的酰化反应

超声波辅助酰基化反应往往具有操作简单、反应条件温和、反应时间短、产率高的优点，甚至能够引发某些在传统条件下不能进行的反应。

3-肉桂酰异阿魏酸与酚类化合物的酯化反应，如果采用混合酸酐法，则反应时间长、产率低。采用超声波辅助，在室温下以 DCC 为脱水剂，DMAP 为催化剂，在吡啶中与酚反应，在较短的时间内就以良好的产率得到目标产物。

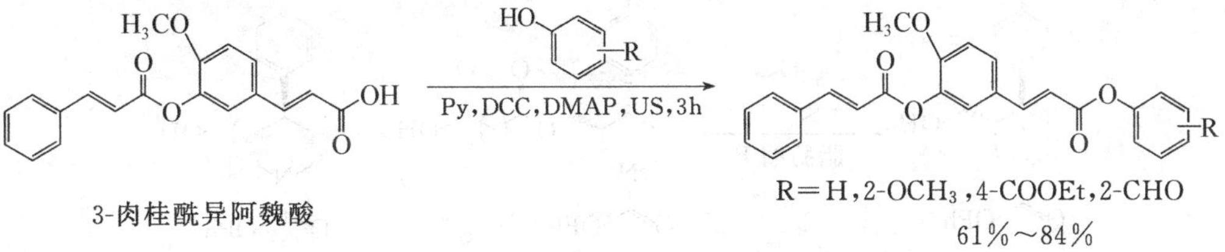

异黄酮类化合物是许多中草药的有效成分。以苯乙酸、间苯二酚为原料，在路易斯酸 BF_3 催化下，通过超声波辅助采用"一锅煮"的方法合成 7-羟基异黄酮（**7-24**）。与传统的加热方法相比，超声波辅助具有反应条件温和、操作简单、反应时间短、产率高、产物容易结晶等优点。

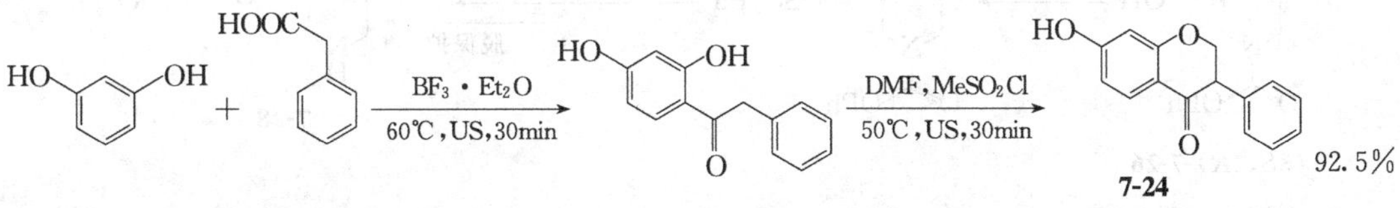

以水杨醛和丙二酸二乙酯为原料，六氢吡啶为催化剂，在超声波辅助下合成香豆素-3-甲酸乙酯，与传统的合成方法相比，反应时间缩短了 4/5，产率提高 5%。

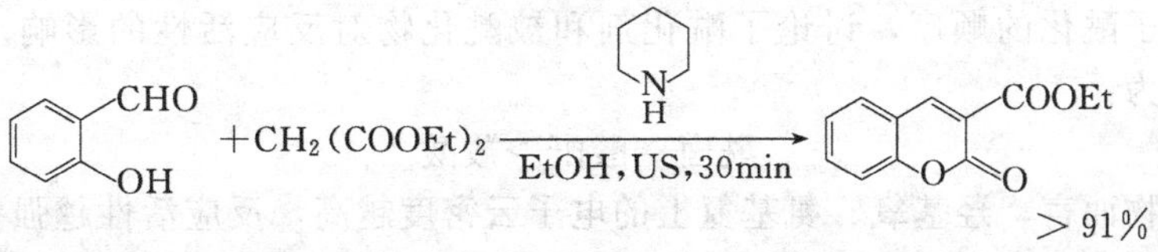

三、酶催化的酰化反应

酶能够作为催化剂用于药物合成中，有关其催化反应的基本原理，将在第十一章中专门学习。

酶催化胺氮酰基化是合成酰胺的一种高选择性的绿色方法。用青霉素酰化酶（PGA）为催化剂，7-氨基-3-脱乙酰氧基头孢霉烷酸（7-ADCA）与 2,5-二氢苯甘氨酸甲酯盐酸盐（DHME）在 pH7.0 即可发生缩合，以 90% 的产率得到头孢拉定（cefradine，**7-25**）。

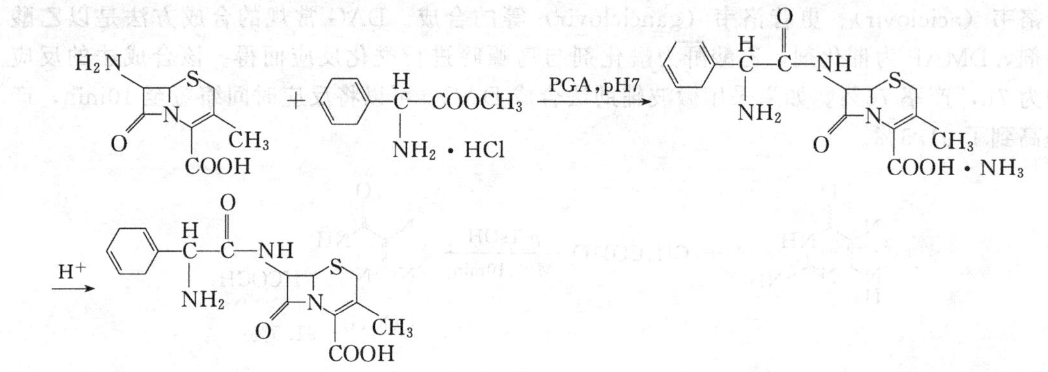

7-25

帕罗西汀（paroxetine，**7-28**）是抗抑郁药，**7-26** 的两个异构体之一（3S,4R）-异构体是合成 **7-28** 的关键中间体。利用 *Candida antarctica* 中的脂肪酶 B 能选择性地将 （±）-*trans*-**7-26** 中的 （3R,4S）-异构体酰化生成得到 **7-27**，而（3S,4R）-异构体（93％ e.e.）不反应，从而得以分离。

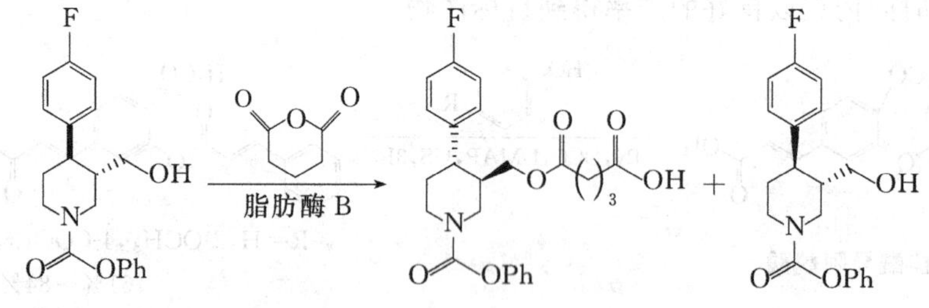

（±）-*trans*-**7-26**   （3R,4S）-**7-27**   （3S,4R）-**7-26**

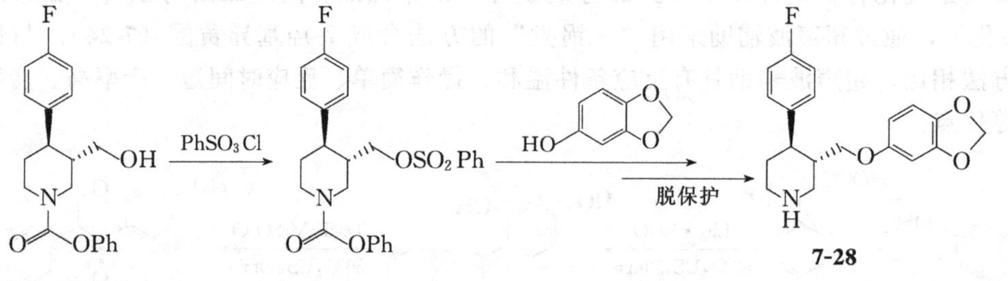

（3S,4R）-**7-26**   **7-28**

本 章 小 结

酰化反应在药物合成中应用广泛，是教学中的重点之一。本章按照氧原子酰化、氮原子酰化和碳原子酰化的顺序，讨论了酰化剂和被酰化物对反应活性的影响。就酰化剂而言，活性顺序为：

酰卤＞酸酐＞羧酸

就被酰化物而言，羟基氧、氨基氮上的电子云密度越高，反应活性越强；空间位阻越大的酰化剂或被酰化物，反应活性低。路易斯酸和质子酸能增强酰基碳原子上的正电性，可提高其反应能力。本章涉及了较多的人名反应和新的缩合剂，需要掌握。第五节"典型药物生产中相关反应的简析"的学习，有助于提高综合分析问题的能力。

第八章　缩合反应

缩合反应（condensation reaction）在药物合成中占有很重要的地位。它不像前面讲到的卤化、硝化、氧化、还原、烃化和酰化等反应类型那样能够下一个确切的定义。从广义讲，将分子间或分子内不相连的两个原子连接起来的反应统称为缩合反应。在缩合反应中，往往伴随小分子无机或有机物（如水、ROH、HX、N_2、NH_3 等）的脱去，也有些加成缩合，不脱去任何分子。从反应类型来看，缩合反应可以通过取代、加成、消除等反应途径来完成。就化学键的形成而言，缩合反应涉及碳-碳键、碳-杂键或杂-杂键的形成。就反应机理而言，缩合反应的机理主要涉及亲核加成-消除机理（如 Aldol 缩合、酯缩合、Perkin 反应和 Wittig 反应等）、亲核加成（如 Michael 反应）、亲电取代（如 Mannich 反应）和偶联反应等。

缩合反应通常需要在缩合剂的作用下进行，常用的缩合剂包括碱、酸等，也有些是在金属的催化下进行。

本章重点讨论具有活性 α-氢的化合物与羰基化合物（醛、酮或酯等）之间的缩合。此外，在药物合成中，经常碰到的偶联反应（如 Heck 反应和 Suzuki 反应）也是典型的缩合反应，在此将作适当介绍。

第一节　Aldol 缩合反应

含有活性 α-氢的醛或酮，在碱或酸的催化下发生自身缩合，或与另一分子的醛或酮发生交叉缩合，生成 β-羟基醛或 β-羟基酮的反应，称 Aldol 缩合（醛醇缩合，羟醛缩合）。β-羟基醛或 β-羟基酮不稳定，易脱水生成 α,β-不饱和醛或酮。

一、反应机理

Aldol 缩合的反应机理为碱或酸条件下的亲核加成-消除反应，亲核加成是一个可逆过程，脱水过程是不可逆的。其中，亲核加成过程随酸、碱条件的不同而不同。

（一）碱催化机理

如第七章第三节讲到的，醛或酮羰基 π 键与 α-C—H σ 键之间存在的 σ-π 超共轭作用，使其易于烯醇化而导致 α-氢具有弱酸性。因此，在碱催化下，其烯醇转化为烯醇盐而表现出强亲核性，与另一分子的醛或酮的羰基进行亲核加成，在构建起新的 C—C 键的同时生成 β-

羟基醛或酮。在亲核碳上还含有氢的情况下，将进一步在碱性条件下消除1分子水生成α,β-不饱和醛或酮。

（二）酸催化机理

含有活性α-氢的醛或酮的羰基在酸性条件下质子化后，极易转化为烯醇式，烯醇作为亲核试剂进攻另一被质子化羰基碳原子发生亲核加成，随后脱去羰基氧上的质子获得β-羟基醛或酮。在酸性条件下，β-羟基被质子化后脱除1分子水，最后生成α,β-不饱和醛或酮。

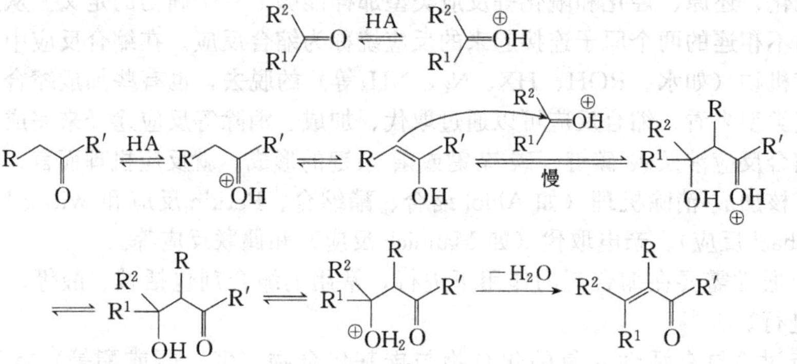

二、影响反应的主要因素

1. 酸碱催化剂的影响

Aldol缩合反应既可在碱性条件下进行，也可在酸性条件下进行，但前者较多。常用的碱包括乙酸钠、碳酸钠（钾）、氢氧化钠（钾）、醇钠、叔丁醇铝、氢化钠和氨基钠等。常用的酸包括盐酸、硫酸、对甲苯磺酸以及BF_3等路易斯酸。

2. 醛或酮结构的影响

进行Aldol缩合时，通常醛的活性高于酮，空间位阻小的醛或酮活性高于空间位阻大的醛或酮。催化剂的选择通常依赖于反应物的活性、立体位阻等因素。

$$HCHO + CH_3CHO \xrightarrow{CsOH} CH_2{=}CHCHO \quad (62\%)$$

(79%～80%)

(85%)

(70%)

(96%)

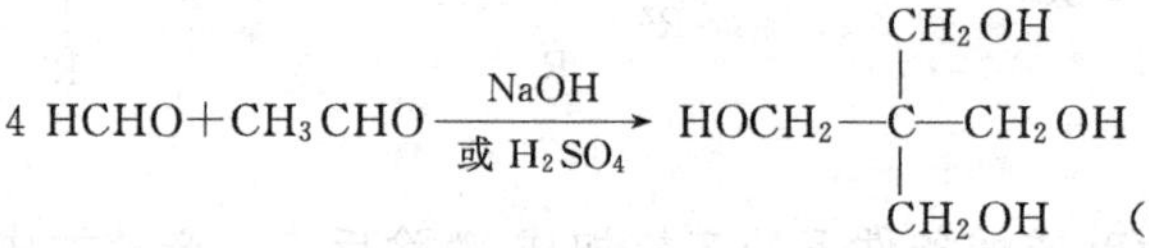

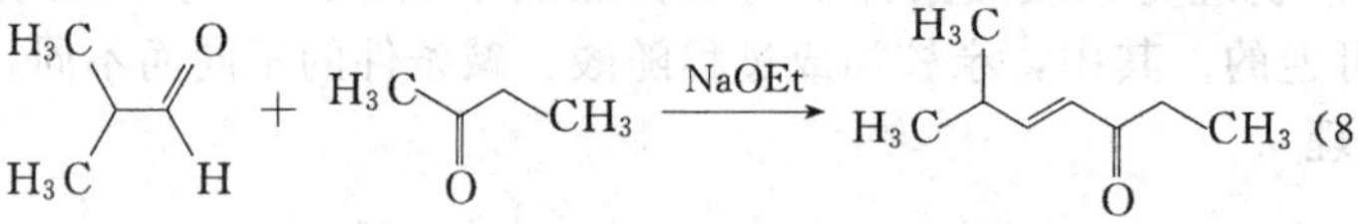

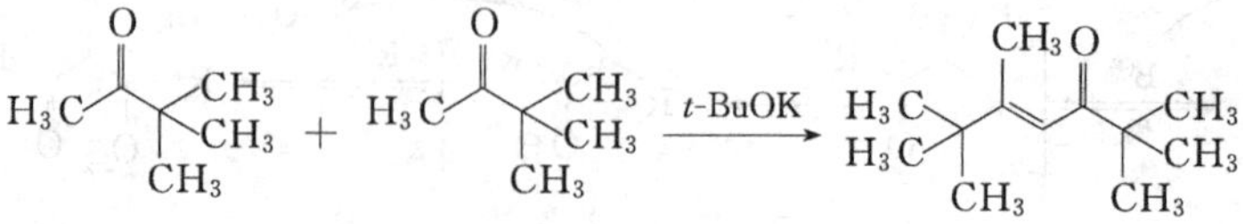

3. 反应温度的影响

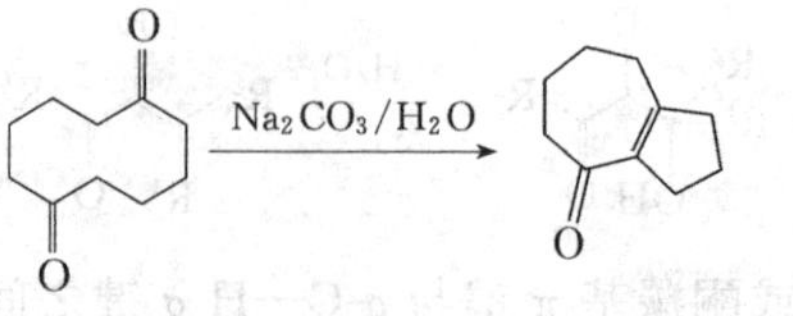

反应温度对缩合反应的速率及产物类型均有一定影响。一般而言，反应温度高有利于消

除脱水得 α,β-不饱和醛或酮。

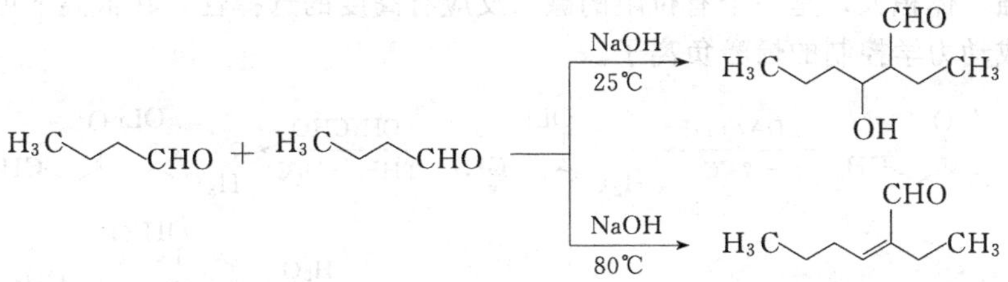

三、Aldol 缩合的反应类型

Aldol 缩合包括醛或酮的自身缩合和交叉缩合，根据反应物的结构特征具体可分为以下五种类型：

（一）含有活性 α-氢的醛或酮的自身缩合

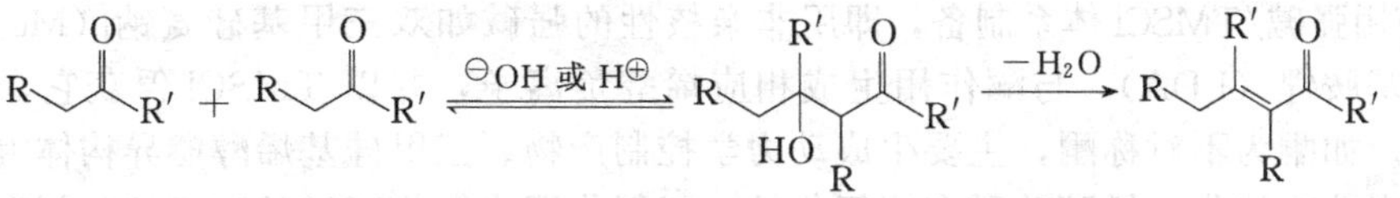

含有活性 α-氢的醛在碱或酸的催化下容易发生自身缩合。只有一个活性 α-氢的醛自身缩合得到单一的产物 β-羟基醛。含有两个或两个以上 α-活性氢的醛自身缩合生成的产物视反应条件不同可为 β-羟基醛（稀碱、低温条件下）或 α,β-不饱和醛（温度较高或酸催化下）。

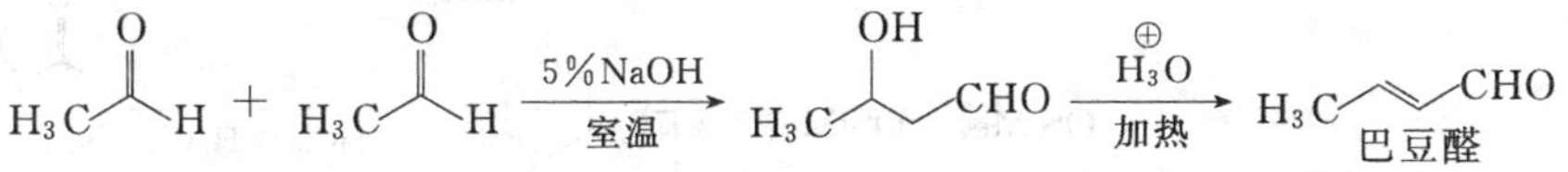

含有活性 α-氢的酮的自身缩合比醛慢很多，反应平衡强烈地偏向左边。为使平衡向生成产物的方向移动，通常需用强碱（如醇钠、叔丁醇铝等）或弱酸性阳离子交换树脂催化，或在 Soxhlet 抽提器中进行。对称酮的自身缩合产物较单纯，若为不对称酮时，反应产物依赖于催化剂，但大多数情况下得到的是混合物。

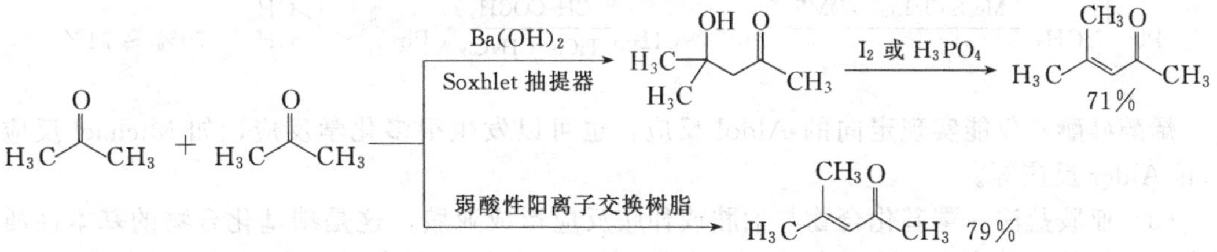

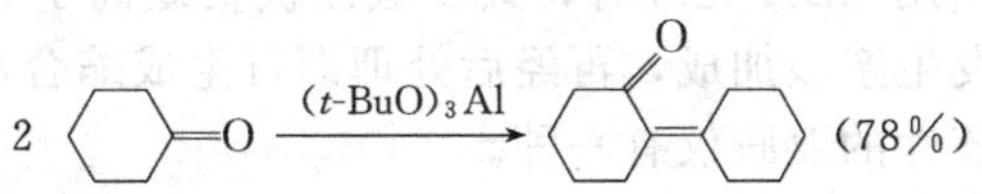

（二）含有活性 α-氢的醛或酮的交叉缩合

两种含有活性 α-氢的醛或酮之间，既可发生交叉缩合，又存在自身缩合，在一般催化条件下 Aldol 缩合的区域选择性不高，往往生成混合物。为克服这个缺点，可先将其中一种醛或酮转化成相应的烯醇盐、烯醇硅醚或亚胺盐，再与另一醛或酮反应，实现区域或立体选择性的 Aldol 缩合，即定向醛醇缩合。

（1）烯醇盐法 在设计和实施醛与酮进行交叉缩合反应时，如果希望酮作为亲核体、醛羰基作为亲电体，先用二异丙基胺锂[$(i\text{-Pr})_2\text{NLi}$, LDA]在低温下处理酮，使其全部转化为烯醇负离子后再与醛发生亲核加成缩合，随后用水处理，即得单一产物 β-羟基酮。LDA 的特点是碱性强，体积大，是一个有位阻的碱，反应有高度的选择性，在低温下可使不对称酮几乎全部形成动力学控制的烯醇负离子。

$$
\text{H}_3\text{C}-\overset{\text{O}}{\underset{}{\text{C}}}-\text{CH}_3 \xrightarrow[-78℃]{\text{LDA/THF}} \text{H}_2\text{C}=\overset{\text{OLi}}{\underset{}{\text{C}}}-\text{CH}_3 \xrightarrow[\text{THF}/-78℃]{\text{CH}_3\text{CHO}} \text{H}_3\text{C}-\overset{\text{OLi}}{\underset{}{\text{CH}}}-\text{CH}_2-\overset{\text{O}}{\underset{}{\text{C}}}-\text{CH}_3
$$

$$
\xrightarrow{\text{H}_2\text{O}} \text{H}_3\text{C}-\overset{\text{OH}}{\underset{}{\text{CH}}}-\text{CH}_2-\overset{\text{O}}{\underset{}{\text{C}}}-\text{CH}_3
$$

（2）烯醇硅醚法　烯醇硅醚是一类热稳定性较高的化合物。它的制备方法主要有两种：

① 在 Et$_3$N/DMF 体系中，醛或酮与三甲基氯硅烷（TMSCl）反应即可生成三甲基硅醚。用叔丁基二甲基硅醚也可制得相应的烯醇硅醚。不对称酮与 TMSCl 反应生成两种烯醇硅醚的混合物，且以热力学控制产物即较稳定的多取代烯为主。

② 使用强碱/TMSCl 体系制备，即用非亲核性的强碱如双三甲基硅氨钠[(Me$_3$Si)$_2$NNa]或二异丙基胺锂（LDA），与酮作用生成相应烯醇负离子，并以 TMSCl 俘获它，从而制得烯醇硅醚。如酮为不对称酮，主要生成动力学控制产物。三甲硅基烯醇醚异构体混合物，可通过精馏来分离纯化。烯醇硅醚在四氯化钛、三氟化硼或氟化四烃基胺等催化剂存在下表现出良好的亲核性能，极易与醛或酮羰基发生亲核加成反应，其产物经后处理得到预期的 β-羟基醛或 β-羟基酮。单一的烯醇硅醚反应后，仅得单一的产物。

热力学控制：Me$_3$SiCl/Et$_3$N/DMF　77%　23%
动力学控制：(1)LDA；(2)Me$_3$SiCl　2%　98%

$$
\text{Ph}-\overset{\text{O}}{\underset{}{\text{C}}}-\text{CH}_3 \xrightarrow{\text{Me}_3\text{SiCl/Et}_3\text{N/DMF}} \text{Ph}-\overset{\text{OSiMe}_3}{\underset{}{\text{C}}}=\text{CH}_2 \xrightarrow{\underset{\text{TiCl}_4/\text{CH}_2\text{Cl}_2}{\text{CH}_3\text{COCH}_3}} \text{Ph}-\overset{\text{O}}{\underset{}{\text{C}}}-\text{CH}_2-\overset{\text{OH}}{\underset{\text{CH}_3}{\overset{\text{CH}_3}{\text{C}}}} \quad 70\%\sim74\%
$$

烯醇硅醚不仅能实现定向的 Aldol 反应，也可以发生很多化学反应，如 Michael 反应、Diels-Alder 反应等。

（3）亚胺盐法　羰基化合物与伯胺或仲胺反应形成亚胺，这是羰基化合物的基本性质。对含有 α-氢的亚胺来说，当用 LDA 处理时，其 α-氢因被负氮离子夺去而形成碳负离子，能与另一分子的羰基化合物发生亲核加成，再经后处理即可生成缩合产物。反应之所以具有定向的特性，是因为作为亲核性的亚胺仅有一种。

$$
\text{R}-\text{CH}_2\text{CHO} \xrightarrow{\text{R}'\text{NH}_2} \text{R}-\text{CH}_2-\text{CH}=\text{N}-\text{R}' \xrightarrow{\text{LDA}} \text{R}-\overset{}{\underset{\text{Li}}{\text{CH}}}-\text{CH}=\text{N}-\text{R}' \xrightarrow{\overset{\text{O}}{\underset{}{\text{R}^1}}} \cdots \xrightarrow{\text{H}_2\text{O}} \cdots \text{CHO}
$$

（三）芳醛与含有活性 α-氢的醛或酮之间的缩合（Claisen-Schmidt 反应）

交叉缩合的典型代表是 Claisen-Schmidt 反应，即芳醛和含有活性 α-氢的脂肪醛、酮在碱或酸催化下缩合，形成 α,β-不饱和醛、酮的反应。

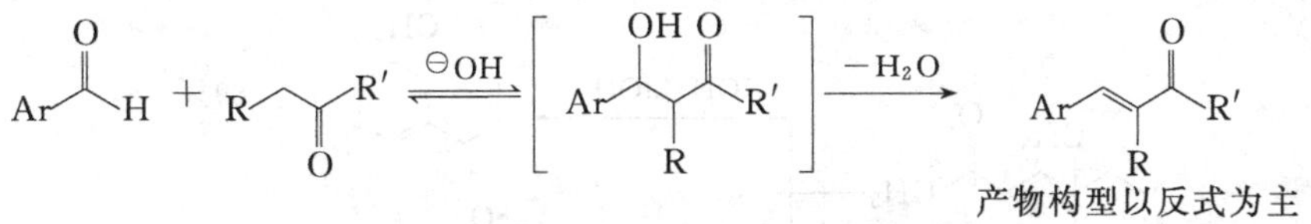

通常 Claisen-Schmidt 反应不易停留在中间体 β-羟基醛或酮阶段，大多数情况下一步得到与芳环共轭的 α,β-不饱和醛或酮。例如：

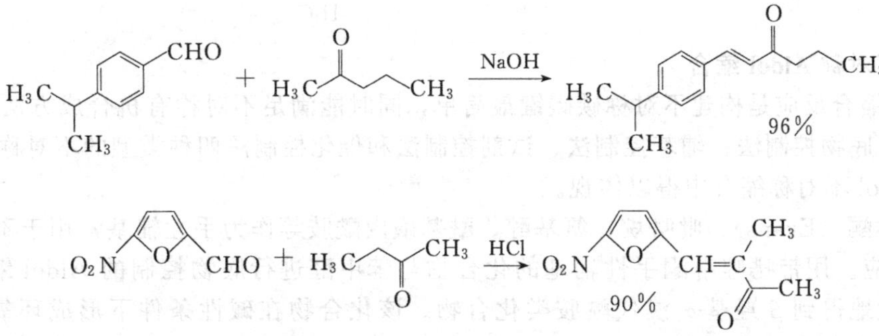

产物的几何构型取决于消除脱水时过渡态 β-羟基醛或酮的构象。构象 **(1)** 中，大体积基团芳基和羰基处于邻位交叉，不稳定；而构象 **(2)** 为芳基和羰基处于对位交叉，即优势构象。因而 β-羟基醛或酮主要以构象 **(2)** 进行消除脱水，得反式构型产物，即羰基与双键另一碳原子上的大体积基团（如芳基）处于反位。

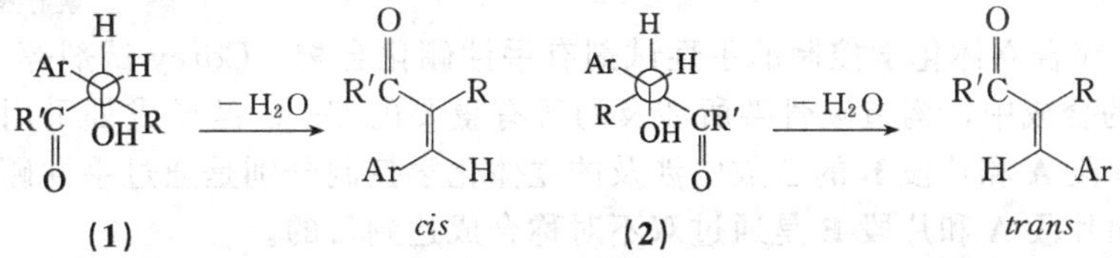

（四）甲醛与含有活性 α-氢的醛或酮之间的缩合（Tollens 缩合）

甲醛是一高度活泼的亲电体，几乎无任何空间位阻的碳负离子的受体。当与含有活性 α-氢的醛或酮在碱 [如 $NaOH$、$Ca(OH)_2$、K_2CO_3 等] 催化下反应时，能在醛或酮的 α-位引入羟甲基，即 Tollens 缩合反应，也称羟甲基化反应。产物 β-羟基醛或酮也可进一步脱水生成 α,β-不饱和醛或酮。例如：

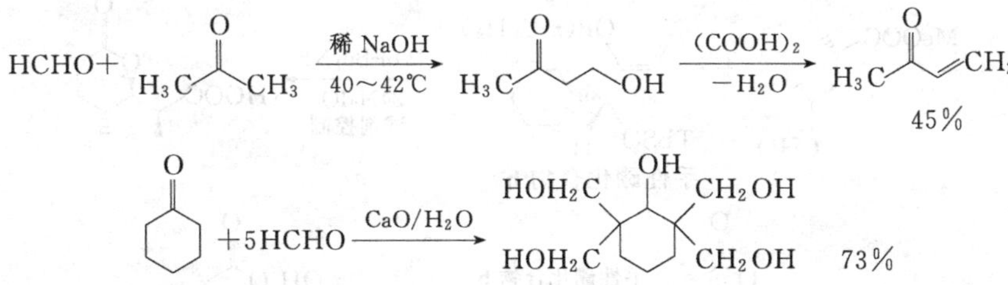

（五）分子内的醛醇缩合

Aldol 缩合反应既可发生在分之间，也可发生在分子内。含有活性 α-氢的二羰基化合物，在碳链适当的前提下，可通过碱催化发生分子内的醛醇缩合反应，得到闭环产物，形成的环以五元、六元环为主，更大环和更小环的构建则通常不易。分子内的醛醇缩合广泛用于 α,β-不饱和环酮的合成。

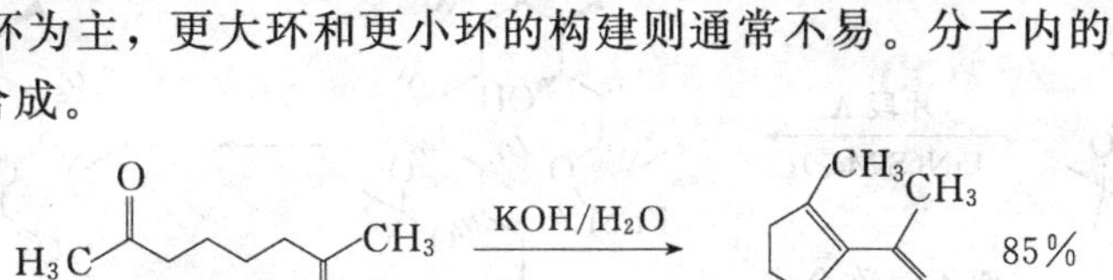

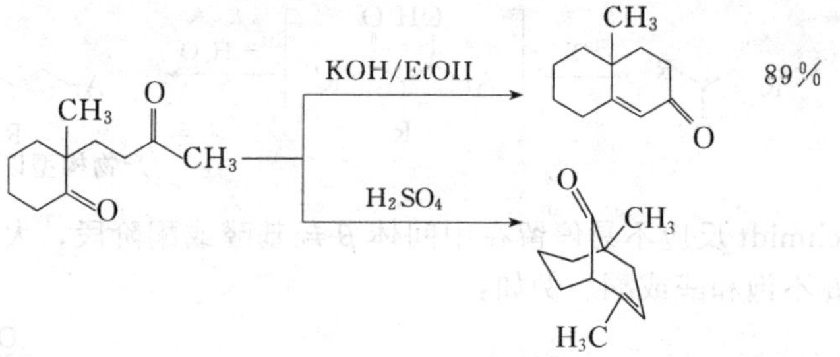

$$KOH/EtOH \quad 89\%$$

$$H_2SO_4$$

四、不对称 Aldol 缩合

Aldol 缩合反应是构建不对称碳碳键最简单，同时能满足不对称有机合成方法学的一类化学转化。底物控制法、辅基控制法、试剂控制法和催化控制法四种类型的不对称合成方法均能在 Aldol 不对称缩合中得以体现。

噁唑啉酮（Evans）、吡咯烷、氨基醇、酰基磺内酰胺等作为手性辅基常用于不对称 Aldol 缩合反应。用带噁唑啉酮手性辅基的化合物与苯甲醛进行底物控制的 Aldol 缩合反应，立体选择性地得到 β-羟基-α-溴代酰胺类化合物。该化合物在碱性条件下形成环氧化合物，最后经开环合成紫杉醇侧链。

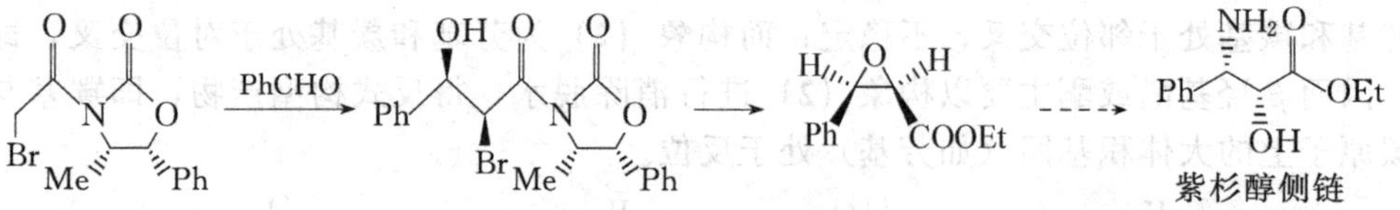

紫杉醇侧链

用于 Aldol 缩合立体化学控制的手性试剂有手性硼化合物、Corey 试剂等。在 6-脱氧红诺霉素内酯 B 的合成中，构造碳骨架所涉及的所有重要的 C—C 键形成都采用不对称 Aldol 反应来完成，片段 A 和片段 B 的合成中涉及的立体化学控制分别是通过手性硼烯醇化合物 a 和 b 实现的，而片段 A 和片段 B 是通过双不对称合成达到目的。

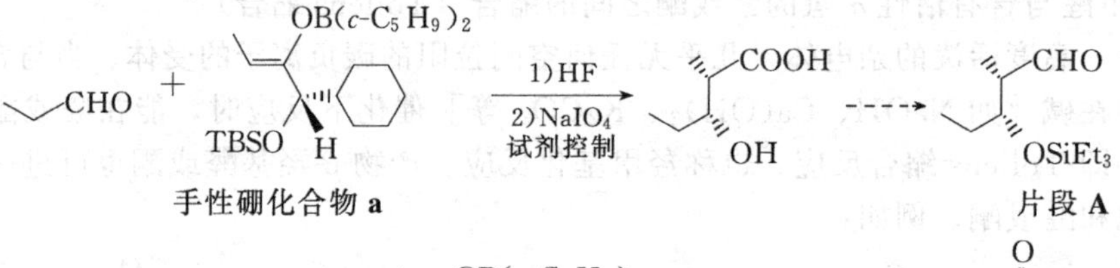

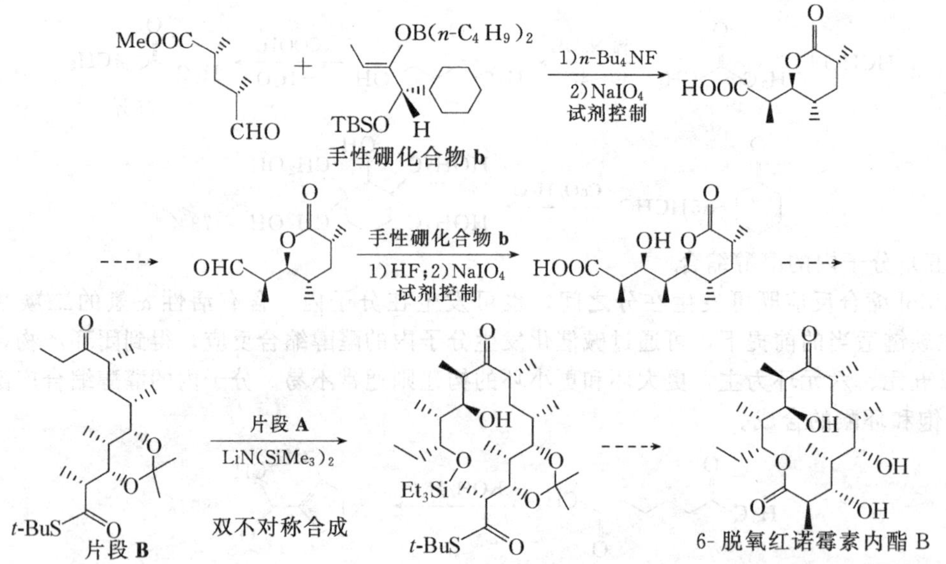

手性硼化合物 a   片段 A

手性硼化合物 b

片段 B   双不对称合成   6-脱氧红诺霉素内酯 B

手性催化剂控制法是实现不对称 Aldol 缩合的另一途径。常用的手性催化体系包括手性含硼杂环化合物、手性金属络合物以及手性氨基酸等。丙酮和对硝基苯甲醛在氨基酸（S）-**8-1** 的催化下生成（R）-异构体，产率 91%，e.e. 值达 96%。烯醇硅醚和苯甲醛在手性含硼杂环化合物催化下的 Mukaiyama-Aldol 缩合，产率 99%，e.e. 值达 94%。

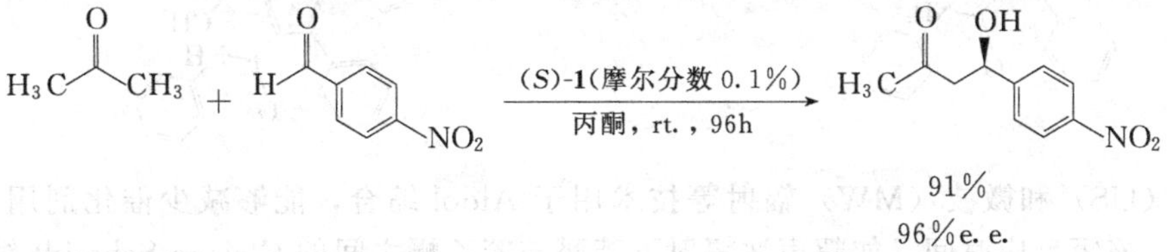

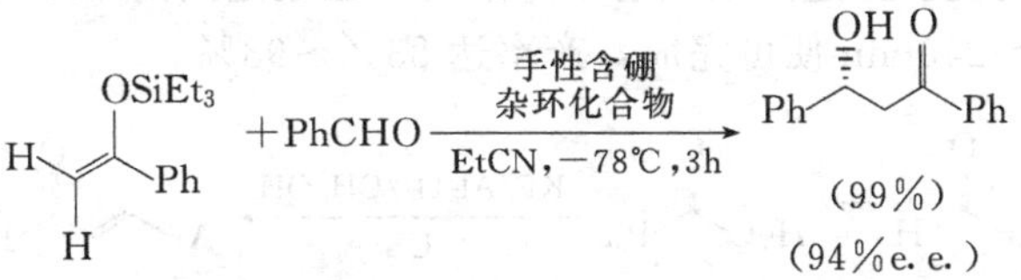

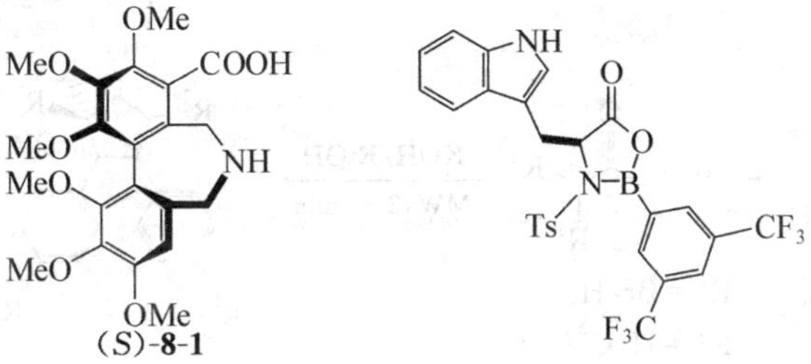

91%
96% e.e.

（99%）
（94% e.e.）

（S）-**8-1**

手性含硼杂环化合物

在离子液体中进行 Aldol 缩合，较传统有机溶剂而言表现出了非常高的区域选择性和立体选择性。以 ［bmim]PF$_6$/DMF（1.5∶1）为溶剂，在 S-脯氨酸催化下乙醛或戊醛与一些脂肪醛之间的 Aldol 缩合，得出高立体选择性的反应结果，e.e. 值大于 99%。

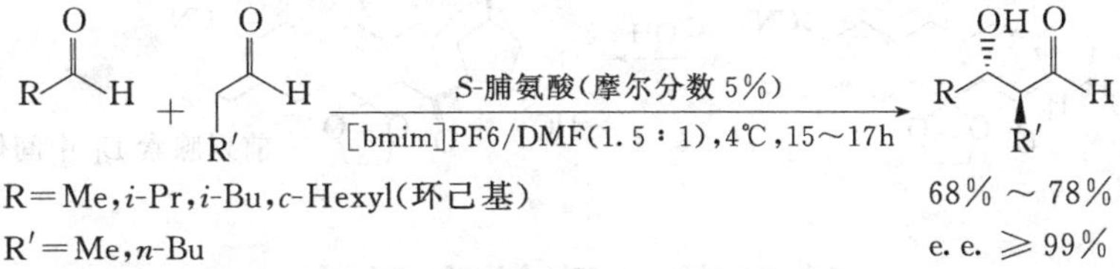

R＝Me,i-Pr,i-Bu,c-Hexyl（环己基）
R′＝Me,n-Bu

68% ～ 78%
e.e. ≥ 99%

五、应用

Aldol 缩合是构建碳碳键的简单而有效的方法之一，也是导入相关官能团的方法之一，广泛应用于药物和天然产物的合成。利尿药依他尼酸（ethacrynic acid）、维生素 A 的中间体、阿托伐他汀（atorvastatin）的中间体等的合成都可通过 Aldol 缩合反应来完成。

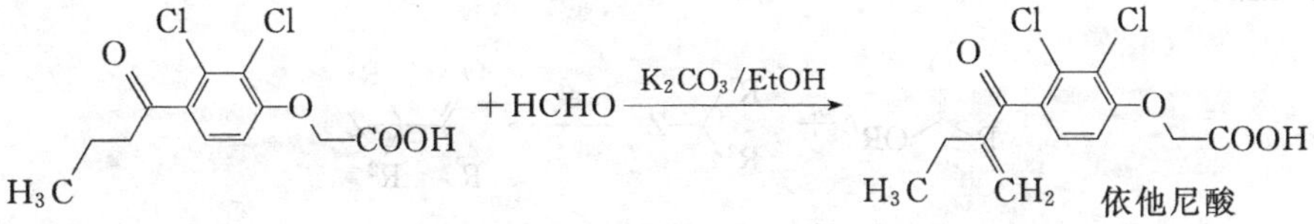

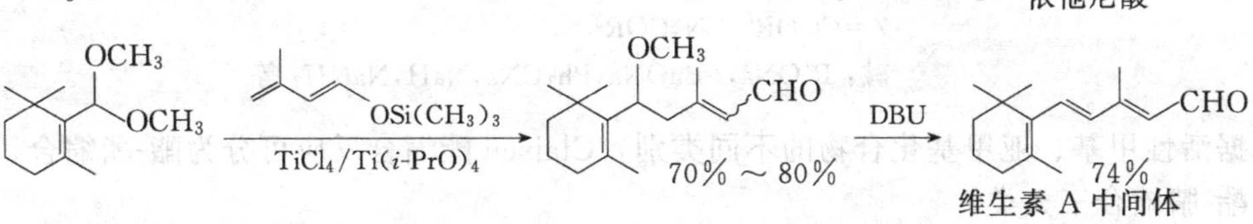

依他尼酸

70% ～ 80%

74%
维生素 A 中间体

阿托伐他汀中间体

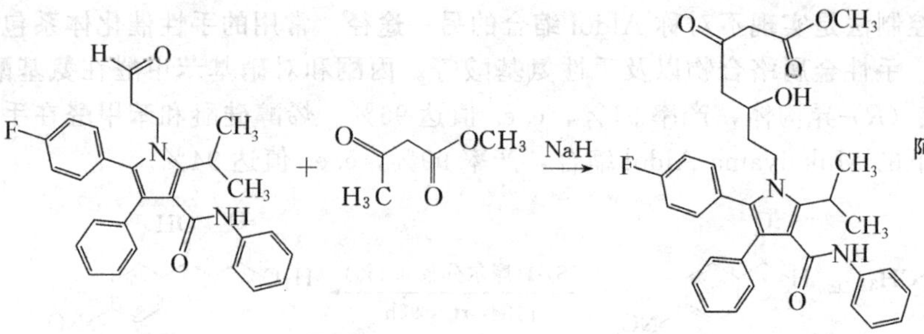

超声（US）和微波（MW）辐射等技术用于 Aldol 缩合，能够减少催化剂用量，降低反应温度，缩短反应时间。如超声波辐射下芳醛与苯乙酮之间的 Claisen-Schmidt 缩合反应，在 20～45℃下仅用 4～240min 便可完成，产率达 83%～98%。

83%～98%

80%～98%

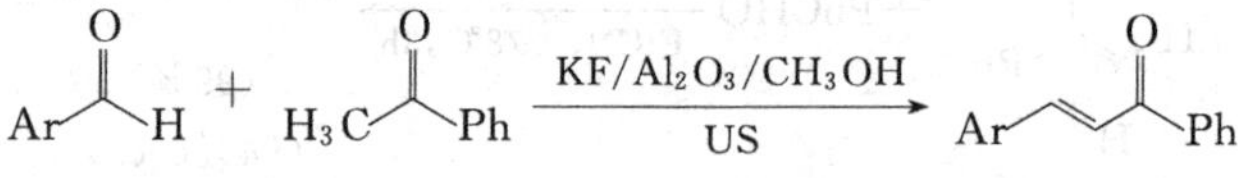

不对称 Aldol 缩合不仅可以做到高收率，又能实现对产物的立体化学的有效控制，这在药物合成中意义非凡。前列腺素 E_1（PGE_1）中间体的合成便是一个例证。

前列腺素 E_1 中间体

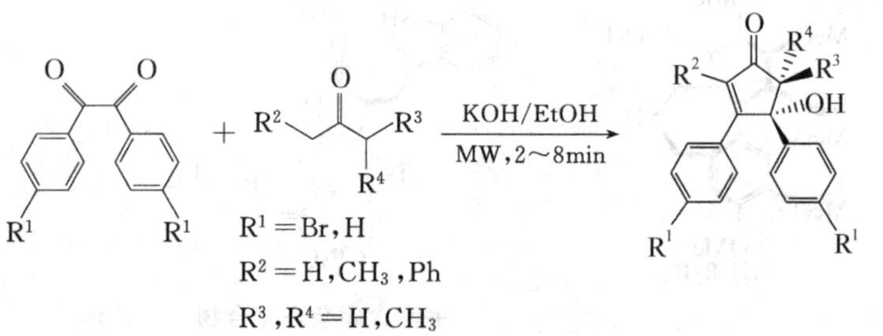

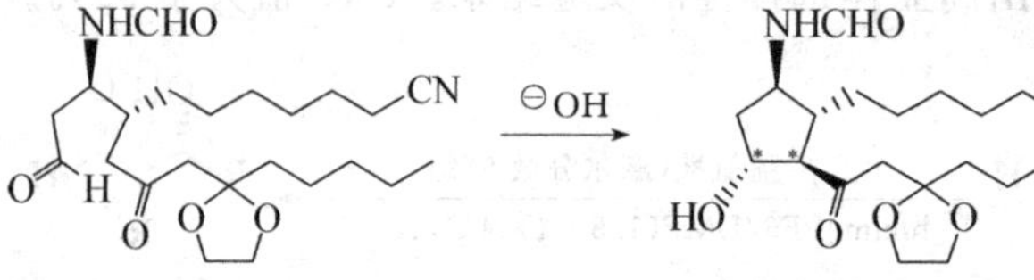

第二节　酯缩合反应

酯与具有活性甲基、亚甲基的化合物在碱催化剂下缩合，脱去 1 分子醇，生成 β-羰基类化合物的反应称为酯缩合反应，又称 Claisen 酯缩合反应。这也是第七章讲到的一种典型的 *C*-酰基化反应。

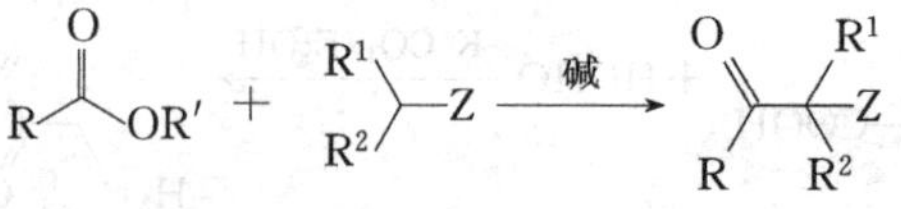

Z＝COOR′，CN，COR^3

碱：R′ONa，*t*-BuONa，Ph_3CNa，NaH，$NaNH_2$ 等

根据活性甲基、亚甲基化合物的不同类别，Claisen 酯缩合反应可分为酯-酯缩合、酯-酮缩合和酯-腈缩合三大类。

一、酯-酯缩合

（一）反应机理

在醇钠存在下，酯（即 R^1CH_2COOEt）失去 α-氢形成碳负离子，亲核进攻另一分子酯羰基发生加成，羰基碳由 sp^2 杂化转变为 sp^3 杂化。此时，空间拥挤驱使其随后消除烷氧负离子，而使该碳恢复 sp^2 杂化，生成 β 酮酸酯。由于 β 酮酸酯结构中包含的活泼亚甲基表现出更强的酸性，所以在反应条件下产物是以烯醇盐的形式存在，但经过后处理即转化为 β-酮酸酯。整个缩合反应为可逆过程，推动反应向正反应进行的重要因素，正是稳定的烯醇盐。

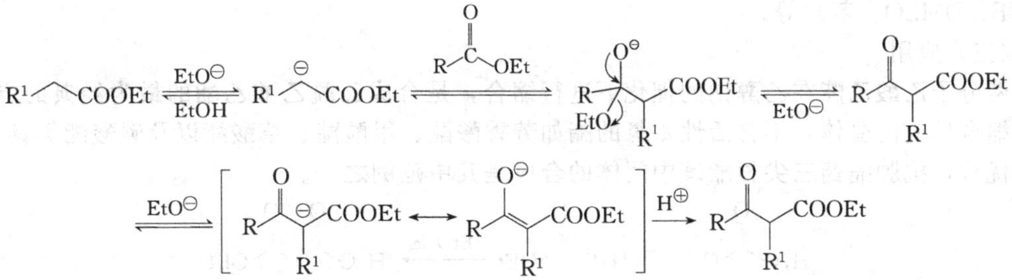

（二）影响反应的主要因素

1. 催化剂

Claisen 酯缩合反应采用碱为催化剂，选择何种碱催化与原料酯和生成的 β 酮酸酯的亚甲基的酸度大小以及 α-氢数目均有关。当 α-碳为非叔碳时，通常选用醇钠（钾）即能顺利地催化反应进行，其用量是反应成功的关键，同时应与酯的烷氧基一致，以免发生酯交换而得混合物。当 α-碳为叔碳时，醇钠的碱性不足以催化反应的进行，用更强的碱如 $NaNH_2$、NaH、Ph_3CNa 等才能保证反应顺利进行。

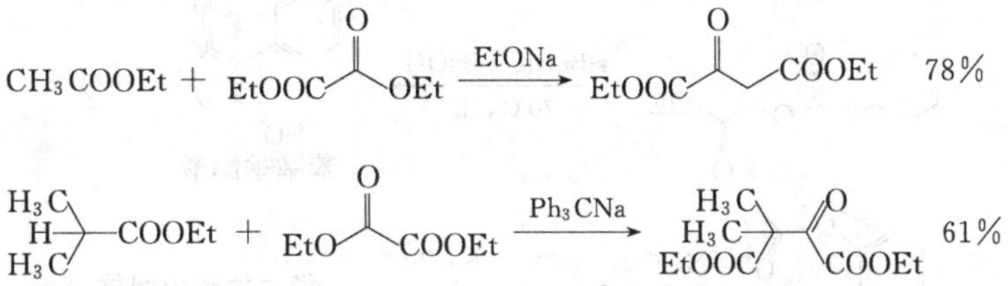

2. 酯的结构

参加缩合的两分子酯中至少有一种必须含有活性 α-氢。其酸性强弱强烈依赖于结构，常见有机物的 pK_a 值表 6-3。其中，不同酯的 α-氢的酸性强弱变化趋势可以简单表示为：

$$ZCH_2COOEt > CH_3COOEt > RCH_2COOEt > R_2CHCOOEt$$

其中，Z 为吸电子基团，R 为供电子基团。例如在 Dieckmann 反应中利用酯基 α-位氢的酸性来定环合方向。

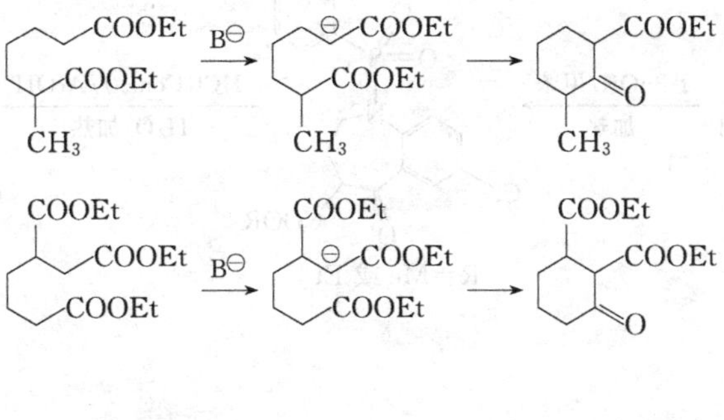

参与反应的两种酯不同，均含有α-氢，且酸性相近时，则理论上可得四种产物，难以纯化，实用价值不大。

3. 溶剂

酯缩合反应大多在无水条件下进行，但反应既可在非质子溶剂中进行，也可发生在质子性溶剂中。通常采用的非质子溶剂包括乙醚、THF、乙二醇二甲醚、苯、甲苯、DMSO、DMF以及石油醚等，可供选择的质子性溶剂包括醇类、氨等。作为质子性溶剂，要求其酸性要比所用碱的共轭酸的酸性弱，或基本相同。常用的碱/溶剂系统有：RONa/ROH；$NaNH_2/NH_3$（乙醚、苯、甲苯）；NaH（Ph_3CNa）/乙醚（苯、甲苯）；*t*-BuOK/*t*-BuOH（THF、DMSO、苯）等。

（三）应用

两分子乙酸乙酯在乙醇钠的催化下进行缩合，是合成乙酰乙酸乙酯的最为经典的方法。作为缩合反应的受体，不含活性α-氢的酯如芳香酸酯、甲酸酯、草酸酯以及碳酸酯等具有独特的优势，抗肿瘤药三尖杉酯碱中间体的合成是其中范例之一。

三尖杉酯碱中间体

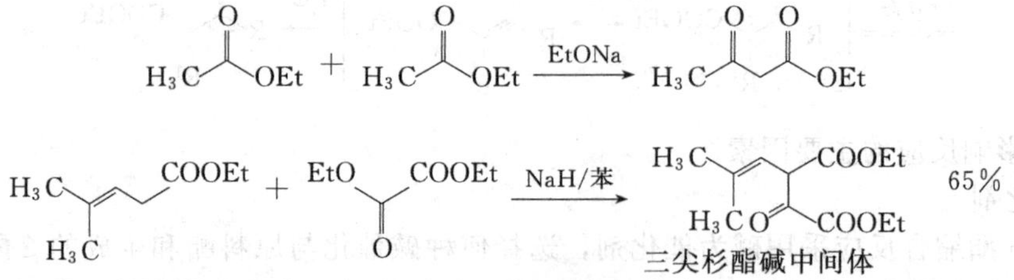

二元酸酯分子中的两个酯基被4个或4个以上的碳原子隔开时，在碱催化下可发生分子内的酯缩合反应，用于构建脂环化合物，即Dieckmann反应。抗炎药环氧化酶-2（COX-2）选择性抑制剂罗非昔布（诺菲呋酮）的中间体苯基季酮酸和抗血栓药华法林钠中间体的合成，采用Dieckmann缩合反应是首选的路线之一。

苯基季酮酸

华法林钠中间体

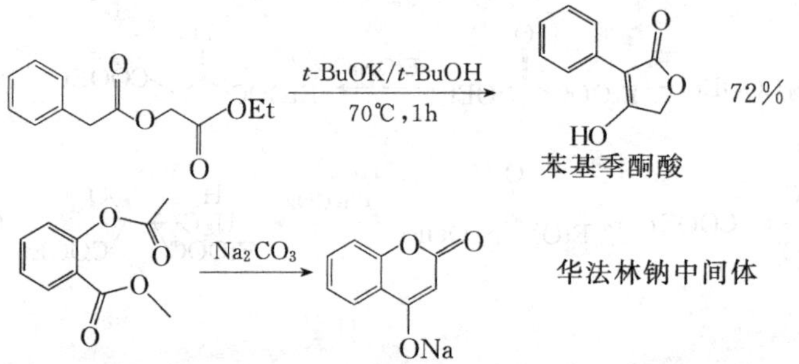

采用Dieckmann反应是合成环酮类化合物的重要途径。合成过程包括缩合和脱羧两步反应。治疗低钠血症的药物托伐普坦（tolvaptan）中间体的合成，就是这样实现的。用Dieckmann反应合成中环以上的脂环化合物，采用传统的液相法往往因生成寡聚物而导致收率不良，固相合成法可避免此不足，合成收率在80%以上。

托伐普坦中间体

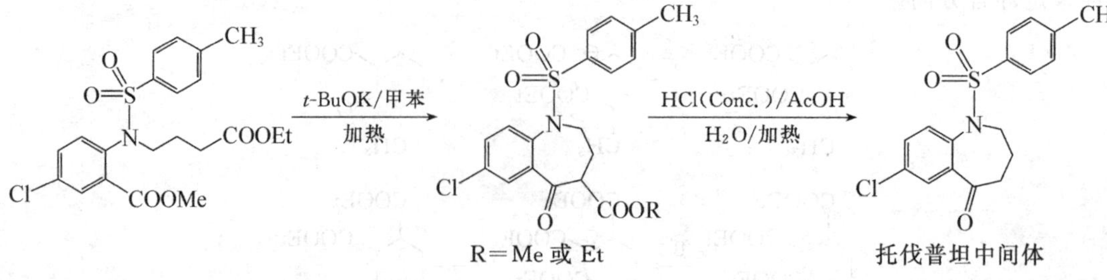

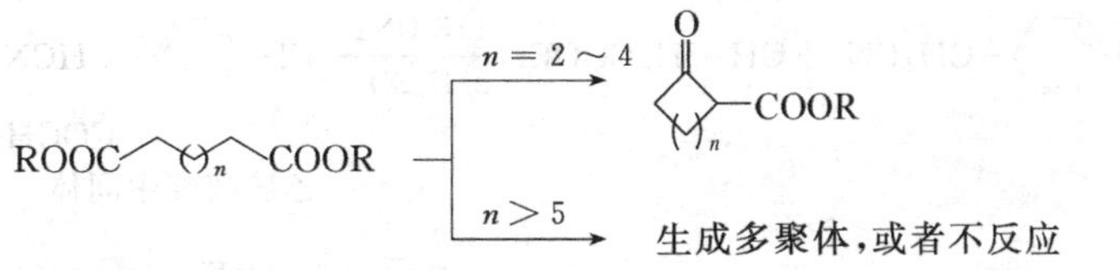

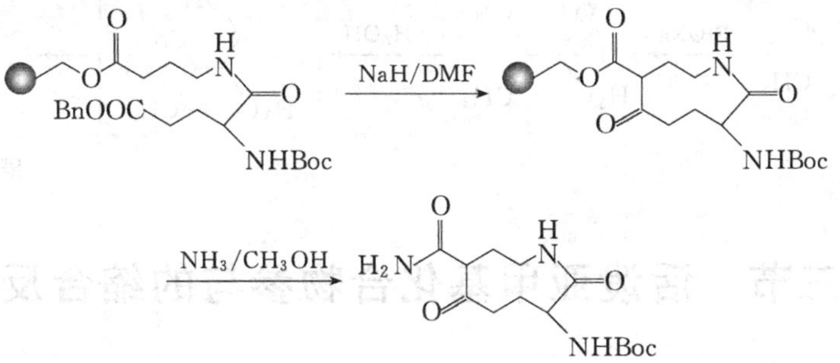

二、酯-酮缩合

酯-酮缩合类似于酯-酯缩合。由于酮的α-氢的酸性强于酯，在碱性条件下，酮更容易形成碳负离子，所以通常作为缩合反应的碳负离子的授予体进攻酯羰基，再消除1分子烷氧基，生成β-二酮类化合物。

在酯-酮缩合中，化合物的结构对反应均有影响。烷基的给电子效应和空间位阻都使酮或酯的反应活性降低。在碱性催化剂作用下，酮越易形成碳负离子，则产物中酮自身缩合的副产物比例越高；若酯更易形成碳负离子，则产物中会混有酯自身缩合的副产物。为了提高反应的选择性，如上一节讨论的定向缩合在这里也能体现出其优越性。此外，选择不含活性α-氢的酯与对称酮（或仅一种类型α-氢的酮）之间的缩合，能保证得到较单纯的产物。消炎镇痛药伊索昔康中间体和抗菌药环丙沙星中间体的合成过程中，就选择了这样的缩合反应体系。

$$CH_3COCH_3 + \begin{matrix} COOEt \\ | \\ COOEt \end{matrix} \xrightarrow{EtONa/EtOH} CH_3COCH_2COCOOEt$$

伊索昔康中间体

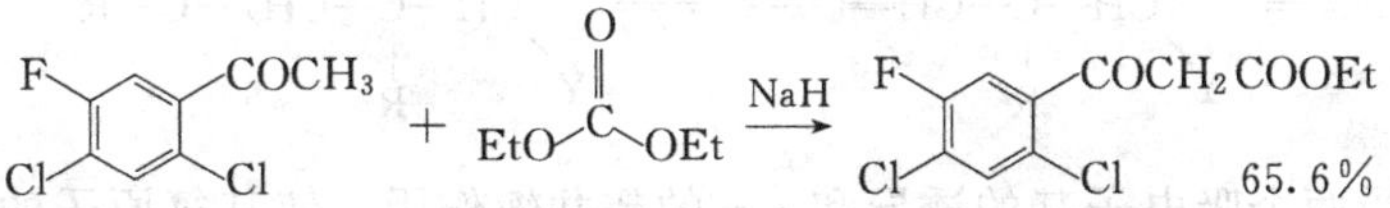

65.6%

环丙沙星中间体

若酯基和酮羰基在同一个分子内，且相对位置合适，也可发生分子内的酯-酮缩合，生成五元、六元环二酮或β-二酮类化合物。例如：

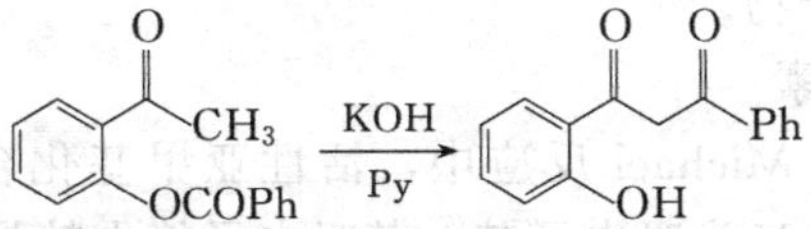

三、酯-腈缩合

酯-腈缩合的反应条件和反应机理与酯-酯缩合和酯-酮缩合相似。氰基具有较强的吸电子能力，其α-氢酸性较强，易被碱夺去，形成的碳负离子亲核进攻酯羰基，而后消除烷氧基生成β-羰基腈类化合物。抗结核药乙胺嘧啶中间体和抗菌药磺胺异噁唑中间体的合成就是通过这类反应完成的。

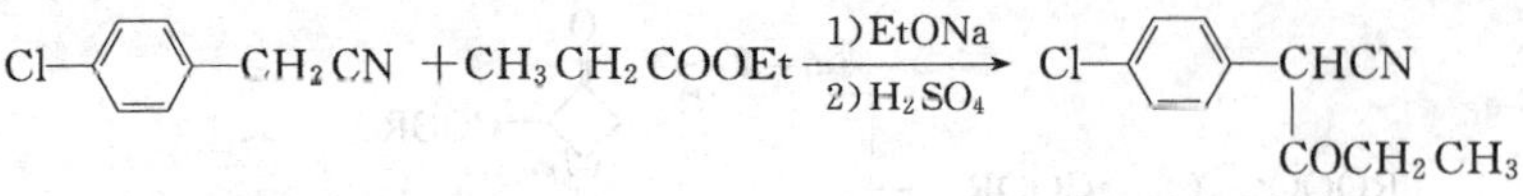

乙胺嘧啶中间体

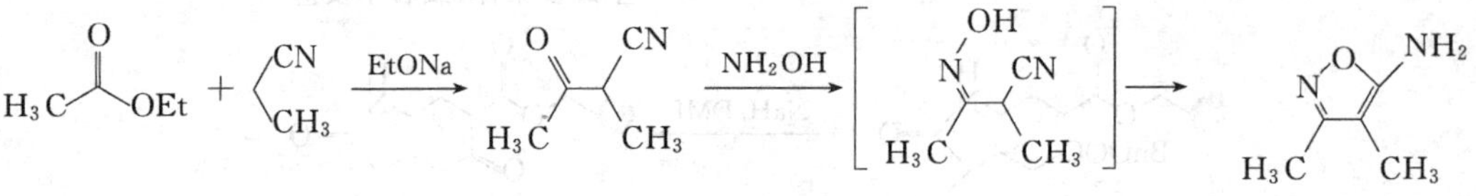

磺胺异噁唑中间体

第三节 活泼亚甲基化合物参与的缩合反应

一、Michael 反应

活性亚甲基化合物在碱性催化剂存在下，与 α,β-不饱和羰基类化合物之间发生的共轭加成反应称为 Michael 反应。

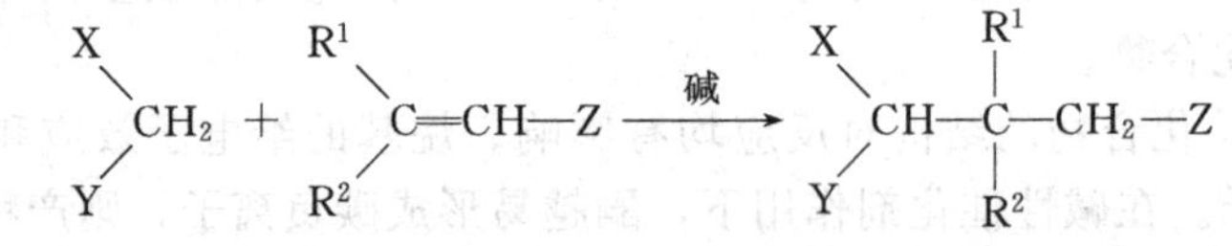

X,Y,Z＝吸电子基团，如 CHO，COR，COOR，CONHR，CN，NO_2 等

（一）反应机理

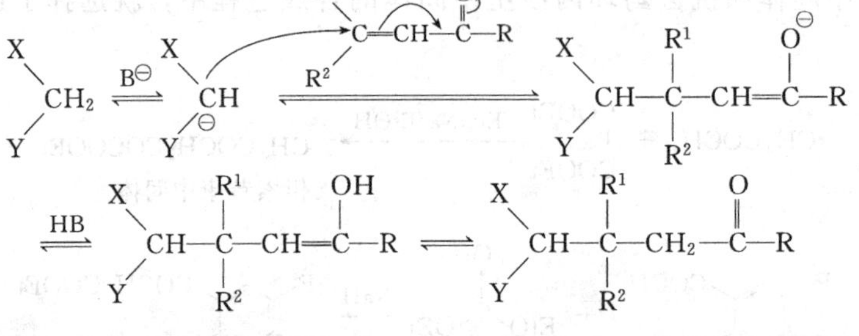

活性亚甲基受两个吸电子基的诱导和 σ-π 的超共轭作用，使其氢原子的活性增大。在碱性条件下，易失去一个活性氢形成碳负离子，表现出强亲核性。同时，α,β-不饱和羰基化合物，通过 C═C 与 C═O 之间 π-π 共轭使 β-位碳像羰基碳一样，表现出强亲电性。所以，当碳负离子与 α,β-不饱和羰基化合物之间相互碰撞，引起共轭加成形成烯醇化产物，随后经酸水处理得到对应的加成产物。

（二）影响反应的主要因素

（1）Michael 供电体　在 Michael 反应中，活性亚甲基化合物常称为 Michael 供电体。在 X—CH_2—Y 结构中，X 和 Y 为吸电子基，其吸电子能力越强，活性亚甲基化合物活性越大。常见的 Michael 供电体有丙二酸酯、氰乙酸酯、乙酰乙酸酯、乙酰丙酮和硝基烷类等。

（2）Michael 受电体　α,β-不饱和化合物称为 Michael 受电体。常见的 Michael 受电体有 α,β-不饱和醛、α,β-不饱和酮、α,β-不饱和酯、α,β-炔酮、α,β-不饱和腈、α,β-不饱和硝基化合物以及对醌类等。一些 β-卤代羰基化合物、β-二烷胺基羰基化合物或其相应的季铵盐等也可代替 α,β-不饱和羰基化合物发生对应的反应。

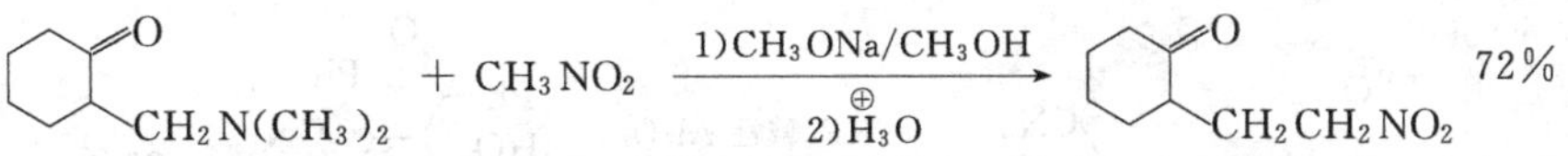

（3）催化剂　Michael 加成中常用的碱催化剂种类很多，如 NaOH、RONa、NaNH$_2$、NaH、吡啶、三乙胺以及季铵碱等。催化剂的选择与 Michael 供电体和受电体的活性和反应条件有关，一般而言，供电体的酸性大，或受电体的活性高时，选用弱碱催化；反之亦然。将 KF、CsF 附载在 Al$_2$O$_3$ 上也能有效催化 Michael 反应。某些情况下，酸也可以催化 Michael 反应。

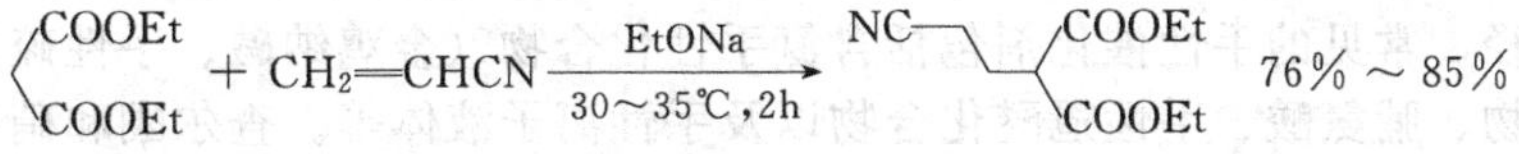

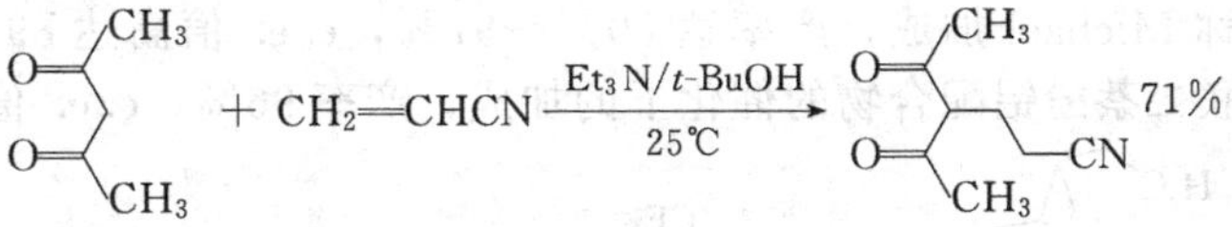

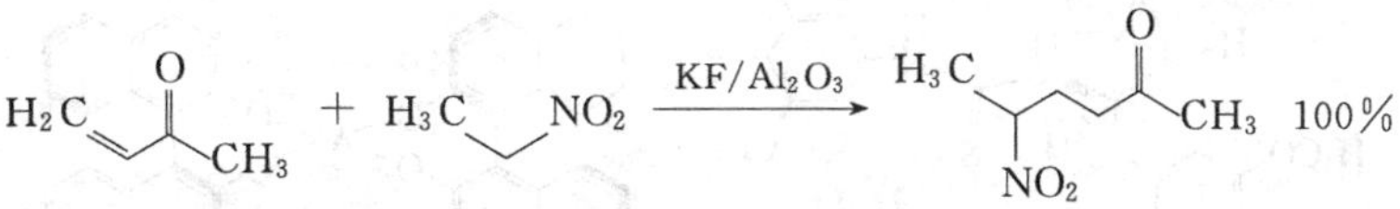

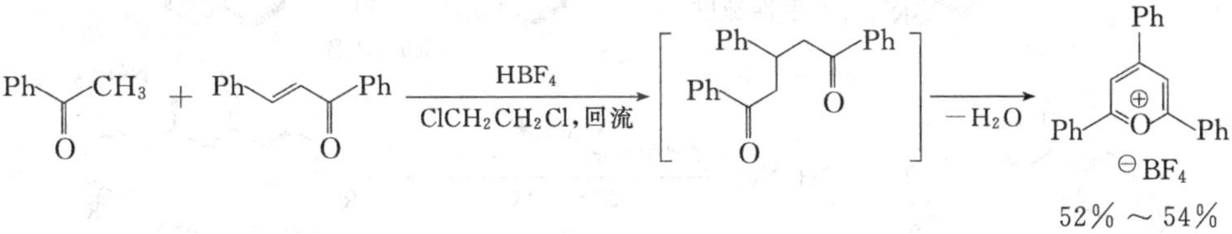

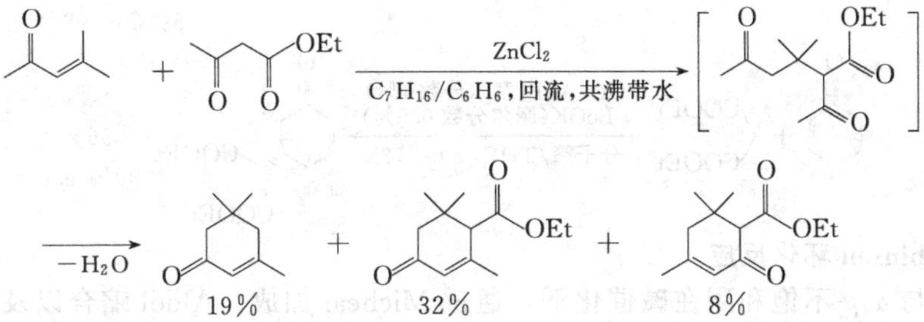

（4）反应温度　Michael 反应大多数为放热反应，所以，一般在较低温度下进行。温度升高，增大了 1,2-加成和 1,4-加成的竞争，导致收率下降。但若用弱碱作催化剂时，反应温度可适当提高。

Michael 反应主要用于合成 1,5-二官能团化合物，是构筑 C—C 键最常用的方法之一。抗血栓药华法林（Warfarin）的合成是一个典型例子。

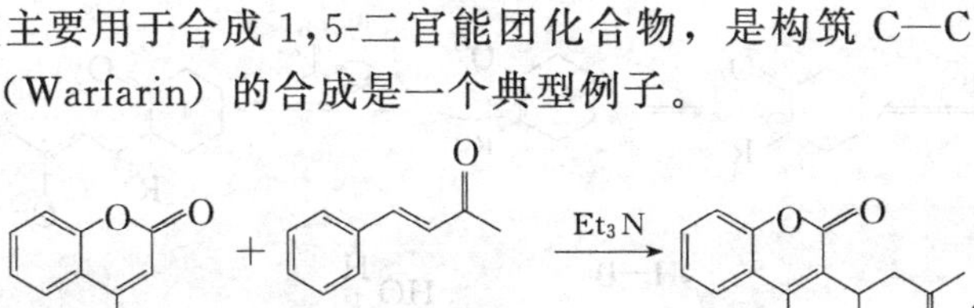

采用超声波辐射和微波辐射能有效地促进 Michael 反应。例如 2 分子查尔酮和 1 分子氰乙酸乙酯的环合反应，在同样反应温度和催化体系中，要达到相同产率，常规方法需反应 7h，而超声波辐射下只需 1.5h。

$$2 \text{ Ph-CH=CH-CO-Ph} + \text{NC-CH}_2\text{-COOEt} \xrightarrow[25\sim34℃. US,1.5h]{\text{KF/碱性 Al}_2\text{O}_3} \quad 86\%$$

$$\text{Ph-CH=CH-CO-Ph} + \text{CH}_3\text{NO}_2 \xrightarrow[\text{MW,18min}]{\text{Al}_2\text{O}_3, \text{无溶剂}} \quad 90\%$$

在完成 Michael 加成反应的过程中，大多情况下将引入手性中心，因此不对称 Michael 加成反应是合成手性药物的重要反应之一。选择各种手性催化剂催化是实现不对称 Michael 反应的有效途径。常见的手性催化剂包括含氮手性化合物（金鸡纳碱、手性硫脲、季铵盐）、手性金属络合物、脯氨酸、手性冠醚化合物以及手性离子液体等。查尔酮和硝基甲烷在手性硫脲催化下的不对称 Michael 加成，产率达 $80\%\sim97\%$，e.e. 值高达 $89\%\sim98\%$。己烯酮与丙二酸二乙酯在联二萘酚铝配合物的催化下的加成，产率 96%，e.e. 值 99%。

手性硫脲

(R)-ALB

$$+ \text{CH}_3\text{NO}_2 \xrightarrow[25\sim100℃]{\substack{\text{手性硫脲} \\ (\text{摩尔分数}0.5\%\sim10\%)}}$$

$80\%\sim97\%$
$89\%\sim98\%$ e.e.

$$+ \substack{\text{COOEt} \\ \text{COOEt}} \xrightarrow[\text{分子筛/THF, r t., 72h}]{\substack{(R)\text{-ALB(摩尔分数}1\%) \\ t\text{-BuOK(摩尔分数}0.9\%)}}$$

96%
99% e.e.

二、Robinson 环化反应

脂环酮与 α,β-不饱和酮在碱催化下，通过 Micheal 加成、Aldol 缩合以及脱水消去等 3 步反应，在原来环结构基础上引入一个新环，此反应称为 Robinson 环化反应。

通过 Robinson 环化反应不仅可构建桥环化合物，而且可在桥头碳上引入甲基，即所谓的角甲基，这在甾体、萜类等很多药物的人工合成中具有重要意义。

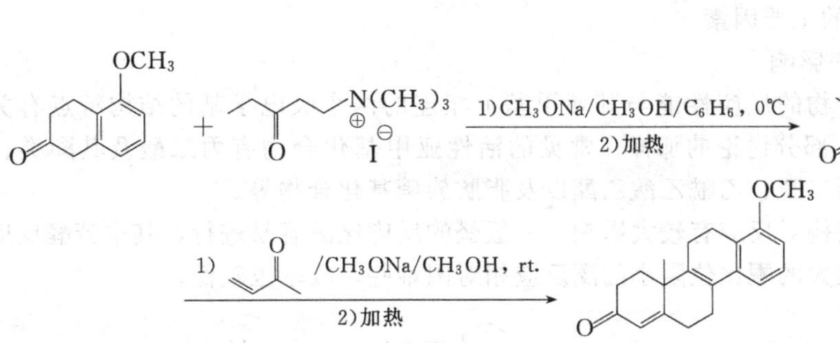

Robinson 环化反应最有代表性的应用是合成维兰德-米歇尔酮（Wieland- Miescher ke-tone）。这个酮是类固醇类药物人工合成的基础，也是近现代许多萜类天然产物人工合成的重要原料，也有人以它为起始原料进行抗癌药紫杉醇的全合成。维兰德-米歇尔酮最早由 2-甲基-1,3-环己二酮与丁烯酮通过 Robinson 环化反应得到外消旋体，后来以催化量的 L-脯氨酸（L-proline）作为手性助剂，实现了维兰德-米歇尔酮的对映选择性合成。

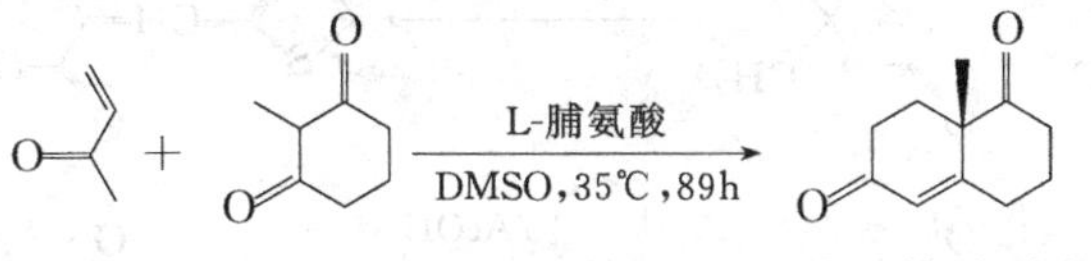

三、Knoevenagel 反应

醛或酮与含有活性亚甲基的化合物在氨、胺或它们的羧酸盐等弱碱的催化下，发生缩合反应，脱水而生成 α,β-不饱和化合物的反应称为 Knoevenagel 反应。

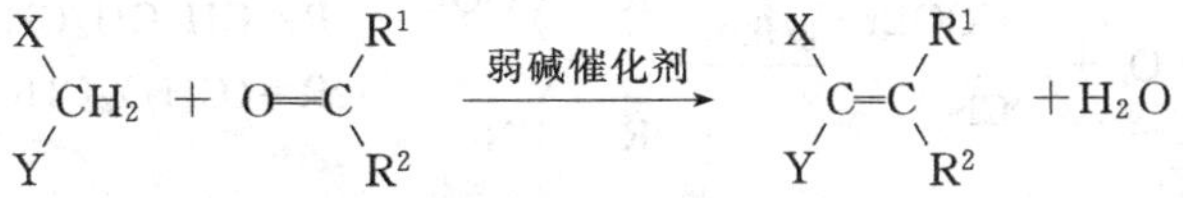

X,Y=—COR,—COOR,—CONHR,—CN,—NO$_2$ 等

（一）反应机理

关于 Knoevenagel 反应机理，尚未形成完全一致的结论，通常被采用的有似醛醇缩合机理和亚胺过渡态机理两种。

似醛醇缩合机理这里不再赘述，重点学习亚胺过渡态机理。醛或酮与铵盐、伯胺或仲胺的反应是羰基化合物的基本性质，反应产物是亚胺盐（Schiff 碱），其可作为亲电体与活性亚甲基形成的碳负离子发生加成反应，得到的加成物在质子存在下消除 1 分子氨或胺，得 α,β-不饱和化合物。

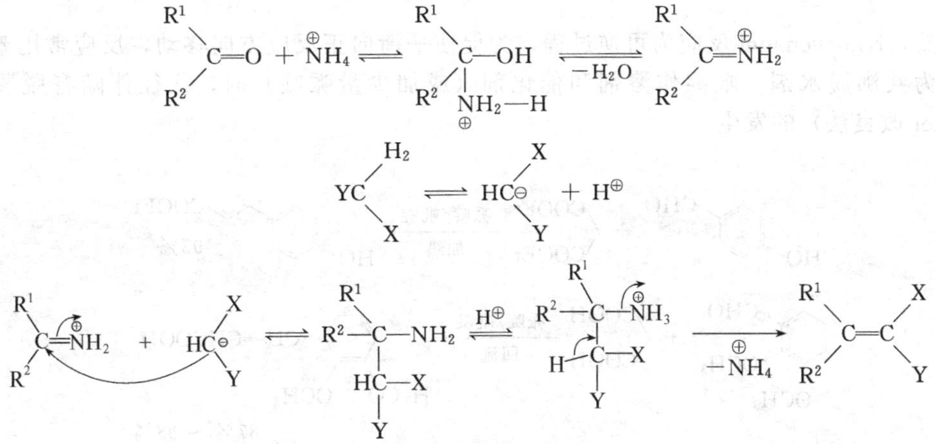

（二）影响反应的主要因素

1. 反应物结构的影响

活性亚甲基化合物的反应性能与其亚甲基上相连的两个吸电子基的结构特点有关，如"一、Micheal 反应"部分讨论的那样。常见的活性亚甲基化合物有丙二酸及其酯类、氰乙酸酯、氰乙酰胺、丙二腈、乙酰乙酸乙酯以及脂肪族硝基化合物等。

羰基化合物的结构对反应有较大影响。一般醛的反应比酮容易进行，其中芳醛反应效果比脂肪醛更好，位阻大的酮比位阻小的酮反应相对困难些，收率也较低。

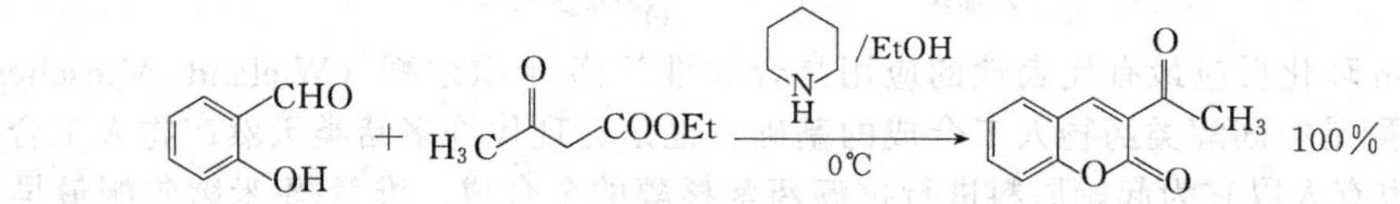

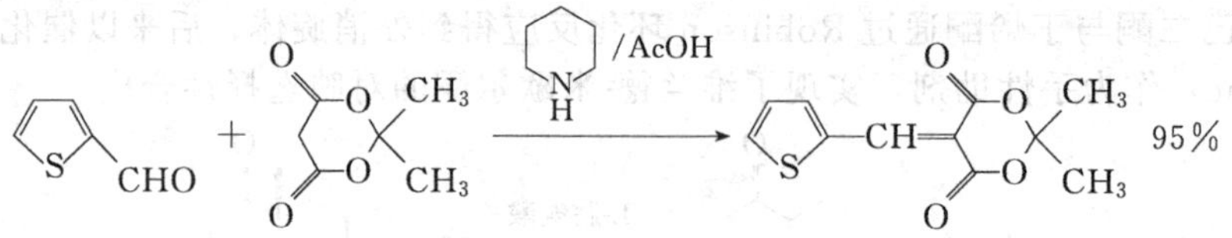

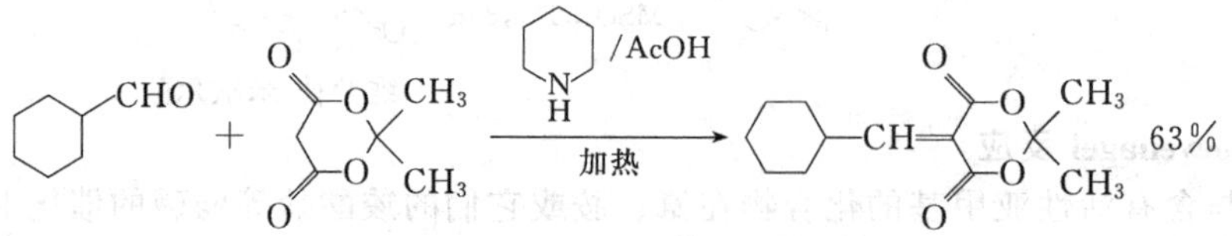

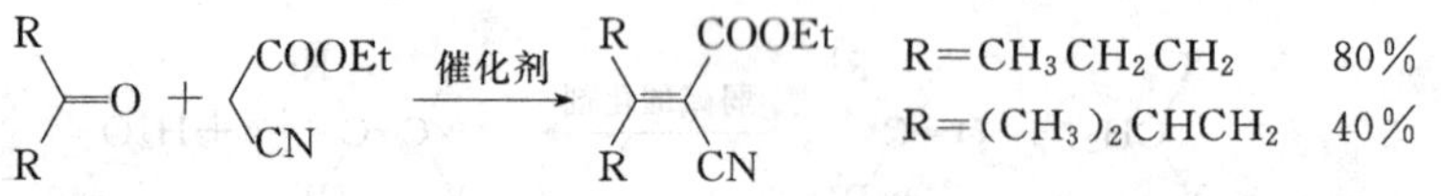

2. 催化剂和溶剂的影响

反应常用的催化剂有吡啶、哌啶、氨或其羧酸盐、氢氧化钠、碳酸钠等。活性较强的反应物也可不用催化剂。丙二酸酯与醛、丙酮和个别脂环酮的反应在通用催化剂存在下即可，但在相同催化剂催化下不与空间位阻大的酮反应。若用 TiCl$_4$/吡啶催化丙二酸酯与酮的反应，效果良好。例如：

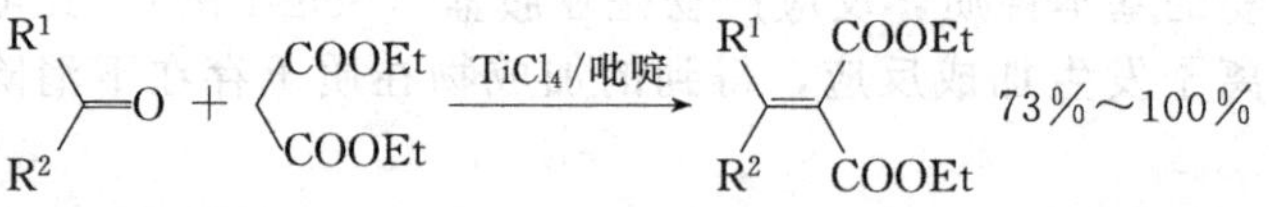

显然，Knoevenagel 反应为可逆过程，为促使平衡向正反应方向移动，反应常用苯、甲苯等作为共沸脱水剂。吡啶作溶剂和催化剂（或加少量哌啶）时，往往伴随有脱羧反应（Doebner 改良法）的发生。

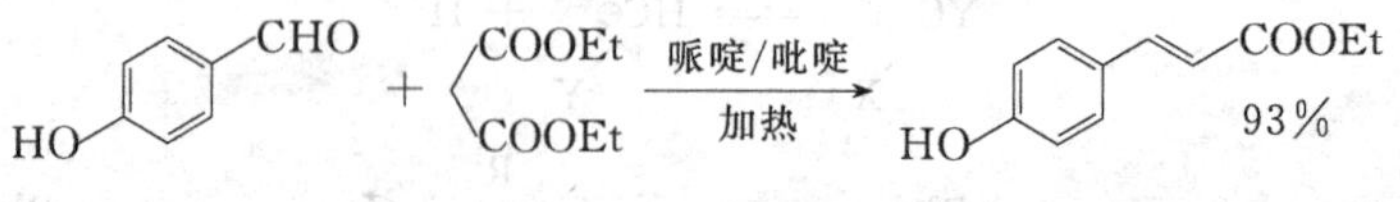

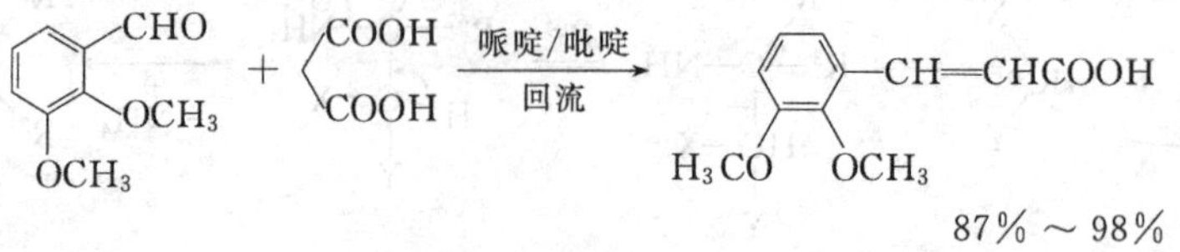

$$\underset{\text{O}}{\overset{\text{CHO}}{\bigcirc}} + \underset{\text{CN}}{\overset{\text{COOH}}{\diagdown}} \xrightarrow[\text{甲苯/共沸带水}]{\text{AcONH}_4/\text{吡啶}} \underset{\text{O}}{\overset{}{\bigcirc}}\text{CH}\!=\!\text{CHCN} \qquad 75\% \sim 78\%$$

Knoevenagel 反应主要用于制备 α, β-不饱和羧酸及其衍生物、α, β-不饱和腈和 α, β-不饱和硝基化合物等。产物构型一般为 E 型。用于治疗充血性心衰和高血压的 ACE/肽链内切酶 (NEP) 双重抑制剂法西多曲 (fasidotril) 中间体、升压药多巴胺中间体等的合成能方便地通过这一反应来完成。

$$\underset{\text{O}}{\overset{\text{CHO}}{\bigcirc\!\!\!\bigcirc}} + \underset{\text{COOEt}}{\overset{\text{COOEt}}{\diagdown}} \xrightarrow[\text{AcOH}]{\text{哌啶}} \underset{\text{O}}{\overset{}{\bigcirc\!\!\!\bigcirc}}\underset{\text{COOEt}}{\overset{\text{COOEt}}{\diagup\!\!\!\diagup}}$$
法西多曲中间体

$$\underset{\text{HO}}{\overset{\text{H}_3\text{CO}}{\bigcirc}}\text{CHO} + \text{CH}_3\text{NO}_2 \xrightarrow[\text{EtOH,rt.}]{\text{CH}_3\text{NH}_2\cdot\text{HCl}} \underset{\text{HO}}{\overset{\text{H}_3\text{CO}}{\bigcirc}}\text{CH}\!=\!\text{CHNO}_2 \quad 90\% \sim 93\%$$
多巴胺中间体

在 Knoevenagel 反应中，超声波辐射、微波辐射和离子液体等新技术的应用受到了极大的关注，研究发现其具有良好的促进作用。例如含有供电子基的芳醛与硝基甲烷的反应，即使在 100℃反应数小时，也仅生成少量产物，且有树脂状副产物形成。在同样溶剂和催化体系中，利用超声辐射于 22℃反应 2～3h，收率在 90％以上。用微波辐射，在无溶剂、无催化剂条件下，丙二酸的衍生物能与 α, β-不饱和醛发生 Knoevenagel 反应，不仅可大大缩短反应时间，而且收率 86％以上。

$$\underset{\text{MeO}}{\overset{\text{OMeO}}{\bigcirc}}\text{CHO} + \text{CH}_3\text{NO}_2 \quad \begin{array}{c} \xrightarrow[35\%]{\text{AcONH}_4/\text{AcOH,100℃,3h}} \\ \xrightarrow[99\%]{\text{AcONH}_4/\text{AcOH,22℃,3h,US}} \end{array} \quad \underset{\text{MeO}}{\overset{\text{OMe}}{\bigcirc}}\text{NO}_2$$

$$\underset{\text{O}}{\overset{\text{O}}{\bigcirc}}\text{CHO} + \underset{\text{COOH}}{\overset{\text{COOH}}{\diagdown}} \quad \begin{array}{c} \xrightarrow[52\%]{\text{吡啶/哌啶,100℃,3h}} \\ \xrightarrow[91\%]{\text{吡啶/哌啶,22℃,2h,US}} \end{array} \quad \underset{\text{O}}{\overset{\text{O}}{\bigcirc}}\text{COOH}$$

$$\underset{\text{Ar}}{\overset{\text{R}^1}{\diagup}}\!\!\diagdown\!\!\underset{\text{R}^2}{\overset{\text{CHO}}{}} + \underset{\text{NH}}{\overset{\text{O}}{\diagdown}}\!\!\diagdown\!\!\underset{\text{NH}}{\overset{\text{O}}{}} \xrightarrow[\text{无催化,无溶剂}]{\text{MW,30}\sim\text{80s}} \underset{\text{Ar}}{\overset{\text{R}^1}{\diagup}}\!\!\diagdown\!\!\underset{\text{R}^2}{\overset{}{}}\underset{\text{O}}{\overset{\text{NH}}{\diagdown}}\!\!\diagdown\!\!\underset{\text{NH}}{\overset{\text{O}}{}} \quad 86\% \sim 98\%$$

四、Perkin 反应

芳香醛和脂肪酸酐在相应羧酸盐催化和加热条件下缩合，生成 β-芳基丙烯酸类化合物的反应称为 Perkin 反应。

$$\text{ArCHO} + (\text{RCH}_2\text{CO})_2\text{O} \xrightarrow{\text{RCH}_2\text{COOK/加热}} \text{Ar}\!-\!\text{CH}\!=\!\underset{\text{R}}{\overset{}{\text{C}}}\!-\!\text{COOH}$$

Perkin 反应的机理类似醛醇缩合机理。以芳醛与乙酸酐的反应为例，在乙酸钾催化下，乙酸酐可逆地失去 α-氢转化为烯醇氧负离子，随后进攻芳醛羰基发生亲核加成，加成物经分子内酸酐的醇解反应，酰基转移到氧负离子上生成 β-乙酰氧基羧酸盐，然后再与乙酸酐作用得到中间体混合酸酐和乙酸盐，最后以乙酸根为碱发生 β-消除并水解得到 β-芳基丙烯酸类化合物。

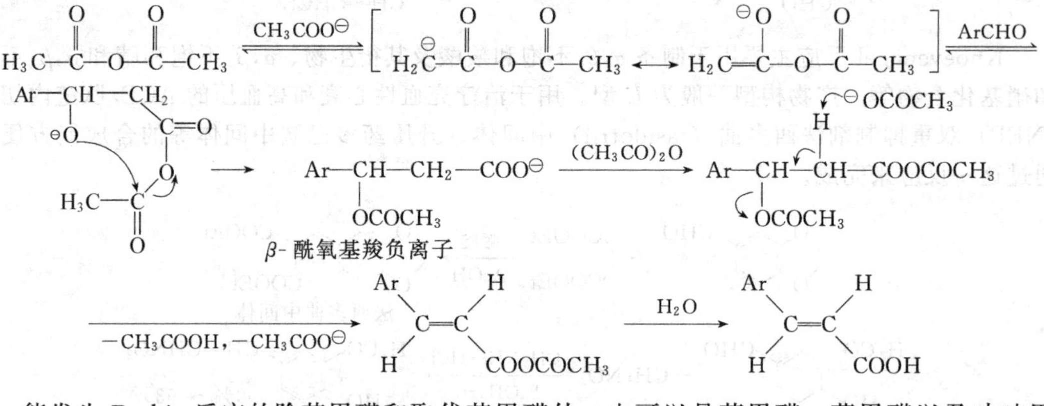

能发生 Perkin 反应的除苯甲醛和取代苯甲醛外，也可以是萘甲醛、蒽甲醛以及呋喃甲醛（糠醛）、2-噻吩甲醛等杂环醛。芳醛的活性与芳环上的取代基有关。芳环上连有吸电子取代基时，反应易于进行，收率较高；反之，连有给电子取代基时，反应较慢，收率也较低。但醛基邻位为羟基、烷氧基或氨基取代时，对反应还是有利的，常发生闭环反应，例如香豆素的合成。

香豆素

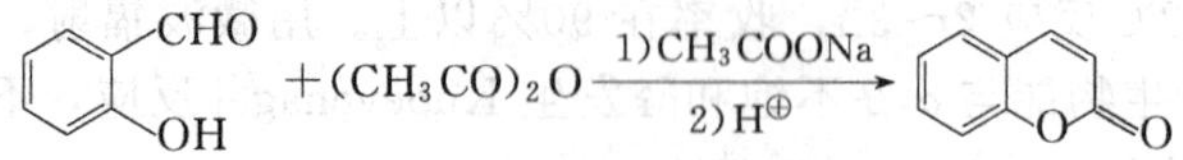

Perkin 反应中酸酐一般为低级单一酸酐。高级酸的反应，采用其相应的混合酸酐参与反应。

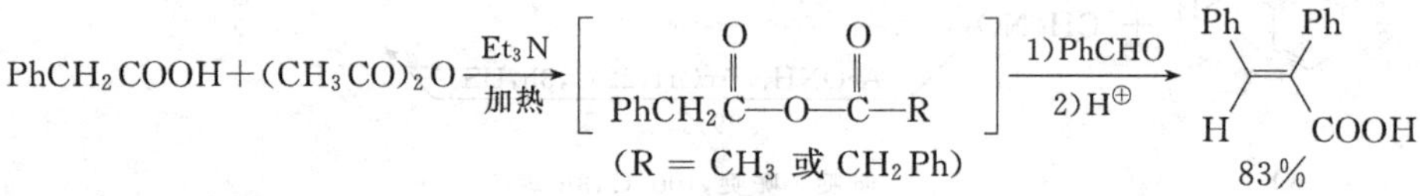

Perkin 反应常用的催化剂为与酸酐相应的羧酸碱金属盐，催化效果：铯盐＞钾盐＞钠盐。偶尔也用三乙胺、吡啶等有机碱催化该反应。

由于酸酐的 α-氢活性较弱，而催化剂羧酸盐的碱性又弱，Perkin 反应对温度要求较高，一般为 150～200℃。反应需在无水条件下进行，如催化剂羧酸盐要烘干研细后再用。

Perkin 反应可用于制备 β-芳基丙烯酸类化合物，其构型一般为 *E* 型。例如胆囊造影剂碘番酸中间体的合成，以及治疗血吸虫病药物呋喃丙胺的原料呋喃丙烯酸的合成。

碘番酸中间体

呋喃丙烯酸

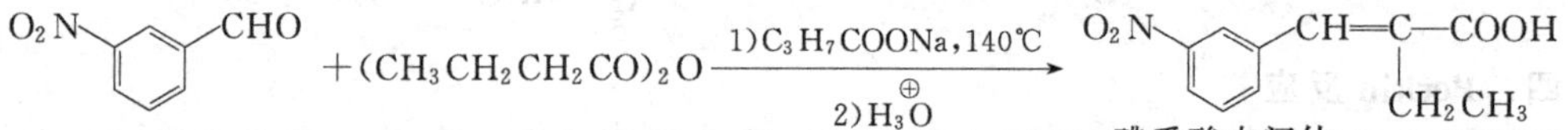

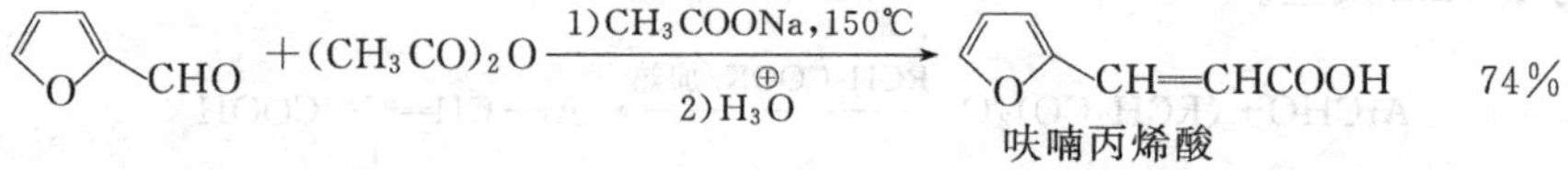

相对 Knoevenagel 反应，Perkin 反应用于制备 β-芳基丙烯酸一般收率较低，但制备芳环上有吸电子基的芳丙烯酸时，两种方法收率相当；Perkin 反应采用的原料容易获得。

五、Darzens 反应

醛或酮与 α-卤代羧酸酯在强碱催化下缩合，生成 α,β-环氧羧酸酯的反应称为 Darzens 反应，又称为缩水甘油酯缩合（glycidic ester condensation）。

$$R^1R^2C=O + X-CH(R^3)-COOR \xrightarrow{碱} R^1R^2C(-O-)C(R^3)(COOR)$$

在醇钠作用下，α-卤代羧酸酯失去α-氢形成的碳负离子，与醛或酮进行亲核加成，加成物中氧负离子作为亲核试剂经分子内取代反应，生成 α,β-环氧羧酸酯。

$$X-CH(R^3)-COOR \xrightleftharpoons{RO^\ominus} X-C^\ominus(R^3)-COOR + ROH$$

$$R^1R^2C=O + X-C^\ominus(R^3)-COOR \rightleftharpoons \cdots \xrightarrow{-X^\ominus} R^1R^2C(-O-)C(R^3)(COOR)$$

一般以 α-氯代羧酸酯最适于参与 Darzens 反应，α-溴代羧酸酯和 α-碘代羧酸酯太活泼，易发生烃化副反应，很少采用。其它含活性 α-氢的类似化合物，如 α-卤代酮、α-卤代腈、α-卤代酰胺等均能进行类似反应，生成 α,β-环氧化合物。

$$PhCHO + PhCOCH_2Cl \xrightarrow[0℃]{NaOH/H_2O/二氧六环} \text{(产物)} \quad 95\%$$

$$O_2N-C_6H_4-CH_2Cl + OHC-C_6H_5 \xrightarrow[回流]{NaOH/EtOH} \text{(产物)} \quad 94\%$$

对不同羰基化合物，除脂肪醛收率较低外，芳香醛、脂肪酮、脂环酮、芳香脂肪酮以及 α,β-不饱和酮等均可顺利进行本反应。常用的催化剂有醇钠、氨基钠、叔丁醇钾等。

α,β-环氧羧酸酯经酯水解后得到的酸不稳定，受热易脱羧生成烯醇，互变异构化转变为醛或酮。因此，Darzens 反应提供了一种由醛或酮合成增加一个碳原子的醛或酮的方法。止吐药大麻隆（nabilone）的中间体、维生素 A 的中间体的制备路线之一，采用的就是 Darzens 反应。

大麻隆中间体 95%

β-紫罗兰酮 维生素 A 中间体 78%

第四节 元素有机化合物参与的缩合反应

一、Wittig 反应

醛或酮与磷叶立德（Wittig 试剂）反应，醛或酮分子中的羰基氧原子被 Wittig 试剂中的亚甲基（或取代亚甲基）所取代，生成相应的烯类化合物及氧化三苯膦，此反应被称为

Wittig 反应。

$$R^1R^2C=O + Ph_3P=CR^3R^4 \longrightarrow R^1R^2C=CR^3R^4 + Ph_3P=O$$

Wittig 试剂
（磷叶立德）

最经典的 Wittig 试剂，是由三苯膦与卤代烃反应生成的季膦盐经强碱处理失去 1 分子卤化氢所得的化合物。视 Wittig 试剂的反应活性和稳定性不同，可选用不同的碱和溶剂，常用的碱和溶剂系统有：PhLi、n-BuLi、NaH、Ph_3CNa 等/Et_2O、THF、苯等；$NaNH_2$/液氨；RONa/ROH；NaOH、Na_2CO_3、氨水等/H_2O。

$$Ph_3P + X-HCR^3R^4 \longrightarrow Ph_3\overset{\oplus}{P}-HCR^3R^4 \cdot X^\ominus \xrightarrow[-HX]{\text{强碱}} \left[Ph_3\overset{\oplus}{P}-\overset{\ominus}{C}R^3R^4 \longleftrightarrow Ph_3P=CR^3R^4 \right]$$

季膦盐   叶立德（ylide）   叶立烯（ylene）

（一）反应机理

关于 Wittig 反应的机理，主要有两种观点：

（1）内鎓盐机理 认为该反应首先由磷叶立德作为亲核试剂，对羰基进行亲核加成形成内鎓盐，热分解 β-消去脱除三苯基氧膦，同时生成烯烃。

（2）膦氧杂四元环机理 认为反应不经过内鎓盐过渡态，直接形成膦氧杂四元环。一般认为，Wittig 反应的机理与反应物结构和反应条件有关。低温条件无盐体系中，活泼的叶立德主要按膦氧杂四元环机理进行；在有盐体系中可能是通过内鎓盐机理进行。

叶立德（ylide）   内鎓盐   膦氧杂四元环

（二）影响反应的主要因素

1. Wittig 试剂的结构和底物结构的影响

Wittig 试剂的反应活性和稳定性取决于与磷原子相连的碳原子上的取代基（即 R^3 和 R^4）：

（1）R^3 和 R^4 为 H、脂肪烃基或脂环烃基等基团时，Wittig 试剂的反应活性高，稳定性小，对酸、水和空气等都不稳定；其制备和反应条件要求高，一般需用强碱作催化剂，采用非质子溶剂，在无水条件和氮气保护下进行，且制得的 Wittig 试剂一般不经分离直接与醛或酮进行反应。

（2）R^3 或 R^4 其中一个为吸电子取代基时，则亲核活性较低，稳定性较高，其制备可以在水溶液中加碱进行。

（3）若 R^3 和 R^4 均为吸电子取代基时，其亲核活性低，稳定性高，一般不能用作 Wittig 试剂。

$$Ph_3\overset{\oplus}{P}-CH_2CH=CH_2 \cdot Br^\ominus \xrightarrow[Et_2O]{PhLi} Ph_3P=CHCH=CH_2$$

$$Ph_3\overset{\oplus}{P}-CH_2Ph \cdot Cl^\ominus \xrightarrow[EtOH]{EtONa} Ph_3P=CHPh$$

$$Ph_3\overset{\oplus}{P}-CH_2COOCH_3 \cdot Br^\ominus \xrightarrow[H_2O]{NaOH} Ph_3P=CHCOOCH_3$$

$$Ph_3\overset{\oplus}{P}-CH_2-\langle\text{苯环}\rangle-NO_2 \cdot Cl^{\ominus} \xrightarrow[H_2O]{Na_2CO_3} Ph_3P=CH-\langle\text{苯环}\rangle-NO_2$$

羰基化合物的结构可影响反应的速率和产率。基本活性规律：醛最快，产率也高；酮次之；酯最慢。

2. 影响反应立体选择性的因素

Wittig 反应的产物通常有 E-型和 Z-型两种异构体。对于活泼的叶立德，产物主要是 Z 型，底物为酮时 E 型比例增加；对于稳定的叶立德，产物主要为 E 型。除 Wittig 试剂的稳定性外，其它因素如溶剂（极性或非极性）、盐等对产物构型组成比例均有影响。

$$O_2N-\langle\text{苯环}\rangle-CH=PPh_3 + OHC-\langle\text{苯环}\rangle-OCH_3 \xrightarrow[25℃]{C_6H_6} \text{产物}\quad 89\%$$

$$Ph_3P=CHCOOCH_3 + CH_3CHO \xrightarrow{\text{溶剂}} \overset{H_3C \quad H}{\underset{H \quad COOCH_3}{C=C}} + \overset{H_3C \quad COOCH_3}{\underset{H \quad H}{C=C}}$$

溶剂		
DXF	97%	3%
DMF+LiBr	80%	20%
CH_3OH	62%	38%

（三）应用

Wittig 反应生成的烯键处于原来羰基的位置，一般不会发生异构化，且可以制得在能量上不利的环外双键化合物（热力学不稳定），例如维生素 D_2 的合成。

Wittig 试剂与 α,β-不饱和羰基化合物反应时，不发生 1,4-加成，双键位置固定，适合于共轭多烯类化合物的合成。在萜类、甾体、维生素 A 和维生素 D、前列腺素、新抗生素等天然产物的合成中，Wittig 反应具有独特的地位。维生素 A_1 乙酸酯的合成路线之一，就利用了 Wittig 反应。

离子液体应用于 Wittig 反应，能获得较高的立体选择性的产物，且分离纯化简单。稳定的叶立德和醛在离子液体 [bmim]BF_4 中反应，高选择性地生成了 E 型烯烃，而产物和 Ph_3PO 的分离可以通过从离子液体中选择性的萃取来完成，分离产物后的离子液体可以回收使用。

$$RCHO + Ph_3P{=}CHCOCH_3 \xrightarrow[60℃]{[bmim]BF_4} RCH{=}CHCOCH_3 + Ph_3PO$$

R	时间/h	烯烃收率/%	E/Z
4-ClPh—	2.5	86	97/3
4-NO$_2$Ph—	2.5	44	98/2
4-MeOPh—	72	82	96/4
2-MePh—	4	95	96/4
环己基	4	80	85/15
C$_5$H$_{11}$—	12	82	98/2
i-Butyl	4	84	98/2
(E)-PhCH=CH—	12	86	90/10
(E)-CH$_3$CH=CH—	12	88	95/5

二、Horner 反应

利用膦酸酯替代 Wittig 反应中的三苯膦与醛或酮在碱存在下反应生成烯烃的反应称为 Horner 反应。

Horner 试剂
（膦酸酯）

Horner 反应的机理与 Wittig 反应类似。一般参加反应的膦酸酯 α-碳上连有吸电子基团（Z），以使反应中的四元环中间体易于消除生成烯烃。反应的副产物二烷基磷酸盐可溶于水，很容易通过萃取与生成的烯烃分离。可以利用亚膦酸酯与卤代烃通过 Arbuzow 重排反应制得膦酸酯（Horner 试剂）。

Horner 反应的立体选择性高，产物主要为 E 型烯烃。但以 THF 为溶剂，用强吸电子基（如三氟乙基）取代的膦酸酯在强碱环境下［六甲基二硅基胺基钾（KHMDS）与 18-冠-6］参与反应，则 Horner 反应的立体化学特征逆转，生成以 Z 型烯烃为主的产物。此方法被称为 Still 改进。

95%　（Z：E = 50：1）

与 Wittig 反应一样，Horner 反应广泛用于合成各种取代烯烃，而且优于 Wittig 反应，如条件温和、产率高、产物易于分离、原料便宜等。在用于治疗便秘和便秘型肠易激综合征（IBS-C）的药物鲁比前列酮（lubiprostone）中间体的合成和非成瘾性失眠症治疗药物雷美替胺（ramelteon）的合成中，采用了 Horner 反应。

THP:四氢吡喃　　　　　　　　　　　　　鲁比前列酮中间体

$$(C_2H_5O)_2\overset{\overset{O}{\|}}{P}-CH_2COOEt \xrightarrow{\quad NaH \quad}$$

$$(C_2H_5O)_2\overset{\overset{O}{\|}}{P}-CH_2CN \xrightarrow{\quad NaH \quad}$$

雷美替胺

三、Grignard 反应

卤代烃与金属镁在无水醚类溶剂中发生插入反应形成有机镁试剂（RMgX，也称格氏试剂），然后与羰基化合物进行亲核加成，再经水解生成相应醇类化合物的反应，称为 Grignard 反应（简称格氏反应）。

$$RMgX + R^1-\overset{\overset{O}{\|}}{\underset{\underset{R^2}{|}}{C}}-R^2 \longrightarrow R^1-\overset{\overset{OMgX}{|}}{\underset{\underset{R^2}{|}}{C}}-R \xrightarrow{H_3^{\oplus}O} R^1-\overset{\overset{OH}{|}}{\underset{\underset{R^2}{|}}{C}}-R$$

$$R^1,R^2=H,烃基$$

反应的过程，首先是一分子格氏试剂中荷正电的镁离子与羰基氧结合，另一分子格氏试剂中与镁原子相连的荷负电的碳原子亲核进攻羰基碳原子，形成环状过渡态，再经单电子转移生成醇盐。最后水解得到产物。

在形成 Grignard 的过程中，卤代烃与镁的反应活性顺序为 RI＞RBr＞RCl＞RF，氟代烃活性太差，碘代烃太活泼，一般采用 RBr 和 RCl。苄基卤和烯丙基卤容易与格氏试剂偶联，用其氯代烃于低温下可减少其偶联。氯代烯烃或氯代芳烃活性较差，在乙醚中不易形成格氏试剂，但在 THF 中可顺利进行。

醛、酮、羧酸酯以及酰卤等羰基化合物均可与格氏试剂反应生成相应的醇类化合物，活性顺序为酰卤＞醛＞酮＞羧酸酯。格氏试剂与甲醛、醛、酮反应可依次制备伯、仲和叔醇。格氏试剂与羧酸酯或酰卤反应可生成具有两个相同烃基（来自格氏试剂）的仲醇或叔醇。反应过程如下：

$$RMgX + R'-\overset{\overset{O}{\|}}{C}-L \longrightarrow \left[R'-\overset{\overset{O-MgX}{|}}{\underset{\underset{R}{|}}{C}}-L \right] \longrightarrow R'-\overset{\overset{O}{\|}}{C}-R \xrightarrow{RMgX} R'-\overset{\overset{OMgX}{|}}{\underset{\underset{R}{|}}{C}}-R \xrightarrow{H_3^{\oplus}O} R'-\overset{\overset{OH}{|}}{\underset{\underset{R}{|}}{C}}-R$$

（L＝OEt 或 X）

利用格氏试剂与酯反应制备醇，投料比应为 2∶1，否则反应不完全。抗真菌药氟康唑（fluconazole）合成的最后一步反应，利用的是酯的 Grignard 反应。

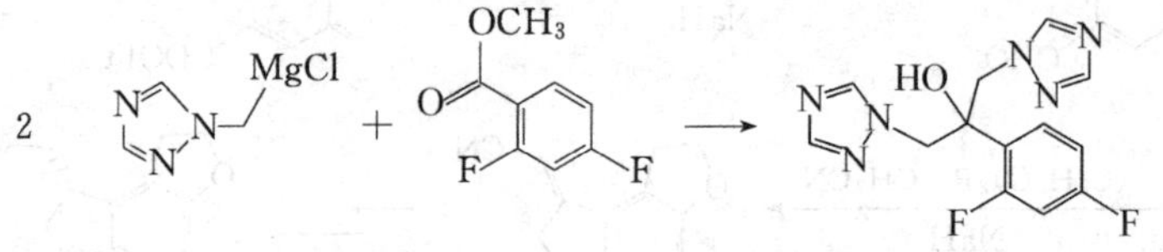

氟康唑

格氏试剂是一类具有高度反应性的强碱，与空气中的 H_2O、O_2、CO_2 均能反应，在其制备和使用过程中需无水和与空气隔绝。在制备格氏试剂时，可加少许碘以引发反应。

利用格氏试剂与羰基化合物反应制备醇，在药物合成中应用很广。非镇静抗组胺药西替利嗪（cetirizine）的中间体、抗哮喘药孟鲁司特（montelukast）的中间体、抗组胺药赛庚啶（cyproheptadine）的中间体和止吐药地芬尼多（difenidol）的合成，其结构中羟基的引入，就是采用的 Grignard 反应。

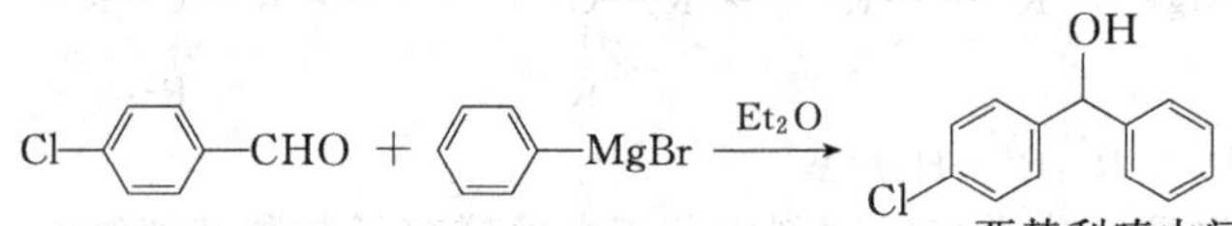

西替利嗪中间体

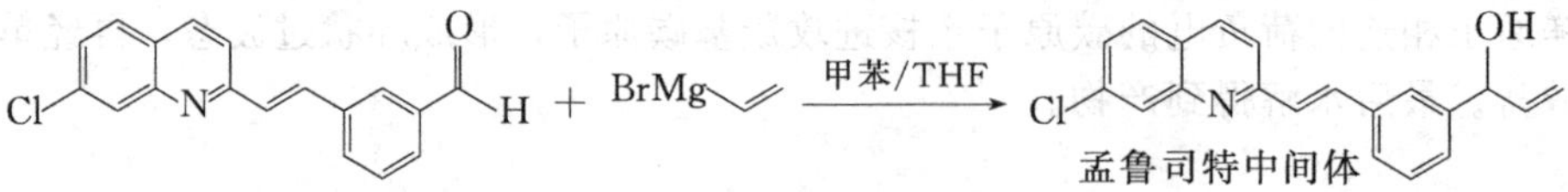

孟鲁司特中间体

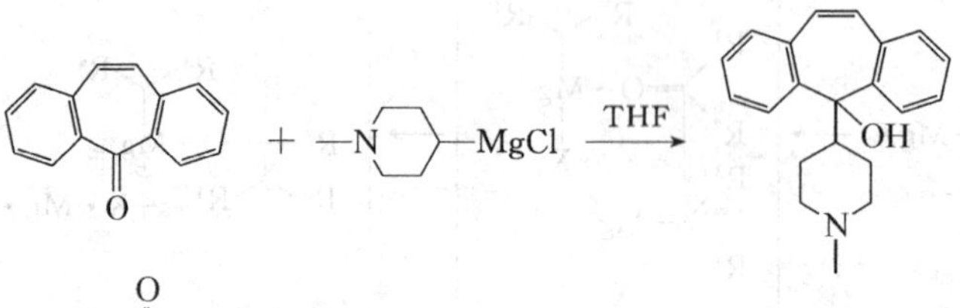

赛庚啶中间体

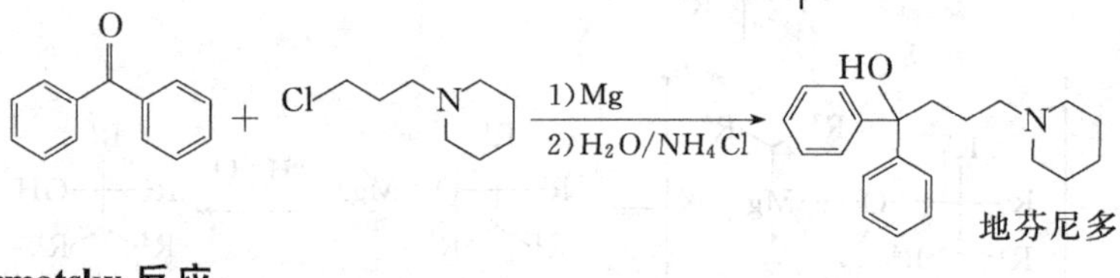

地芬尼多

四、Reformatsky 反应

醛或酮与 α-卤代酸酯在金属锌存在下缩合生成 β-羟基酸酯或 α,β-不饱和酸酯的反应称为 Reformatsky 反应。

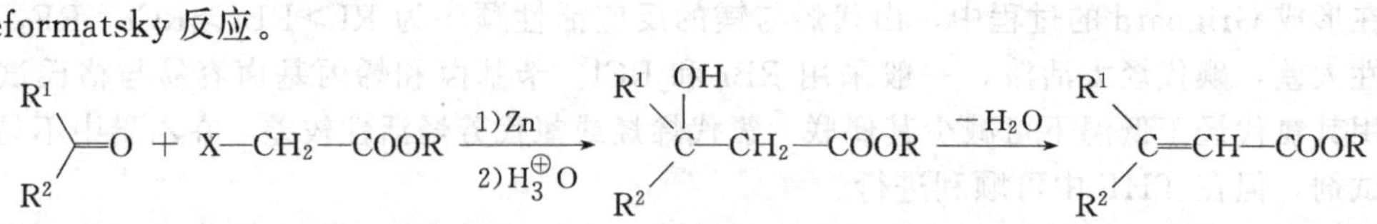

α-卤代酸酯与锌反应生成的有机锌试剂（Reformatsky 试剂）与 Grignard 试剂十分相似，其中锌相连的带有负电荷的碳作为亲核中心，进攻醛或酮的羰基碳发生亲核加成，最后再经酸水解得 β-羟基酸酯或进一步脱水生成 α,β-不饱和酸酯。但通常 Reformatsky 试剂反应活性要比 Grignard 试剂低，反应的选择性也就相对高一些，仅能与醛酮羰基反应，对酯羰基显惰性。

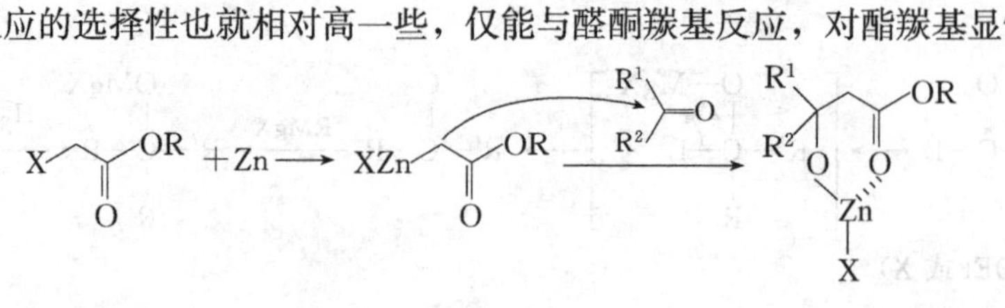

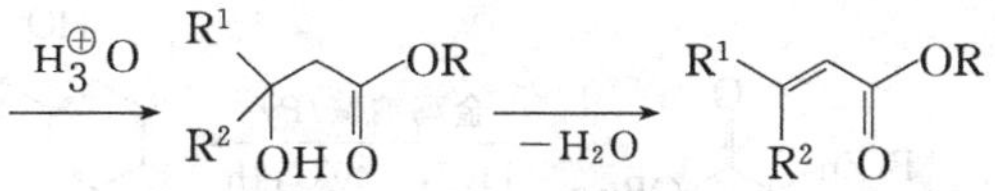

α-卤代酸酯的活性顺序为 $ICH_2COOEt>BrCH_2COOEt>ClCH_2COOEt$，$\alpha$-碘代酸酯的活性大，但稳定性差，$\alpha$-氯代酸酯的活性小，与锌反应速率慢，因此 Reformatsky 反应中以 α-溴代酸酯最常用。

对 Reformatsky 反应受体的羰基化合物来说，醛的活性大于酮，脂肪醛的活性又大于芳香醛。

Reformatsky 反应中所用金属锌通过市场购买而来，必须经活化后才可使用。常用 20% 盐酸处理，再用丙酮、乙醚洗涤，真空干燥即可。在 Reformatsky 反应中一般不使用镁，对空间位阻较大的酯如叔丁酯可用。除有机镁试剂外，还可以用铬、铝和镉等代替锌参与反应。例如：

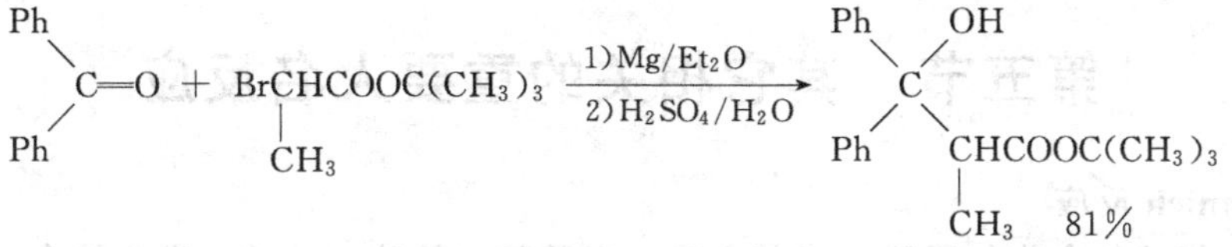

反应常用溶剂为有机溶剂，如乙醚、四氢呋喃、苯、二甲氧基甲烷和二甲基亚砜等，并要求在无水有机溶剂中进行。

Reformatsky 试剂还可与特殊结构的酯、酰卤和腈类化合物反应生成 β-酮酸酯。像 C-烃基化、C-酰基化以及前面所述及的缩合反应一样，利用 Reformatsky 反应在药物合成中能实现碳链的增长和官能团的转变。抗抑郁药阿戈美拉汀（agomelatine）中间体的合成中，环外不饱和酸酯的引入就是这样完成的。

阿戈美拉汀中间体

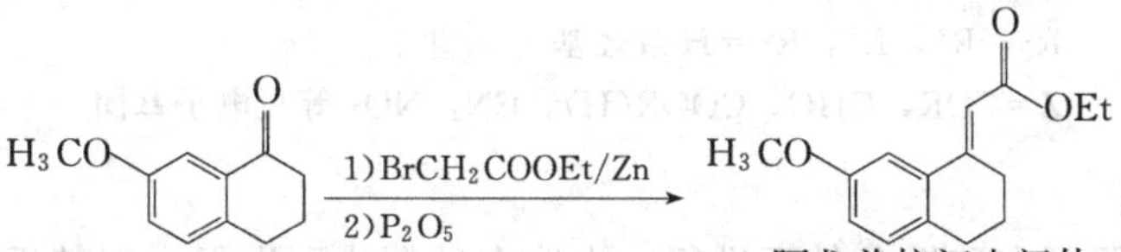

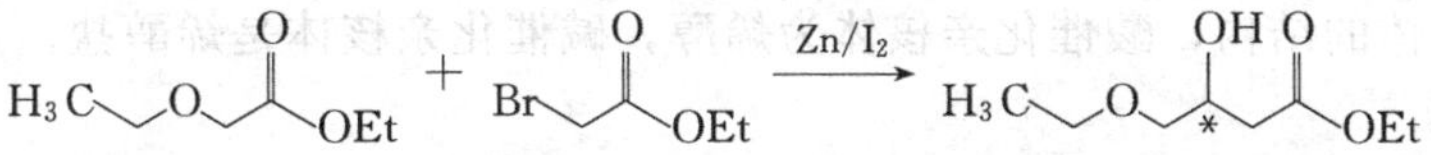

超声波辐射有助于 Reformatsky 反应的进行。手性催化剂或手性底物均可诱导不对称 Reformatsky 反应合成具有光学活性的 β-羟基羧酸酯、β-羟基酰胺以及 β-羟基腈等化合物。手性氨基醇［如金鸡纳碱（cinchonine)］、手性二胺、手性金属络合物以及手性氨基酸等作为手性配体均可催化不对称 Reformatsky 反应，获得良好的光学纯的合成效果。

金鸡纳碱

双噁唑烷［(+)-bisoxazolidine］

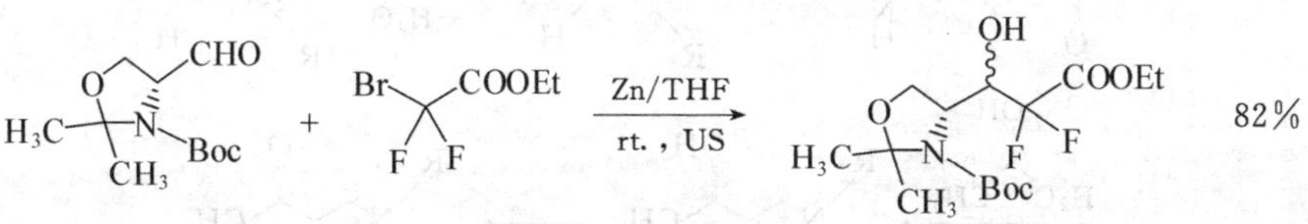

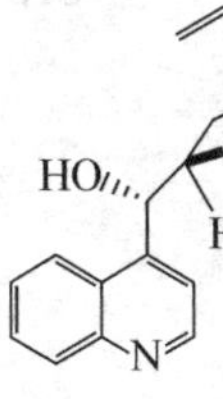

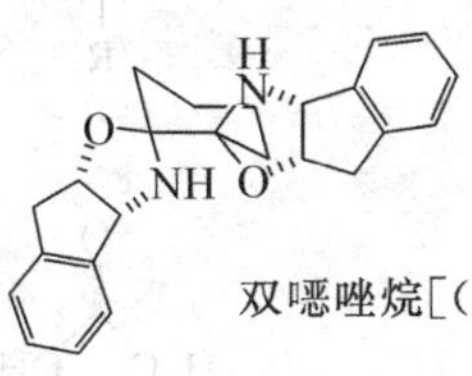

$$\text{(二苯甲酮咪唑)} + \text{BrZn} \overset{O}{-}\text{OBu-}t \xrightarrow[\text{THF}, -40^{\circ}\text{C}, 4\text{h}]{\text{金鸡纳碱/Py}} \text{产物}$$

>99%
97% e.e.

$$\text{(萘甲醛)} + \text{I}\overset{O}{-}\text{OEt} \xrightarrow[\text{Me}_2\text{Zn/O}_2, 25^{\circ}\text{C}, 1\text{h}]{\text{(+)-双噁唑烷(摩尔分数 10\%)}} \text{产物}$$

94%
80% e.e.

第五节　其它相关的重要人名反应

一、Mannich 反应

含有活性氢的化合物与甲醛（或其它醛）以及胺（伯胺、仲胺）发生缩合，活性氢被胺（或氨）甲基所取代的反应称为 Mannich 反应，又称为胺甲基化反应。其反应产物叫做 Mannich 碱或 Mannich 盐。

$$\underset{R^1}{\overset{Z}{\diagdown}}\text{CH} + R^2\text{CHO} + \underset{R^4}{\overset{R^3}{\diagup}}\text{NH} \xrightarrow{\text{酸或碱}} \underset{R^4}{\overset{R^3}{\diagup}}\text{N}\overset{Z}{-}R^1 \quad \text{Mannich 碱或 Mannich 盐}$$

R^1，R^2，R^3，R^4 = H 或烃基

Z = COR，CHO，COOR(H)，CN，NO$_2$ 等吸电子基团

（一）反应机理

Mannich 反应既可在酸性条件下进行，也能在碱催化下进行。但其反应机理不相同，主要差异在于亲核体的结构，酸催化亲核体为烯醇，碱催化亲核体是烯醇盐。

酸催化机理：

$$H_3C\overset{O}{-}CH_3 \underset{}{\overset{H^{\oplus}}{\rightleftharpoons}} H_3C\overset{\oplus OH}{-}CH_3 \underset{-H^{\oplus}}{\rightleftharpoons} H_2C\overset{OH}{=}CH_3$$

$$H\overset{O}{-}H + \underset{R}{\overset{R}{\diagup}}\text{NH} \longrightarrow \underset{R}{\overset{R}{\diagup}}\text{N}\overset{H}{-}\text{C}\overset{OH}{-}H \underset{-H_2O}{\longrightarrow} \underset{R}{\overset{R}{\diagup}}\overset{\oplus}{N}\text{=C}\overset{H}{-}H$$

$$H_2C\overset{OH}{=}CH_3 \longrightarrow \underset{R}{\overset{R}{\diagup}}\text{N}-\text{C}\overset{\oplus OH}{-}CH_3 \underset{-H^{\oplus}}{\longrightarrow} \underset{R}{\overset{R}{\diagup}}\text{N}-\overset{O}{-}CH_3$$

碱催化机理：

$$H_3C\overset{O}{-}CH_3 \underset{}{\overset{\ominus OH}{\rightleftharpoons}} H_2\overset{\ominus}{C}\overset{O}{-}CH_3$$

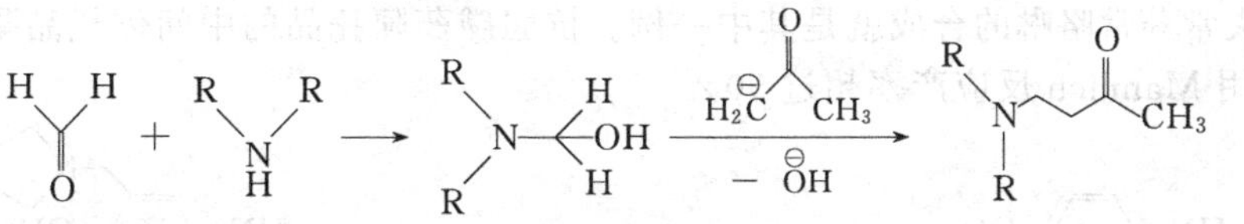

（二）影响反应的主要因素

1. 反应物结构的影响

具有活性氢的化合物一般为羰基化合物（醛、酮、羧酸或酯）、腈、脂肪硝基化合物、末端炔烃、α-烷基吡啶或亚胺等，呋喃、吡咯、噻吩等杂环化合物也可发生反应。

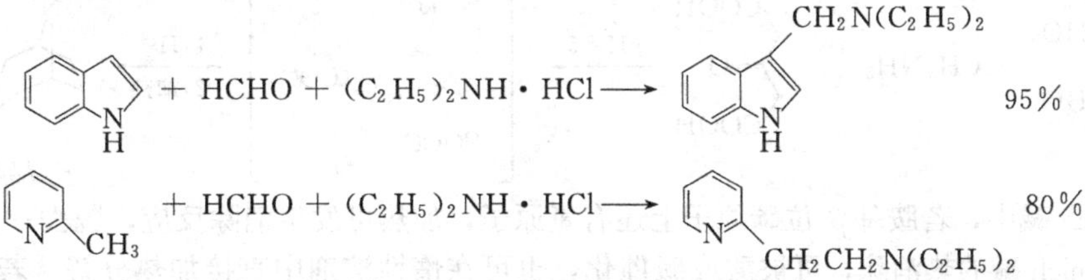

止吐药昂丹司琼（ondansetron）中间体和抗血栓药氯吡格雷（clopidoprel）的合成中，环己酮 α-位的二甲氨基甲基化反应就是通过 Mannich 反应引入的。

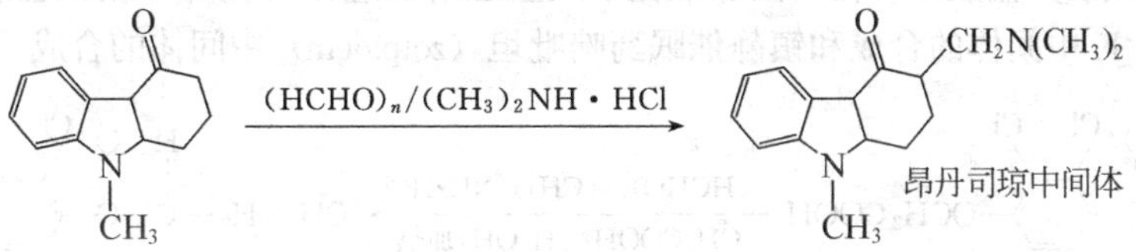

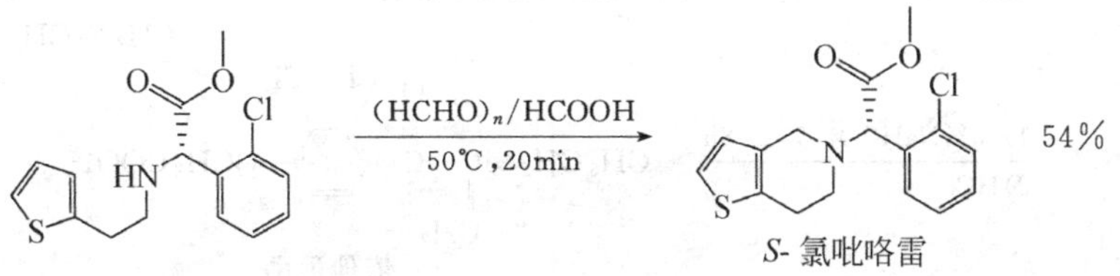

Mannich 反应中使用的胺，原则上可以是伯胺和仲胺，但二级胺如哌啶、二甲胺等通常能获得满意的结果，如果用一级胺，将伴随二次 Mannich 反应。

胺的作用是活化另一个反应物醛。甲醛是最常用的醛，可用它的水溶液、三聚甲醛或多聚甲醛。除甲醛外，也可用其它醛，且会产生手性中心，因此产物为对映异构体。磷酸二酯酶 5 型（PDE5）抑制剂他达拉非（tadalafil）中间体 cis-β-咔啉的制备，由 D-色氨酸甲酯在三氟乙酸存在下与胡椒醛缩合生成混合物后，再经拆分来完成。

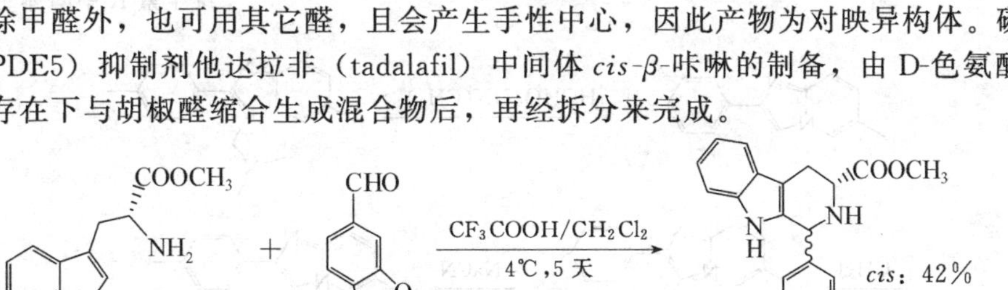

2. 反应体系 pH 值和溶剂的影响

经典的 Mannich 反应须在酸性条件下进行，其作用有二：一是有利于亚甲铵碳正离子形成；二是有利于促进三聚甲醛或多聚甲醛解聚。因此，加入的胺通常是其盐酸盐，且常需加入少量盐酸以催化反应。Mannich 反应通常在加热条件下和质子性溶剂（如水、乙酸或醇等）中进行，且反应时间较长。

（三）应用

Mannich 反应可以制备 C-胺甲基化衍生物，用于药物骨架的构建以及天然产物的仿生合成。抗心律失常药常咯啉的合成就是其中一例。抗胆碱药阿托品的中间体托品酮（tropinone）的合成，利用 Mannich 反应产率超过 90%。

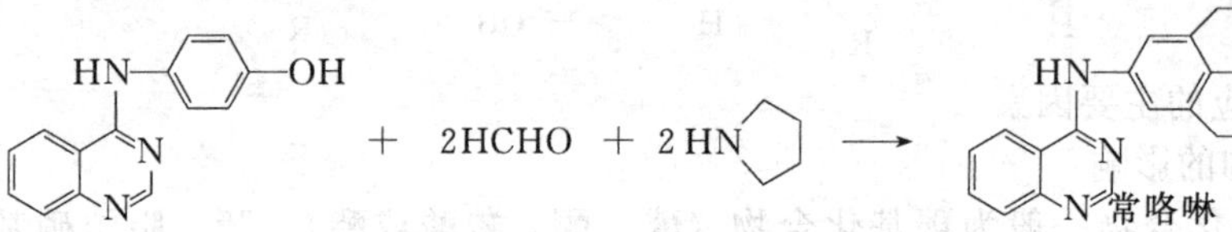

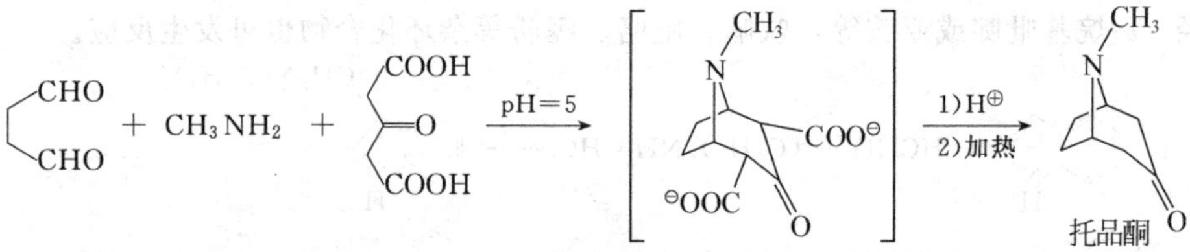

Mannich 碱中，若胺基 β-位碳原子上还有氢原子，加热可发生消除反应，脱去一分子胺形成烯键。Mannich 碱的热消除，可被酸或碱催化，也可在惰性溶剂中直接加热分解。若把 Mannich 碱转化成季铵盐，消除更易进行。利尿药依他尼酸（ethacrynic acid）的合成就依照这样的途径实现的。Mannich 碱或其盐酸盐可在活泼镍催化下发生氢解反应而转化为甲基，也能发生亲核取代反应。如维生素 K 中间体的合成和镇静催眠药唑吡坦（zolpidem）中间体的合成。

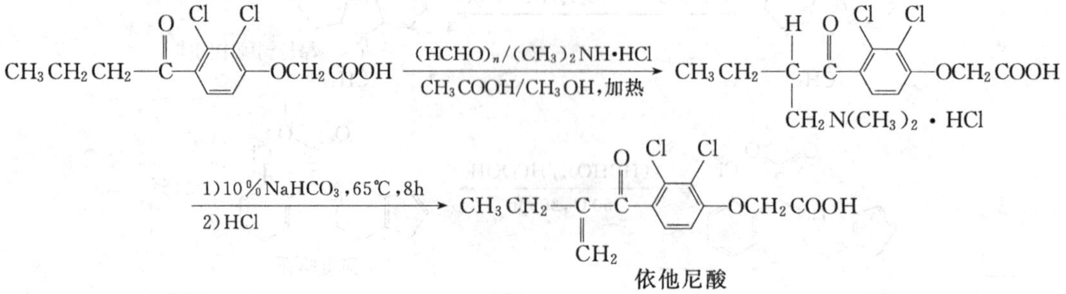

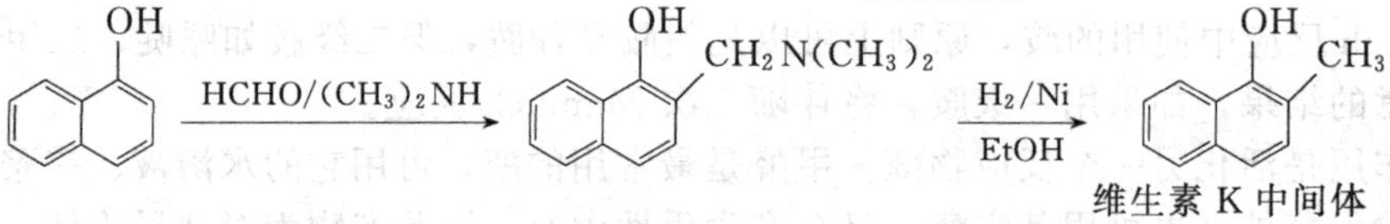

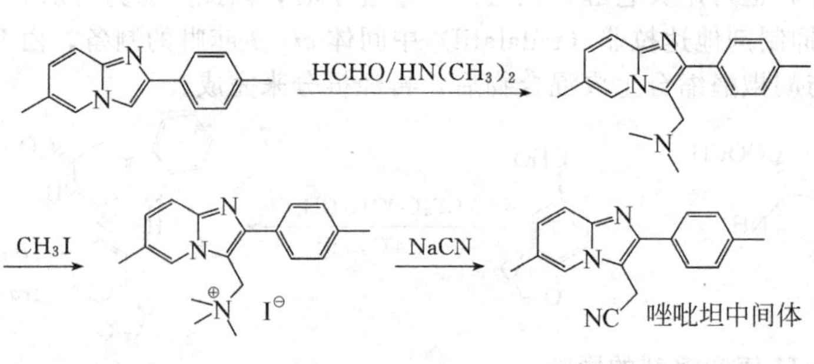

不对称 Mannich 反应可在脯氨酸及其衍生物、手性磷酸、手性硫脲以及金鸡纳碱等手性催化剂的催化下完成。

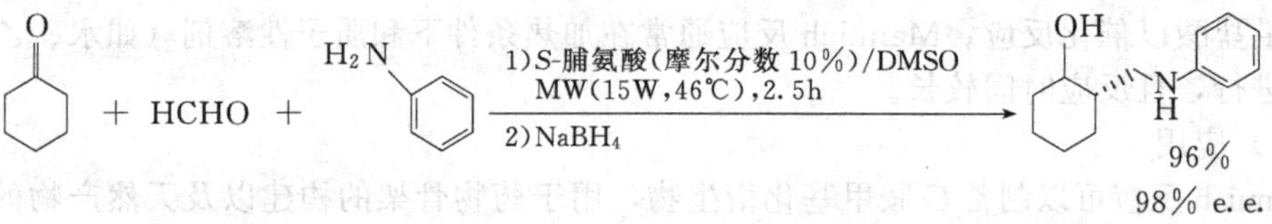

$$\text{O}\hspace{-0.5em}\Big\rangle\text{S} + PhNH_2 + \underset{Br}{\overset{Br}{\underset{}{H}}}\text{CHO} \xrightarrow[\substack{\text{甲苯},0℃,48h \\ 90\%}]{\text{手性磷酸(摩尔分数}2\%)} \underset{\substack{(97/3\ anti/syn) \\ 98\%\ e.e.}}{\text{产物}}$$

二、Heck 反应

在过渡金属钯催化下，卤代芳烃或卤代烯烃与含氢的烯烃于碱性环境中发生双键碳上的取代烃基化反应称为 Heck 反应。

$$RX + \underset{R^1}{\overset{H}{\underset{}{}}}\hspace{-0.3em}=\hspace{-0.3em}\underset{R^3}{\overset{R^2}{}} \xrightarrow[\text{碱}]{Pd\ \text{催化剂}} \underset{R^1}{\overset{R}{\underset{}{}}}\hspace{-0.3em}=\hspace{-0.3em}\underset{R^3}{\overset{R^2}{}} + HX$$

Heck 反应是一个循环催化的过程，可分为四个阶段，依次为配位数少的零价钯的形成，零价钯进行氧化加成，烯烃碳与碳-钯键的顺式插入反应，还原消除。其中最后一步通过顺式消除导致 Heck 反应表现出立体选择性。

Heck 反应中卤代烃对零价钯的氧化加成的难易程度，取决于 C—X 键的强弱。卤代烃的活性随 C—X 键的键能增加而递减，以碘代烃活性最高，反应最快，产率也较高，而氟代烃一般不用于 Heck 反应。对于卤代芳烃，若芳环上连有吸电子取代基，则有利于氧化加成。发生 Heck 反应的烯烃可以是缺电子烯烃，也可以是富电子烯烃，甚至可以是某些芳烃。

$$\xrightarrow[\text{NaOAc/DMA},130℃]{Pd(OAc)_2/PPh_3} \quad 76\%$$

在 Heck 反应中，实验室常用易保存的、较为稳定的零价钯配合物 Pd(PPh₃)₄ 或 Pd(OAc)₂ 和 Ph₃P 的混合物。三乙胺、碳酸钾等可使零价钯再生，所以，此反应只需催化量的钯即可。但钯催化剂昂贵的价格限制了它的应用，近年来，镍、铜、钴、铂、铑等非钯催化剂相继被用于 Heck 反应。

Heck 反应是合成各种取代烯化合物最为有效的偶联方法之一，利用分子内的 Heck 反应可构筑稠环体系。治疗偏头痛药物阿莫曲坦（almotriptan）中间体和白三烯受体拮抗剂孟鲁司特（montelukast）中间体的稠环都是通过 Heck 反应构建出来的。Heck 反应也可在离子液体中进行，且通常能获得很好的效果。

阿莫曲坦中间体

孟鲁司特中间体

E 型

三、Suzuki 反应

在零价钯配合物催化下，芳基或烯基硼酸或硼酸酯与卤代芳烃或烯烃的交叉偶联反应称为 Suzuki 反应。

$$R—B(OH)_2 + R'—X \xrightarrow[碱]{Pd 催化剂} R—R'$$

通常认为 Suzuki 反应的催化循环过程经历了氧化加成、芳基或烯基阴离子向金属中心迁移和还原消除三个阶段。其中，R'X 结构中的 R' 一般为芳基、烯基或烯丙基，X 一般为 I、Br 或 Cl，其活性顺序为 R'I > R'Br > R'Cl。除卤代烃外，三氟甲磺酸酯、重氮盐、碘鎓盐或芳基锍盐也能与芳基硼酸进行此类反应。

常见的芳基硼酸大多是商业化的产品，在空气中比较稳定，对潮气不敏感，可以长期储存。手型硼试剂也可发生相应的偶联反应，且构型保持不变。

89%～92% e.e.

Suzuki 反应中广泛使用的催化剂是 Pd(PPh₃)₄，其它的配体还有 AsPh₃、n-Bu₃P、(MeO)₃P 以及一些双齿配体 Ph₂P(CH₂)₂PPh₂（dppe）、Ph₂P(CH₂)₃PPh₂（dppp）等。Suzuki反应中常用的碱试剂有 Na₂CO₃、Cs₂CO₃、NaOH 和 K₃PO₄ 等。由于氟离子（F⁻）对硼有很强的亲和性，与芳基硼酸形成芳基氟硼酸盐阴离子，有利于阴离子向金属中心迁移，因此，加入 Bu₄NF、CsF 或 KF 可以加快反应速率甚至可以代替碱试剂。

Suzuki 反应通常不受其它官能团的影响，能耐—CHO、—COR、—COOEt、—OR、—CN、—NO₂ 和—F 等基团，且反应条件较为温和，对底物适应范围广。喹啉酮类抗菌药加雷沙星（garenoxacin）的合成中芳烃间的偶联是通过 Suzuki 反应实现的。

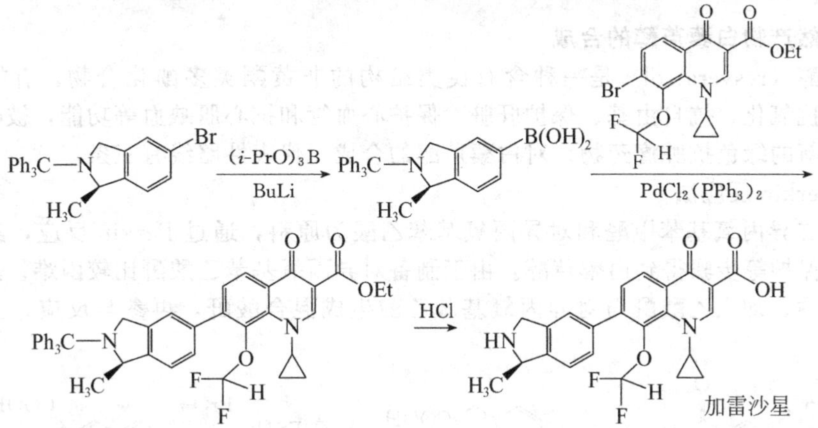

抗炎药环氧化酶-2（COX-2）选择性抑制剂罗非昔布（诺菲昞酮）的中间体二芳基呋喃酮的合成，也是由 4-甲硫基苯基硼酸与溴代呋喃酮或相应的三氟甲磺酸酯之间发生的 Suzuki 偶联反应实现的。

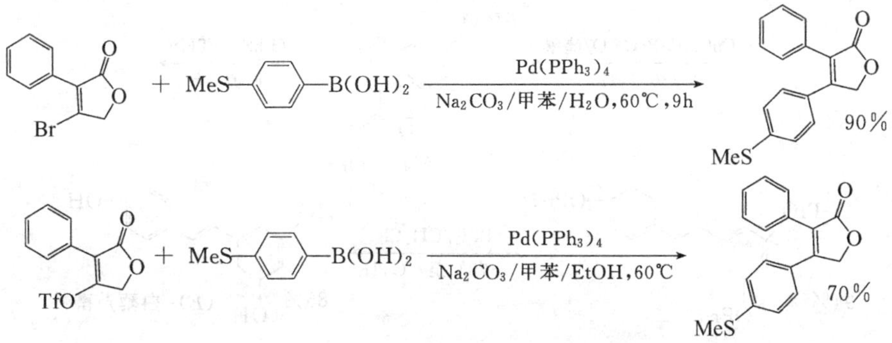

第六节　典型药物生产中相关反应的简析

一、盐酸巴氯芬的合成

盐酸巴氯芬（baclofen hydrochloride）由美国 Medtronic 公司研发，1992 年首次在美国上市，是第一个应用于临床的选择性 GABA β 受体激动剂。其合成路线之一是以对氯苯甲醛为起始原料，与丙二酸发生 Knoevenagel 反应，在生成的对氯肉桂酸酯化后，进而在氯化三乙基苄铵（TEBAC）催化下以碳酸钾为碱与硝基甲烷发生 Michael 加成，最后经过水解、催化氢化还原、与盐酸成盐等多步反应而合成。

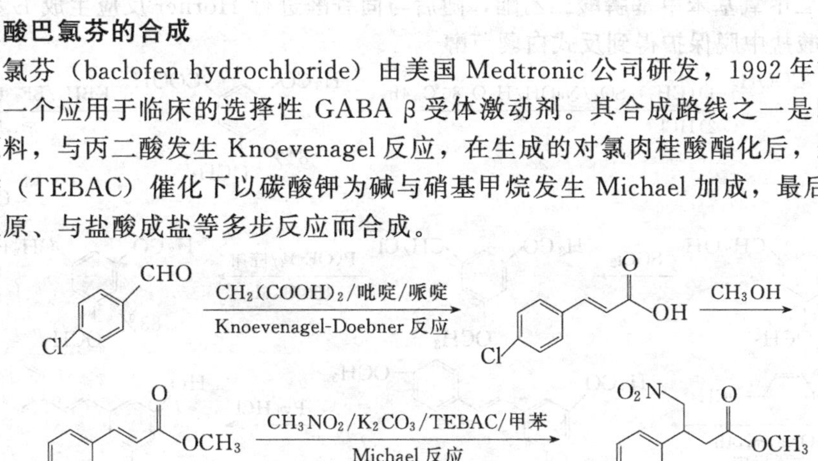

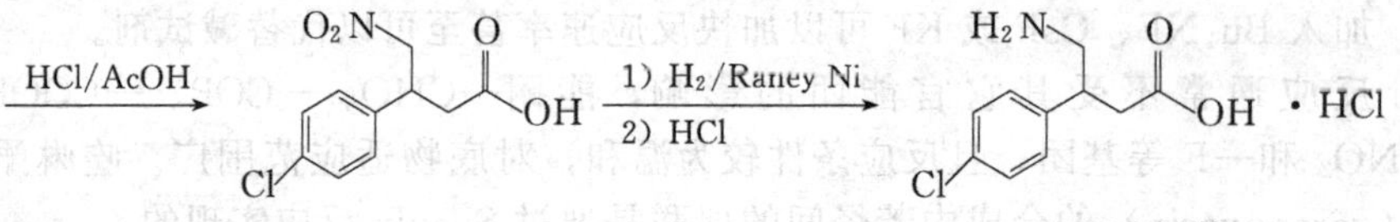

二、天然产物白藜芦醇的合成

白藜芦醇（resveratrol）是一种含有芪类结构的非黄酮类多酚化合物，有抗肿瘤、抗炎、抗菌、抗氧化、抗自由基、保护肝脏、保护心血管和抗心肌缺血等功能，被喻为继紫杉醇之后又一新的绿色抗肿瘤药物。对白藜芦醇的合成，代表性路线有三条。

（一）Perkin 反应法

以 3,5-二异丙氧基苯甲醛和对异丙氧基苯乙酸为原料，通过 Perkin 反应，经脱羧、构型转换和脱保护等步骤得到白藜芦醇。由于制备对异丙氧基苯乙酸酐比较困难，故在第一步 Perkin 反应中，加入乙酸酐与对异丙氧基苯乙酸生成混合酸酐，再参与反应，主要生成 E 型产物。

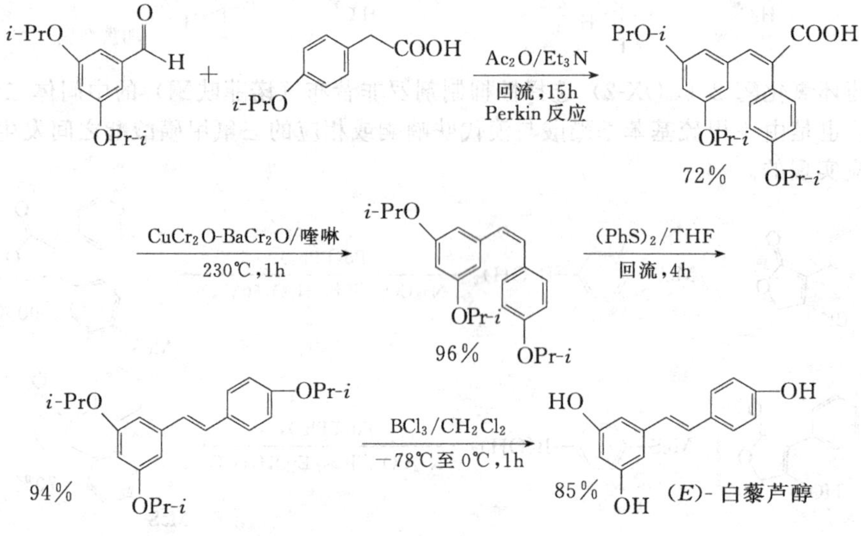

（二）Horner 反应法

以 3,5-二羟基苯甲酸为原料，经羟基保护、羧基还原、氯代后，再与亚磷酸三乙酯反应生成 3,5-二甲氧基苯基膦酸二乙酯，随后与茴香醛进行 Horner 反应生成 E 型烯烃，最后于吡啶盐酸盐中脱保护得到反式白藜芦醇。

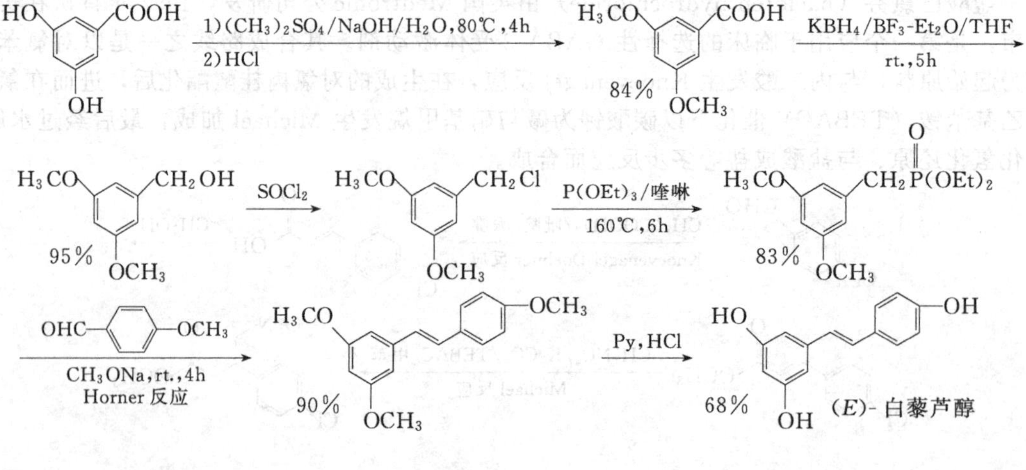

（三）Heck 反应法

以 3,5-二羟基苯甲酸为原料，经 O-乙酰化反应保护羟基后，与氯化亚砜反应制得 3,5-二乙酰氧基苯甲酰氯，再以钯为催化剂，与对乙酰氧基苯乙烯进行 Heck 反应，最后脱保护合成出白藜芦醇。

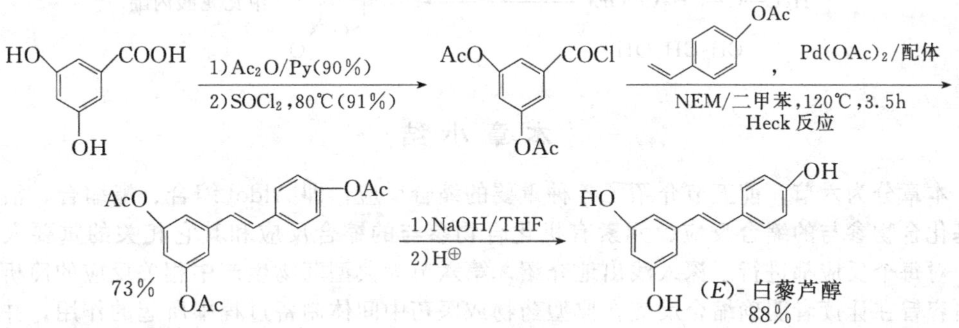

三、氟尿嘧啶的合成

氟尿嘧啶（fluorouracil，5-FU）是第一个根据一定设想而合成的抗代谢药，长期以来一直是临床治疗消化道肿瘤及其它实体瘤的首选药物，也是目前临床应用最广的抗肿瘤药物。同时，氟尿嘧啶能作为中间体，合成如替加氟（tegafur）、双呋氟尿嘧啶（difuradin）、卡莫氟（carmofur）以及去氧氟尿苷（doxifluridine）等药物。

对氟尿嘧啶的合成研究很多，其中最有代表性的适于工业化生产的合成方法为缩合环化法。即以氯乙酸乙酯为原料，在乙酰胺中与无水 KF 作用发生氟代得氟乙酸乙酯，然后与甲酸乙酯进行交叉 Claisen 缩合得 2-氟丙醛酸乙酯烯醇型钠盐，最后与甲基异脲发生缩合成环，并酸水解得本品。

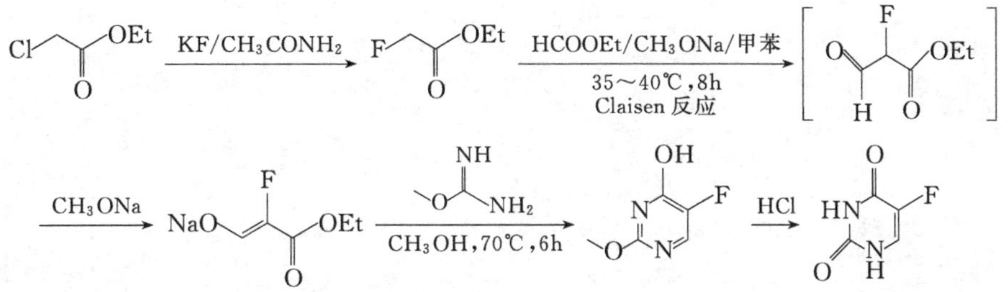

四、尼莫地平等药物中间体的合成

3-硝基苯基乙酰乙酸甲氧乙酯是合成二氢吡啶类钙拮抗剂尼莫地平（nimodipine）和西尼地平（cilnidipine）的中间体，由间硝基苯甲醛和乙酰乙酸甲氧基乙酯在浓硫酸催化下进行 Knoevenagel 反应合成得到。

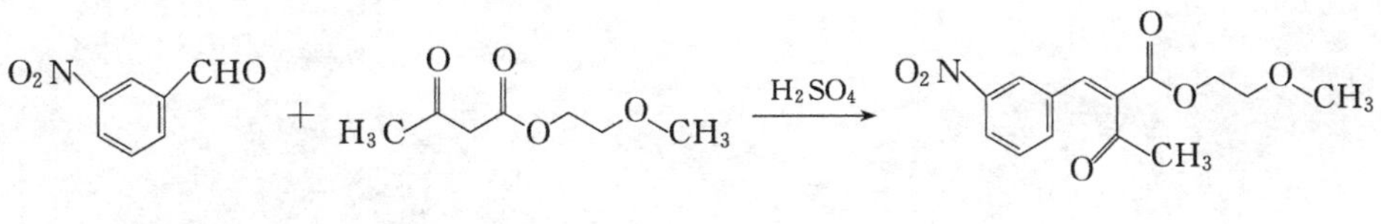

五、甲瓦龙酸内酯的合成

甲瓦龙酸内酯（MVA lactone）是细胞生物化学合成的关键中间体，是合成许多具有重要生物活性的脂肪族化合物的前体，除可从植物成分中提取获得之外，更普遍的方法是用化学合成来制备。通常合成经由 Reformatsky 反应来实现。

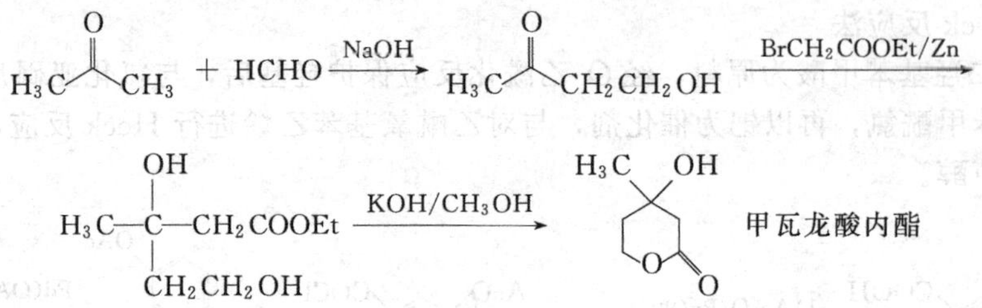

$$H_3C-\overset{O}{\underset{\parallel}{C}}-CH_3 + HCHO \xrightarrow{NaOH} H_3C-\overset{O}{\underset{\parallel}{C}}-CH_2-CH_2OH \xrightarrow{BrCH_2COOEt/Zn}$$

$$H_3C-\overset{OH}{\underset{CH_2CH_2OH}{\overset{|}{\underset{|}{C}}}}-CH_2-COOEt \xrightarrow{KOH/CH_3OH} \quad \text{甲瓦龙酸内酯}$$

本 章 小 结

　　本章分为六节，前五节介绍了各种重要的缩合反应，即 Aldol 缩合、酯缩合、活泼亚甲基化合物参与的缩合反应、元素有机化合物参与的缩合反应和其它相关的重要人名反应，对每个反应都进行了深入浅出地介绍。第六节为典型药物生产中相关反应的简析，本节内容旨在让读者明确缩合反应在典型药物或医药中间体制备过程中所起的作用，并对选取的药物或中间体的相关状况进行了简述，有利于拓宽读者的视野，增加趣味性。

　　本章共涉及 14 个缩合反应。读者须通过反应机理的学习，掌握本章涉及的人名反应，掌握这些反应的反应条件、影响因素和立体化学，归纳分析反应的相同性和差异性，对比各个反应的适用范围，熟悉其在药物合成中的应用。

第九章　周环反应

前面各章讨论的药物合成反应从机理上看主要有两种：一种是离子型反应；另一种是自由基型反应。它们都生成稳定的或不稳定的中间体。另外还有一种反应机理，即在反应过程中不形成离子或自由基中间体，而是烯端碳之间构建新 σ 键的过程中电子沿着环发生相互作用。这类反应中化学键的断裂与生成是同时发生的，随着 π 键或 σ 键的断裂，新的 σ 键形成，其中消失的键的数目与新形成的键的数目是相等的，这种一步完成的多中心反应称为周环反应（pericyclic reaction）。这类反应不受溶剂、催化剂等的影响，并且具有较高的立体选择性。

第一节　周环反应基础

一、周环反应的特点

周环反应通常发生在具有烯结构的化合物之间，反应过程遵循微观可逆性原理，与其它反应相似，属于可逆反应。反应物结构在伴随烯双键的断裂的同时，形成新的 σ 键，即为协同反应。

1. 反应过程中没有自由基或离子这一类活性中间体产生，反应进行时化学键的断裂和生成是同时发生的。

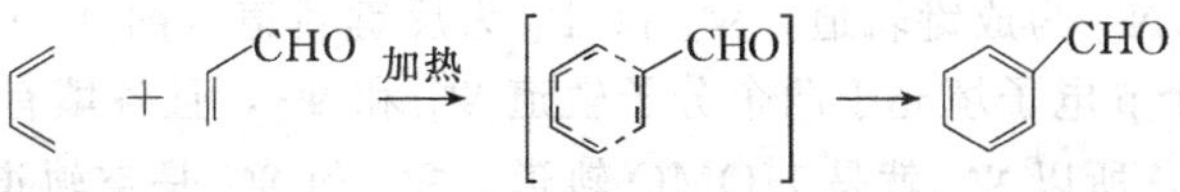

2. 反应极少受溶剂极性的影响，也不受自由基引发剂和抑制剂的影响。但酸、碱可催化特定的一些反应。

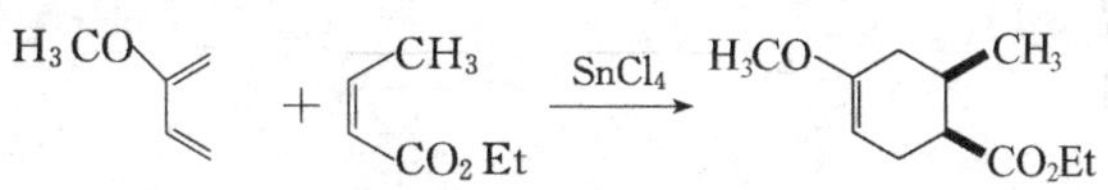

3. 反应表现出极高的区域、立体选择性和立体专一性。

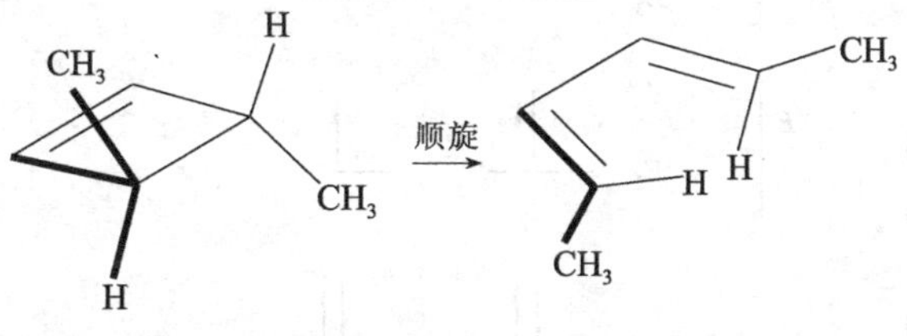

4. 反应经常受到热或光照条件的影响，而且在加热条件下得到的产物和在光照条件下得到的产物具有不同的立体选择性。反应底物 **9-1** 在加热条件下顺旋生成 **9-2**；在光照条件下对旋生成 **9-3**。

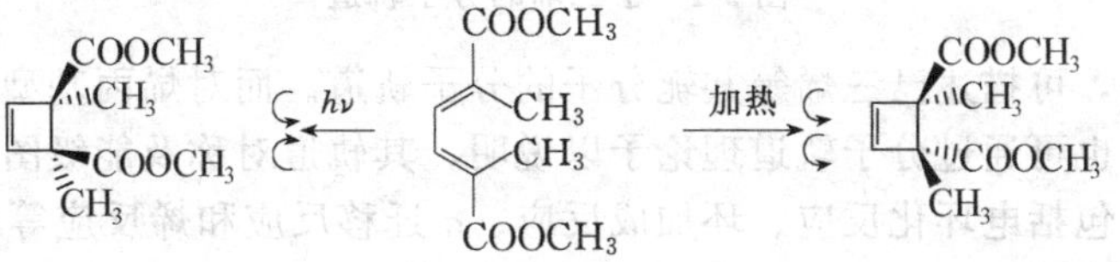

9-3　　　　　9-1　　　　　9-2

二、周环反应的理论

有机化学家伍德沃德（R. B. Woodward）在进行维生素 B_{12} 的全合成时，意外地发现电环化反应在加热和光照条件下具有不同的立体选择性，并因此和量子化学家罗德·霍夫曼（R. Hoffmann）一起提出分子轨道对称守恒原理来解释这类反应的进程。该原理认为：化学反应是分子轨道进行重新组合的过程，在一个协同反应中，分子轨道的对称性是守恒的，即两个原子轨道的对称性相同（相位相同）的则给出成键轨道，两个原子轨道的对称性不同（相位不同）的则给出反键轨道，分子轨道的对称性控制着整个反应的进程。

认识和理解分子轨道对称守恒原理主要有三种理论，即：前线轨道理论；能量相关理论；休克尔-莫比乌斯结构理论（芳香过渡态理论）。其中前线轨道理论最为简明，更便于定性地学习和理解。

前线轨道理论认为，分子轨道中能量最高的填有电子的轨道和能量最低的空轨道在反应中是至关重要的。能量最高的已占分子轨道（highest occupied molecular orbital，HOMO）上的电子受原子核束缚力较小，容易激发到能量最低的空轨道（lowest unoccupied molecular orbital，LUMO）中去。在发生化学反应的过程中，烯端碳之间的相互作用能否成键与其对称性密切相关。若电子最高占有轨道（HOMO）能满足反应需求的对称性，反应可在基态下进行。相反，在激发态下进行反应，但此时的电子最高占有轨道（HOMO）是基态下的电子最低未占有轨道（LUMO）。就是说，HOMO 轨道和 LUMO 轨道参与成键的轨道，所以称为前线轨道（frontier molecular orbital，FMO）。

丁二烯分子中 4 个碳原子的 4 个 p 轨道，通过线性组合形成 4 个分子轨道 Ψ_1，Ψ_2，Ψ_3，Ψ_4，其中 Ψ_1 和 Ψ_2 为成键轨道，Ψ_3 和 Ψ_4 为反键轨道（图 9-1）。当丁二烯处于基态时，4 个碳原子的四个 p 电子填充于两个分子轨道 Ψ_1 和 Ψ_2 且各填有两个电子，电子态为 Ψ_1^2，Ψ_2^2，因 $E_2>E_1$，所以 Ψ_2 就是 HOMO 轨道。Ψ_3 和 Ψ_4 是空轨道，且 $E_3<E_4$，所以 Ψ_3 是 LUMO 轨道。Ψ_2 和 Ψ_3 都为 FMO 轨道。

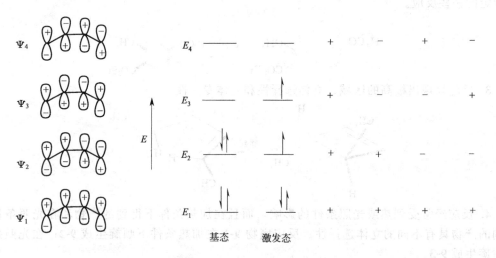

图 9-1　丁二烯的分子轨道

用类似的方法，可描述己三烯等共轭分子的分子轨道。而对烯丙基型和戊二烯型等共轭体系的反应特性，也可通过分子轨道理论予以说明，其轨道对称及能级图见图 9-2。

周环反应主要包括电环化反应、环加成反应、σ-迁移反应和烯反应等四种类型，本章将对前三类反应进行简要介绍。

$$\Psi_4 \quad + \quad - \quad + \quad - \quad +$$

烯丙基　　Ψ_2　$+$　$-$　$+$	戊二烯　　Ψ_3　$+$　$-$　$\cdot$　$+$　$-$
共轭体系的　Ψ_1　$+$　$\cdot$　$-$	共轭体系的　Ψ_2　$+$　$\cdot$　$-$　$\cdot$　$+$
分子轨道　　Ψ_0　$+$　$+$　$+$	分子轨道　　Ψ_1　$+$　$+$　$\cdot$　$-$　$-$

$$\Psi_0 \quad + \quad + \quad + \quad + \quad +$$

图 9-2　烯丙基系和戊二烯基系的分子轨道能级

第二节　电环化反应

电环化反应（electrocyclic reactions）是在光或热的条件下，共轭多烯烃的两端环合成环烯烃的反应，或其逆反应环烯烃开环成多烯烃的反应。电环化反应是分子内的周环反应，成键过程取决于反应物中烯端碳在 HOMO 轨道的对称性。

一、含 $4n$ 个 π 电子体系的电环化

丁二烯含有 $4n$ 个 π 电子体系，在电环化过程中，为使 HOMO 轨道的对称性相匹配，该分子轨道中两端碳的 p 轨道按特定的方式旋转，从而使 C-1 与 C-4 相之间形成 σ 键而相互结合。旋转的方式有两种：顺旋和对旋。

在基态（加热条件下）丁二烯环化时，发生反应的前线轨道 HOMO 是 Ψ_2，两端的相位相反，烯端碳 p 轨道顺旋相位匹配，反应允许；对旋相位不匹配，反应禁阻。

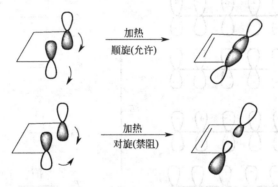

丁二烯在激发态（光照条件下）环化时，发生反应的前线轨道 HOMO 是 Ψ_3，两端的相位一致，p 轨道对旋相位匹配，反应允许；顺旋相位不匹配，反应禁阻。

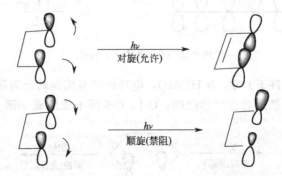

取代丁二烯在发生电环化反应时，反应的进行不仅受到热或光照的影响，同时也强烈地依赖于空间位阻，从而表现出良好的立体选择性。其它含有 $4n$ 个 π 电子数的共轭多烯烃体系的电环化反应的方式也基本相同。Nazarov 环合反应可看成是一种含有 $4n$ 个 π 电子数的共轭多烯烃体系的电环化反应，在路易斯酸催化下二烯基酮的共振结构构建起缺电子的共轭

体系是其关键的结构。

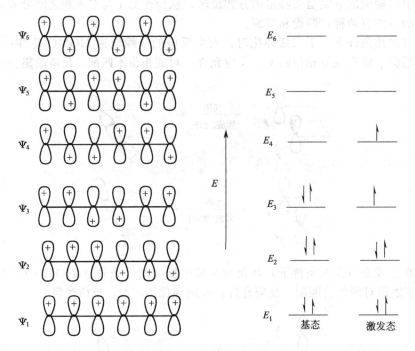

二、含 $4n+2$ 个 π 电子体系的电环化

以己三烯为例讨论含有 $4n+2$ 个 π 电子体系的电环化过程。己三烯有 6 个 π 电子，可以形成 6 个分子轨道，见图 9-3 所示。

图 9-3　己三烯的分子轨道

在基态时（加热条件下）Ψ_3 为 HOMO，电环化时对旋是轨道对称性允许的，C-1、C-6 间可形成 σ-键；顺旋是轨道对称性禁阻的，C-1、C-6 间不能形成 σ-键。

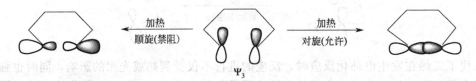

在激发态时（光照条件下）Ψ_4 为 HOMO，电环化时顺旋是轨道对称性允许的，对旋是轨道对称性禁阻的。

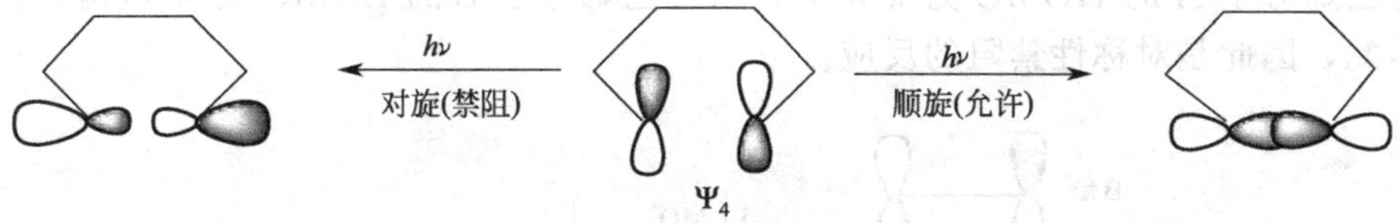

从以上讨论可以看出，电环化反应的空间过程取决于反应中开链反应物的 HOMO 的对称性，若一共轭多烯烃含有 $4n$ 个 π 电子体系，则其热化学反应按顺旋方式进行，光化学反应按对旋进行；如果共轭多烯烃含有 $4n+2$ 个 π 电子体系，则进行的方向正好与上述相反。此规律称为伍德沃德-霍夫曼规则。

天然产物土楠酸 A（endiandric acid A）是一种脂肪族稠环化合物，其生物合成途径被认为是以多烯为原料经电环化和环加成反应完成的。其中一个四元环和一个六元环烯是通过电环化反应构建出来的。

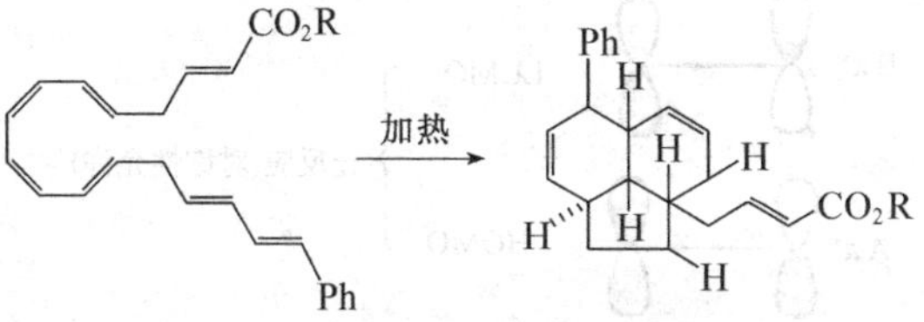

土南酸 A

第三节　环加成反应

烯烃与烯烃之间发生加成形成环状化合物的反应叫环加成反应（cycloaddition reactions）。环加成反应根据参与反应的烯碳原子的数目不同可分为 [2+2] 环加成和 [4+2] 环加成等类型。

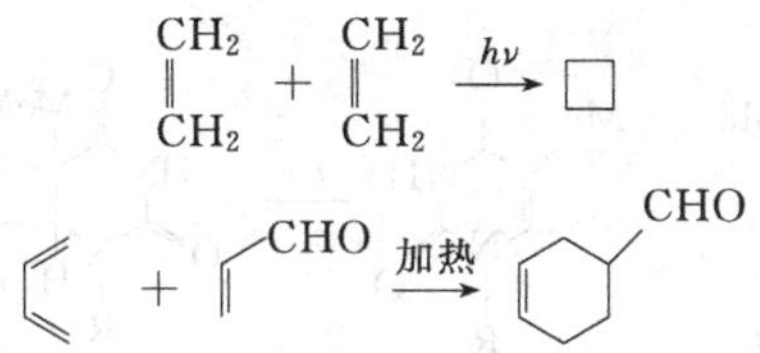

一、环加成反应的特点

环加成反应中，最著名的反应是 Diels-Alder 反应，即 4 电子的共轭丁二烯及其衍生物与单烯及其衍生物之间的反应，产物为环己烯。其主要特点包括：

① 不同类型的环加成反应的发生受制于反应条件，[4+2] 通常属于热反应，而 [2+2] 则属于光化学反应。反应可以发生在分子之间，也可发生在分子内。

② 反应具有高度的区域选择性和立体选择性。[4+2] 环加成反应可由路易斯酸来催化，既可发生在烯碳之间，也可发生在杂原子与碳原子之间。

③ 从分子轨道观点来分析，每个反应物分子的 HOMO 中已充满电子，因此与另一分子的轨道成键时，要求另一轨道是空的，而且空轨道的能量要与 HOMO 轨道的能量比较接近，即与另一分子能量最低的空轨道 LUMO 最匹配。前线轨道理论认为，环加成反应能否进行，主要取决于一反应物分子的 HOMO 轨道与另一反应物分子的 LUMO 轨道的对称性是否匹配，如果两者的对称性是匹配的，环加成反应允许，反之则禁阻。

二、[2+2] 环加成反应

以乙烯的二聚为例考虑该类反应，在加热条件下，当两个乙烯分子面对面相互接近时，由于一个乙烯分子 A 的 HOMO 为 π 轨道，另一乙烯分子 B 的 LUMO 为 π* 轨道，两者的对称性不匹配，因此是对称性禁阻的反应。

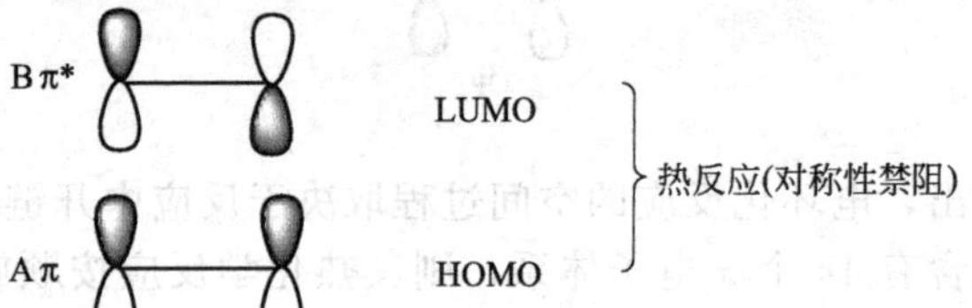

在光照条件下，处于激发态的乙烯分子 A 中的一个电子跃迁到 π* 轨道上去，因此，乙烯分子 A 的 HOMO 是 π*，另一乙烯分子 B 基态的 LOMO 也是 π*，两者的对称性是匹配的，故环加成允许。

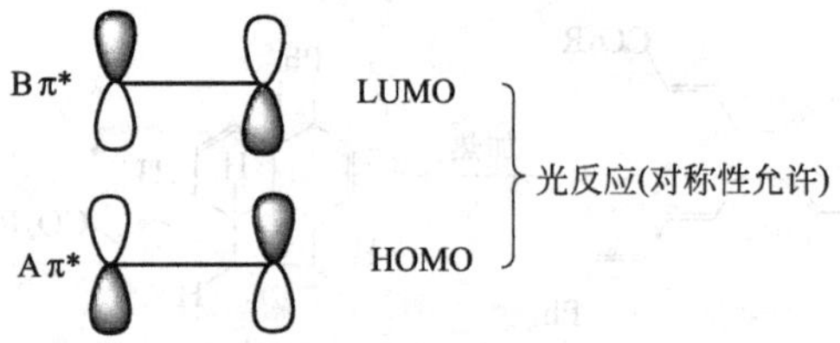

因此得出的结论是：[2+2] 环加成是光作用下允许的反应。与乙烯结构相似的化合物的环加成方式与乙烯的相同。[2+2] 环加成也可以发生在体内，DNA 中两个相邻的胸苷残基经 [2+2] 环加成形成胸腺嘧啶二聚体，DNA 修复酶可解除并予以正确修复。

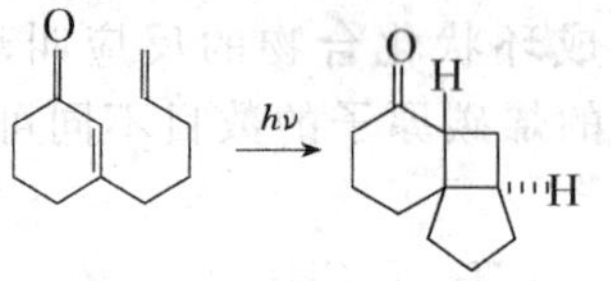

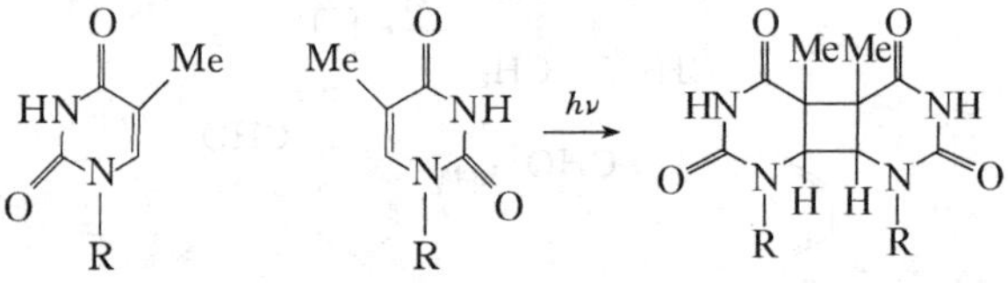

胸腺嘧啶二聚体

烯酮和异氰酸酯也能很好地发生 [2+2] 环加成反应，用于合成具有张力的四元环化合物。其中，后者能构建 β-内酰胺类化合物。

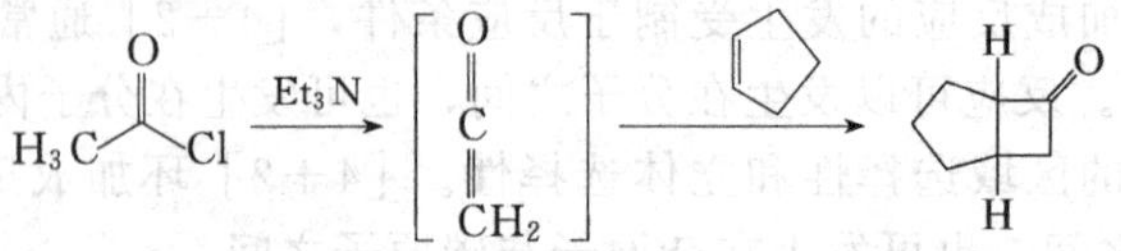

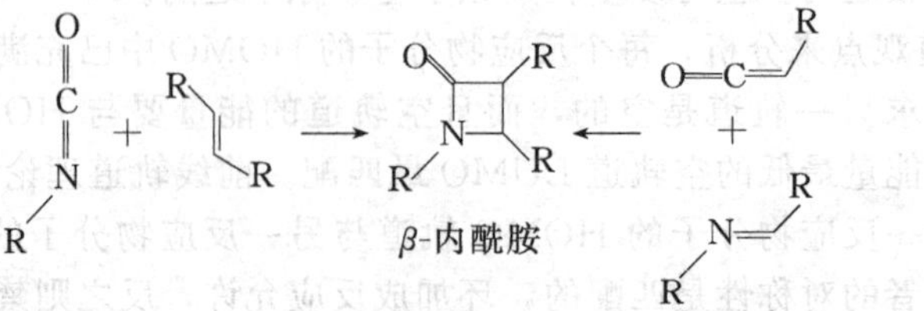

β-内酰胺

三、[4+2] 环加成反应

[4+2] 环加成反应最简单的例子是丁二烯与乙烯或炔烃之间进行的环加成反应，产物

是环己烯衍生物，这类反应也称为 Diels-Alder 反应。分析乙烯和丁二烯的分子轨道，二者的 HOMO 和 LUMO 前线轨道如图 9-4 所示：

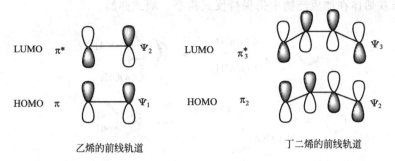

图 9-4 乙烯和丁二烯的前线轨道

当乙烯与丁二烯在加热条件下（基态）进行环加成时，乙烯的 HOMO 与丁二烯的 LUMO 作用或丁二烯的 HOMO 与乙烯的 LUMO 作用都是对称性允许的，可以重叠成键。所以，[4+2] 环加成是加热允许的反应。

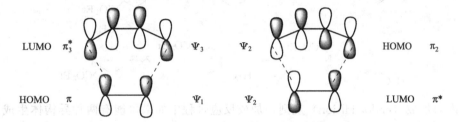

在光照条件下 [4+2] 环加成反应是禁阻的，因为光照使乙烯分子或丁二烯分子处于激发态，乙烯的 π^* LUMO 或丁二烯的 π_3^* LUMO 变成了 π^* HOMO 或 π_3^* HOMO，轨道对称性不匹配，所以反应是禁阻的。

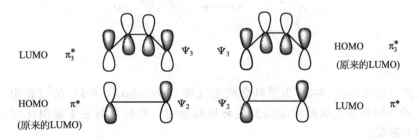

通常把 Diels-Alder 反应中的共轭二烯称为双烯体，而把与之发生环加成的化合物统称为亲双烯体。其反应的特点十分明显，主要包括：

① Diels-Alder 反应是可逆反应，其逆反应又称为逆 Diels-Alder 反应。

② 二烯体的 S-顺式构象是 Diels-Alder 反应能够发生的先决条件，如果两个双键固定于反式结构，不能通过单键的旋转得到顺式构象，则不能够发生反应。

高反应活性　　　　低活性　　　　惰性

③ 在正常电子要求的反应中，含有供电基的二烯体和含有吸电基的亲双烯体（如

CHO，COR，COOR，CN，C=C，Ph 或卤素) 有利于反应的进行。

④ 顺式加成规则：双烯体和亲双烯体的立体化学特征仍然保留在加成产物中，即具有反式取代的亲双烯体在加成产物中仍保持反式构型，顺式亦然。

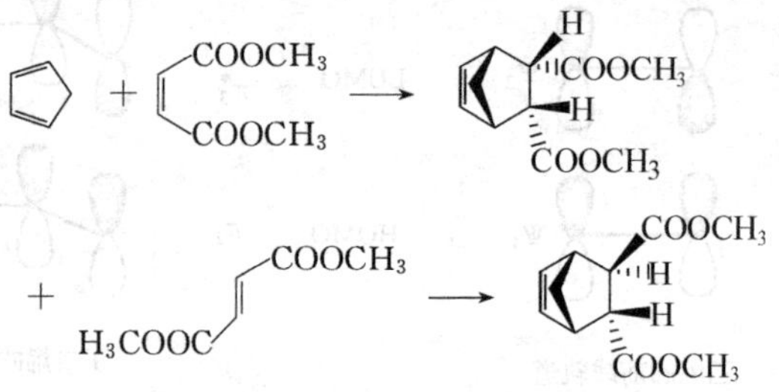

⑤ 区域选择性规则：取代的双烯体与取代的亲双烯体之间发生 Diels-Alder 反应，具有良好的选择性，其中取代基相互之间为 1,3-位的产物始终不是主要的。

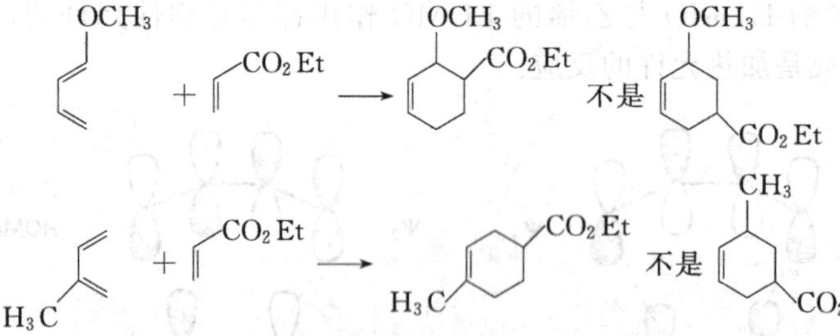

⑥ 内向加成 (endoaddition) 规则：加成反应过程中如果可能有两种异构体生成物，则在过渡态中不饱和单元彼此靠近的那个异构体形成较快，得到内向加成产物。

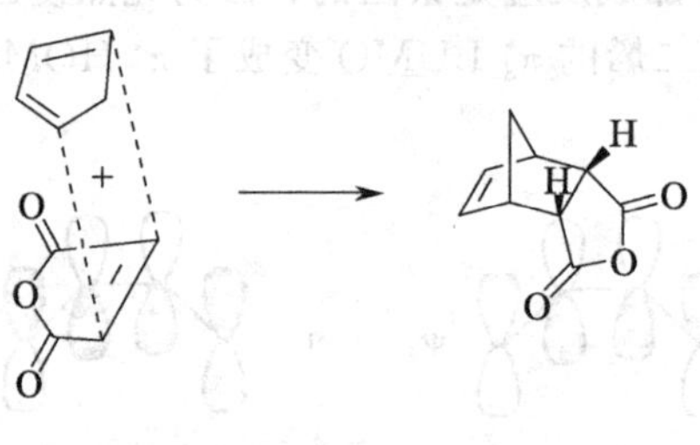

由蒂巴因 (thebaine，9-4) 为原料合成埃托啡 (etorphine，9-5) 的过程中，利用蒂巴因 C 环的二烯体结构和乙烯基甲基酮发生环加成反应，然后再与正丁基溴化镁发生格氏反应，完成整个转化。

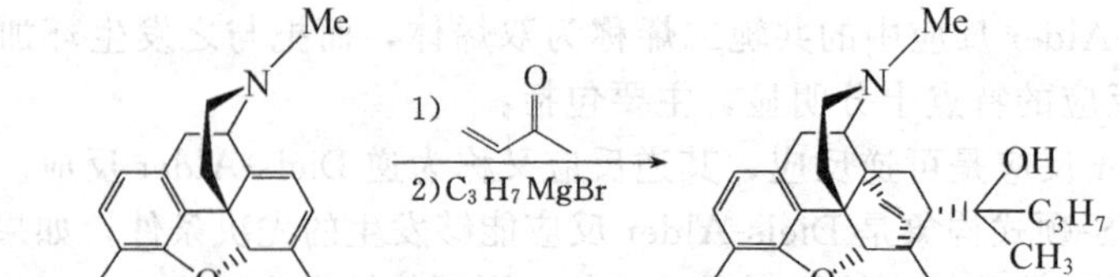

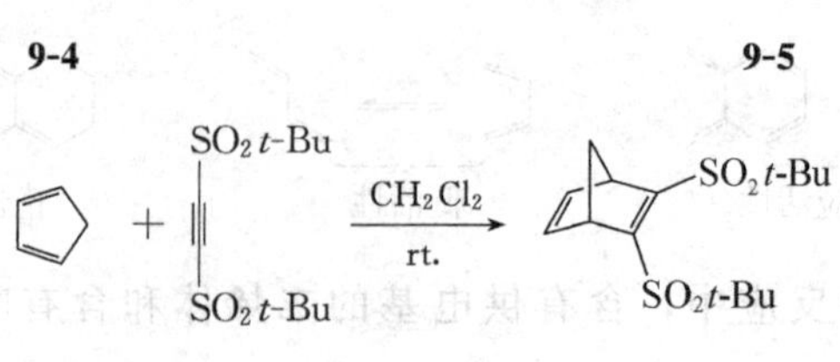

第四节 σ-迁移反应

σ-迁移反应（sigmatropic reaction）是反应物中一个 σ 键沿着共轭体系从一个位置转移到另一个位置的一类重排反应。通常反应是分子内的，同时伴随有 π 键的转移，但底物总的 π 键和 σ 键数保持不变。一般情况下 σ 迁移反应不需催化剂，但少数反应被路易斯酸催化。σ 迁移反应符合分子轨道对称守恒原理，是协同反应的一种，原有 σ 键的断裂、新 σ 键的生成以及 π 键的迁移是电子沿环转移协同一步完成的。

σ-迁移反应的命名方法：先将断裂的 σ 键的两个原子均定为 1 号，从其两端分别开始编号，把新生成的 σ 键所连接的两个原子的编号 i、j 放在方括号内，记为 $[i,j]$-σ 迁移。

σ-迁移反应以 $[3,3]$-σ 迁移和 $[2,3]$-σ 迁移最常见，该类反应一般具有高度的立体选择性，可用于天然产物的不对称合成中。

本节主要介绍的 σ-迁移反应包括 Claisen 重排反应、Cope 重排反应、Fischer 吲哚合成反应以及 $[2,3]$-Wittig 重排反应。

一、Claisen 重排反应

烯基或芳基烯丙基醚在加热的条件下，通过 $[3,3]$-σ 迁移使烯丙基由氧原子迁移到碳原子上的反应称为 Claisen 重排反应。烯丙基乙烯基醚结构的构建可以通过烯丙醇类化合物和乙烯基醚类化合物在汞离子或酸催化下的交换反应制得，也可通过 Wittig 反应等得到，产物不经分离直接发生重排得到相应的重排产物。

Claisen 重排反应的过渡态为六元椅式结构，通过电子协同转移得到不饱和羰基化合物，羰基的产生使反应不可逆转。

手性烯丙基乙烯基醚（**9-6**）为反应物时，手性会转移到产物中，立体选择性决定于采取不同的环状过渡态的能量差异，R^1 和 R^2 取代基处于平伏键时环状过渡态的能量低，因此反应具有立体选择性。

下面是芳香族 Claisen 重排的例子，烯丙基苯基醚（**9-8**）重排生成邻烯丙基环己二烯酮，质子转移芳构化后得到最终产物（**9-9**）。

反应底物 **9-10** 的邻位被甲氧基占据，烯丙基发生 Claisen 重排后可进一步发生 Cope 重排（见下），得到产物 **9-11**。

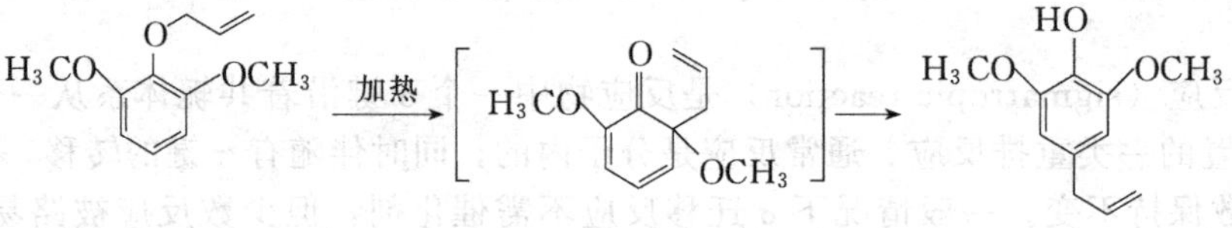

9-10   **9-11**

二、Cope 重排反应

1,5-二烯（连二烯丙基）经过 [3,3]-σ 迁移，异构化成另外一个双烯丙基衍生物的反应称为 Cope 重排反应（Cope rearrangement reaction）。

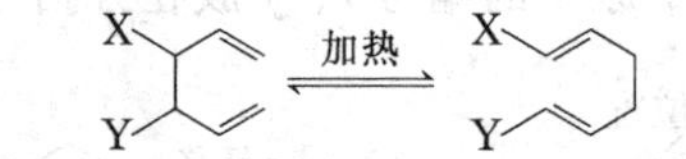

X，Y=H，烷基，Ar，CN，COR 等

该反应为可逆反应，平衡受反应物和产物稳定性的控制，若 X，Y 取代基存在与重排产物中双键共轭因素，增加了产物的稳定性，不仅可降低重排反应的温度，而且可提高反应的收率。

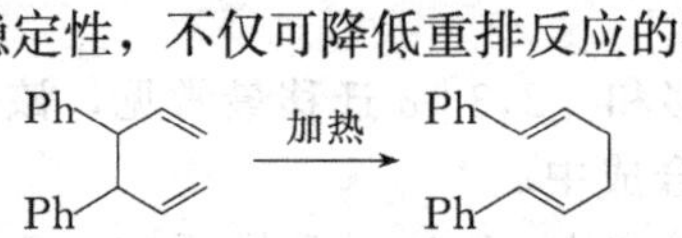

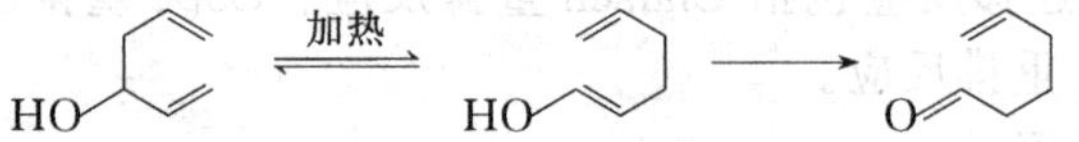

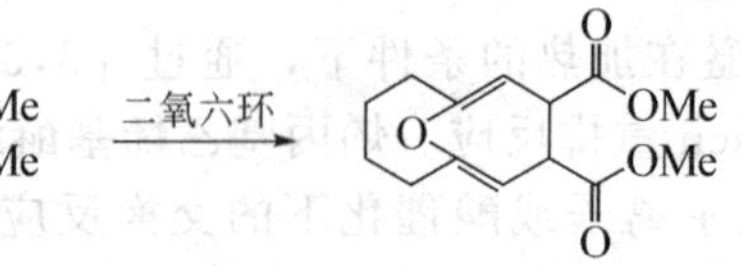

三、Fischer 吲哚合成反应

醛或酮的芳腙（**9-12**）在酸催化下生成吲哚衍生物的反应称为 Fischer 吲哚合成反应（Fischer indole synthesis）。反应经过如下几个步骤：亚胺氮原子质子化后异构成相应的烯肼结构（**9-13**），该结构发生 [3,3]-σ 迁移得到中间体 **9-14**，芳构化并质子化后引起亚胺上亲核加成合环，再经过消除芳构化后得到吲哚结构（**9-15**）。

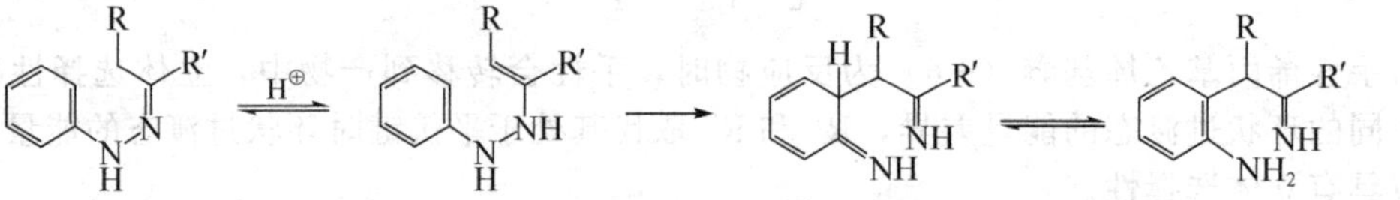

9-12   **9-13**   **9-14**

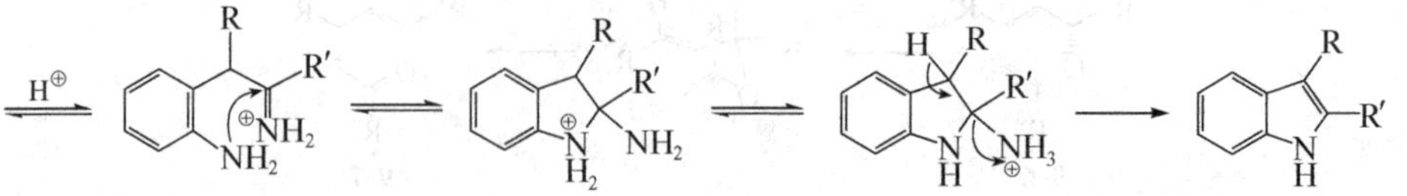

9-15

采用 Fischer 反应能够构建含吲哚结构的稠环体系。非甾体抗炎药吲哚美辛（indometacin，**9-18**）的合成，就是通过取代苯肼（**9-16**）和 4-氧代戊酸（**9-17**）通过 Fischer 吲哚合成的方法制备的。

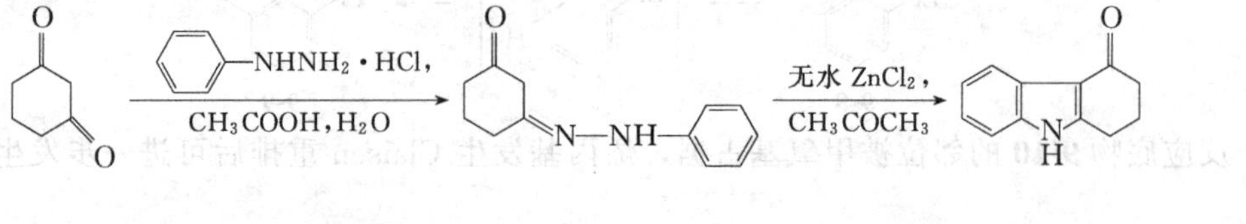

9-16   9-17   9-18

四、[2,3]-Wittig 重排

烯丙基醚在碱性条件下优先发生 [2,3]-σ 迁移反应，该反应被称为 [2,3]-Wittig 重排反应。

烯丙基醚（**9-19**）在碱的作用下，烯丙基另一侧的亚甲基失去质子形成碳负离子（**9-20**），经 σ 迁移得到重排产物（**9-21**）。相比于 [1,2]-Wittig 重排（见第十章第一节），[2,3]-Wittig 重排更容易发生，主要是因为 [2,3]-Wittig 重排是经过热允许的协同 σ 迁移过程形成的。

9-19   9-20   9-21

本 章 小 结

不同于以前介绍的离子型反应或自由基型反应，还有另一种反应机理，即在反应过程中不形成离子或自由基中间体，而是烯端碳之间构建新 σ 键的过程中电子沿着环发生相互作用。这类反应中化学键的断裂与生成是同时发生的，随着 π 键或 σ 键的断裂，新的 σ 键将形成，其中消失的键的数目与新形成的键的数目是相等的，这种一步完成的多中心反应称为周环反应（pericyclic reaction）。这类反应不受溶剂、催化剂等的影响，并且具有较高的立体选择性。周环反应主要包括电环化反应、环加成反应和 σ-迁移反应四种类型。

电环化反应是在光或热的条件下，共轭多烯烃的两端环合成环烯烃的反应，或其逆反应环烯烃开环成多烯烃的反应。电环化反应是分子内的周环反应，成键过程取决于反应物中烯端碳在 HOMO 轨道的对称性。含有 $4n$ 个 π 电子体系，在电环化过程中，在加热的条件下顺旋允许，对旋禁阻；在光照的条件下则相反。含有 $4n+2$ 个 π 电子体系，在电环化过程中，在加热的条件下对旋允许，顺旋禁阻；在光照的条件下则相反。

环加成反应是烯烃与烯烃之间发生加成形成环状化合物的反应，可分为 [2+2] 环加成反应和 [4+2] 环加成反应，其中 [2+2] 环加成反应是光作用下允许的反应；[4+2] 环加成反应是加热下允许的反应。

σ-迁移反应包括 Claisen 重排反应、Cope 重排反应、Fischer 吲哚合成反应及 [2,3]-Wittig 重排反应。

第十章 重排反应

重排反应（rearrangement reaction）是指在一定反应条件下，分子中的某些原子或基团或化学键发生位置的迁移或分子骨架发生改变，形成一种新化合物的反应。在药物合成反应中，合理利用重排反应，可以获得其它反应难以得到的结构单元，并且可以得到相应的区域选择性和立体选择性产物，是药物合成设计中一种十分重要的策略。

重排反应有多种表现形式，引起重排反应的可能原因被认为是在反应试剂或其它反应条件的影响下，分子因暂时产生不稳定中心（如离子和自由基等）而促使了分子结构的重组以降低其能量，形成更加稳定的结构。

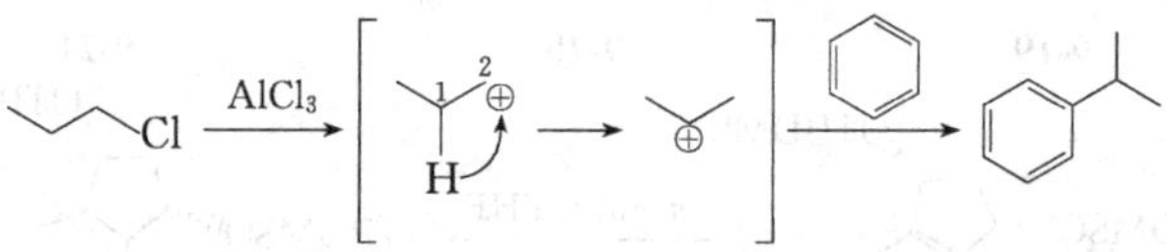

重排反应可从不同角度来分类。按形成的不稳定中心的不同，重排反应可以划分为亲电重排、亲核重排和自由基重排等。按迁移原子或基团迁移前后所连接的原子的不同来分类，则可分为碳-碳重排、碳-杂重排和杂-碳重排等。这些分类方法各有其优点，为便于与有机化学相衔接，本章采用前者进行分类讨论。

第一节 亲电性重排反应

有机化合物中，羰基或其它吸电子基团（electron-withdrawing group，EWG）或电负性较大的原子（如氧原子、氮原子）相连的 α-碳原子上的氢具有一定的酸性，可在强碱的作用下形成碳负离子。若分子内还含有其它缺电子性亲电基团的话，则可引起亲电性重排反应，生成相应的重排产物。

一、Favorskii 重排

α-卤代酮在碱的作用下重排生成羧酸或其衍生物的反应称为 Favorskii 重排反应，根据所用碱的不同（苛性碱、醇盐或胺），可分别得到羧酸、酯或酰胺。

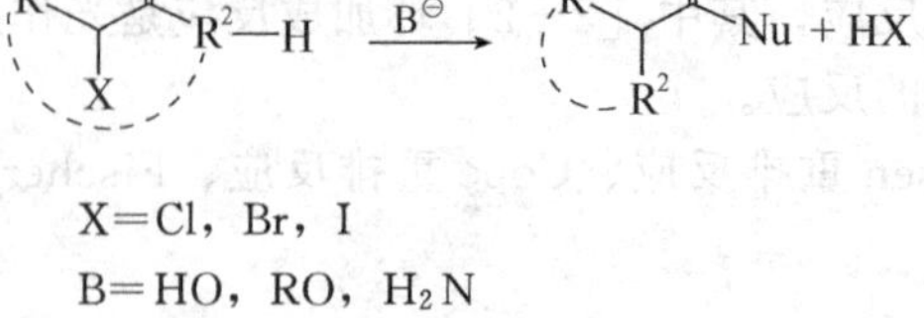

X＝Cl，Br，I

B＝HO，RO，H$_2$N

Nu 为亲核试剂

α-氯代环己酮在碱性条件下，非氯所在的 α-氢被碱夺取后所形成碳负离子作为亲核试剂，发生分子内亲核取代形成含有环丙酮的桥环化合物（**10-1**），三元环的张力推动了其羰基与碱之间的亲核加成和开环反应，生成环戊基甲酸。

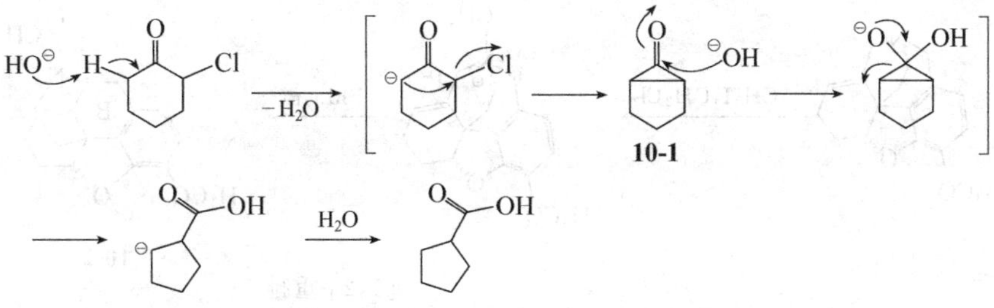

当[14]C 标记的 α-氯代环己酮在醇钠存在下进行反应，生成两个等量[14]C 标记的环戊基甲酸酯。由此可见，环丙酮的确是其反应过程的中间产物。Favorskii 重排反应主要应用于多个侧链取代的羧酸和缩环羧酸的合成中。

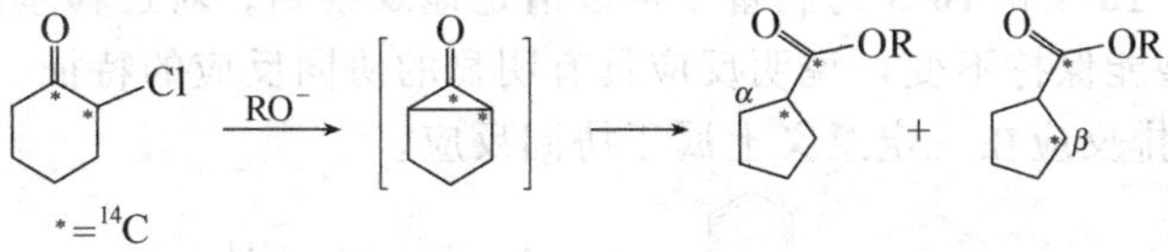

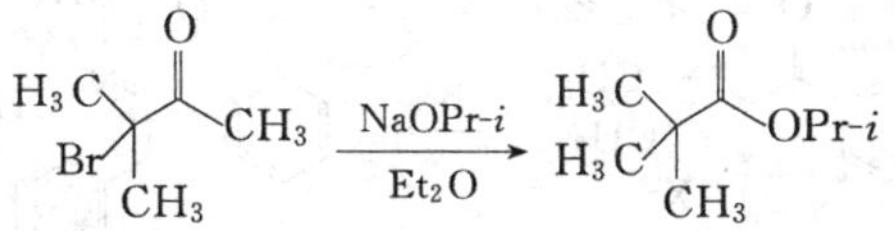

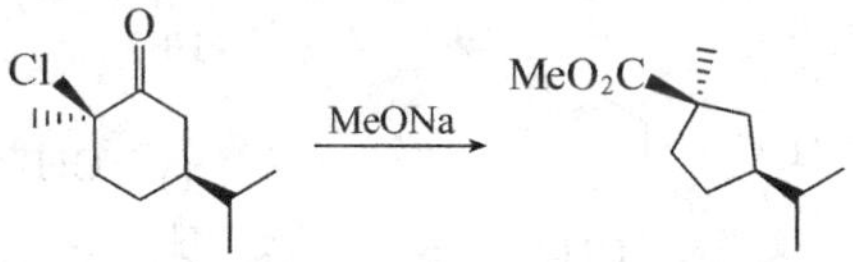

二、Stevens 重排反应

季铵盐或锍盐在强碱的作用下发生 [1,2]-重排生成胺或者硫醚的反应称为 Stevens 重排反应。

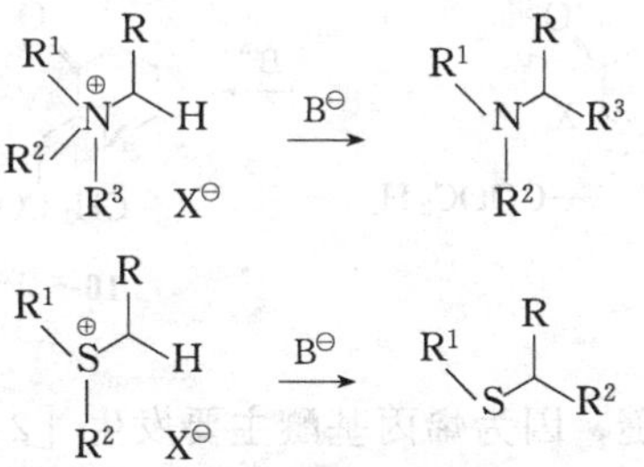

反应物季铵盐或锍盐可以通过叔胺或硫醚烷基化的方式得到，与亚甲基相连的 R 基团为吸电子基团有利于重排反应的发生，否则需要极强的碱才可推进反应。反应可采用离子对机理（ionic-pair mechanism）和自由基对机理（radical-pair mechanism）来解释。脱氧可待因 D（10-2）的全合成路线之一，是通过 Stevens 重排反应来构建 B 环的。

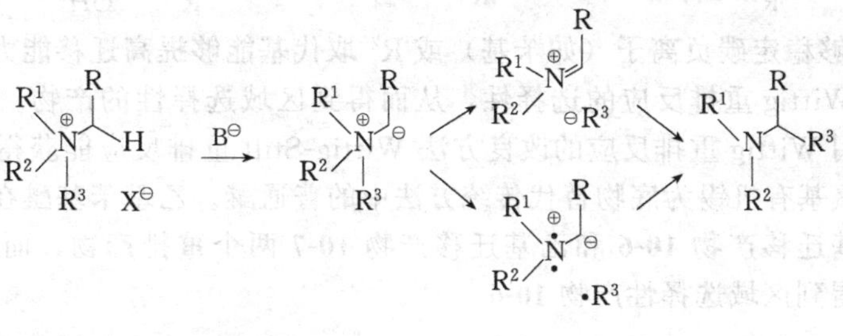

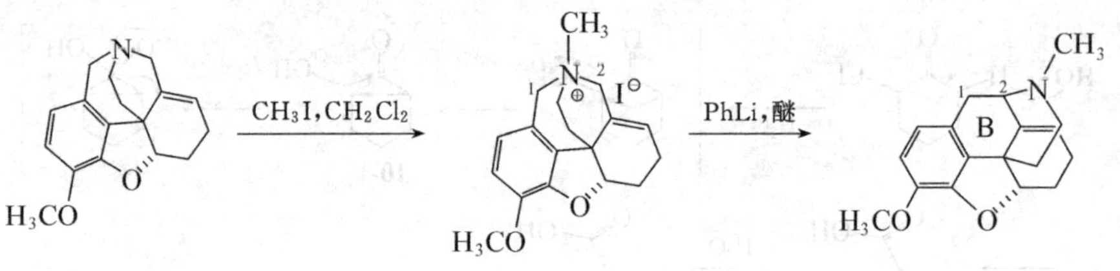

[1,2]-重排

Stevens 重排反应中，基团发生 [1,2]-迁移时，具有一定的规律：①失去质子的部位连有吸电子基团或生成的碳负离子可以通过离域得以稳定；②重排基团一般为苄基、烯丙基或吸电子取代的烷基；③若重排基团存在手性中心，该基团在重排前后的构型保持不变。这些规律从化合物 **10-3**、**10-4** 和 **10-5** 的制备中可以清楚地观察到。对迁移基团为手性基团来说，重排前后其立体构型能保持不变，说明反应具有明显的协同反应的特征。所以像其它重排反应一样，Stevens 重排反应在一定意义上属于协同反应。

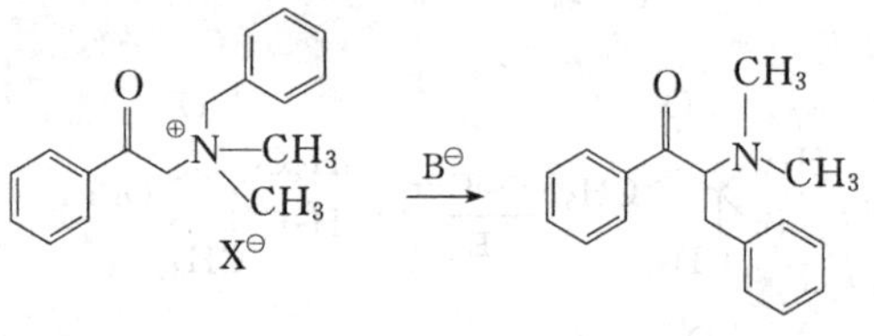

10-3

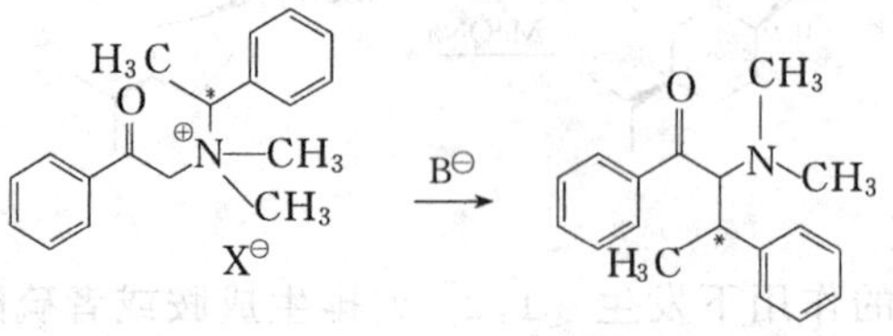

10-4

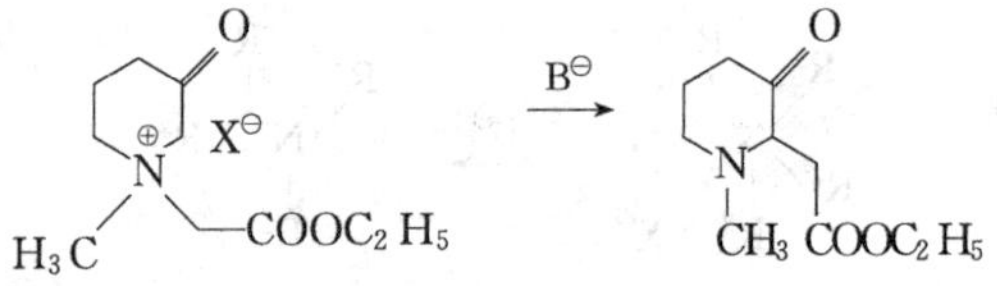

10-5

三、Wittig 重排反应

醚类化合物（除了烯丙基醚，因为烯丙基醚主要发生 [2,3]-重排，属于协同重排类型，见第九章第四节四）在强碱性条件下转变为碳负离子后，醚键另一侧的烷基极易发生 [1,2]-迁移到碳负离子上，发生重排而形成醇，此即 Wittig 重排反应。不同烃基的迁移活性不相同，大概迁移顺序为：叔烷基＞仲烷基＞伯烷基＞甲基。

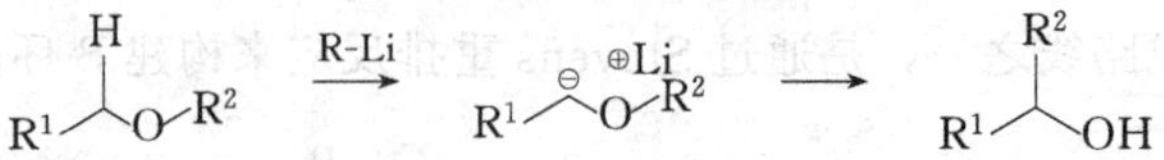

R^1 取代基能够稳定碳负离子（如苄基）或 R^2 取代基能够提高迁移能力（如叔烷基）的因素都能够提高 Wittig 重排反应的选择性，从而得到区域选择性的产物。为了提高反应的区域选择性，使用 Wittig 重排反应的改良方法 Wittig-Still 重排反应能获得更好的效果。其改良法是用 α-烷氧基有机锡为底物替代传统方法中的普通醚。乙基苄基醚在强碱作用下的重排反应可得到苄基迁移产物 **10-6** 和乙基迁移产物 **10-7** 两个重排产物，而采用改进的底物 **10-8** 为原料，则得到区域选择性产物 **10-6**。

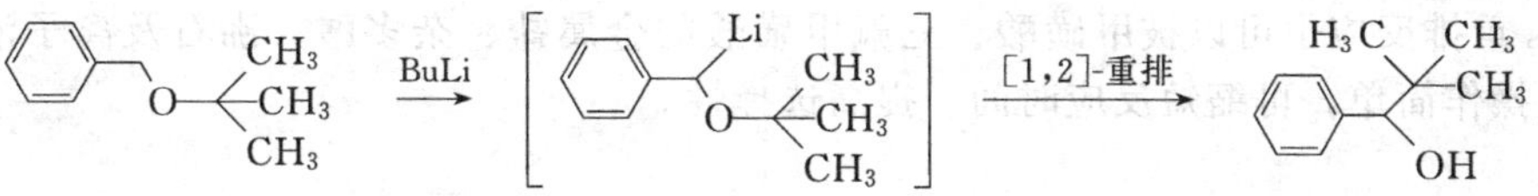

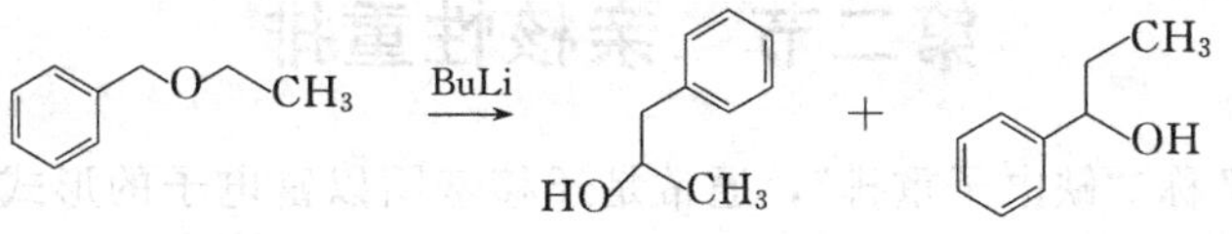

10-6 + **10-7**

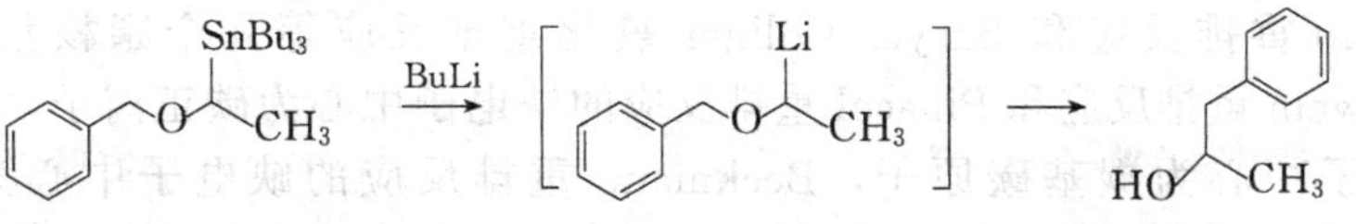

10-8 → → **10-6**

四、Fries 重排反应

酚酯在过量的路易斯酸或质子酸存在下加热，可发生酰基重排反应，生成邻羟基和对羟基芳酮的混合物。重排可以在硝基苯、硝基甲烷等溶剂中进行，也可无溶剂直接加热进行。

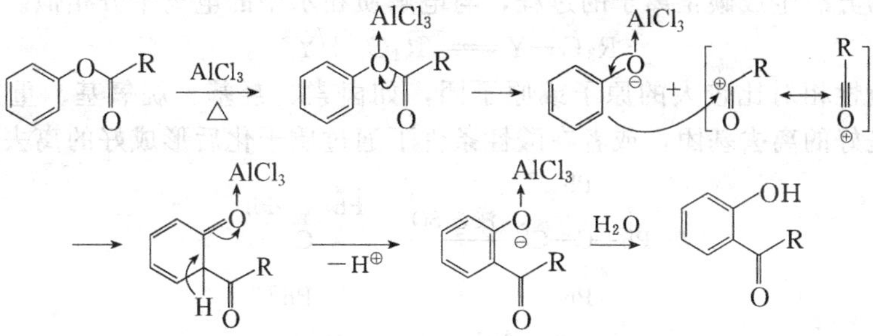

邻、对位产物的比例取决于酚酯的结构、反应条件和催化剂等。例如，用多聚磷酸（PPA）催化时主要生成对位重排产物，而用四氯化钛催化时则主要生成邻位重排产物。反应温度对邻、对位产物比例的影响比较大，一般来讲，较低温度（如室温）下重排有利于形成对位异构产物（动力学控制），较高温度下重排有利于形成邻位异构产物（热力学控制）。

无论是芳香酸还是脂肪酸的酚酯都可以发生 Fries 重排反应，因此该重排反应是在酚结构中引入酰基的重要方法。但酚酯的结构也会对反应产生影响，如芳环上存在间位定位基的酚酯不发生重排反应。

1-(4-羟基苯基)-1-丙酮（**10-9**）是合成肾上腺素受体激动剂利托君（ritodrine）的中间体，可通过丙酸酚酯的 Fries 重排反应制得。在合成肾上腺素（epinephrine）的过程中同样可通过 Fries 重排反应合成中间体氯乙酰基儿茶酚（**10-10**）。

10-9

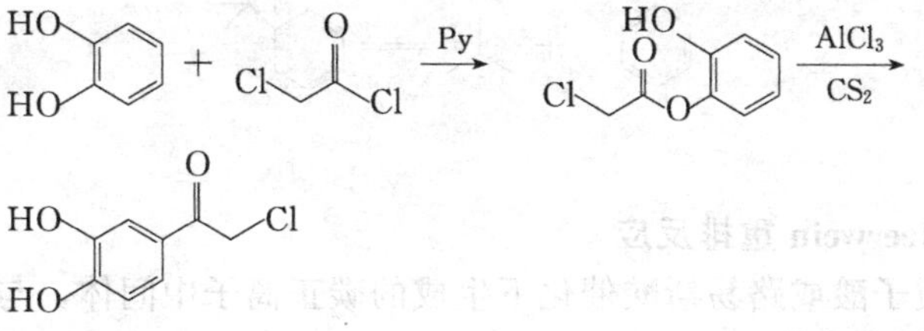

10-10

Fries 重排反应也可以被甲磺酸、三氟甲磺酸的金属盐、杂多酸、沸石及离子液体等催化，并且操作简单，可缩短反应时间、提高选择性。

第二节　亲核性重排

亲核重排反应又称"缺电子重排"，通常是迁移基团以富电子的形式转移到缺电子中心的过程。本节主要介绍 Wagneer-Meerwein 重排反应、Pinacol 重排反应、Benzilic acid 重排反应、Beckmann 重排反应和 Baeyer-Villiger 氧化重排反应等几个亲核重排反应。其中 Wagneer-Meerwein 重排反应和 Pinacol 重排反应的缺电子中心为碳正离子，Benzilic acid 重排反应的缺电子中心为羰基碳原子，Beckmann 重排反应的缺电子中心为缺电氮原子，Baeyer-Villiger 氧化重排反应的缺电子中心为氧原子。

重排反应是碳正离子具有的特性之一，因此当遇到反应有重排产物生成时，首先很自然地会考虑反应可能经过碳正离子中间体。通常正离子形成的方式主要有离子化和 π 键与酸的加成两种方法。离子化就是具有特定官能团的分子，在一定反应条件下转换为优良离去基团后发生化学键的异裂生成碳正离子的过程，与电解质在水中的电离十分相似。

$$R_3C—Y \rightleftharpoons R_3C^\oplus + Y^\ominus$$

Y 代表电负性相对比较大的原子或原子团，如卤素、羟基、烷氧基、重氮基、磺酸酯等，或者本身是好的离去基团，或者在酸性条件下通过质子化后形成好的离去基团。

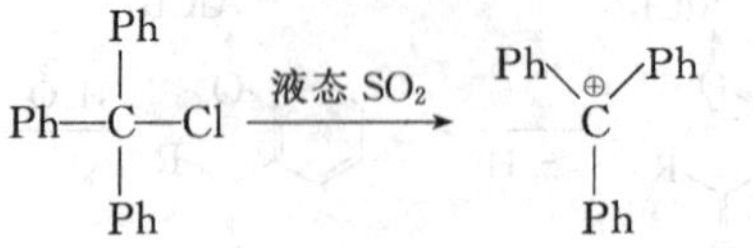

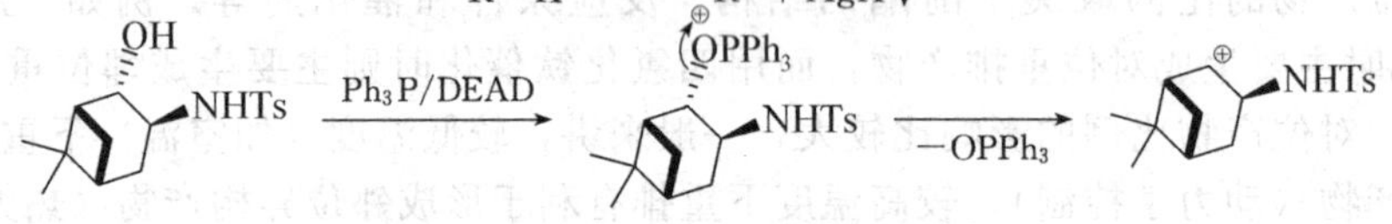

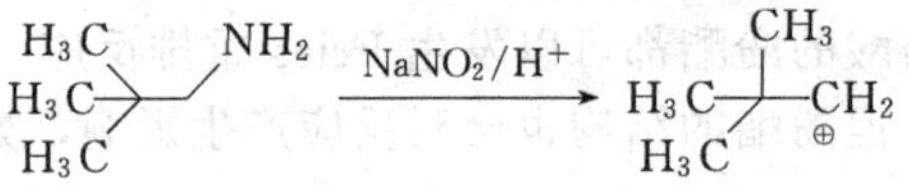

不饱和结构中的 π 键与酸之间加成是形成碳正离子的另一种方法。这里所谓的不饱和结构，包括 C=C、C=O 和 C=N 等。所谓的酸，包括质子酸和路易斯酸。

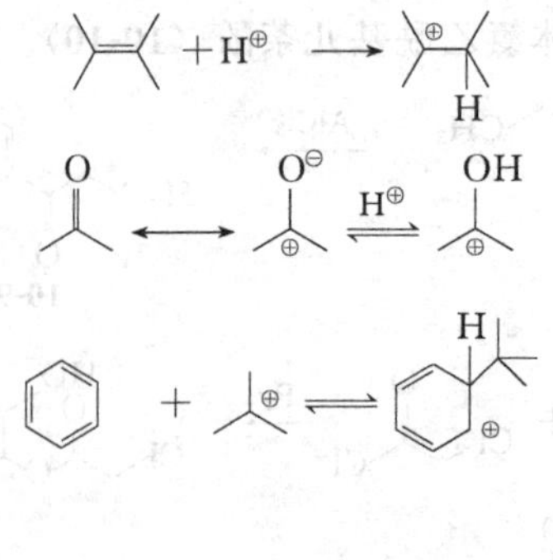

一、Wagneer-Meerwein 重排反应

醇或卤代烷在质子酸或路易斯酸催化下生成的碳正离子中间体，与之相连的碳原子上的芳基、烷基或氢原子迁移至带正电荷的碳上，生成更加稳定碳正离子的反应，称为 Wagneer-Meerwein 重排反应。促使重排反应发生的动力包括生成更稳定的碳正离子或转变为中性化合物。一般认为重排反应发生基团迁移的趋势是 H>芳香环>烷基。

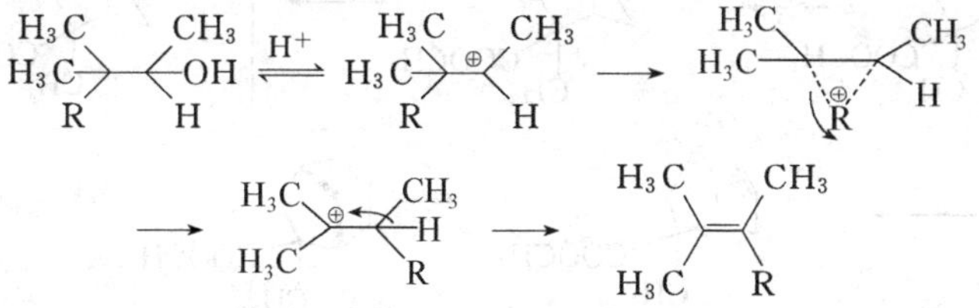

化合物 **10-11** 在亚硝酸钠的乙酸溶液中反应生成 **10-14** 的过程是经碳正离子 **10-12** 重排为更加稳定的叔碳正离子 **10-13** 完成的。

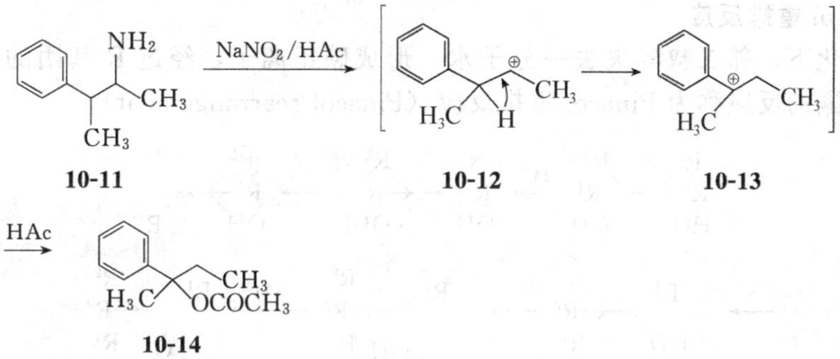

去甲基茴香醇在酸性条件下经羟基质子化脱水后形成的碳正离子，因张力原因不可能直接进行 β-消除形成烯烃 **10-15**；只能经 α-位甲基的迁移，形成更加稳定的叔碳正离子后发生 β-消除，得到烯 **10-16**。

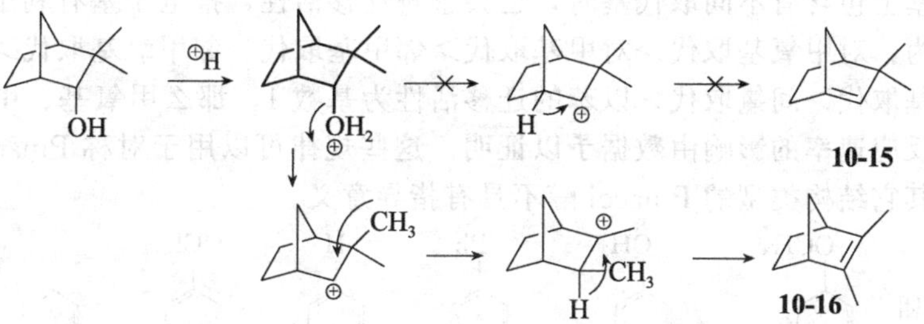

从立体化学角度上看，Wagneer-Meerwein 重排要求化合物的迁移基团和形成的碳正离子空 P 轨道以及之间相连接的碳-碳键处于共平面，并且迁移基团和离去基团处于反式，迁移的结果造成缺电子碳原子的构型反转。

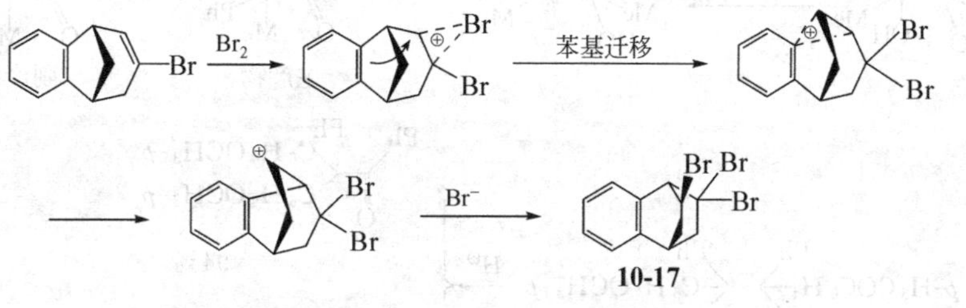

在上例中，烯烃首先和溴素在位阻小的一面形成溴鎓离子（面上），与 α-位碳原子相连接的苯基发生迁移（面下），形成新的碳正离子（同时环张力得到释放），被溴负离子捕获得到产物 **10-17**。

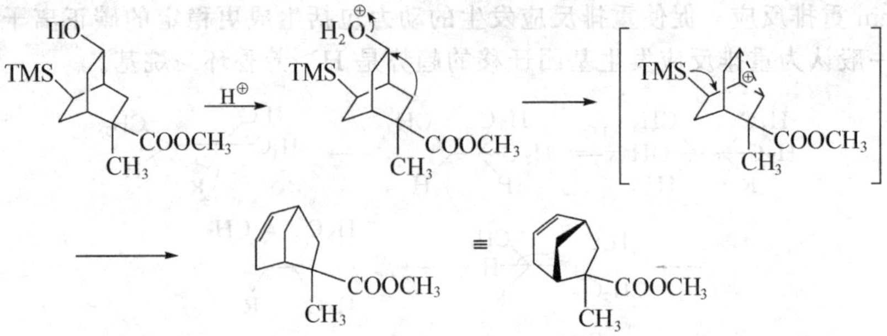

HO
TMS
H⊕
COOCH3
CH3
H2O
⊕
≡

上面的例子说明，若在重排位置的 *β*-位引入活性基团（如三甲基硅烷基），能够利于中性化合物的形成，促进了重排反应的发生。

二、Pinacol 重排反应

在酸的催化下，邻二叔醇失去一分子水，形成碳正离子，经过 R 基团的［1,2］-迁移，重排生成醛或酮的反应称为 Pinacol 重排反应（Pinacol rearrangement）。

R2
R1
HO
OH
H⊕
OH2
⊕
−H⊕
O

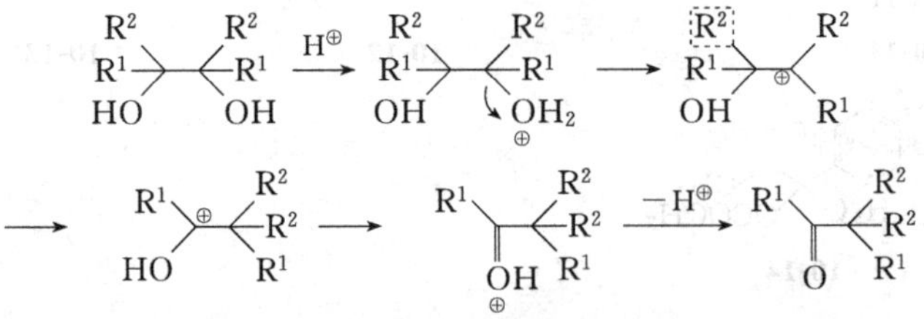

在 Pinacol 重排反应中，Pinacol 醇包含的 4 个烃基相同时，产物相对简单，没有重排异构体生成。然而，当 4 个基团不同时，迁移基团或原子就会因其活性的不同以及中间生成的碳正离子稳定性的差异而显示出反应的选择性。一般而言，迁移基团的活性趋势是苯基＞烷基＞氢。当芳基上包含有不同取代基时，也会影响迁移活性，推电子基有利于芳基迁移。大体上变化趋势为：对甲氧基取代＞对甲基取代＞邻甲基取代＞邻甲氧基取代＞无取代＞对氯取代＞间甲氧基取代＞间氯取代。以苯的迁移活性为基数 1，那么甲氧基、甲基、苯基、氯等对芳基迁移反应速率的影响由数据予以证明。这些规律可以用于对称 Pinacol 醇的重排产物的预测，对其它结构类型的 Pinacol 醇不具有指导意义。

迁移基团
OCH3
CH3
Ph
H
Cl
OCH3
迁移的
相对速率
500
16
12
1
0.7
0.3

Ph
Me
HO
OH
CH3SO3H
⊕
+
O
主产物
副产物

Ph
p-H3COC6H4
C6H4OCH3-p
HO
OH
H⊕
O
94%
6%

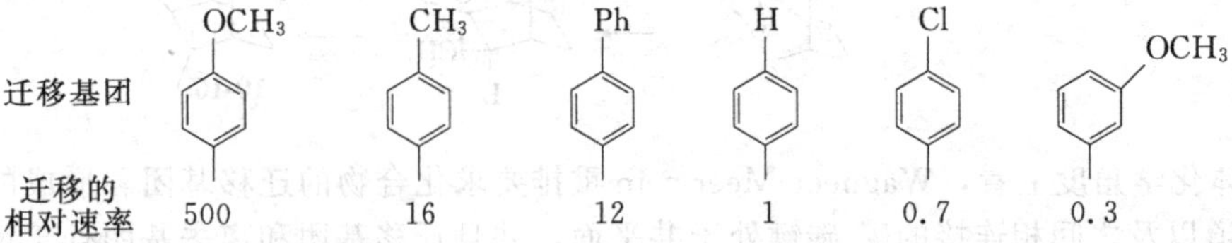

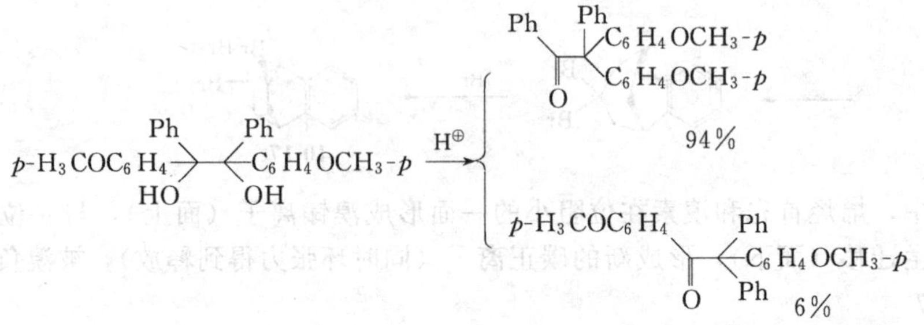

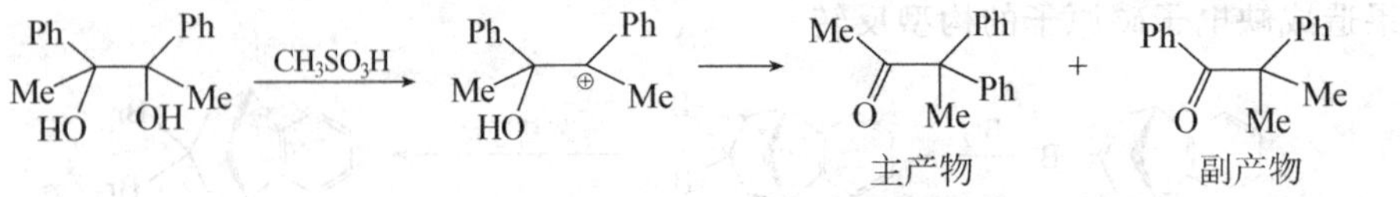

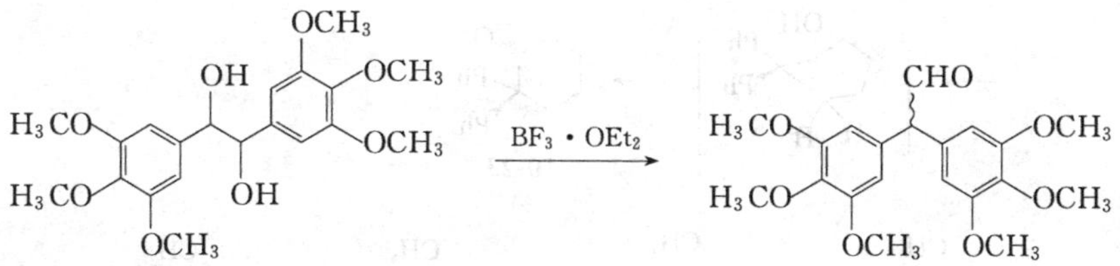

就非对称 Pinacol 醇的重排，前面给出的规律仅能作为一种参考，具有更广泛指导意义的规律是迁移基团的相对活性取决于形成的碳正离子的稳定性，形成的碳正离子越稳定，越有利于迁移。碳正离子 **10-18** 的稳定性大于 **10-19**，因此只得到重排产物 **10-20**。碳正离子 **10-21** 中氢的转移，是通过 C—H σ 键与共平面的空 p 轨道之间相互作用转移电子的方式完成，最终形成酮 **10-22**。

10-18 **10-20** **10-19**

10-21 **10-22**

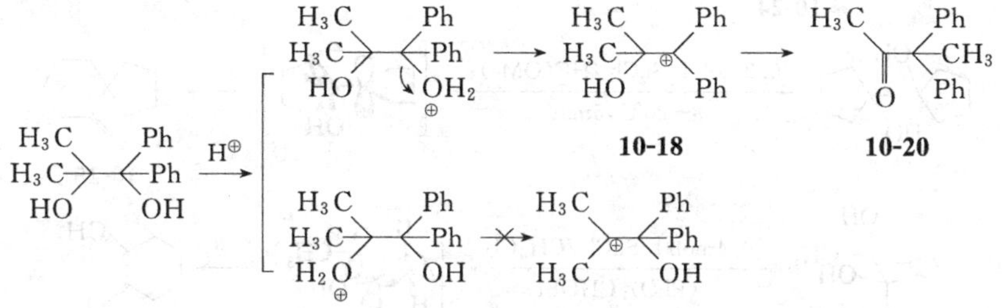

实现定向的 Pinacol 重排，可先选择性磺酰化提高其离去能力来引导反应的进行。手性酮 **10-22** 可通过对应 Pinacol 醇重排来合成。

10-22

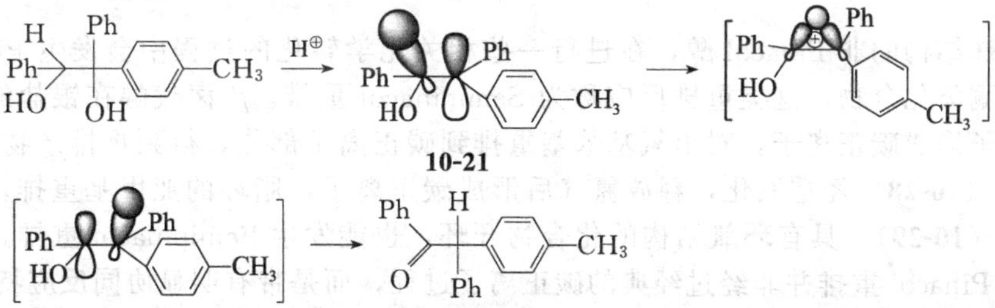

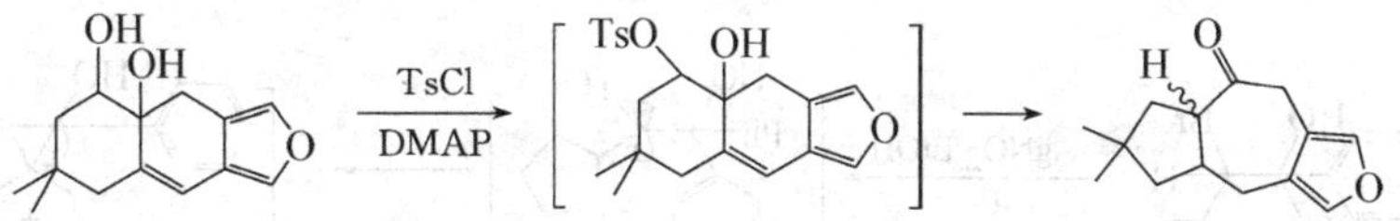

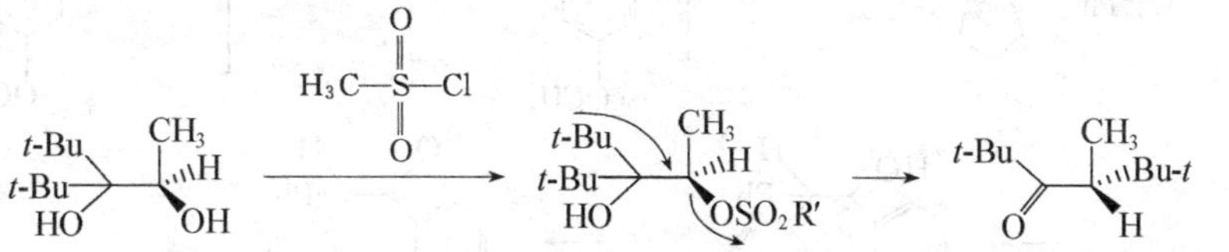

含有脂环基结构的 Pinacol 醇的重排反应，能够完成药物合成过程中环的扩张，如化合物 **10-23**；或环缩小，如化合物 **10-24**；也能用于螺环酮的合成，如化合物 **10-25**。在脂环系统中，若两个羟基处于一个环上，且呈顺式，处于离去羟基的背向氢原子迁移，得到甲基环己酮（**10-26**）。

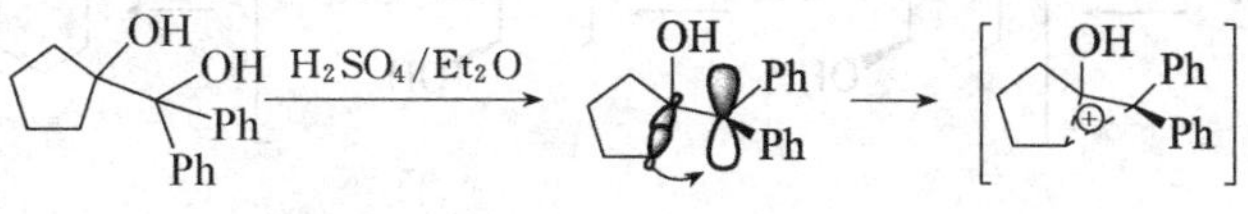

10-23

10-24

10-25

10-26

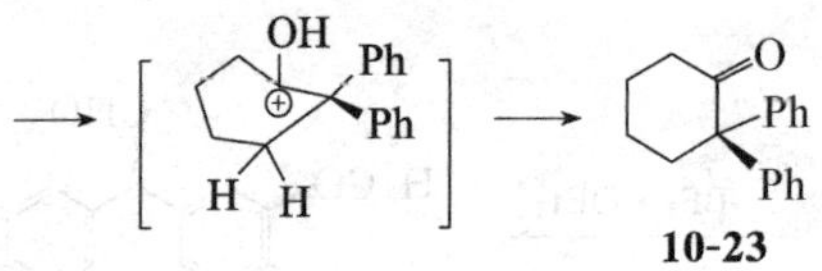

具有特殊结构的非 Pinacol 醇，在进行一些相关化学转化的过程中会发生 Pinacol 重排反应，得到酮类化合物，这类重排反应称为 Semipinacol 重排。β-卤代醇在银盐的作用下脱去卤素负离子形成碳正离子，对甲氧基苯基重排到碳正离子部位，得到重排产物 **10-27**。脂环 β-氨基醇（**10-28**）经重氮化，释放氮气后形成碳正离子，脂环的亚甲基重排，得到扩环产物环辛酮（**10-29**）。具有环氧结构的化合物开环，也能发生 Semipinacol 重排。应当指出的是，许多 Pinacol 重排并非经过经典的碳正离子过程，而是带有明显协同反应特征的。

10-28 10-29

10-27

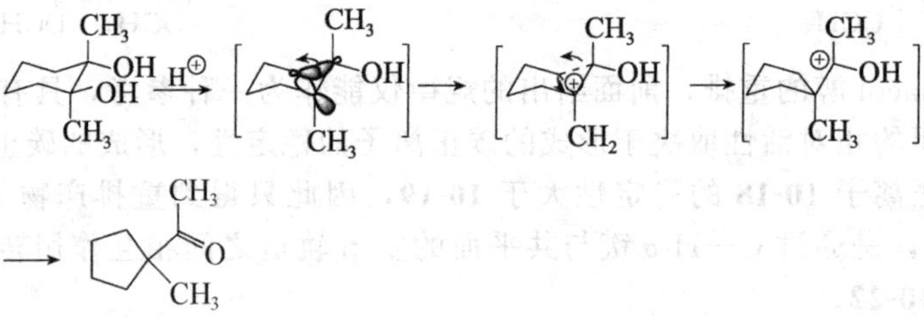

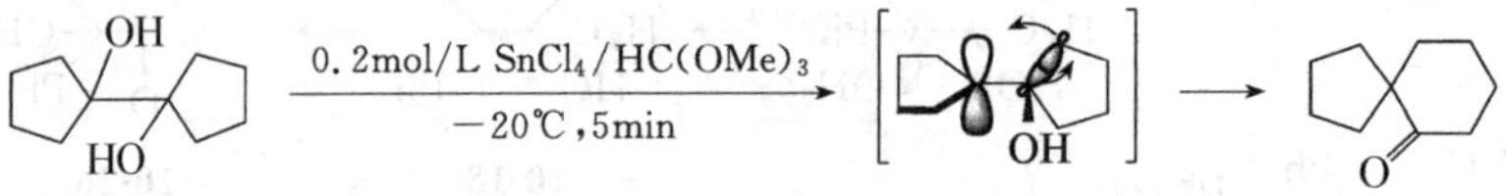

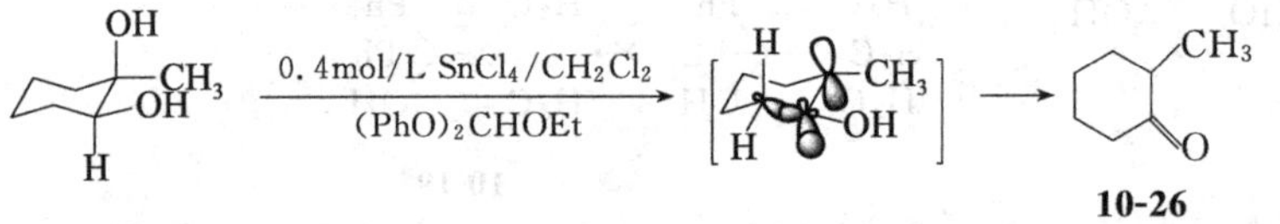

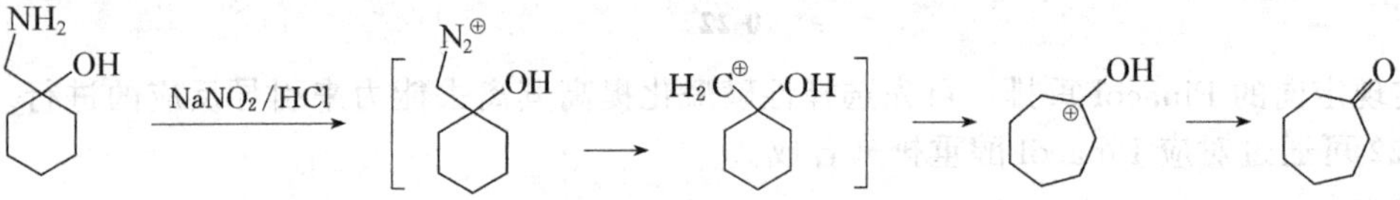

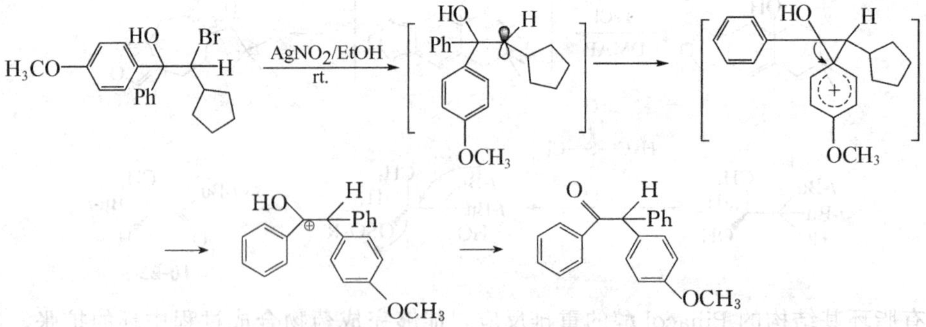

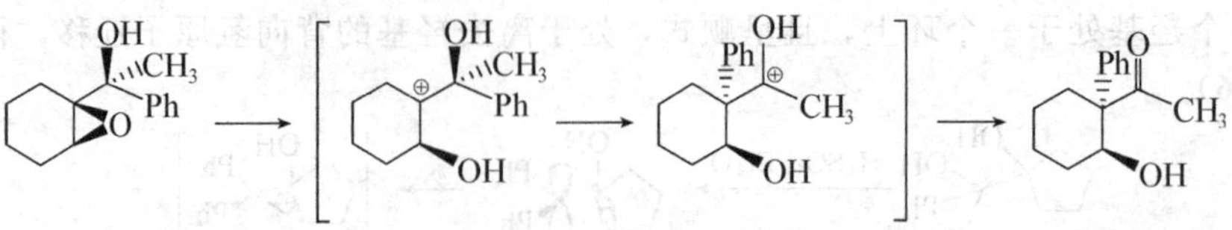

氯胺酮（ketamine，**10-30**）是一种具有镇痛作用的麻醉药，在其合成过程中环己酮部分的生成就是利用了 Semipinacol 重排反应扩环得到的。

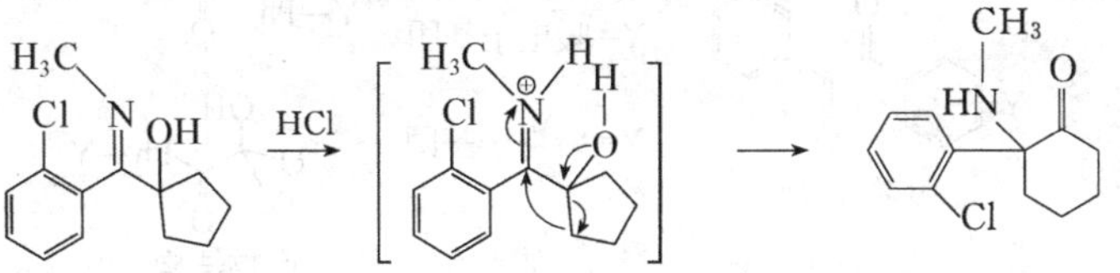

10-30

三、Benzilic acid 重排反应

二苯基乙二酮在碱的作用下重排生成 α-二苯基羟基乙酸衍生物的反应被称为 Benzilic acid 重排反应（Benzilic acid rearrangement）。使用醇钾（如叔丁醇钾），重排产物为相应的 α-羟基乙酸酯（**10-31**）。

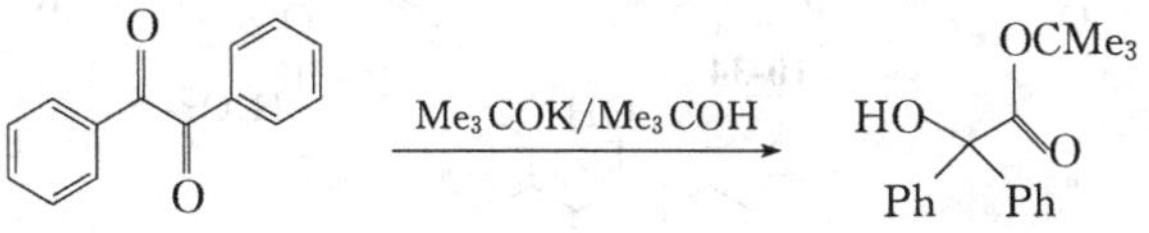

10-31

氢氧根负离子作为亲核试剂进攻羰基发生亲核加成得 **10-32**，羰基碳由 sp^2 杂化转化为 sp^3 杂化，氧负离子发生 α-消去使该碳原子恢复 sp^2 杂化的同时将负电荷传递给烃基 R，此时 R 作为亲核试剂进攻第二个羰基发生亲核加成的同时完成其迁移，在经过质子转移以及酸处理后，得到二取代的 α-羟基乙酸（**10-33**）。

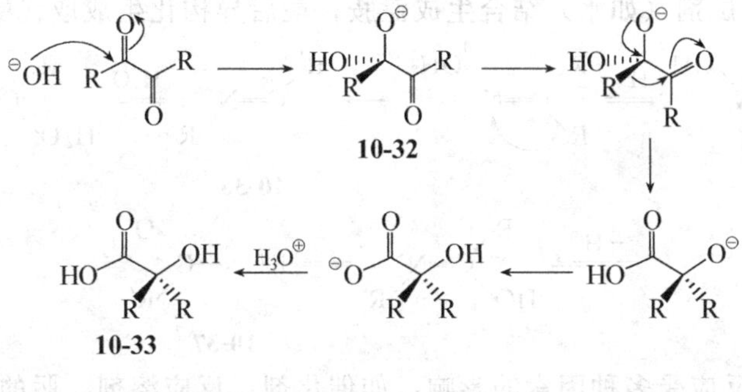

Benzilic acid 重排反应是一种常见的反应，实际上无论是芳香族乙二酮还是脂肪族乙二酮都能发生类似反应。如果是非对称的乙二酮，重排反应表现出一定的选择性。二芳基乙二酮的重排产物与环上取代基的电子效应相关。

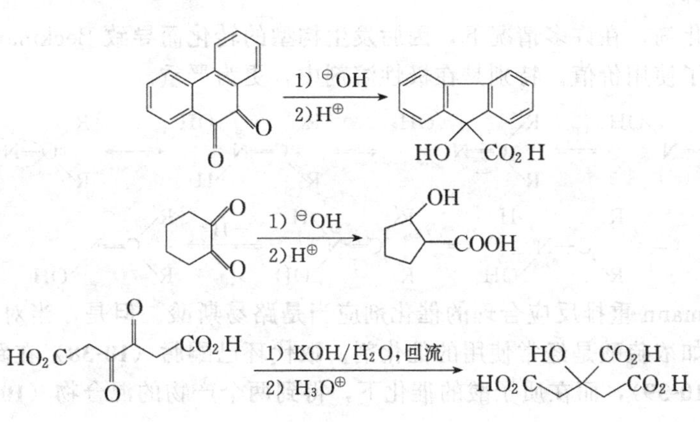

当使用含有 α-氢的醇盐（**10-34**）进行反应时，发生歧化反应，将负氢转移到底物碳原子上（类似于 Cannizzaro 反应），将底物还原为 α-羟基酮（**10-35**）。

四、Beckmann 重排反应

肟类化合物在酸性条件下重排形成 *N*-烃基酰胺的反应称为 Beckmann 重排反应（Beckmann rearrangement）。被公认的反应机理为：肟羟基在酸的催化下经质子化提高了离去能力，处于其反位的基团迁移得到荷正电荷的氮原子形成正碳离子（**10-36**），该碳正离子立即与反应介质中的亲核试剂（如水）结合生成亚胺，最后异构化生成取代酰胺（**10-37**）。

Beckmann 重排反应受多种因素的影响，如催化剂、反应溶剂、肟的结构等。

催化 Beckmann 重排的常用催化剂包括质子酸（如硫酸、盐酸、多聚磷酸和三氟磺酸等）、路易斯酸（三卤化硼、三卤化铝、四氯化钛和氯化锌等）、三氯氧磷、五氯化磷、氯化亚砜、甲磺酰氯等。

质子酸作催化剂，在许多情况下，因肟发生构型的转化而导致 Beckmann 重排产物为混合物，使其失去了使用价值，特别是在极性溶剂中，更为严重。

因此，Beckmann 重排反应合理的催化剂应当是路易斯酸。但是，当对称酮肟作为反应底物时，质子酸如浓硫酸是经常使用的催化剂。取代环己酮肟（**10-38**）在路易斯酸催化下，得到单一产物（**10-39**），而在质子酸的催化下，得到两个产物的混合物（**10-39** 和 **10-40**）。

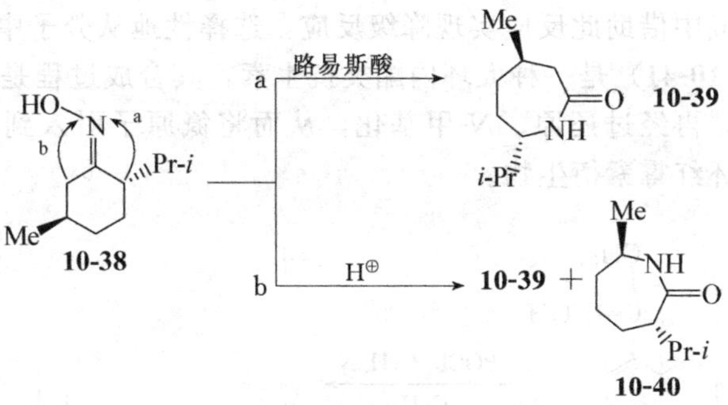

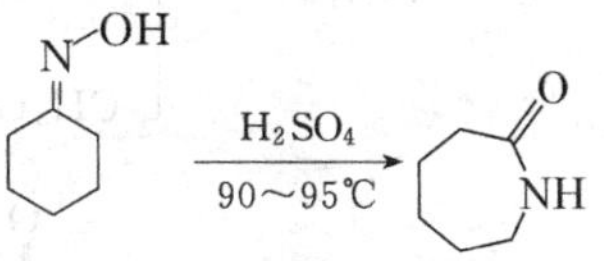

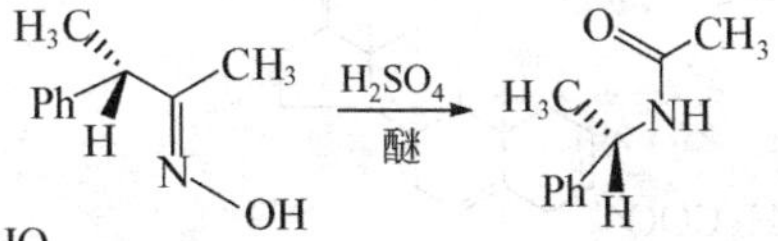

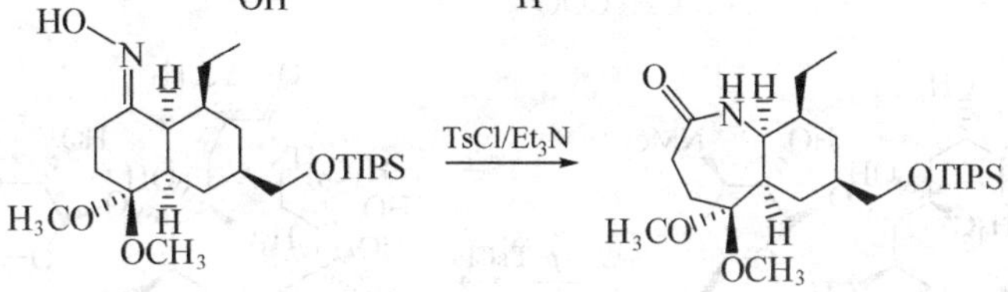

Beckmann 重排反应受溶剂的影响也是非常明显的，反应在非极性溶剂中极不理想。二芳酮肟苦味酸醚在不同溶剂中反应活性差别非常明显。此外，如果溶剂具有强的亲核能力的话，重排的产物可能是胺的其它衍生物。

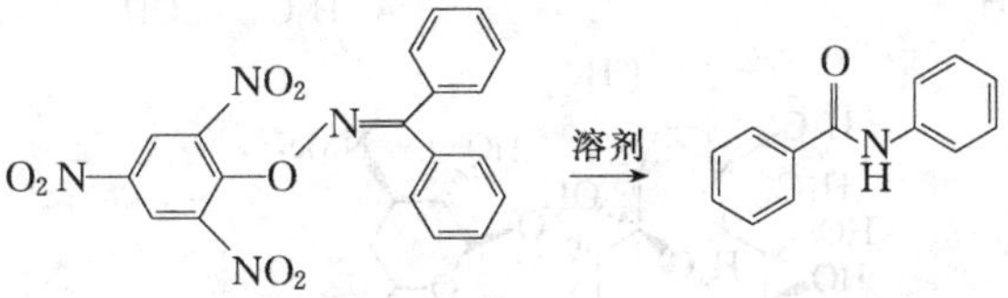

溶剂	相对速率
C_6H_6	1
CH_2Cl_2	35
CCl_4	0.15

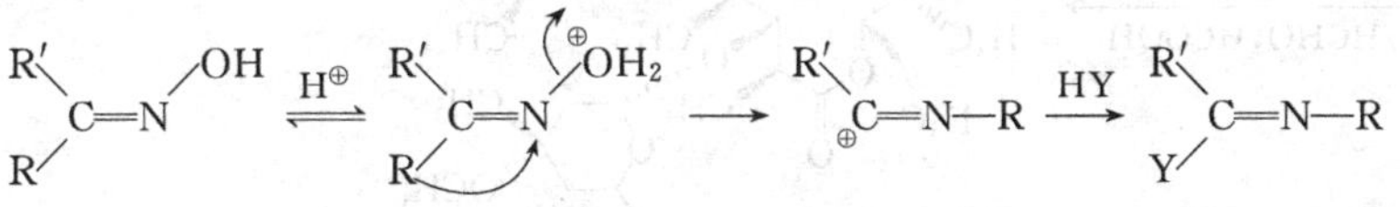

$$HY=RSH, ROH, RNH_2$$

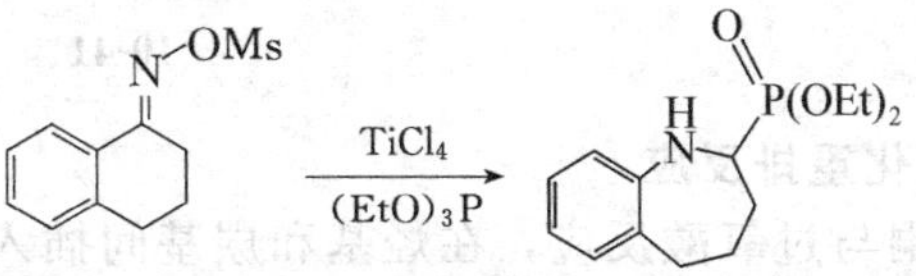

从反应机理可知，酮肟的结构决定着最终产物。处于肟结构的羟基反位的烃基优先迁移，因此，在不发生异构化重排条件下，从酮肟的结构可预测重排产物。

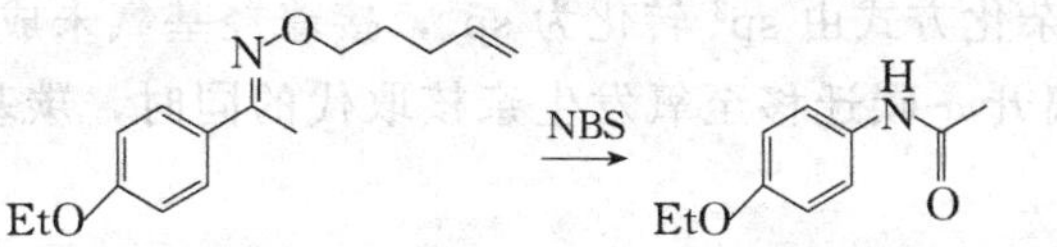

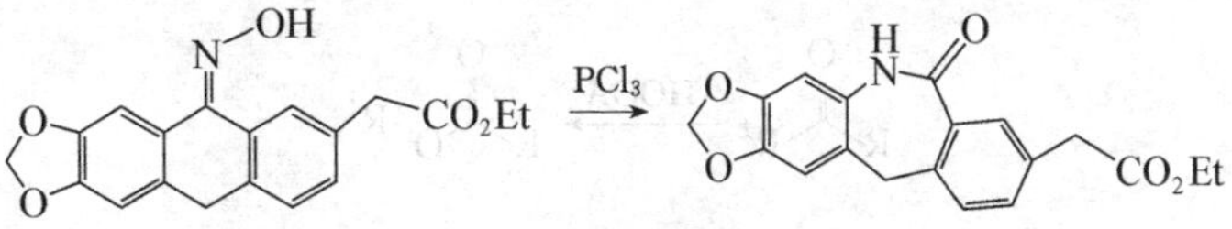

在甾体药物的合成中借助此反应实现降级反应，选择性地从分子中转移部分结构。阿奇霉素（azithromycin，**10-41**）是一种大环内酯类抗生素，其合成过程是将红霉素肟经贝克曼重排后得到扩环产物，再经过还原、*N*-甲基化，从而将氮原子引入到大环内酯骨架中，得到含氮原子的十五元环红霉素衍生物。

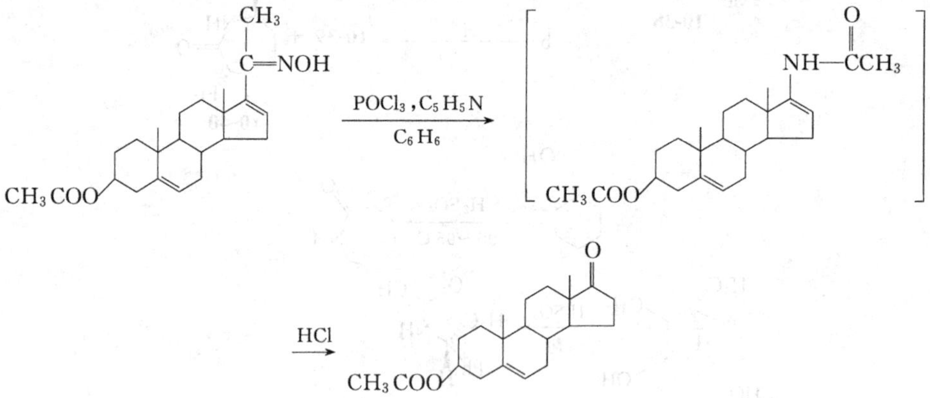

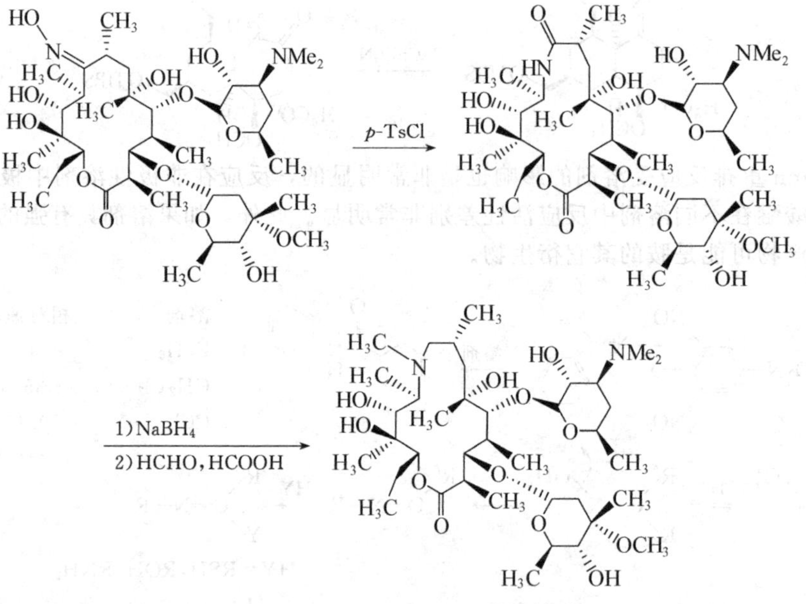

10-41

五、Baeyer-Villiger 氧化重排反应

在酸的催化下，醛或酮与过氧酸反应，在烃基和羰基间插入氧原子生成酯的反应称为 Baeyer-Villiger 氧化重排反应（Baeyer-Villiger oxidation rearrangement）。过氧酸分子中的羟基与羧酸中羟基相比，前者的性质与醇羟基相似，因此，其具有的亲核性可使其与羰基发生亲核加成，羰基碳的杂化方式由 sp^2 转化为 sp^3，接着羟基氧未成键的孤对电子随 α-消除传递给烃基 R′，在 R′离开 α-碳迁移至氧发生亲核取代的同时，羰基结构恢复为 sp^2 杂化，得到氧化重排产物。

$$R\overset{\displaystyle O}{\underset{}{\text{C}}}R' \xrightarrow{HOOA} \underset{R'}{\overset{R}{\underset{}{HO-C-O-O-A}}} \overset{H^\oplus}{\rightleftharpoons} \underset{R'}{\overset{R}{\underset{}{HO-C-O-O-A}}} \rightarrow R-C-O-R' \rightarrow R-C-O-R'$$

A＝Ac，HCO，CF$_3$CO，PhCO，m-Cl-PhCO

反应中可以使用的过氧酸有过氧乙酸、过氧甲酸、三氟过氧乙酸、过氧苯甲酸和间氯过氧化苯甲酸等。对不对称酮来说，不同基团具有不同的迁移能力。大体的规律是叔烷基＞仲烷基＞环己基＞苄基＞苯基＞伯烷基＞甲基≫—H，据此，可以预测反应的产物。

第三节 自由基重排和碳烯、氮烯重排

相比于以碳正离子和碳负离子为活性中心的重排反应，以自由基为活性中心的重排反应是对重排反应类型的另一重要的补充，在该类重排反应中首先形成一个自由基，然后迁移基团带着一个电子进行迁移形成新的自由基。促进反应发生的动力是新形成的自由基有更高的稳定性，能量更低。

$$\underset{A-\dot B}{\overset{W}{\underset{}{}}} \longrightarrow \underset{\dot A-B}{\overset{W}{\underset{}{}}}$$

自由基通常是通过其它自由基引发或反应形成的，但结构不同的自由基稳定性差异较大，所以自由基形成是有选择性的，若结构中多个位置可形成自由基，其应用往往受到限制。

另外一类可发生重排反应的质体为卡宾（碳烯）和乃春（氮烯），在重排反应中有着广泛的应用，如 Wolff 重排反应、Curtius 重排反应、Schmidt 重排反应和 Lossen 重排反应等。

碳烯又称卡宾，与碳自由基一样，属于不带正负电荷的中性活泼中间体。碳烯含有一个电中性的二价碳原子，在这个碳原子上有两个未成键的电子。碳烯有两种结构：单线态碳烯（sp^2 杂化，两个未成键电子存在于一个轨道上）和三线态碳烯（sp^2 杂化或 sp^3 杂化，两个未成键电子分别位于两个轨道上）。碳烯是典型的缺电子活性中间体。

单线态　　　三线态　　　三线态

氮烯又称乃春，是卡宾（碳烯）的氮类似物，通式 R—N:，其中氮原子周围有 6 个电子，具亲电性。

一、Wolff 重排反应

α-重氮酮在光、热或过渡金属催化剂（如氧化银）作用下，释放出氮气生成卡宾中间体，然后发生 1,2-重排反应生成烯酮的反应称为 Wolff 重排反应（Wolff rearrangement）。烯酮作为亲电试剂与醇、水或胺（氨）反应，分别生成对应的羧酸、酯或酰胺。

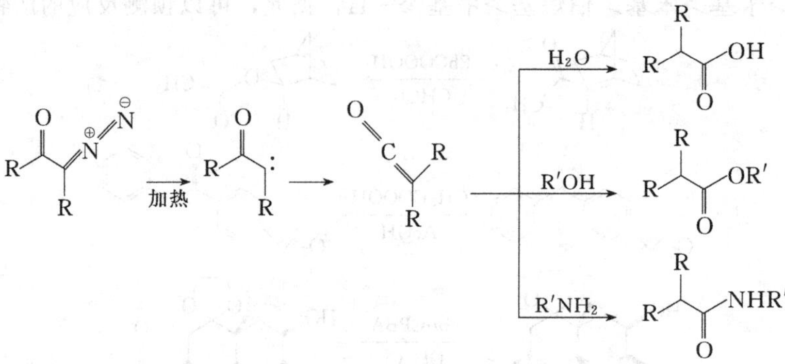

金刚烷胺（**10-42**）是一种新解热镇痛药的中间体，**10-43** 是核苷类抗病毒药物 Oxetanocin，这些化合物的合成，均可通过 Wolff 重排反应来实现。

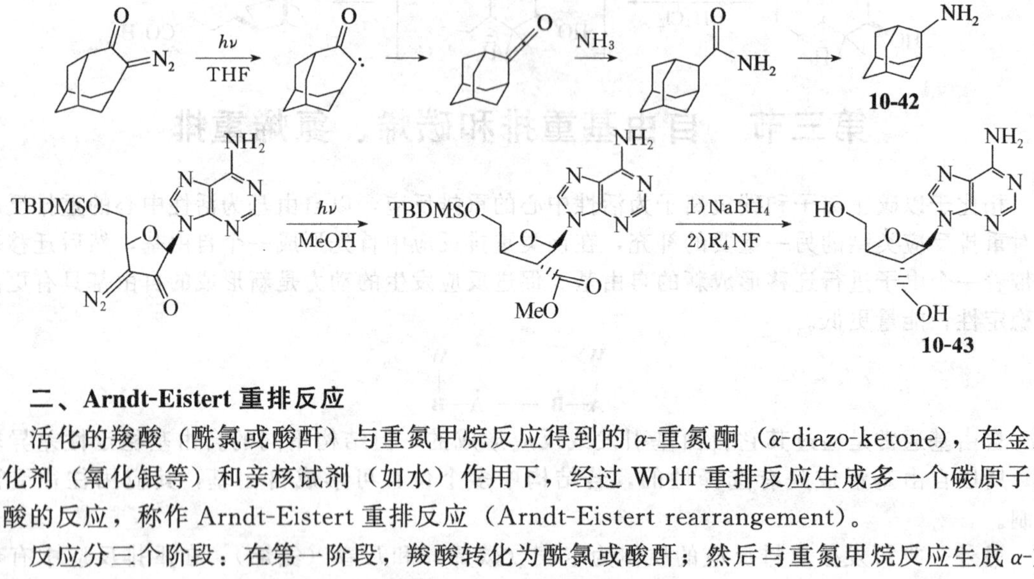

二、Arndt-Eistert 重排反应

活化的羧酸（酰氯或酸酐）与重氮甲烷反应得到的 α-重氮酮（α-diazo-ketone），在金属催化剂（氧化银等）和亲核试剂（如水）作用下，经过 Wolff 重排反应生成多一个碳原子的羧酸的反应，称作 Arndt-Eistert 重排反应（Arndt-Eistert rearrangement）。

反应分三个阶段：在第一阶段，羧酸转化为酰氯或酸酐；然后与重氮甲烷反应生成 α-重氮酮；最后发生 Wolff 重排反应得到增加一个碳原子的羧酸。

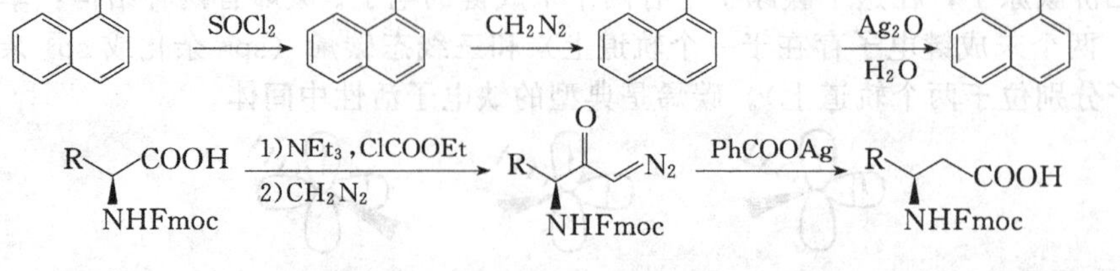

在第二个例子中，由 α-氨基酸经过重排反应得到 β-氨基酸同系物，该类同系物在肽类化

合物的研究中作为有用的结构单元（building block）用于结构改造中，对于肽类药物的活性研究发挥了重要的作用。

三、Curtius 重排反应

酰基叠氮化合物加热分解生成异氰酸酯的反应称为 Curtius 重排反应（Curtius rearrangement），反应在非质子溶剂下（如苯、三氯甲烷）进行，得到较高收率的异氰酸酯；若在水、醇或胺中进行，则得到胺、取代脲或氨基甲酸酯。

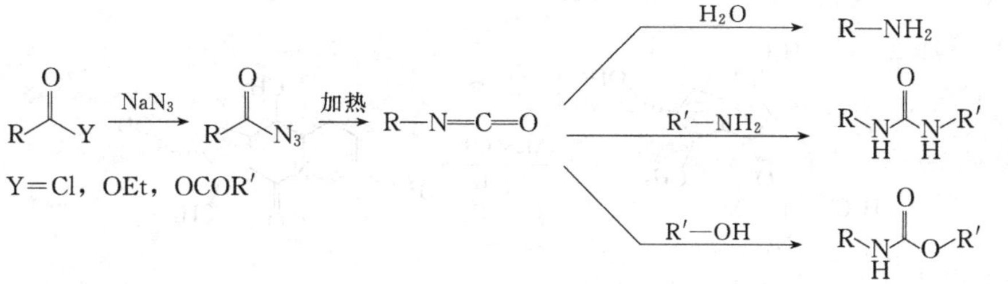

酰基叠氮化合物在加热或光照下释放 1 分子氮气，生成氮烯活性中间态形式，然后烷基发生迁移生成异氰酸酯。

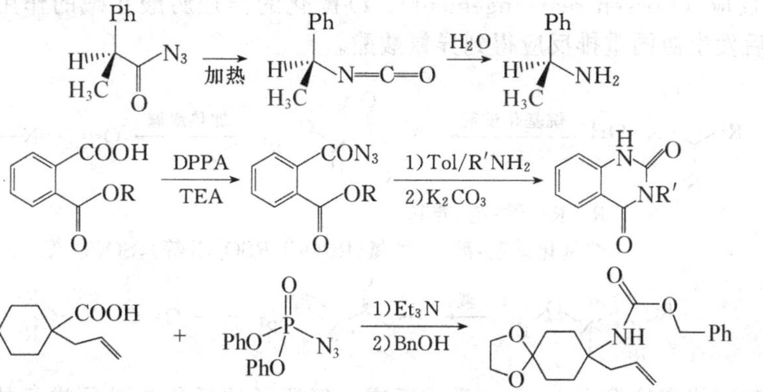

四、Schmidt 重排反应

在酸的催化下，羧酸和酮（或醛）与叠氮酸反应，生成伯胺、酰胺（或腈）的反应称为 Schmidt 重排反应（Schmidt rearrangement）。反应底物首先与叠氮酸发生亲核加成反应，生成的 α-羟基叠氮化合物释放 1 分子氮气生成氮烯活性中间态后，烷基发生迁移，若底物为羧酸，反应与 Curtius 重排形似，经过水解生成胺；若底物为酮，反应与 Baeyer-Villiger 重排反应相似，经过质子转移生成酰胺。

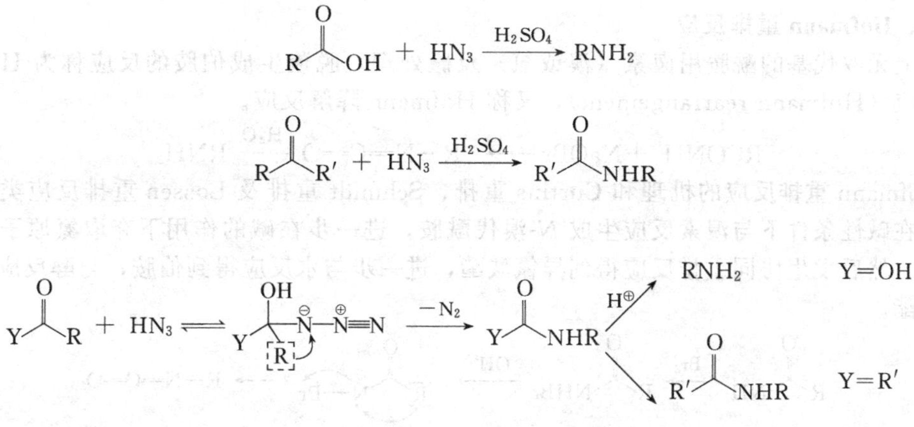

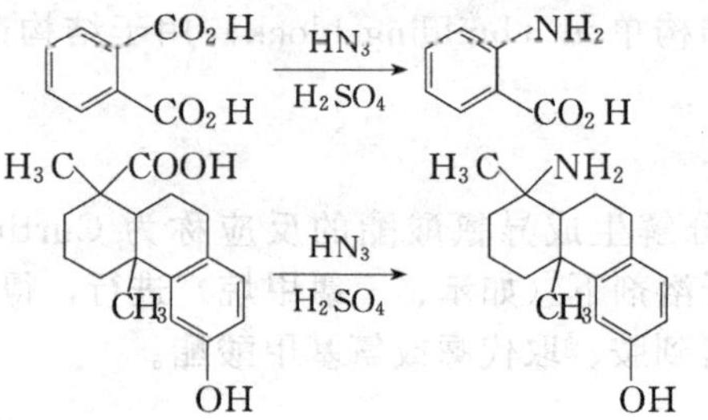

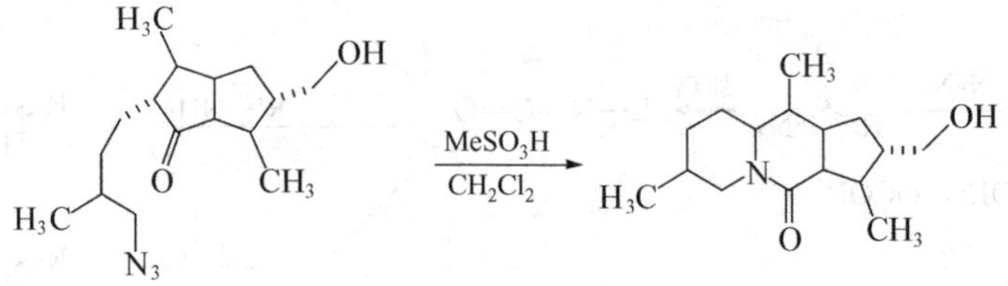

五、Lossen 重排反应

异羟肟酸经过 O-酰化后，在加热或碱性条件下发生迁移重排生成异氰酸酯的反应称为 Lossen 重排反应（Lossen rearrangement）。O-酰化的异羟肟酸在碱的作用下脱掉氮原子上的质子，然后发生协同重排反应得到异氰酸酯。

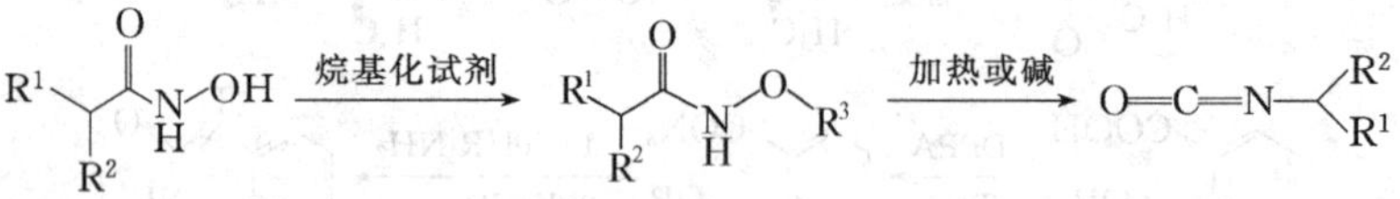

R^1, R^2＝烷基，芳基；

烷基化试剂：酸酐，酰氯（RCOCl，RSO_2Cl 等），$SOCl_2$ 等

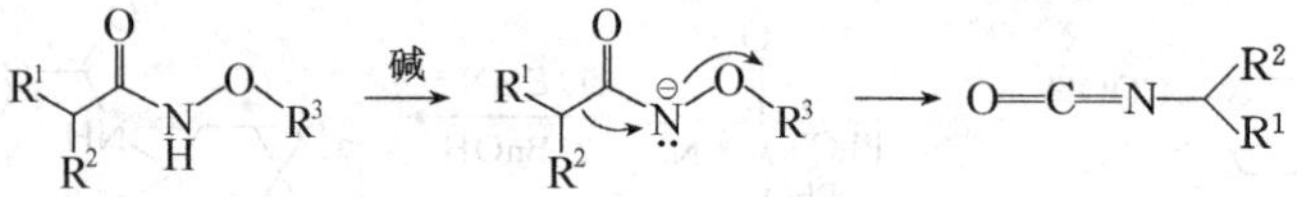

异羟肟酸不能直接发生 Lossen 重排反应，氧原子的活化是必须进行的步骤；如果迁移基团具有手性，迁移前后手性保持不变。采用 Lossen 重排反应替代 Curtius 重排反应用于羧基转化为氨基，可以避免使用易发生爆炸的叠氮化钠。

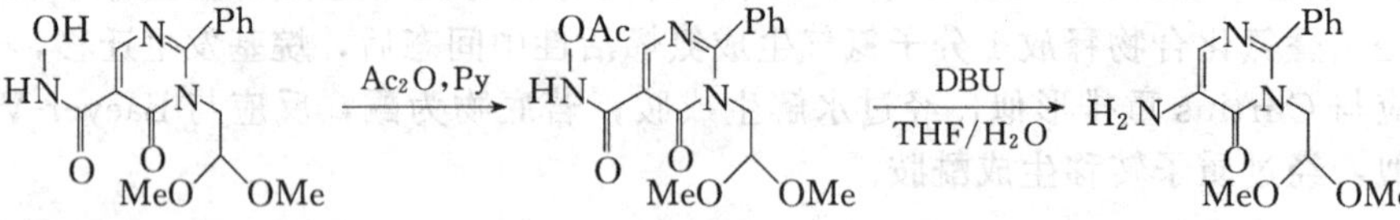

六、Hofmann 重排反应

氮上无取代基的酰胺用卤素（溴或氯）及碱处理，脱羧生成伯胺的反应称为 Hofmann 重排反应（Hofmann rearrangement），又称 Hofmann 降解反应。

$$RCONH_2 + NaOBr \longrightarrow R—N=C=O \xrightarrow{H_2O} RNH_2$$

Hofmann 重排反应的机理和 Curtius 重排、Schmidt 重排及 Lossen 重排反应类似。首先酰胺在碱性条件下与溴素反应生成 N-溴代酰胺，进一步在碱的作用下夺取氮原子上的另一个氢，然后发生协同重排反应得到异氰酸酯，进一步与水反应得到伯胺，与醇反应得到氨基甲酸酯。

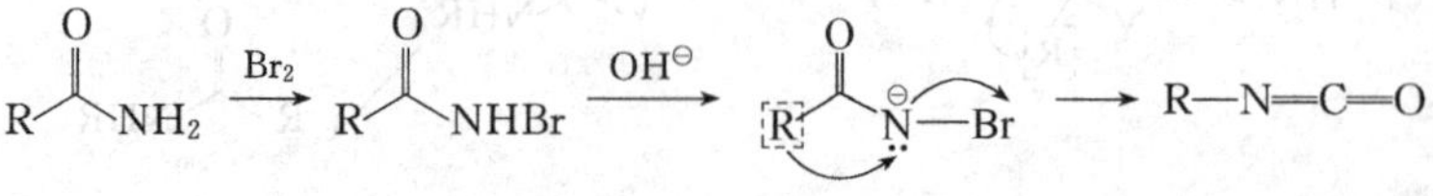

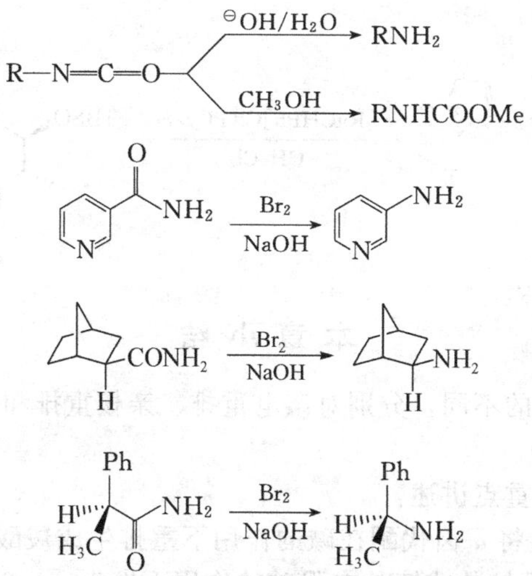

$$R-N=C=O \xrightarrow[\text{CH}_3\text{OH}]{\ominus\text{OH/H}_2\text{O}} \begin{array}{l} \text{RNH}_2 \\ \text{RNHCOOMe} \end{array}$$

因为反应在碱性条件下进行，所以底物中不能含有对碱敏感的基团，如果含有碱敏感基团，可以使用 N-溴代丁二酰亚胺（NBS）、四醋酸铅（LTA）或高价碘试剂（苯基二乙酰基碘、苯基双三氟乙酰基碘等）作为反应物进行该反应。

第四节 相关反应新进展

烯烃复分解反应（Olefin metathesis）涉及金属催化剂存在下烯烃双键的重组，自发现以来便在医药和聚合物工业中有了广泛应用。相对于其它反应，该反应副产物及废物排放少，更加环保。2005 年的诺贝尔化学奖颁发给化学家伊夫·肖万、罗伯特·格拉布和理查德·施罗克，以表彰他们在烯烃复分解反应研究和应用方面所作出的卓越贡献。

烯烃复分解反应由含镍、钨、钌和钼的过渡金属卡宾配合物催化，反应中烯烃双键断裂重组生成新的烯烃，通式如下：

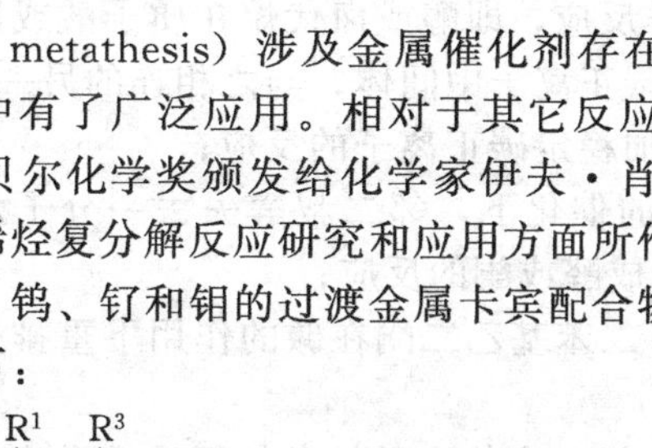

烯烃复分解反应是个循环反应，其过程为：首先金属卡宾配合物与烯烃反应，生成含金属杂环丁烷环系的中间体。该中间体分解，得到一个新的烯烃和新的卡宾配合物。接着后者继续发生反应，又得到原卡宾配合物。

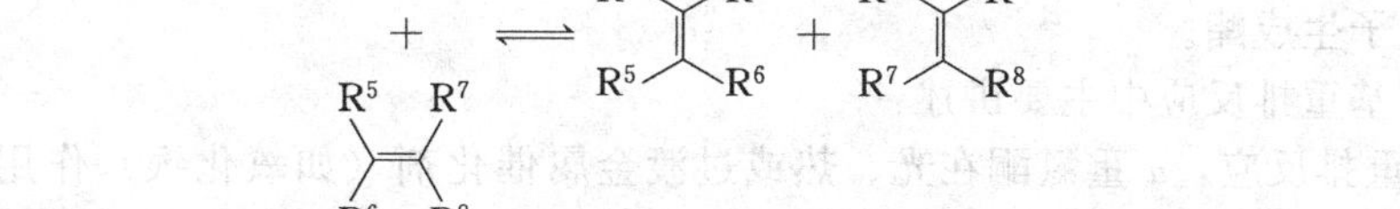

$$\text{LnM}=\text{CHR} + \quad \xrightarrow{\quad} \quad \xrightarrow{\quad} \text{LnM}=\text{CH}_2 + $$

Epothilones 是 1987 年由 Hofle 等从黏细菌菌属纤维堆囊菌产生的次级代谢产物中分离得到的一系列十六元环大环内酯类结构，并在 1995 年发现其具有与紫杉醇类似的诱导微管蛋白聚合活性。作为抗肿瘤药物成为最近的研究热点，其全合成过程中采用烯烃复分解反应中的环合复分解反应（ring-closing metathesis，RCM）构建 C-12＝C-13 双键。

本 章 小 结

按形成的不稳定中心的不同，分别对亲电重排、亲核重排和自由基重排等反应类型进行了概述。

在亲电性重排反应中重点讲述：

Favorskii 重排反应，将 α-卤代酮在碱的作用下重排生成羧酸或其衍生物；

Stevens 重排反应，季铵盐或锍盐在强碱的作用下发生 [1,2]-重排生成胺或者硫醚；

[1,2]-Wittig 重排反应，醚类化合物（烯丙基醚除外）在强碱性条件下转变为碳负离子后，醚键另一侧的烷基极易迁移到原碳负原子位置上，发生重排而形成醇；

Fries 重排反应，酚酯在过量的路易斯酸或质子酸存在下加热，可发生酰基重排反应，生成邻羟基和对羟基芳酮的混合物。

在亲核性重排反应中主要讲述：

Wagneer-Meerwein 重排反应，即醇或卤代烷在质子酸或路易斯酸催化下在发生相关反应的过程中，可能生成的碳正离子中间体，与之相连的另一个碳上的芳基、烷基或氢迁移至正电荷的碳上，生成更加稳定碳正离子的反应；

Pinacol 重排反应，在酸的催化下，邻二叔醇失去一分子水，形成碳正离子，经过 R 基团的 [1,2]-迁移，重排生成醛或酮的反应；

Benzilic acid 重排反应，二苯基乙二酮在碱的作用下重排生成 α-二苯基羟基乙酸衍生物的反应；

Beckmann 重排反应，肟类化合物在酸性条件下重排形成 N-烃基酰胺；

Baeyer-Villiger 氧化重排反应，在酸的催化下，醛或酮与过氧酸反应，在烃基和羰基间插入氧原子生成酯。

在自由基重排反应中主要讲述：

Wolff 重排反应，α-重氮酮在光、热或过渡金属催化剂（如氧化银）作用下，放出氮气生成卡宾中间体，然后发生 1,2-重排反应生成烯酮；Arndt-Eistert 重排反应，活化的羧酸（酰氯或酸酐）与重氮甲烷反应得到的 α-重氮酮（α-diazo-ketone），在金属催化剂（氧化银等）和亲核试剂（如水）作用下，经过 Wolff 重排反应生成多一个碳原子的羧酸；

Curtius 重排反应，酰基叠氮化合物加热分解生成异氰酸酯；

Schmidt 重排反应，在酸的催化下，羧酸和酮（或醛）与叠氮酸反应，生成伯胺、酰胺（或腈）；

Lossen 重排反应，O-酰化的异羟肟酸在碱的作用下脱掉氮原子上的质子，然后发生协同重排反应得到异氰酸酯；

Hofmann 重排反应，氮上无取代基的酰胺用卤素（溴或氯）及碱处理，脱羰生成伯胺。

第十一章 酶催化有机反应

酶催化有机反应（enzyme-catalyzed reactions）是指以酶为催化剂实现的化学转化过程。有直接使用细胞催化来完成反应的实例，其本质上是相同的，因此可以统称为生物催化。

生物催化无时不发生在生物体中，在制造业中的应用可以追溯到公元前 2000 多年人类就已开始的酿酒和制醋业。然而，真正作为一种合成技术和方法却是近百年的事，而游离酶催化有机反应对相关工业的影响更是如此。酶催化由于表现出"绿色"特性而备受研究工作者、开发商关注，现已成为合成（特别是不对称合成）的一种有效的方法，在药物合成中也得到了广泛的应用。本章力图使读者了解一些初步的相关知识，并学习、掌握最基本的反应和概念。

第一节 酶催化反应概述

酶是生物提高其生化反应效率而产生的催化剂，绝大多数酶的化学本质是蛋白质，少数酶同时含有少量的糖和脂肪。在生物体内，所有的反应均在酶的催化作用下完成，几乎所有生物的生理现象都与酶的作用相关联。

酶的命名基本有两种，包括推荐名和系统名，都是基于催化反应的性质来命名的。推荐名通常沿用酶的通俗名，便于使用，然而不够准确；而系统名广泛，但不方便使用。因此，酶委员会开发了一套基于相同标准的数字体系，给每种酶分配了一个四位数的 EC 编号：（ⅰ）.（ⅱ）.（ⅲ）.（ⅳ），如一种固定化的青霉素酰化酶 EC 3.5.1.11。酶大体上分为 6 大类，见表 11-1。

表 11-1 酶的主要类别与其催化的相关反应

类　别	催化的反应类型	类　别	催化的反应类型
氧化还原酶(oxido-reductases) EC 1	氧化还原反应	裂合酶(lyases) EC 4	消去反应
转移酶（transferases）EC 2	官能团的转化和转移	异构化酶(isomerases) EC 5	异构化反应
水解酶(hydrolases) EC 3	水解反应	连接酶(ligases) EC 6	与磷酸盐裂解、偶联的反应

与通常遇到的化学催化反应相比，酶催化既有与之相似的一面，也有其本身的特点。酶能降低反应的活化能，加快反应达到平衡的速率，但不能改变反应的平衡常数。酶催化反应的能力相对较高，通常化学催化剂的用量控制在 $0.1\% \sim 1\%$（摩尔分数），而酶则只需 $0.001\% \sim 0.0001\%$ 便可达到相同的效果。酶催化反应通常发生在水相中，大多数反应可在 $22 \sim 45℃$ 以及近似中性 pH 条件下完成，无需高温和高压等极端条件，反应耗能低，且转化率几乎可达到 100%。通常一种酶仅能作用于一种底物或一类结构相似的底物，所以酶催化反应的另一特点是表现出高度的化学、区域、对映和非对映选择性或专一性。同时由于酶的这种相对独立性，也便于实现多酶催化的串联反应。与发酵过程不同，酶催化反应很少产生副产物，产品单一，分离过程相对简单。

酶催化反应的机理相对复杂，大部分情况下只能在酶蛋白结构被确证的基础上才便于推测，Fischer 提出的"锁-钥"理论（lock-and-key theory）是一种普遍接受的模型。酶与底物的相互作用既有化学键合作用，也有诸如氢键、范德华力和离子相互作用等，过渡金属如锌、钴、锰、铜 2 价离子对催化反应影响极大。

为更加准确地阐述酶催化反应的规律，在大量实验结果支持的基础上，Michaelis-Menten 提出了活性中间复合物学说，该学说认为酶催化反应至少包括两步，首先是底物 S 和酶 E 相结合形成中间复合物 [ES]，然后该复合物分解成产物 P，并释放出酶 E。为了建立酶催化反应动力学模型，提出 3 个假设。

假设一：与底物浓度 [S] 相比，酶的浓度 [E] 很小，因而可忽略由于生成中间复合物 ES 而消耗的底物。

假设二：不考虑这个逆反应的存在，若要忽略该反应的存在，则必须是产物 P 为零，换言之，该方程适用于反应的初始状态。

假设三：认为基元反应的反应速率最慢，为该反应速率的控制步骤，而酶与底物的反应能很快达到平衡状态，因此又称为"平衡假设"。

例如：酶反应

$$S \xrightarrow{E} P$$

$$S + E \underset{k_{-1}}{\overset{k_{+1}}{\rightleftharpoons}} ES \xrightarrow{k_{+2}} P + E$$

式中，E 表示游离酶；ES 表示酶底物复合物；S 表示底物；P 表示产物；k_{+1}，k_{-1}，k_{+2} 表示反应速率常数。[ES] 为一难测定的未知量，因而不能用它来表示最终的反应速率方程。通过数学推导，形成酶催化反应动力学方程，即 Michaelis-Menten 方程，简称为 M-M 方程：

$$r_{p} = \frac{k_{+2} \cdot [E_0] \cdot [S]}{k_s + [S]} = \frac{r_{p,max} \cdot [S]}{k_s + [S]}$$

令

$$K_m = k_s + \frac{k_{+2}}{k_{+1}}$$

$$r_{p} = \frac{k_{+2} \cdot [E_0] \cdot [S]}{\frac{k_{-1} + k_{+2}}{k_{+1}} + [S]} = \frac{r_{p,max} \cdot [S]}{K_m + [S]}$$

式中，$r_{p,max}$ 表示 P 的最大生成速率；[E_0] 表示酶的总浓度，亦为酶的初始浓度；K_m 表示反应速率为最大反应速率一半时的基质浓度，其单位为浓度单位。K_m 值是酶的一个基本特性常数，它与酶的浓度无关，但与温度、pH 等因素有关。由动力学方程可以看出，在酶催化反应的起初，反应速率随底物浓度的提高而迅速加快，当底物浓度达到最大时，反应速率也恒定到极值。这一结论对于设计酶催化反应具有十分重要的意义。

第二节　酶催化逆合成分析

所谓的逆合成实际上是一种合成分析的方法，即从产物出发回推反应原料，以期获得更加合理的合成路线，相关更详细的讨论将在第十二章学习。那么酶能催化哪些有机反应呢？可以说，几乎所有的有机反应类型都可以通过酶催化实现。这里主要学习酶催化卤化、烃基化、酰化、氧化、还原、缩合等经典的药物合成单元反应。

一、酶催化卤化

在卤素过氧化酶（haloperoxidases）或卤化酶（halogenases）催化下，一些富电子的芳香化合物或含有活泼亚甲基的化合物与含卤试剂容易发生卤化作用，能够选择性地生成对应的卤化物。

$$\underset{R}{\overset{O}{\|}}\!\!-\!\!X \xrightarrow{\text{卤素过氧化酶}} R\!\!=\!\! \ + \ H_2O_2 \ + \ X^-$$

$$\underset{R}{\overset{O\ X\ O}{\|}}\!\!\underset{Y}{\|}\!\!R'' \xrightarrow{\text{卤素过氧化酶}} \underset{R}{\overset{O\ \ O}{\|}}\!\!\underset{Y}{\|}\!\!R'' \ + \ H_2O_2 \ + \ X^-$$

$$R\!-\!\!\underset{}{\overset{NH_2}{\bigcirc}}\!\!X \xrightarrow{\text{卤素过氧化酶}} R\!-\!\!\overset{NH_2}{\bigcirc} \ + \ H_2O_2 \ + \ X^-$$

二、酶催化烃基化

在特定酶催化下，氧原子、氮原子上能够发生烃基化，用于合成醚和有机胺。芳烃与不同亲电试剂发生 Friedel-Crafts 烃基化反应，生成相应的取代产物，而且在许多情况下，反应是遵循定位规律的。

$$R\!\!\overset{Y}{\diagup}\!\!R' \xrightarrow{\text{烷基转移酶}} R\!\!\overset{Y}{\diagup} \ + \ R'\!-\!X$$
$$Y=O，NH \qquad\qquad X=Cl，OPP，R'S^+R''$$

$$HO\!-\!\!\bigcirc\!\!-\!\!\overset{}{\diagup}\!R \xrightarrow{\text{苯酚裂合酶}} HO\!-\!\!\bigcirc \ + \ X\!\!\overset{}{\diagup}\!R$$

三、酶催化酰化

与酶催化烃化相似，酶催化酰化也可以发生在 C、O 和 N 原子上。但在实际过程中，酶催化酰基的转移更多地是发生在 O 和 N 原子上，如酯化、酯交换和酯的胺（氨）解和水解反应，酰胺化和肽的形成以及酰胺的水解。

$$\underset{R}{\overset{O}{\|}}\!\!-\!\!OR' \xrightarrow{\text{脂肪酶}} \underset{R}{\overset{O}{\|}}\!\!-\!\!OH \ + R'OH$$

$$\underset{R}{\overset{O}{\|}}\!\!-\!\!OR'' \xrightarrow{\text{脂肪酶}} \underset{R}{\overset{O}{\|}}\!\!-\!\!OR' \ + R''OH$$

$$\underset{R}{\overset{O}{\|}}\!\!-\!\!NR'R'' \xrightarrow{\text{蛋白酶}} \underset{R}{\overset{O}{\|}}\!\!-\!\!OH \ + R'R''NH$$

$$\underset{R}{\overset{O}{\|}}\!\!-\!\!NR'R'' \xrightarrow{\text{蛋白酶}} \underset{R}{\overset{O}{\|}}\!\!-\!\!OR'' \ + R'R''NH$$

四、酶催化氧化

酶催化下，几乎能被化学试剂氧化的底物均能在适当酶（或细胞）催化下氧化。羟化酶存在下烃结构中引入羟基，醇、醛、酮在加氧酶催化下的深度氧化，烯在环氧化酶存在下的环氧化，这些都是常见的氧化反应。

$$R\!\!\overset{}{\diagup}\!OH \xrightarrow{\text{羟化酶}} R\!-\!H$$

$$\underset{R}{\overset{O}{\|}}\!\!-\!\!H \xrightarrow[\text{加氧酶}]{\text{醇单}} R\!\!\overset{}{\diagup}\!OH$$

$$\underset{R}{\overset{O}{\|}}\!\!-\!\!H \xrightarrow{\text{加氧酶}} \underset{R}{\overset{O}{\|}}\!\!-\!\!H$$

五、酶催化还原

像化学氧化-还原反应一样，生物催化还原与氧化往往也互为可逆过程。碳碳双键的氢化、羰基化合物的还原、硝基化合物和亚胺的还原，均可在还原酶催化下实现。

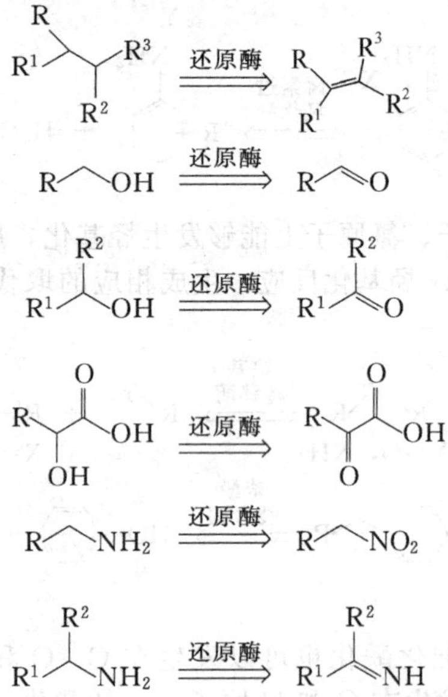

六、酶催化缩合

C—C 键的构建是药物合成的中心问题，而裂合酶能够催化羟醛缩合（aldol condensation）和酯缩合（claisen condensation）等反应来完成之，通常泛称这些能够催化构建 C—C 键的酶为裂合酶。

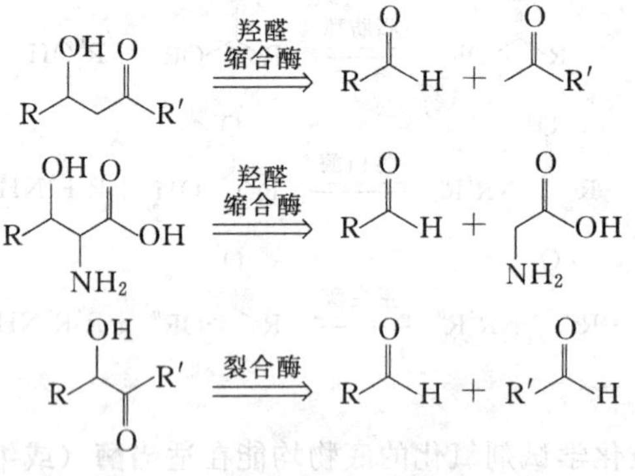

第三节　酶催化官能团转化

一、酶催化卤化反应

不饱和烃在卤过氧化酶存在下，与过氧化氢和卤负离子发生加成反应，生成 β-卤代醇或 β-卤代酮，产物类似于不饱和烃与次卤酸的亲电加成结果。

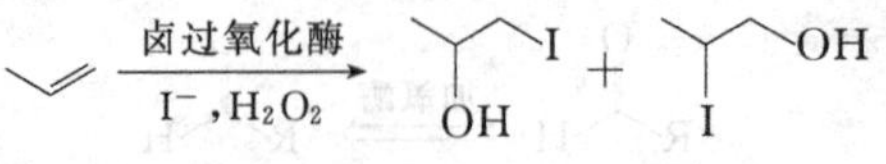

9 : 1

在富电子的活泼芳环上酶催化卤化也是比较常见的反应，其取代定位规律服从于亲电取代反应。色氨酸的氯化衍生物是近年从天然肽结构中发现的，其合成可直接以色氨酸为原料，在辅酶维生素 B_2（VB_2）存在下经卤过氧化酶催化来完成。

二、酶催化烃基化

无论在生物体内还是在体外，杂原子如 N、O 上的酶催化烃基化是一种相对普遍的反应，特别是氧原子上的烃基化更是常见，如糖苷的形成，β-卤代醇脱卤化氢环氧化等。

三、酶催化酰化

与酶催化烃化相似，酶催化酰化也可发生在 O 和 N 等杂原子上，如酯化、酯交换和酯的胺（氨）解和水解反应，酰胺化和肽的形成，以及酰胺的水解。

羧酸与醇在脂肪酶催化下，能发生直接酯化反应。然而该过程是可逆反应，伴随生成的水量的不断增加，逆向反应将变得十分明显，直至达到平衡。在实现酯化的过程中，酶催化反应是在有机溶剂中进行，而水解则在水中进行。对混旋的醇来说，选择特定的脂肪酶来催化可使其中一种构型的醇形成酯，而另一异构体则不发生酯化。利用此特性，可以实现对映异构体的拆分。

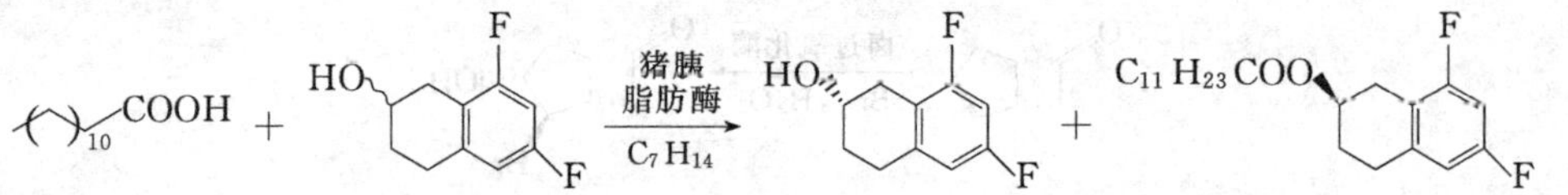

实际应用中，为了使反应操作起来更方便一些，更多的是选用酸酐或酯为酰化剂，酶可以是脂肪酶、蛋白酶。但如果使用乙酸乙酯为乙酰化剂时，反应效率极低，如乙酸乙酯与2-辛醇之间的酯交换，转化率仅为 0.3%。然而，如果使用乙酸乙烯酯或硫醇酯，酯交换能完全进行，并且无论是伯醇、仲醇还是一元醇、二元醇，均可实现选择性酰化。

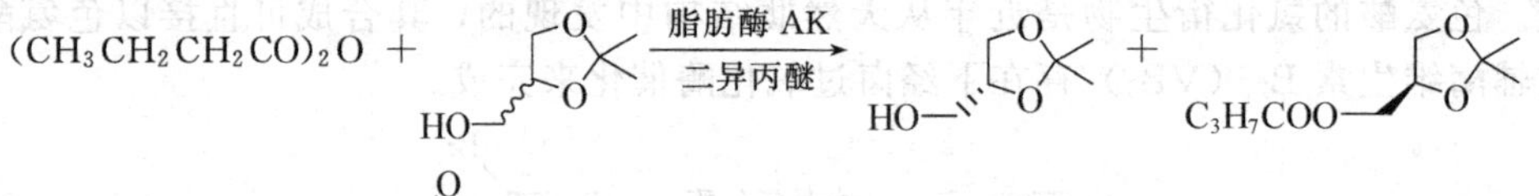

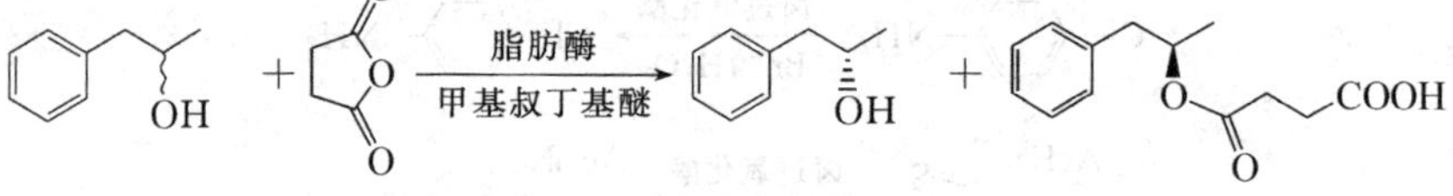

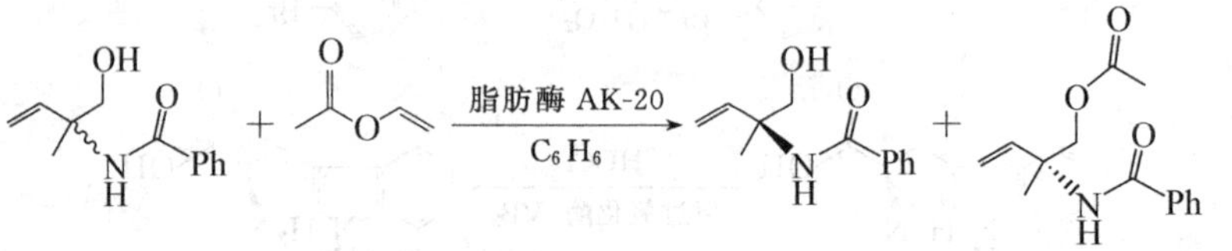

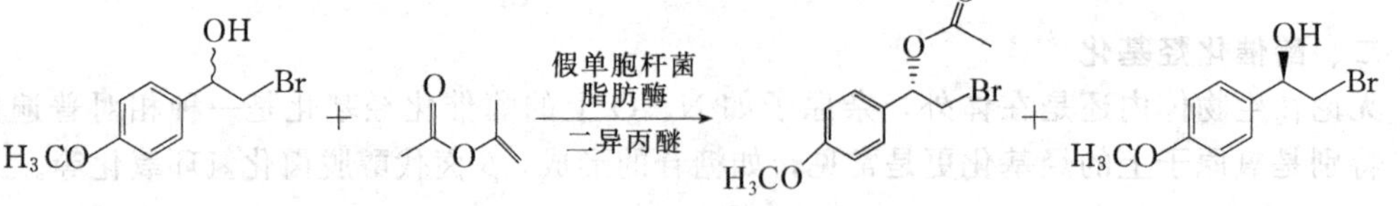

氨（或）胺的酰化生成酰胺的反应，与醇的酰化合成酯反应十分相似。但当用羧酸与胺直接酶催化酰化成功的难度较大，除非是一些肽的合成。羧酸酯是其中最常用的酰化剂，使用的酶为酰化酶和蛋白酶。

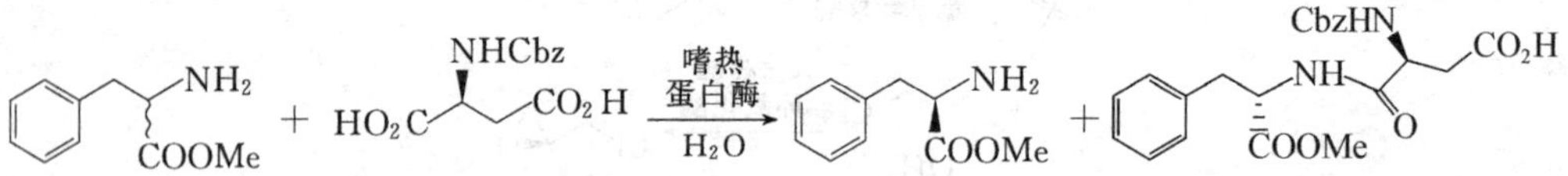

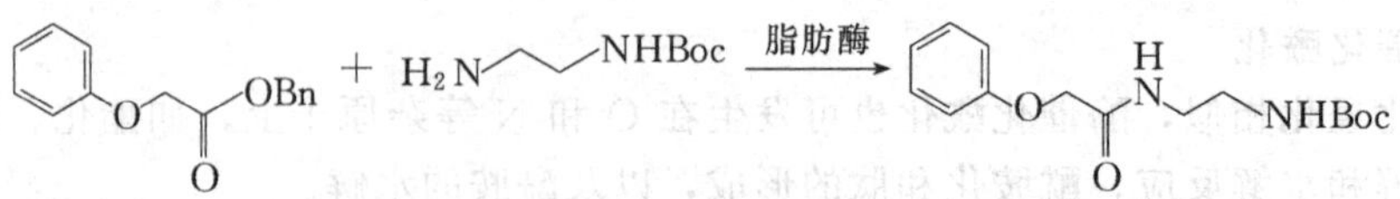

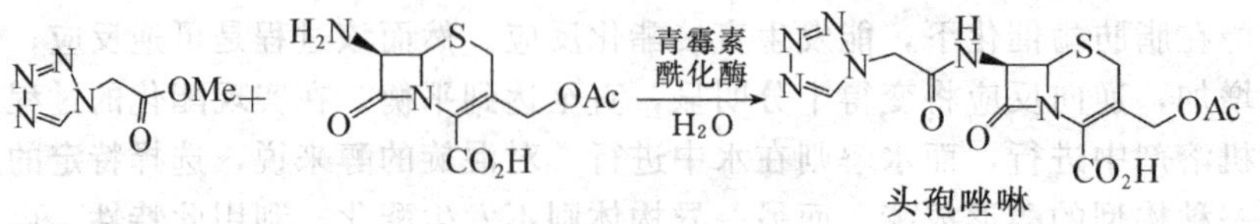

头孢唑啉

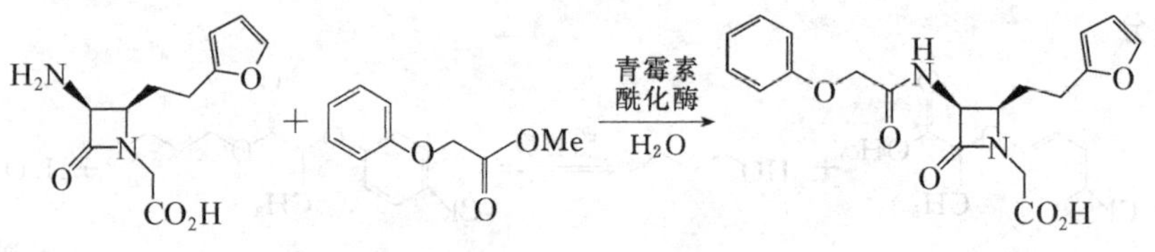

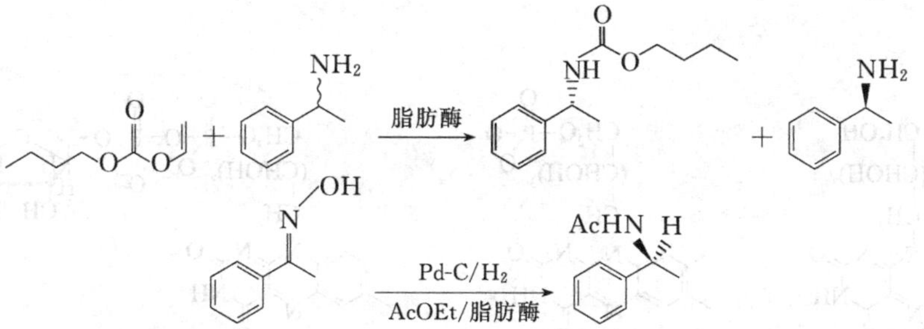

可见，在氨基酰化酶催化下，酯较为容易地发生胺解而生成酰胺，对于外消旋的胺来说，能够有选择地使其中一个异构体酰胺化，起到拆分的效果。不对称酰胺，在酶催化下，能选择性地实现一个异构体水解，从而实现对映体的拆分。

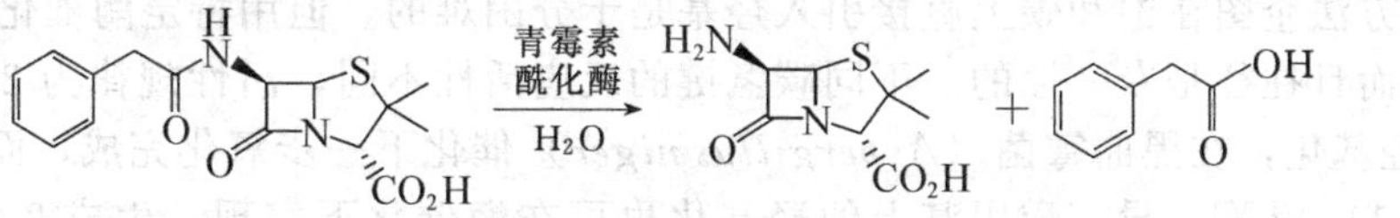

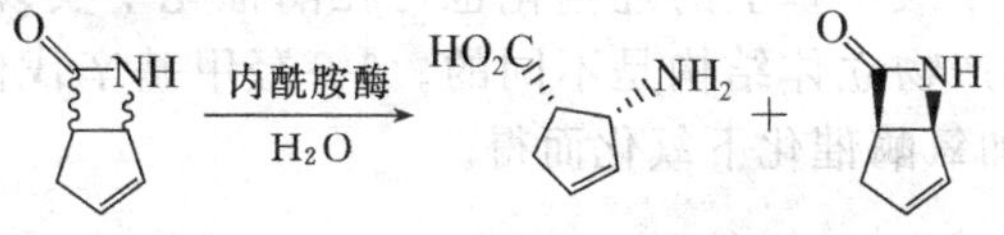

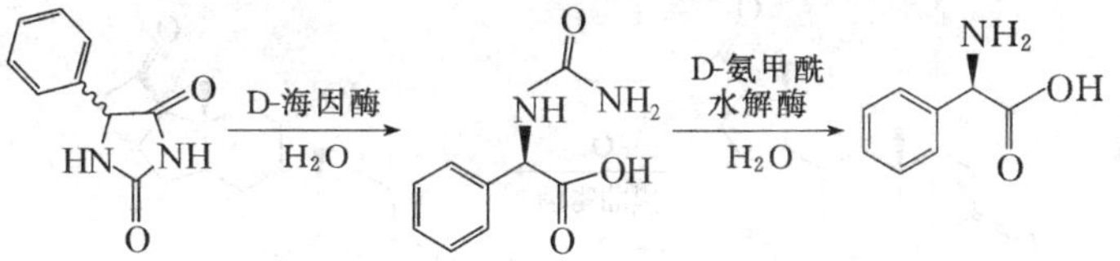

四、酶催化氧化

　　几乎能被化学试剂氧化的底物均能在适当酶（或细胞）催化下氧化，但氧化的选择性不仅取决于底物的类型，同时与使用的酶有密切关系。羟化酶催化在烃分子中引入羟基，醇、醛、酮在加氧酶催化下的深度氧化，烯在环氧化酶存在下的环氧化，这些都是常见的氧化反应。然而，许多酶催化氧化是在辅酶存在下完成的。常见的辅酶有烟酰胺型（nicotinamide coenzymes）和吖啶黄素型（flavin coenzymes）两类。烟酰胺型又分为氧化型（NAD⁺）和还原型（NADH），而吖啶黄素型按其结构的差异又有维生素 B₂、吖啶黄素单核苷酸（FMN）和吖啶黄素双核苷酸（FAD）之分。

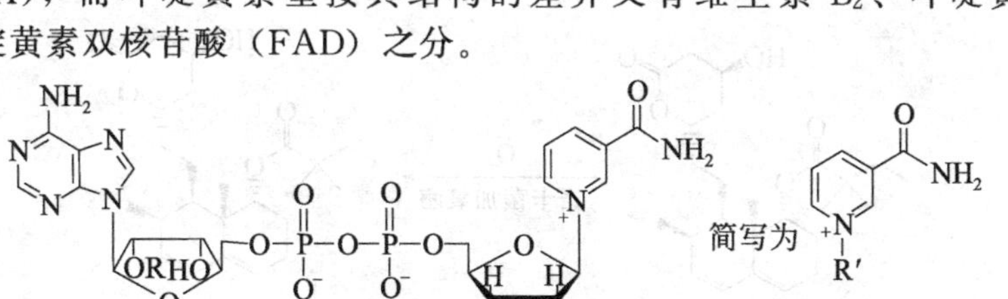

R=H, NAD⁺
R=PO₃²⁻, NADP⁺

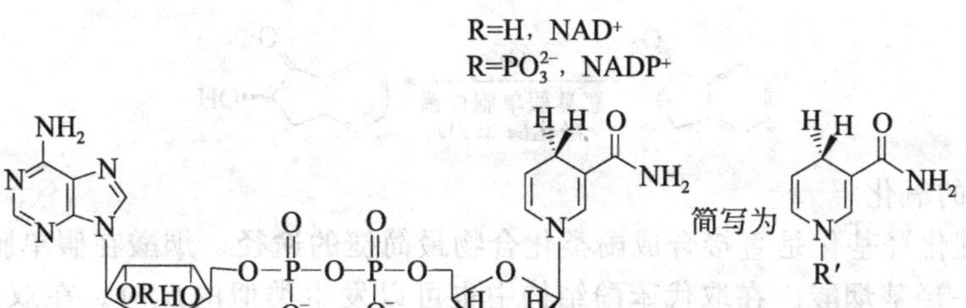

R=H, NADH
R=PO₃²⁻, NADPH

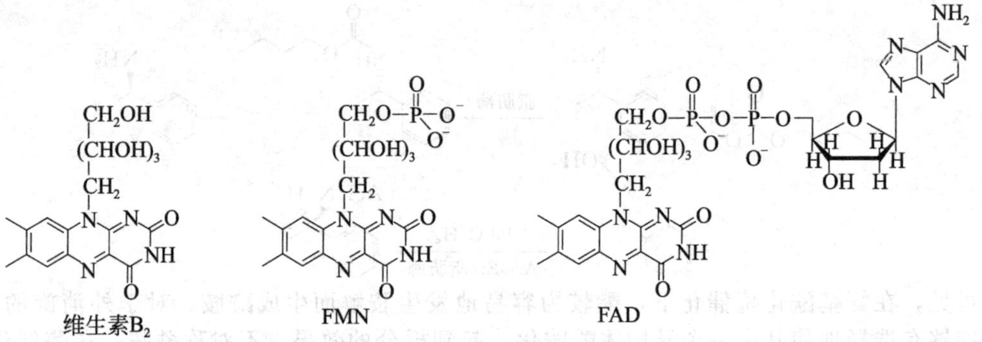

维生素B₂　　　　　FMN　　　　　FAD

（一）饱和碳原子上的氧化反应

用化学方法企图在饱和碳上直接引入羟基是十分困难的，但用特定酶催化氧化，能使之变为现实，而且往往是专一性的。不同碳氢键的反应活性不同，活性规律为 2°＞3°＞1°。孕酮 11 位的羟基化，在黑曲霉菌（*Aspergillus niger*）催化下一步氧化完成，而且产物只有 α 异构体，即 11α-孕酮。异丁酸甲基上的羟基化也可在酶催化下实现，生成 2-甲基-3-羟基丁酸，当使用不同酶时，其产物立体结构是不同的。6-β-羟甲基辛伐他汀可以在诺卡菌（*Nocardia autotropic*）产单加氧酶催化下氧化而得。

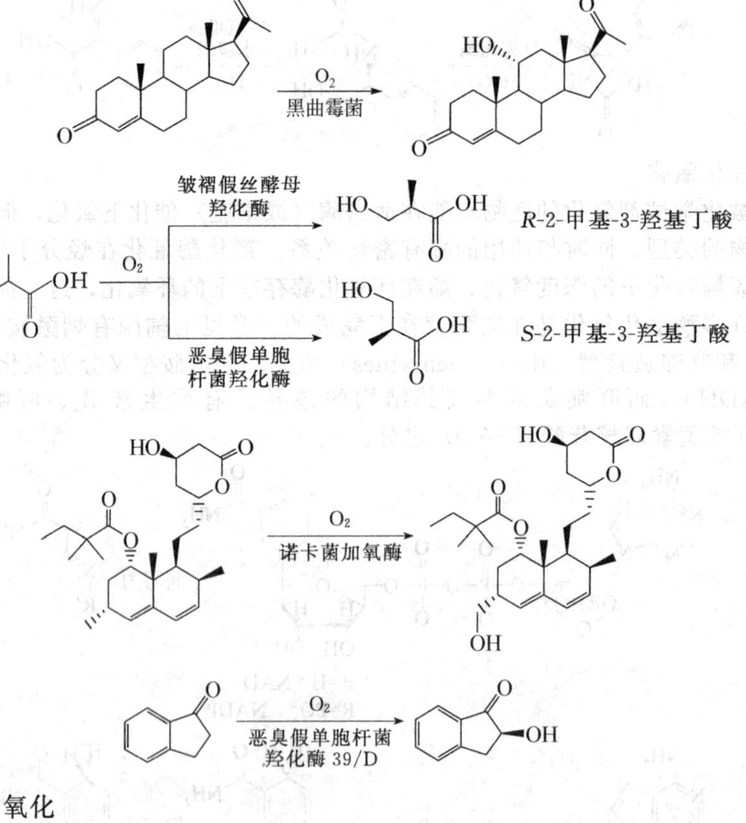

（二）芳环的氧化

芳烃的酶催化羟基化是直接合成酚类化合物最简捷的途径。烟酸在假单胞杆菌氧化酶催化下，能获得 6-羟基烟酸。在取代苯酚结构中也可以发生类似的反应。在双加氧酶催化下，芳环上能同时引入两个羟基，并依据使用产酶菌的不同，生成的多酚不同，并可能伴随芳香体系的消失，这是微生物处理含芳烃废水的理论依据。

$R=H—，Me—，MeO—，HO_2CCH_2CH_2—，HOCH_2—，PhCONHCH_2—$

$R=F—，Cl—，Br—，Me—，MeO—，CH_3CH_2—$

（三）烯的氧化

烯烃在 30～35℃下，用单加氧酶（mono-oxygenases）催化与氧反应，或用氯过氧化酶（chloroperoxidase）催化与过氧化物（如过氧化氢、过氧化叔丁醇）氧化，不仅能十分方便地获得环氧化产物，而且大多数反应具有良好的立体选择性。食油假单胞杆菌（*Pseudomonas oleovorans*）产单加氧酶催化不同烯的环氧化结果表明，氧化产物的立体选择性很高，主要产物的结构与底物密切相关。但通常情况下，酶催化环氧化产物的产物构型以 R-型为主。由马棒杆菌产酶催化氧化，所得结果也能进一步证明此结论。

产酶菌	R^1	R^2	产物构型	e. e. /%
食油假单胞杆菌	$n\text{-}C_5H_{11}$	H	R	70～80
	$n\text{-}C_7H_{15}$	H	R	60
	H	H	R	86
	$NH_2COCH_2C_6H_4O$	H	S	97
马棒杆菌	CH_3	H	R	70
	$n\text{-}C_{13}H_{27}$	H	R	100

用氯过氧化酶催化氧化烯，同样能获得不对称的环氧化结果。非官能团化顺式烯和1,1-二取代烯催化环氧化能得到非常高选择性的氧化结果。

R^1	R^2	e. e. /%	R^1	R^2	e. e. /%
H	$n\text{-}C_4H_9$	96	CH_2CO_2Et	H	93～94
H	Ph	96	$n\text{-}C_5H_{11}$	H	95
Ph	H	89			

（四）醇的氧化

醇在生物催化下，包括整细胞或游离酶催化下能实现不对称选择性氧化，生成羰基化合物。乳酸在体内代谢转化为丙酮酸，就是受酶催化氧化完成的。在体外，以黄素为辅酶在醇脱氢酶存在下，即可实现转化。在维生素 C 的生产中，D-山梨醇氧化合成 2-酮糖就是用黑醋酸菌催化完成的，反应具有高度的区域选择性。甾体化合物的转化过程中，羟基选择性的氧化用化学氧化方法通常难以获得满意的选择性结果，然而用酶催化或整细胞催化氧化，通常能能获得好的效果。胆酸分子结构中包含有 3 个羟基，在烟酰胺辅酶存在下，用 3α-羟基甾体脱氢酶催化氧化，3-位羟基转化为羰基；用 12α-羟基甾体脱氢酶催化氧化，则是 12-位羟基被氧化为羰基。

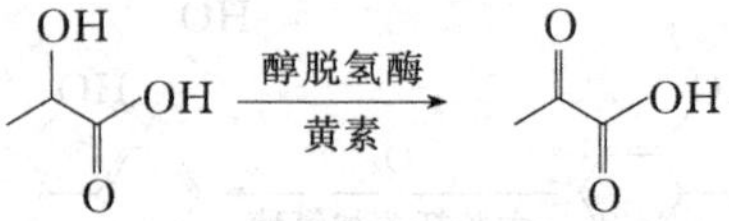

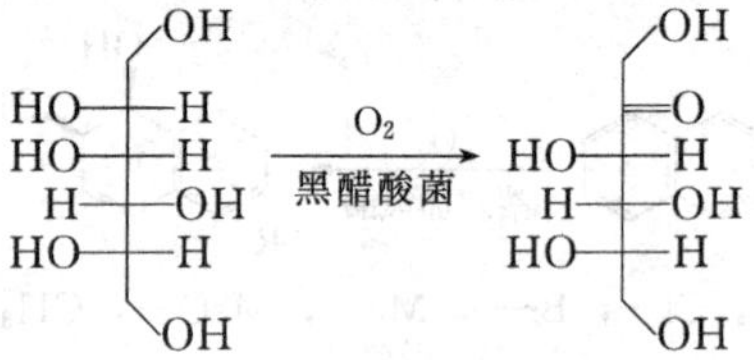

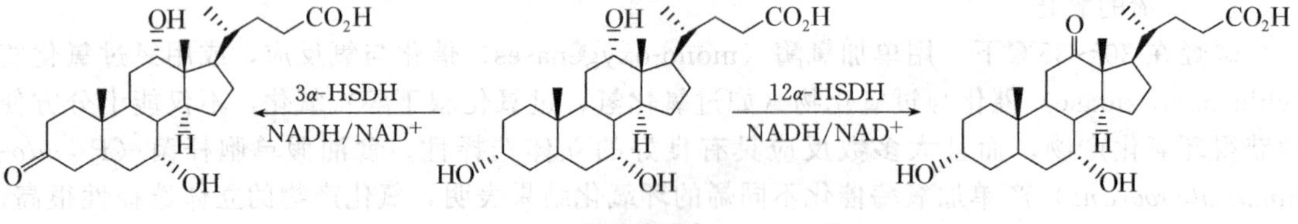

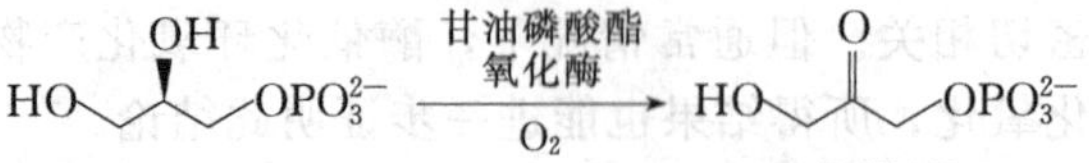

伯醇被氧化经醛之后，进一步被氧化为羧酸。在细菌荧光素酶催化下，伯醇被氧化为羧酸。丙酮缩甘油在含氧酶细胞的催化下，S-丙酮缩甘油被选择性地氧化为羧酸，而 R-丙酮缩甘油则不反应。

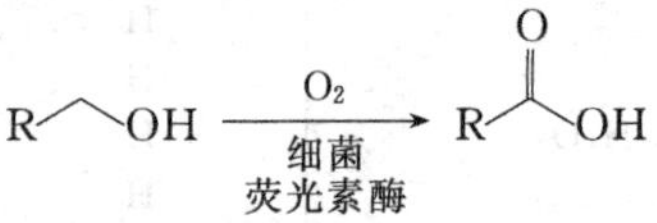

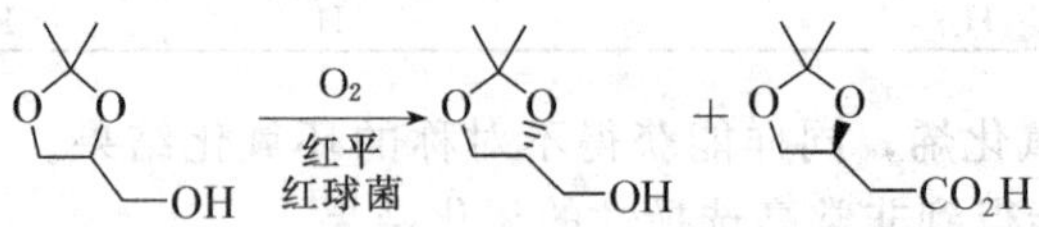

（五）醛酮的氧化

醛、酮及相关化合物，在 FMN 存在下与氧或过氧化物反应，可将醛氧化为羧酸，而酮可被氧化为内酯（即 Baeyer-Villiger 反应）。在吖啶黄素单核苷酸存在的条件下，氧化型烟酰胺（NAD^+）为辅酶能将醛氧化为对应的羧酸。

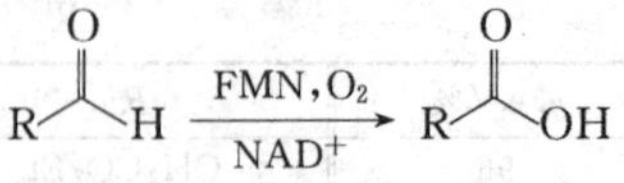

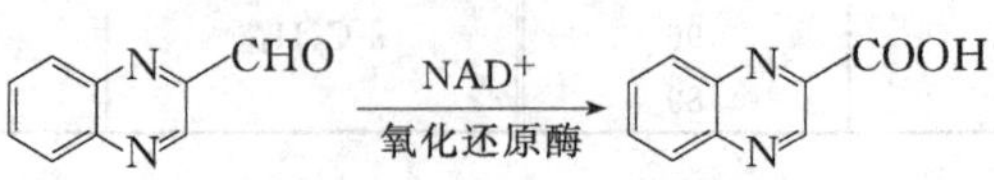

一种用于合成凝血噁烷 A2 的手性内酯中间体，在球形诺卡菌 ATCC 21505 全细胞催化下选择性氧化，经半缩醛乳醇最后形成内酯。

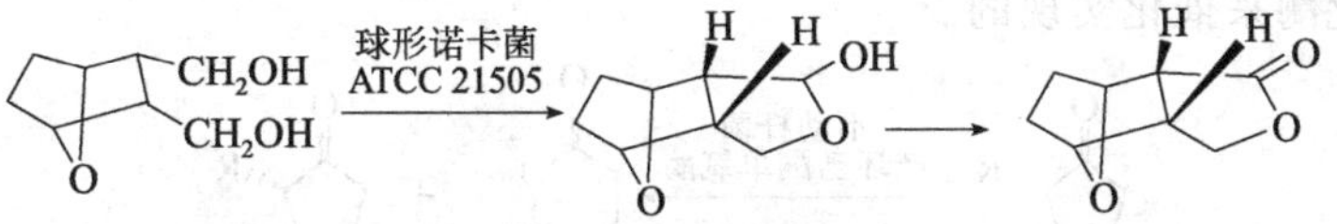

半缩醛乳醇

酮在大部分情况下是不易被氧化的，这是在有机化学的学习中已经熟知的。然而，在过氧酸存在下，酮能发生 Baeyer-Villiger 反应转化为酯。实际上，酮在环己酮单氧酶催化下也能实现这一过程，而且具有高度的立体选择性或高度专一性。但是酮的酶催化 Baeyer-Villiger 反应通常依赖于使用的辅酶来实现氧化，在实际操作中，整细胞的使用是最普遍的。

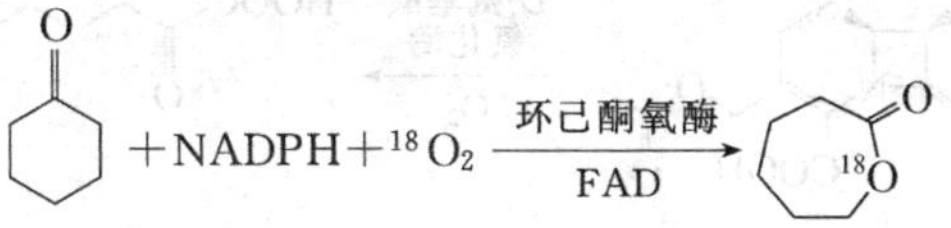

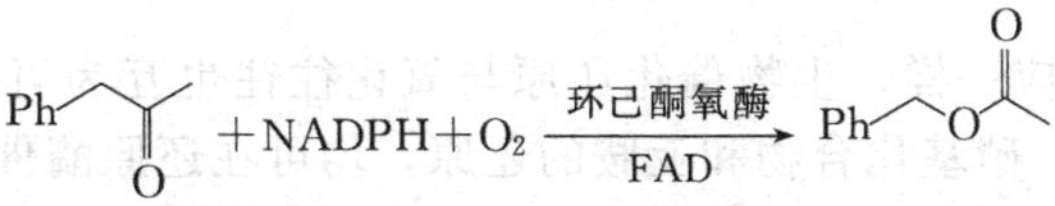

生物催化氧化不对称酮时与化学氧化十分相似，基团迁移的活性次序为 $3° > 2° > 1° >$ Me。因此，以下反应的产物比例也就非常容易理解。4-取代环己酮在 NADPH 存在下与不动杆菌产环己酮单氧酶作用，在生成内酯的同时，还表现出理想的不对称选择性。外消旋的酮，也可借助这一反应实现拆分。

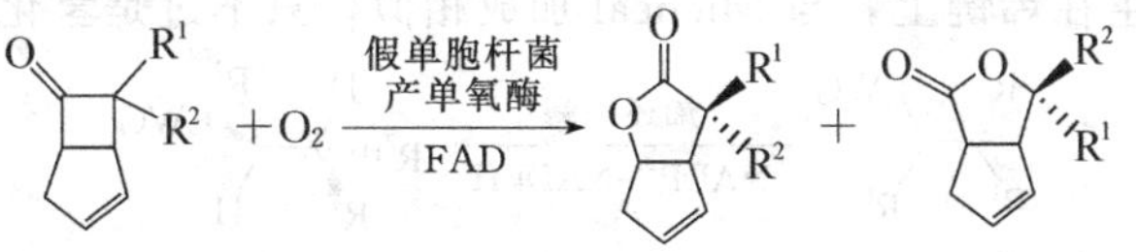

| $R^1 = R^2 = CH_3$ | $1 : 20$ |
| $R^1 = H，R^2 = CH_3$ | $1 : 1$ |

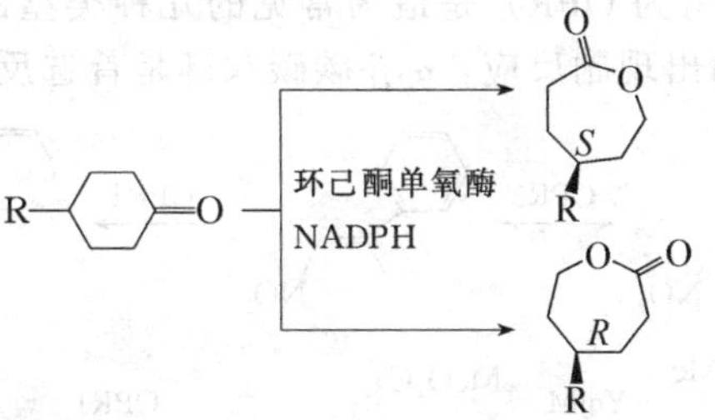

R	构型	e. e. /%	R	构型	e. e. /%
MeO	S	75	n-Pr	S	>98
Et	S	>98	n-Bu	R	52

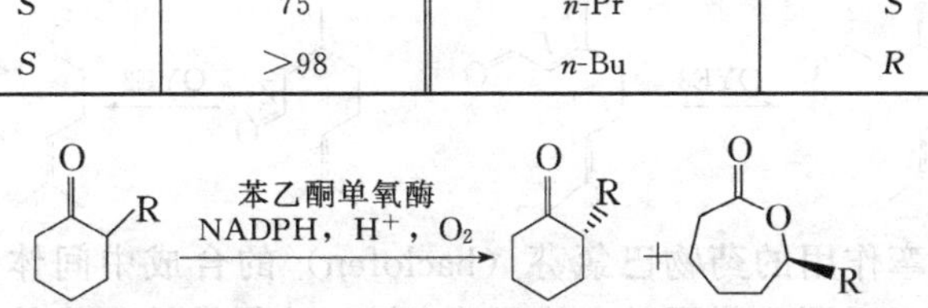

R=Ph，p-Me-Ph，Me，Et，n-Pr，n-Bu，烯丙基(allyl)，i-Pr，环己基(Cy)，Bn

α-取代的环五酮能够立体专一性地被不动杆菌产环己酮单氧酶氧化，获得 S-构型的单一异构体，而另外一对映体则累积于菌丝体中。同样的方法也能用于桥环酮的拆分。头孢 C 是可以通过发酵获得的 β-内酰胺类化合物，将其转化为 7-氨基头孢烷酸是制药工业中生产半合成头孢的重要过程，其中将头孢 C 氧化为酮基己二酰-7-ACA 则是关键反应，工业上是由 D-氨基酸氧化酶来催化实现的。

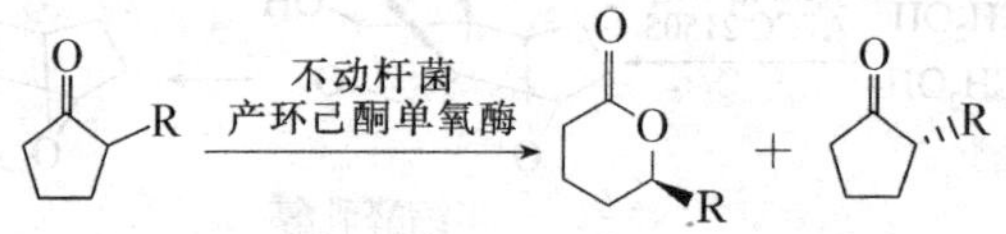

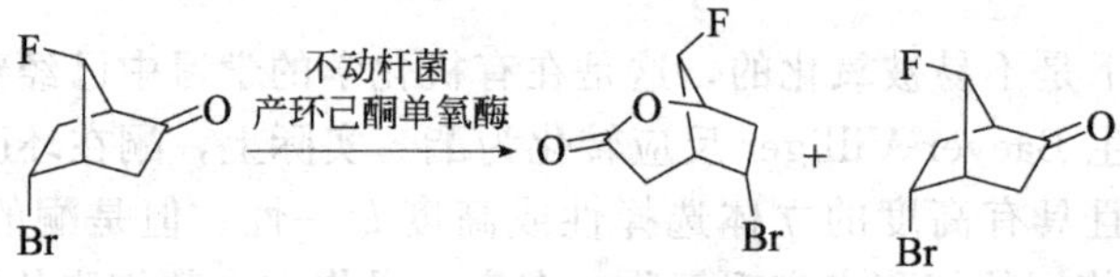

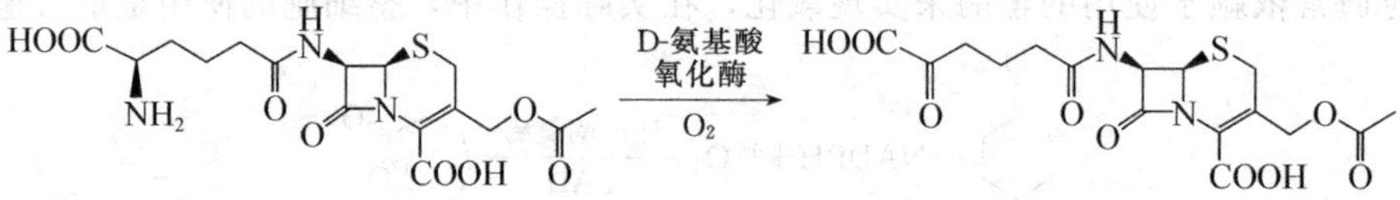

五、酶催化还原

像化学氧化-还原反应一样，生物催化还原与氧化往往也互为可逆过程。碳碳双键的氢化、羰基化合物的还原、硝基化合物和亚胺的还原，均可在还原酶催化下实现。而且如果涉及手性中心形成的还原，在大多数情况下具有高度的立体选择性或专一性。

（一）烯的加氢反应

烯的催化加氢，通常在较高压力下完成，然而酶催化氢化可以在常压下进行，并且反应的化学选择性和立体选择性优势非常明显。当底物为 α,β-不饱和羰基化合物或类似物时，用酶催化氢化反应仅发生在烯键上，与 Micheal 加成相似，只不过是氢化过程。

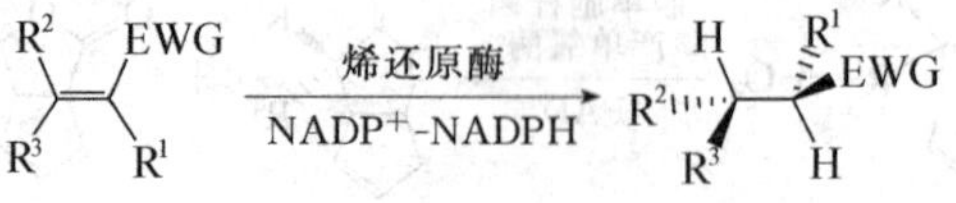

EWG＝吸电子基

在相关的氢化过程中，老黄素酶（简写为 OYE）以及其同族酶（简写为 YqjM）、12-氧-植物-二烯酸还原酶（简写为 OPR）是最为常见的几种类型的酶。这样的氢化不因硝基、酰基、羧基以及酯的存在而出现副反应，α,β-碳碳双键是首选反应部位。

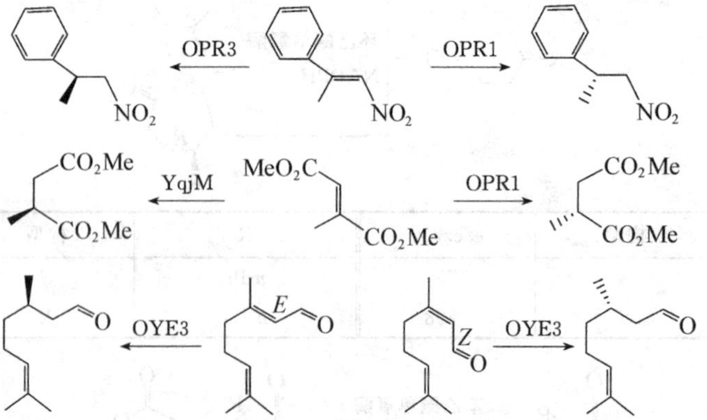

一种具有抑制痉挛作用的药物巴氯芬（baclofen）的合成中间体 3-氰基-3-对氯苯丙酸，便可应用芽孢梭菌所产还原酶还原对应的碳碳双键，选择性地生成单一异构体。

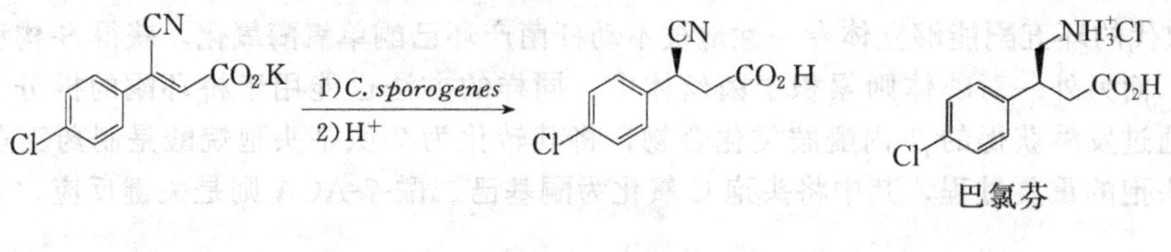

巴氯芬

(二) 羰基化合物的还原

羰基化合物的生物还原是合成手性醇的一种十分成功的方法，而且反应的化学选择性和立体选择性非常高。乙醇脱氢酶是应用较为广泛的一种还原体系，在实际操作过程中是将乙醇和辅酶 NADH 以及甲酸盐混合在一起来完成反应的。由红平红球菌产乙醇脱氢酶能够将苯基丙酮选择性地还原为 S-型的手性醇。

6-苄氧基-($3R,5S$)-二羟基己酸乙酯是一种用于合成抗胆固醇药物的中间体，通过乙醇脱氢酶（产生菌为醋酸钙不动杆菌）还原对应酮，获得了非常完美的不对称合成效果。

在常用的乙醇脱氢酶中，酵母乙醇脱氢酶（简写为 YADH）适应底物的范围比较狭窄，主要应用于醛类和甲基酮，而马肝乙醇脱氢酶（简写为 HLADH）则是一种应用范围更宽的还原酶，特别适宜于还原环癸酮以上的环酮。但在还原链状酮时，对映选择性不高。这时，选择布氏热厌氧菌乙醇脱氢酶（TBADH）则能获得满意的效果。

	1S,6S	1R,3S,6R
X=O e.e.	60%	>97%
X=S e.e.	53%	>97%

e.e. >98%　　　　　　　　　　　　　　　　　　　　e.e. >98%

R^1	R^2	构型	e.e./%	R^1	R^2	构型	e.e./%
Me	i-Pr	R	86	Me	i-Bu	S	95
Me	Et	R	48	Et	n-Pr	S	97
CF$_3$	Ph	R	94	Et	(CH$_2$)$_2$CO$_2$Me	S	90
ClCH$_2$	CH$_2$CO$_2$Et	R	90	n-Pr	n-Pr	无反应	

在整细胞作为生物催化剂催化有机反应中，酵母是非常重要的一类，在催化还原酮类化合物过程中应用更为广泛。面包酵母是其中最方便的一种，能催化还原简单脂肪酮和芳香酮为 S-构型手性醇。对于链状未取代的 β-酮酸酯的还原，其反应的立体选择性直接受烃基的空间位阻的影响。

R¹	R²	构型	e.e./%	R¹	R²	构型	e.e./%
Me	n-Bu	S	82	Me	CF₃	S	>80
Me	Et	S	67	Me	CH₂OH	S	91
CF₃	BrCH₂	S	80	Me	(CH₃)₂CNO₂	S	96
Me	Ph	S	80	Me	c-C₆H₁₁	S	95

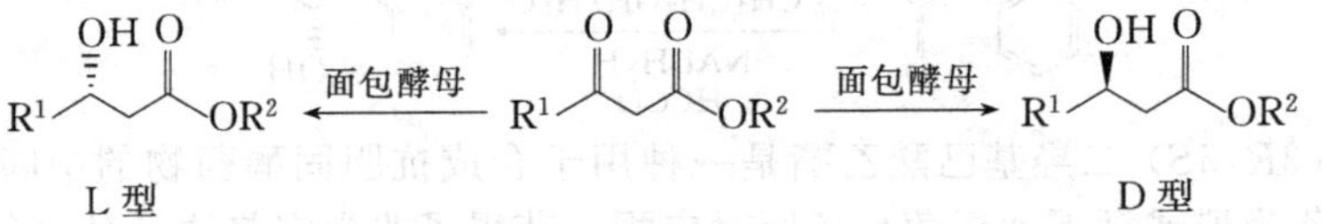

R¹	R²	构型	e.e./%	R¹	R²	构型	e.e./%
ClCH₂	Me	D	64	ClCH₂	n-C₈H₁₇	L	97
ClCH₂	Et	D	54	ClCH₂	Me · Et	L	96
ClCH₂	n-Pr	D	27	BrCH₂	n-C₈H₁₇	L	100
Cl₃C	Et	D	85	Et	n-C₈H₁₇	L	95

取代的酮酸酯在用不同酵母还原时，因酵母的不同而生成不同的异构体，同时产物的分布也与分子结构密切相关。(S)-4-氯-3-羟基丁酸甲酯是合成羟甲基戊二酰辅酶 A 还原酶抑制剂的重要原料，可以用 4-氯乙酰乙酸甲酯为底物，在辅酶 NADPH 存在下与白地霉菌 SC5469 发酵产生的整细胞还原而制得，其 e.e. 值能达到 96.9%。可采用赭色掷孢酵母产还原酶还原氨化三氟乙酰乙酸乙酯来合成抗抑郁药贝氟沙通（befloxatone）的中间体。

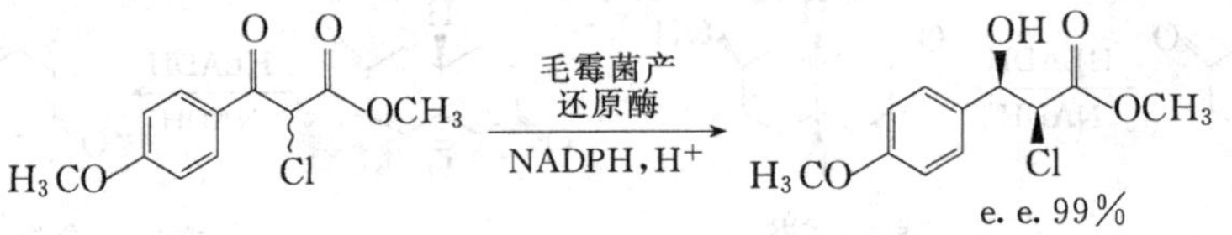

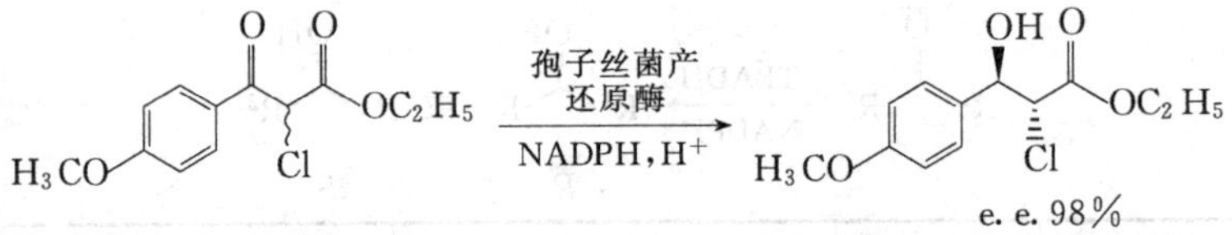

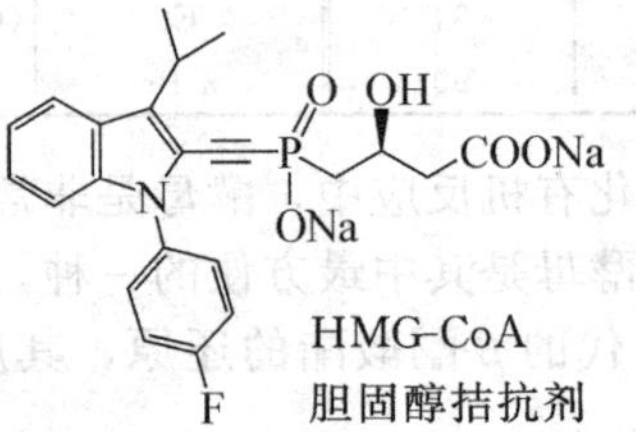

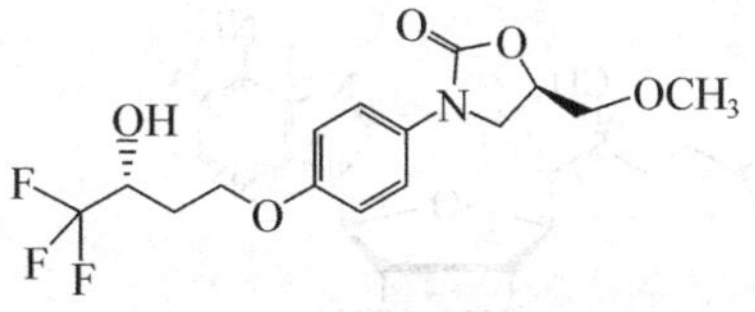

贝氟沙通

当分子结构中含有多个可能被还原的官能团时，酵母还原表现出良好立体选择性和化学选择性。多羰基化合物既可有选择地单个还原，也能使多个羰基还原。当分子中同时有硝基和羰基时，能选择性地只还原羰基，而硝基保留。一种用于合成 β-3-拮抗剂的中间体 (R)-N-(2-羟基-2-吡啶-3-乙基)-2-(4-硝基苯基)-乙酰胺，便可采用假丝酵母整细胞还原相关原料来制备。

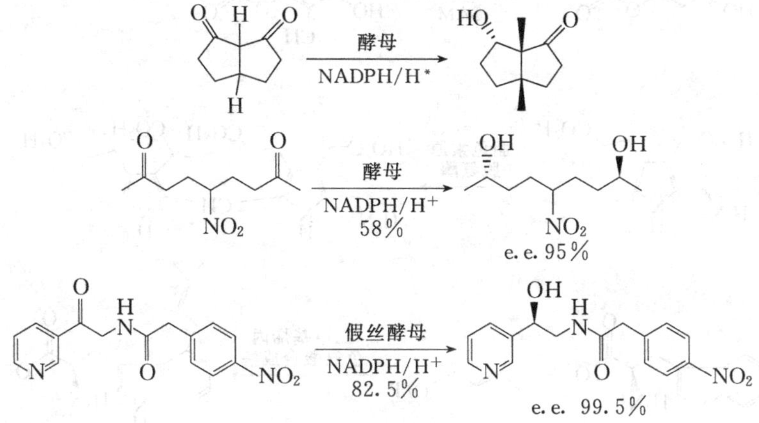

酮的生物催化还原也可在胺或氨存在下进行，就像在有机化学中的还原胺化反应一样。如果使用的原料是酮酸酯的话，其还原产物是氨基酸，并且在大多数情况下是有立体选择性的。如用于治疗 Ⅱ 型糖尿病药物沙格列汀（saxagliptin）的中间体金刚烷基甘氨酸、抗肿瘤药或其它活性肽的结构片段新戊基氨基乙酸等就可利用这种方法来合成。

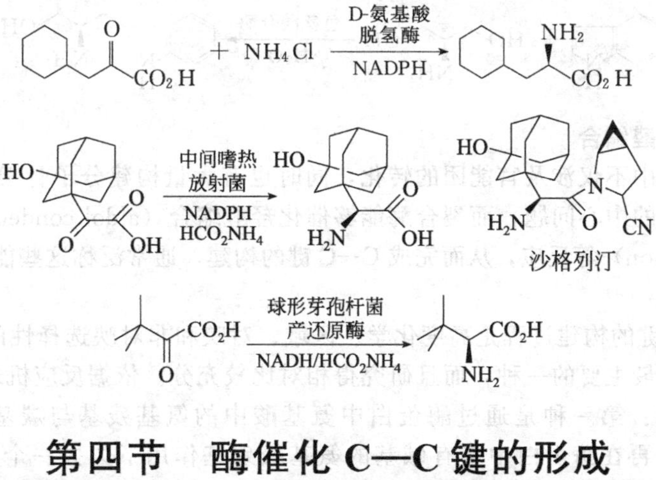

沙格列汀

第四节　酶催化 C—C 键的形成

一、酶催化烃基化

烃基化也可在生物催化下进行，并同样可发生在 C、O、N 等原子上。但常见到的烃基化剂相对少一些，常用的是磷酸酯和 SAM。在富电子的活泼芳环上，这种催化反应的进行相对容易一些，其区域选择性也非常高。而且在不饱和碳上也可发生烃基化，如在法尼基二磷酸酯酶催化下，1,5-二烯可以环合形成脂环烃。

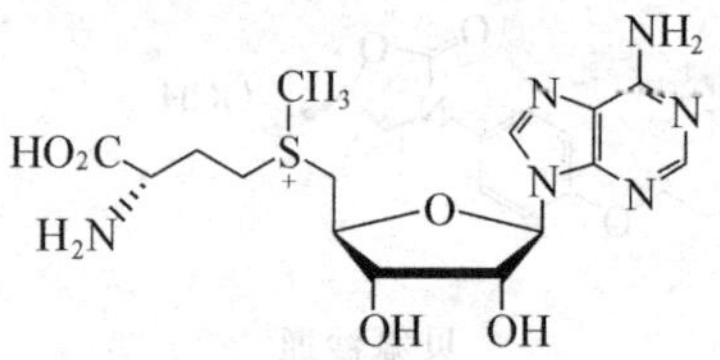

S-腺苷甲硫氨酸 (SAM)

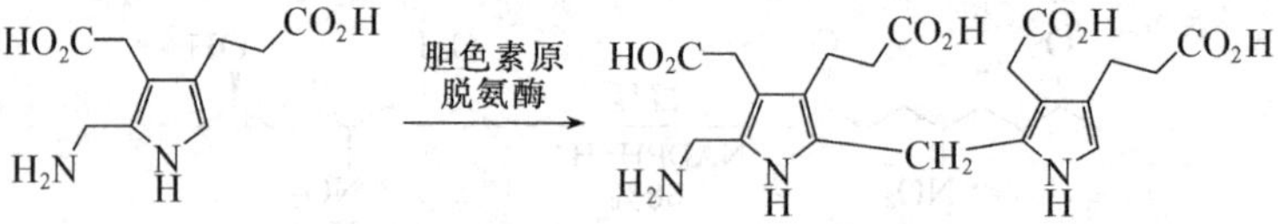

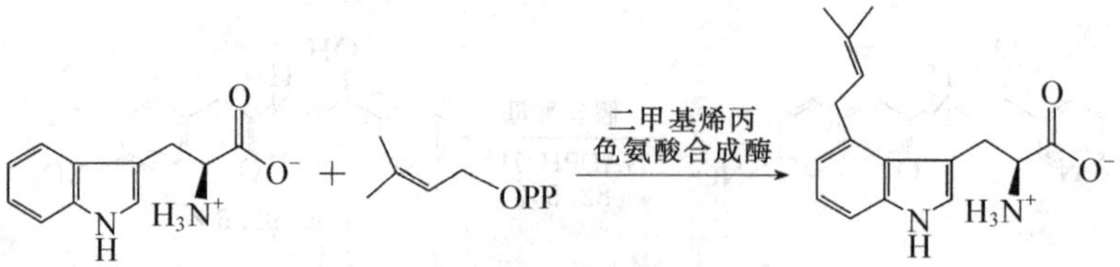

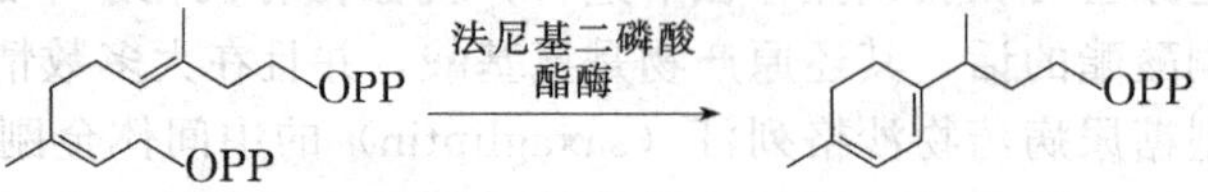

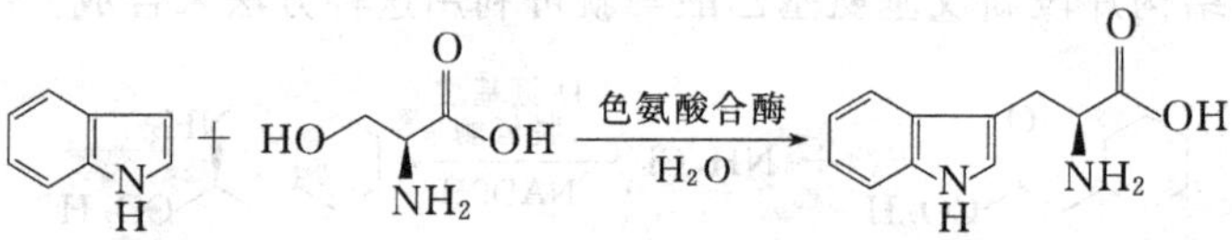

二、酶催化羟醛缩合

药物合成过程中不仅涉及官能团的转化，同时也有大量构建分子骨架的工作。C—C 键的构建是药物合成的中心问题，而裂合酶能够催化羟醛缩合（aldol condensation）和酯缩合（claisen condensation）等反应，从而完成 C—C 键的构建，通常泛称这些能够催化构建 C—C 键的酶为裂合酶。

酶催化 C—C 键的构建过程是高度化学、区域、对映和非对映选择性的，在这类裂合酶中，羟醛缩合酶是最主要的一种，而且研究得相对比较充分。依据反应机理，羟醛缩合酶可以分为两种亚类型：第一种是通过酶蛋白中氨基酸中的氨基残基与羰基作用形成席夫碱（Schiff base）后，再在酶蛋白中带有碱基的氨基酸残基作用下失去一个 α-氢转化为烯胺，然后与另一分子的醛羰基发生亲核加成，构建起 C—C 键，最后通过水解从酶蛋白上解析下来，得到羟醛缩合产物；第二种则是利用酶蛋白中所含游离羧基的氨基酸残基形成的羧酸负离子作为碱，夺取被金属锌离子活化了的羰基化合物 α-氢形成烯醇盐，接着与由蛋白通过氢键活化了的醛发生亲核加成，构建起 C—C 键，随后产物从蛋白上解离出来完成整个反应。

第一种类型：

X＝H，OH，NH₂

Enz 表示酶

第二种类型：

X＝H，OH，OPO₃²⁻

醛在羟醛缩合酶催化下，能与醛、酮酸、氨基酸以及 1,3-二羟基酮等底物之间发生缩合反应，构建新的 C—C 键。如果把扮演亲核性质的部分称为缩合反应的供给体，而与之发生缩合的具有亲电特征的羰基化合物称为接受体，那么这些反应可以分为 4 组，见表 11-2。第一组和第四组反应产物包含有两个手性中心，而另外两组则仅生成含有一个手性中心的产物。通常反应产物的立体化学更多地取决于适用的酶，与接受体的结构关联性较小。使用的酶对接受体具有较宽的适应范围，但对供给体来说就相当严格。

二羟基丙酮（DHA）和二羟基丙酮磷酸酯（DHAP）依赖的羟醛缩合酶，具有对醛适应性广泛的特点，是迄今为止最为成熟的一类，借助这一反应能够方便地合成含有多羟基的化合物。由表 11-2 中可以看出，反应产物包含了 2 个新的手性中心，将可能形成 4 个具有商业意义的异构体。实际上在使用的酶明确的情况下，获得的产物基本上是唯一的。D-甘油醛单磷酸酯与 DHAP 在果糖 1,6-二磷酸酯羟醛缩合酶（FruA）和塔格糖 1,6-二磷酸酯羟醛缩合酶（TagA）催化下，分别生成一种单一异构体的酮糖，但两者为非对映异构体。当 DHAP 与 S-羟基丙醛在墨角藻糖磷酸酯羟醛缩合酶（FucA）和鼠李糖磷酸酯羟醛缩合酶

表 11-2　酶催化羟醛缩合反应

组别	供给体	接受体	产物
1	HO～～OR¹ DHA(P) R¹＝H 或 PO₃²⁻	R—CHO	OH OH 产物 R～～OR¹
2	丙酮酸或磷酸丙酮酸烯醇酯 CO₂H / OPO₃²⁻ …CO₂H	R—CHO	OH R～～CO₂H
3	乙醛 H₃C—CHO	R—CHO	OH O R～～H
4	甘氨酸 H₂N～CO₂H	R—CHO	OH O R～～OH NH₂

（RhuA）催化下，也出现类似的结果，分别生成单一异构体，但二者为非对映异构体。事实上，二羟基丙酮磷酸酯作为供给体是比较昂贵的，用 DHA 为供给体在果糖磷酸酯羟醛缩合酶（FSA）催化下与醛的羟醛缩合更具使用价值。

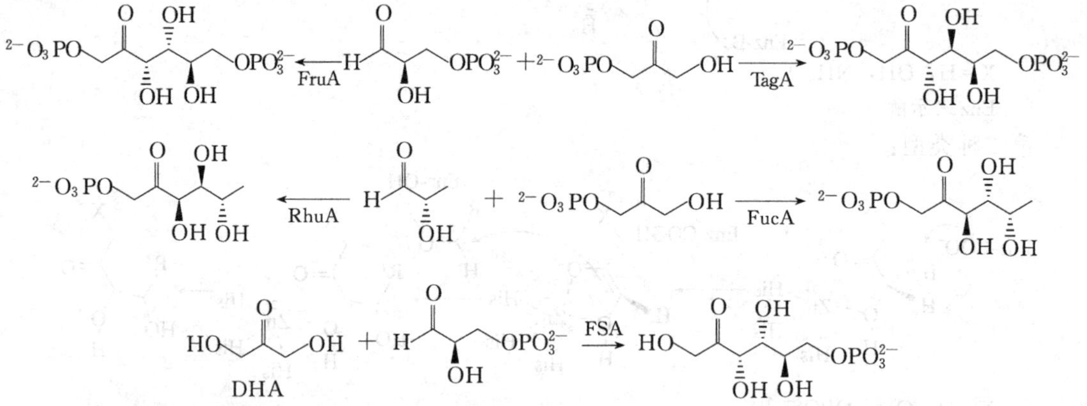

依赖于丙酮酸和丙酮酸烯醇磷酸酯的羟醛缩合酶中，N-乙酰化神经氨糖酸羟醛缩合酶（NeuAc）是最为普遍的一种，但这种酶并不像大多数羟醛缩合酶那样是立体专一性的。所以，酶催化的立体化学依赖于反应物醛的结构。丙酮酸与具有支链的甘露糖构型的底物在 NeuAc 催化下能够成功地将其链延长，高收率地合成用于治疗严重深部内脏真菌感染疾病的两性霉素 B（amphotericin B）的潜在合成子。

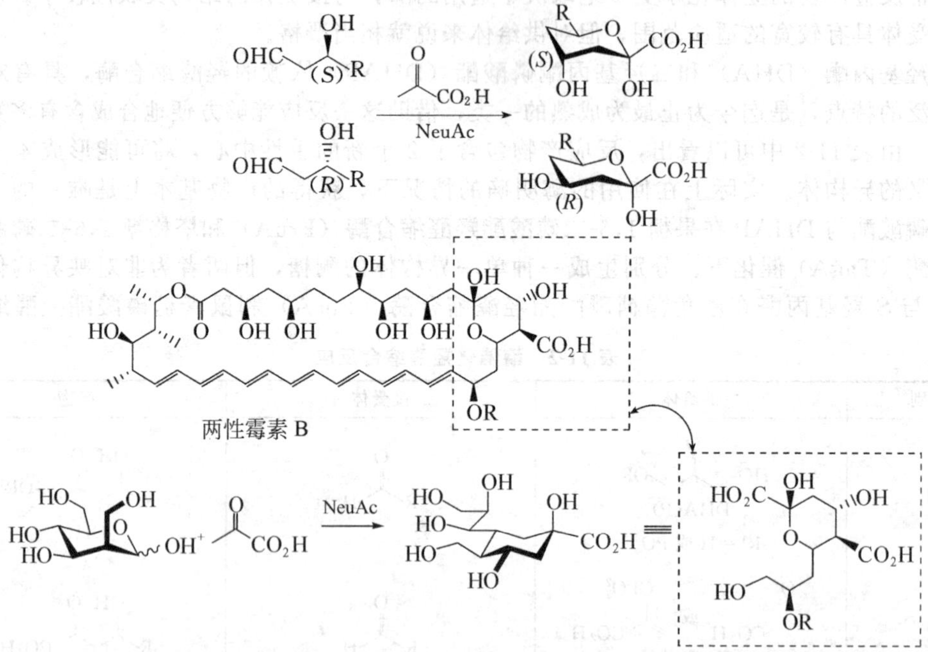

两性霉素 B

由上述实例不难看出，无论是依赖于二羟基丙酮磷酸酯羟醛缩合酶还是依赖于丙酮酸羟醛缩合酶，在多羟基化合物的合成中都具有重要的价值，特别是在糖类化合物的合成中更显出其优势。一种对短链醛具有较广适应性的酶是 2-羰基-3-脱氧-6-磷酸-D-葡萄糖酸羟醛缩合酶（KDPGlc），利用该酶催化的最典型的反应是丙酮酸与甘油醛衍生物（如磷酸酯和缩酮）的缩合。首先催化 2-吡啶甲醛与丙酮酸缩合得到 4-吡啶基-4-羟基-2-丁酮酸，然后 NADH 催化氨化还原可用于合成尼可霉素（nikkomycin）类抗生素的重要中间体。当丙酮酸与邻苯二酚在酪氨酸苯酚裂合酶（β-酪氨酸酶）催化下反应，可获得多巴（dopa）这一重要的氨基酸。

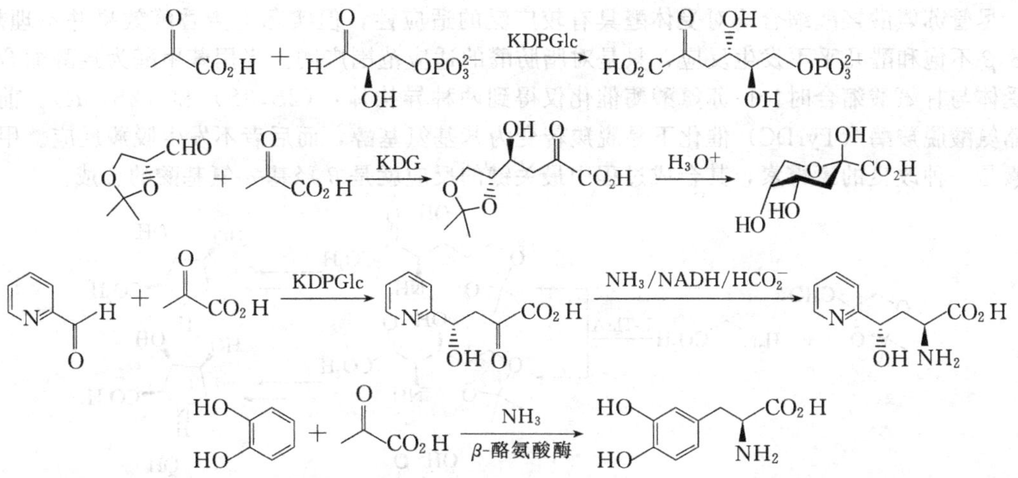

以乙醛为缩合反应的供给体的酶催化羟醛缩合反应中，2-脱氧-D-核糖-5-磷酸酯羟醛缩合酶（DERA）是目前发现的唯一的可用于催化这类反应的酶。乙醛与甘油醛磷酸酯之间的缩合，平衡更有利于产物的生成，从而也就容易理解 3 分子乙醛之间的缩合。但当用其它结构的醛与酮进行类似反应时，反应速率往往会降低。而 2-羟基醛则是一个较好的受体，其中 D-异构体相较 L-异构体反应效果更好一些。

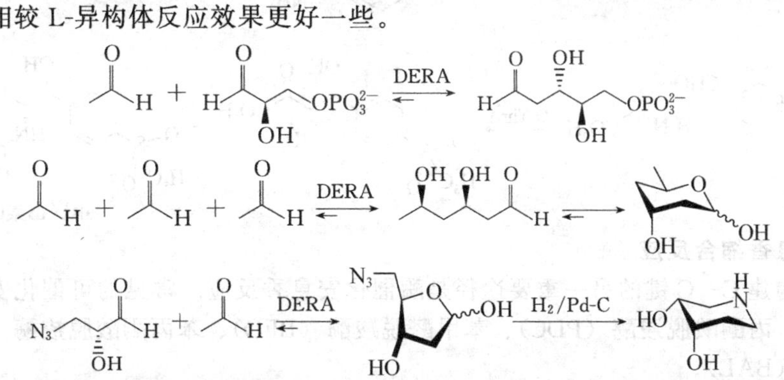

依赖于甘氨酸的羟醛缩合酶催化的羟醛缩合是生物催化合成 β-羟基-α-氨基酸的有效方法之一。而 β-羟基-α-氨基酸是构成具有重要生物活性如免疫抑制、抗体等天然化合物和合成化合物的原料，近年来对其已经作了较为深入的研究。很清楚，羟醛缩合反应的受体除甲醛之外都将会在形成 C—C 键的同时产生 2 个手性中心，从而可能出现 4 个异构体，所以化学合成相对较困难。但使用不同的酶催化合成时，能立体选择性地生成相对应的产物。

甲醛与甘氨酸在羟甲基转移酶催化下发生反应，能够用于合成丝氨酸，这是目前酶催化法工业生产该氨基酸的基本原理。当甲醛被乙醛代替后，用 D-苏氨酸羟醛缩合酶（D-ThrA）和 L-苏氨酸羟醛缩合酶（L-ThrA）催化，分别生成 D-苏氨酸和 L-苏氨酸。

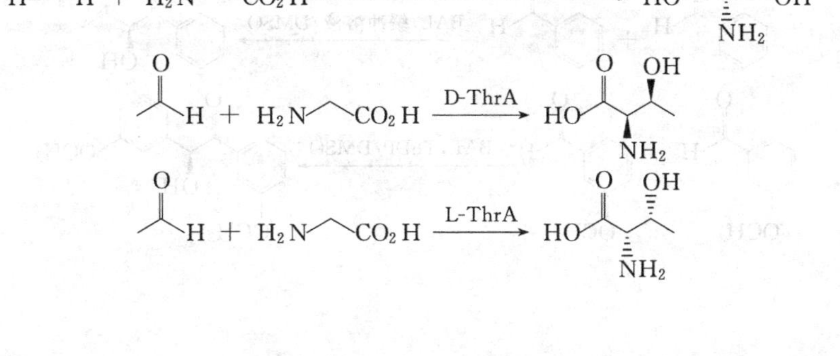

尽管苏氨酸羟醛缩合酶对受体醛具有较广泛的适应性，但实际上芳香醛效果并不理想，而 α,β-不饱和醛几乎不发生反应，只是对脂肪醛的适应范围广阔。当用苯甲醛为羟醛缩合反应受体与甘氨酸缩合时，L-苏氨酸酶催化仅得到两种异构体：$(2S,3S)$ 和 $(2S,3R)$。前者在酪氨酸脱羧酶（TyrDC）催化下易脱羧转变为苯基氨基醇，而后者不发生脱羧反应。甲砜霉素是一种改良的氯霉素，其合成过程中最关键的反应就是 β-羟基-α-氨基酸的合成。

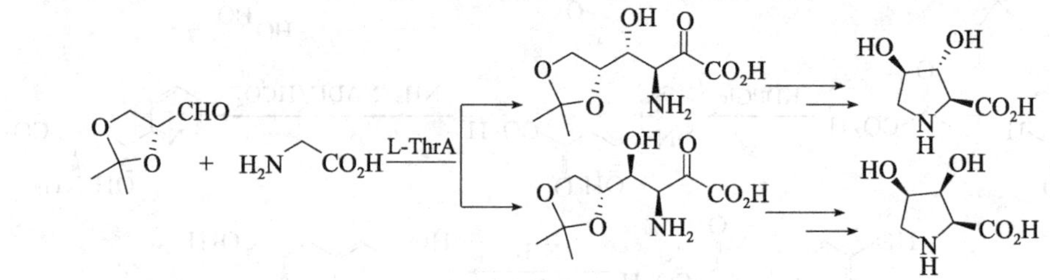

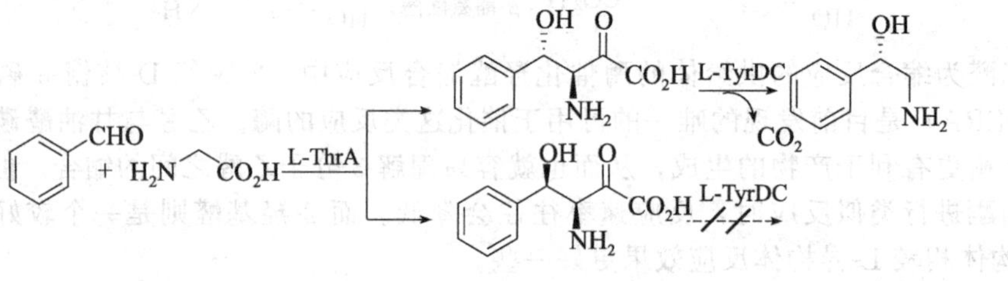

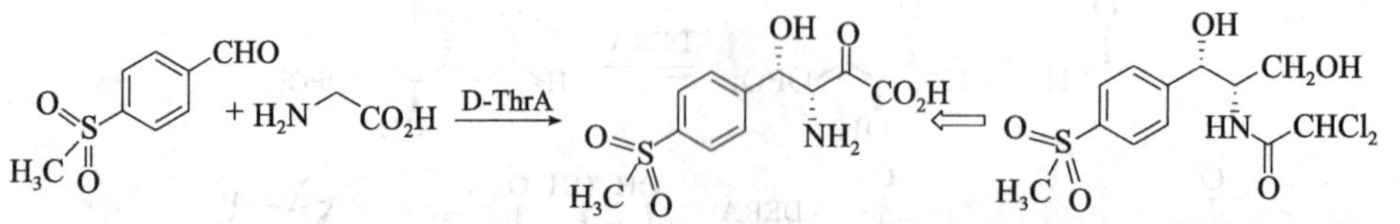

甲砜霉素(光学纯)

三、安息香缩合反应

酶催化构建 C—C 键的另一重要途径是酶催化安息香反应。常见的可催化安息香反应的酶主要包括：丙酮酸脱羧酶（PDC）、苯甲醛脱羧酶（BFD）、苯丙酮酸脱羧酶（PhDC）、苯甲醛裂解酶（BAL）。

来自于荧光假单胞菌的苯甲醛裂解酶（BAL），能够催化苯甲醛发生安息香反应而生成酮醇缩合物。不同的芳基甲醛也能发生类似反应，用于合成相对应的化合物。当用 1 分子的芳甲醛与 1 分子乙醛发生反应时，也能够获得立体选择性的缩合产物，其中乙醛总是被酰化，而芳醛部分则转变为酰基。但如果使用 PDC 来催化，结果却相反，而且伴有 2 分子乙醛的安息香缩合反应发生。依赖于丙酮酸脱羧酶催化的安息香缩合，最为成功的例子是用于麻黄碱 [(－)-ephedrine] 的合成。丙酮酸与苯甲醛在面包酵母产丙酮酸脱羧酶催化下发生缩合、脱羧反应，先立体选择性地获得 (R)-1-苯基-1-羟基丙酮，而后再与甲胺在铂催化下发生氨化氢化反应，立体选择性地生成麻黄碱。

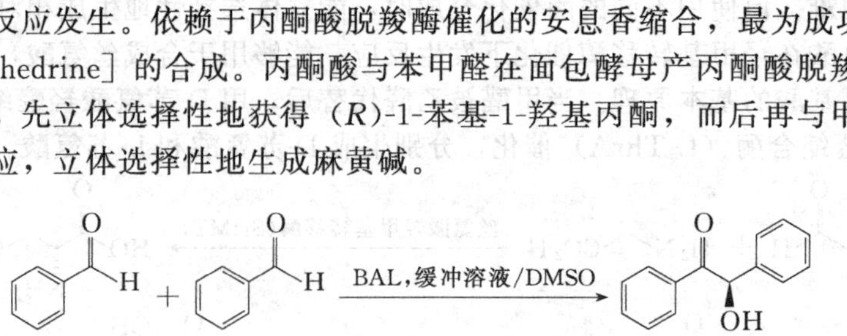

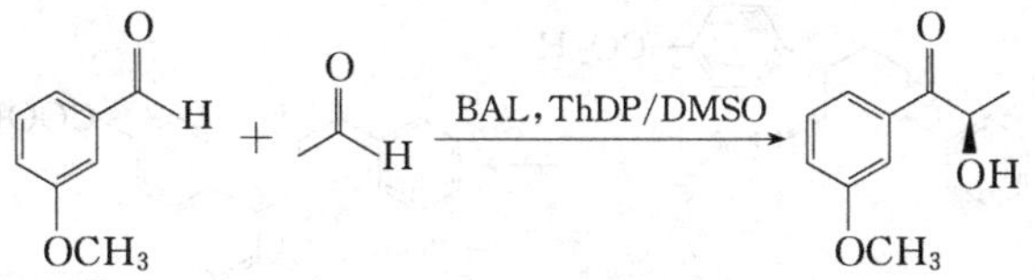

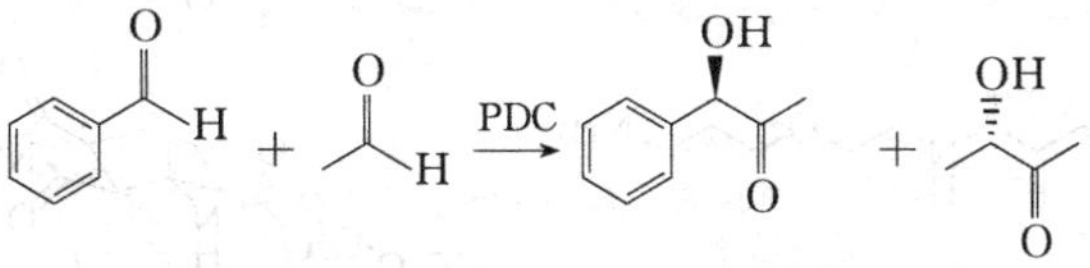

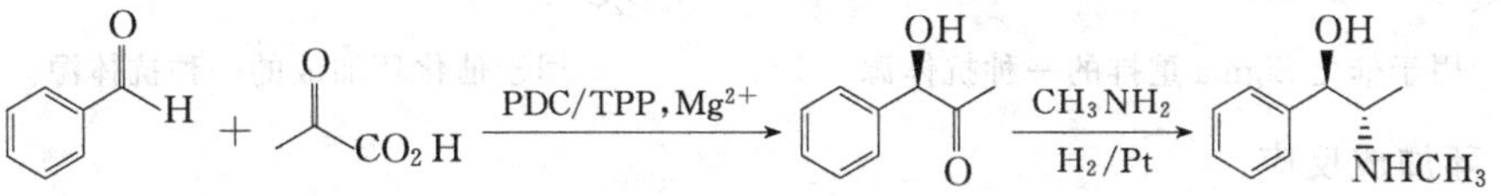

四、Claisen 酯缩合反应

与羟醛缩合相似，酯（或者酸）也能够在酶催化下发生缩合反应来构建 C—C 键。但相较于羟醛缩合，Claisen 缩合的成功例子并不很多。辅酶硫醇酯在硫解酶（thiolase）催化下，发生 Claisen 缩合生成 β-丁酮酸硫酯。犬尿氨酸酶（kynureninase）存在下，犬尿氨酸与苯甲醛能发生缩合，在逆向 Claisen 反应脱去 2-氨基苯甲酸的同时得到 (2S,4R)-4-苯基丁酸。

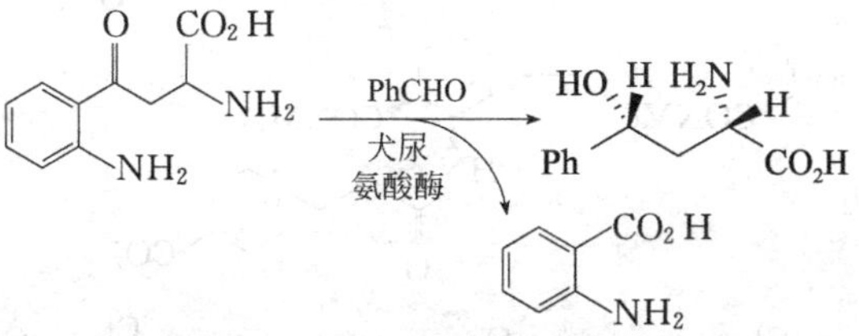

五、酶催化协同反应

协同反应是一类化学键的断裂与形成同时发生的化学转化过程，其中包括 Sigmatropic 迁移、电环化、环加成等。在反应的过程中键电子沿着特定的环发生迁移或重组，从而形成新的分子，即周环反应。传统的周环反应通常用热、光或路易斯酸进行催化。酶催化的协同反应不需要光和热，而且反应有立体选择性。

（一）[3,3] σ-重排

在分支酸变位酶（chorismate mutase）催化下，分支酸经 Claisen 重排（一种 Sigma 重排）转化为生物合成酪氨酸和苯丙氨酸的中间体预苯酸盐。与 Claisen 重排相似的另一反应是含氧 Cope（Oxy-Cope）重排，当用合成酶，即催化抗体（antibody）来催化时，其重排反应也能很顺利地进行。

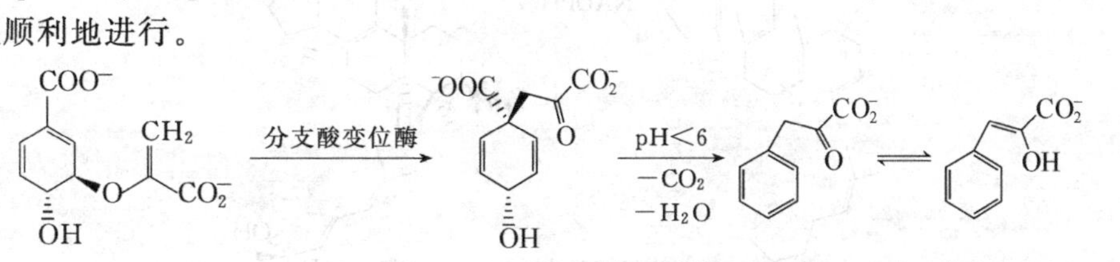

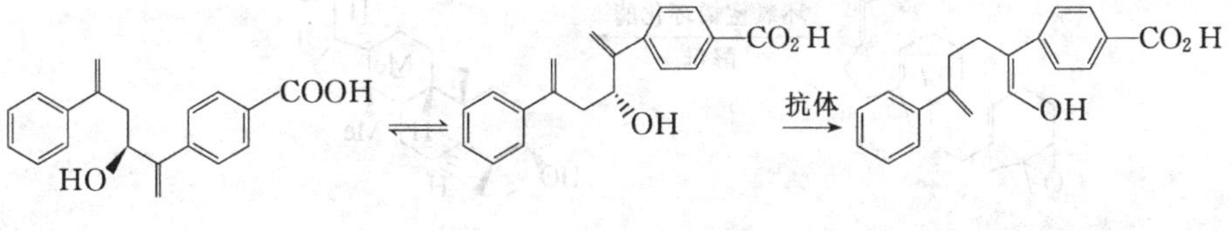

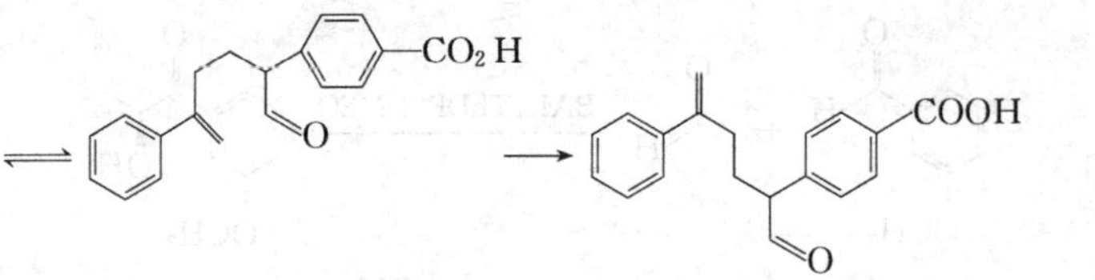

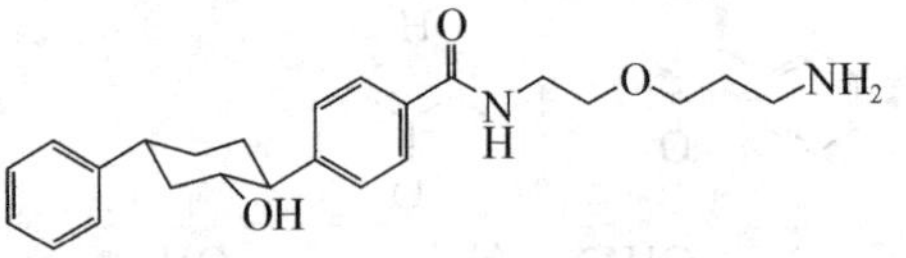

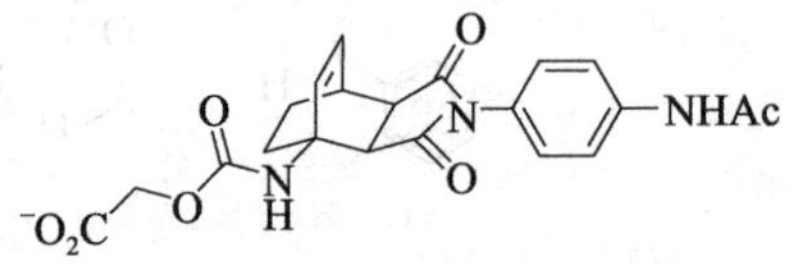

用于催化 Sigma 重排的一种抗体源　　　　用于催化环加成的一种抗体源

（二）环加成反应

与 [3,3] σ-重排不同，酶催化环加成如 Diels-Alder 反应可通过其它的抗体催化来完成。N-取代的马来酰胺与氨基取代的丁二烯可在抗体催化下发生 Diels-Alder 反应，得到内向加成产物。具有二茂铁结构的抗体催化类似反应，产物为顺、反异构体的混合物（85:15）。不同的抗体对反应的结果有明显的影响。

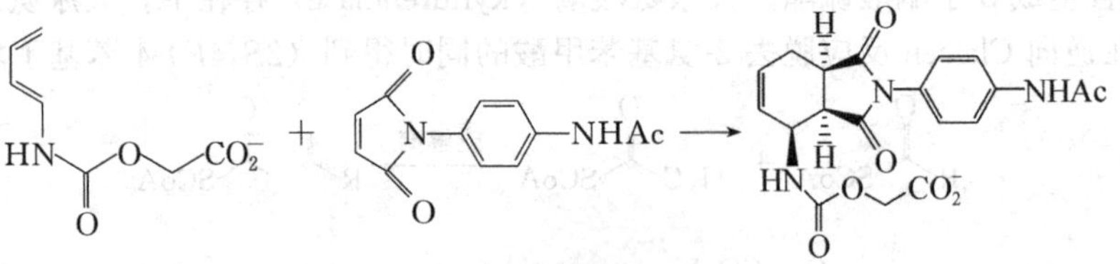

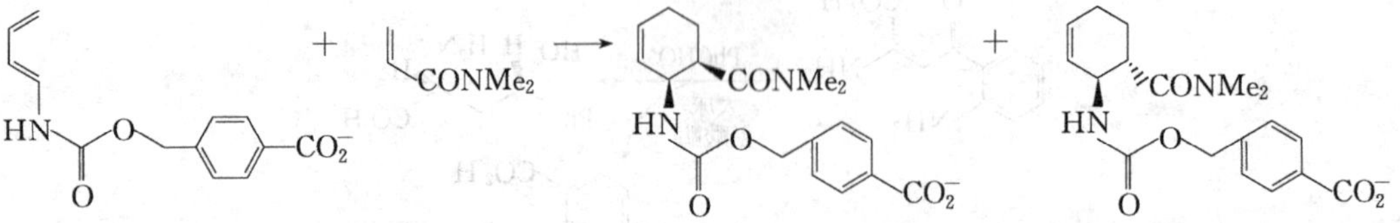

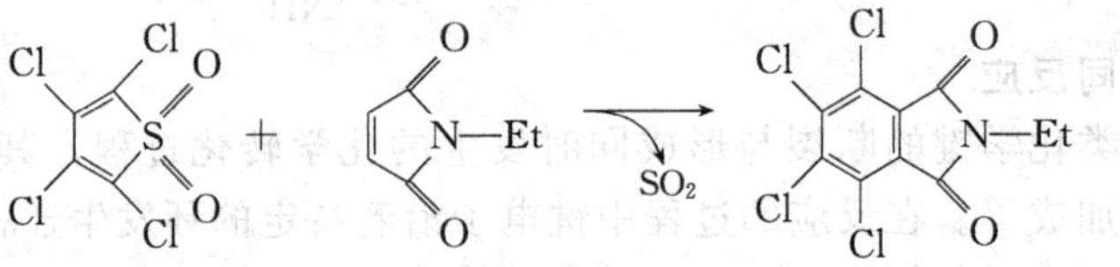

生物催化环化的另一种类型的反应是在 NADPH 存在下，通过氧化一些具有特殊结构的多烯（如鲨烯），一次构建起甾体的骨架（如羊毛甾醇）。

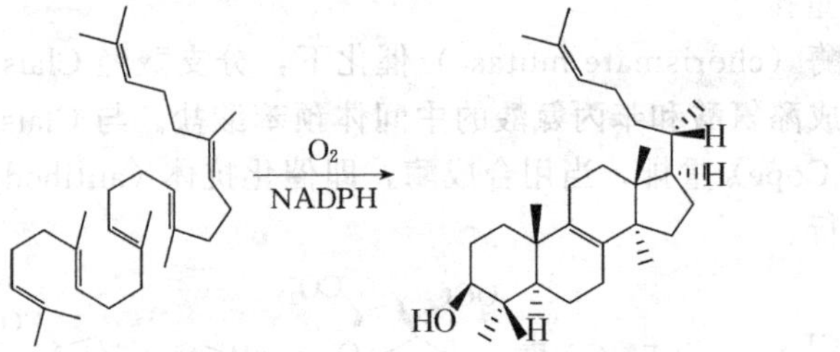

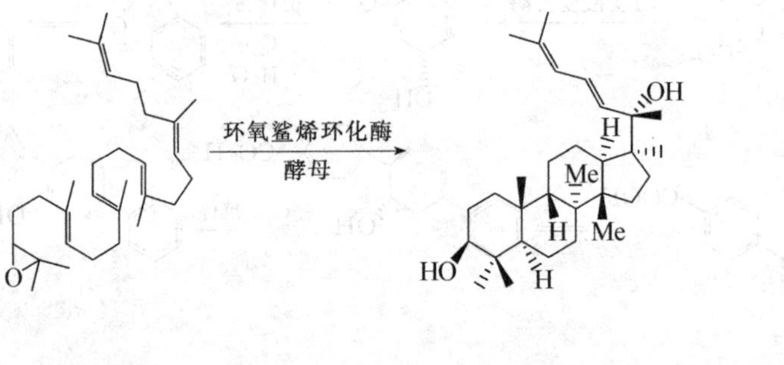

第五节　典型药物生产中相关的酶催化反应

酶催化反应通常有非常高的立体选择性，产物的对映体过量（e.e. 值）有时可达到 100%，而且并不涉及苛刻的条件和贵金属的应用，所以在涉及手性合成中，生物催化具有得天独厚的优势。本节选择一些非常典型药物为例，进一步学习酶催化反应在新药研究和传统药物生产工艺改进方面的应用。

一、半合成 β-内酰胺类抗生素生产中的生物催化

从结构来分析，传统的半合成 β-内酰胺类抗生素可看成是由两部分组成，即母环和侧链，如氨苄西林（ampicillin）、阿莫西林（amoxicillin）等包含母环 6-APA 和侧链 D-苯甘氨酸、D-对羟基苯甘氨酸，头孢氨苄（ampicillin）、头孢羟氨苄（amoxicillin）等包含 7-ADCA 和 D-苯甘氨酸、D-对羟基苯甘氨酸。但无论是侧链还是母环的生产，均可以通过酶催化的方法来实现，而且有一些已经成为工业生产中的主流技术。

Y＝H，氨苄西林
Y＝OH，阿莫西林

Y＝H，头孢氨苄
Y＝OH，头孢羟氨苄

（一）D-芳基甘氨酸的酶催化合成

D-芳基甘氨酸是合成 β-内酰胺类抗生素的重要原料，其原始的生产方法是采用化学合成和化学拆分的工艺。实际上，采用生物催化法完全能达到生产的要求。在水中近乎中性条件下，将底物 DL-5-芳基海因以及包含有 D-海因酶和氨甲酰水解酶的整细胞加到一起，于 36℃ 左右反应，海因几乎能 100% 地转化为 D-芳基甘氨酸单一异构体，中间并不需要拆分。从化学过程来看，反应分两步，即海因先在 D-海因酶催化下水解为 D-N-氨甲酰芳基甘氨酸，接着在同一细胞中存在的第二种酶 N-氨甲酰水解酶催化下进一步水解完成整个转化。反应之所以能够 100% 获得单一异构体，是因为在该反应条件下，D-5-芳基海因与 L-5-芳基海因之间通过碳负离子建立起一个可逆体系而可以相互转化。由于 D-海因酶仅能识别 D-海因并催化其水解，随着平衡体中 D-海因的减少，L-海因将自动发生构型的转化来补充，直至反应完全。

L-海因　　　　　　　　　　　　　　D-海因　　　　　　　　　　　　　Ar＝ ； OH

（二）6-APA 和 7-ADCA 的酶催化合成

1. 6-APA 的酶催化合成

6-APA 即 6-氨基青霉烷酸，是半合成青霉素类抗生素的母核。工业上它是由青霉素为原料，经脱苯乙酰基后得到的。传统的化学法需要经过至少 4 步反应来完成这一转化，而且反应要求在 −40℃ 条件下实施，不仅消耗多种化学原料，也增加了环境的压力。

青霉素酰化酶（penacylase）是一种具有特殊选择性的蛋白质，它能够在 37℃ 催化水解青霉素，脱掉苯乙酰基而转化为 6-APA。早期方法中，酶仅能使用一次。为了提高其使用寿命，采用 DNA 重组技术。与此同时，结合酶的固定化技术，使目前工业上使用的青霉素酰化酶能够反复使用，从而极大地降低了相关半合成抗生素的成本。

2. 7-ADCA 的酶催化合成

7-ADCA 是半合成头孢菌素的一种重要的母核，也称 7-氨基头孢烯酸。与 6-APA 十分相似，其工业生产方法也有化学法和酶法两种。如果从青霉素 G 出发，需要多步反应才能完成，其中包括硫的氧化、羧基的保护、消去烯化、扩环等反应，过程比较复杂。而用酶法来完成此过程相对简单，包括：6-APA 己二酰化、酶扩环、酶催化脱酰基。与 7-ADCA 类似的头孢母核 7-ACA（3-乙酰氧甲基-5-硫-7-氨基-8-氧-1-氮杂二环辛-2-烯-2-羧酸）以头孢菌素 C 为原料制备时，要经过酯化、氯化、醚化和水解 4 步反应，但当用酶来催化时，一步反应就能够完成。需要说明的是，酶的制造成本比较高，为了提高使用效率，几乎对这些酶都进行了基因重组和固定化方面的改造。

（三）相关半合成抗生素的生物催化合成

β-内酰胺类半合成抗生素是以 β-内酰胺母核为基础，通过不同的化学修饰后形成的一类更加优良的药物，其中对氨基修饰形成的药物是产生最早、也是最重要的药物品种，D-苯甘氨酸和 D-对羟基苯甘氨酸是其中两种主要的修饰剂。相关半合成抗生素制备的原理，包括化学法和酶法两种。化学法经过几度改良形成现在生产上采用的混合酸酐法，而酶法是近年来才逐步推向生产的，酰化剂采用的是芳基甘氨酸的甲酯。显然，酶催化具有非常突出的优势，因此，酶催化合成技术是相关半合成抗生素生产的发展趋势。

1. 化学法

2. 酶催化法

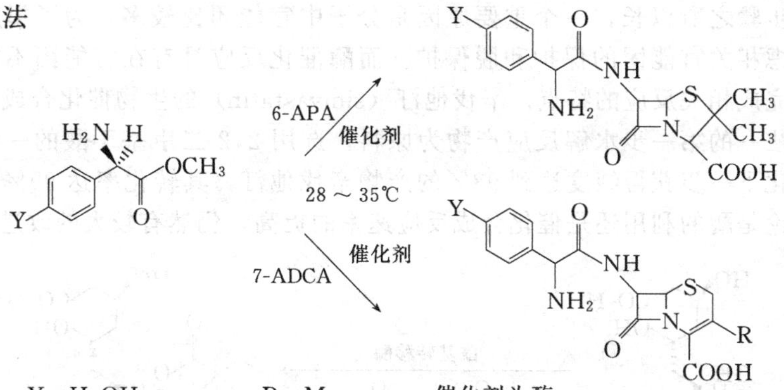

Y=H,OH　　　R=Me　　　催化剂为酶

二、辛伐他汀的生物催化合成

辛伐他汀（simvastatin）是一种用于降低胆固醇的药物，每年的销售额约为 5 亿美金。它是第一个能够与节食、锻炼等方式结合来达到降脂目的的药物，其作用机制可能是借助其抑制胆固醇在肝脏的形成与肠道的吸收来降低低密度脂蛋白的水平。目前该药物主要通过化学转化的方法从天然的洛伐他汀（lovastatin）改造而得。在化学转化过程中，包括了水解、内酯化、硅酯的保护、酰化、脱保护以及开环 6 步反应，工艺过程冗长，涉及反应和试剂较多。优化了的方法从洛伐他汀出发也需要 4 步反应。

化学路线一：

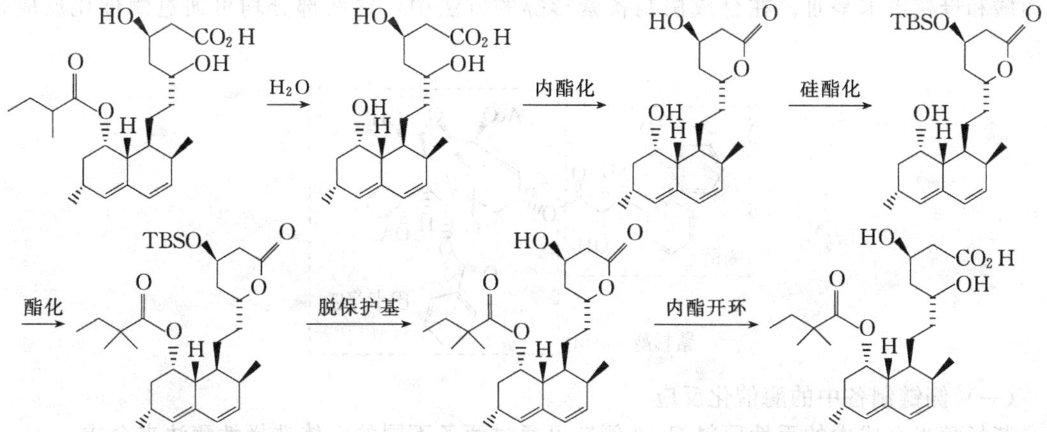

化学路线二：

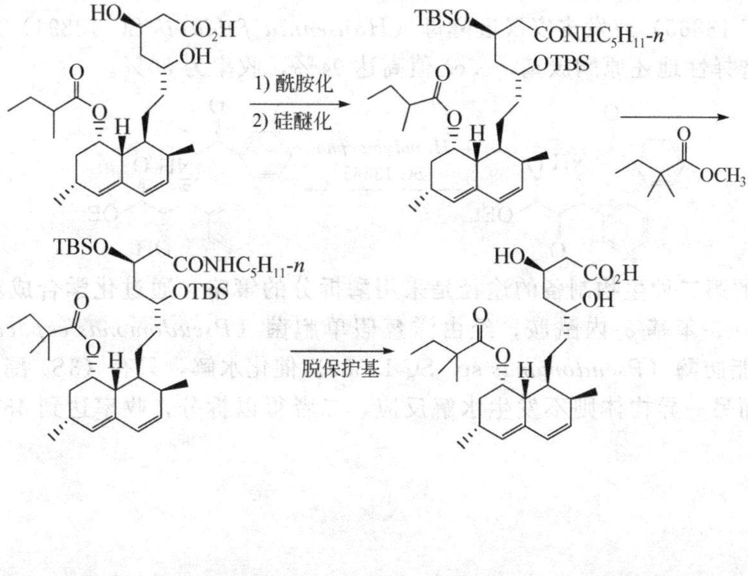

　　化学合成步骤之所以长，一个重要原因是分子中官能团比较多，为了提高反应的选择性，不得不考虑相关官能团的保护和脱保护。而酶催化反应具有在官能团不需保护的情况下，选择性地完成相关反应的特点。辛伐他汀（simvastatin）的生物催化合成正是利用此优点，用化学方法一的第一步水解反应产物为原料，选用 2,2-二甲基丁酸的一种硫醇酯为酰化剂，在酶催化下一步获得纯度达到 98％ 的产物辛伐他汀，其转化率达 99％。但就整体的效率来看，无论是酶的利用还是催化合成反应速率的提高，仍然有较大的改进空间。

三、紫杉醇的半合成

　　紫杉醇是一种抗有丝分裂的药物，主要用于恶性肿瘤的治疗。最初该化合物是从太平洋红豆杉的树皮中分离而得，但由于其含量非常低，提取 1kg 纯紫杉醇需要相当于 3000 棵红豆杉树的树皮，而红豆杉的生长周期又很长，所以完全依赖于天然红豆杉树来获得大量能用于临床使用的紫杉醇显然不太可能，采用半合成方法将是解决供需矛盾的最为有效的途径之一。从结构上来看，紫杉醇由两部分组分，即 C-13 侧链（2R,3S）-2-羟基-3-苯甲酰氨基-3-苯丙酸和母核巴卡亭Ⅲ。在合成法制备紫杉醇的方法中，这两部分均可通过酶催化反应来合成。

紫杉醇 (taxol)

（一）侧链制备中的酶催化反应

　　紫杉醇半合成中的手性原料 C-13 侧链可通过两条不同的立体选择性酶法来合成。

　　方法一：以 3-苯甲酰氨基-3-苯基-2-丙酮酸乙酯为原料，用多形汉逊酵母（*Hansenula polymorpha* SC 13865）或发皮安汉逊酵母（*Hansenula fabianii* SC 13894）发酵产生胞内还原酶，立体选择性地还原酮羰基，e.e. 值高达 94％，收率为 80％。

　　C-13 侧链的第二种生物制备的途径是采用酶拆分的策略。通过化学合成获得外消旋的顺-2-(乙酰氧基)-3-苯基-β-内酰胺，经由洋葱假单胞菌（*Pseudomonas cepacia*）产脂肪酶 PS-30 或 BMS 脂肪酶（*Pseudomonas* sp. SC 13856）催化水解，只有（3S）-酯发生反应转化为对应的醇，而另一异构体则不发生水解反应，二者得以拆分，收率达到 45％ 以上，e.e. 值达到 99.5％。

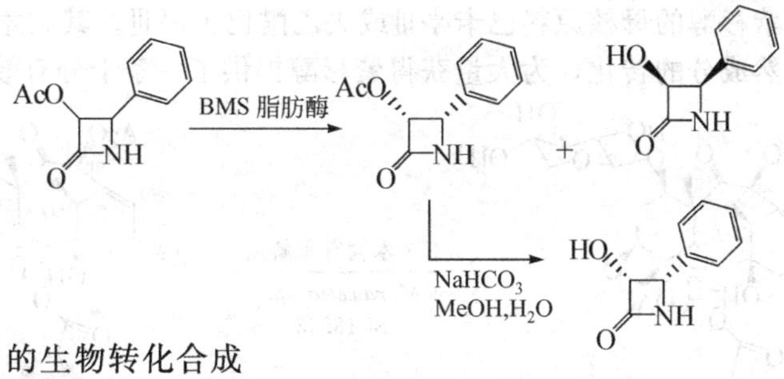

（二）巴卡亭Ⅲ的生物转化合成

从红豆杉树皮中提取紫杉醇的同时，还有许多不同的类似物，如紫杉烷、紫杉醇 C、三尖杉宁碱、7-β-紫杉醇木糖苷、7-β-木糖基-10-去乙酰紫杉醇和 10-去乙酰紫杉醇等被分离出来，这些化合物的共同点是都含有紫杉醇母核。此外，还可以从具有再生性的资源，如树叶、嫩枝以及栽培小红豆杉中提取含有紫杉醇母体环的化合物。在直接获得紫杉醇的其它方法未建立起来之前，利用酶催化反应的专一性，对包含有紫杉醇母核巴卡亭Ⅲ或去乙酰巴卡亭Ⅲ进行生物转化，以获得另外一个重要原料巴卡亭Ⅲ或去乙酰巴卡亭Ⅲ，最终通过半合成的方法生产紫杉醇，是缓解旺盛的市场需求压力的重要出路。

白色类诺卡菌（*Nocardioides albus* SC 13911 和 13912）发酵所产胞外酶，分别对紫杉醇和相关类似物母核 C-13 和 C-10 的表达具有良好的选择性，从而能分别水解这两个位置上的酯，形成对应的醇，即巴卡亭Ⅲ和去乙酰紫杉醇。采用这种途径可以充分利用红豆杉植物的可再生资源，如树叶和除紫杉醇之外的其它成分，以提高紫杉醇的相对产量。

紫杉醇　紫杉醇 C　三尖杉宁碱

巴卡亭Ⅲ　去乙酰巴卡亭Ⅲ

紫杉醇　紫杉醇 C　三尖杉宁碱

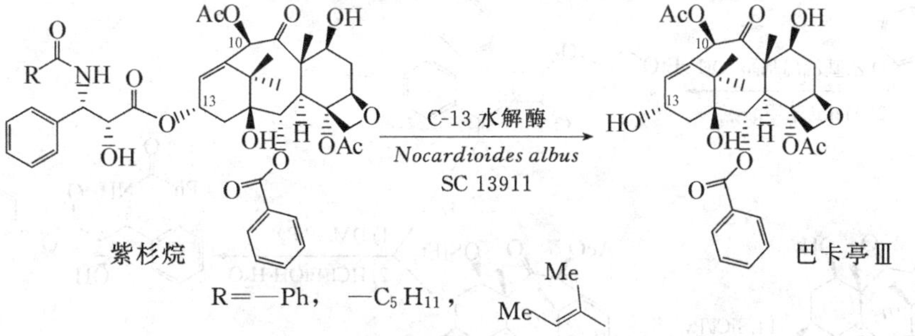

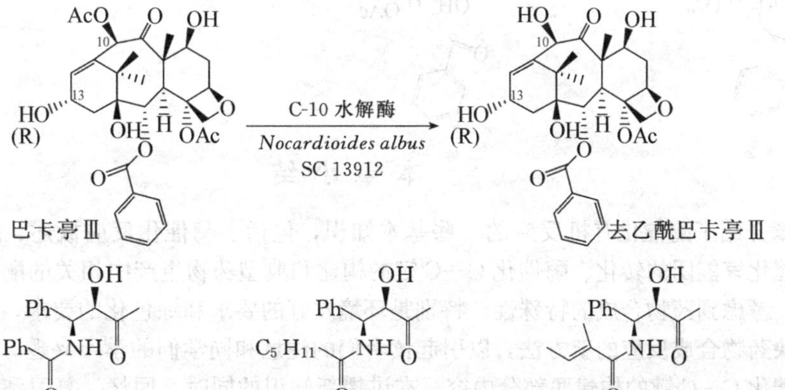

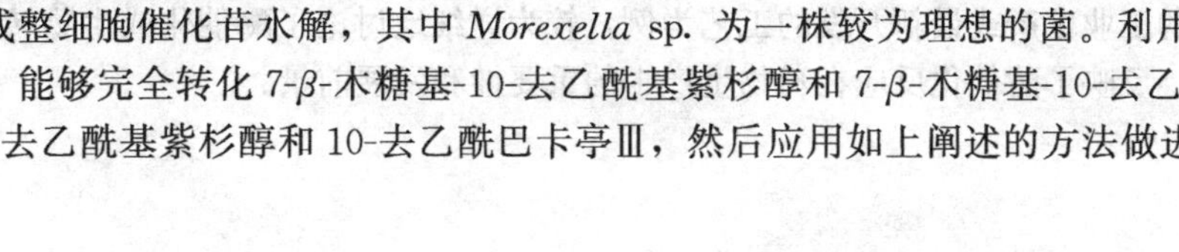

7-β-木糖基紫杉烷类化合物是存在于红豆杉树皮中的另外一类化合物，已经发现有 9 种菌株发酵产酶或整细胞催化苷水解，其中 *Morexella* sp. 为一株较为理想的菌。利用该菌株发酵产生的细胞，能够完全转化 7-β-木糖基-10-去乙酰基紫杉醇和 7-β-木糖基-10-去乙酰巴卡亭Ⅲ，分别生成 10-去乙酰基紫杉醇和 10-去乙酰巴卡亭Ⅲ，然后应用如上阐述的方法做进一步生物转

化，即可获得半合成紫杉醇的母核原料巴卡亭Ⅲ或去乙酰巴卡亭Ⅲ。其它木糖基紫杉烷也可通过生物催化来完成天然成分的转化，为大量获得紫杉醇提供了一条十分有效的途径。

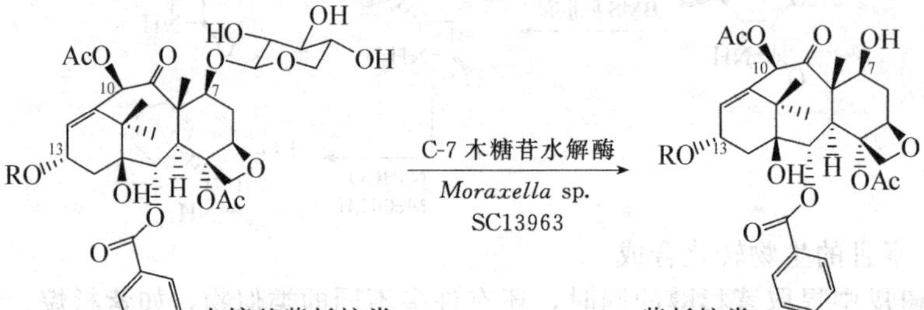

木糖基紫杉烷类 —— C-7 木糖苷水解酶 *Moraxella* sp. SC13963 —— 紫杉烷类

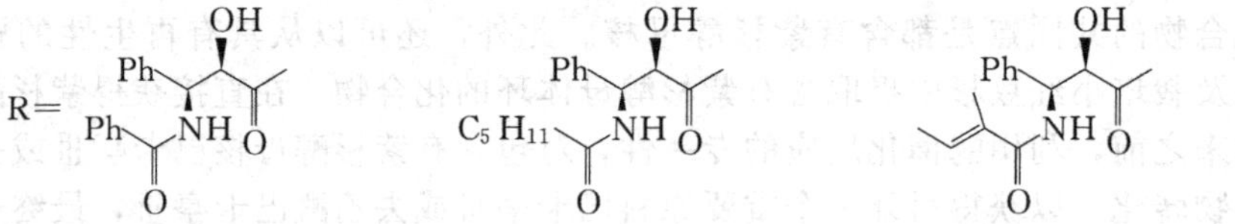

R= 7-β-木糖基紫杉醇　　7-β-木糖基紫杉醇 C　　7-β-木糖基三尖杉宁碱

（三）紫杉醇的合成

在通过酶催化还原或拆分获得 C-13 侧链和生物转化获得充足的巴卡亭Ⅲ之后，紫杉醇的合成就变得简单了许多。后面的化合过程目前主要是采用化学的方法完成的，如果使用顺-(2R)-2-羟基-3-苯基-β-内酰胺为侧链原料，合成过程如下所示：

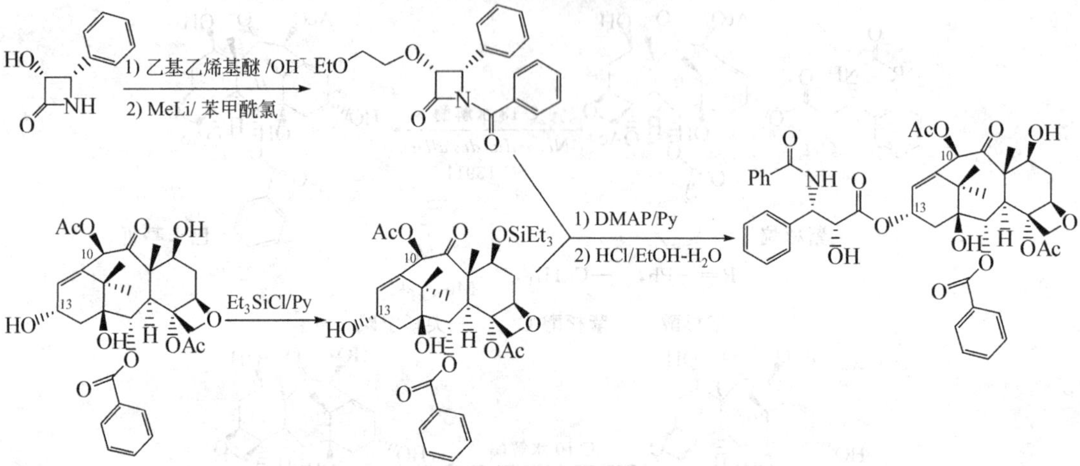

1) 乙基乙烯基醚 /OH
2) MeLi/ 苯甲酰氯

Et₃SiCl/Py

1) DMAP/Py
2) HCl/EtOH-H₂O

　　本章介绍了酶催化有机反应的一些基本知识，包括了酶催化反应概述、酶催化逆合成分析、酶催化官能团的转化、酶催化 C—C 键的构建和典型药物生产中相关的酶催化反应等五部分内容。考虑到药物合成的特殊性，特别是环境友好的要求和绿色化的要求，内容从另外一个角度反映药物合成反应的新方法，以引起读者们的注意和同学们的学习兴趣。酶催化官能团转化和酶催化 C—C 键的构建两部分内容，在讲授新知识的同时，回忆、复习和总结前面所学十章的大体内容，以利于巩固所学知识。第二节酶催化逆合成分析，是想在第十二章药物合成设计之前给出一个概念，为下一章学习做个铺垫。第五节内容选取了临床上广泛使用的三类十分重要的药物的工业生产或最新开发的工艺为例，较为详细地讨论了酶催化或生物转化方法在生产中的应用，反映了酶催化反应在药物生产中的重要性和发展前景。

第十二章　药物合成路线设计概要

药物的合成过程包含分子骨架的构建和官能团的引入与转化。前十一章分别学习了卤化反应、硝化反应、磺化反应、烃基化反应、酰基化反应、氧化反应、还原反应等，这些反应基本上用于药物合成中官能团的引入和转化。而缩合反应、重排反应、周环反应以及 C 原子上的烃基化和酰基化反应则主要用于药物合成中骨架的构建。当然，在许多情况下官能团的转化与分子骨架的构建能在同一反应中实现。药物合成路线设计从方法学的角度综合各单元反应，以便学习、掌握合成的基本规律，能够灵活应用这些基本反应完成预定目标的合成。

第一节　基本概念和常用术语

药物合成路线设计（design of drug synthesis route）是针对预定药物的合成而开展的一项综合性并带有策略性的研究过程，需要对可能的合成方法进行比较与评价，并确定合理、有效的合成路线。这种思想和原理与有机合成设计十分相似，属于合成化学的逻辑学。自然，其包含了对合成反应的分析、对比、归纳与综合评价等。用于药物合成设计最有效的方法是 E. J. Corey 提出的逆合成分析法（antisynthetic analysis）。

由目标分子出发，采用逆向切断、连接、重排和官能团的引入、转化、消去等化学操作，直至将其变换、倒推为合成子等价试剂，这样的分析方法称为逆合成分析法。在药物合成设计中，实际上只要将目标药物反推至廉价的中间体即可。例如天然抗疟疾药青蒿素，通过逆合成分析可以看出，该药的合成可以甲基乙烯基酮为起始原料来实现。

（1）目标分子（target molecule，TM）　拟合成的化合物，可以是中间体，也可以是最终要合成的化合物。

（2）合成子（synthon）　构建目标分子骨架的单元结构的活性碎片，其可以是离子、自由基或者中性分子。表 12-1 列出了不同合成子和等价试剂。

离子合成子可分为两种：接受电子的合成子（acceptor），即 a-合成子，由于其带有正电荷，亦称之为正合成子；提供电子的合成子（donor），即 d-合成子，该合成子大都带负电荷，亦称负电子合成子。

为了明确离子型合成子中活性原子与官能团之间的相对位置，常在对应合成子 a 和 d 的右上角添加数字来表达之。a^0 表示该电正性合成子就是杂原子本身，如 $^+PMe_2$；d^0 则表示该负电性合成子就是杂原子本身，如 MeS^-。

（3）等价试剂（equivalent reagent）　在合成中充当合成子的中性化合物，能够在市场上买到，或可通过简单化学转化得到。如：

$$\text{（苯基负离子）} \quad \text{的等价试剂为} \quad \text{（PhMgBr）} \quad \text{或} \quad \text{（PhLi）}$$

表 12-1 合成子的类型以及对应的等价试剂

类 型		举 例	等价试剂	官 能 团
d-合成子	d^0	MeS	MeSH	SH
	d^1	$^-$CN	KCN	CN
	d^2	$^-CH_2{-}CHO$	CH_3CHO	CHO
	d^3	$^-CC{-}NH_2$	$LiCC{-}NH_2$	NH_2
	Rd	Me	MeLi	
a-合成子	a^0	$^+PMe_2$	$ClPMe_2$	PMe_2
	a^1	$Me_2C^+{-}OH$	$Me_2C{=}O$	$C{=}O$
	a^2	$^+CH_2COCH_3$	$BrCH_2COCH_3$	$C{=}O$
	a^3	$^+CH_2{-}CH{=}COOR$	$CH_2{=}CH{-}COOR$	COOR
	Ra	Me^+	$Me_3S^+Br^-$	

注：Rd 为烃基化 d-合成子，Ra 为烃基化 a-合成子。

（4）逆向切断（antithetical disconnection） 将目标化合物的某一 C—C 化学键断开，剖析成两个合成子的操作。

（5）逆向连接（antithetic connection） 为了获得便于得到的原料，将目标分子中两个适当的碳原子键连起来。

（6）逆向重排（antithetic rearrangement） 将目标分子相关化学键打开，再重新组装的操作。

（7）逆向官能团转换（antithetic functional group interconversion，FGI） 将目标分子的特定官能团转换为另一与之关联的官能团的操作。

（8）逆向官能团添加（antithetic functional group addition，FGA） 在目标分子的特定的位置增加一个官能团的操作。

（9）逆向官能团的消除（antithetic functional group removal） 将目标分子中特定官能

团除去的操作。

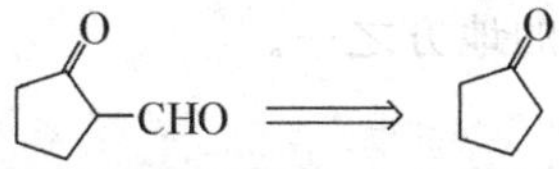

常见的一些逆合成分析中的切断和官能团的转换见表12-2。

表 12-2 常见的一些逆合成分析中的切断和官能团的转换

切断的类型	目标分子	合成子	等价试剂
单官能团的切断	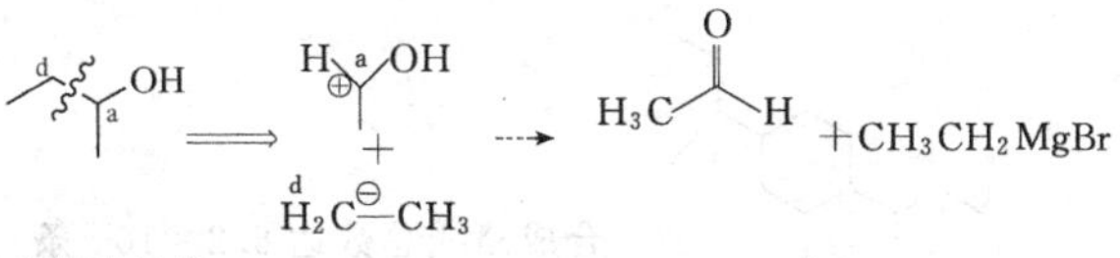 逆格式转化		
逆向 Diels-Alder 反应	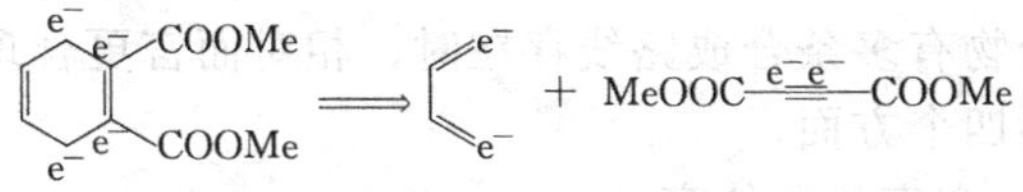 逆 D-A 反应	合成子是等价试剂	
逆连接	逆臭氧化转化	$O_3/Me_2S/DCM,-78℃$	
逆向重排	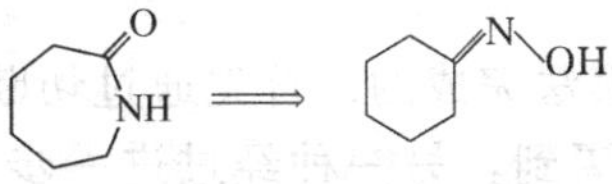 逆 Beckmann 反应	路易斯酸或质子酸催化	
逆向官能团转换(FGI)		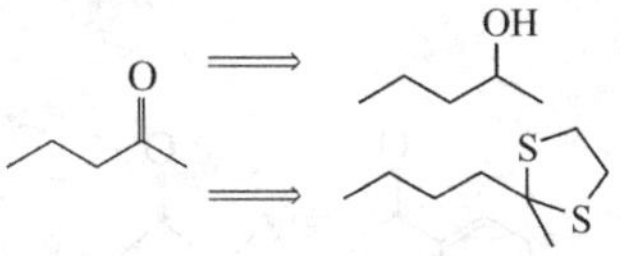 CrO_3/H_2SO_4 $HSCH_2CH_2SH/CH_3CN$	
逆向官能团添加 (FGA)		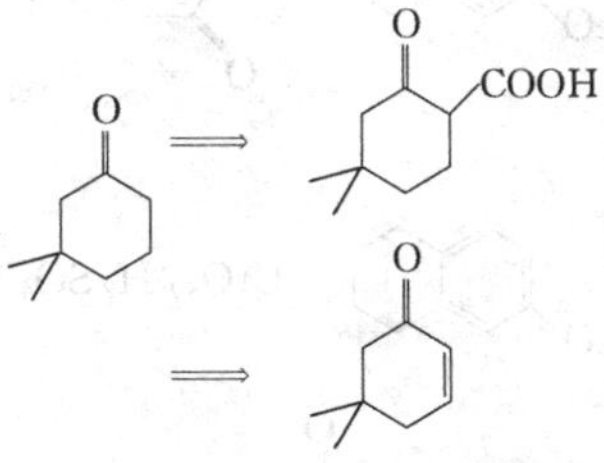 $H^+/$加热 $H_2/Pd-C/EtOH$	
逆向官能团消除(FGR)			

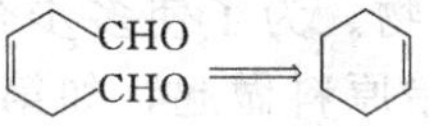

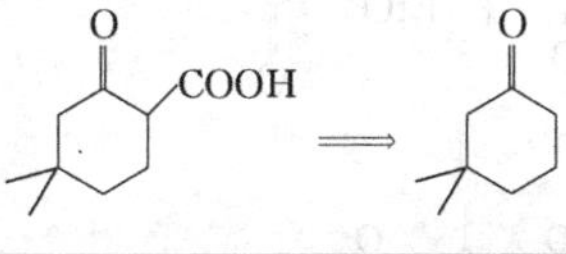

第二节 合成路线评价的原则和指导优势切断的规律

前面介绍概念时所看到的一些变换操作,其目的是为了帮助学习者便于思考如何获得原料或合成前体化合物。一些官能团的引入、消除、转换,有时是为了保护特定的官能团,有时则是为了提高反应活性或者是选择性。特别是在药物合成反应的学习中，必须注意到这一点，这也是与学习有机化学所不同的地方之一。

一、合成路线评价的原则

在目标分子明确的情况下，如何确立合成的途径，事实上是非常重要的。甾体类化合物是一大类极具药用价值的天然产物，就其骨架的化学合成，如果按照逐步增加原子的方法来完成此工作，其合成路线将多达 6.2×10^{23} 条，数量十分惊人。因此，选择合理的路线完成既定目标合成的重要性，就不言而喻了。

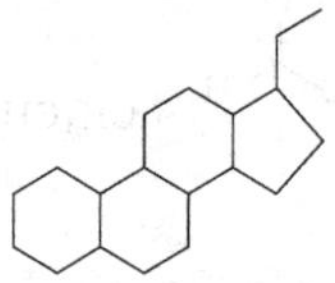

合成路线总数达 6.2×10^{23} 条

合理的合成路线的确定自然需从目标分子开始，通过由后往前推的方式来逐步明确每一步反应。当一个目标化合物有多条合成路线存在时，相对而言更合理、更具优势。通常评价其优劣的原则，主要包括四个方面。

（一）步骤尽可能少，产率尽可能高

有机反应的产率很难达到 100%，如果每步反应的产率以 90% 来计算，一个合成过程每增加一步反应，就意味着要减少 10% 的产物。为了使多步合成的总产率尽可能高，在药物生产中，多使用中间体，而不愿从最起始原料做起，如第十一章中紫杉醇的半合成以及 β-内酰胺半合成抗生素的生产方法。这种合成方式称为会聚法，与之相对应的就是线型合成。

雌素酮的中间体工业合成就是采用会聚法完成的。首先通过切断，将目标分子转换为 3 种原料，而这些化合物中有一种可以直接买到，另一种经过进一步切断转化为新的原始原料，但合成反应均相对简单。这样，实施合成的时候，反应步骤就十分有限，从而有利于保证总的合成收率。

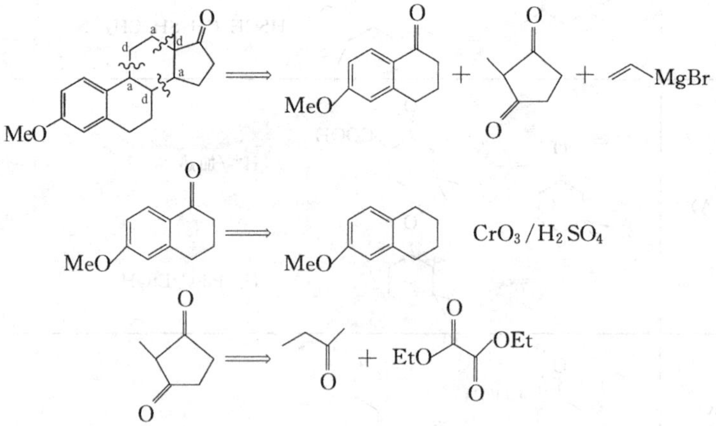

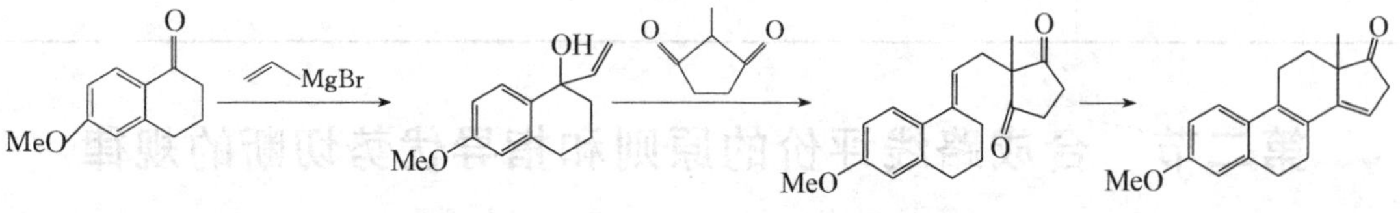

还有两种减少反应步骤的途径是"一锅法"合成和多重构建。所谓的"一锅法"合成，不仅充分利用了多元反应的特殊优点，同时也减少了操作过程。因为后处理过程常常是丢失产物的重要环节，减少后处理的次数有利于保证产物的回收率，阿莫西林的重要原料 5-(对羟基苯基)海因的工业合成就采用了这种方法。

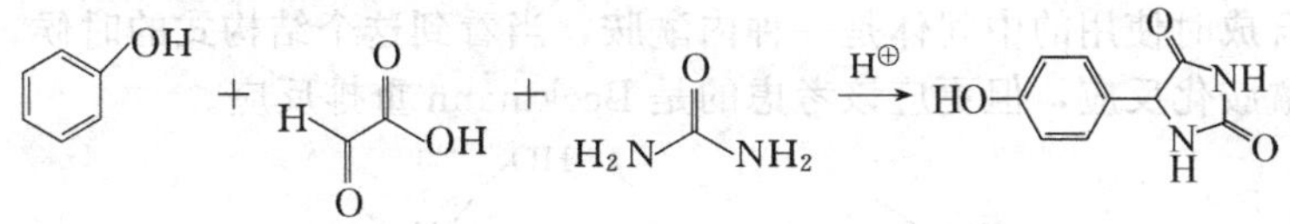

在结构允许的前提下，多重构建合成法是合成效率最理想的一种，对特定结构的化合物，当反应在一端开始后，引起多个反应的"多米诺"效应，形成期望的产物。整个过程不仅免去了分离，且副反应少，犹如一步反应。

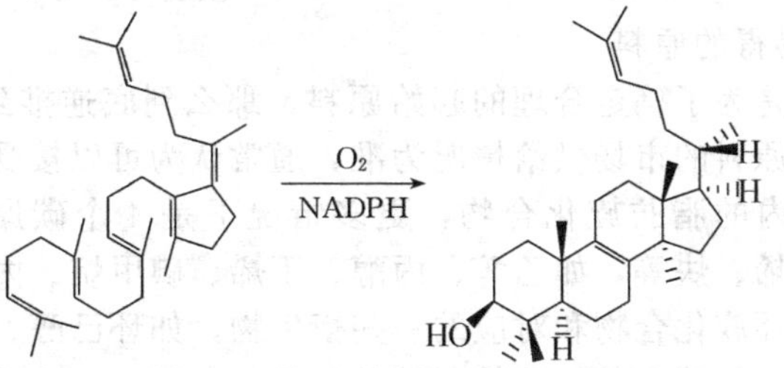

（二）充分利用人名反应，开发和拓展文献方法

在选择切断时，首先要确定的是合成子的合理性。只有合成子是合理的，符合化学规律，才能获得对应的等价分子，那么相应的化学反应的合理性也就能成立。为了能准确地实现切断，熟练地应用经典反应是行之有效的途径。阅读文献，拓展文献策略，对提高切断的合理性十分有效。乙烯基烯丙基醚的逆分析，可以推出两组原料，但唯有（1）切断是合理的，具有可行性。5-羟基-3-庚酮可以通过 Aldol 缩合得到，如果直接使用丙醛为受体，丙酮为供给体时，产物较为复杂。然而用丙酮的烯醇硅醚为供给体的话，产物几乎是唯一的，当然后者就更合理、更可信。

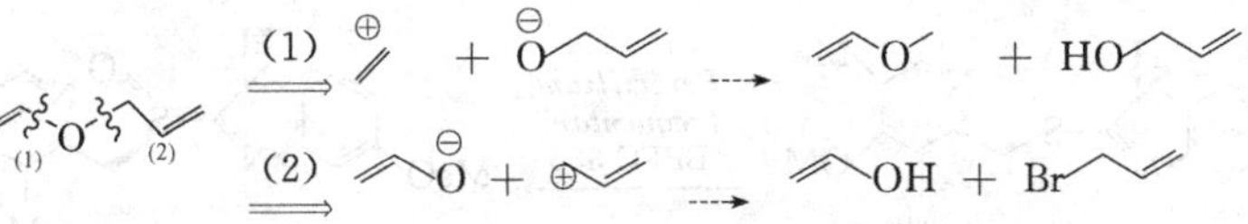

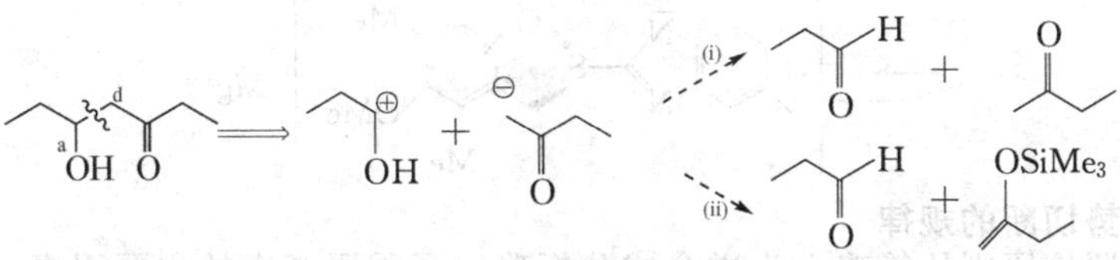

异丁基苯是用于合成布洛芬的原料，如果简单地将烷基从苯环上切下来，通过苯与异丁基苯发生 Friedel-Crafts 烷基化来制备，将会因反应过程中形成的碳正离子重排而难以获得异丁基苯，得到的是叔丁基苯。当通过官能团的添加转换为异丁酰基苯后，再切断，就变成了苯环上的 Friedel-Crafts 酰化，这样就不会引起重排的问题。所以，后一切断是合理的。

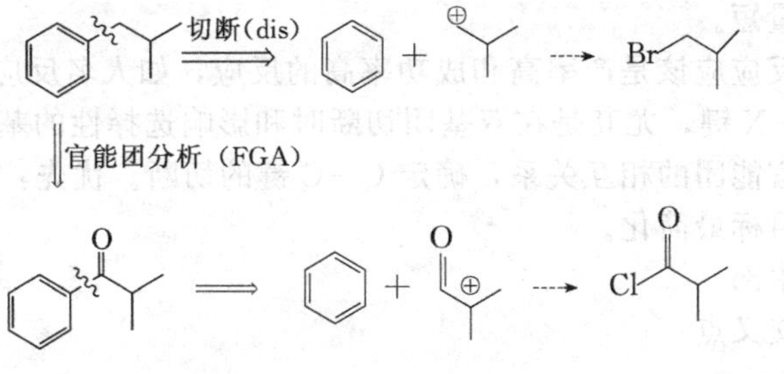

人名反应是经过反复验证过的、十分成熟的反应，可信度极高。因此，在切断或官能团转换时，不妨首先考虑有无可能通过人名反应实现相应的转变。如果有，尽可能采用。天然产物伊菠胺全合成时使用的中间体是一种内酰胺，当看到这个结构式的时候，可以考虑氨基羧酸的分子内酰胺化反应，但更应该考虑的是 Beckmann 重排反应。

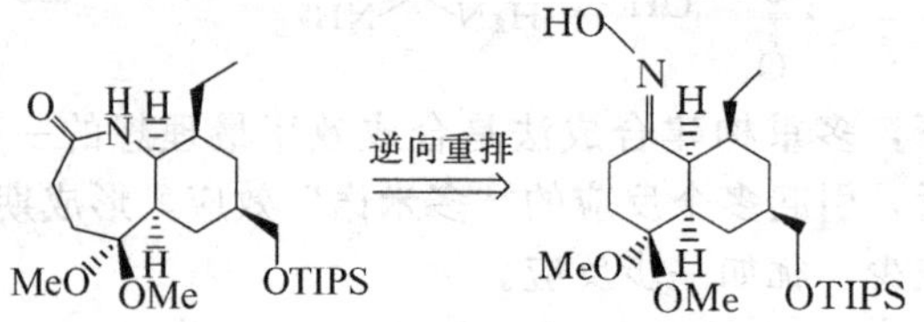

（三）选择廉价、易得的原料

逆合成分析的目的是为了确定合理的起始原料，那么到底逆推到什么程度就可以了呢？一般来讲，这个度是以原料的市场供给情况为准，通常认为可以接受的原料为：

（1）6 个碳原子以内的脂肪族化合物，更多情况下是 4 个碳原子以内，包括卤代烃、醇、醛、酮、酸、胺、烯、炔等，如乙醇、丙醇、丁烯、碘甲烷、丙酮；

（2）五元、六元脂环族化合物和对应的一些衍生物，如环己醇、环戊酮、环戊二烯等；

（3）芳香族化合物，如苯、萘、蒽等，以及一些芳杂环，如噻吩、呋喃、吡啶等，含有 1~4 个碳原子的取代苯等；

（4）一些天然产物，如碳水化合物、α-氨基酸、甘油、甾体、萜类等。

在选择原料时，还需要考虑其稳定性、安全性和不对称性。

（四）合成便于操作

依索拉唑（esomeprazole）是一种腺苷三磷酸酶抑制剂，用于胃溃疡的治疗药。作为一种手性药物，在小规模合成中，通过 HPLC 来分离获得。然而，进入大规模的工业生产，显然这种方法就不太合适。改用常现青霉菌 BPFC 386（*Penicillium frequentans* BPFC 386）进行生物氧化，能高选择性地获得单一异构体。所以，选择便于操作的合成方法，在实际中是十分重要的。

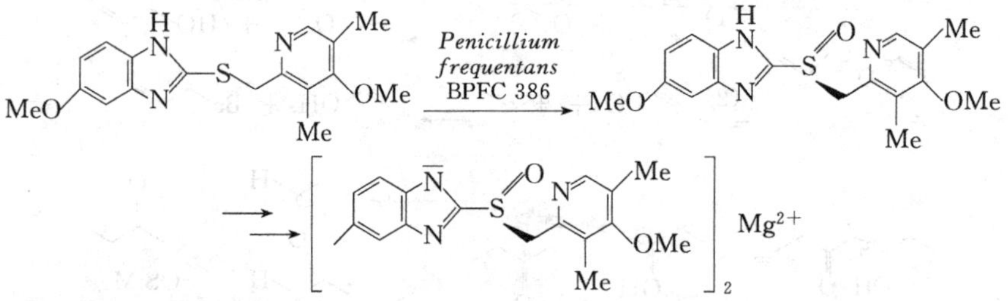

二、指导优势切断的规律

合成路线的评价原则从策略上为逆合成分析确定了需要考虑的主要因素。那么对于一个结构确定的目标化合物来说，从分子结构的何处开始入手呢？由官能团开始是明智的选择，但大部分药物所具有的官能团不是一个，所以在切断分子时同样是有选择性的。对数目繁多、结构各异的药物分子来说，前人不可能给出一个绝对正确的切断方案供后人使用，也就是说，切断答案没有"唯一性"，但大体上还是有规律可循的。指导正确切断的规则包括：

（1）合成步骤尽量短。

（2）切断处的逆反应应该是产率高和成功率高的反应，如人名反应。

（3）优先切断 C—X 键，尤其是在双基团切断时和影响选择性的基团切断时。

（4）根据分子中官能团的相互关系，确定 C—C 键的切断。优先：

如果可能的话，目标最简化。

——分子的中部

——分子的交叉点

　　——分子中侧链与环的键合处

对称性原则——对称部分先切断。

(5) 官能团的转换可以使切断变得容易，要首先考虑分子中不稳定部分。

(6) 切断后合成子的等价原料易于获得，不论是购买还是制备。

榆树皮甲虫信息素 4-甲基-3-庚醇，比较有利的可能切断至少有 3 种 ［(1)、(2) 和 (3)］，但在进一步比较之后，发现只有 (2) 切断最有利。

抗惊厥药苯琥胺 (phesuximide) 是 N-甲基-2-苯基丁二酰亚胺，为典型的羧酸衍生物。所以，在切断时首先从 N—C 键开始，然后再根据两个羧基的相对距离，确定为 Micheal 加成的逆过程，这样就推出氰化物和肉桂酸为基本原料。考虑到氰化物反应活性较低，通过官能团的添加在肉桂酸的烯碳上增加一个吸电子氰基。这一考虑的化学基础是，当氰基水解转换为羧基时能够一次完成，并且 β-二羰基化合物在受热时，极易发生脱羧，从而能保证合成的顺利进行。进一步地可以逆推，由苯甲醛与氰基乙酸乙酯发生 Knoevenagel 反应实现该转变。

　　在切断过程中，需要特别注意的一种技巧是官能团的转换。治疗哮喘的药物沙丁胺醇 (salbutamol) 是一种含有一个手性碳原子的氨基醇，其中 R-型具有活性，而 S-型不具有活性。在不考虑其构型的前提下，可以用乙酰水杨酸为原料来合成。在其逆分析过程中，多次使用了官能团的转换。

第三节　含有一个和两个官能团化合物的逆合成分析

　　以官能团为切入点，能够最大限度地减小逆合成分析的难度。为了便于学习和掌握逆合成分析的方法，这里重点以含有 1～2 个官能团的化合物为例展开讨论，希望能起到触类旁通的效果。

一、含有一个官能团的化合物的逆合成分析

　　单官能团化合物逆合成分析过程中的切断相对简单一些，无论是 C—X 键还是 C—C 键，基本的原理是相同的，也存在切断是否合理的问题。因为，有利的切断不仅能减小合成的难度，同时也能够降低合成的成本。

　　C—X 的切断是最简单的，很容易从目标分子的结构中判断出转换或切断的具体化学键。卤代烃、醚、羧酸衍生物、胺、取代芳烃等不涉及 C—C 键断裂的官能团的转换和切断

都可以看成是这一类。

涉及 C—C 键的切断，显然要比判断 C—X 切断困难一些。对包含有含氧官能团的化合物，反复回忆醇和羰基化合物的化学性质是十分重要的，当然要特别注意选择性的问题。

80∶20

羰基化合物的亲核加成是常见的反应，当用如 Grignard's 试剂等与简单羰基化合物反应时，自然能得到对应的醇。然而，当与 α,β-不饱和羰基化合物反应时，产物就不会那么简单。在亚铜盐存在下 Micheal 加成产物是主要的，否则与羰基直接加成是主要反应。通常情况下，羰基上直接加成受控于动力学，而 Micheal 加成则受控于热力学，且大多数情况下前者更容易可逆。稳定的亲核试剂和弱碱性亲核试剂均有利于 Micheal 加成。α,β-不饱和酯与 Grignard's 试剂的反应，通常发生 Micheal 加成，特别是空间位阻较大的醇形成的酯。

二、含有两个官能团的化合物逆合成分析

含有两个官能团的化合物，根据官能团之间的相对关系，即相对距离，分为 1,2-二官能团、1,3-二官能团、1,4-二官能团、1,5-二官能团以及 1,6-二官能团等常见的五类化合物。

（一）1,2-二官能团

这类化合物在结构上实际就是两个官能团直接由一个化学键相连，这样结构的化合物合成时，充分利用 sp^2 杂化碳的性质是最有效的。烯碳上的不完全氧化、亲电加成的卤官能团化，羰基碳的氰加成和羰基化合物 α-氧化、卤化，以及安息香反应，当然也可以直接以小分子量的 1,2-二官能团化合物为起始原料，这些都能实现这类化合物的合成。

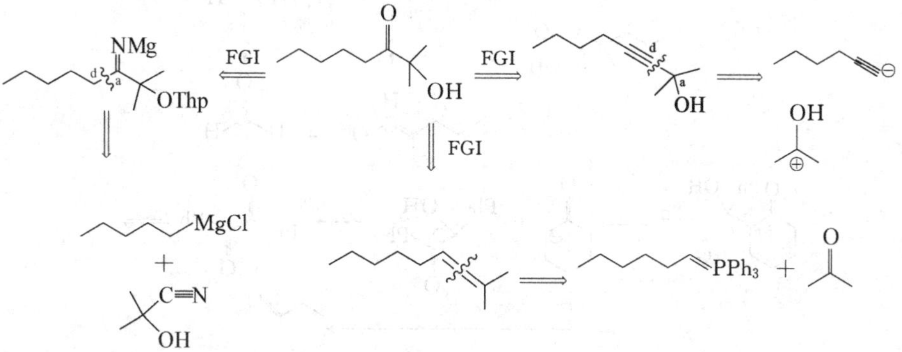

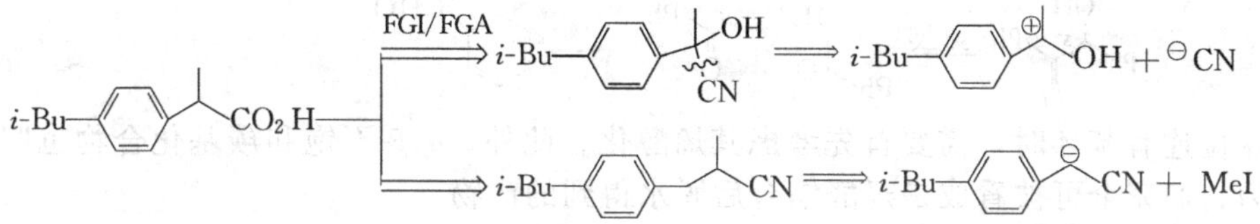

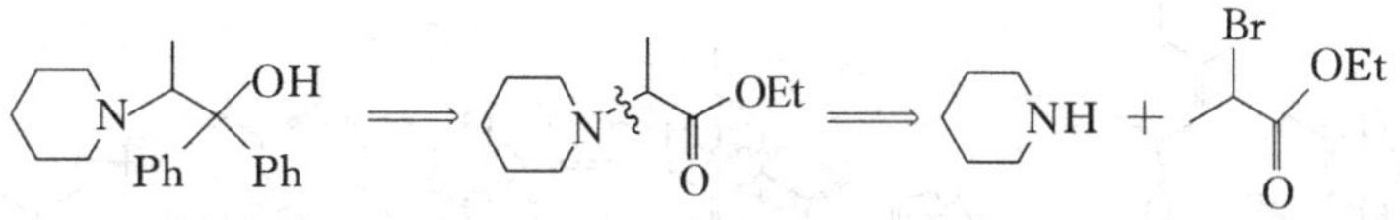

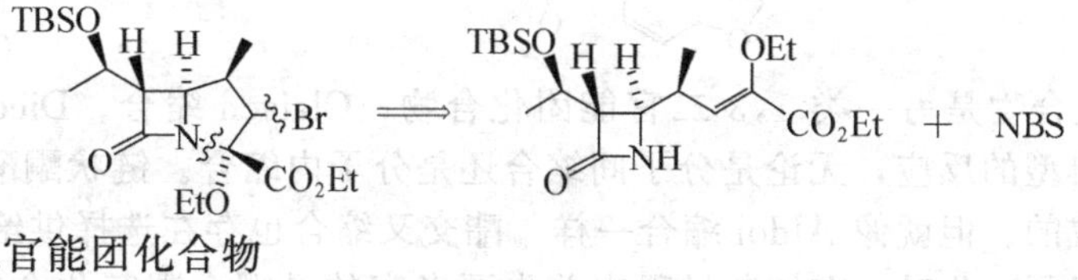

（二）1,3-二官能团化合物

这类化合物能通过 Aldol 缩合、Claisen 缩合、Dieckmann 缩合、Reformatsky 反应、Mannich 反应等经典反应来构建。

羟基醛或羟基酮，如果彼此之间处于 1,3-位的话，将切断与羰基最近处的连有羟基的 C—C 键，无论切断后二者是否互为酮式与烯醇式的互变异构体。当二者为互变异构体时，或属于自身 Aldol 缩合，或属于交叉缩合。如果是后者，切断时选择正确的烯醇至关重要。为了保证反应的可行性，选择其中一个合成子的等价分子为烯醇衍生物是明智的，如烯醇锂、烯醇酯、烯醇醚或烯醇硅醚等。然而，就像不同羰基具有不同亲电性一样，不同羰基化合物也具有不同的烯醇化能力。

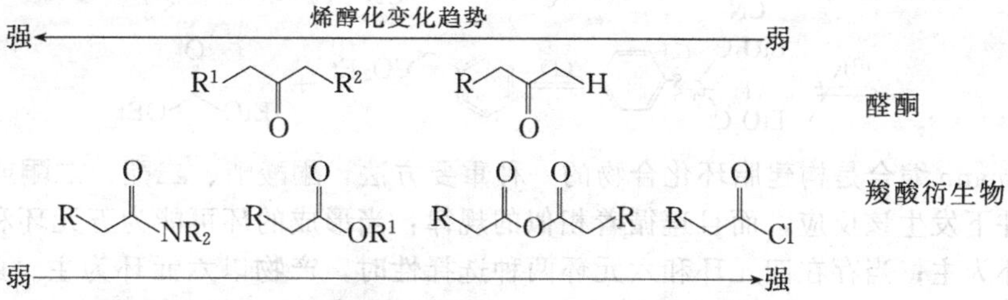

当羰基的 α-位连有苯环时，需要首先考虑其烯醇化。此外，α,β-不饱和羰基化合物也归属于此类，因为它们完全可被看成是羟醛缩合后脱水得到的产物。

1,3-二羰基化合物是另一类 1,3-二官能团化合物，Claisen 缩合、Dieckmann 缩合是构建这类化合物最典型的反应，无论是分子间缩合还是分子内缩合。链状酮酸酯或二酮，是通过分子间缩合完成的。但就像 Aldol 缩合一样，酯交叉缩合也存在选择供给体 d 合成子和接受体 a 合成子的问题。此时，在切断过程中首先要考察的是哪个羰基化合物更易于烯醇化；其次，要查看有无通过官能团的添加来活化某一羰基 α-H 的可能性，就像上一节在指导优势切断的规律中给出的例证一样。

Dieckmann 缩合是构建脂环化合物的一种重要方法，酮酸酯、二酯、二酮或醛酮等均能在碱性条件下发生该反应，而且遵循着相似的规律：当形成的环可能为五元环和七元环时，产物以五元环为主；当存在四元环和六元环两种选择性时，产物以六元环为主。此外，Reformatsky 反应、Mannich 反应等也是构建 1,3-二官能团化合物的好方法。

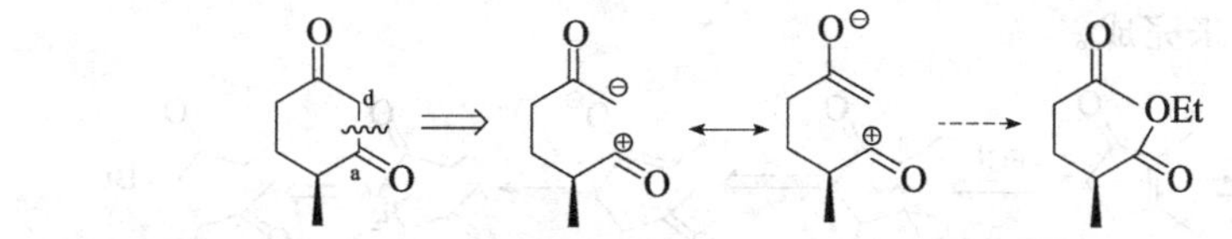

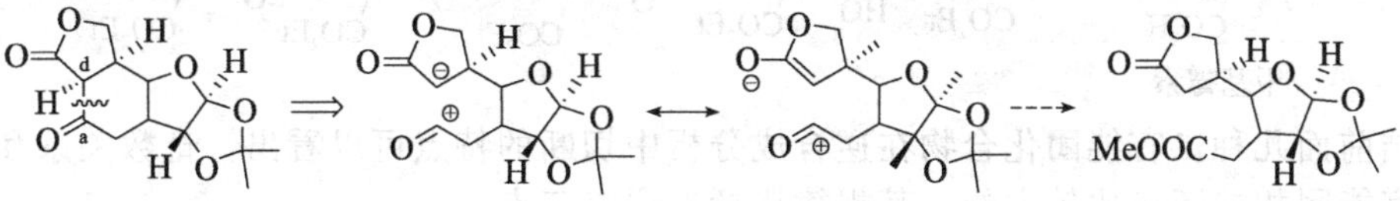

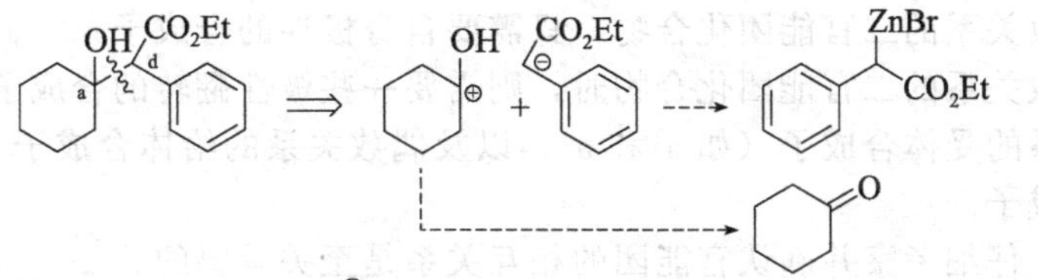

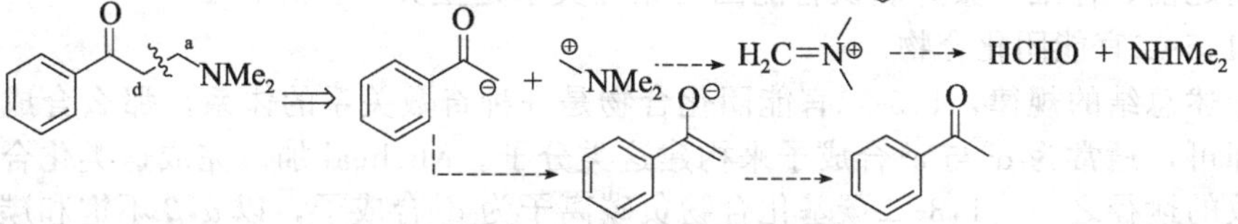

（三）1,4-二官能团化合物

1,4-二官能团化合物的合成在许多情况下相对困难一些，因为在切断分子时，总是伴随着极性异常的合成子，即极性反转的合成子，如负酰基、正 α-碳（羰基）等。虽然这样的合成子比较特殊，但还是能够获得对应的等价试剂。硝基烷烃之所以能够作为酰基负离子的等价试剂，原因在于硝基的强吸电子诱导作用使 α-氢具有较高的酸性，在碱性条件下会转变为碳负离子，同时，可以在碳酸钾存在下用过氧化氢处理硝基，即可转换为羰基。

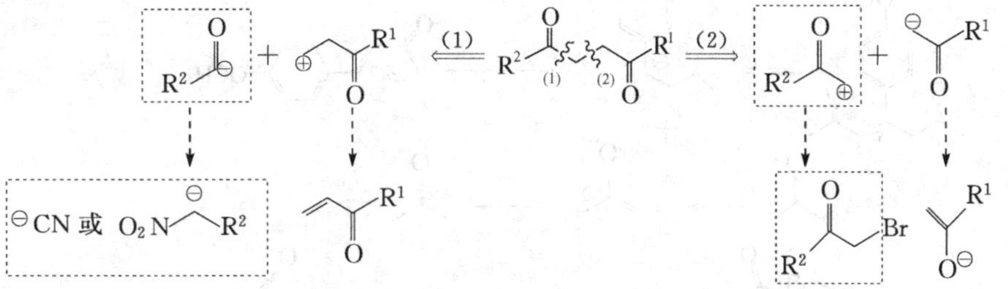

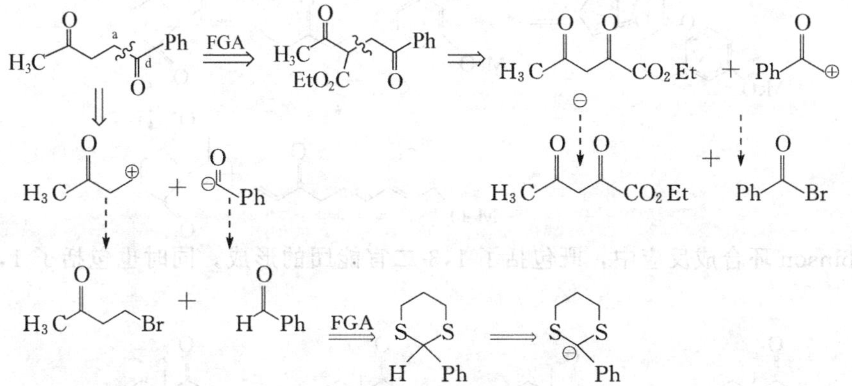

与此同时，为了便于合成，通常使用 β-二羰基化合物作为 d^2 合成子。甲基霉素（methylenomycin）合成的关键中间体是 2,3-二甲基-4-羰基-2-环五烯甲酸乙酯，其合成以乙酰乙

酸乙酯与溴丁酮为原料来完成。

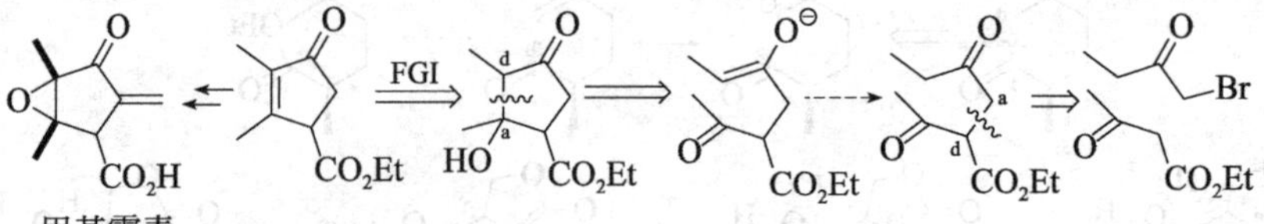

甲基霉素

　　总结前面几种二官能团化合物在逆合成分析中切断的特点可以看出，奇数关系和偶数关系的二官能团相差还是比较大的，其规律概括地说有三点：

　　（1）合成奇数关系的二官能团化合物，只需要自身极性的合成子；

　　（2）合成偶数关系的二官能团化合物时，则需要一些极性翻转的合成子；

　　（3）奇数关系的受体合成子（如 a^1 和 a^3）以及偶数关系的给体合成子（如 d^2 和 d^4）均有极性翻转的合成子。

　　在切断之前，仔细考察并确认官能团的相互关系是至关重要的。

　　（四）1,5-二官能团化合物

　　根据上述总结的规律，1,5-二官能团化合物是一种奇数关系的体系，那么合成子使用自身的极性即可，通常为 d^2 与 a^3 合成子来构建这类分子。Micheal 加成完成这类化合物的合成是最为有效的途径之一。1,3-二羰基化合物负碳离子为 d^2 合成子，以 α,β-不饱和羰基化合物作为 a^3 合成子的等价分子，自然是非常合理的。

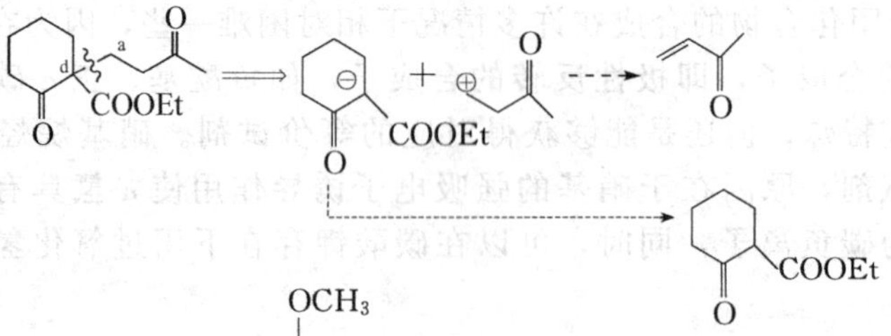

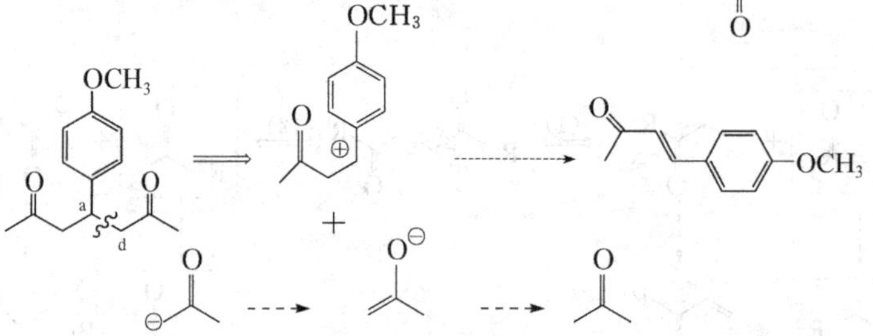

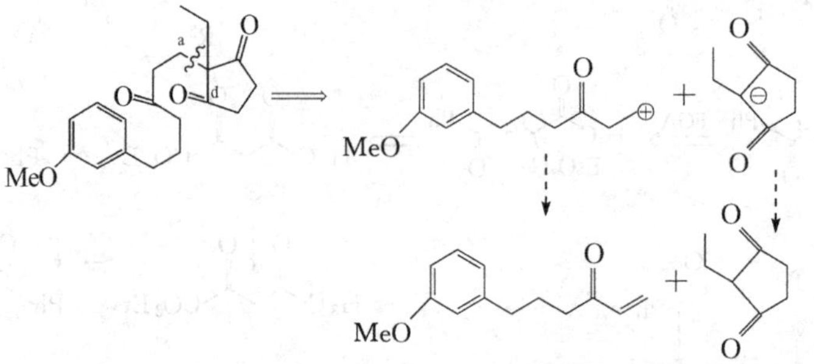

　　在 Robinson 环合成反应中，既包括了 1,3-二官能团的形成，同时也包括了 1,5-二官能团的合成。

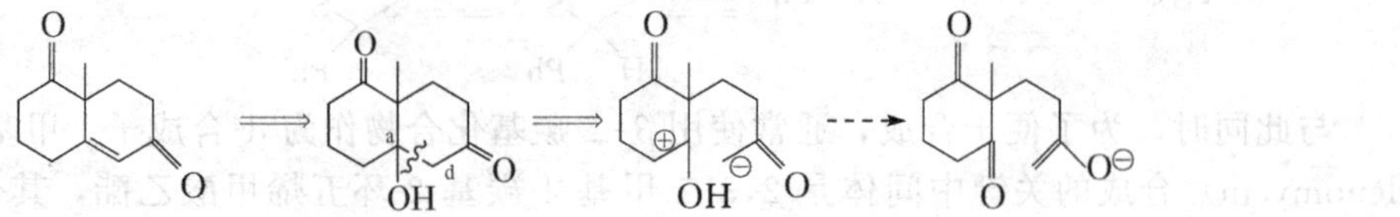

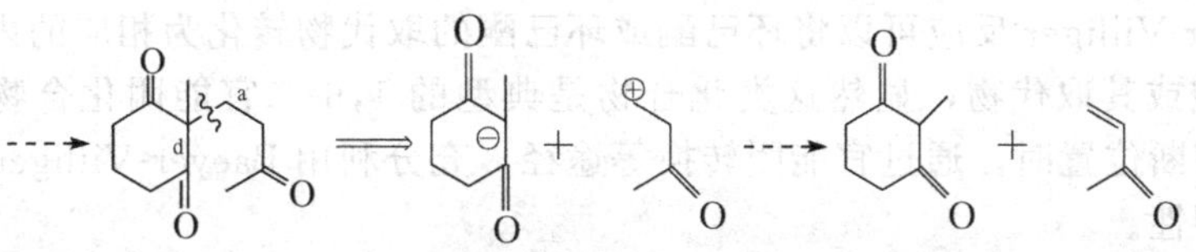

格鲁米特（glutethimide）是一种具有催眠镇静作用的药物，其合成路线之一是以 2-乙基-2-苯基戊二腈为原料完成的。

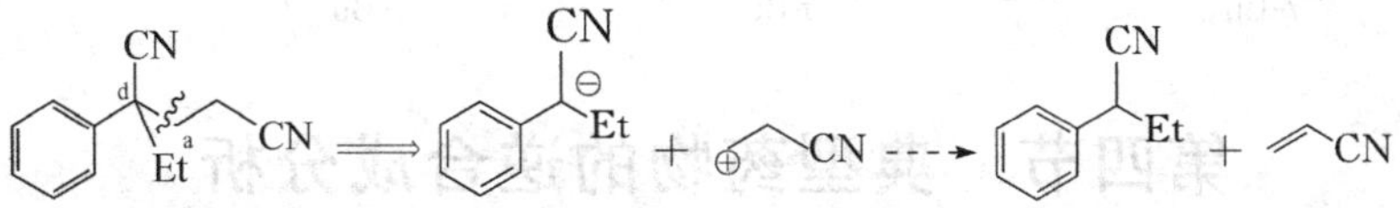

在构建 1,5-二羰基化合物时，当 d^2 合成子的等价分子不是活泼亚甲基化合物，而是简单羰基化合物，使用羰基化合物的烯醇锂盐、烯醇硅醚和烯胺是最好的选择，这样能够很好地避免其它副反应的发生。

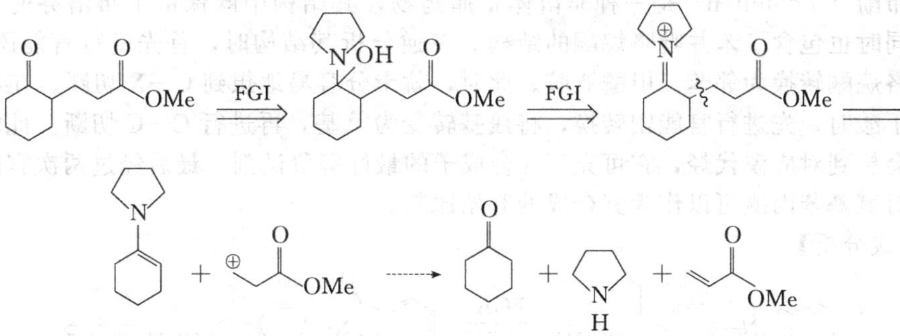

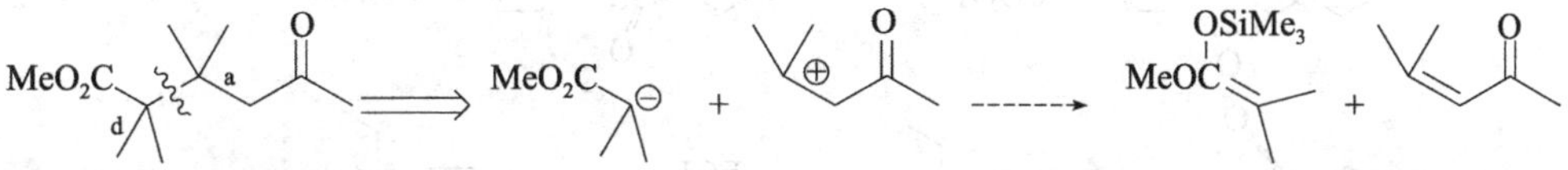

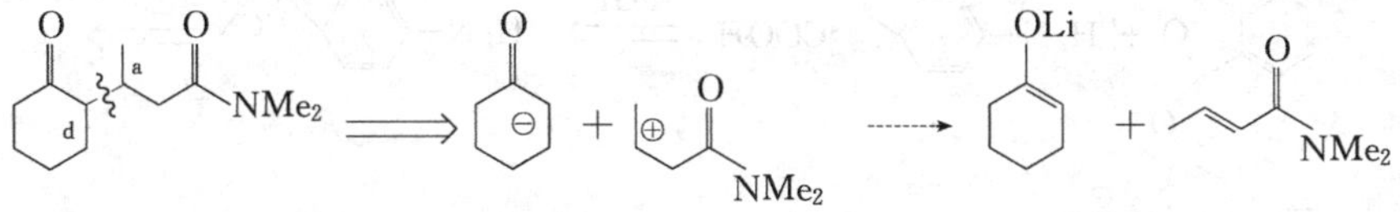

（五）1,6-二官能团化合物

这类化合物的构建与前面叙述的几种有较大的差异，即使是链状化合物，想通过分子间 C—C 键的形成来达到合成的目的也是比较困难的，但通过氧化环己烯来实现就容易了许多。而环己烯类化合物的获得，既可使用环己酮、环己醇，也可以采用 Diels-Alder 反应来合成。逆连接操作有助于问题的分析。

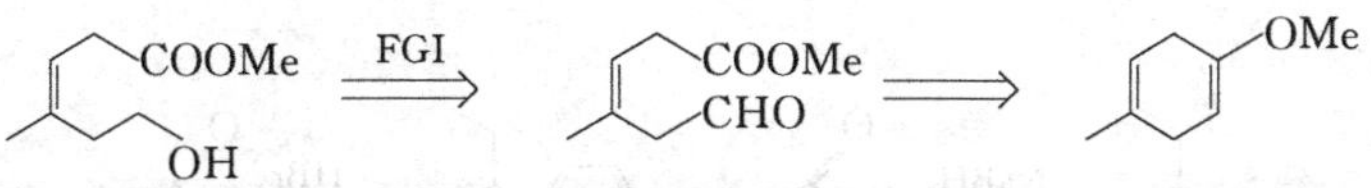

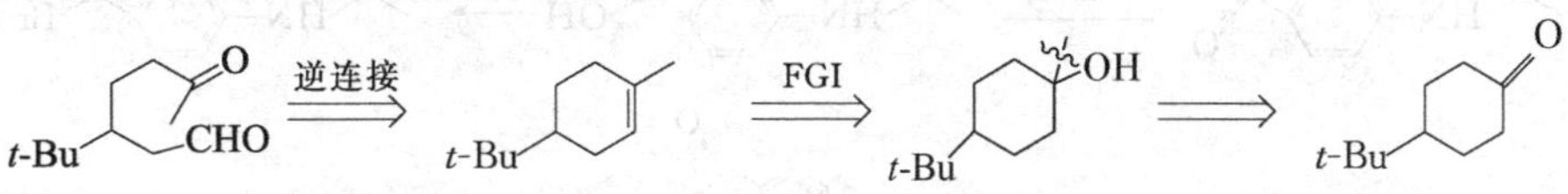

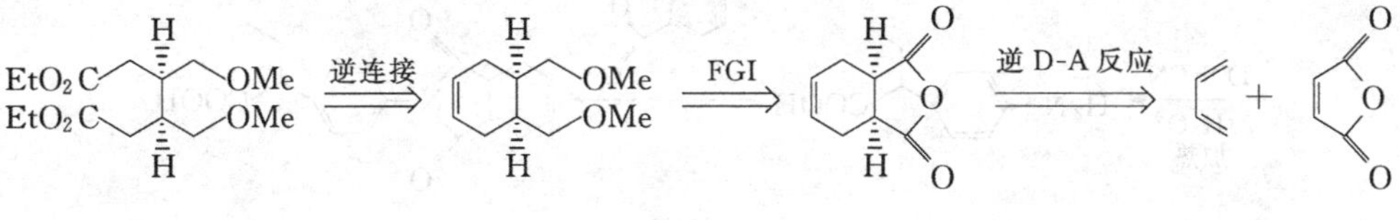

利用 Baeyer-Villiger 反应可以将环己酮或环己酮的取代物转化为相应的内酯，其水解物就是 6-羟基己酸或其取代物，显然这类化合物是典型的 1,6-二官能团化合物。因此，在考虑逆合成分析切断位置时，通过官能团转换等途径，充分利用 Baeyer-Villiger 反应，能够提高其操作的合理性。

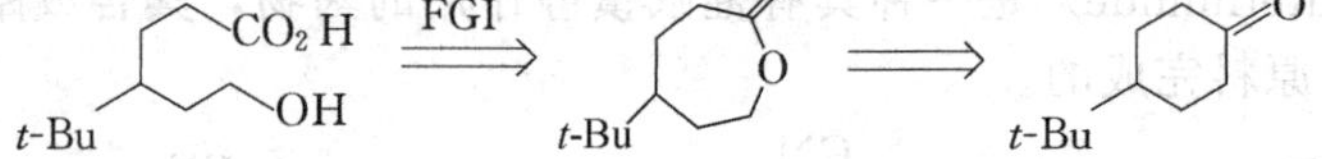

第四节　典型药物的逆合成分析

目前市场流通的化学药有数千种，结构各异。本节选取几种典型药物为例，通过逆合成分析方法，确定其合成原料和合成过程，以便于学习和掌握本章的主要教学内容。

一、吲哚布酚

吲哚布酚（indobufen）是一种非甾体止痛药物，其结构中既保留了布洛芬的主要特征官能团，同时也包含了苯并吡咯烷酮的结构。在逆分析其结构时，首先进行官能团的增加，将苯并吡咯烷酮转换为邻苯二甲酰亚胺。此时，就十分容易地想到 C—X 切断。在考虑 2-对氨基苯基丁酸时，先进行官能团转换，将羧基转变为氰基，再进行 C—C 切断。此时，自然而然地就会想到对应溴代烃，它可充当 a 合成子的最好等价试剂。最后经过两次官能团的转换，发现对氨基苯丙酮可以作为其合成的起始原料。

【逆合成分析】

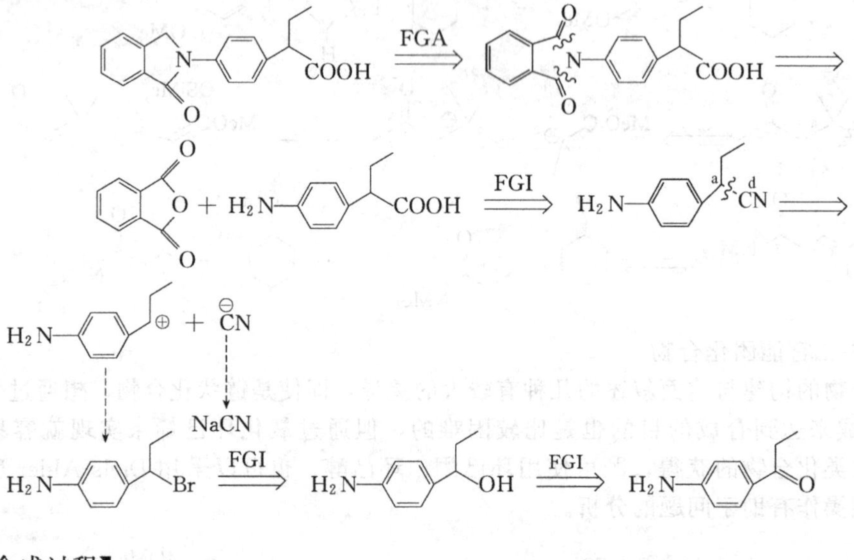

【合成过程】

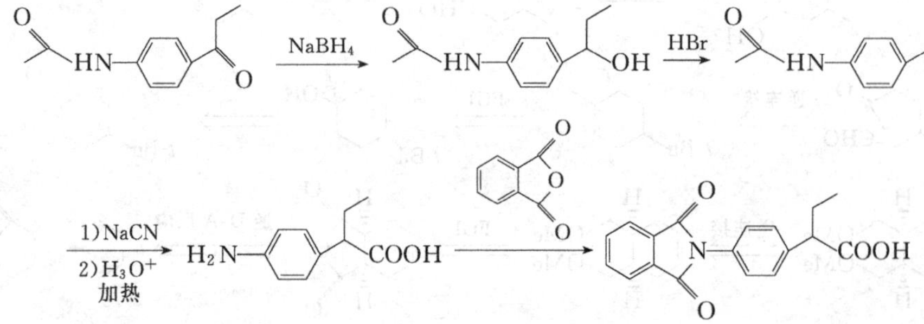

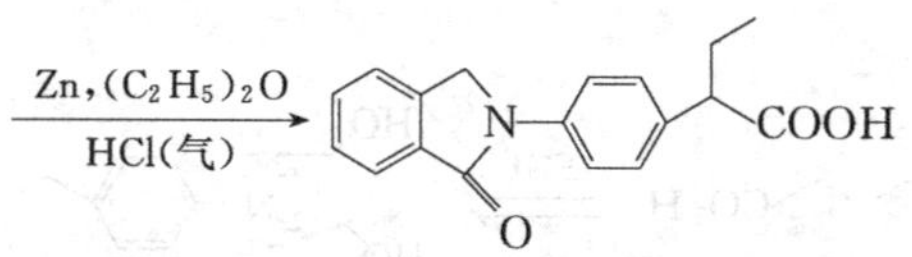

$$\xrightarrow[\text{HCl(气)}]{\text{Zn},(C_2H_5)_2O}$$

二、沙芬酰胺甲基磺酸盐

沙芬酰胺（safinamide）甲基磺酸盐是由意大利 Newron 公司开发成功的，并已完成了临床Ⅲ期实验，主要用于治疗帕金森症、阿尔茨海默症及其它认知疾病。在其结构中含有醚、胺和酰胺等官能团。显然，由于酰胺是一个简单化合物，可以从市场上获得，所以首先需要考虑的是二级胺的构建。但这个二级胺，具有氨基丙酸的特征，而亚胺是可以还原为胺的，所以，通过官能团转化将二级胺逆推为亚胺是容易理解的。亚胺可由胺与羰基作用而得，从而以芳基甲醛和氨基丙酰胺作为原料或中间体就非常容易理解。显然，间氟苄氧苯甲醛能通过 Williamson 反应获得，发生醚化原料则为对羟基苯甲醛和间氟苄基溴。

【逆合成分析】

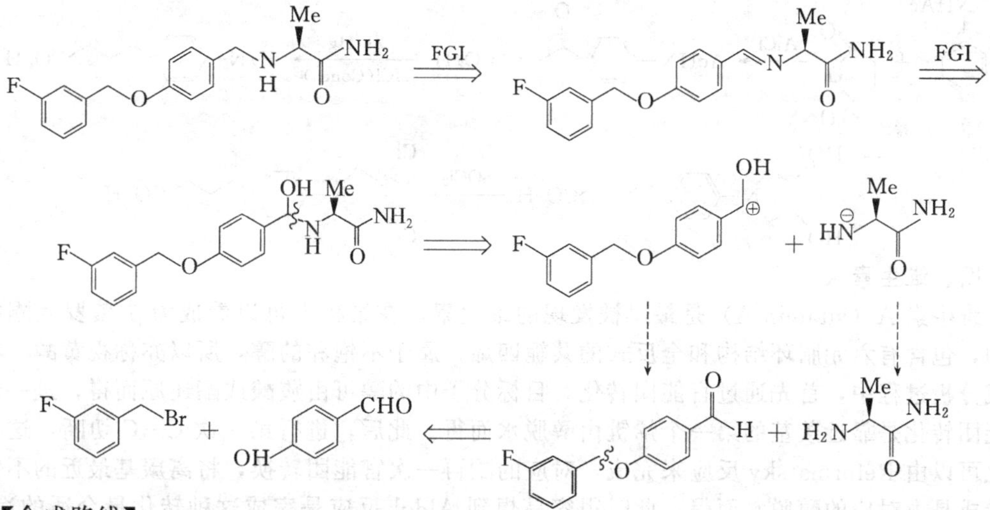

【合成路线】

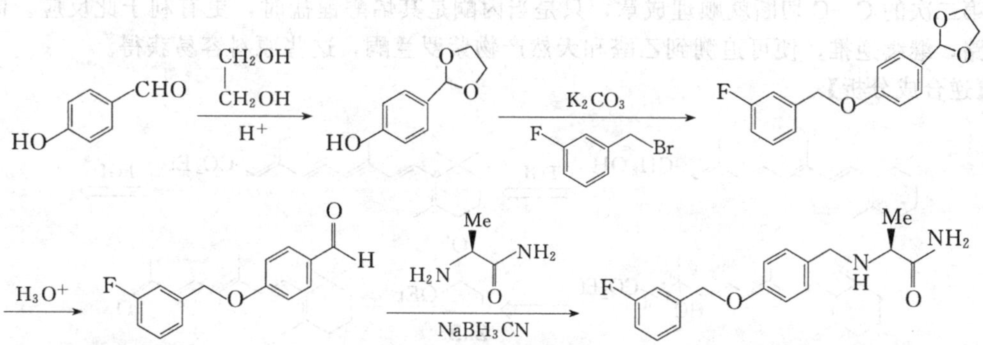

三、苯丁酸氮芥

苯丁酸氮芥（chlorambucil）是一种氮芥类抗癌药物，主要用于治疗慢性淋巴细胞白血病和恶性淋巴瘤等。该药可作为双功能烷化剂干扰 DNA 和 RNA。在其结构中，包含了羧基和芳胺的官能团，同时也是一种有机氯化物。通过官能团的转换，氯转化为羟基。进一步通过 C—X 切断，逆推出原料之一环氧乙烷和中间体 4-对氨基苯丁酸。然后，再从中间体出发，先逆向官能团添加，这样氨基转化为乙酰氨基，而丁酸转换为羰基丁酸。最后实施 C—C 切断，丁二酸酐与乙酰苯胺之间的酰化，利用 Friedel-Crafts 反应完成。

【逆合成分析】

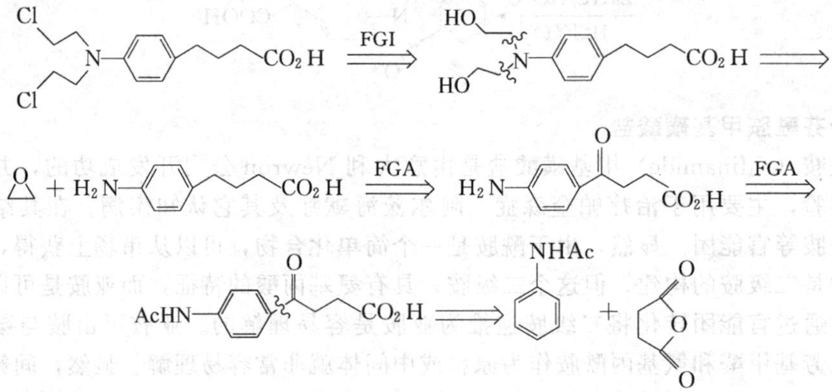

【合成路线】

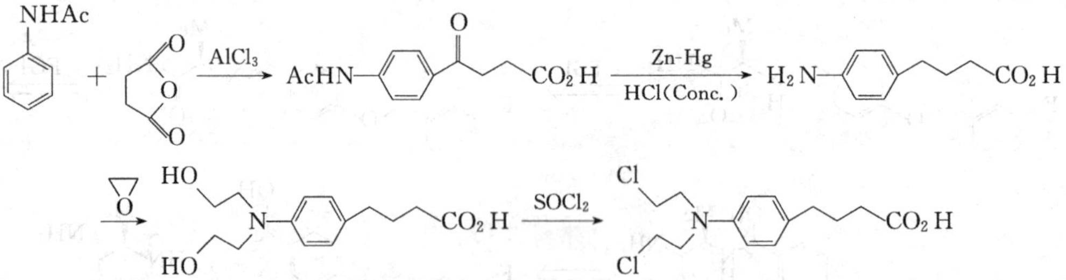

四、维生素 A

维生素 A（vitamin A）是最早被发现的维生素，在结构上可以看成为 β-紫罗兰酮的衍生物，包含有六元脂环结构和全反式的共轭四烯，属于不饱和的醇，所以亦称视黄醇。在逆合成分析过程中，首先通过官能团转化，目标分子中的醇可由羧酸或酯还原而得，进一步的官能团转化是靠近羧基的第一个烯键由醇脱水而得。此后，进行第一次 C—C 切断，这样的转化可以由 Reformatsky 反应来完成，对应的酮再一次官能团转换，将离羰基最近的不饱和键看成是由对应的醇脱水而得，此时很容易想到 Aldol 反应是完成这种转化最合适的途径，从而第二次的 C—C 切断就顺理成章，只是当丙酮是其烯醇锂盐时，更有利于此反应。同样的思路，继续逆推，便可追溯到乙醛和天然产物紫罗兰酮，这些原料容易获得。

【逆合成分析】

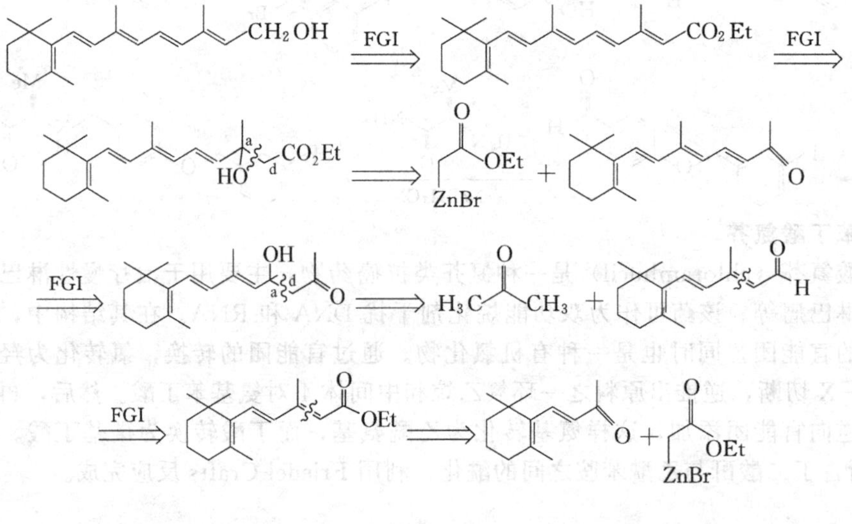

【合成路线】

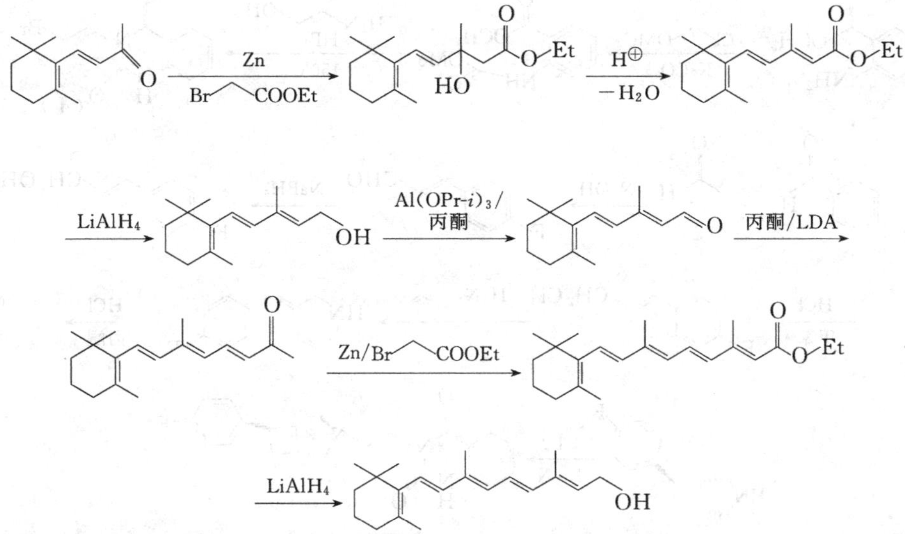

五、贝拉哌酮

贝拉哌酮（belaperidone）是德国 Knoll AG 公司开发的一种属于非典型抗精神失常的药物，目前已接近完成临床二期。由结构看出，分子包括了两个杂环部分，即苯并嘧啶二酮和氢化吡咯并取代环丁烷。因此，在第一次切断时，选择了分子中间位置的 C—X 键，逆向 N 原子上的烃基化反应。这种选择符合优先切断的原则，从而有利于进一步逆合成分析。苯并嘧啶酮部分，先通过官能团转换，卤代烃替换为对应的醇，进一步打开杂环部分。因为这个杂环并非芳杂环，属于酰亚胺，所以这里的切断实际上就是羧酸衍生物之间的转化。这样，将酰亚胺转变为二酯，即原料邻氨基苯甲酸甲酯中氨基官能团转换产物。氢化吡咯并取代环丁烷部分，包含了一个张力很大的四元环，而这一特征结构极易通过 2+2 环加成反应构建起来。所以，C—C 切断开环就十分容易理解了。接下来把烯丙基从 N 原子上切下来，即得烯丙胺和对氟肉桂醇，后者经官能团转换为对应的醛，即乙醛与对氟苯甲醛之间的交叉 Aldol 缩合产物。

【逆合成分析】

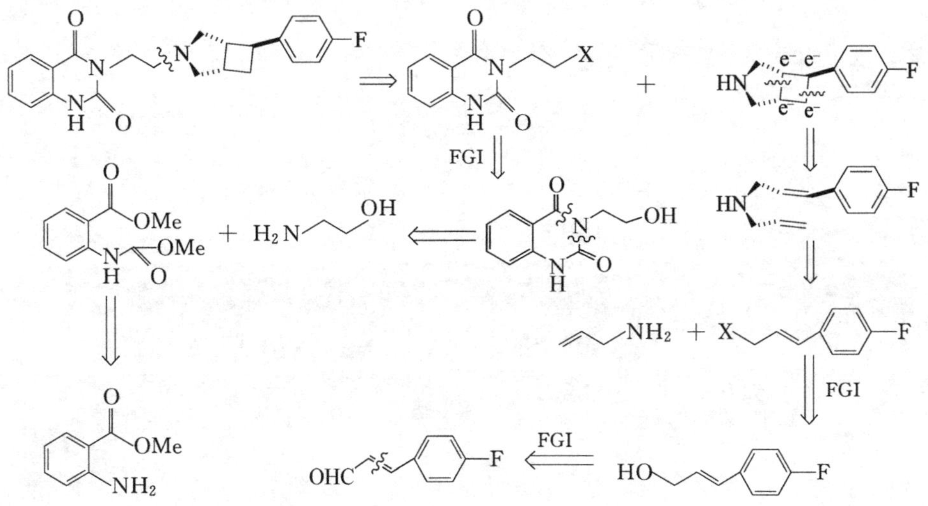

【合成路线】

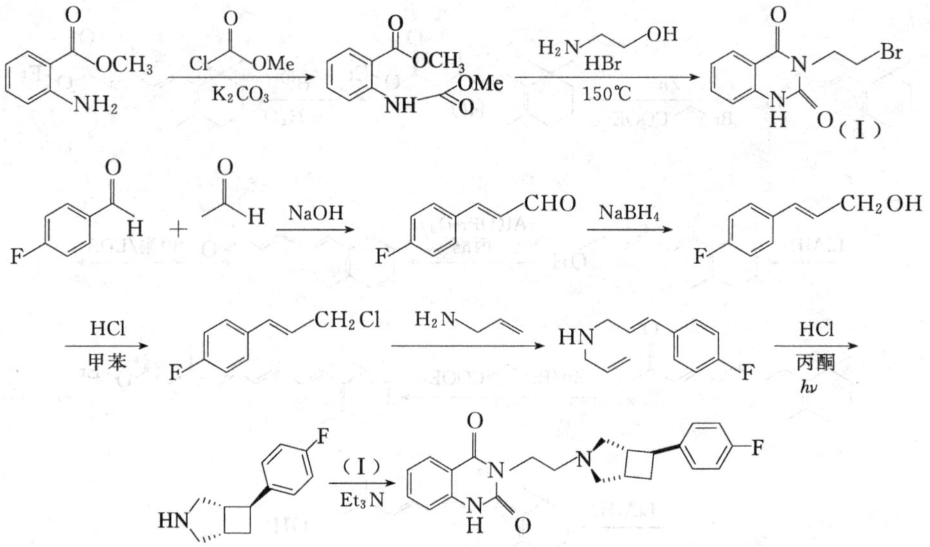

本 章 小 结

　　本章为学习者建立合成设计的初步概念，就逆合成分析中常见的操作如切断、连接、官能团的添加和官能团的消除等作了介绍，给出了常见合成子与其等价试剂的类型、结构特点，为读者阅读相关文献和书籍提供方便。在此基础上，就评价药物合成路线的合理性遵循的基本原则和指导优势切断的规律进行了讨论，对本科生来说，首先须很好地接受这些原则和规律。通过后续学习含一个官能团化合物和含两个官能团化合物的逆分析方法，不仅对于理解上述原则和规律有极大的帮助，更重要的是启迪学生在面对一种化合物时，如何考虑官能团的转化、C—C键的构建，如何能巧妙、灵活地应用已知反应来构建相对复杂的分子，如何设计新的合成路线完成传统药物或中间体合成的方法等。本章的最后一节以五种药物为例，采用逆合成分析方法讨论了合理的合成路线，目的是帮助学生应用所学知识，分析相对复杂的药物分子的合成方法，提高其综合分析能力。

缩略语简表

Ac	acetyl	乙酰基
7-ACA	7-aminocephalosporanic acid	7-氨基头孢烯酸
7-ADCA	7-amino deacetylated oxygen cephalosporanic acid	7-氨基脱乙酰氧基头孢烯酸
AIBN	α,α'-azobisisobutyroniytile	α,α'-偶氮双异丁腈
ALB	albumin	白蛋白
6-APA	6-aminopenicillanic acid	6-氨基青霉烷酸
Ar	aryl	芳基
Bn	benzyl	苄基
[bmim]BF$_4$	1-butyl-3-methylimidazolium teraflouroborate	1-正丁基-3-甲基咪唑四氟硼酸盐
[bmim]PF$_6$	1-butyl-3-methylimidazolium hexafluorophosphate	1-正丁基-3-甲基咪唑六氟磷酸盐
Boc	t-butoxycarbonyl	叔丁氧甲酰基
BPO	benzoyl peroxide	过氧化苯甲酰
Bu	butyl	丁基
Bz	benzoyl	苯甲酰基
Bz$_2$O$_2$(BPO)	dibenzoyl peroxide	过氧化(二)苯甲酰
CAN	ammonium cerium(IV) nitrate	硝酸铈铵
Cbz	benzyloxycarbonyl	苄氧甲酰基
CDI	N,N'-carbonyldiimidazole	N,N'-碳酰(羰基)二咪唑
(collidine)$_2$I$^{\oplus}$PF$_6^{\ominus}$	bis(sym-collidine) iodine(I) hexafluorophosphate	碘代双三甲吡啶六氟磷酸盐
Conc.	concentrated	浓的
m-CPBA	3-chloroperoxybenzoic acid	间氯过氧苯甲酸
DAST	diethylaminosulfur trifluoride	二乙胺基三氟化硫
DBAD	dibutyl azodicarboxylate	偶氮二羧酸二丁酯
DBU	1,8-diazabicyclo[5.4.0]undec-7-ene	1,8-二氮杂二环-双环[5.4.0]-7-十一烯
DCC	dicyclohexyl carbodiimide	二环己基碳二亚胺
DCM	methylene dichloride	二氯甲烷
DDQ	2,3-dichloro-5,6-dicyano-1,4-benzoquinone	2,3-二氯-5,6-二氰基对苯醌
d. e.	diastereoisomeric excess	非对映异构体过量百分数
DEAD	diethyl azodicarboxylate	偶氮二羧酸二乙酯
DET	diethyl tartrate	酒石酸二乙酯
DHQ-CLB	O-4-chlorobenzoate dihydroquinine	O-(4-氯苯甲酰)氢奎宁
DHQD-CLB	O-(4-chlorobenzoyl)hydroquinidine	O-(4-氯苯甲酰)氢奎并啶
(DHQD)$_2$PHAL	hydroquinidine 1,4-phthalazinediyl diether	氢化奎尼定-1,4-(2,3-二氮杂萘)二醚
DPPA	diphenylphosphoryl azide	叠氮磷酸二苯酯
DIAD	diisopropyl azodicarboxylate	偶氮二羧酸二异丙酯
DIC	N,N'-diisopropyl carbodiimide	N,N'-二异丙基碳二亚胺
DIPEA	diisopropylethylamine	二异丙基乙胺
DIPT	diisopropyl tartrate	酒石酸二异丙酯
DMA	N,N-dimethylacetamide	N,N-二甲基乙酰胺

DMAP	4-dimethylaminopyridine	4-二甲胺基吡啶
DMAPO	4-(dimethylamino)pyridine N-oxide	N-氧化 4-二甲氨基吡啶
DMF	N,N-dimethyl formamide	N,N-二甲基甲酰胺
DMSO	dimethyl sulfoxide	二甲基亚砜
DMT	dimethyl tartrate	酒石酸二甲酯
e. e.	enantiomeric excess	对映异构体过量百分数
Et	ethyl	乙基
Fmoc	9-fluorenylmethoxycarbonyl	9-芴甲氧甲酰基
FGA	functional group analysis	官能团分析
FGI	functional group interconversion	官能团转换
HCA	hexachloroacetone	六氯丙酮
HMDS	hexamethyldisilazane	六甲基二硅胺
HMPA(HMPT)	hexamethylphosphotriamide	六甲基磷酰胺
HTIB	hydroxy(4-methylbenzenesulfonato-O)phenyliodine	羟基(甲苯磺酰氧代)碘苯
$h\nu$	irradiation	(紫外光)照射
KHMDS	potassium bis(trimethylsilyl)amide	六甲基二硅基胺基钾
LDA	lithium diisopropylamide	二异丙基胺锂
LHMDS	lithium hexamethyldisilazide	六甲基二硅胺锂
LTA	lead(Ⅳ) acetate	四乙酸铅
Me	methyl	甲基
MI	1-methylimidazole	N-甲基咪唑
Ms	mesyl	甲磺酰基
MW	microwave	微波
NBA	N-bromoacetamide	N-溴代乙酰胺
NBS	N-bromobutanimide	N-溴代丁二酰亚胺
NCA	N-chloroacetamide	N-氯代乙酰胺
NCS	N-chlorosuccinimide (N-chlorobutanimide)	N-氯代丁二酰亚胺
NEM	N-ethylmorpholine	N-乙基吗啉
NFOBS	N-fluoro-o-benzenedisulfonimide	N-氟代邻苯二磺酰亚胺
NFS	N-fluorosuccinimide	N-氟代丁二酰亚胺
NFSi	N-fluorobenzenesulfonimid	N-氟代苯磺酰亚胺
NHPI	N-hydroxyphthalimide	N-羟基邻苯二甲酰亚胺
NIS	N-iodosuccinimide	N-碘代丁二酰亚胺
NMO	N-methylmorpholine-N-oxide	N-甲基吗啡啉 N-氧化物
OPP	oriented polypropylene	定向聚丙烯
PCy$_3$	tricyclohexyl phosphine	三环己基膦
Ph	phenyl	苯基
Pic	picoline	甲基吡啶
PPA	polyphosphoric acid	多聚磷酸
PPY	4-(3-methylpyrrolidin-1-yl)pyridine	4-(3-甲基吡咯)吡啶
Pr	propyl	丙基
PTC	phase transfer catalyst	相转移催化剂
PTSA	p-toluenesulfonamide	对甲基苯磺酰胺
Pv	pivaloyl	新戊酰基
Py	pyridine	吡啶
rt.	room temperature	室温

TBAB	tetra-butyl ammonium bromide	四丁基溴化铵
TBABF	tetra-butylammoniumbifluoride	四丁基二氟化胺
TBACl	tetrabutyl ammonium chloride	四丁基卤化铵
TBAF	tetra-n-butylammonium fluoride	四丁基氟化铵
TBAN	tetrabutylammonium nitrate	硝酸四丁铵
TBAT	tetrabutylammonium（triphenylsilyl）difluorosilicate	四丁基铵三苯基二氟硅酯
TBDMSOTf	*tert*-butyldimethylsilyltrifluoromethanesulphonate	叔丁基二甲硅基三氟甲磺酸酯
TBHP	*tert*-butyl hydroperoxide	叔丁基过氧化氢
TBS(TBDMS)	*t*-butyldimethylsilyl	叔丁基二甲基硅
TEA	triethyl amine	三乙胺
TEACl	triethylammonium chloride	三乙基氯化铵
Tf	trifluoromethylsulfonyl	三氟甲磺酰基
TFA	trifluoroacetic acid	三氟乙酸、三氟醋酸
TFAA	trifluoroacetic anhydride	三氟乙酸酐
Tf$_2$O	trifluoromethanesulfonic anhydride	三氟甲基磺酸酐
ThDP	thiamine diphosphata	磷酸硫胺素
THF	tetrahydrofuran	四氢呋喃
THP	tetrahydropyran	四氢吡喃
TIPS	triisopropylsilane	三异丙基硅
TlOEt	thallium ethylate	乙氧基铊
TMS	trimethyl silyl	三甲基硅基
TMSCl	trimethylsilyl chloride	三甲基氯硅烷
TMSOTf	trimethylsilyl triflate	三甲基硅基三氟甲磺酸酯
Tol	toluene	甲苯
TPAP	tetrapropylammonium perruthenate	四丙基铵过钌酸盐
TPP	thiamine pyrophosphate	硫胺素焦磷酸
Troc	2,2,2-trichloroethoxy formate	2,2,2-三氯乙氧基甲酰基
Ts	tosyl	对甲苯磺酰基
TsCl	4-toluene sulfonyl chloride	对甲苯磺酰氯
TsOH	4-toluene sulfonic acid	对甲苯磺酸
US	ultrasound	超声

参 考 文 献

[1] Noboru Ono. The Nitro Group In Organic Synthesis. Weinheim：Wiley-VCH，2001.

[2] 赵临襄. 制药工艺学. 北京：中国医药工业出版社，2008.

[3] 孙昌俊，曹晓冉，王秀菊. 药物合成反应——理论与实践. 北京：化学工业出版社，2007.

[4] 赵地顺. 精细有机合成原理及应用. 北京：化学工业出版社，2008.

[5] ［英］Joule J A，Mills K. 杂环化学. 由业诚，高大彬等译. 北京：科学出版社，2000.

[6] 何敬文. 药物合成反应. 北京：中国医药科技出版社，1995：118-173.

[7] 闻韧. 药物合成反应. 第3版. 北京：化学工业出版社，2010.

[8] 李正化. 有机药物合成原理. 北京：人民卫生出版社，1985：756-831.

[9] 纪红兵，佘远斌. 绿色氧化与还原. 北京：中国石油出版社，2005.

[10] 姜凤超. 药物合成. 北京：化学工业出版社，2008.

[11] Jie Jack Li 著. 有机人名反应及机理. 荣国斌译. 上海：华东理工大学出版社，2003.

[12] 姜麟忠. 催化氢化在有机合成中的应用. 北京：化学工业出版社，1987：1-17.

[13] 凯布墨. 合成有机化学中的氢化与氢解. 李惕川译. 北京：科学出版社，1981：14-16.

[14] 钱旭红. 工业精细有机合成原理. 北京：化学工业出版社，2000：132-137.

[15] 唐培堃. 精细有机合成化学及工艺学. 天津：天津大学出版社，1993：169.

[16] 俞凌. 有机化学中的人名反应. 北京：科学出版社，1984：465.

[17] House H O. Modern Synthetic Reactions. 2nd ed. Men lo Park：Benjamin/cummings Pub. Co. 1972.

[18] 王玉炉. 有机合成化学. 北京：科学出版社，2005.

[19] 王葆仁. 有机合成反应（上册）. 北京：科学出版社，1981：143.

[20] 陈建茹. 化学制药工艺学. 北京：中国医药科技出版社，1996：132.

[21] Dale L Boger. Modern Organic Synthesis Lecture Notes. San Diego：TSRI Press，1999.

[22] Lasxlo Kurti，Barbara Czako，Strategic Applications of Named Reactions in Organic Synthesis. Netherlands：Elsevier Inc，2005.

[23] 陈荣亚，王勇. 21世纪新药合成. 北京：中国医药科技出版社，2010.

[24] 林国强，陈耀全，陈新滋，李月明. 手性合成——不对称反应及其应用. 北京：科学出版社，2000.

[25] Theodora W Greene，Peter G M Wuts. Protective Groups in Organic Synthesis. 3rd Edition. New York：John Wiley & Sons，Inc，1999.

[26] 陈仲强，陈虹. 现代药物的制备与合成. 第一卷. 北京：化学工业出版社，2008.

[27] 徐正. 基本药物合成方法. 北京：科学出版社，2007.

[28] 施小新，秦川. 当代新药合成. 上海：华东理工大学出版社，2005.

[29] 张三奇. 药物合成新方法. 北京：化学工业出版社，2009.

[30] 薛永强，王志忠，张蓉. 现代有机合成方法和技术. 北京：化学工业出版社，2003.

[31] 麻生明. 金属参与的现代有机合成反应. 广州：广东科技出版社，2001.

[32] 安吉斯. 李斯，卡斯滕希尔贝克 克里斯丁. 文帝. 工业生物转化过程. 欧阳平凯，林章凛等译. 北京：化学工业出版社，2007.

[33] Jie-Jack Li，Douglas S Johnson，Drago R Silskovic，Bruce D Roth. 当代新药合成. 施小新，秦川译. 荣国斌校. 上海：华东理工大学出版社，2005.

[34] 拉梅斯·皮特. 立体选择性生物催化. 方唯硕主译. 张珮瑛，岳保珍审校. 北京：化学工业出版社，2003.

[35] Kurt Faber. Biotransformations in Organic Chemistry. 3rd. Berlin：Springer-Verlag，1997.

[36] Richard B Silverman. The Organic Chemistry of Enzyme-Catalyzed Reaction. Waltham：Academic Press，2000.

[37] 尤启冬，林国强. 手性药物——研究与应用. 北京：化学工业出版社，2003.

[38] Stuart Warren，Paul Wyatt. Organic Synthesis：The Disconnection Approach. 2nd Edition. New York：John Wiley & Sons Ltd，2008.

[39] 李敬芬. 药物合成反应. 杭州：浙江大学出版社，2010.

[40] 陈清奇. 新药化学全合成路线手册. 北京：科学出版社，2008.

[41] 张青山. 有机合成反应基础. 北京：高等教育出版社，2004.

[42] 方文杰. 糖类药物合成与制备. 北京：化学工业出版社，2009.